CHEMISCHE TECHNOLOGIE
IN EINZELDARSTELLUNGEN
HERAUSGEBER: PROF. DR. A. BINZ, BERLIN

ALLGEMEINE CHEMISCHE TECHNOLOGIE

ZERKLEINERUNGS=VORRICHTUNGEN

UND MAHLANLAGÉN

VON

CARL NASKE

ZIVILINGENIEUR

VIERTE, ERWEITERTE AUFLAGE

MIT 471 FIGUREN IM TEXT

Springer-Verlag Berlin Heidelberg GmbH
1926

ISBN 978-3-662-27951-9   ISBN 978-3-662-29459-8 (eBook)
DOI 10.1007/978-3-662-29459-8

Vorwort zur vierten Auflage.

Die zwischen dem Erscheinen der vorigen Auflage und heute liegenden fünf Jahre haben viele und wichtige Neuerungen in der Hartzerkleinerungstechnik gebracht, deren Entstehung mehreren gleichzeitig wirkenden Ursachen zu verdanken ist.

Zum ersten war es die Erkenntnis der Ingenieure, daß das Hindernis der hohen Zollschranken, womit Deutschland nach dem Kriege allseitig umgeben wurde, unmöglich noch mit dem alten Traber „Gut mittel", sondern nur mit dem Vollblut „Höchste Vollendung" zu überwinden sei. Sodann war es der infolge des längeren Ausbleibens ausländischer Aufträge eintretende Arbeitsmangel, der zu heftigen Kämpfen auf dem Inlandsmarkte und zu verdoppelten Anstrengungen in Richtung der Verbilligung und Verbesserung der Erzeugnisse Veranlassung gab. Endlich kam noch die Einführung und rasche Verbreitung der Brennstaubfeuerungen hinzu, die die deutsche Maschinenindustrie vor neue Aufgaben stellte, welche zum großen Teil nur mit neuen Mitteln zu lösen waren.

Alles dieses zusammengenommen bewirkte, daß fast sämtliche Abschnitte dieses Buches — das sich ja die Aufgabe gesetzt hat, ein möglichst getreues Abbild des jeweiligen Standes der Hartzerkleinerungstechnik zu bieten — eine gegen früher mehr oder weniger weitgehende Erweiterung aufweisen, die, trotz der Ausscheidung des Veralteten, sowohl eine Vermehrung der Seitenzahl als auch der Abbildungen nötig machte. So sind — von minder Wichtigem abgesehen — als neu zu betrachten:

Im I. Abschnitt der Riesen-Steinbrecher von *Krupp* und der Scherenbrecher von *Luther*.

Im II. Abschnitt das elektromagnetische Walzwerk von *Krupp*, die Walzwerke von bisher ungekannten Abmessungen derselben Herkunft, die in manchen praktisch wichtigen Teilen vervollkommneten Hammerbrecher (*Humboldt, Amme, Giesecke & Konegen, Polysius*) und die verbesserten Schlagkreuz- und Schlagmühlen (*Alpine, Raymond*).

Im III. Abschnitt die Maximalmühle (*Loesche*), die besonders für die Zwecke der Brennstauberzeugung eingerichteten Pendelmühlen (*Raymond*), die nunmehr nach rationellen Grundsätzen arbeitenden Verbund- und Dreikammermühlen (*Luther, Krupp, Smidth*), zu denen sich — während dieses Buch gedruckt wurde — noch die Rekord-Verbundmühle (*v. Grueber*) gesellte, und der neuartige Antrieb dieser Mühlen mittels des sich rasch einbürgernden Getriebemotors.

Im V. Abschnitt der Wuchtförderer (*Schenck*) und die pneumatische Förderung (*Fuller*), im VI. Abschnitt die Elektrofilter (*Lurgi, Oski, Siemens-Schuckert*) und endlich im VIII. Abschnitt die Füllmaschine für große und allergrößte Leistungen.

Im VIII. Abschnitt sind 8 veraltete Ausführungsbeispiele vollständiger Anlagen beseitigt und durch 13 zeitgemäße ersetzt worden; die Gesamtzahl der Beispiele beträgt nunmehr 29 und umfaßt jetzt fast alle Gebiete der Hartzerkleinerungsindustrie.

Endlich habe ich in dem Bestreben, das Werk für den praktischen Gebrauch immer tauglicher zu machen, noch einen IX. Abschnitt: „Einige Tabellen und Formeln" hinzugefügt und hoffe, damit den vielfach geäußerten Wünschen meiner Fachgenossen in ausreichendem Maße nachgekommen zu sein.

Charlottenburg, im April 1926.

Der Verfasser.

Inhalt.

Einleitung und Übersicht.

Die Zahl der gewerblichen Unternehmungen, bei welchen die mehr oder weniger weitgehende Zerkleinerung harter Körper in Form von Rohstoffen, Zwischenprodukten oder fertigen Erzeugnissen eine wichtige, nicht selten sogar eine ausschlaggebende Rolle spielt, ist eine ganz hervorragend große. Man denke nur an die rein chemische Industrie und an die zahlreichen, ihr verwandten, auf wissenschaftlich-chemischer Grundlage arbeitenden Industrien der nützlichen Erden und Gesteine, als da sind: die vielen Zement-, Schamotte-, Kali-, Phosphat- und ähnlichen Werke, ferner an die Hüttenanlagen, Brikettfabriken, an die gewaltige Minenindustrie usw. usw., man vergegenwärtige sich, daß in allen diesen gewerblichen Betrieben Jahr um Jahr Milliarden von Zentnern an Gesteinen, Erden und Erzen gebrochen, gepocht, gewalzt und gemahlen werden, daß stündlich Hunderttausende von Pferdestärken aufgewendet werden müssen, um diese ungeheure Summe von Zerkleinerungsarbeit zu leisten, und daß viele Millionen an Werten in den dafür erforderlichen mechanischen Hilfsmitteln angelegt sind — und man wird begreifen, welches außerordentliche Interesse nicht nur der einzelne Unternehmer, sondern die Volkswirtschaft als Ganzes an der rationellen Entwicklung der Werkzeuge nehmen muß, die der Zerkleinerung harter Stoffe in irgendeiner Form dienen.

Um zu veranschaulichen, um welche Summen es sich schon bei einem einzigen der genannten Erwerbszweige handeln kann, die diesem durch eine Vervollkommnung seiner Hilfsmittel zustatten kommt, sei das folgende Beispiel angeführt:

Bis in die neunziger Jahre des vorigen Jahrhunderts waren zum Mahlen des gebrannten Zementes in Europa — dessen gesamte Jahreserzeugung damals etwa 30 Millionen Faß betrug und heute auf über 100 Millionen Faß zu schätzen ist — fast ausschließlich Mahlgänge im Gebrauch, die inzwischen durch Rohr-, Kugel- und Pendelmühlen ersetzt worden sind. Während nun der Mahlgang einen Arbeitsaufwand von etwa 10 PS für das Faß und die Stunde erforderte, kommen die neueren Mühlen im Durchschnitt mit der Hälfte aus, so daß bei einem Faß — die PS-h nur zu 2 Pfg. gerechnet — 10 Pfg. an Betriebskosten gespart werden. Die gesamte jährliche Ersparnis, die die Einführung der verbesserten Mühlensysteme mit sich gebracht hat, beträgt daher für Europa allein 10 Millionen, für die Weltproduktion eines einzigen Jahres aber sicherlich nicht unter 20 Millionen Mark, und diese Zahlen sind noch zu verdoppeln, wenn man berücksichtigt, daß nicht nur der Zementklinker, sondern auch seine Rohstoffe heute überwiegend auf kraftsparenden Mühlen neuerer Bauart vermahlen werden.

Diesem einen Beispiel würden sich leicht weitere aus anderen Industrien anfügen lassen, doch dürfte es genügen, um zu zeigen, welche Bedeutung für die Volkswirtschaft, in Geldeswert ausgedrückt, der fortschreitenden erfinderischen Tätigkeit des Maschineningenieurs beigelegt werden muß.

Fragt man nun nach den Grundsätzen, von denen sich der Konstrukteur beim Entwerfen und beim Bau der Maschinen, die der Zerkleinerung harter Körper dienen sollen, leiten lassen muß, und nach den Gesichtspunkten, von denen er ausgeht, um für jeden besonderen Fall das Zweckmäßige zu finden, so ist darauf zu erwidern, daß die zu konstruierende oder aus der Zahl der bereits bestehenden Typen zu wählende Maschine in allererster Linie den äußerlich körperlichen Eigenschaften des zu zerkleinernden Stoffes angepaßt sein muß. Dies ist die Hauptbedingung, die vor allem anderen zu erfüllen ist. Sodann muß die Maschine die gewünschte quantitative und qualitative Leistungsfähigkeit besitzen, sie muß sparsam im Kraftverbrauch, in den Unterhaltungs- und Erneuerungskosten und möglichst billig in der Herstellung sein. Zugleich ist auf Einfachheit der Konstruktion, leichte Montierung und Demontierung, bequeme Auswechselbarkeit der abnützenden Teile und tunlichst geringe Anzahl der letzteren Wert zu legen und bei allen Vornahmen der oberste Leitsatz: Höchste Nutzwirkung durch geringsten Aufwand — stets im Auge zu behalten.

Die meisten dieser Fragen sind rein praktischer Natur; für sie die richtige Antwort zu finden, ist eine Kunst, die nicht aus Büchern, sondern nur in der Schule der Erfahrung gelernt werden kann. Anders liegt dagegen die Sache, wenn es sich darum handelt, zu untersuchen, ob zwischen dem Zerkleinerungsprinzip einer Maschine und der Form seines vom Erbauer gewählten körperlichen Ausdruckes — der Konstruktion — diejenige Übereinstimmung besteht, die allein als Bedingung und Quelle des höchstmöglichen Leistungserfolges angesehen werden muß. Es kann vorkommen, daß eine nach einem neuen Zerkleinerungsgrundsatz arbeitende Maschine in den Ausdrucksformen des ersteren verfehlt erscheint. (Ich erinnere hier nur an die allerersten Kugelmühlen mit stetiger Ein- und Austragung.) Umgekehrt sind aber auch Fälle zu verzeichnen, wo selbst der Erfinder einer einwandfrei konstruierten Maschine von den Grundsätzen ihrer Wirksamkeit eine schiefe Auffassung hatte, die an dem von ihm nicht im vollen Umfange erkannten Zusammenhange zwischen Ursache und Wirkung ganz oder teilweise vorbeiging. (Als klassisches Beispiel sei hierfür der Anspruch des ersten Rohrmühlenpatentes genannt.) Im ersteren Falle war der Erfinder ein schlechter Konstrukteur, im anderen Falle der gute Konstrukteur ein — sozusagen — nur „unbewußter Erfinder".

Hier ist nun der Punkt, wo die theoretische Betrachtung einzusetzen hat, um der Praxis den richtigen Weg zu weisen und den halben Mißerfolg in einen ganzen Erfolg umzuwandeln. Allerdings ist der Weg, der zur theoretischen Erkenntnis der Zusammenhänge führt, die bei den in zahllosen

Varianten auftretenden Zerkleinerungsvorgängen walten, bisher noch nicht zu häufig beschritten worden, und die Ausbeute an fest gegründeten Regeln und engumschriebenen Gesetzen ist, verglichen mit der Größe und Bedeutung des Gegenstandes, nur als eine mäßige anzusprechen. Wichtiger jedoch als die mathematische Formel erscheint die Form der Anschauung, aus der die erstere abgeleitet wurde, weil sie die Art und Weise zeigt, in der die Forscher, sei es durch reine Gedankenarbeit, sei es durch diese in Verbindung mit dem praktischen Versuch, das dunkle Gebiet der Zerkleinerungsvorgänge und ihrer Nebenerscheinungen zu erhellen trachteten.

Rittinger[1] hat zuerst einen mathematischen Ausdruck für das allgemeine Zerkleinerungsgesetz gefunden. Ist A in mkg die Arbeit, die bei der Zerteilung eines homogenen Würfels von 1 cm Kantenlänge nach einer Fläche, parallel zu einer seiner Seitenflächen, geleistet wird, so erfordert die Zerteilung in 8 Würfel von $^1/_2$ cm Kantenlänge (Fig. 1) eine Spaltung nach 3 Flächen oder $3\,A$ mkg Arbeitsaufwand; in $27\,^1/_3$ cm Würfel (Fig. 2) 6 Flächen oder $6\,A$ mkg,

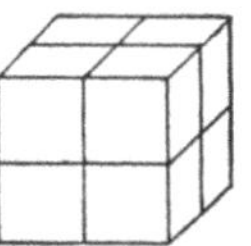

Fig. 1.

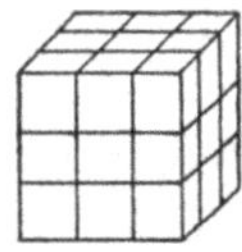

Fig. 2.

in $64\,^1/_4$ cm Würfel 9 Flächen oder $9\,A$ mkg usw. Allgemein erfordert also die Zerteilung eines Würfels in n^3 Würfel von $\dfrac{1}{n}$ cm Kantenlänge eine Spaltung nach $3\,(n-1)$ Flächen und eine Arbeit von $3\,(n-1)\,A$ mkg, die Zerteilung eines Würfels in m^3 Würfel von $\dfrac{1}{m}$ cm Kantenlänge eine Spaltung nach $3\,(m-1)$ Flächen und eine Arbeit von $3\,(m-1)\,A$ mkg. Die in zwei verschiedenen Fällen zu leistenden Zerkleinerungsarbeiten verhalten sich daher wie

$$3\,(n-1)\,A : 3\,(m-1)\,A,$$

oder wie

$$(n-1) : (m-1),$$

worin m und n die Reziproken der Kantenlängen der durch die Zerkleinerung erhaltenen Würfel bedeuten. Sind — was meist zutreffen wird — m und n so groß, daß die 1 vernachlässigt werden kann, so ergibt sich als Regel, daß die Arbeit nahezu proportional ist den Reziproken der Kantenlängen, auf die der Würfel zerkleinert werden soll. Verwandelt man z. B. einen 1 cm-Würfel in lauter solche von $^1/_{100}$ cm Kantenlänge, so ist die dabei geleistete Arbeit 25 mal so groß, als wenn dieser Würfel in solche von $^1/_4$ cm Kantenlänge verwandelt worden wäre.

Hierin liegt die Begründung für die dem Laien unverständliche Erscheinung, daß ein Steinbrecher, der große Gesteinsblöcke bricht, nur einen kleinen Bruchteil des Arbeitsaufwandes erfordert, der nachher zum Mahlen des vorgebrochenen Gutes nötig ist.

---

[1] *P. R. v. Rittinger:* Aufbereitungskunde. 1867, S. 19.

Weiter geht aber aus obigem hervor, daß die zu leistende Arbeit direkt proportional ist der Anzahl der Bruchflächen, die durch sie geschaffen werden soll, oder kurz gesagt: die Oberflächenzunahme des zerkleinerten Körpers ist ein unmittelbares Maß für die geleistete Zerkleinerungsarbeit.

In Wirklichkeit sind die bei der Zerkleinerung geschaffenen Partikel aber keine regelmäßigen Würfel, sondern Körper von ganz unregelmäßiger Gestalt, deren Oberflächen zu messen nicht leicht ist. *Rittinger* schlug daher in Würdigung dieses Umstandes vor, das Wasser zu wiegen, das zum Befeuchten der Oberflächen des Körpers vor und nach der Zerkleinerung nötig ist, und aus dem gefundenen Verhältnis der Wassergewichte auf die stattgehabte Oberflächenzunahme, d. i. auf die geleistete Zerkleinerungsarbeit, zu schließen.

Von demselben Grundsatz wie *Rittinger* ausgehend, daß die Zerkleinerungsarbeit der Größe der Bruchfläche proportional ist, stellte *E. A. Hersam* eine Formel auf, die es, wenn man die Werte gewisser Konstanten durch den Versuch festgestellt hat, ermöglichen soll, die tatsächliche Arbeit in PS zum Zerkleinern einer Tonne Erz oder Gestein überhaupt annähernd genau zu berechnen.

Hersam sagt[1], daß der allein nützliche Teil der Arbeit darauf verwendet wird, die Kohäsion der Moleküle längs der Bruchlinien aufzuheben, und daß das Maß dieser Nutzarbeit wohl auch von dem Prinzip der Maschine, in erster Reihe aber von dem Grade der beabsichtigten Zerkleinerung abhängt, daß also die wirkliche Zerkleinerungsarbeit gemessen werden muß durch die Zunahme an Oberfläche, die der zerkleinerte Körper erfahren hat. Diese Zunahme wird praktisch so gemessen, daß man das Zerkleinerte siebt und seine Oberfläche aus der Größe der Sieböffnungen und dem mittleren Durchmesser der Partikel abschätzt. Da man es nun ausschließlich mit Partikeln von unregelmäßiger Gestalt zu tun hat, so muß ein theoretischer Würfel als Grundlage der Messung zu Hilfe genommen werden und ferner ein konstanter Faktor K, der das Verhältnis darstellt zwischen der Gesteinsmasse, die aus Partikeln besteht, die durch eine gegebene rechtwinklige Öffnung hindurchgehen, im übrigen aber unregelmäßig sind, und jener Gesteinsmasse, die aus theoretischen Würfeln zusammengesetzt gedacht ist, die durch dieselbe rechtwinklige Öffnung hindurchgehen würden. Nach *Hersam* ist K mit 1,2 bis 1,7 anzunehmen.

Wird ein 1 Zoll-Würfel (also ein Würfel von 1 Zoll Kantenlänge) in 8 Würfel von $^1/_2$ Zoll Kantenlänge zerteilt und bezeichnet A die Arbeit, die nötig ist, um 1 Quadratzoll Bruchfläche hervorzubringen, so ist für ersteres ein Arbeitsaufwand von 3 A erforderlich. 3 KA stellt die Zerkleinerungsarbeit dar für jeden Kubikzoll des Aufschüttgutes, dessen Stücke von 1 Zoll Sieböffnung auf $^1/_2$ Zoll Sieböffnung verkleinert worden sind. Dann kann KA überall dort, wo K konstant und bekannt ist, für A eingesetzt werden.

---

[1] The Mining and Scientific Press. San Francisco 1907, S. 621.

Wenn n die Anzahl der Stücke ist, bezogen auf die lineare Ausdehnung des zu zerkleinernden Stückes, so ist $(n-1)$ die Anzahl der parallelen Bruchflächen in irgendeiner Richtung und $3(n-1)$ die Gesamtzahl der Bruchflächen. Demzufolge ist $3A(n-1)$ die Arbeit für das Zerteilen eines 1 Zoll-Würfels in irgendeine Anzahl kleinerer Würfel. Dieses angewendet auf irgendeinen Würfel von der Kantenlänge D und die Teilwürfel von der Kantenlänge d, ergibt $n = \dfrac{D}{d}$. Die Schnittfläche des ersteren ist D^2 und die Arbeit, die durch das Zerteilen eines Würfels in irgendeine Anzahl kleinerer Würfel geleistet wird, ist

$$3 A D^2 \left(\frac{D}{d} - 1\right).$$

In einem Kubikzoll sind $\dfrac{1}{D^3}$ Würfel von der Kantenlänge D enthalten. Dann ist die Arbeit pro Kubikzoll für das Zerteilen eines Würfels beliebiger Größe in eine beliebige Anzahl kleiner Würfel

$$\frac{1}{D^3} \cdot 3 A D^2 \left(\frac{D}{d} - 1\right) = 3 A \left(\frac{1}{d} - \frac{1}{D}\right),$$

oder für irreguläre Partikel, wo K bekannt ist,

$$3 K A \left(\frac{1}{d} - \frac{1}{D}\right).$$

Beispiel: Eine Maschine zerkleinere mit einem Kraftaufwand von 20 PS eine gewisse Menge eines Gesteins von 2 Zoll auf $^1/_8$ Zoll und man will erfahren, welcher Aufwand nötig ist, um dieselbe Menge auf $^1/_{32}$ Zoll zu zerkleinern. Wegen der Gleichartigkeit des Gesteins und der Zerkleinerungsweise in beiden Fällen darf $3A$ als konstant angesehen werden. Dann ist

$$20 : x = 3 A (8 - \tfrac{1}{2}) : 3 A (32 - \tfrac{1}{2})$$
$$x = 84 \,\text{PS}.$$

Soll die Arbeit berechnet werden, die zur Zerkleinerung eines gegebenen Gewichtes an Gestein nötig ist, so muß dessen spez. Gewicht S bekannt sein oder die Anzahl der Kubikzoll des dichten Gesteins, die in einer Tonne enthalten sind. Die Tonne einer Substanz vom spez. Gewicht $= 1$ enthält 55 320 Kubikzoll, die Tonne des dichten Gesteins also $\dfrac{55\,320}{S}$ und die Zerkleinerungsarbeit berechnet sich zu

$$\frac{55\,320}{S} \cdot 3 A \left(\frac{1}{d} - \frac{1}{D}\right) \text{ Fußpfund für die Tonne}$$

oder

$$\frac{\dfrac{55\,320}{S} \cdot 3 A \left(\dfrac{1}{d} - \dfrac{1}{D}\right)}{33\,000 \cdot 60} = A \cdot \frac{0{,}08382}{S} \left(\frac{1}{d} - \frac{1}{D}\right) \text{ PS-h für die Tonne}.$$

Um den Wert von A zu finden, ist es nötig, eine hinreichende Menge des Gesteins zu zerkleinern, die PS-h pro Tonne zu messen und das

Versuchsnummer	Bezeichnung der Maschinen	Undr.-Minute	Aufschütt-gut, Größe	Arbeit in 1 Sekunde				
				Leerlauf	Arbeit, total	Nutzarbeit	Brutto	Netto
			mm	mkg			PS	
1	Steinbrecher	230	64, Erz	177	425	248	5,7	3,3
2	Walzen, 657 mm ∅, eng gestellt	31	64, ,,	202	501	299	6,7	4,0
3	,, ,, ,,	31	32, ,,	202	472	270	6,3	3,6
4	,, ,, ,,	31	22, ,,	202	398	196	5,3	2,6
5	,, ,, ,,	31	16, ,,	202	307	105	4,1	1,4
6	,, ,, ,,	31	8, ,,	202	257	55	3,4	0,72
7	,, ,, ,,	31	4, ,,	202	228	26	3,0	0,33
8	,, ,, ,,	16	16, ,,	119	167	48	2,2	0,64
9	,, ,, ,,	19	8, ,,	119	158	39	2,1	0,52
10	,, ,, ,,	20	4, ,,	119	158	39	2,1	0,52
11	,, ,, mit 8 mm Spalt	33	32, ,,	111	452	341	6,0	4,6
12	,, ,, ,,	33	16, ,,	111	318	207	4,2	2,8
13	,, ,, ,,	33	16, Kalkst.	111	302	191	4,0	2,5
14	,, ,, ,,	15	16, Erz	49,5	137	87,5	1,8	1,2
15	,, ,, ,,	15	16, Kalkst.	49,5	117	67,5	1,6	0,90
16	,, ,, eng gestellt	33	8. Erz	216	367	151	4.9	2,0
17	,, ,, ,,	33	8, Kalkst.	216	395	179	5,3	2,4
18	,, ,, ,,	10	8, ,,	64	105	41	1,4	0,54
19	,, ,, }stark zusammen-{	33	8, Erz	308	441	133	5,9	1,8
20	,, ,, } gepreßt {	33	16, Kalkst.	308	505	197	6,7	2,6
21	Schranz-Mühle	12¹/₂	8, Erz	83	202	119	2,7	1,6
22	,,	12¹/₂	4, ,,	78	163	85	2,2	1,1
23	,,	12¹/₂	8, Kalkst.	78	206	128	2,7	1,7
24	,,	12¹/₂	4, ,,	78	204	126	2,7	1,7
25	Horizontal-Mahlgang	162	8, Erz	164—161	337	173	4,5	2,3
26	,,	162	4, ,,	164	277	113	3,7	1,5
27	,,	162	8 Kalkst.	164	240	76	3,2	1,0
28	,, }stark zusammen-{	162	8, ,,	164	304	140	4,0	1,9
29	,, } gepreßt {	162	4, ,,	164	262	98	3,5	1,3
30	Pochwerk mit 20 Stempeln	50	32, Erz	—	789	700	10,5	9,3
31	,, ,, ,,	50	4, ,,	—	789	700	10,5	9,3
32	,, ,, ,,	50	32, ,,	—	789	700	10,5	9,3
33	,, ,, ,,	50	4, ,,	—	789	700	10,5	9,3
34	Walzen, 520 mm ∅	37	16, ,,	109	231	122	3,1	1,6
35	,, ,,	37	12, ,,	109	222	113	2,9	1,5
36	,, ,,	37	8, ,,	109	203	94	2,7	1,2
37	,, ,,	37	4, ,,	109	159	50	2,1	0,66

Pro Minute verarbeitet	100 kg			1 PS		Oberfläche					
	wurden verarbeitet in	benötigten Brutto	benötigten Netto	Brutto	Netto	des Aufschüttgutes pro Minute	Zunahme durch die Verarbeitung aus Partikeln über 0,3 mm	Zunahme durch die Verarbeitung aus Partikeln unter 0,3 mm	Zunahme pro Minute per Brutto PS	Zunahme pro Minute per Netto PS aus Grießen über 0,3 mm	Zunahme pro Minute per Netto PS total
		pro Sekunde		verarbeitet pr Minute							
kg	Sek.	mkg		kg		qm					
92,31	65	460	268	16,2	27,9	6,18	29,22	99,98	22,6	9,0	39,0
65,35	92	768	458	9,7	16,3	4,38	42,14	133,39	26,2	10,5	43,9
69,17	87	684	391	10,9	19,2	8,02	42,50	100,85	22,7	11,8	39,9
86,23	70	464	228	16,2	33,0	17,25	49,45	153,41	38,1	19,0	77,7
55,91	107	547	187	13,6	39,9	11,74	35,33	68,31	25,2	25,2	74,0
55,02	109	467	99	16,0	75,3	26,96	28,57	70,24	28,9	39,7	137,2
40,71	147	558	63	13,4	117,4	40,71	9,86	62,40	23,8	29,6	218,9
22,45	267	743	213	10,1	35,0	47,14	15,06	40,50	25,9	23,5	86,8
23,09	260	684	169	10,9	44,4	11,31	11,92	38,94	24,2	22,9	97,8
57,72	104	273	67	27,4	111,0	57,72	6,20	64,83	33,8	11,9	136,6
68,96	87	655	494	11,4	15,2	8,00	41,42	101,89	23,7	9,0	31,5
95,30	63	333	217	22,4	34,5	20,01	44,17	117,65	38,1	15,7	58,5
64,36	93	468	296	16,0	25,1	16,09	53,37	125,48	44,4	21,3	70,4
33,23	181	413	263	18,1	28,4	6,98	16,59	34,49	27,9	13,8	43,7
21,27	282	551	317	13,4	23,6	5,32	21,45	47,21	44,0	23,8	76,2
100,86	59	361	149	20,6	50,1	49,42	50,47	146,61	40,3	25,2	98,1
71,55	84	553	250	13,5	29,9	37,85	70,65	158,69	43,6	29,4	96,3
12,60	476	833	325	9,0	22,9	6,67	17,43	36,22	38,3	32,3	97,5
73,13	82	603	181	12,4	41,3	35,83	42,55	174,53	36,9	23,6	122,5
43,90	136	1144	448	6,5	16,7	10,98	62,85	173,22	35,0	24,2	89,8
12,09	496	1670	984	4,5	7,6	5,92	16,54	49,10	24,3	10,3	41,2
11,59	518	1407	733	5,3	10,2	11,59	10,53	29,75	18,6	9,6	35,6
12,69	473	1623	1009	4,6	7,4	6,73	36,53	85,50	44,5	21,5	71,7
9,78	614	2087	1289	3,6	5,8	12,23	20,99	60,25	29,8	12,3	48,4
10,91	550	3090	1585	2,4	4,7	5,35	9,35	44,74	12,1	4,1	23,3
17,84	336	1551	633	4,8	11,7	17,84	3,40	106,98	29,8	2,3	72,6
7,47	803	3212	1017	2,3	7,3	3,96	13,27	29,02	13,1	13,3	41,4
8,03	747	3785	1742	2,0	4,3	4,26	14,74	32,26	11,6	7,7	25,1
10,41	576	2515	941	3,0	7,9	13,01	17,68	21,51	11,2	13,6	29,9
8,63	695	9139	8108	0,82	0,92	1,00	9,87	182,87	18,3	1,1	20,6
11,09	541	7114	6312	1,05	1,18	11,09	5,73	194,07	19,0	0,6	21,4
12,27	488	6417	5260	1,1	1,3	1,42	18,57	194,16	20,2	2,0	22,8
18,09	332	4365	3873	1,7	1,9	18,09	9,01	290,87	28,5	0,9	32,1
51	118	454	240	16,6	31,5	—	—	—	—	—	—
63	95	351	180	21,3	42,3	—	—	—	—	—	—
75	80	271	125	27,6	60,0	—	—	—	—	—	—
92	65	172	54	43,4	139,4	—	—	—	—	—	—

erhaltene Produkt sorgfältig zu sichten. Durch Einsetzen der gefundenen Werte ergibt sich ohne weiteres der Faktor A als feststehende Unterlage zur Vergleichung, wenn das Gestein auf irgendeiner anderen Vorrichtung oder auf irgendeine andere Feinheit zerkleinert werden soll.

Um zu ermitteln, wie weit die *Rittlinger*sche Theorie sich den Zahlen der Praxis nähert, machte *v. Reytt*[1] in Przibram — dem bekannten österreichischen Silberhüttenwerk — eine große Anzahl Versuche mit einem Steinbrecher, mit unter verschiedenen Bedingungen laufenden Walzen, mit einem Horizontal-Mahlgang, einer Schranzmühle und mit Pochwerken. Die Ergebnisse sind aus der vorstehenden Tabelle (S. 6 u. 7) ersichtlich.

Das Aufschüttgut bestand in allen Fällen aus Stücken annähernd gleicher Größe; das Erzeugnis wurde sorgfältig nach Größe sortiert. Die Oberfläche der größeren Stücke wurde unmittelbar gemessen, und die Oberfläche eines Durchschnittspartikels, multipliziert mit der Anzahl dieser Partikel in einem Kilogramm, ergab die Oberfläche eines Kilogramms. Hierbei fand *v. Reytt*, daß bei Rundlochsieben die Oberfläche eines Durchschnittspartikels 3,4- bis 4,12 mal so groß war wie die Fläche der Sieböffnung, bei viereckig (quadratisch) gelochten Sieben 4,0 bis 4,2 mal. Die feinsten Partikel, nämlich von 0,1 bis 0 mm, wurden in eine einzige Klasse gebracht und ihre Oberfläche nach dem Durchschnittspartikel mit Hilfe der bei den gröberen Stücken gefundenen Verhältniszahl zwischen Sieböffnung und Oberfläche berechnet.

Diese Art der Oberflächenbestimmung ist selbstverständlich noch recht weit davon entfernt, Anspruch auf unbedingte Genauigkeit erheben zu dürfen; immerhin ist sie viel genauer als die obenerwähnte *Rittinger*sche Meßart, die, wie *v. Reytt* zeigte, bei Partikeln unter 0,35 mm überhaupt nicht mehr anwendbar ist.

Die verbrauchte Leerlauf- und Nutzarbeit wurde bei diesen Versuchen durch jemals 8 bis 15 Minuten mittels eines *Seyss*-Dynamometers gemessen.

Aus seinen Versuchen zog *v. Reytt* den Schluß, daß der Kraftaufwand zur Vergrößerung der Oberfläche bei gröberen Partikeln sich ziemlich gleich bleibt, daß aber bei feineren Partikeln die Zunahme an Oberfläche rascher steigt als die darauf verwendete Arbeit. Danach scheinen diese Versuche auf die Notwendigkeit hinzuweisen, das *Rittinger*sche Gesetz in einem gewissen Sinne zu berichtigen. Tatsächlich dürfte dazu aber keine Veranlassung vorliegen, wenn man die Schwierigkeit der genauen Oberflächenmessung berücksichtigt, die sich mit der zunehmenden Kleinheit der Partikel steigert und bei den allerfeinsten Teilchen zur Unmöglichkeit, gleichzeitig aber auch zur stärksten Fehlerquelle wird. Auf jeden Fall besitzen die *v. Reytt*schen Versuche dauernden Wert, allein schon deshalb, weil sie zeigen, wie solche Versuche im allgemeinen durchzuführen sind, und weil sie die Anregung dazu geben, auf verbesserte Methoden der Oberflächenmessung zu sinnen.

Die gefundenen Zahlen ermöglichten es *v. Reytt* zu berechnen, welcher Arbeitsaufwand erforderlich ist, um ein gegebenes Gewicht von Przibram-

---

[1] Österr. Zeitschr. f. Berg- u. Hüttenwesen, Wien 1888, S. 229, 246, 255, 268, 283.

Erz in Stücken gleicher Größe auf irgendeine Größe zu zerkleinern. Die Ergebnisse sind in der nachstehenden Tabelle vereinigt:

Das Erzeugnis liegt zwischen	Größe des Aufschüttgutes in mm					
	64	32 bis 16	16 bis 8	8 bis 4	4 bis 1	1 bis 0,3
	Arbeitsaufwand pro 1 kg in mkg					
32 und 16 mm	55					
16 „ 8 „	220	165				
8 „ 4 „	320	265	100			
4 „ 1 „	780	725	560	460		
1 „ 0,3 „	1020	965	800	700	240	
unter 0,3 „	2020	1965	1800	1700	1240	1000

Es verdient noch bemerkt zu werdeh, daß die durch die obigen Versuche ermittelten Arbeitswerte günstiger erschienen als die tatsächlich in Przibram festgestellten Jahresdurchschnitte. Diese Abweichung erklärt sich ungezwungen aus der Tatsache, daß die Maschinen nicht ständig bis zur Leistungsgrenze ausgenützt wurden und daß — infolge mangelhafter Absichtung — genügend feines Gut einer wiederholtern Zerkleinerung unterzogen wurde. —

Bei der Besprechung des *Rittinger*schen Zerkleinerungsgesetzes wurde weiter oben (S. 3) angeführt, daß die Arbeit nahezu proportional ist den Reziproken der Kantenlängen, auf die der Würfel (Körper) zerkleinert werden soll. Darauf fußend, schlägt *A.B.Helbig* vor[1], nicht die durch die Zerkleinerung bewirkte Vermehrung der Oberfläche, die — auch nur annähernd — genau zu messen in der Tat nicht einfach ist, sondern die Kantenlänge des bei der Zerkleinerung erzeugten gröbsten Kornes zur Grundlage der theoretischen Betrachtung zu machen und den *Rittinger*schen Satz wie folgt zu ändern:

„Die Produkte aus Zerkleinerungsarbeit und Kantenlänge des gröbsten Kornes sind für ein und dasselbe Gut gleich."

Die Berechtigung, irgendeine vorhandene Kornlänge als Maßstab für die Zerkleinerung überhaupt anzunehmen, erscheint *A. B. Helbig* dadurch gegeben, daß die Mahlung der verschiedensten Stoffe für Handelszwecke als eine gleichmäßige gilt, wenn die Rückstände auf gewissen Normalsieben die gleichen sind, und daß sich der Handel gegen ungenügende Mahlung dadurch schützt, daß er einfach eine gewisse Grenze des Rückstandes auf den geeichten Normalsieben vorschreibt. Das gröbste Korn wird deswegen zum Vergleich herangezogen, weil es die technisch einfachste Möglichkeit darbietet, praktische Mahlversuche theoretisch auszuwerten.

Die Ergebnisse seiner Untersuchungen, auf deren Einzelheiten hier nicht näher eingegangen werden kann, faßt *A. B. Helbig* wie folgt zusammen:

„Das Produkt aus dem Arbeitsaufwand der Zerkleinerung und der größten Kornlänge ist allgemein für dasselbe Mahlgut eine Konstante. Durch praktisch gewonnene Mahlergebnisse wird die Anwendbarkeit

---

[1] „Zement", J. 1917, S. 37—41.

dieses Satzes im besonderen für Kugelfallmühlen sowie die Brauchbarkeit der gleichseitigen Hyperbel als Mühlendiagramm bewiesen."

Viel weiter noch als *Helbig* mit der von ihm vorgeschlagenen Einführung der Kantenlänge an Stelle der Oberflächenmessung ist *Kick* gegangen, der die Gültigkeit des *Rittingerschen* Gesetzes überhaupt bestreitet und es als eine Irrung bezeichnet, die eigentlich nur in einer Verwechslung der Begriffe „Kraft" und „Arbeit" bestehe[1]. Er folgert dies daraus, daß die Arbeitsgröße, welche erforderlich ist, um eine bestimmte Menge geometrisch ähnlicher Stücke desselben Stoffes in übereinstimmender Weise zu zerkleinern, sich als das Produkt aus dem Gewicht dieser Stücke und der für die übereinstimmende Verkleinerung der Gewichtseinheit erforderlichen Arbeitsgröße darstellt, daß also die Zunahme der Oberfläche dabei nicht die Rolle spielt, die ihr *Rittinger, Höfer, Fink*[2] und noch viele andere zugeschrieben haben.

Wenn nun *Kick* auch die Richtigkeit seines „Gesetzes der proportionalen Widerstände" durch viele und untereinander gut stimmende Versuche nachgewiesen und u. a. an einem Schlagversuch gezeigt hat[3], daß eine Gußeisenkugel von 5,5 kg Gewicht, die nach *Rittinger* bereits mittels einer Schlagarbeit von rd. 140 mkg hätte gesprengt werden müssen, erst einer solchen von 1098 mkg erlag, so ist doch anderseits nicht zu übersehen, daß dieses Gesetz ausschließlich für geometrisch ähnliche Körper gleichen Stoffes gilt, also z. B. für Quarzsteine von annähernd Eiform (Flintsteine), wie man sie zur Füllung von Rohrmühlen verwendet. Wie sich aber die Arbeitsgröße für die Teilung eines ei- oder kugelförmigen zu jener eines würfelförmigen oder sonstwie gestalteten Stückes verhält, darüber gibt das *Kick*sche Gesetz keinen Aufschluß. Sein Geltungsbereich ist somit ganz außerordentlich eng begrenzt, da man es ja bei den praktisch vorkommenden Haufwerken in der Regel mit Körpern der verschiedensten Gestaltung und nur ganz vereinzelt mit solchen von durchweg ähnlicher geometrischer Form zu tun hat.

Auch darf nicht übersehen werden, daß *Kick* seine Folgerungen ausschließschließlich aus Schlagversuchen abgeleitet hat. Während nun die Ermittlung der Zerkleinerungsarbeit in diesem Falle sehr einfach ist ($A_{mkg} = Q_{kg} \cdot H_m$, wobei Q = Gewicht des Fallklotzes, H = Hubhöhe desselben), erscheint sie nahezu unmöglich, wenn der Körper nicht durch Schlag, sondern durch ruhigen, stetig wachsenden Druck, also auf eine in der Zerkleinerungstechnik gleichfalls sehr häufig vorkommende Weise zerkleinert werden soll. Denn dann ist die Formänderung vor erfolgendem Bruch, die hier an die Stelle der Hubhöhe H des Fallklotzes in obige Gleichung eingesetzt werden muß, so klein, daß sie nur ausnahmsweise und auch dann nicht so genau gemessen werden kann, um irrtümliche Folgerungen mit Sicherheit auszuschließen. —

---

[1] *Fr. Kick*: Das Gesetz der proportionalen Widerstände, S. 14 ff. Leipzig, A. Felix.

[2] „Theorie der Walzenarbeit" in der Zeitschr. f. d. Berg-, Hütten- u. Salinenwesen im preuß. Staate, 1874, Bd. 22, S. 201.

[3] „Das Gesetz der proportionalen Widerstände" usw., S. 56—59.

Einen neuartigen Weg zur Bestimmung der Mahlbarkeit der verschiedensten Stoffe und zur Berechnung der Leistungsfähigkeit und des Energieverbrauchs von Zerkleinerungsmaschinen hat *C. Mittag* beschritten, indem er die Schwierigkeit der Oberflächenbestimmung bei dem *Rittinger*schen Gesetz dadurch beseitigt, daß er in einer Versuchseinrichtung den Widerstand ermittelt, den irgendein Mahlgut bei den verschiedensten Feinheitsgraden seiner Zerkleinerung entgegensetzt. Hierbei gelangt *Mittag* zu dem bisher noch nicht angewendeten Begriff des „spezifischen Mahlwiderstandes". Letzterer ist abhängig von der physikalischen Beschaffenheit des zu zerkleinernden Gutes, von der Art der Zerkleinerungsmaschine, d. h. von der Art der Einwirkung der verschiedenen Mahlorgane auf das Gut, und schließlich von dem jeweiligen Feinheitsgrad des Gutes selbst. Zur Bestimmung des Feinheitsgrades bedient sich *Mittag* des in der Praxis üblichen Verfahrens der Bestimmung des Rückstandes oder des Durchganges in Gewichtsprozenten, welcher auf einem bestimmten Siebe verbleibt bzw. durch dasselbe hindurchgeht. Der spezifische Mahlwiderstand wird dann im engeren Sinne ausgedrückt durch die Energie in kW-h, die nötig ist, um 1 t des Mahlgutes so weit zu zerkleinern, bis der auf einem bestimmten Sieb ermittelte Durchgang durch das Sieb um 1 Proz. gestiegen ist. Hat man dann in einer entsprechenden Versuchseinrichtung die Werte für den spezifischen Mahlwiderstand eines bestimmten Stoffes für verschiedene Siebe und verschiedene Feinheitsgrade ermittelt, so kann man nach dem von *Mittag* vorgeschlagenen Verfahren leicht die voraussichtliche Leistungsfähigkeit und den Energieverbrauch der in Frage kommenden Zerkleinerungsmaschine für die Zerkleinerung des betreffenden Gutes auf jeden beliebigen Feinheitsgrad berechnen. Diese Berechnung geschieht nach der Formel

$$A = Q \cdot s_m \cdot D,$$

worin A die aufzuwendende Energie in kW, Q die Mahlgutmenge in t und s_m den mittleren spezifischen Mahlwiderstand des zu zerkleinernden Gutes, bezogen auf ein bestimmtes Sieb, und von Beginn der Mahlung bis zu dem Feinheitsgrad D, der den Durchgang in Prozenten auf dem betreffenden Sieb darstellt, bedeutet. Diese einfache Formel hat den Vorzug, daß sie sich an die übliche Begriffsvorstellung der Physik anlehnt. Sie entspricht in ihrem Aufbau der bekannten Formel der Wärmelehre

$$Q = G \cdot c_p \cdot t,$$

worin Q die Wärmemenge, G das Gewicht, c_p die mittlere spezifische Wärme und t die Temperatur eines Stoffes bedeutet.

Mittag bringt in seiner Broschüre: „Der spezifische Mahlwiderstand"[1] eine mathematische Ableitung des Begriffes des spezifischen Mahlwiderstandes sowie eine ausführliche Erläuterung der Versuchseinrichtung zur Ermittlung der Werte des spezifischen Mahlwiderstandes und schließlich einige Beispiele zur Berechnung des Energiebedarfs und der Leistung von Rohrmühlen. Leider

---

[1] V.D.I.-Verlag, Berlin.

ist es wegen Mangels an Raum nicht möglich, hier auf alle diese Einzelheiten einzugehen.

Das von *Mittag* vorgeschlagene Verfahren kann zweifellos als Fundament für die weitere Erforschung der Arbeitsvorgänge in Zerkleinerungsmaschinen angesehen werden. Die bisherige *Mittag*sche Veröffentlichung stellt, wie der Verfasser selbst schreibt, zunächst nur einen Wegweiser dar. Durch das allmähliche weitere Vordringen auf dem beschrittenen Wege darf man aber mit Recht hoffen, zu einer mehr als bisher wissenschaftlichen Behandlung der Zerkleinerungstechnik zu gelangen.

Eine sehr wichtige praktische Nutzanwendung des *Mittag*schen Verfahrens hat sich bereits in der Einstellung von Rohrmühlen (Verbundrohrmühlen u. dgl.) zur Erreichung des höchsten wirtschaftlichen Effektes gezeigt. Während man bisher wenig über die Mahlwirkung an jeder einzelnen Stelle innerhalb der Mahltrommel wußte, ist man durch entsprechende Anwendung des *Mittag*schen Verfahrens in der Lage, den spezifischen Mahlwiderstand, wie er sich bei einer im Beharrungszustand befindlichen Mühle an jeder Stelle der Mahltrommel einstellt, durch Entnahme von Siebproben an den betreffenden Stellen festzustellen und zu beurteilen, ob an jeder Stelle der Mahltrommel tatsächlich die höchst erreichbare Mahlwirkung erzielt wird oder nicht. —

Ganz unabhängig aber von *Rittinger*, *Hersam*, *Kick*, *Helbig* und *Mittag* lassen sich die beiden folgenden Sätze als ein für allemal feststehend betrachten:

1. Um den Arbeitsaufwand bei der Zerkleinerung nicht unnötig zu steigern, ist es geboten, mit der Erzeugung von Oberfläche nur bis zu derjenigen Grenze zu gehen, die sich aus dem gerade vorliegenden Zweck ergibt, was dadurch erreicht wird, daß diejenigen Partikel, welche die vorgeschriebene Größe erreicht haben, sofort die Maschine verlassen. Diese Forderung der „freien" Zerkleinerung wird von Walzwerken ohne Differentialgeschwindigkeit und von Schraubenmühlen am besten erfüllt, denen in dieser Beziehung Steinbrecher, die die größte Bewegung im Spalt ausüben, und Kollergänge mit durchbrochener Mahlbahn am nächsten kommen.

2. Die Aufhebung der Kohäsion ist derjenige Teil der ganzen auf die Zerkleinerung aufgewendeten Arbeit, der allein als nützlich angesehen werden darf. Diejenige Maschine also, die nur eine Trennung der Partikel voneinander in dem jeweilig vorgeschriebenen Maße und mit Ausschluß jeder unerwünschten Nebenwirkung vollbrächte, wäre als eine ideale Zerkleinerungsvorrichtung anzusehen.

Es ist überflüssig zu sagen, daß es solche Vorrichtungen, die eine rein spaltende Wirkung ausüben, in der Hartzerkleinerungstechnik nicht gibt und auch nicht geben kann[1]. Der Zerkleinerungsvorgang in unseren Maschinen ist vielmehr ein bedeutend verwickelterer. Dadurch, daß alle unsere Zer-

---

[1] Die im Straßenbau bzw. für Pflasterungszwecke in Anwendung stehenden Spaltmaschinen, wie z. B. jene der *Bornholmer Granitwerke A.-G.*, Hamburg, oder des *Eisenwerks Hensel* in Bayreuth (Bauart *Eckert*), sind nicht eigentliche Stein-Zerkleinerungs-, sondern Stein-Bearbeitungsvorrichtungen und fallen somit aus dem Rahmen dieser Betrachtungen heraus.

kleinerungsvorrichtungen für harte Körper die Partikel nicht voneinander-
reißen, sondern sie im Gegenteil zu komprimieren suchen[1], treten je nach
der Art des Angriffs neben Druck- und Scherkräften auch noch Biegungs-
und Torsionsmomente auf, die, zusammenwirkend, zwar die Trennung der
Partikel voneinander als Endzweck herbeiführen, anderseits jedoch auch
erhebliche Arbeitsverluste durch die Reibung der Partikel aneinander
(äußere Reibung) und durch deren plastische oder elastische Deformation
(innere Reibung) verursachen. Zu diesen äußeren und inneren Partikel-
reibungsverlusten, die sich in Wärme- und Staubentwicklung kundgeben,
gesellen sich außerdem noch die Arbeitsverluste des Zerkleinerungsmechanismus hinzu, bestehend aus der Lagerreibung, der Reibung der Zähne an
den Zahnrädern, dem Luftwiderstand und den Erschütterungen des
Fundamentes.

Das Bestreben einer zielbewußten Zerkleinerungstechnik muß nun dahin
gehen, die genannten Verluste, die sich ja niemals gänzlich werden unter-
drücken lassen, auf das erreichbare Mindestmaß einzuschränken. Bei den
Verlusten des Zerkleinerungsmechanismus ist das Ziel unschwer zu erreichen.
Zweckmäßig gebaute und sorgfältig gewartete Lager, gut geschmierte, auf
Genauigkeitsformmaschinen hergestellte Zahnräder, dichte Einkleidung der
bewegten äußeren Teile und ein gediegener Unterbau sind hierfür die besten
Mittel. Auch der Wärme- und Staubentwicklung, hervorgerufen durch die
äußere Reibung der Partikel, ist durch freie Zerkleinerung, d. h. — wie oben
gesagt — sofortige Beseitigung des genügend Gefeinten, gegebenenfalls unter
Zusatz von Wasser (Naßmahlen), beizukommen. Dagegen wird man mit
den Arbeitsverlusten durch innere Reibung, wobei die plastische Deformation
immer, die elastische aber überwiegend effektvermindernd wirkt, um so mehr
rechnen müssen, je mehr sich die Arbeitsweise der Vorrichtung von der oben
gekennzeichneten idealen entfernt.

---

[1] Als Maß für die Festigkeit eines zu zerkleinernden Werkstoffes dient in der Regel
dessen Druckfestigkeit, die in Kilogrammen gemessen und auf 1 mm² des zur Druck-
richtung senkrecht stehenden Querschnittes des gedrückten Körpers bezogen wird. Nachstehend sind beispielsweise die Druckfestigkeitswerte für einige Werkstoffe zusammen-
gestellt, die bei der Zerkleinerung in Betracht kommen.

Druckfestigkeit p kg für 1 mm².

Basalt	10 bis 20	Roteisenstein	2,3
Quarz	12	Braunspat	2,2
Gneis, Granit	6 „ 8	Blende mit Quarzkern	1,5
Kalkstein	3 „ 5	Gebrannter Ton	0,6 bis 1,3
Sandtsein	2 „ 7	Ton mit 3 bis 9 Proz. Wasser	0,2 „ 0,6
Blei- und Zinkerze	2 „ 4	„ „ 22 „ 26 „ „	0,02 „ 0,03

Im allgemeinen gelten Werkstoffe, bei denen ist

$$p < \quad 1 \text{ kg/mm}^2 \qquad \text{als wenig fest}$$
$$p = 1 \text{ bis } 5 \quad „ \qquad \text{als mittelfest}$$
$$p > \quad 5 \quad „ \qquad \text{als sehr fest.}$$

(*Hugo Fischer:* „Technologie des Scheidens, Mischens und Zerkleinerns", S. 248. Leipzig
1920, Otto Spamer.)

Hiermit sind die Richtlinien für die Beurteilung der Konstruktion und Arbeitsweise von Hartzerkleinerungsvorrichtungen gegeben, und es erscheint naheliegend, die für eine ins einzelne gehende Beschreibung ihrer Typen unentbehrliche Einteilung von dem Gesichtspunkte aus vorzunehmen, in welcher Art und Weise der Angriff auf das zu zerkleinernde Gut erfolgt, ob durch das Zusammenwirken von Druck und Abscherung, oder von Druck und Biegung, oder von Druck und Torsion, oder als noch mehrgliedrige Kombination dieser Kräfte; ferner ob der Druck durch die lebendige Kraft des Werkzeuges gesteigert oder nur durch sein Eigengewicht erzeugt wird usw. usw. Vom praktischen, für den Gebrauchszweck allein maßgebenden Standpunkt aus muß jedoch jene Einteilung vorgezogen werden, die allein nach dem Grade der erzielten Zerkleinerung entscheidet.

Es werden daher im folgenden in getrennten Abschnitten behandelt werden:

I. Die Maschinen zum groben Vorbrechen (Vorbrecher).

II. Die Maschinen zum groben und feinen Schroten (Schroter).

III. Die Maschinen zum Feinmahlen (Mühlen).

Von vornherein sei aber bemerkt, daß die Praxis die hier gezogenen Unterscheidungsgrenzen nicht immer genau einhält, worauf bei späteren Gelegenheiten noch besonders hingewiesen werden wird.

Hieran anschließend werden die Vorrichtungen zum Sieben der zerkleinerten Stoffe, ferner die gebräuchlichsten Fördervorrichtungen sowie Vorkehrungen zur Staubloshaltung der Arbeitsräume und die Einrichtungen zum Lagern und Verpacken der fertigen Ware einer eingehenden Besprechung unterzogen werden. Sodann wird die Beschreibung einer Anzahl verschiedenartiger Zerkleinerungsanlagen folgen, um den Zusammenhang und das Zusammenwirken der in den vorhergegangenen Abschnitten im einzelnen beschriebenen Maschinen zu zeigen und den Beschluß werden die hauptsächlichsten der dem entwerfenden und kalkulierenden Ingenieur unentbehrlichen Tabellen und Formeln bilden.

Demnach werden auf die drei vorgenannten Kapitel folgen:

IV. Siebvorrichtungen.

V. Fördervorrichtungen.

VI. Entstäubung von Arbeitsräumen.

VII. Lagerung und Verpackung.

VIII. Beschreibung vollständiger, ausgeführter Anlagen.

IX. Einige Tabellen und Formeln.

I. Vorbrecher.

Die Vorbrechmaschinen empfangen das Gut, so wie es der Steinbruch oder die Lagerstätte liefert, in Blöcken und Stücken verschiedener Größe und zerkleinern es so weit, daß es die darauf folgenden Schroter mit Sicherheit einzuziehen vermögen. Die maximale Stückgröße, in der das Gut den Vorbrechern zugeführt werden darf, ist von den Abmessungen der Aufgabeöffnung — des „Brechmaules" — abhängig. Stücke, deren Größe diese Abmessungen überschreitet, müssen entweder mit dem Hammer zerschlagen oder mit Dynamit u. dgl. gesprengt werden. Die Stückgröße des Erzeugnisses kann in gewissen, gewöhnlich nicht allzuweiten Grenzen durch Weiter- oder Engerstellen der Ausfallöffnung — des „Spaltes" — geändert werden. Die Beschickung erfolgt meist von Hand oder mit der Schaufel, nur bei ganz großen Leistungen wird eine selbsttätige Beschickung mittels rostartig ausgebildeter Zubringer (*Briart*sche Roste im Kalibergbau) angewendet.

Die Kategorie der Vorbrecher weist zwei hauptsächlichste Arten auf:
a) die Backenquetschen (auch Kauwerke oder Steinbrecher genannt);
b) die Kegelbrecher.

Beiden gemeinsam ist die Art des Werkzeugangriffes, der darin besteht, daß ein beweglicher Teil sich einem unbeweglichen Teil des Werkzeuges wechselweise nähert und sich von ihm entfernt. Diese Bewegung wird bei den Backenquetschen in eine absatzweise, bei den Kegelbrechern in eine beständige Zerkleinerungsarbeit umgewandelt.

Bei beiden Arten sind ferner dreierlei Ausführungsformen zu unterscheiden:
1. Vorbrecher mit der größten Bewegung in der Ausfallöffnung (im Spalt);
2. Vorbrecher mit der größten Bewegung in der Aufgabeöffnung (im Maul);
3. Vorbrecher mit gleichmäßiger Bewegung im Spalt und im Maul.

a) Backenquetschen.

Für die Backenquetschen ist der von *Eli Whitney Blake* i. J. 1858 erfundene Steinbrecher vorbildlich gewesen, fast sämtliche späteren Bauarten haben sich aus dieser Konstruktion entwickelt. Die allerersten *Blake*-Brecher zeigten die größte Bewegung in der Aufgabeöffnung, während bei den nachfolgenden Ausführungen der größte Ausschlag der schwingenden Backe in den Spalt verlegt erscheint. Auf die Wirkungsunterschiede dieser beiden Ausführungsformen wird noch zurückzukommen sein.

Die Einrichtung einer Backenquetsche zeitgemäßer Bauart — die als die übliche angesehen werden kann — sei zunächst an den Fig. 3, 4 und 5 erläutert, die eine Konstruktion der „*Skodawerke*" in Pilsen darstellen. Darin

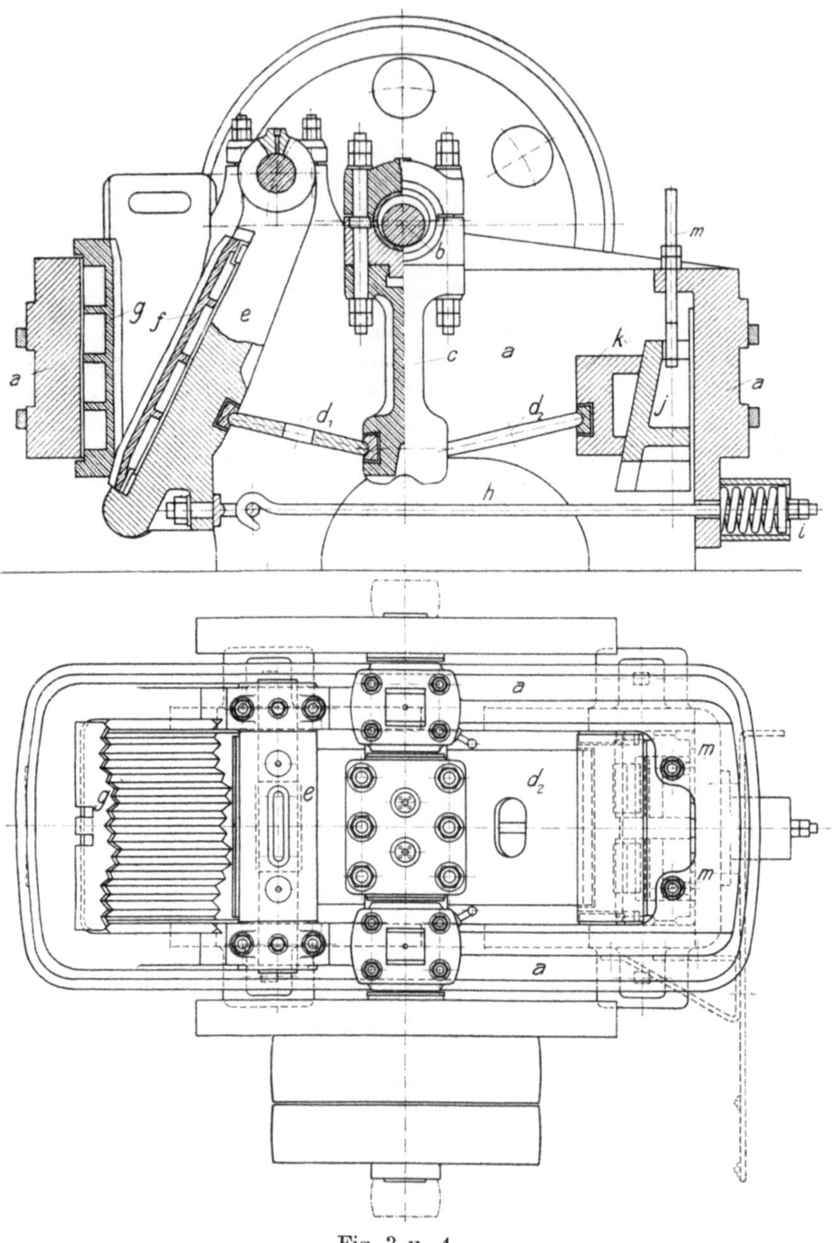

Fig. 3 u. 4.

bedeutet a das schwere gußeiserne, durch warm aufgezogene schmiedeeiserne
Schrumpfringe gegen Bruchgefahr gesicherte Gehäuse, das in langen Ölkammerlagern die mit zwei Schwungrädern o ausgerüstete Exzenterwelle b
trägt. Die Übertragung der Bewegung der mittels Riemscheibe n ange-

triebenen Welle auf die bewegliche Backe e wird durch die oszillierende Hubstange c vermittelt, die mit den Druckplatten d_1 und d_2 ein Kniehebelsystem bildet, unter dessen Wirkung die allmählich fortschreitende Zertrümmerung des Gesteins in dem von der festen Backe g und dem auswechselbaren Teil f der schwingenden Backe e gebildeten Maul erfolgt. Der Brecher verrichtet nur Arbeit, wenn die Hubstange c sich nach aufwärts bewegt und die schwingende Backe der festen nähert; bei der Abwärtsbewegung von c öffnet sich der Spalt und ermöglicht so das freie Durchfallen des genügend zerkleinerten Gutes.

Um die Spaltweite, die für die Stückgröße des Erzeugnisses maßgebend ist, in gewissen Grenzen verändern zu können, ist der Gleitklotz k, gegen

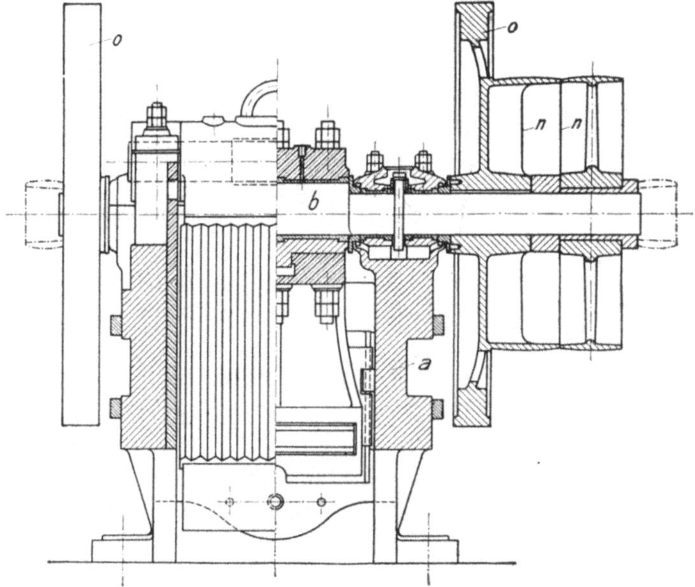

Fig. 5.

den sich die Druckplatte d_2 stützt, mittels Stellkeiles j und Schraube m verschiebbar angeordnet. Das sichere Zurückziehen der schwingenden Backe e geschieht mit Hilfe der Zugstange h und der starken Spiralfeder i, die den Kniehebel, die schwingende Backe und den Stellkeil im Kraftschluß hält und beim Durchknicken des ersteren die Erweiterung des Brechmaules bewirkt.

Die in auswechselbaren Gußstahlpfannen gelagerten Druckplatten d_1 und d_2 sind als schwächster Teil der Konstruktion ausgebildet. Im Falle also, daß ein Körper von ungewöhnlicher Härte (ein Hammer, Eisenstück od. dgl.) in das Brechmaul gelangt, geben die Druckplatten der dann auftretenden übermäßigen Beanspruchung nach und schützen durch ihren Bruch die Maschine vor weitergehender Zerstörung.

Die Backen e und f müssen, um der Abnutzung wirksam begegnen zu können, aus dem widerstandsfähigsten Stoff, über den die Technik verfügt, also entweder aus Schalenhartguß oder besser noch aus Hartstahl hergestellt sein, und auch die Teile des Gehäuses, die die seitliche Begrenzung des Maules bilden, werden durch auswechselbare Hartguß- oder Stahlkeile gegen den Angriff des harten Aufschüttgutes geschützt. — Von Wichtigkeit ist auch noch die Form der Rifflung, mit der die Backen versehen sind und die je nach der Beschaffenheit des Aufschüttgutes hoch- oder flachkantig, mit gleichbleibender oder wechselnder[1] Höhe der Rifflung, oder wellenförmig u. ä. zu gestalten ist.

Von der Breite und Tiefe des Maules ist — neben der Widerstandsfähigkeit des Gesteins und dem gewünschten Grade der Zerkleinerung — die Leistungsfähigkeit dieser Maschine abhängig. Die kleinsten — noch maschinell zu betreibenden — Modelle besitzen etwa 200 $\times$ 100, die größten 1800 $\times$ 1400 mm Maulweite; dementsprechend bewegt sich die Stundenleistung in den Grenzen von etwa 500 bis 180 000 kg und der Kraftbedarf schwankt zwischen $^1/_4$ und 180 PS.

Der Kniehebel, auf dem, wie oben dargelegt, die Konstruktion des Steinbrechers beruht, ist ein Mittel zur Erzeugung ganz gewaltiger Druckkräfte,

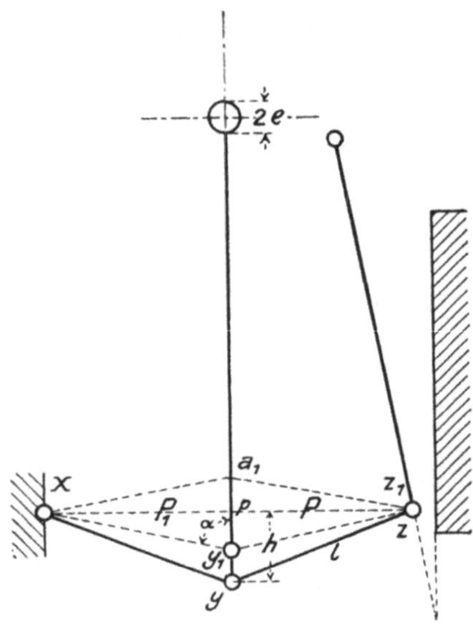

Fig. 6.

über deren Größe man sich durch die nachstehende kleine Rechnung leicht Aufklärung verschaffen kann[2].

In Fig. 6 bedeutet e die Exzentrizität, h die Pfeilhöhe des offenen Kniehebels, $h-2e$ die der höchsten Hubstellung der letzteren entsprechende Pfeilhöhe. Nimmt man ferner die Länge $y_1 z_1 = y z = l$, wobei bei höchster Hubstellung der Punkt z_1 nach rechts und hinauf verschoben erscheint, dann den $\sphericalangle a_1 y_1 z = \alpha$ und zerlegt man endlich die durch die Hubstange ausgeübte Zugkraft p nach den beiden Kniehebelarmen in die Komponenten P und P_1, so ergibt sich aus der Gleichung

$$\frac{P}{p} = \frac{\sin \alpha}{\sin (180 - 2\,\alpha)}$$

---

[1] Diese Ausführungsart, die von der *A.-G. Joseph Vögele*, Mannheim, gepflegt wird, hat den Vorteil, daß sie die Unterstützungspunkte für die großen Stücke weiter auseinanderlegt als die erstgenannte. Hierdurch wird das Bruchmoment verkleinert und das Vorbrechen geht weit leichter vor sich. Näheres s. „Tonindustrie-Zeitung", J. 1921, Nr. 41, S. 337.

[2] *Kirschner:* Grundriß der Erzaufbereitung **1**, 40. 1898.

der größte Seitendruck

$$P = p \cdot \frac{\sin \alpha}{\sin 2\,\alpha} = \frac{p}{2 \cos \alpha},$$

oder, da

$$\cos \alpha = \frac{h - 2\,e}{l}$$

auch

$$P = \frac{p \cdot l}{2\,(h - 2\,e)}.$$

Für $\alpha = 90°$ (gestreckte Hebellage) wird

$$P = \frac{p}{0} = \infty.$$

Da nun bei dieser Rechnung die in dem System auftretenden dynamischen Wirkungen ganz außer Ansatz bleiben, so müssen erhebliche Sicherheitskoeffizienten eingeführt werden, die aus der Erfahrung heraus zu wählen sind. Außerdem können sich jedoch Umstände einstellen, unter deren Einfluß ganz andere als die berechneten Beanspruchungen entstehen, beispielsweise das bereits erwähnte Hineingeraten von besonders harten Fremdkörpern in das Maul, was besonders dann gefährlich wird, wenn ein solcher Körper sich im Maul einseitig verlagert hat und damit höchst ungleichmäßige Spannungen im Gehäuse hervorruft. Gußeisen, der Stoff, aus dem das Gehäuse in der Regel besteht, hat bekanntlich an sich schon gegen Zugbeanspruchung nur geringe Widerstandsfähigkeit, die überdies durch die andauernden Stöße und Erschütterungen bei der Arbeit noch bedeutend herabgesetzt wird. Diese Erwägungen führten manche Konstrukteure dazu, für das Gehäuse anstatt des unzuverlässigen Gußeisens Stahlguß oder Schmiedeeisen zu wählen.

Noch anders verfahren *Amme, Giesecke & Konegen*, Braunschweig. Das Gehäuse f ihres Steinbrechers (Fig. 7 und 8) wird durch Kopf- und Endstücke gebildet, die miteinander durch kräftige Zuganker l verbunden und durch gußeiserne Seitenstücke abgesteift sind. Diese Anordnung hat neben dem Vorteil der leichteren Herstellung und genauen Bearbeitung den Hauptvorzug, daß das Gehäuse von den Zugspannungen vollständig entlastet wird, und daß diese auf die Anker übertragen werden, die dafür ja, weil aus Schmiedeeisen, viel besser geeignet sind. Die Anker sind so bemessen, daß sie als schwächstes Glied der Konstruktion erscheinen. Gegebenenfalls wird also nur der Bruch eines Ankers eintreten, dessen Ersatz durch einen neuen leicht zu bewerkstelligen ist. — Im übrigen ist die Bauart dieses Brechers die normale, mit Exzenterwelle a, Hubstange b, den Druckplatten c, der Schwinge d, den auswechselbaren Backen e, der Zugstange g mit Feder h, dem Gleitklotz i und dem Stellkeil k.

Einen Backenbrecher mit schmiedeeisernen Seiten- und Stahlgußstirnwänden zeigen die Fig. 9 und 10 (Konstruktion *Kampnagel*, Hamburg). Er verbindet unbedingte Bruchsicherheit des Gehäuses mit einem gegenüber der

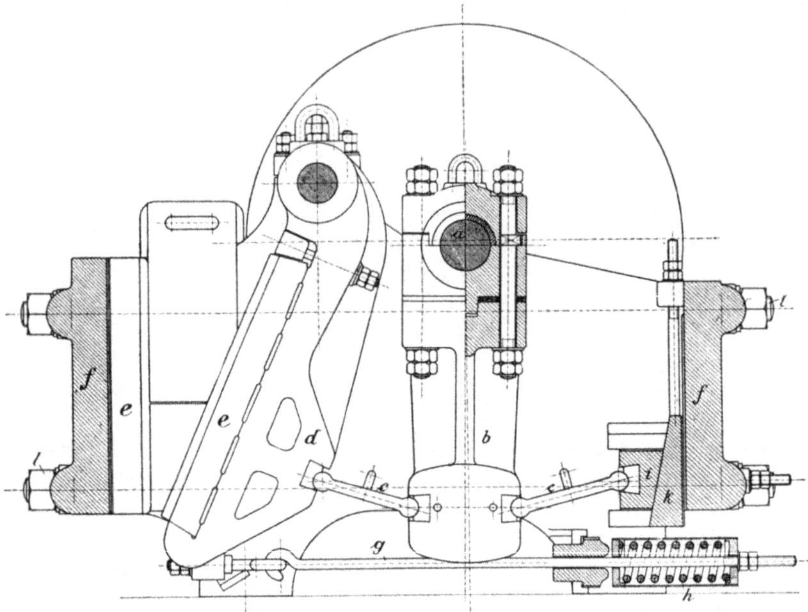

Fig. 7.

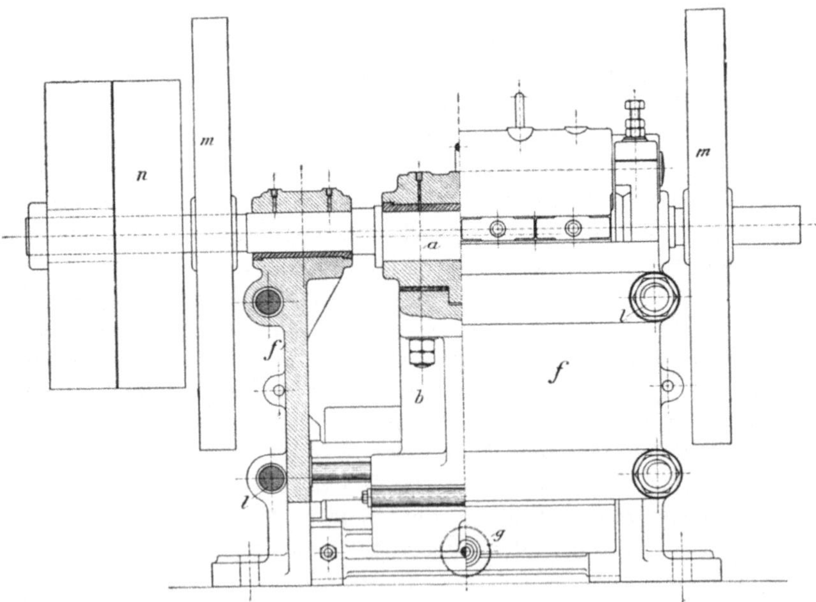

Fig. 8.

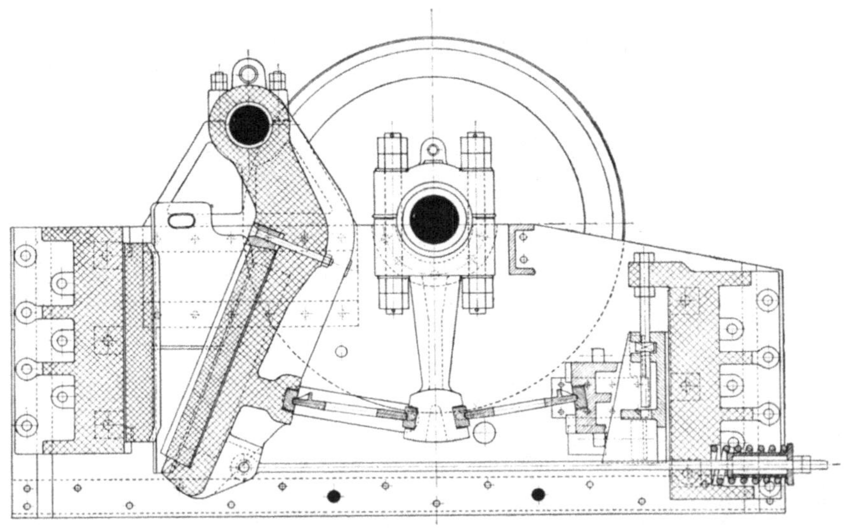

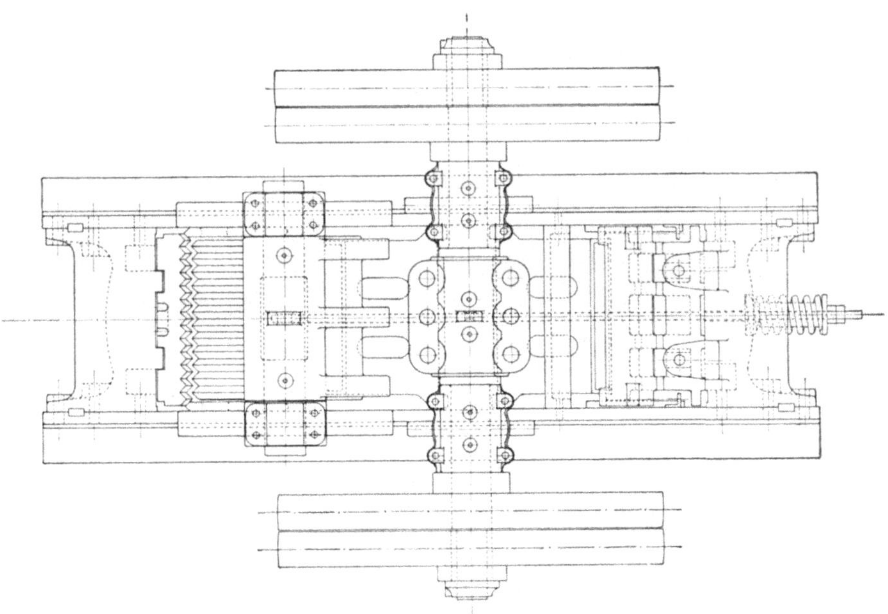

Fig. 9.   Fig. 10.

Bauart mit gußeisernem Bett geringeren Gewicht und wird aus diesem Grunde
gern für Lieferungen nach Übersee verwendet.

Fig. 11 ist der Längenschnitt durch einen Backenbrecher von 1200 × 900 m
Maulöffnung (*Krupp-Grusonwerk*, Magdeburg). Die Brechschwinge hängt hier

senkrecht herab, wogegen Einlaufstirnwand und feststehende Brechbacke schräg angeordnet sind. Das Gehäuse ist mehrfach geteilt.

Die großen Backenbrecher (über 1000 mm Maulbreite) sind aus dem Bestreben hervorgegangen, die Schießarbeit im Steinbruch möglichst einzuschränken bzw. ganz auszuschalten, den letzteren nur mit Hilfe von Dampfschaufeln und Greifern abzubauen und die Zerkleinerungsarbeit der Brecheranlage zu überlassen. —

In vielen Teilen von den vorbeschriebenen Backenquetschen abweichend erscheint der Brecher der *Sturtevant Mill Company*[1]. Der Kniehebelmechanismus ist hier (Fig. 12) durch einen Hubdaumen h der Welle i ersetzt, auf dem

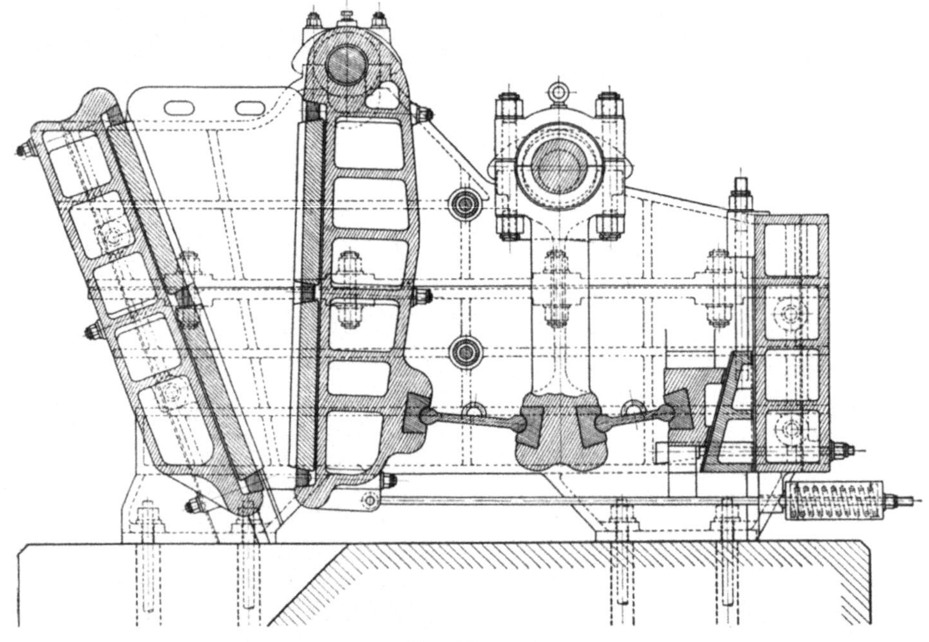

Fig. 11.

sich die Rolle g des Schräghebels e abwälzt, der um die Achse f schwingt und mittels der starken Feder k gegen den Hubdaumen angepreßt wird. Das kurze, als Sicherheitsglied wirkende Gelenkstück d überträgt die Bewegung auf die in c aufgehängte Schwinge a, wodurch die Zerkleinerung zwischen dieser und der festen Backe b erfolgt. Das Gehäuse (der Rahmen) besteht hier aus Schmiedeeisen. — Bemerkenswert ist die geringe Umdrehungszahl dieses Brechers (140 bis 170 gegen i. M. 250 U/min. der Kniehebelbrecher), die im Verein mit der abgefederten Bewegung des Schräghebels — gegenüber der freien Oszillation der schweren Hubstange bei den Kniehebelbrechern — zweifellos einen ruhigeren, von Erschütterungen freieren Gang der Maschine

---

[1] *Sturtevant Mill Company:* Katalog 50 und Flugschriften.

.bewirkt. Ein Nachteil ist dagegen die jedenfalls sehr erhebliche Abnutzung des Hubdaumens h und der Rolle g. —

Es ist weiter oben dargelegt worden, daß die Wirkung der meisten Backenquetschen auf dem Kniehebel beruht. Dieser kann nun entweder doppelt — wie bei den vier ersten der bisher beschriebenen Konstruktionen — oder einfach sein. Als Ausführungsbeispiele für letztere Bauart mögen der Bulldog-Steinbrecher, Patent der *Alpinen Maschinen A.-G.*, Augsburg, Fig. 13 und 14, und der Einschwingenbrecher, System *Velten*, der *Internationalen Baumaschinenfabrik A. G.*, Neustadt a. d. Haardt, Fig. 15, dienen.

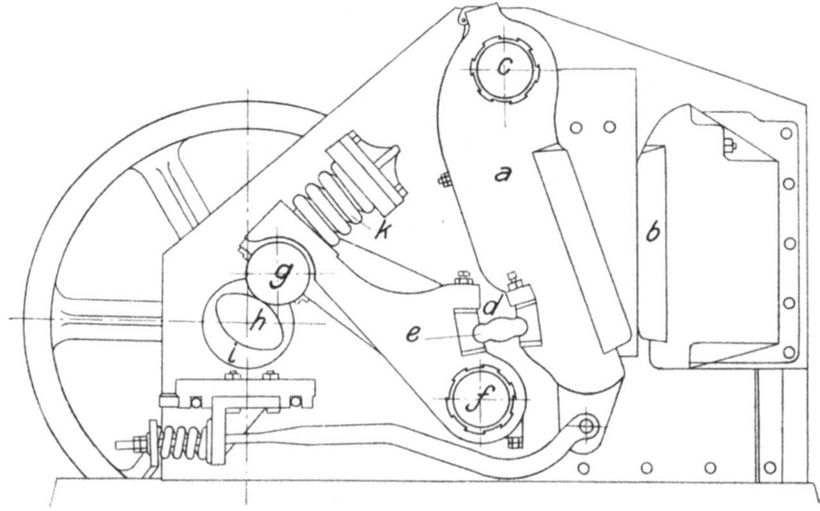

Fig. 12.

In den Abbildungen Fig. 13 und 14 bedeutet a_1 das Gehäuse, b, b die Schwungräder, c, c die feste und lose Riemscheibe, f die unbewegliche und e die in eine Schwinge d eingelassene Backe, die von der Exzenterwelle a auf und nieder bewegt und dabei durch eine Zugstange y mit Spiralfeder t gegen eine Druckplatte h gepreßt wird.

Die Verstellung der Spaltweite erfolgt in bekannter Weise mittels Gleitklotz m, Stellkeil n und Schraube o. Dagegen ist die Druckpfanne g nicht wie bei anderen Brechern in dem Gleitklotz m, sondern in einem besonderen Schlitten l gelagert, der mit einer Schwalbenschwanzleiste am Gleitklotz geführt ist und mittels der Stellschraube p auf und nieder bewegt werden kann, wodurch eine Veränderung des Neigungswinkels der Druckplatte h zur Schwinge d, und somit auch eine Veränderung des Backenwinkels in gewissen Grenzen ermöglicht wird.

Während beim Brecher mit Doppelkniehebel das Schwingdiagramm der beweglichen Backe durch eine einfache, etwas geschweifte Linie dargestellt wird, beschreiben die einzelnen Punkte der vom Exzenter unmittelbar be-

wegten Backe Kurven, die je nach der Höhenlage der Druckpfanne verschiedene Lage und Form annehmen. Die Kurven sind Ellipsen, die nach
dem Spalt zu sich der Kreisform nähern. Je mehr also die Druckpfanne
nach oben verlegt wird, um so mehr nähern sich die großen Achsen der Ellipsen
der Senkrechten.

Die praktische Bedeutung dieser Bauart liegt nun darin, daß die Form
der Bewegungsbahn der Schwinge auf das Brechgut einerseits eine zertrüm-
mernde, anderseits auch eine nach dem Spalt zu fördernde, also reibende
Wirkung ausübt, so daß ein Gemisch von groben Brocken, Grieß und Mehl
entsteht. Da aber der von den beiden Backen gebildete Winkel bei einer bestimmten Spaltweite festgelegt ist, für die Praxis jedoch dem jeweiligen

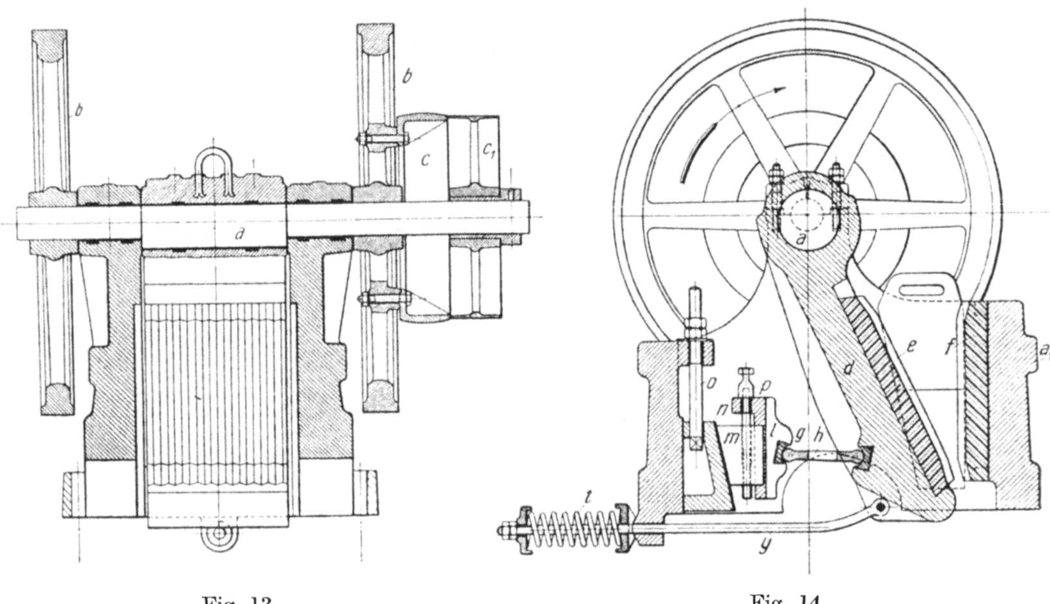

Fig. 13.   Fig. 14.

Reibungswinkel des Aufschüttgutes angepaßt werden muß, so gibt es für
jedes Gut eine einzige bestimmte Lage der Druckpfanne, bei der die die Brech-
wirkung hervorrufende Komponente so gerichtet ist, daß sie gerade noch den
gedachten Reibungswinkel berücksichtigt, wodurch die Höchstleistung erzielt
wird. Ist nämlich der Backenwinkel zu groß, so wird das Gut, anstatt eingezogen zu werden, herausspringen; ist er zu klein, so erfolgt seine Förderung
nach dem Spalt hin zu langsam. In beiden Fällen tritt eine Minderleistung ein.

Die leicht zu bewirkende und der jeweiligen Eigenart des Gutes anzu-
passende Veränderlichkeit des Backenwinkels ist also zweifellos ein Vorteil
des Bulldog-Brechers, desgleichen seine gedrungene Bauart. Dagegen ist es
ein Nachteil, wenn auch nur ein solcher geringeren Grades, daß die Schwungräder unmittelbar rechts und links an der Einwurföffnung liegen, wodurch
sich das Aufgeben des Gutes etwas unbequemer gestaltet.

Bei dem Einschwingenbrecher, System *Velten*, Fig. 15 (worin *a* die Exzenterwelle, *b* die schwingende, *c* die feste Backe, *d-e-f* die Stellvorrichtung und *g* das Gehäuse bedeutet), ist, abweichend vom Bulldog-Brecher, die Möglichkeit, den Einzugwinkel unabhängig von der Einstellung der Spaltweite zu ändern, nicht vorhanden, da seine Stellvorrichtung sich in nichts von jener der Backenquetschen mit doppeltem Kniehebel unterscheidet. Dagegen kommen ihm selbstverständlich alle anderen Eigenschaften zu, die für den Brecher mit einfachem Kniehebel im allgemeinen charakteristisch und weiter oben dargelegt sind. —

Die vorstehend beschriebenen Brecherkonstruktionen gehören zu jenen, bei welchen die größte Bewegung in der Ausfallöffnung — im Spalt — erfolgt. Diese Bauart wird — abgesehen von den Einschwingenbrechern mit einfachem Kniehebel — also überall dort am Platze sein, wo es sich darum handelt, groben Bruch mit möglichst wenig Abfall zu liefern, während im anderen Falle, wo der Brecher neben wenig groben Brocken ein sehr mehl- und grießreiches Erzeugnis liefern und als sog. „Granulator" wirken soll,

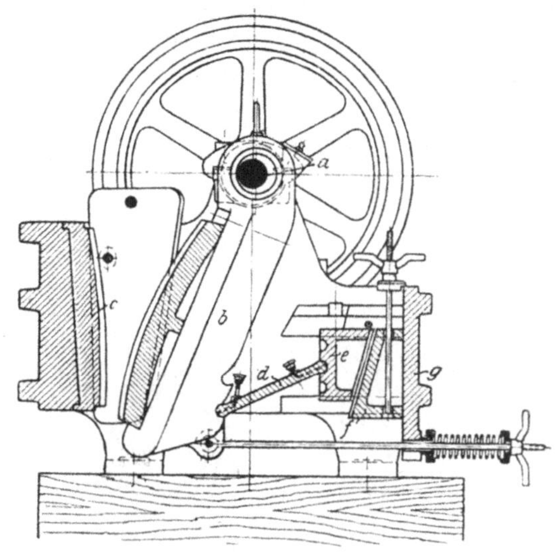

Fig. 15.

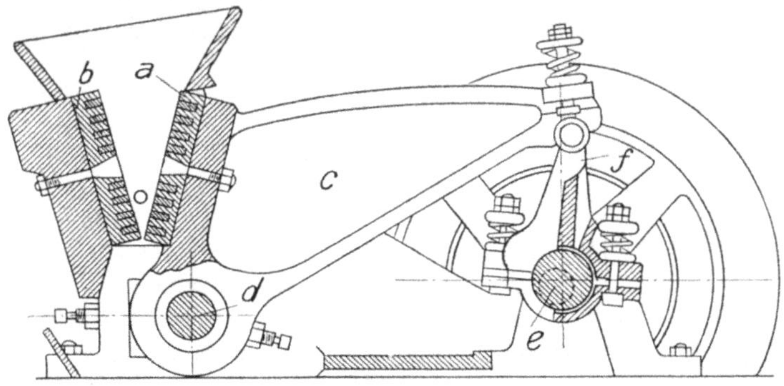

Fig. 16.

die nach dem gegenteiligen Grundsatz: größte Bewegung in der Aufgabeöffnung (Maul) arbeitenden Backenquetschen vorzuziehen sein werden.

Als ältester Vertreter dieses Typs ist der *Dodge*-Brecher zu nennen, dessen Einrichtung und Wirkungsweise aus Fig. 16 hervorgeht. Die Maschine besteht aus einem starken gußeisernen Rahmen mit der festen Brechbacke *b*,

sowie den Lagern für die Exzenterwelle e und die Achse d, ferner aus der
Schwinge c mit der Brechbacke a und der Hubstange f, die die Bewegungsübertragung von der Exzenterwelle auf die Schwinge vermittelt, wobei eine
kräftige Spiralfeder das Zurückziehen der Schwinge bewirkt. Auf der Exzenterwelle sitzt ein schweres Schwungrad neben einer festen und einer losen Riemscheibe. Zur Regelung der Spaltweite sind die Lager der Achse d mit auswechselbaren Beilegeplatten versehen; ein besonderes Sicherheitsbruchglied
ist nicht vorhanden.

Die Wirkungsweise dieses Brechers, die wohl ohne weitere Erklärungen
verständlich sein dürfte, wird von *Richards*[1] nicht günstig beurteilt. *Richards*

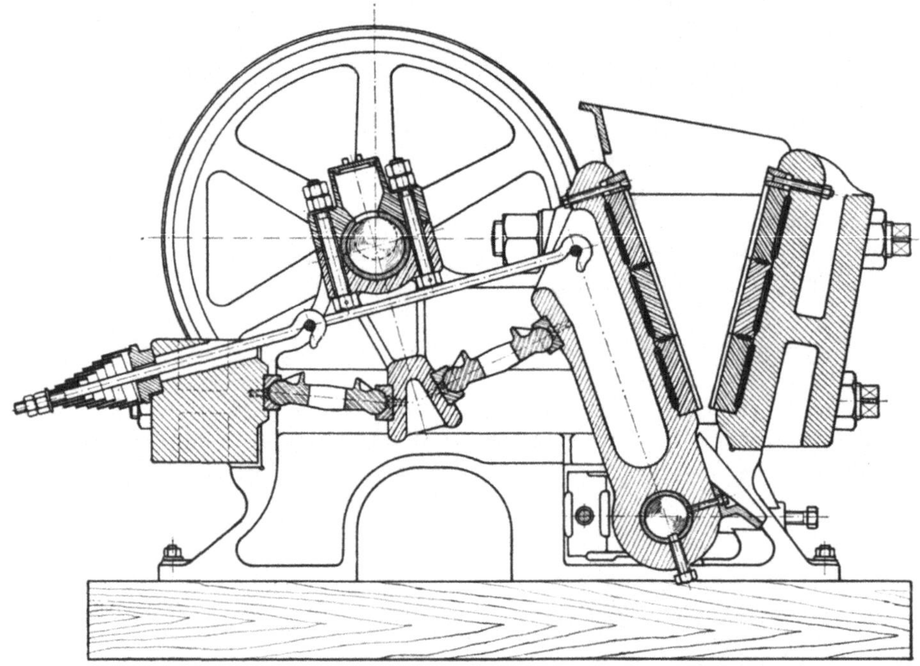

Fig. 17.

kommt auf Grund eines rechnerisch durchgeführten Vergleiches zwischen
Blake- und *Dodge*brecher zu dem Schluß, daß letzterer im Maul 17,64 mal
so viel Arbeit verrichtet als im Spalt, der *Blake*brecher aber nur 2,19 mal. Der
*Dodge*brecher ist also bedeutend ungleichmäßiger belastet und muß daher
viel unruhiger, stoßender und geräuschvoller arbeiten als der *Blake*brecher.
— Dem ist in der Tat so. —

Eine weit bessere konstruktive Durchbildung aller Einzelheiten, die wohl
genügend deutlich aus Fig. 17 hervorgehen, zeigt der Brecher von *S. A. Krom*,
Plainfield, N.-J., der auch von *C. v. Grueber*, M. A.-G. Berlin, gebaut wird.
Seine bemerkenswert kräftige Bauart läßt ihn besonders als Granulator für
sehr hartes Gut (Phosphat, Zement) geeignet erscheinen.

---

[1] *R. H. Richards:* Ore dressing **1**, 28. (Hill Publishing Co.) New York 1908.

Einzelheiten von unbestreitbarer Eigenart weist auch der Brecher der *Rheinischen Maschinenfabrik*, Neuß a. Rh., auf, den die Fig. 18 und 19 veranschaulichen. In einem starken Rahmen *a* ist die mit zwei schweren Schwungrädern, fester und loser Riemenscheibe ausgerüstete Exzenterwelle *b* gelagert, die ihrerseits, in ihrem exzentrischen Teil, die als Lade ausgebildete Schwinge *e* trägt. Mit letzterer schwingt eine mit ihr verbundene Mulde *g*, die, als Schüttelrinne wirkend, das Gut selbsttätig dem aus der beweglichen Backe *f* und der festen Backe *d* gebildeten Brechmaul zuführt, wodurch das Ein-

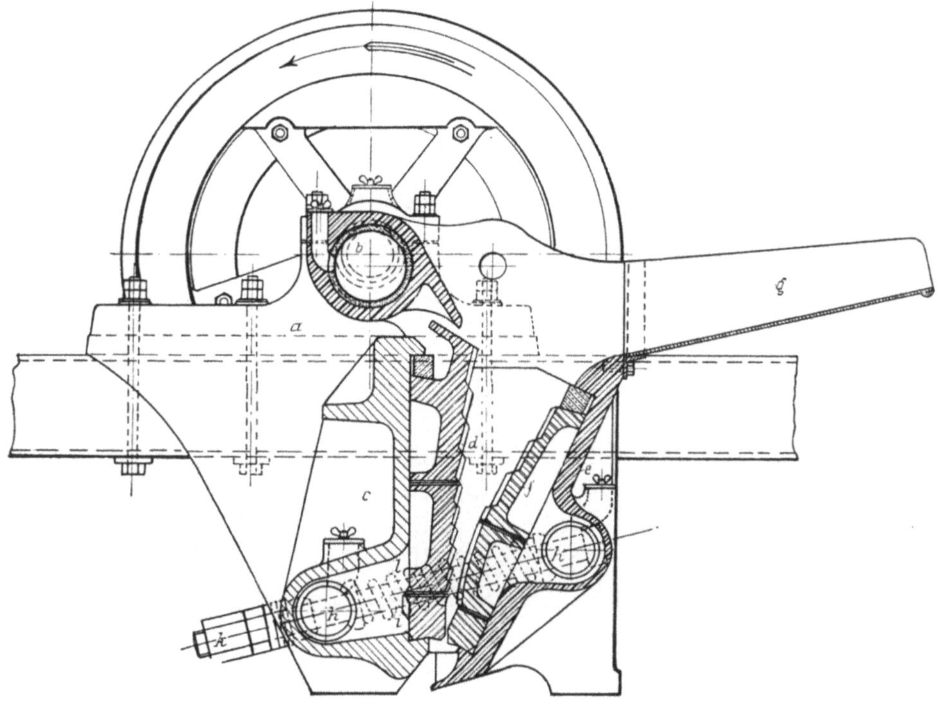

Fig. 18.

schaufeln gespart und die unmittelbare Beschickung aus Kippwagen ermöglicht wird. Die Schwinge ist mit dem Rahmen durch zwei mittels Drehbolzen *h* angreifende Zugstange *i* verbunden, die den im unteren Brechraum auftretenden Druck als Zugspannung in sich aufnehmen, während der Druck im oberen Teil des Brechraumes unmittelbar von der Exzenterwelle aufgenommen wird. Die Zugstangen, die gleichzeitig zur Regelung der Spaltweite dienen, sind mit Muttern *k* aus geschmiedeter Bronze versehen, ferner mit Bruchbüchsen und Spiralfedern *l*, die die Brechbacken auseinanderhalten, während die Bruchbüchsen als Sicherheitsglieder ausgebildet sind.

Die Brechbacken *d* und *f* sind unten breiter als oben und werden von je einem starken Keil im Rahmen bzw. in der Schwinge festgehalten. Sie

sind ferner wagerecht ein- oder mehrmals durchgeteilt, so daß bei eingetretener
Abnutzung eines der Teile nur dieser allein und nicht die ganze Backe erneuert
zu werden braucht. Bemerkenswert ist die stufenförmige Anordnung der
Backen, die ein Brechen zwischen zwei fast parallelen Flächen und ein sicheres
Einziehen selbst schlüpfrigen Gutes bewirkt.

Die Arbeit geht in der Weise vor sich, daß der obere Teil der beweglichen
Brechbacke sich der feststehenden Backe fast um den ganzen Hub der Exzenterwelle nähert, während der untere Teil derselben Backe sich lediglich

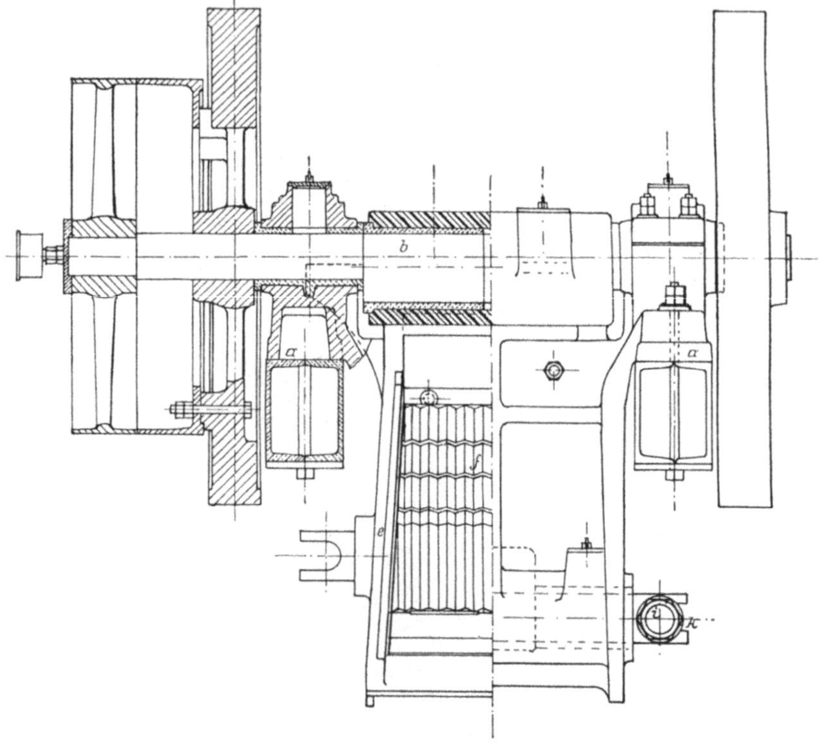

Fig. 19.

um diesen Hub auf und ab bewegt und daher die Spaltweite kaum verändert.
Die Folge ist eine kräftige Schrot- und Mahlwirkung im Spalt und die Konstruktion wird daher hauptsächlich in jenen Fällen anzuwenden sein, wo
auf die Herstellung eines grießigen und mehligen Erzeugnisses in einem
einzigen Arbeitsvorgang Wert gelegt wird und wo die Verhältnisse aus
irgendwelchen Gründen die — grundsätzlich richtigere — Arbeitsteilung nicht
zulassen. Je weiter das Feinschroten getrieben wird, desto mehr sinkt naturgemäß die quantitative Leistung und steigt der relative Kraftverbrauch.

Es muß jedoch ausdrücklich bemerkt werden, daß bei diesem Brecher
durch Verlegung der Drehzapfen in der Schwinge die zerreibende Wirkung
fast vollständig aufgehoben und ein möglichst weites Öffnen des Spaltes er-

zielt werden kann, so daß die Maschine dann nicht mehr als „Granulator“, sondern als normale Backenquetsche arbeitet.

Gleichfalls als „Granulator“ ist der in Fig. 20 dargestellte *Schranz*-Brecher[1] anzusehen, bei dem die schwingende Backe *a* infolge ihrer eigenartigen Aufhängung an die Achse *d* (durch Lenker *c* und Bolzen *e*) eine zusammengesetzte Wälz- und Schleifbewegung gegen die feste Backe *b* vollführt. Das Gut wird also nicht nur gebrochen, sondern auch einer zerreibenden Wirkung ausgesetzt. — Die übrigen Einzelheiten (*g* = Hubstange, *h* und *i* = Keil-

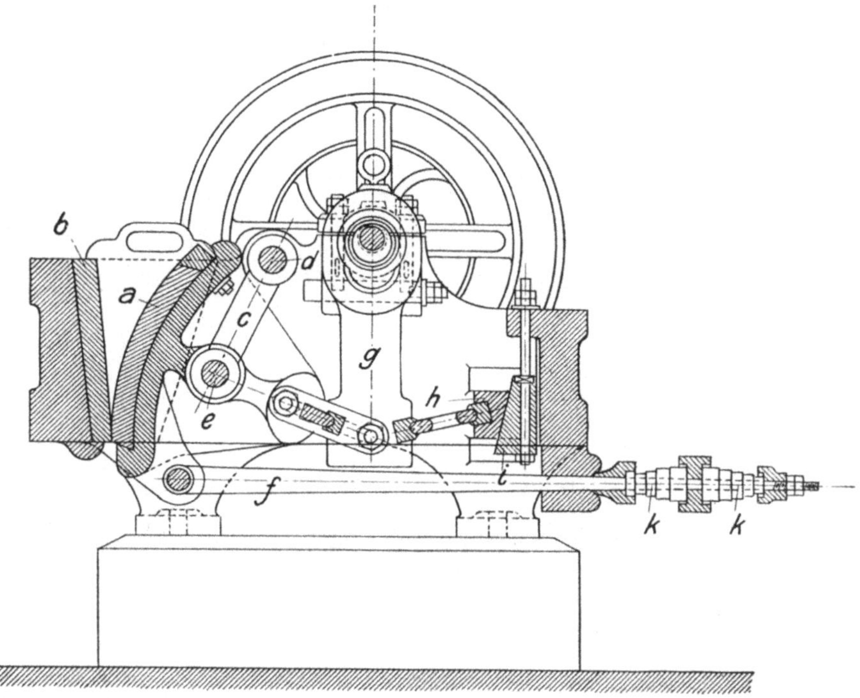

Fig. 20.

stellung, *f* = Zugstange, *k*, *k* = zwei Evolutfedern) unterscheiden sich nicht von jenen der normalen Backenquetsche.

In dieselbe Kategorie wie die beiden vorhergehenden gehört der Walzenbackenbrecher der *Sturtevant Mill Company* (s. Fig. 21). Er besteht[2] aus dem Rahmen *a* und der in *c* aufgehängten Backe *b*, die mittels des Gelenkes *e*, des Zapfens *d*, der Feder *g*, des Keiles *h* mit Stellschraube *k* und der Beilagen *i* in gewissen Grenzen beweglich gemacht ist, um zweier ei zu ermöglichen: 1. das nachgiebige Öffnen der Backen im Falle, daß ein zu harter Körper hineingerät; 2. das Engerstellen des Spaltes bei eingetretener Abnutzung der Backen. Die Bewegung der schwingenden Backe *l* geschieht wie folgt:

---

[1] School of Mines Quarterly 1892, S. 226. Columbia College, New York.
[2] *R. H. Richards:* Ore dressing **1**, 32. 1908.

Die Kraft wird durch die mit dem Schwungrad v zusammengeschraubte Riemscheibe u eingeleitet und treibt die Hubstange s durch das Exzenter t, was ein senkrechtes Schwingen des Hebels r, q um den Zapfen q verursacht. Dieser wieder teilt die Bewegung der an ihm im Zapfen p angeschlossenen Schwinge l mit, die auf der anderen Seite mittels des Gelenkes n an dem Bolzen o aufgehängt ist. Beim Aufsteigen von r wälzt sich die nach dem Radius p, x gekrümmte Fläche der Schwinge gegen die nach q, w gekrümmte Fläche ab, wodurch alle zwischen diesen beiden Flächen liegenden Stücke zermalmt werden. Bei der Abwärtsbewegung von r dagegen arbeiten die beiden Flächen z und y nach dem Dodge-Prinzip, brechen das Gut vor und

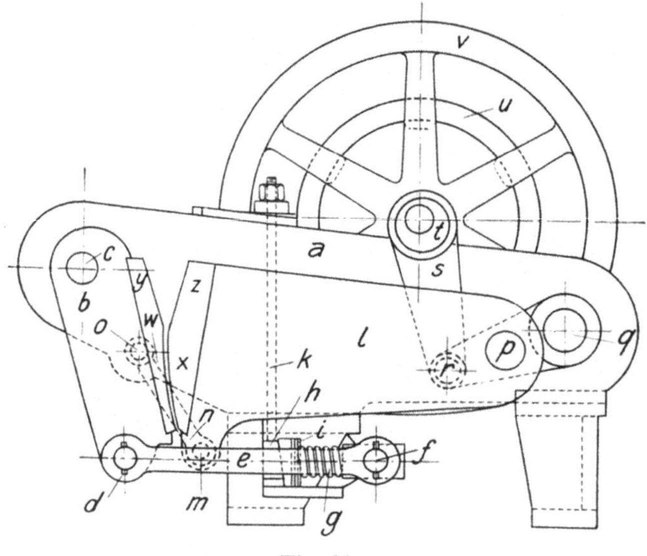

Fig. 21.

lassen das Vorgebrochene zwischen die sich nunmehr voneinander entfernenden Flächen x und w fallen, wo die weitere Zerkleinerung — wie beschrieben — erfolgt.

Richards teilt an derselben Stelle mit, daß ein Granitstück im Gewichte von 2,563 kg binnen 6 Sekunden von einem solchen Walzenbackenbrecher von 5 × 10 Zoll Maulweite oben und $^1/_4$ × 20 Zoll Weite unten auf die folgende Feinheit gebracht wurde: Auf 3 Maschen (im engl. Zoll) 0,2 Proz., durch 3 × 4 M. 2,2 Proz., durch 4 × 8 M. 32,1 Proz., durch 8 × 16 M. 24,5 Proz., durch 16 × 30 M. 14,8 Proz., durch 30 × 60 M. 11,0 Proz., durch 60 × 120 M. 7,5 Proz., durch 120 M. 7,7 Proz.; zusammen 100 Proz.

Dieses Ergebnis erscheint qualitativ sehr befriedigend, doch vermag es nicht darüber hinwegzuhelfen, daß die Konstruktion mit ihren vielen Bolzen und Hebeln als recht verwickelt bezeichnet werden muß. Je weniger bewegte und der Abnutzung unterworfene Teile solche Maschinen aufweisen, die einer so überaus rohen Behandlung ausgesetzt sind, wie das bei Vorbrechern für

Gesteine, Erz u. dgl. meist der Fall ist, desto besser und zweckentsprechender sind sie. Die Einfachheit ist hier alles. Wenn nun der *Sturtevant*-Walzenbrecher außerdem noch quantitativ Gutes leistet, so hat er das in erster Linie dem Umstand zu verdanken, daß er im Spalt doppelt so breit ist wie im Maul, und in diesem oder einem ähnlichen Verhältnis sollten alle Backenquetschen gebaut werden, die es sich zur Aufgabe gestellt haben, zwei Arbeiten: das Brechen und das Schroten, die, wie schon früher bemerkt, besser getrennt vorgenommen werden sollten, gleichzeitig zu bewältigen.

Als Vertreter der dritten Ausführungsart der Backenquetschen, welche durch eine — ganz oder annähernd — gleichmäßige Bewegung im Spalt wie im Maul gekennzeichnet ist, ist der in Fig. 22 dargestellte Steinbrecher, Patent *Max Friedrich & Co.*, Leipzig, anzusehen[1]. Bei diesem Brecher ist die Schwinge

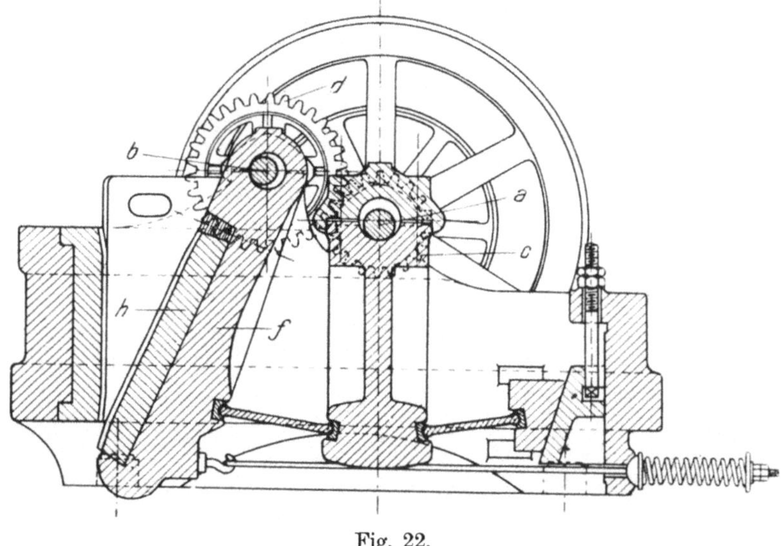

Fig. 22.

f mit der Brechbacke *h* anstatt auf einer Welle, auf einem Exzenter *l* aufgehängt, das von der Welle *a* durch die Zähnräder *c* und *d* angetrieben wird. Die Backe vollführt also hier nicht eine einfach pendelnde, sondern eine doppelseitig schwingende, kräftige Bewegung, was die Leistungsfähigkeit des Brechers günstig beeinflußt und ihn außerdem zur Verarbeitung feuchten und zähen Gutes befähigt. Dagegen kann die Anwendung von Zahnrädern bei stark beanspruchten Backenquetschen im allgemeinen nicht als Verbesserung bewertet werden. —

Eine Klasse für sich bilden die Schwingenbrecher für Kohle und Koks, bei denen die intensive Druckwirkung der bisher beschriebenen Backenquetschen, der milden Art des Aufschüttgutes entsprechend, nicht in Betracht kommt und teils mit Rücksicht auf die zu erzielende Beschaffenheit des Erzeugnisses, teils wegen der sonst zu erwartenden heftigen Verstäubung, gar

---

[1] Inter. Zentralbl. f. Baukeramik 1911, S. 4329 ff.

nicht in Betracht kommen darf. Die Zerkleinerung wird hier vielmehr von den mehr schneidenden und scherenden als drückenden Kräften bewirkt, die von zwei miteinander einen spitzen Winkel bildenden, zweckentsprechend verzahnten und rasch schwingenden Backen auf das Aufschüttgut ausgeübt werden. Dadurch ergibt sich ein nahezu würfelförmiges, stückiges, von Grieß und Mehl fast freies Erzeugnis.

Ein Ausführungsbeispiel dieser weit verbreiteten Maschine, der Doppelschwingenbrecher der *Alpinen Maschinen A.-G.*, Augsburg ist durch die Fig. 23 und 24 veranschaulicht. Man erkennt daraus die beiden

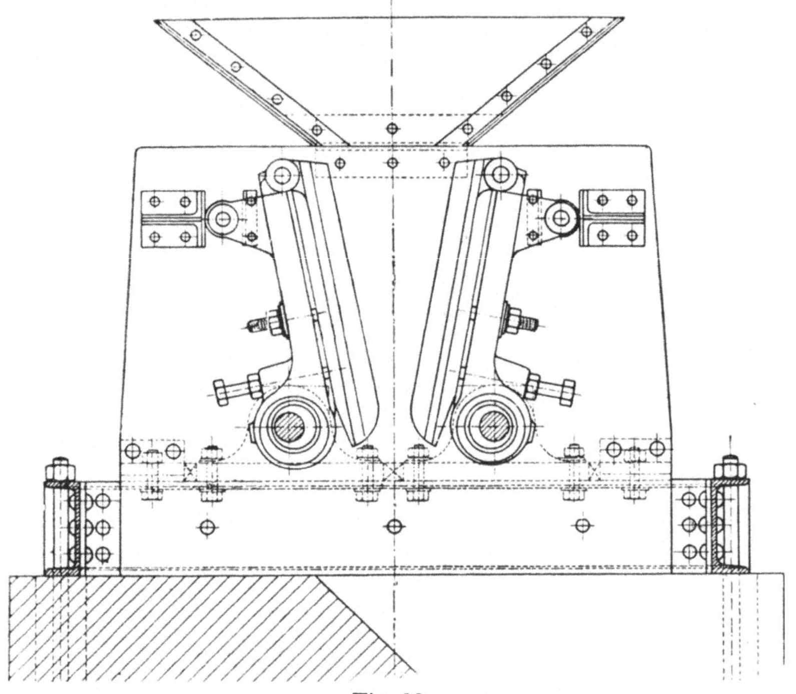

Fig. 23.

Schwingen, die hier von zwei mittels Zahnrädern gekuppelten Exzenterwellen (bei anderen Ausführungsarten von einer doppelt gekröpften Welle) derart angetrieben werden, daß sie beim Abwärtsschwingen nützliche Arbeit verrichten, beim Aufwärtsschwingen dagegen leer gehen. Dabei ist die Einrichtung getroffen, daß die eine Schwinge etwas voreilt, wodurch das an der anderen Schwinge etwa festsitzende Gut abgestreift und nach unten gezogen wird. Das Voreilen darf aber eine gewisse Grenze nicht überschreiten, um die sonst auftretende, stets unerwünschte Grieß- und Mehlbildung hintanzuhalten. Zu diesem Behufe ist die Verstellbarkeit der Exzenterwellen auf ein durch die Erfahrung bestimmtes Maß beschränkt.

Die genannte Gesellschaft baut den Doppelschwingenbrecher in zwei Modellgrößen. Das kleinere Modell von 190 × 120 mm Maulweite leistet mit $1^{1}/_{2}$ bis 2 PS etwa 500 kg-h bei Koks und 1100 kg-h bei Kohle; das größere von 300 × 150 mm Maulweite mit 3 PS etwa 1100 kg Koks und bis zu 3000 kg Kohle.

Eine ganze Reihe von Stoffen neigt dazu, die Zähne von Brechern usw. zu verkleben, sich zu Klumpen wieder zu vereinigen und im Brechmaul stecken zu bleiben. Alle bituminösen Gesteine, z. B. Asphalt, Braunkohle, dann aber auch Gips, haben diese Eigenschaft. Für solche Stoffe und ähnliche ist der Scherenbrecher nach Fig. 25 und 26 (*G. Luther*, *A. G.*, Braunschweig) eine brauchbare Vorzerkleinerungsmaschine[1].

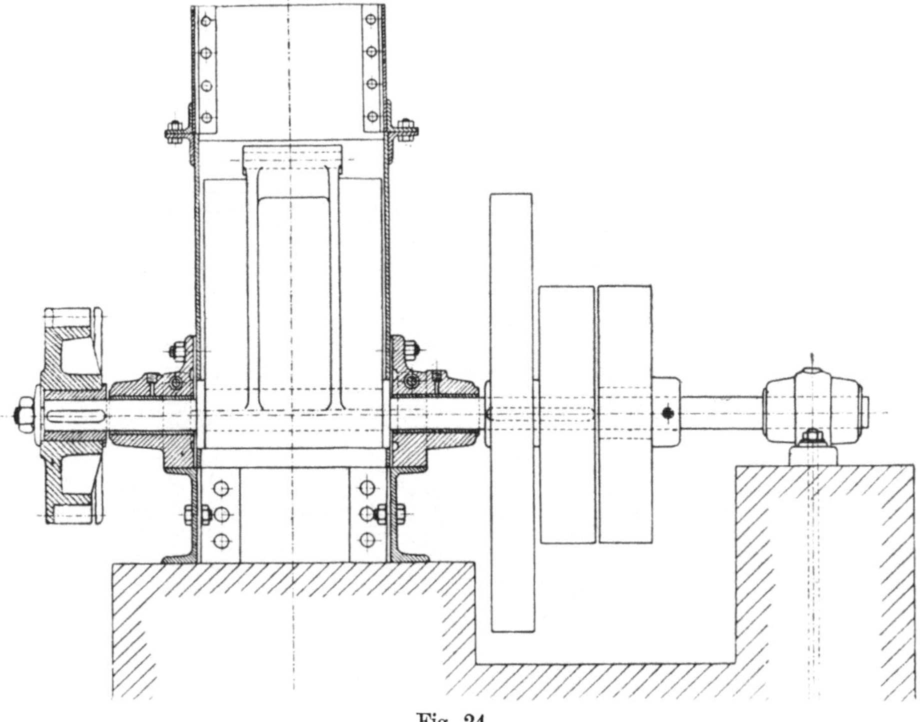

Fig. 24.

Wie bei dem gewöhnlichen Brecher steht hier die eine Backe *a* fest, während die andere durch Zugstangen *b* und Kurbeltrieb *c* bewegt wird. Die Backen selbst sind aber in eine Reihe einzelner gezackter Flachstäbe *d* aufgelöst, und die Stäbe der einen greifen beim Zusammenschlagen in die Zwischenräume der anderen, so daß dazwischenliegendes Gut durch Abscheren zertrümmert wird. Die Zacken halten das Gut sicher, das zunächst zerdrückt oder zerschnitten, dann durch die Spalten geschoben wird und hinter diesen unbehindert nach unten fällt. So reinigen sich die Backen selbst, und jede Klumpenbildung ist vermieden.

---

[1] Chemische Apparatur J. XI, Heft 18, S. 139. Leipzig, Otto Spamer.

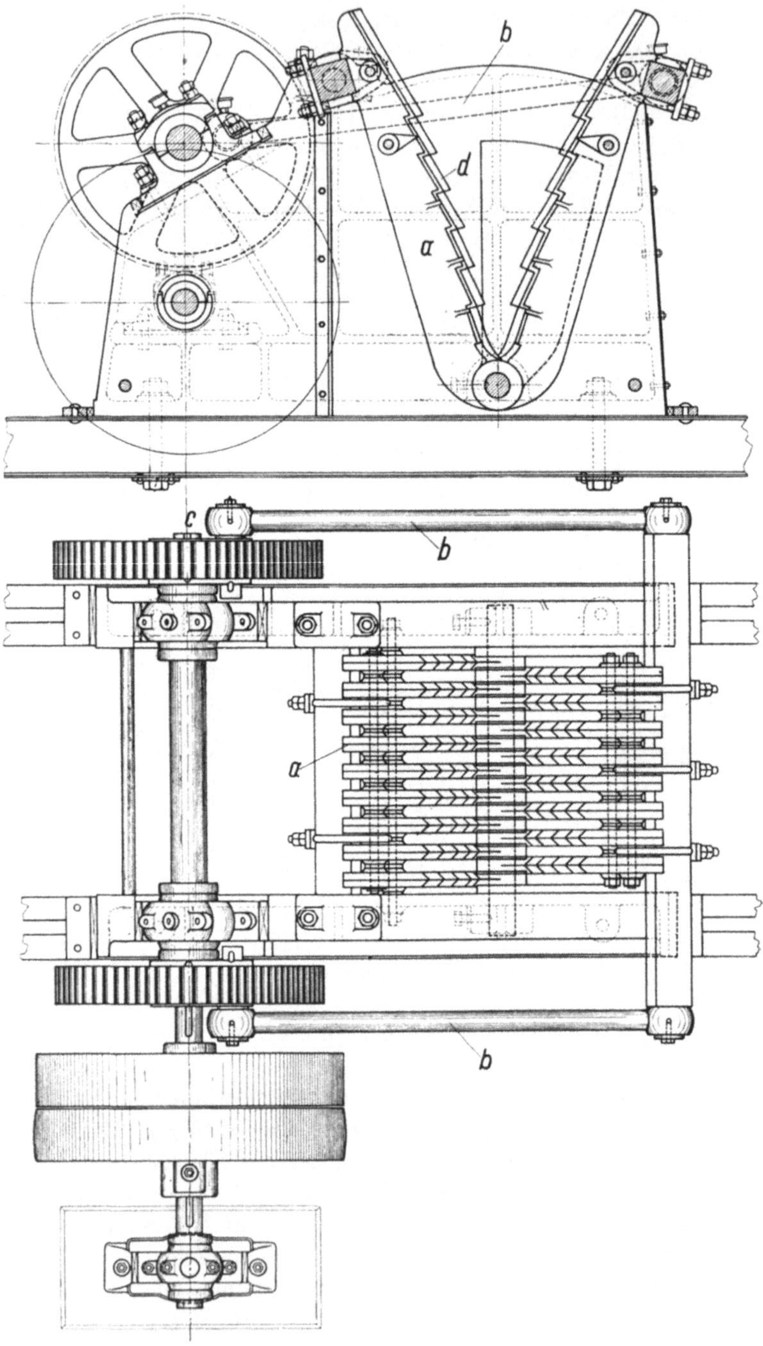

Fig. 25.   Fig. 26.

Für die Beurteilung der Leistung seien folgende Betriebsergebnisse mitgeteilt: Ein Brecher mit Maulöffnung 800 × 700 mm bricht in 1 Stunde 5000 kg Asphalt bei einem Kraftbedarf von 18—20 PS und 80 Hüben in der Minute auf die für die Weiterverarbeitung erforderliche Feinheit. Pariser Gips kommt nach einmaligem Durchgang als mit kleinen Stücken vermischtes grießiges Pulver heraus.

b) Kegelbrecher.

Die Kegel- oder Kreiselbrecher bestehen in der Hauptsache aus einem auf einer senkrechten Welle befestigten, an seiner Oberfläche mit Rippen versehenen oder auch glatten Kegel, der bei seiner exzentrisch umlaufenden Bewegung innerhalb eines zweiten, gleichfalls gerippten oder glatten Hohlkegels das in den Zwischenraum zwischen Kegel und Hohlkegel eingeführte Gut erfaßt und zerkleinert. Der Kegel wirkt, wie aus der schematischen Skizze Fig. 27 hervorgeht, auf die kleineren Stücke durch Druck, auf die größeren durch Druck und Biegung, und da diese Arbeitsweise mit nur geringer Schrot- und Mehlbildung verbunden ist, so ist der Kegelbrecher hauptsächlich dort anzuwenden, wo ein überwiegend stückiges Erzeugnis verlangt wird.

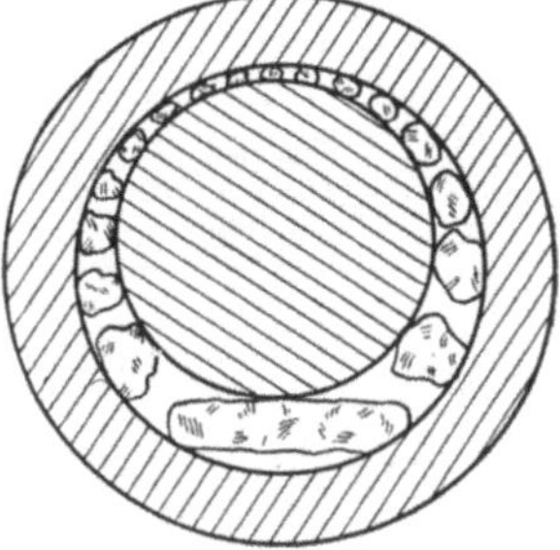

Fig. 27.

Die Leistung des Kegelbrechers ist, abgesehen von der Umdrehungszahl der Spindel, die ein gewisses, durch die Erfahrung bestimmtes Maß nicht über- oder unterschreiten darf, in erster Reihe von den Abmessungen der zerkleinernden Organe abhängig, zugleich auch von der verlangten Stückgröße des Erzeugnisses. Wird letztere mit 50 mm angenommen, so beträgt die Stundenleistung eines Kegelbrechers mit 400 mm Füllöffnungsdurchmesser etwa 3000 kg, von 800 mm Durchmesser etwa 24 000 kg und von 1250 mm Durchmesser etwa 100 000 kg eines harten Gesteins. Der Kraftbedarf beläuft sich auf 5 bzw. 90 PS.

Wie bei den Backenquetschen sind auch bei den Kegelbrechern drei Ausführungsarten zu unterscheiden:

1. Kegelbrecher, die die größte Wirkung im Spalt ausüben;
2. Kegelbrecher, die die größte Wirkung im Maul ausüben, und
3. Kegelbrecher, die die gleiche Wirkung im Spalt und im Maul ausüben.

Die vorbildliche Konstruktion für die unter 1. gekennzeichnete Ausführungsart ist der *Gates*-Brecher, Fig. 28 und 29. In letzteren bedeutet *a* die Spindel mit dem Brechkegel *b*, während *c* den gleich *b* aus Hartguß oder Manganstahl hergestellten Hohlkegel oder Mahlrumpf bezeichnet.

Die Spindel ist unten in eine zu dem Zahnrad *d* exzentrische Büchse eingesetzt und kann zwecks Ausgleichs der Spurabnutzung mittels einer Stellschraube *g* gehoben werden. Der Antrieb erfolgt mittels des Kegelräderpaares *d* und *h*, der Vorgelegewelle *i* und der auf der verlängerten Nabe des

Schwungrades l aufsitzenden Riemscheibe k. Die beiden letzteren sind auf der Welle i nicht festgekeilt, sondern nehmen sie mit Hilfe einer Bajonett-kupplung mit, deren als Sicherheitsglieder dienende Bolzen im Falle eintretender Überlastung abgeschert werden. Das Gehäuse ist dreiteilig; der oberste Teil n_1 enthält das Halslager e für die Spindel, der mittlere Teil n_2 dient zur Aufnahme des Hohlkegels (Mahlrumpfes), und der untere Teil n_3 bildet den Auslauf und gleichzeitige die Verbindung mit der Grundplatte n_4.

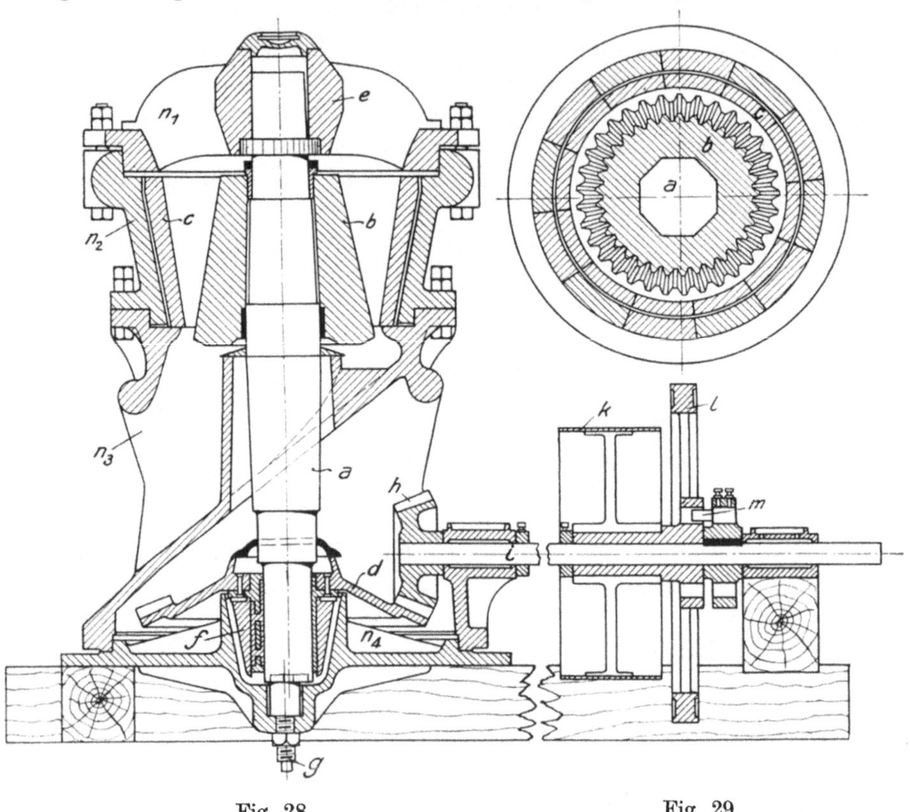

Fig. 28.   Fig. 29.

Die den Brechkegel tragende Spindel ist, wie schon erwähnt, oben in einem Halslager, unten in einer zu dem Antriebsrad d exzentrisch gebohrten Büchse geführt und vermag sowohl eine einfach drehende Bewegung um ihre eigene Achse als auch eine kreispendelförmige Bewegung auszuführen. Das Drehen um die eigene Achse geht nur beim Leerlauf der Maschine vor sich; sobald der Brecher aber beschickt wird, hört diese Drehung auf, und es tritt die kreispendelförmige Bewegung ein, die zur Folge hat, daß der Kegel sich dem Mahlrumpf abwechselnd nähert und sich von ihm entfernt, wodurch die zerkleinernde Wirkung hervorgerufen wird. Die Spindel wirkt dann als einarmiger Hebel, dessen Stützpunkt sich im Halslager befindet, während die Kraft an seinem unteren Ende angreift. Im unten liegenden Spalt ist die

Einwirkung auf das Gut also eine größere als in der Einfüllöffnung, die dem Stützpunkt des Hebels ja um die ganze Höhe des Mahlrumpfes näher liegt als die Ausfallöffnung. Selbstverständlich darf die Führung im Halslager keine starre sein, sondern die Spindel muß im Halslager etwas Spielraum haben (siehe Fig. 28), oder das Halslager muß als Kugellager ausgebildet sein.

Wie aus den obigen Darlegungen hervorgeht, ist die Arbeitsweise des Kegelbrechers — weil ununterbrochen — jener der Backenquetsche — weil absatzweise — zweifellos überlegen. Diese Überlegenheit zeigt sich aber mehr in einem ruhigeren, stoßfreieren Lauf des ersteren als in der quantitativen Mehrleistung, die — gleiche Abmessungen vorausgesetzt — schon deswegen nicht sehr groß sein kann, weil die Backenquetsche zwar nur annähernd die halbe Zeit, aber mit der ganzen Arbeitsfläche, der Kegelbrecher dagegen zwar die ganze Zeit, aber nur mit annähernd der halben Arbeitsfläche zerkleinernd wirkt. Immerhin ist dort, wo es sich um ganz große Leistungen handelt, der Kegelbrecher wegen seiner ruhigeren Gangart besser am Platze als die Backenquetsche. Nachteilig ist bei den Kegelbrechern aber ihre große Empfindlichkeit gegen feuchtes, schmierendes Aufschüttgut. —

Mit einigen recht praktischen Einzelheiten erscheint der Kreiselbrecher der *G. Luther-A.-G.* in Braunschweig ausgestattet, wie aus dem Längenschnitt Fig. 30 hervorgeht. Der Brechkegel a hat hier, ebenso wie der Mahlrumpf b, eine geschweifte Querschnittsform, die ein vollständiges, unstatthaftes Durchrutschen ganzer Stücke verhindert, wie solches bei Kegelbrechern mit gradliniger Querschnittsform von Kegel und Rumpf häufiger vorkommt. Außerdem ist der Brechkegel zweiteilig gemacht, so daß er bei Bedarf leicht ausgewechselt und durch einen neuen Mahlkörper ersetzt werden kann. Vorteilhaft ist ferner die Einrichtung, daß der umwendbare Mahlrumpf eine vollständige Ausnützung gestattet. — Die übrige Einrichtung des Brechers ist die normale (c = oberes Halskugellager, d = Spindel mit Mutter und Gegenmutter e zur Regelung der Höhenlage bzw. der Spaltweite, f = untere Führungsbüchse mit zwangsweisem Ölumlauf, g = Antriebsriemenscheibe und h = Bajonettkupplung).

Der Kreiselbrecher der *Maschinenbauanstalt Humboldt*, Kalk bei Köln, weist vollkommen zylindrischen Brecheinsatz, der in der Mitte wagrecht durchgeteilt ist und ebenso geteilten Brechkegel auf, was die Auswechslung der abgenutzten Teile natürlich sehr erleichtert. Eine weitere Eigentümlichkeit dieser Bauart ist es, daß die Exzentrizität der Spindel leicht verändert werden kann, so daß man es in der Hand hat, die Größe des Ausschlages der jeweilig gewünschten Korngröße des Gutes anzupassen.

Beim Kreiselbrecher der *Gebr. Pfeiffer*, Kaiserslautern, haben, übereinstimmend mit Fig. 30, Brechkegel und Mahlrumpf gleichfalls geschweifte Form. Dagegen ist der Querschnitt der Einwurföffnung nicht rund, sondern viereckig. Viereckig ist auch der obere Teil des Brechraumes, der erst nach unten hin allmählich in den runden Querschnitt übergeht. Der Vorteil dieser Form besteht zunächst darin, daß das Brechgut infolge der größeren Reibung in den Ecken des Vierecks von dem Brechkegel sicher erfaßt und zerdrückt, ein Herumwandern der Stücke also vermieden wird. Da das Viereck in der Richtung der Kanten eine größere Breite aufweist als eine runde Öffnung und das Brechgut vielfach die Form von langen, flachen Stücken hat, so können dem Brecher wesentlich größere Stücke aufgegeben werden als den Kegelbrechern mit runder Einwurföffnung. Der Brecher, dessen Arbeits- und Wirkungsweise im übrigen mit jener des *Gates*-Brechers übereinstimmt, besitzt daher einige für die Praxis recht wertvolle Verbesserungen. —

Als Vertreter der zweiten Ausführungsart — also nach dem Grundsatz: größte Wirkung in der Einlauföffnung (Maul) — arbeitend, sei hier der Kegel-

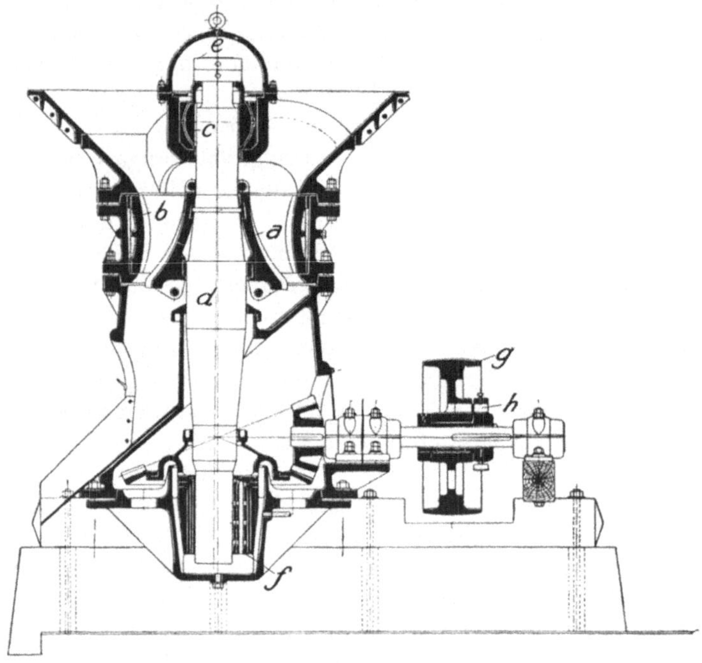

Fig. 30.

brecher der *C. L. Hathaway Rock Crusher Company*[1] angeführt (s. Fig. 31). Die Grundplatte d_1 dient zum Tragen des Gehäuses und der Antriebvorrichtung und ist mit der aus den beiden Schrauben h_1, h_2 und dem Bügel g bestehenden Vorkehrung zum Heben der Spindel b versehen, die mit der Spur e und dem Spurblock f auf dem erwähnten Bügel g aufruht. Auf die Grundplatte d_1 setzt sich das Gehäuse d_2 auf, das den Mahlrumpf c umschließt. Seine Fortsetzung nach oben bildet der Gehäuseteil d_3 und der Teil d_4, der die zweimal gelagerte Vorgelegewelle l mit den Riemenscheiben m_2 und m_1 nebst der bereits bekannten Bajonettkupplung trägt. d_4 dient ferner zur Aufnahme des Halslagers für die Spindel b; dieses Halslager sitzt exzentrisch zu dem Kegelrad i, das im Eingriff mit dem Kegelrad k den Antrieb der Spindel vermittelt.

---

[1] The *C. L. Hathaway Rock Crusher Company*, Denver, Colorado: Katalog Nr. 1.

Das untere Führungslager der Spindel, das mit einer Kappe zum Schutz gegen das Eindringen von Staub und Grieß versehen ist, bildet hier den Stützpunkt für den einarmigen Hebel, d. h. für die Spindel b, die infolge

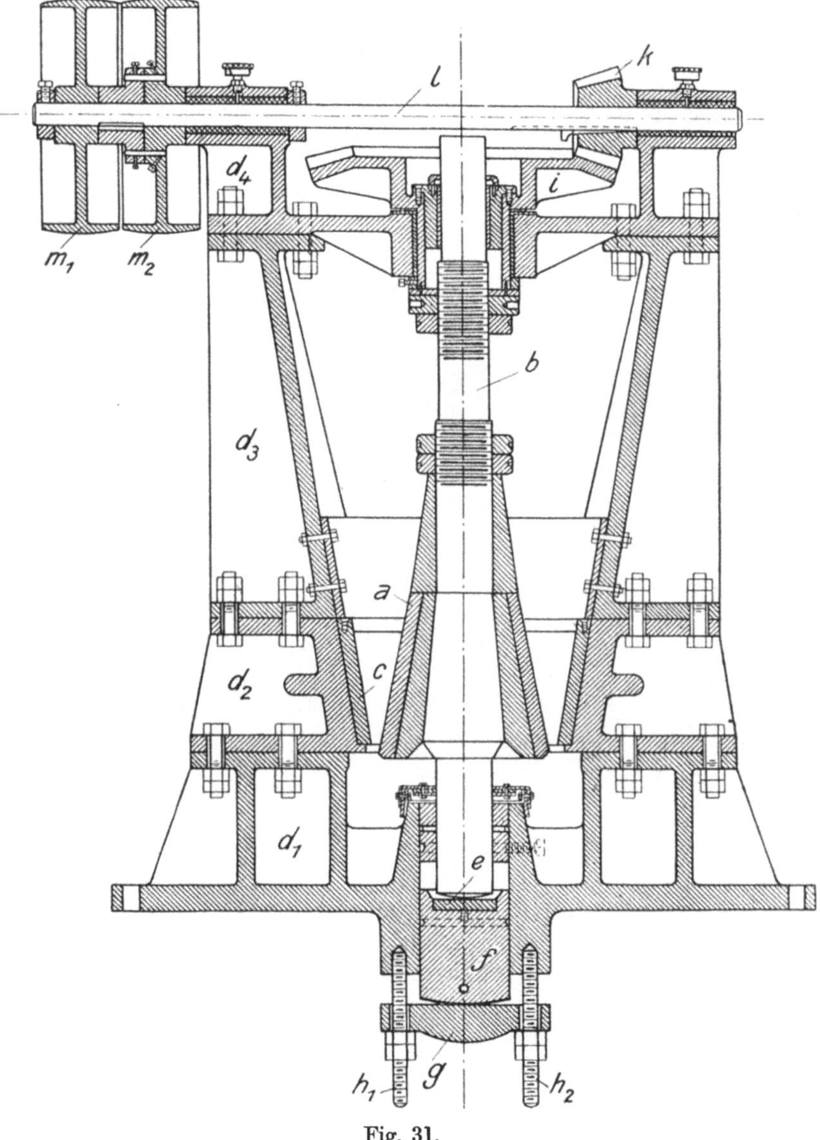

Fig. 31.

der exzentrischen Lage ihrer oberen Führungsbüchse zu dem Antriebsrade i genau dieselbe Bewegung vollführt wie die vorbeschriebenen Brecher der ersten Ausführungsart. Die Wirkungsweise dieser Konstruktion gleicht der des *Dodge*-Brechers, und wie dieser wird auch der *Hathaway*-Kegelbrecher

eine unruhigere Gangart zeigen als jene Brecher, bei welchen die größte
Bewegung in den Spalt verlegt ist. Vorteilhaft erscheint bei ihm dagegen
die leichte Zugänglichkeit des Spindellagers, nachteilig aber die große obere
Bauhöhe und der hochliegende Antrieb. — Bemerkenswert ist hier noch,
daß der auswechselbare Brechkegel nicht unmittelbar auf der Spindel, sondern
auf einem gußeisernen Brechkopf sitzt; beide werden von einer gußeisernen
Hülse und zwei Schraubenmuttern in ihrer Lage festgehalten. Die Hülse
dient gleichzeitig als Schutz für die Spindel, die nach Entfernung des Brech-

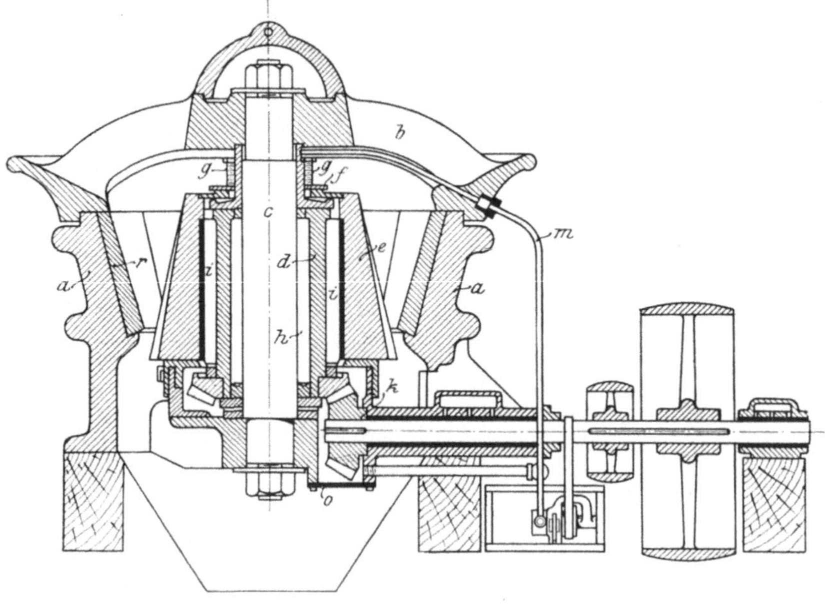

Fig. 32.

kopfes und des Spurlagers mit Zubehör nach unten herausgezogen werden
kann.

Die Kegelbrecher der dritten Ausführungsart, also jener mit gleicher
Wirkung im Maul und im Spalt, haben vor den beiden anderen Ausführungsarten den Vorteil der einfacheren Bewegungsform und einer sehr geringen
Bauhöhe voraus. Ein solcher Brecher ist in Fig. 32 dargestellt[1]. In der Abbildung bedeutet a das Gehäuse und b die drei kräftigen Arme, von deren
Treffpunkt aus die feststehende, senkrechte Achse c nach unten geht, wo
sie entsprechend befestigt ist. So dient diese Achse auch als feste Verbindung
der oberen und unteren Teile des Brechers. Um die Achse c bewegt sich die
Hülse d, deren innerer Umfang einen anderen Mittelpunkt hat als der äußere,
so daß der letztere bei der Umdrehung eine exzentrische Bewegung aus-
führt. Zwischen der Achse c und der Hülse d sind senkrechte Reibungsrollen

---

[1] Engineering News **57** Nr. 16. 432.

vorgesehen. Die Hülse d ist fest mit einem Zahnrade verbunden und wird durch dieses und das Gegenrad k von einer Riemscheibe aus in Umdrehung versetzt. Dabei überträgt sie ihre exzentrische Bewegung auf den Körper e, der die Form eines hohlen abgestumpften Kegels mit gezahnter Oberfläche hat, auf kräftigen Winkeleisen lose aufruht und durch den Ring f und die diesen mit den Speichen b fest verbindenden Schrauben g an einer Aufwärtsbewegung gehindert wird. Auch zwischen dem Brechkegel e und der Exzenterhülse d sind senkrechte Reibungsrollen i angebracht. Die Hohlräume zwischen der Achse c, der Hülse d und dem Brechkegel e werden selbsttätig durch die Druckpumpe l und die Rohrleitung m mit Schmieröl versehen. Dieses gelangt endlich in die Kammer o, in welcher sich das Rad k bewegt, und aus dieser nach der Pumpe l zurück. Durch Anziehen der Schrauben g und Nachstellung der Winkeleisen, über die der Brechkegel e hinweggleitet, kann die Weite des ringförmigen Spaltes zwischen dem ersteren und dem Mahlrumpf r nach Bedarf verändert werden. — Die Zerkleinerung des Gutes erfolgt durch die exzentrische Bewegung des Brechkegels gegen den aus Hartstahlplatten bestehenden Mahlrumpf.

Dieser Brecher, dessen Konstruktion von *E. B. Symons* stammt, wird von der *Contractor Supply and Equipment Co.* in Chicago gebaut.

II. Schroter.

Die Schroter haben die Bestimmung, aus dem von den Vorbrechern bis auf max. 60 mm vorzerkleinerten oder in dieser und auch in kleinerer Stückgröße vorkommenden Gute ein Erzeugnis herzustellen, das man — je nach der Beschaffenheit — als Grob- oder Feinschrot bezeichnet. Besteht das Erzeugnis aus einem Gemisch von gröberen Brocken mit Grieß und nur wenig Mehl, so hat man es mit Grobschrot zu tun; ist es aber überwiegend aus Grieß mit etwas Mehl zusammengesetzt, und fehlen die gröberen Brocken darin ganz, so ist das Produkt als Feinschrot zu bezeichnen. Es muß jedoch dazu bemerkt werden, daß manche Grobschroter (wie z. B. die Walzwerke und Kollergänge) auch zum Feinschroten, ja unter Umständen sogar zum Mahlen Verwendung finden, und daß die weiter unten als Feinschroter bezeichneten Maschinen vielfach Erzeugnisse liefern, die man unbedenklich als Mehl ansprechen darf. Die Grenzen sind — wie bereits im einleitenden Abschnitt hervorgehoben wurde — gerade bei dieser Kategorie von Maschinen sehr schwer zu ziehen. Läßt man sich jedoch von dem Grundsatz leiten, daß die in der Praxis vorherrschende Verwendungsart für die Klassifikation einer Maschine bestimmend sein muß, so ergibt sich die folgende Einteilung:

a) Walzwerke
b) Brechschnecken (Schraubenmühlen) $\Big\}$ = Grobschroter.
c) Kollergänge
d) Glockenmühlen
e) Schlag- und Schleudermühlen = Feinschroter.

a) Walzwerke.

Brechwalzwerke bestehen aus zwei eisernen oder stählernen Zylindern[1] A_1, A_2 — Fig. 33 —, die in der angegebenen Pfeilrichtung gegeneinander laufend, den zu zerkleinernden Körper B erfassen — einziehen — und ihn — da er größer ist als der Spalt zwischen den beiden Walzen, seine Festigkeit aber kleiner als der von den Walzen auf ihn ausgeübte Druck — zertrümmern. Die bei diesem Vorgang ausgeübte reine Druckwirkung ist abhängig von der Größe des Körpers B und von seiner Festigkeit. Denkt man sich die Achsen der beiden Walzen starr gelagert, so ist klar, daß, wenn die Druckwirkung — falls B zu groß oder seine Festigkeit zu bedeutend ist, oder falls beide Umstände zusammentreffen — zu übermächtig wird, ein Achsenbruch mit Sicherheit eintreten muß. Um dieses zu vermeiden, wird

---

[1] In sehr vereinzelten Fällen auch aus zwei abgestumpften Kegeln.

bei jedem Walzwerk zur Zerkleinerung harter Körper nur die eine Achse unverrückbar, dagegen die andere stets so gelagert, daß sie, wenn nötig, nachgeben und den Spalt um so viel erweitern kann, wie zum freien Durchfallen des gefährlichen Stückes erforderlich ist. Das wird dadurch erreicht, daß man die Lager der einen Achse als Gleitlager ausbildet, die zur Erzielung der notwendigen Pressung unter Feder- oder Gewichtsbelastung stehen. Man zieht indessen für diesen Zweck der Belastung durch Gewichte aus naheliegenden Gründen die Belastung durch Stahl- (Spiral- oder Evolut-, seltener Platten-) Federn vor, die so zu bemessen ist, daß die erreichbar höchste Federspannung den zur Zerkleinerung erforderlichen Druck noch um ein gewisses Maß übersteigt.

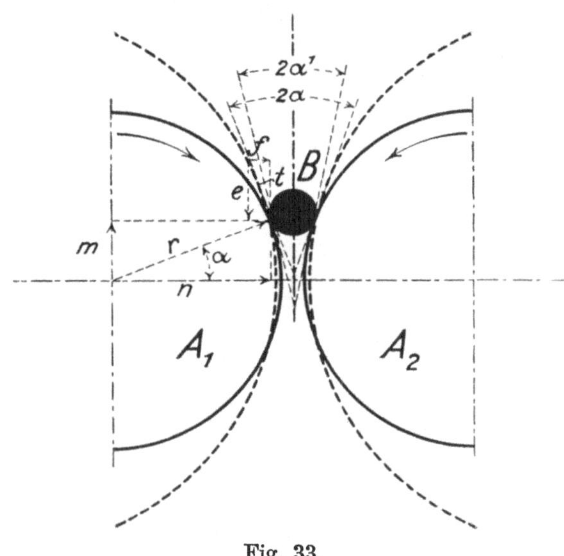

Fig. 33.

Es ist weiter oben gesagt, daß die Walzen das Gut einziehen müssen, um es zerkleinern zu können. Dieses ist offenbar die Grundbedingung für die Arbeit der Walzen überhaupt, und es soll daher untersucht werden, welche Faktoren hier von Einfluß sind und welche Bedeutung ihnen zukommt.

Aus Fig. 33 ist zu ersehen, daß es zwei Kräfte sind, die auf den Körper B einwirken, eine radiale r und eine Tangentialkraft t, die, von ersterer und dem Reibungskoeffizienten μ (Stein auf Eisen 0,3 bis 0,7) abhängig, gleich ist $r \cdot \mu$. Zerlegt man diese beiden Kräfte in je zwei zueinander senkrecht stehende Komponenten und bezeichnet man den Einzugwinkel mit $2\,\alpha$, so ergeben sich folgende Beziehungen:

$$n = r \cdot \cos \alpha, \qquad m = r \cdot \sin \alpha$$
$$e = t \cdot \cos \alpha = \mu \cdot r \cdot \cos \alpha, \qquad f = t \cdot \sin \alpha .$$

Die beiden Horizontalkomponenten wirken auf den Körper B drückend, während von den beiden Vertikalkomponenten die eine — e — ihn einzuziehen, die andere — m — ihn dagegen herauszuschieben trachtet. Die Bedingung für das Einziehen ist also:

$$e > m,$$
$$\mu \cdot r \cdot \cos \alpha > r \cdot \sin \alpha,$$
$$\mu > \frac{\sin \alpha}{\cos \alpha} \qquad \text{oder} \qquad \operatorname{tg} \alpha < \mu$$

Die Größe des Einzugwinkels ist daher abhängig vom Reibungskoeffizienten. Körper mit glatter Oberfläche, wie Kohle, Graphit, Talk, erfordern einen kleineren Einzugwinkel als zähe, harte, bei der Zerkleinerung wenig Grieß gebende Stoffe, letztere wieder einen kleineren Einzugwinkel als spröde Körper, die beim Zerdrücken in größere Stücke, untermischt mit Sand und Grieß, zerfallen.

Sodann hängt der Einzugwinkel — wie aus Fig. 33 leicht erkennbar — aber auch noch ab vom Durchmesser der Walzen, von der Stückgröße und der Spaltweite; er wird kleiner, wenn Durchmesser und Spaltweite größer und die Stückgröße kleiner wird.

Richards hat durch die Untersuchung einer großen Anzahl ausgeführter Walzwerke als guten Mittelwert $2\,\alpha = 32°$ gefunden und unter dessen Zugrundelegung folgende Tabelle aufgestellt[1]:

Walzen-durchm.	Spaltweite						
	20	16	13	10	6	3	0
	Stückgröße des Aufschüttgutes						
915	57	53	49	47	44	39	37
760	50	47	45	40	38	35	32
660	48	44	40	37	34	30	26
610	44	40	38	34	32	28	24
510	40	37	34	31	27	24	21
410	36	33	30	26	22	19	16
230	28	25	22	19	16	13	9

Der Müller ersieht aus dieser Tabelle leicht, welchen Grad der Zerkleinerung er mit seinen Walzen — unter Einhaltung des praktisch erprobten Einzugwinkels — erreichen kann. Er erkennt z. B., daß seine Walzen von 610 mm Durchmesser bei einer Spaltweite von 6 mm ein Aufschüttgut erfordern, dessen Stücke in keiner Richtung größer sein sollen als 32 mm und muß danach die Art seiner Vorbrecherei einrichten.

Für den Walzendurchmesser ist in erster Linie die Stückgröße des Aufschüttgutes maßgebend. *Rittinger*[2] stellt hierfür die Beziehung auf:

$$D > 18\,d\,(1 - u)$$

(in Wiener Zoll, 1 Zoll = 26,34 mm), worin d die Stückgröße und $u = \dfrac{s}{d}$ den Verkleinerungskoeffizienten, d. i. das Verhältnis der Stückgrößen nach und vor der Zerkleinerung bedeutet.

Ist z. B. $d = 1$, $s = \tfrac{1}{4}$, so muß

$$D > 18 \cdot 1 \cdot (1 - \tfrac{1}{4}) \quad \text{oder}$$

$$D > 13,50 \text{ Zoll} \quad \text{oder} \quad D > 355 \text{ mm}$$

sein. — Mit der vorhergehenden Tabelle verglichen, ergibt diese Formel aber etwas zu kleine Werte für den Walzendurchmesser.

---

[1] *R. H. Richards:* Ore dressing **1**, 92. 1908.
[2] *P. R. v. Rittinger:* Aufbereitungskunde, S. 28.

Nach *H. Fischer*[1] soll der Walzendurchmesser

$$r > \frac{1}{\varphi^2} d \left(1 - \frac{1}{\varkappa}\right)$$

sein; hierbei ist φ der Reibungswert (Koeffizient) zwischen Brechgut und Walzenmantel, d die Anfangsgröße (d_1 die Endgröße) des Brechgutes und $\varkappa = d : d_1$ der Zerkleinerungsgrad. Nach der aus Fig. 34 zu entnehmenden Beziehung

$$\left(r + \frac{d}{2}\right) \cos \alpha = r + \frac{d_1}{2}$$

folgt

$$r (1 - \cos \alpha) = \tfrac{1}{2} (d \cos \alpha - d_1)$$

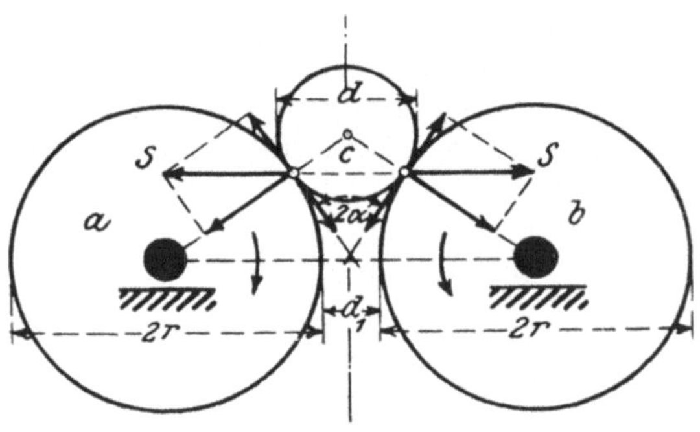

Fig. 34.

oder da

$$\cos \alpha = \frac{1}{\sqrt{1 + \operatorname{tg}^2 \alpha}},$$

auch

$$r = \frac{d - d_1 \sqrt{1 + \operatorname{tg}^2 \alpha}}{2 (\sqrt{1 + \operatorname{tg}^2 \alpha} - 1)}$$

und mit Rücksicht auf $\operatorname{tg} \alpha < \varphi$

$$r > \frac{d - d_1 \sqrt{1 + \varphi^2}}{2 (\sqrt{1 + \varphi^2} - 1)}$$

oder

$$r > \frac{d - d_1 \left(1 + \dfrac{\varphi^2}{2} - \dfrac{\varphi^4}{8} + \ldots\right)}{2 \left(1 + \dfrac{\varphi^2}{2} - \dfrac{\varphi^4}{8} + \ldots - 1\right)}$$

---

[1] *Hugo Fischer:* Technologie des Scheidens, Mischens und Zerkleinerns, S. 275, 276. Leipzig 1920, Otto Spamer.

mithin angenähert

$$r > \frac{d - d_1}{\varphi^2} \quad \text{oder} \quad r > \frac{1}{\varphi^2}\, d \left(1 - \frac{d_1}{d}\right).$$

Setzt man $2\,\alpha = 34°$, so ergibt sich $\varphi = 0{,}31$ und damit für glatte Walzenmäntel

$$r > 10\, d \left(1 - \frac{1}{\varkappa}\right) \quad \text{und} \quad d < \frac{r}{10\left(1 - \dfrac{1}{\varkappa}\right)}.$$

Die Walzendurchmesser wechseln in den Grenzen von 230 bis etwa 1600 mm. Darüber hinaus geht man selten und die 2-m-Walzen, die *Edison* in seiner Portlandzementfabrik in Newvillage[1] zum Vorbrechen der Kalksteinblöcke von 6 bis 7 t Gewicht verwendet, dürften ziemlich vereinzelt dastehen. Im allgemeinen arbeiten größere Walzen vorteilhafter als kleinere, weil sie die Aufgabe größerer Stücke gestatten, weil in einem Durchgang eine weitergehende Zerkleinerung erzielt werden kann und weil die letztere mehr gradweise und nicht so plötzlich und unvermittelt erfolgt wie bei den kleinen Walzendurchmessern.

Auch die Frage der Walzenbreite ist mehrfach vom theoretischen Standpunkte aus untersucht worden. So soll nach *Wertheim*[2] die Breite (oder Länge betragen:

$$L = \frac{D}{3} + 0{,}25 \quad \text{(in Metern)}.$$

Praktische Ausführungen bleiben jedoch vielfach hinter diesem Wert zurück.

Die Umfangsgeschwindigkeit kann theoretisch bei richtigem Einzugwinkel beliebig groß sein. Tatsächlich sind ihr aber ziemlich enge Grenzen gesetzt, da bei zu hoher Geschwindigkeit die Walzen unter dem Aufschüttgut gewissermaßen weglaufen, das Gut nicht mehr eingezogen wird und das Walzwerk sich infolgedessen verstopft. Man geht in dieser Beziehung meist nicht über 2 bis 2,5 m/sek hinaus, obzwar die oberste noch zulässige Geschwindigkeit 4,5 bis 5 m betragen dürfte. Ganz allgemein kann indessen als Regel gelten, daß die Umfangsgeschwindigkeit im umgekehrten Verhältnis zur Stückgröße des Aufschüttgutes zu stehen hat, daß also jeder Stückgröße eine bestimmte Umfangsgeschwindigkeit entspricht, die die beste Leistung bei dem geringsten Kraftverbrauch ergibt. Von diesem Grundsatz ausgehend und ihn noch durch eine große Reihe von Versuchen sichernd, hat *P. Argall*[3] die folgenden Formeln aufgestellt:

$$P = 100 \cdot \frac{\log \dfrac{16}{S}}{\log 2} \quad \text{und} \quad N = \frac{832}{D} \cdot \frac{\log \dfrac{16}{S}}{\log 2},$$

[1] Zeitschr. d. Ver. deutsch. Ing. 1905, S. 382.
[2] Zeitschr. d. Österr. Ing.-Vereins 1862, S. 17.
[3] Transactions of the Institution of Mining and Metallurgy **10**, 234. 1901.

worin P die Umfangsgeschwindigkeit der Walzen in Fuß (engl.)/min, D den Walzendurchmesser in Zoll und S — in Zoll — die maximale Stückgröße des Aufschüttgutes bedeutet.

Das Diagramm, Fig. 35, zeigt in übersichtlicher Weise die Ergebnisse der *Argall*schen Berechnung für 8 verschiedene Walzendurchmesser — von 18 bis 24 Zoll — und für 20 verschiedene Stückgrößen. Zur Erklärung muß noch hinzugefügt werden, daß *Argall* seinen Versuchen allgemein den Verkleinerungsquotienten 4 : 1 zugrunde gelegt hat und daß die Begrenzungslinie — rechts — die Kurve des zweckmäßigsten Einzugwinkels — 31° — bedeutet.

Der Antrieb der Walzwerke kann in sehr verschiedener Weise erfolgen. Man zählt davon etwa 11 Ausführungsformen, die alle zu beschreiben hier

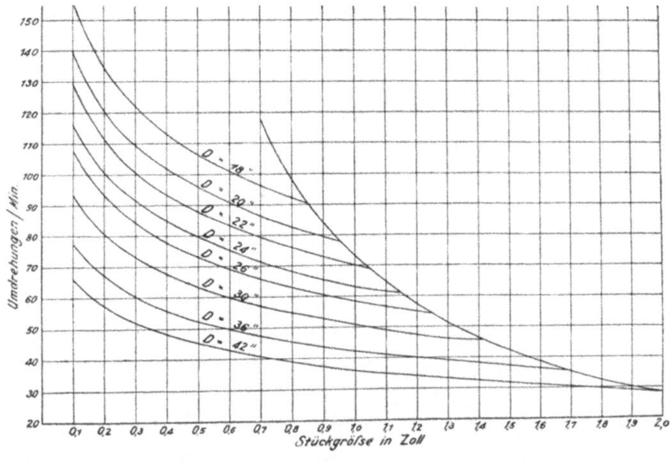

Fig. 35.

nicht der Ort ist. Allgemein sei nur bemerkt, daß man schnellaufende, feinschrotende Walzen unmittelbar mit Riemen, langsam laufende, grobschrotende Walzen mit Riemen und Zahnrädern antreibt. Vielfach erhalten die Walzen eines Paares Differentialgeschwindigkeit, um außer der reinen Druck- noch etwas abscherende (Mahl-) Wirkung hervorzubringen. Auch trifft man Walzwerke, wo nur eine der beiden Walzen angetrieben wird, die die andere von dem Augenblick an mitnimmt — schleppt —, wo das Walzwerk zu arbeiten anfängt. Diese Schleppwalzwerke eignen sich aber nur für feinkörniges Gut, während grobstückiges Gut unter allen Umständen zwangläufigen Antrieb beider Walzen verlangt.

Die theoretische Stundenleistung eines Walzwerkes berechnet sich zu

$$C_{\mathrm{m}^3} = 3600 \cdot v \cdot w \cdot s,$$

worin v die Umfangsgeschwindigkeit i. d. Sekunde, w die Walzenbreite und s die Spaltweite — alles in Metern — bedeuten. Die wirkliche Leistung ist aber viel geringer und bei grobschrotenden Walzen nur mit etwa $^1/_4$ bis $^1/_3$,

bei feinschrotenden mit etwa $^1/_2$ bis $^3/_4$ der theoretischen zu bewerten, da das
Aufschüttgut dem Walzwerk niemals in einem vollkommen gleichmäßigen
Strome zugeführt wird und der Müller die Aufgabevorrichtung stets etwas
unterhalb der Grenze ihrer Beschickungsfähigkeit halten muß, um der Überfüllung und Verstopfung des Walzwerkes mit Sicherheit vorzubeugen.

Der Kraftverbrauch eines Walzwerkes ist von der Härte und Zähigkeit
des Aufschüttgutes, ferner von der Leistung und dem Verkleinerungsgrad
abhängig. Allgemeine Angaben lassen sich über diesen Punkt nicht machen;
die Praxis rechnet hier durchweg mit Erfahrungssätzen, wie z. B.:

Mit 1 PS werden   900 kg/h Kalkstein grob geschrotet,
,, 1 ,,   ,,   600 ,,   Zementklinker grob geschrotet,
,, 1 ,,   ,,   1000 ,,   Sylvinit fein geschrotet usw.

Einige weitere Angaben über den Kraftverbrauch von Walzwerken findet
man in der Zusammenstellung der Ergebnisse der *v. Reytt*schen Versuche
(siehe Tabelle S. 6 u. 7) sowie im Abschnitt IX.

Nach dieser allgemeinen Betrachtung über das Wesen und die Wirkungsweise der Walzwerke soll nunmehr zur Beschreibung einiger typischer Konstruktionen übergegangen werden.

Das durch die Fig. 36 und 37 dargestellte Walzwerk, Bauart der *Rheinischen Maschinenfabrik*, Neuß a. Rh., hat 750 mm Walzendurchmesser bei
400 mm Walzenbreite. Von den beiden Hartgußwalzen ist die mittels des
Vorgeleges a, b, b_1, c und d angetriebene Walze e fest, die andere f dagegen
lose und auf den Bolzen i verschiebbar gelagert. Die Festwalze nimmt die
Loswalze mittels Zahnrädern g, h mit besonders langen, auch bei Ausweichen
der Loswalze noch im Eingriff bleibenden Zähnen mit. Der Andruck der Loswalze gegen die Festwalze wird durch Spiralfedern k bewerkstelligt, die mit
Sicherheit bis zu 6000 kg belastet werden können. Zweckmäßig konstruierte
Abstreicher (in der Abbildung nicht gezeigt), die im Bedarfsfalle leicht angebracht werden können, verhüten das Zusetzen und Verschmieren der Walzen.
Um ein gleichmäßiges Arbeiten zu erzielen, empfiehlt sich die Zuführung des
Aufschüttgutes in den Einlauf l mittels eines von der Vorgelegewelle a aus
anzutreibenden Rüttelschuhes oder einer ähnlichen Speisevorrichtung.

Die Leistung dieses Walzwerkes beträgt, je nach Einstellung der Spaltweite,
bis zu 12 000 kg/h, der Kraftbedarf rund 12 PS.

Die aus gewöhnlichem Grauguß bestehenden Walzenkörper sind wie üblich
auf die Achsen hydraulisch aufgepreßt und außen schwach konisch abgedreht.
Auf diese konischen Flächen werden die Mäntel aufgezogen und durch je 4
starke Hakenschrauben gesichert. Die Mäntel sind, je nach der Verwendungsart, am Umfange entweder beide glatt oder beide mit Längsriffeln zum besseren
Einziehen des Gutes versehen, oder endlich ist die eine Walze glatt und die
andere geriffelt.

Als Baustoff zu den Mänteln verwendet man Hartguß oder — besser —
Hartstahl (Mangan- oder Chrom- oder Nickelstahl), der dem ersteren, obzwar
teurer in der Anschaffung, doch deswegen vorzuziehen ist, weil er auch im

abgenutzten Zustande noch einen gewissen Stoffwert besitzt und von den Werken zu einem angemessenen Preise zurückgekauft wird.

Eine sehr praktische Lösung der Mäntelbefestigungsfrage zeigt das in Fig. 38 u. 39 dargestellte Humphrey-Walzwerk der *Colorado Iron Works*[1]. Die Walzen bestehen hier aus dem gußeisernen Walzenkörper *h*, der auf der

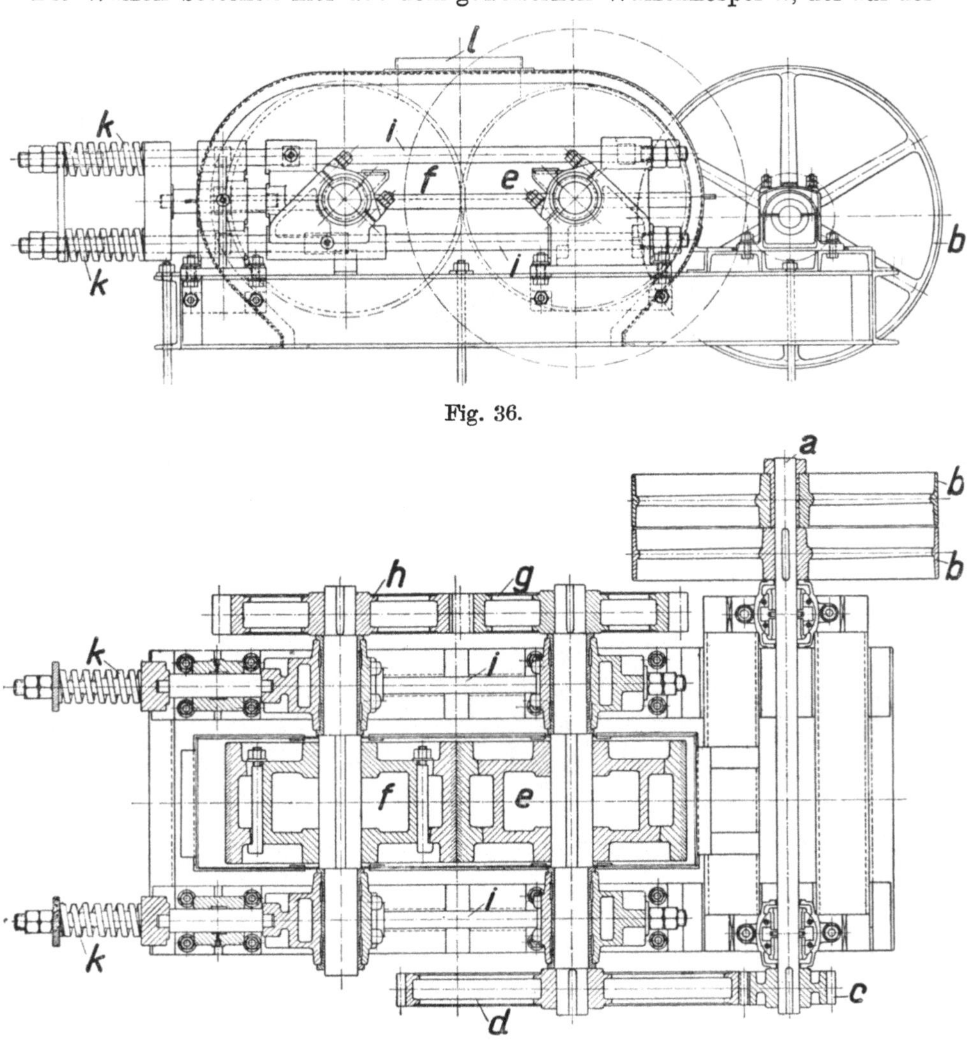

Fig. 36.

Fig. 37.

Achse fest aufgekeilt ist, dem Hartguß- oder Stahlmantel *s* und den beiden Ringen *r*, deren Auflageflächen auf dem Mantel und dem Walzenkörper schwach konisch abgedreht sind. Durch strammes Anziehen der Bolzen *b* wird eine sichere Verbindung der vier Teile *h, r, r* und *s* erreicht, dabei aber

---

[1] *Colorado Iron Works*, Denver, Col.: Prospekt über Humphrey-Walzwerke.

doch deren leichte Lösbarkeit gewahrt, die im Bedarfsfalle das bequeme Auswechseln der Mäntel ermöglicht.

Die Achszapfen der Walzen sind in langen, auf der Außenseite durch die

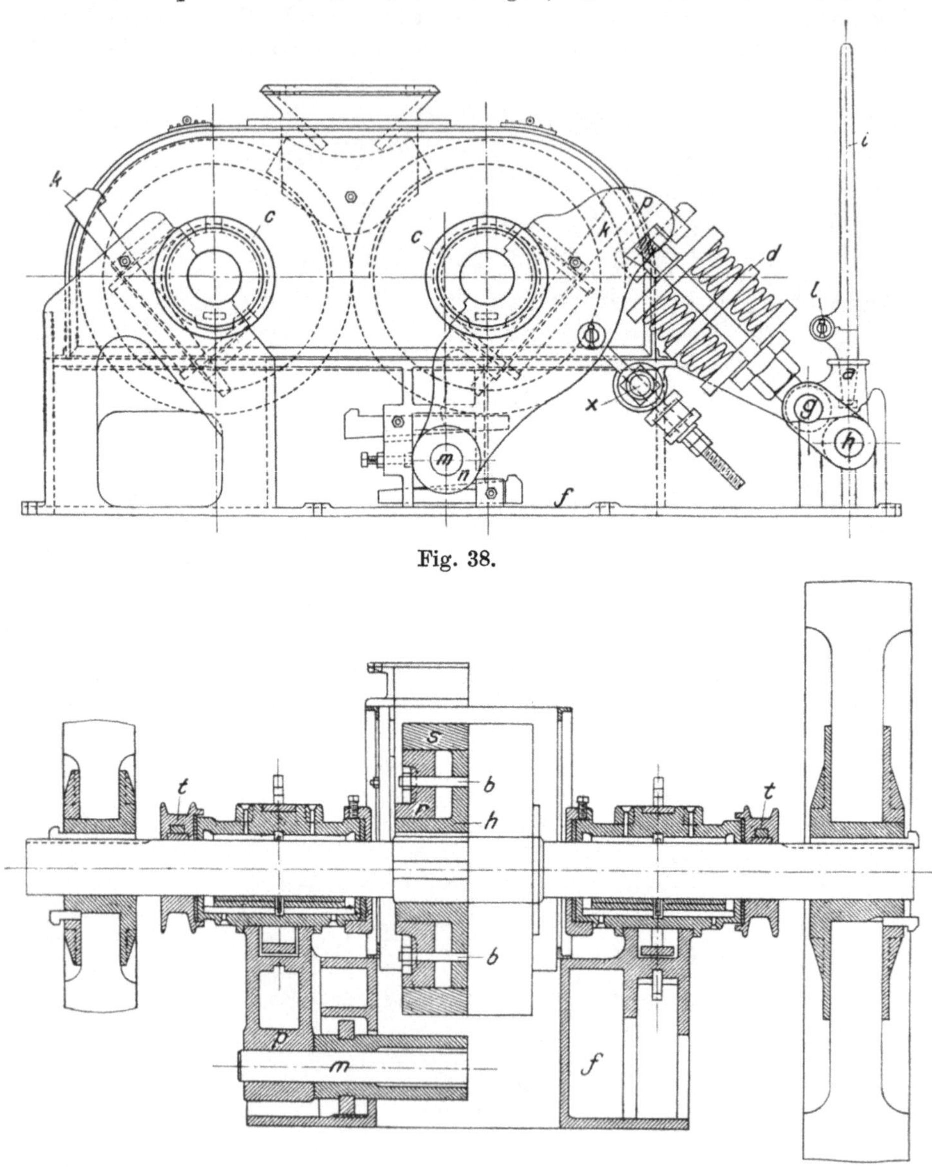

Fig. 38.

Fig. 39.

Büchsen t abgedichteten Lagern geführt. Die Lagerdeckel c sind als Schellen
ausgebildet, die mittels der Keile k nachgezogen werden können. Eigenartig
ist auch die Lagerung der losen Wellen in den Blöcken p, die um eine

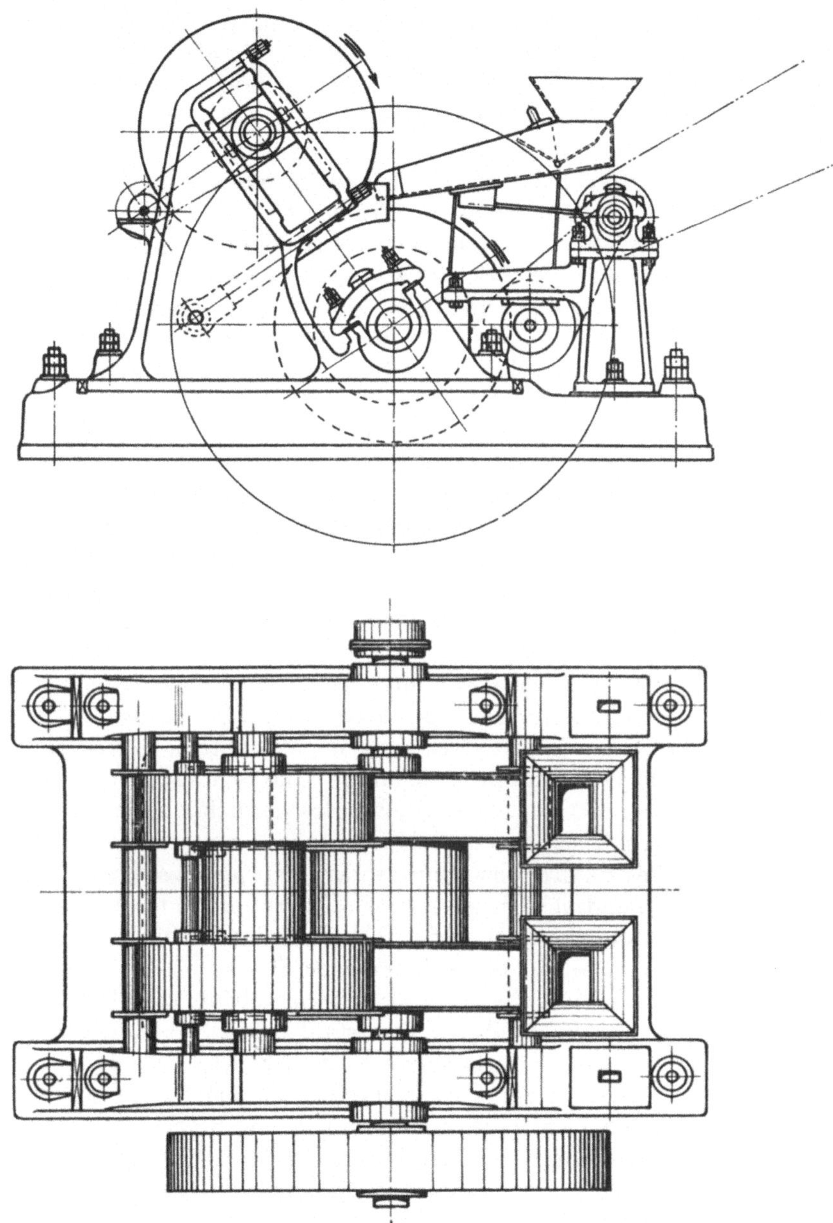

Fig. 40 u. 41.

gemeinschaftliche, durch Keil und Gegenkeil in ihrer Höhenlage verstellbare in den Büchsen n gelagerte Welle m schwingen und an ihrem oberen Ende durch die Spiralfedern d angepreßt werden. Die Federspindel ist mit dem Zapfen h durch den Bolzen g gelenkig verbunden und kann mittels des bei a

angreifenden Handhebels i bis l zurückgezogen werden, falls die Walzen auseinandergerückt werden sollen, wobei die Strebe x als Ausschlagbegrenzung dient. Die mit Differentialgeschwindigkeit laufenden Walzen sind in einem starken Eisenblechgehäuse eingeschlossen, das mit dem schweren gußeisernen Bett f festverbunden ist.

Ganz neue Wege schlägt *Krupp-Grusonwerk* mit seinem **elektromagnetischen Walzwerk** ein. Während beim mechanischen Walzwerk der Mahldruck in der Regel durch Federkraft hervorgerufen wird, geschieht dies beim elektromagnetischen Walzwerk Bauart *Ullrich* durch Elektromagnete. Bei der Anwendung von Federn muß der gesamte von ihnen ausgeübte Druck durch die Lager auf die Mahlstelle der Walzen übertragen werden. Diese Übertragung des Mahldruckes bedingt große Lagerzapfen und Lager, sowie große Reibungsverluste; außerdem muß der Maschinenrahmen entsprechend kräftig gebaut werden. Beim magnetischen Walzwerk dagegen wird der Mahldruck an der Arbeitstelle zwischen den Walzenballen durch kräftige Magnetfelder erzeugt, so daß die Lagerzapfen vom Mahldruck entlastet sind. Die genaue Regelung des Mahldruckes beim mechanischen Walzwerk durch Federn erfordert große Sorgfalt, wogegen er sich beim magnetischen Walzwerk durch einfache Änderung der Stromstärke einstellen und regeln läßt, so daß ein gleichmäßiges Mahlgut von gewünschter Feinheit erzielt wird. Daneben hat das magnetische Walzwerk noch den Vorteil, daß die aufgegebenen Stoffe nicht nur zerkleinert, sondern auch nach ihrer magnetischen Beschaffenheit getrennt werden. Die bewegliche Walze des elektromagnetischen Walzwerks (Fig. 40 und 41) ist höher gelagert, und es wird nur die untere, in fest eingebauten Lagern laufende Walze magnetisch erregt. Die Schräglagerung der Walzen hat die Wirkung, daß ein Teil des Gewichtes der höher liegenden Walze dazu beiträgt, den Mahldruck zu verstärken.

Ein Walzwerk sehr schwerer Bauart (*Krupp-Grusonwerk*, Magdeburg), bei dem der Mahldruck durch starke Federn erzeugt wird und das bei 1600 mm Walzendurchmesser und 1200 mm Walzenbreite bis zu 150 t/h vorzubrechen vermag, wobei die aufgegebenen Blöcke bis zu 70 cm stark sein können, ist durch die Fig. 42 und 43 veranschaulicht. Die Walzen bestehen hier aus einzeln auswechselbaren Hartstahl-Zahnscheiben und werden von einem doppelten Zahnrädervorgelege angetrieben. Das Bett ist aus kräftigen Profileisen zusammengesetzt. Kraftbedarf bei der obigen Leistung etwa 150 PS. Als Sicherheitsvorkehrung dient eine besondere Brechstiftkupplung. —

Bei mangelnder Sorgfalt in der Wartung kann es leicht vorkommen, daß die Loswalze schief zur Festwalze eingestellt wird, was die Arbeitsweise und die Leistungsfähigkeit des Walzwerkes ungünstig beeinflußt. Das wird unter allen Umständen vermieden, wenn man die lose Walze in einem hufeisenförmigen Bügel lagert, wodurch erreicht wird, daß die erstere stets nur parallel zu sich selbst verschoben werden kann. Sind die Walzen also von vornherein in richtiger Lage zueinander eingebaut, so ist ein späteres Schiefstellen vollkommen ausgeschlossen. — Die Fig. 44 und 45 zeigen ein solches *Pendelwalzwerk* der *H. Löhnert A.-G.*, Bromberg; darin bedeutet a die feste,

b die lose Walze, c den Schwingbügel und $d_1\, d_2$ die beiden Evolutfedern, die
die Achse der Loswalze mit ihrer nach Bedarf einstellbaren Spannung belasten.

Abweichend von der als normal anzusehenden Bauart, wonach die eine
Walze starr, die andere federnd gelagert ist, erscheint das Walzwerk der
Sturtevant Mill Company[1], bei dem beide Walzenachsen unter Federandruck

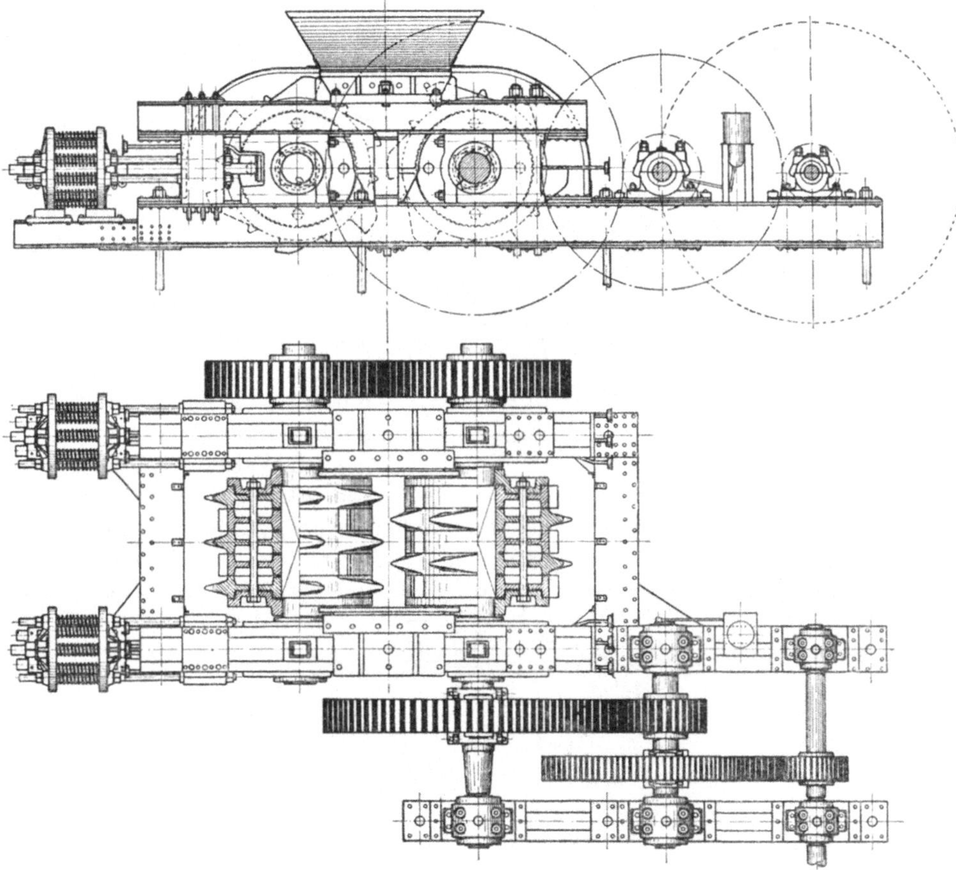

Fig. 42 u. 43.

gehalten werden. Diese Anordnung bezweckt einesteils ein stoßfreies Arbeiten
des Walzwerkes, andernteils eine Vereinfachung der ganzen Konstruktion.

Das Bett p (s. Fig. 46) dieser Maschine ist in einem Stück gegossen; in
den entsprechenden Aussparungen seiner Seitenwangen sind die vier Schublager b untergebracht, die mit ihren Schalen l die Achszapfen s der beiden
Walzen nur zur Hälfte umfassen und auf den auswechselbaren Stahlplatten r
gleiten. Jeder Achszapfen steht unter dem Andruck zweier kräftiger Spiral-

---

[1] *Sturtevant Mill Company*, Boston, Mass.: Katalog.

federn deren Spannung nicht regelbar ist. Durch Rückdrehen der Schrauben t können die Schublager entlastet und von den Achszapfen heruntergezogen werden. Die Walzenentfernung läßt sich durch die Schraubenspindel m ein-stellen, die mittels Schnecken-rad w und Wurm n in Um-drehung versetzt wird. — Die ganze Anordnung ist äußerst gedrungen.

Die vorbeschriebenen Walz-werke dienen zum Schroten aus-schließlich harter Gesteine, als Erze, Kalksteine, Rohphosphate u. dgl. Nicht selten trifft man auch 2 bis 3 Walzenpaare in einem gemeinschaftlichen Rah-men übereinander angeordnet, wobei die obersten, meist ge-zahnten oder grobgeriffelten Walzen als Vorbrecher, die mittleren, feiner geriffelten als Grobschroter und die untersten, glatten Walzen als Feinschroter arbeiten. Dadurch wird nicht

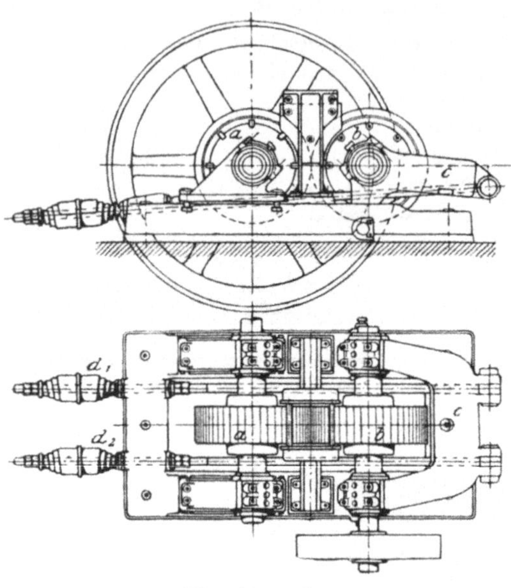

Fig. 44 u. 45.

wenig an Raum gespart, und die Zwischenhebewerke, die andernfalls für die Beförderung des Gutes vom ersten auf das zweite und von diesem auf das dritte Walzenpaar erforderlich wären, entfallen gänzlich. Die Anlage wird

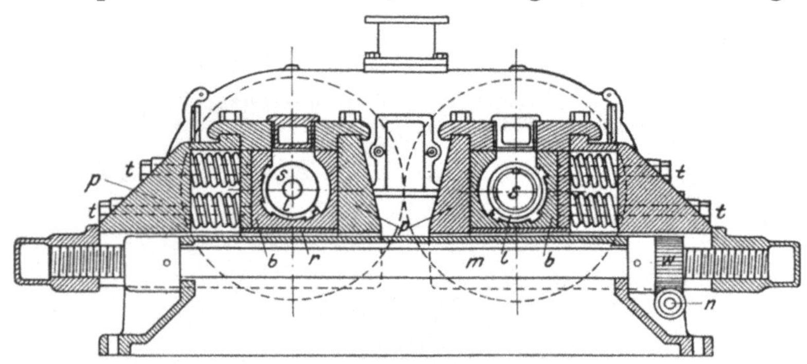

Fig. 46.

also übersichtlicher und billiger als bei Einzelaufstellung, ist aber nur für große Leistungen am Platze.

Handelt es sich um die grobe Schrotung weicherer, weniger widerstands-fähiger Stoffe, wie z. B. Ton, Mergel, Gips, Kohle u. dgl., so können die Walz-werke zufolge der niedrigeren Beanspruchung aller ihrer Teile weit leichter gebaut werden. Entsprechend dem schwächeren Federandruck (5000 kg und

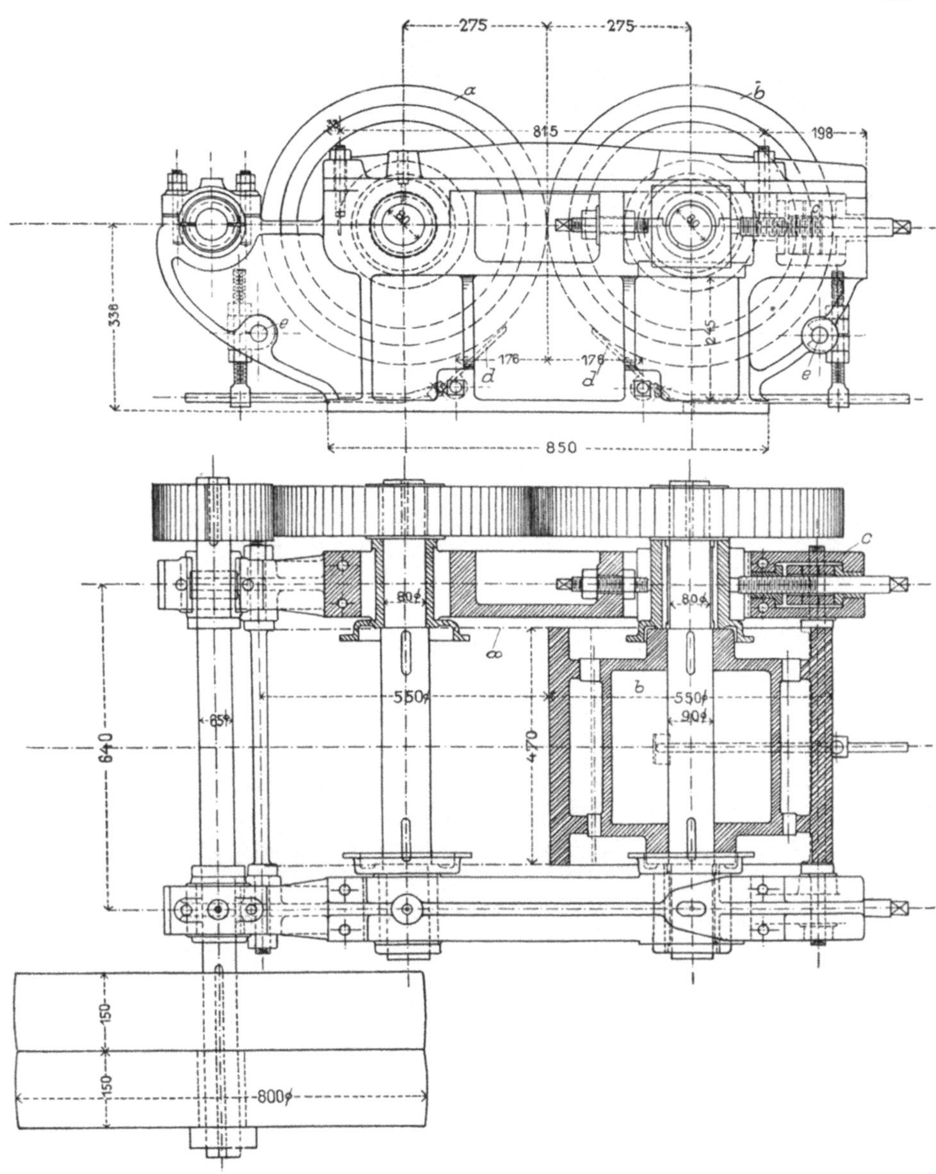

Fig. 47 u. 48.

mehr bei schweren, gegenüber 1500 kg und darunter — bis zu 0 kg — bei
leichten Walzwerken) sind die Achszapfen im Durchmesser kleiner, die Lager-
schalen kürzer, die Antriebsteile weniger wuchtig zu bemessen. Auch der
Rahmen kann leichter, niedriger und unter Umständen auch zweiteilig, nur
mit Distanzbolzen zur Querverbindung der seitlichen Wangen des Bettes ausgeführt werden.

Durch die Fig. 47 und 48 ist die vielfach verwendete Konstruktion eines

solchen leichten Tonwalzwerkes veranschaulicht. Es bedeutet dort: *a* und *b*
die Walzenmäntel bzw. Walzen, wovon *a* starr, *b* beweglich und nachstellbar
gelagert ist, *c* die Gummipuffer zum Abfangen und Mildern der auftretenden
Stöße und *d* die um die Bolzen *e* schwingenden Abstreicher, die den auf den
Walzenflächen anhaftenden Ton abschaben und so das Reinhalten der letzteren besorgen. Die Walzen arbeiten ohne jeglichen Federandruck, was natür-

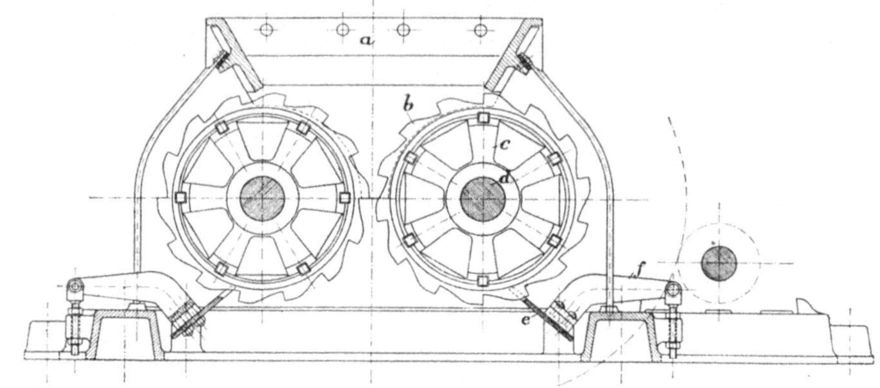

Fig. 49.

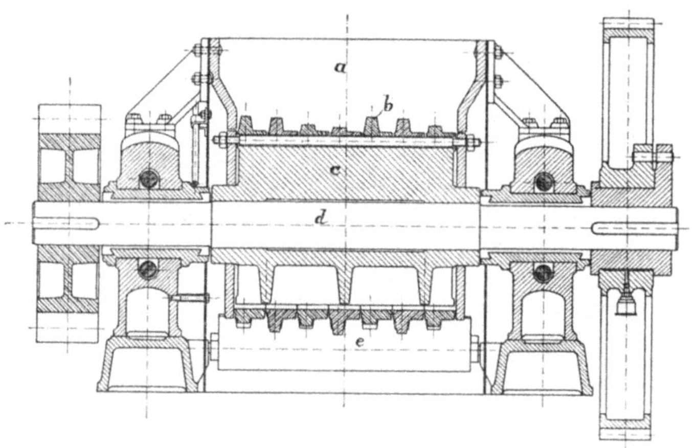

Fig. 50.

lich nur bei ganz weichem und leicht zerreiblichem Aufschüttgut zulässig
ist. Der Antrieb erfolgt durch ein leichtes Riemscheiben- und Zahnrädervorgelege. Das Bett besteht aus zwei gußeisernen Seitenwangen, die auf einem starken
Holzrahmen oder auf einem gemauerten Fundamentsockel aufgesetzt sind.

Von kräftigerer Konstruktion als das zuletzt beschriebene und daher
auch zur Verarbeitung härterer, aber spröder Stoffe geeignet, ist das Walzwerk, Bauart *Amme, Giesecke & Konegen A.-G.*, in Braunschweig (siehe Fig. 49
und 50). Die Walzenmäntel, die hier wie bei dem weiter oben beschriebenen *Krupp*-

schen Großwalzwerk aus einzelnen gezahnten Stahl- oder Hartgußringen *b*
bestehen, sind auf den gußeisernen Walzenkörper *c* aufgeschoben und mit
diesem durch 6 vierkantige, an den beiden Enden mit Gewinde versehenen
Bolzen fest verbunden. Diese Anordnung hat den Vorteil, daß bei ungleichmäßiger Abnutzung der Ringe nicht der ganze Mantel, sondern nur die am
meisten schadhaft gewordenen Ringe erneuert zu werden brauchen. — Im
übrigen ist die Einrichtung dieselbe wie bei den vorhergehenden Ausführungsbeispielen: *a* ist der Aufschüttrumpf, *d* bezeichnet die Walzenachse, *e*, *f* sind
die Abstreicher. Die Loswalze steht unter Federandruck, und der Antrieb
erfolgt durch Zahnräder, von denen das erste (in Fig. 50 rechts) auf der Walzenachse lose aufsitzt und letztere mittels der — von den Kegelbrechern her
bekannten — Bajonettkupplung mitnimmt, die also hier wie dort als Sicherheitsglied gegen Brüche zu dienen hat.

Wie in der Einleitung zu diesem Abschnitt bereits hervorgehoben und
begründet, ist die Grenze zwischen grob- und feinschrotenden Maschinen
nicht immer genau zu ziehen. Dieses gilt hauptsächlich von den Walzwerken,
die eine von keiner anderen Zerkleinerungsvorrichtung erreichbare Anpassungsfähigkeit an die verschiedenartigsten Anforderungen des Betriebes besitzen.
Man kann mit Walzwerken vorbrechen — was jedoch seltener geschieht —
oder grob schroten — was als die hauptsächlichste Verwendungsart anzusehen
ist —, oder fein schroten, oder endlich auch fein mahlen — letzteres allerdings
fast ausschließlich in der Weich- (Getreide-) Müllerei, dort aber auch in aus-
gedehntestem Maße. Als Feinschroter hat das Walzwerk — dann Walzenstuhl genannt — besonders auf einem großen Gebiete der Hartmüllerei:
der Kaliindustrie, eine hervorragende Bedeutung erlangt.

Ein solcher Walzenstuhl, in der Bauart *Amme, Giesecke & Konegen A.-G.*,
Braunschweig, ist in den Fig. 51 und 52 dargestellt. Die mit feinen, über die
Oberfläche in schraubenförmigen Windungen verlaufenden Riffeln versehenen
Hartgußwalzen *c* sind auf je zwei Achsstummeln *d* fest und unverrückbar
aufgezogen und laufen in langen, selbstschmierenden Ölkammerlagern *g*.
Durch die aus Fig. 52 erkennbare Übereinanderlagerung der Walzen wird
bezweckt, an Breite zu sparen, ein bequemeres Abfühlen des Erzeugnisses
und ein leichteres Herausnehmen der Walzen zu ermöglichen, sowie endlich
eine größere Sicherheit gegen Unfälle beim Probenehmen zu bieten. Das
Gehäuse *i* ist aus einem Stück gegossen und an geeigneten Stellen mit Klappen
und Türen *k* zur Beobachtung des Zu- und Ablaufes versehen. Die Zuführung
des Mahlgutes wird von der Speisewalze *a* besorgt, die mittels der Riemscheibe
h von einer der Walzenachsen angetrieben wird. Zur Regelung der Zulauf-
menge dient der genau einstellbare Schieber *b*. Die Loswalze steht unter
regelbarem Federdruck; ihre Achszapfen laufen in Lagern, deren Körper
als Schwingbügel ausgebildet ist, der eine bequeme Einstellung der Spaltweite mittels Schraube und Handrad — auch während des Betriebes —
gestattet. Auf dem einen Achszapfen der Festwalze sitzt die Fest- und Losscheibe *e*, auf dem anderen ein Zahnrad *f*, das die Bewegung auf das Zahnrad
der Loswalze überträgt.

Bei den Feinschrotwalzwerken der beschriebenen oder einer ähnlichen Bauart beträgt die Walzenlänge stets ein Mehrfaches des Walzendurchmessers. Letzterer braucht, da das Aufschüttgut höchstens Erbsengröße besitzt, nur klein (gewöhnlich 250 mm) zu sein, wogegen man mit der Um-

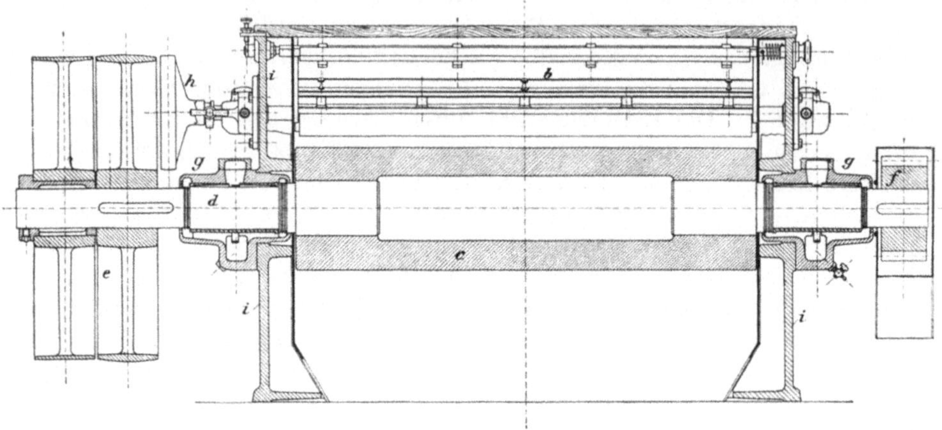

Fig. 51.

fangsgeschwindigkeit bis zu 3 m/sek. und darüber geht. Diese Faktoren vereinigen sich zu einer sehr beträchtlichen Leistung (bis zu 40 t/h), die in der

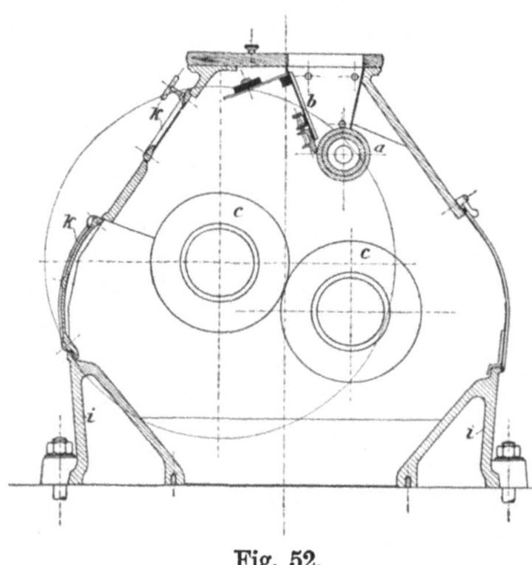

Fig. 52.

mit gewaltigen täglichen Erzeugungsmengen rechnenden Kaliindustrie nicht nur erwünscht, sondern im Interesse der Vereinfachung der Mahlanlagen sogar geboten erscheint. — In dem weiter unten folgenden Abschnitt, der von ausgeführten, vollständigen Anlagen handelt, wird auf diesen Gegenstand noch näher eingegangen werden.

Mit Backenbrechern zu einer einzigen Maschine kombinierte Walzwerke kommen dem Bedürfnis solcher Werke entgegen, die gezwungen sind, ihre maschinelle Einrichtung so billig und kompendiös wie nur möglich zu gestalten. In den Fig. 53 bis 55 ist eine solche Kombination (Bauart der *Alpinen Maschinen A.-G.*, Augsburg) gezeigt, die infolge ihres geringen Gewichtes auf ein fahrbares Gestell gesetzt werden kann. Die bewegliche, an einer Schwinge befestigte Backe des Brechers wird von der mit Schwungrad und Riemscheibe versehenen Exzenterwelle in Tätigkeit gesetzt; sie verrichtet die Vorbrecharbeit, das darunter angeordnete, von der

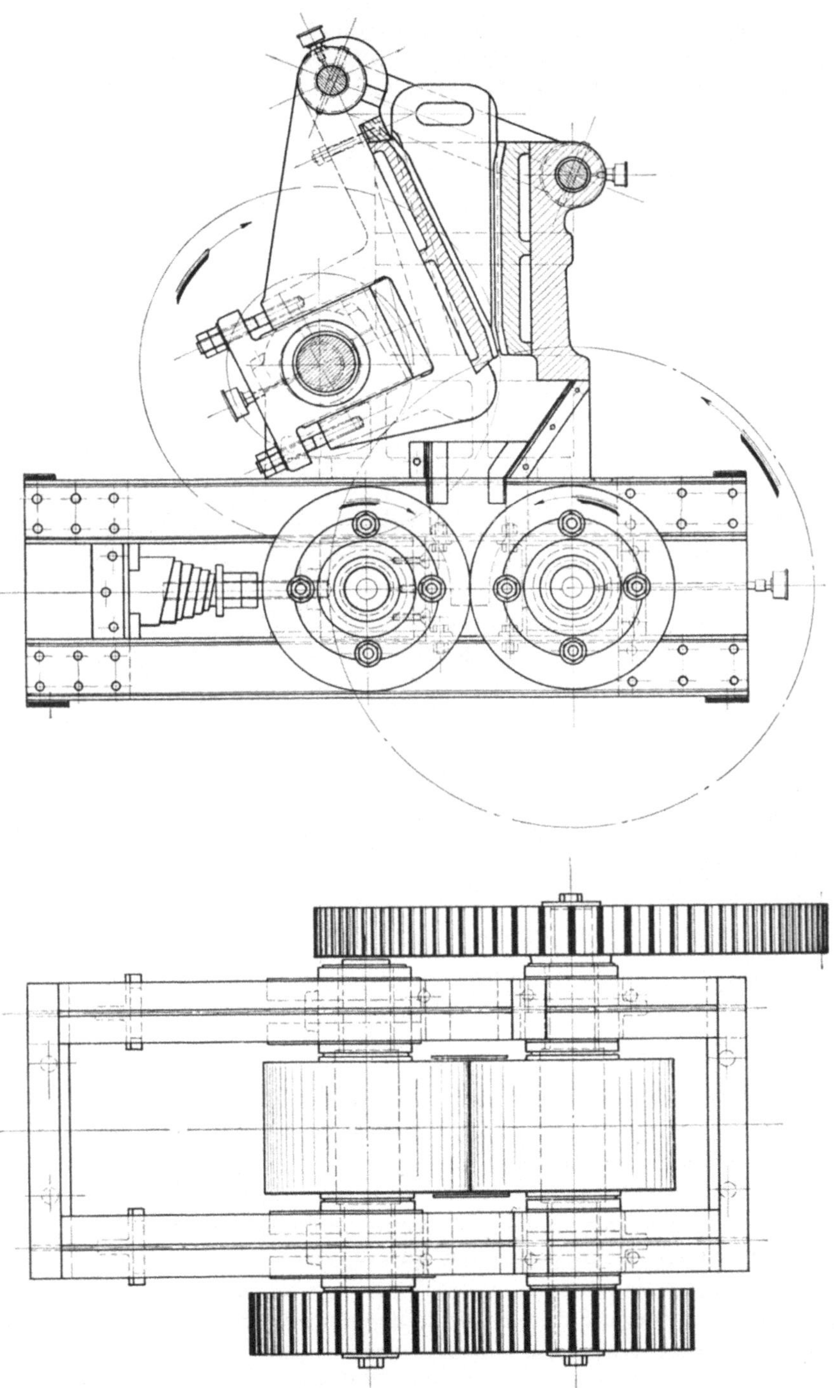

Fig. 53 u. 54.

erwähnten Exzenterwelle mittels Zahnräderübersetzung angetriebene und gleichfalls durch Zahnräder gekuppelte Walzenpaar das Schroten.

Eine Veränderlichkeit der Spaltweite des Backenbrechers ist nicht vorgesehen, dagegen können die Walzen nach Bedarf enger oder weiter geschraubt werden. Die Brechbacken sind umdrehbar.

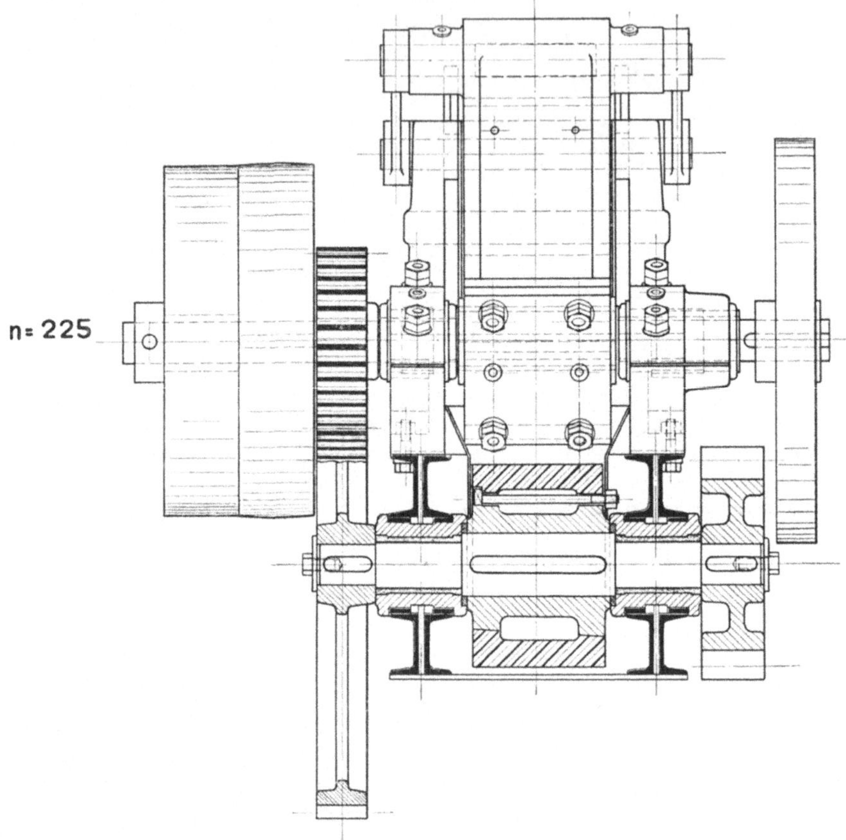

Fig. 55.

Bei 300 × 200 mm Weite des Brechmaules und 400 × 260 mm Abmessungen der Walzen, leistet diese Maschine mit 8 bis 9 PS stündlich etwa 2500 kg auf 5 mm geschrotetes Gestein.

Zum Schlusse dieses Kapitels müssen hier noch jene Zerkleinerungsvorrichtungen Erwähnung finden, die aus einer (oder zwei zu einem Trog vereinigten) feststehenden, geriffelten oder gezahnten oder auch glatten, mit Messern oder Haken besetzten Brechwand bestehen, gegen die ein Walzenpaar oder auch nur eine einzelne gezahnte oder mit Stacheln, Dornen, Knaggen u. dgl. bewehrte Walze oder Welle arbeitet. Die Brechwand darf als ein kleines Segment einer Walze von unendlich großem Durchmesser angesehen werden, so daß die Einreihung dieser Vorrichtungen, die ausschließlich zum

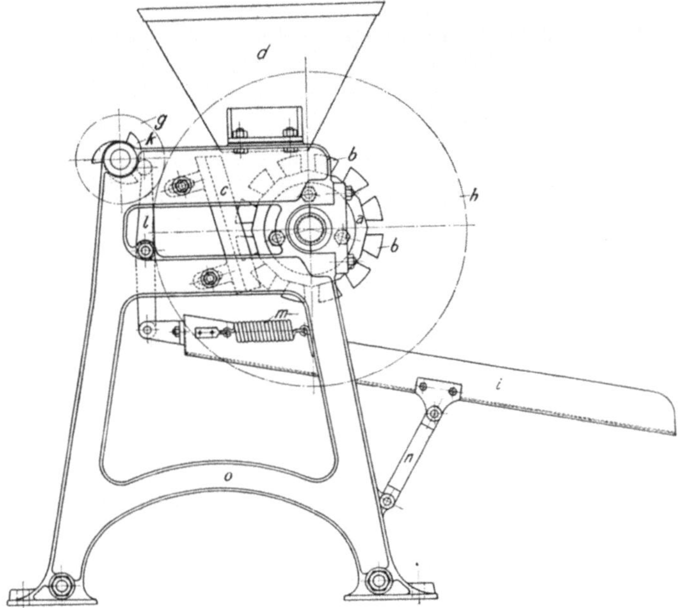

Fig. 56.

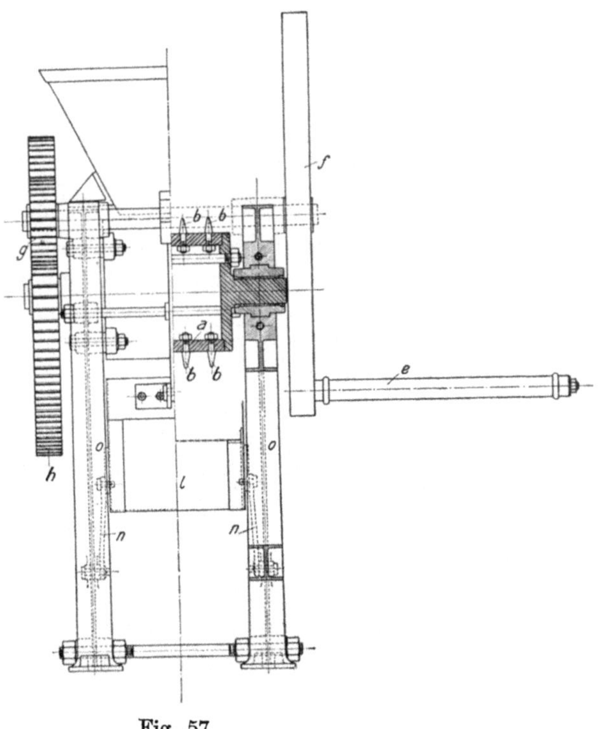

Fig. 57.

groben Schroten leicht zerbrechlicher Stoffe wie: Knochen, Kohle, Koks u. dgl. verwendet werden, unter dem Titel „Walzwerke" als gerechtfertigt anzusehen ist.

Der durch die Fig. 56 und 57 veranschaulichte Koks- und Kohlenbrecher, Bauart der *Alpinen Maschinen A.-G.* in Augsburg, ist für Handbetrieb eingerichtet, kann aber auch mechanischen Antrieb erhalten. Der im Gestell o gelagerte Walzenkörper a ist an seinem Umfange mit einer großen Anzahl an der Oberfläche gehärteter Stahldorne b besetzt, die das dem Einschüttrumpf d entfallende Gut erfassen und durch Druck gegen die Platte c zerkleinern, die zwecks Ausgleichs der Abnutzung nachstellbar gemacht ist. Der Antrieb erfolgt von Hand mittels Kurbel e, Schwungrad f und den beiden Zahnrädern g und h. Ein auf der Vorgelegewelle sitzender Dreischlag k setzt

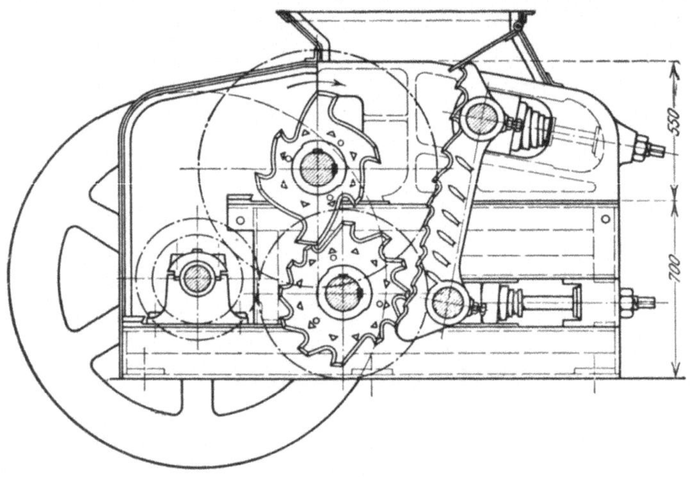

Fig. 58.

mittels des Hebels l und der Spiralfeder m die von den Gelenkstützen n getragene Rinne i in schüttelnde Bewegung, zwecks gleichmäßiger Beschickung eines Becherwerkes oder einer sonstigen Fördervorrichtung, die das geschrotete Gut einem Silo oder Vorratkasten zuzuführen bestimmt ist.

Das Doppelbrechwerk, Bauart *Seltner*, hat die Aufgabe, Stückkohle auf etwa 70 mm Korngröße zu verkleinern. Es besteht[1] (siehe Fig. 58 bis 60) aus zwei übereinander angeordneten, zwischen kräftigen schmiedeeisernen Schildern eingebauten stählernen Messerwalzen von je 600 mm Durchmesser, deren einzelne Messerscheiben mit verschieden langen Schneidezähnen versehen sind, und einer schrägstehenden, federnd gelagerten Brechwand. Diese setzt sich gleichfalls aus mehreren mit gezahnten Schneiden versehenen Messern zusammen und kann mittels Schraubenspindeln verschoben werden, je nachdem eine größere oder kleinere obere Maulweite oder untere Spaltweite gewünscht wird. Den Antrieb der sich gegen die Brechwand drehenden Messerwalzen vermittelt je ein Stirnradgetriebe von einer Vorgelegewelle aus,

---

[1] Zeitschr. d. Ver. deutsch. Ing. 1916, S. 489.

welche die Schwungradriemenscheibe trägt. Die obere Brechwalze macht 48, die untere 95 Umdr./min., während das Riemenscheibenschwungrad mit 130 Umdr./min läuft. Letzteres ist mit einer Bruchsicherungsnabe versehen.

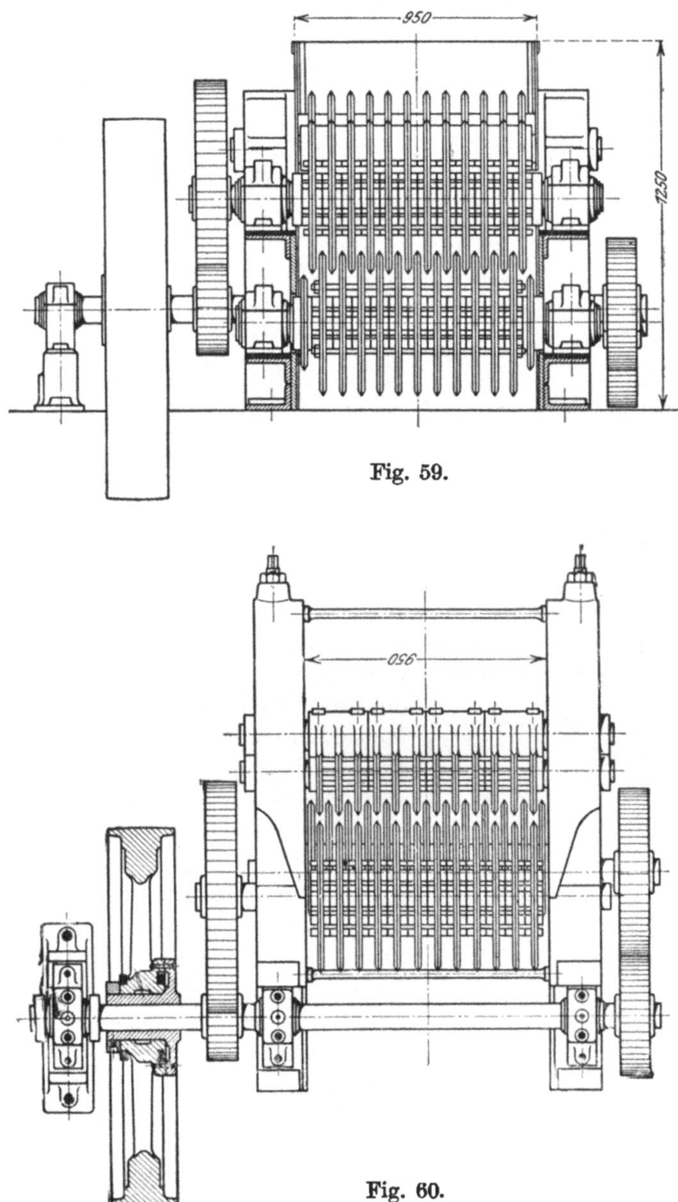

Fig. 59.

Fig. 60.

Das oben in die Maschine eingetragene Gut wird zwischen den Messer-walzen und der schrägstehenden Brechwand einer stufenförmigen Zerkleine-rung unterworfen. Das mitaufgegebene Kleingut fällt dabei zwischen den

Messern durch und kann daher eine schädliche Weiterzerkleinerung nicht er-
leiden. Da die am Umfang der Messerwalzen angeordneten Schneidezähne
verschieden lang sind, entsteht zwischen Walze und Brechwand ein abwechselnd

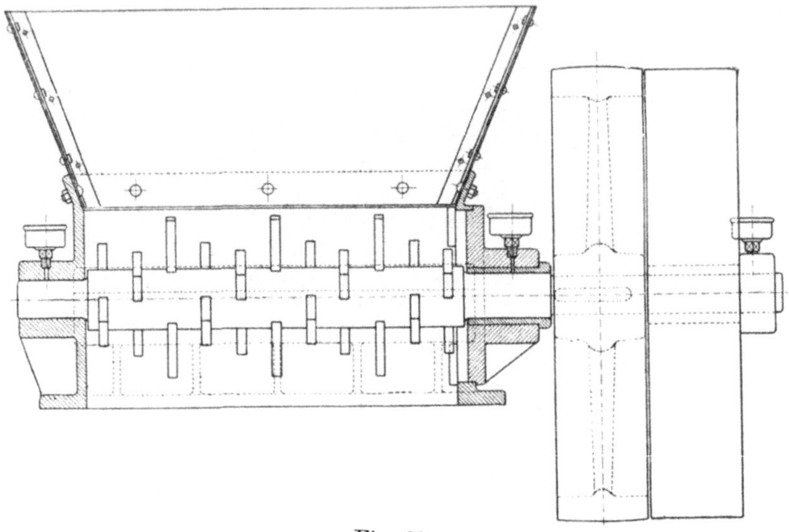

Fig. 61.

größerer und kleinerer Abstand, also eine dem gewöhnlichen Backenbrecher
ähnliche hin- und hergehende Bewegung, wobei zugleich eine schneidende
und das Brechgut durchziehende Zerkleinerungsarbeit ausgeübt wird, ohne
ohne daß ein Verlegen der Maschine oder der
Messerzwischenräume stattfinden könnte.
Dies wird übrigens auch dadurch vermieden,
daß die beiden Messerwalzen sehr weit in-
einander eingreifen. Ein Nichtfassen und
Steckenbleiben von großen Stücken ist bei
dieser Maschine vollkommen ausgeschlossen.
Es werden selbst die größten und zähesten
Stücke sicher gefaßt und von der oberen
Messerwalze schneidend vorzerkleinert, hierauf der unteren Messerwalze zugeführt und
von dieser schließlich gekörnt, wobei nur
sehr wenig Feinkohle entsteht.

Der Kraftbedarf des Brechwerks ist, wie
leicht erklärlich, trotz der großen Stundenleistung — 60 t —, sehr gering, da es gewissermaßen fortlaufend arbeitet und kleine

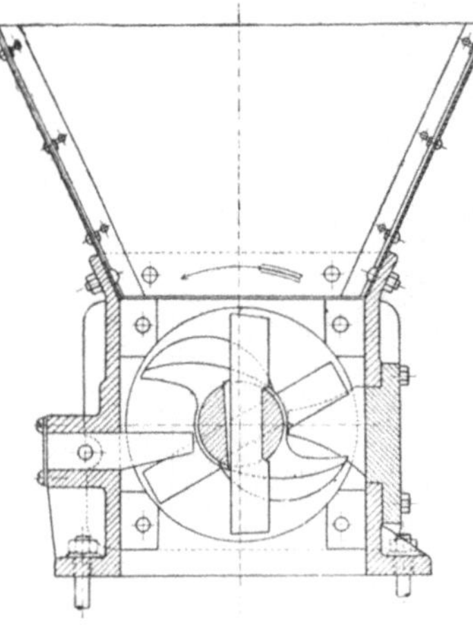

Fig. 62.

Schwankungen in der Beanspruchung, hervorgerufen durch ungleiche Beschickung oder durch verschieden hartes Brechgut, von der reichlich
bemessenen Schwungradriemenscheibe ausgeglichen werden.

Das *Seltner*sche Brechwerk, das von der *Maschinenbau A.-G. Breitfeld und Daněk*, Schlan, gebaut wird, ist auch zur Zerkleinerung von zäher holzreicher Lignitkohle geeignet.

Für das grobe Schroten sehr zäher und auch solcher Stoffe, die von etwas klebriger Beschaffenheit sind, wie z. B. Pech und Harz, hat sich der in den Fig. 61 und 62 dargestellte Daumenbrecher der *Alpinen Maschinen A.-G.* Augsburg als besonders geeignet erwiesen. Die sehr einfache Maschine besteht aus einer mit sichelförmig gebogenen Daumen bewehrten Welle, die sich 200 bis 300 mal in der Minute in einem oben und unten offenen Trog dreht, dessen Seitenwände mit Gegenmessern besetzt sind, die sowohl

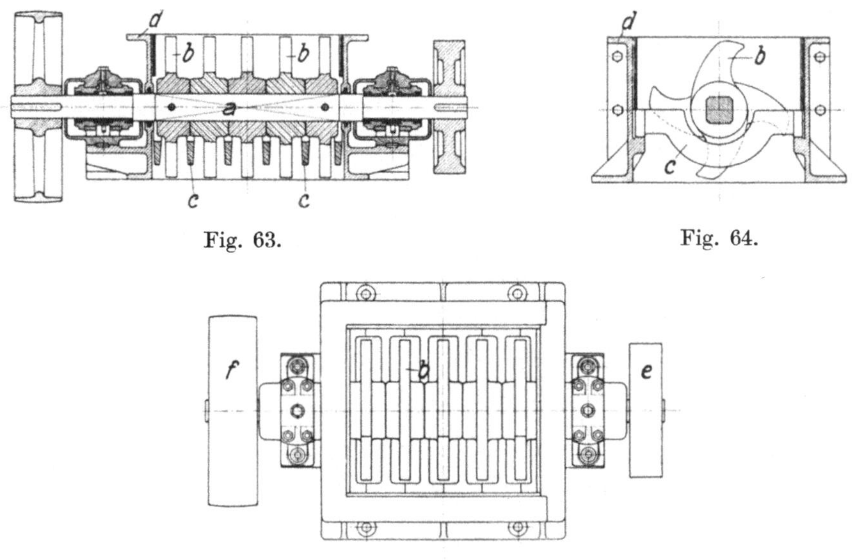

Fig. 63. Fig. 64.

Fig. 65.

das sichere Erfassen des Aufschüttgutes als auch das Reinhalten der Daumen gewährleisten.

Ähnlich in der Bauart wie der vorige, ist der Daumenbrecher der *Curt v. Grueber Maschinenbau A.-G.*, Berlin. Er ist besonders vorteilhaft verwendbar für ein Aufschüttgut, das bei irgend einem Arbeitsprozeß in platten- oder fladenförmigen Stücken entfällt, dabei aber trocken und nicht zu hart ist, auch nicht klebt oder schmiert. So wird dieser Daumenbrecher z. B. für die Vorbereitung der Kesselschlacken zur darauffolgenden Entaschung der Kesselhäuser mittels Wasserspülung mit sehr gutem Erfolge verwendet.

Seine Einrichtung geht aus den Fig. 63 bis 65 hervor, worin *a* die Welle bedeutet, die auf der einen Seite eine Riemscheibe *f*, auf der anderen Seite ein Schwungrad *e* trägt und in der Mitte mit den Daumen *b* besetzt ist. Das Gehäuse *d* ist oben offen, unten durch den Rost *c* abgeschlossen, zwischen dessen Spalten die rasch umlaufenden Daumen durchschlagen und das Aufschüttgut auf diese Weise zerkleinern.

b) Brechschnecken.

Die Brechschnecke oder Schraubenmühle ist eine Erfindung des amerikanischen Mühlenbauers *Olivier Evans*[1], welcher sie schon Ende des achtzehnten Jahrhunderts zur Zerkleinerung von Rohgips gebrauchte, der damals noch in ausgedehntem Maße zu Düngezwecken benutzt wurde. Die *Evans*sche Maschine bestand aus einer gewöhnlichen, flachkantigen eisernen Schraube von sehr großer Steigung, die sich mit erheblicher Geschwindigkeit in einem Trog drehte, dessen Boden aus Roststäben gebildet war, durch deren Spalten das Aufschüttgut hindurchgedrückt wurde. *Baratt* und *Bouvet* haben die Konstruktion dahin verändert, daß sie anstatt der *Evans*schen zweigängigen Schraube mit einsinnigem Gewinde eine mehrgängige Schraube mit rechtem und linkem Gewinde anwendeten.

Seitdem ist diese Zerkleinerungsvorrichtung grundsätzlich unverändert geblieben, dabei aber natürlich in allen Einzelheiten — namentlich jedoch

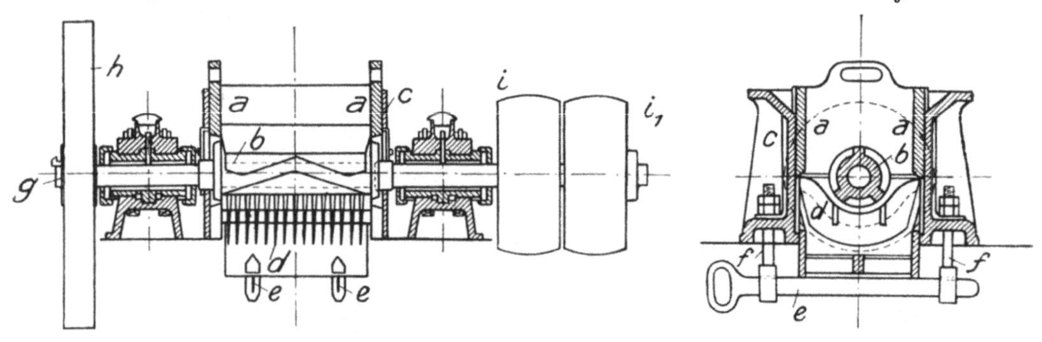

<table>
<tr><td>Fig. 66.</td><td>Fig. 67.</td></tr>
</table>

in bezug auf den Baustoff — wesentlich verbessert und vervollkommnet worden. Eine zeitgemäße Ausführungsform, Bauart *Friedr. Krupp Grusonwerk*, Magdeburg, zeigen die Fig. 66 und 67, worin b die auf der Welle g warm aufgezogene Hartguß-Brechschnecke, c das mit Hartgußplatten a ausgepanzerte Gehäuse und d den Rost bedeutet, dessen einzelne Stäbe am vorteilhaftesten aus Gußstahl — (Hartguß ist wegen der stets vorhandenen Bruchgefahr an dieser Stelle nicht zu empfehlen) — bestehen. Der Wirkung der Abnutzung der Roststäbe kann durch die Nachstellvorrichtung e, f begegnet werden. Die Welle g läuft in langen, gegen das Eindringen von Staub abgedichteten Lagern und trägt auf der einen Seite Fest- und Losscheibe i, i_1, auf der anderen Seite das Schwungrad h, das die vorkommenden Schwankungen im Kraftbedarf ausgleicht und einen ruhigen Gang der Maschine herbeiführt.

Die Brechschnecke wirkt bei der Zerkleinerung in der Hauptsache abscherend, sie ist daher mit Vorteil nur für weichere und mittelharte Stoffe (Gips, Kohle, weichere Mergel, Schwerspat u. dgl.) verwendbar, da andernfalls die Abnutzung der arbeitenden Teile zu groß und unwirtschaftlich aus-

---

[1] *Heusinger v. Waldegg:* Der Gipsbrenner, Leipzig 1863.

fallen würde. Zur Zerkleinerung feuchter, schmierender Materialien ist sie aus naheliegenden Gründen überhaupt untauglich.

Die Abmessungen der Brechschnecken bewegen sich in folgenden Grenzen: für den Durchmesser 180 bis 300, für die Länge 400 bis 900 mm. Die Umdrehungszahl beträgt von 180 bis 600 in der Minute. Die Brechschnecke zerkleinert das Aufschüttgut, das ihr in etwa Faustgröße aufgegeben wird, bis auf etwa Bohnengröße, und leistet stündlich — bei einem Kraftbedarf von 3 bis 10 PS — je nach ihrer Größe und Spaltweite von 2000 bis 7500 kg.

c) Kollergänge.

Kollergänge sind Zerkleinerungsvorrichtungen, bei denen senkrecht auf eine Bodenplatte — die Mahlbahn — gestellte, walzenförmige Körper — die Läufer — sich um eine wagerechte Achse drehen, das auf die Mahlbahn aufgegebene Gut erfassen und dieses durch die Einwirkung ihres Gewichtes zertrümmern. Das genügend zerkleinerte Gut fällt durch an einer oder zwei Stellen oder auch am ganzen Umfang der Mahlbahn angebrachte Siebroste hindurch, während das noch nicht hinreichend zerkleinerte mittels eines Scharrwerkes nochmals vor die Läufer gebracht und erneuter Bearbeitung unterzogen wird.

Man unterscheidet hierbei zweierlei Ausführungsformen:

α) Kollergänge, bei denen die Läufer mit der senkrechten Achse — oder Königswelle — fest oder gelenkig verbunden sind und von dieser im Kreise auf der feststehenden Mahlbahn herumgeführt werden, also eine Doppelbewegung ausführen, und

β) Kollergänge, bei denen die Läufer sich nur um eine wagrechte Achse, ohne weitere Ortsveränderung, drehen, während die mit der Königswelle fest verbundene Mahlbahn gleichzeitig eine kreisende Bewegung vollführt.

Im einen wie im anderen Falle findet zwischen Läufer und Mahlbahn außer der rein rollenden Bewegung in der Mitte eine stark gleitende Bewegung an den Rändern der Läufer statt, wodurch das Gut nicht nur unter dem bedeutenden Gewicht der Läufer zerdrückt, sondern auch zerrieben und — bei faseriger Beschaffenheit — zerrissen wird. Außerdem tritt eine ganz erhebliche Mischwirkung auf.

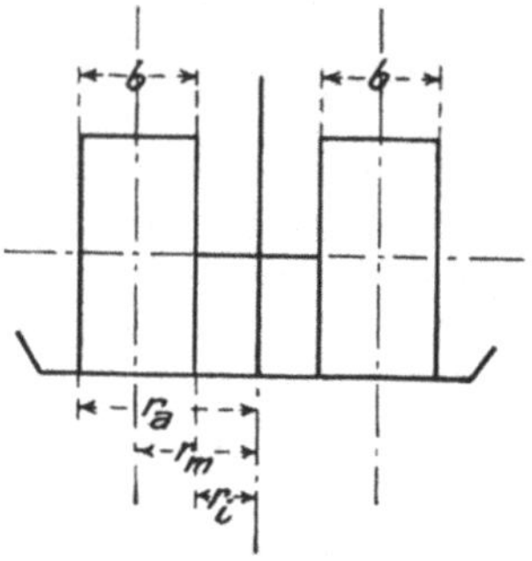

Fig. 68.

Eine rein rollende Bewegung würde nur ein kegelförmiger Läufer vollführen können, dessen äußerer Durchmesser sich zum inneren verhalten müßte wie der große Bahndurchmesser zum kleinen.

Über die Größe des durch die zylindrische Gestalt des Läufers hervorgerufenen Gleitwiderstandes kann man sich durch folgende Überlegung[1] ein Bild verschaffen.

Bezeichnet in Fig. 68 r_a den Halbmesser der äußeren, r_i jenen der inneren

---

[1] *M. Rühlmann:* Allgemeine Maschinenlehre **2**, 375. Leipzig 1876.

und r_m jenen der mittleren Kollerbahn, n die Anzahl der Umläufe in der Minute, so sind die zugehörigen Sekundengeschwindigkeiten:

$$v_a = \frac{2\,r_a \cdot \pi \cdot n}{60}\,, \qquad v_i = \frac{2\,r_i \cdot \pi \cdot n}{60}\,, \qquad v_m = \frac{2\,r_m \cdot \pi \cdot n}{60}\,.$$

Ist z. B. die Läuferbreite $b = 0{,}38$ m und steht die innere Seitenkante um 0,32 m vom Drehachsenmittel ab, so ergibt sich für $r_a = 0{,}7$ m, $r_m = 0{,}51$ m und $r_i = 0{,}32$ m,

$$v_i = 0{,}368 \text{ m}, \qquad v_a = 0{,}806 \text{ m}$$

und

$$v_m = 0{,}587 \text{ m} .$$

Die Geschwindigkeit des äußeren Randes ist also gegen die Mitte zu groß um

$$v_a - v_m = 0{,}806 - 0{,}587 = 0{,}219 \text{ m} .$$

Dagegen ist die Geschwindigkeit des inneren Randes gegen die Mitte zu klein um

$$v_m - v_i = 0{,}587 - 0{,}368 = 0{,}219 \text{ m} .$$

Es muß daher der äußere Läuferrand gleitend zurückbewegt werden um den Weg

$$w_a = 2\,\pi \cdot n \cdot (r_a - r_m)\,,$$

oder, da

$$r_a = r_m + \frac{b}{2} \text{ ist, um } w_a = \pi \cdot n \cdot b .$$

Um ebensoviel ist aber, während derselben Zeit, der innere Läuferrand gleitend vorwärts zu bringen, so daß der mittlere Wert dieser Wege $\dfrac{\pi \cdot n \cdot b}{2}$ ist.

Bezeichnet daher K die Kraft, welche lediglich zum Überwinden des Gleitens eines Läufers vom Gewichte Q aufzuwenden ist, und denkt man sich diese in der Entfernung r_m von der Drehachse wirksam, so ergibt sich — wenn μ den Koeffizienten der gleitenden Reibung bedeutet — die Gleichung:

$$K \cdot 2\,r_m \cdot \pi \cdot n = \mu \cdot Q \cdot \frac{\pi \cdot n \cdot b}{2} \quad \text{oder} \quad K = \frac{\mu \cdot b \cdot Q}{4\,r_m}\,,$$

d. h. der besondere Widerstand, den das Gleiten hervorruft, wächst mit der Breite des Läufers und nimmt mit dem Bahndurchmesser ab.

Für den obigen Fall ist

$$K = \mu \cdot 0{,}186 \cdot Q\,,$$

oder, da hier $Q = 3750$ kg, und da ferner μ mit mindestens 0,34 anzunehmen ist[1],

$$K = 206 \text{ kg.}$$

---

[1] Hütte 1902, S. 203.

Die zur Überwindung des Gleitwiderstandes beider Läufer aufzuwendende
Arbeit berechnet sich somit zu

$$A = 2 \cdot K \cdot \frac{v_m}{75} = 3{,}22 \text{ PS} .$$

Diese Arbeit ist jedoch keineswegs immer als ein unnützer Aufwand anzusehen, im Gegenteil! Sie dient vielmehr öfter dazu, das Erzeugnis des
Kollerganges zu verbessern und in allen jenen Fällen hochwertiger zu gestalten, wo es sich um die Erzielung eines mehlhaltigen Erzeugnisses handelt,
das durch diese Eigenschaft eine gewisse Entlastung der auf den Kollergang
folgenden Feinmahlvorrichtung herbeiführt. Anderseits aber läßt sie ihn,

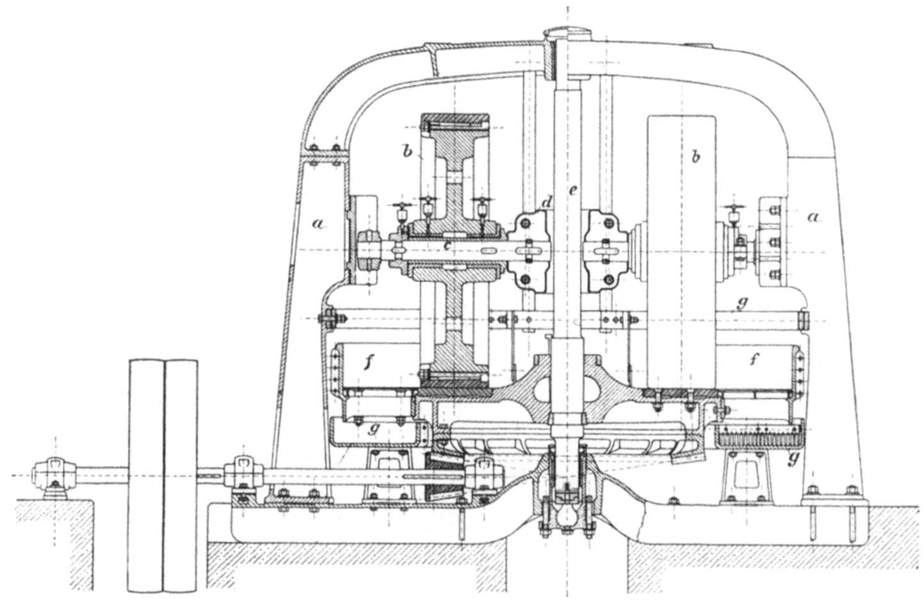

Fig. 69.

wenn die Erzeugung eines reinen, möglichst mehlfreien Schrotes gewünscht
wird, für diesen Zweck als gänzlich ungeeignet erscheinen und in einem solchen
Falle ist dem Kollergang ein Walzwerk mit gleicher Umfangsgeschwindigkeit
der Walzen unbedingt vorzuziehen.

Die der Kollergangsarbeit anhaftende Eigenschaft der Mehlbildung hat
auch dazu geführt, ihn als Feinmahlvorrichtung anzuwenden, doch ist seine
Leistungsfähigkeit in dieser Richtung, im Vergleich zu anderen Mühlen,
recht gering und sein Hauptanwendungsgebiet, auf dem er aber auch Vor-
zügliches leistet, wird stets die grobe Schrotung bleiben.

Der Kraftbedarf eines Kollerganges hängt von der Menge, Härte, Zähigkeit und Stückgröße des Aufschüttgutes sowie von der zu erzielenden Feinheit des Schrotes ab. Er schwankt zwischen $^1/_2$ PS bei den kleinsten Modellen
(500 mm Durchmesser, 125 mm Breite und 170 kg Gewicht eines Läufers

bis zu 20 PS und darüber bei den größten Ausführungen (2000 mm Durchmesser, 500 mm Breite und 6500 kg Gewicht eines Läufers). Ebenso verschieden ist die Leistung, die von 200 bis 12 000 kg/h beträgt.

Von den beiden weiter oben unter α) und β) gekennzeichneten Ausführungsformen des Kollerganges bietet die letztere gegenüber der ersteren einige wesentliche, grundsätzliche Vorteile, die darin bestehen, daß bei ihr 1. keine nachteiligen Fliehkräfte auftreten, 2. die Lagerung der Läufer einfach und sicher ist und 3. die Abführung des Erzeugnisses in bequemster Weise erfolgen kann. An den folgenden zwei Beispielen soll die zeitgemäße Bauart solcher Kollergänge mit umlaufender Mahlbahn gezeigt werden.

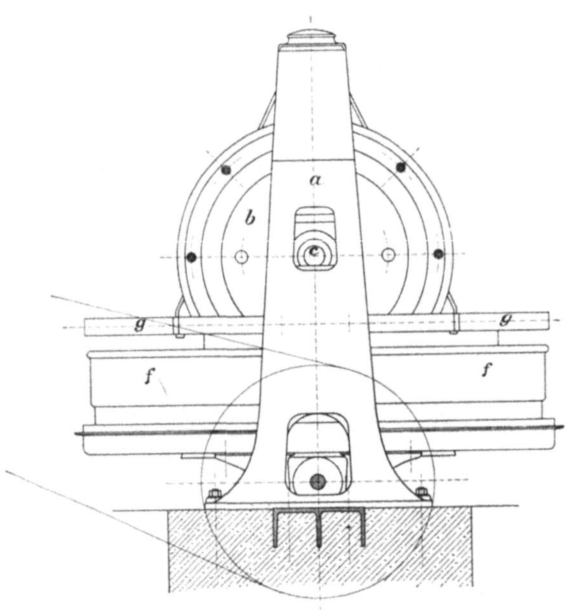

Fig. 70.

Der Kollergang, Bauart *Amme, Giesecke & Konegen A.G.*, Braunschweig, besteht (siehe Fig. 69 und 70) aus zwei kräftigen Hohlgußständern a, die oben und unten durch je einen, zur Aufnahme des oberen Halslagers sowie des unteren Spurlagers der Königswelle e dienenden Querbalken verbunden sind. Die Läufer b, deren Naben mit langen Rotgußschalen ausgebuchst und gegen das Eindringen von Staub geschützt sind, drehen sich auf den Achsen c, zu deren Verbindung die zweiteilige Muffe d angeordnet ist. Letztere ist so konstruiert, daß sie die Königswelle e frei hindurchtreten läßt. An den äußeren Enden der Achsen c sitzen gußeiserne Schuhe, die in senkrechten, an die Ständer angeschraubten Führungen gleiten. Der umlaufende, mit einem hohen Rand versehene Teller f ist unten mit einem Zahnkranz verbunden; er wird durch ein Vorgelege, bestehend aus der dreifach gelagerten Welle, Fest- und Losscheibe und Kegelgetriebe in Umdrehung versetzt. Die eigentliche Mahlbahn, auf der die abrollenden Läufer die Zerkleinerungsarbeit verrichten, ist aus einer Anzahl auswechselbarer Segmente aus Hartguß oder Hartstahl zusammengesetzt; sie ist von einem Siebkranz umgeben, der das durch die Sieböffnungen hindurchfallende zerkleinerte Gut an eine darunterliegende, feststehende, kreisförmige Rinne abgibt, wo es gesammelt und mittels eines sich mit der Mahlbahn drehenden Ausstreichers (Schabers) der an passender Stelle angebrachten Ausfallöffnung zugeführt wird. Das Scharrwerk, das das Aufschüttgut unter die Läufer sowie das vermahlene Gut auf den Siebkranz und endlich das nicht genügend Geschrotete wieder zurück auf

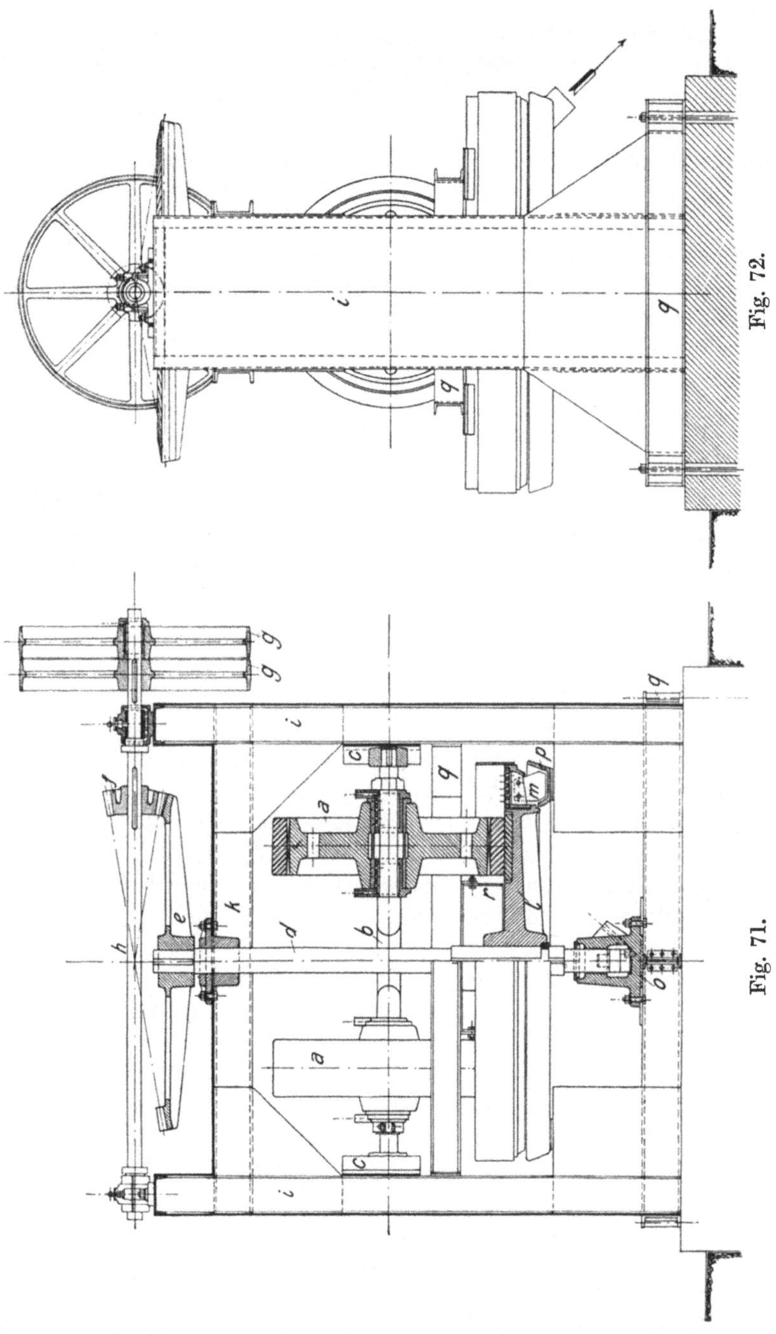

die Mahlbahn leitet, ist an dem starken schmiedeeisernen Ring *g* aufgehängt. Dieser ist sowohl mit den Seitenständern, als auch mit dem oberen Querbalken fest verbunden.

Die gußeisernen Läufer sind mit Hartguß- oder Hartstahlmänteln versehen, die durch eine Anzahl Hakenschrauben mit dem Läuferkörper fest verbunden werden; sie sind dabei aber leicht abzunehmen und im Bedarfsfalle bequem auswechselbar.

Eine von der vorigen in manchen Teilen erheblich abweichende Konstruktion zeigt der durch die Fig. 71 und 72 veranschaulichte Kollergang von *Kampnagel*, Hamburg. Das Gerüst dieser Maschine erscheint hier aus Walzeisenträgern und starken Eisenblechplatten (i, k und q) zusammengesetzt; es besitzt trotz seiner verhältnismäßigen Leichtigkeit eine außerordentliche Steifigkeit und Standfestigkeit. Der Antrieb der Königswelle· d, bestehend aus der Vorgelegewelle h, den Riemenscheiben (fest und los) g, g und dem Kegelräderpaar e und f, ist nach oben verlegt und dadurch das Spurlager o der Königswelle von allen Seiten bequem zugänglich gemacht.

Die Läufer a drehen sich auf der gemeinschaftlichen Achse b, die zwecks Freigehens der Königswelle in der Mitte durchgekröpft ist und die sich mit den Schuhen c in seitlichen Gleitlagern führt. Die Naben der Läuferkörper sind wieder — wie im vorhergehenden Beispiel — mit staubdichten Rotgußlagerbuchsen versehen. Eigenartig ist die Befestigung der Mäntel. Wie aus Fig. 71 ersichtlich, ist der Läuferkörper am Umfange zweiseitig konisch gestaltet; der dadurch entstehende, ringförmige Spalt dient zur Aufnahme von schmalen Holzkeilen, die eine ebenso solide als elastische Verbindung zwischen Mantel und Läuferkörper herstellen.

Zu erwähnen bleibt noch, daß der umlaufende Teller l sowohl die aus einzelnen und daher bequem auswechselbaren Segmenten zusammengesetzte Mahlbahn als auch den Siebkranz und den Ausstreicher m trägt, und daß das Scharrwerk r an dem mittleren Walzeisenrahmen q aufgehängt ist.

Kollergänge mit feststehender Mahlbahn und um die Königswelle kreisenden, gleichzeitig aber auch um eine wagerechte Achse sich drehenden Läufern, stellen die ältere der beiden oben gekennzeichneten Bauarten dar. Bei den frühesten Ausführungen dieser Art waren die Läufer mit der Königswelle derart verbunden, daß die gemeinschaftliche Achse der ersteren durch einen Schlitz der letzteren hindurchtrat, was bei ungleichmäßiger Beschickung ein Schiefstellen der Läufer, deren ungleichmäßige Abnützung und einen unruhigen, stoßenden Gang der Maschine zur Folge hatte. Einen ganz wesentlichen Fortschritt bedeutete es daher, als man dazu überging, jeden Läufer auf eine besondere Achse zu setzen und diese mit der Königswelle gelenkig — kurbelartig — zu verbinden. Dadurch wurde erreicht, daß jeder Läufer sich unabhängig von dem anderen heben und senken konnte, wobei er stets parallel zur Mahlbahn blieb. Das Schiefstellen war dadurch unmöglich gemacht, die Abnützung wurde gleichmäßiger, der Gang ruhiger und die Leistung höher.

Allerdings erscheint dadurch noch nichts daran geändert, daß der schwere Läufer nur auf seiner inneren Seite in einer Kurbelachse hängt, welche allein die durch das oft in großen Stücken aufgeworfene Aufschüttgut verursachten Stöße und die bei dem Gewicht der Läufer als sehr erheblich zu bewertende

Fliehkraft aufnehmen muß. Um nun diese Kraftäußerungen noch auf einen zweiten festen Punkt zu übertragen, ist der Kollergang von *Villeroy & Boch*[1], für den *E. Laeis & Co.*, Trier, das Ausführungsrecht besitzen, derart eingerichtet, daß der Läufer auf einer Doppelkurbel sitzt, deren innere Achse von einer auf der Königswelle befestigten Muffe umschlossen, während die äußere Achse durch ein Lager aufgenommen wird, das mit einem, um die beiden Läufer herumgreifenden, mit der Königswelle fest verbundenen Rahmen verschraubt ist. Hierdurch ist eine zweifache Lagerung des Läufers erreicht und die im Falle eines Kurbelbruches eintretende Gefahr des Abrollens des Läufers von der Bahn vollkommen beseitigt.

Im allgemeinen besitzen Kollergänge eine ungemein vielseitige Verwendungsfähigkeit. Man benutzt sie zum Schroten natürlicher und künstlicher Gesteine (Kalkstein, Dolomit, Erz, Zementklinker), zum Schroten und Mischen von Schamotte und feuerfesten Tonen[2], und stellenweise auch zum Mahlen von Drogen, Gewürzen, Rinden, Wurzeln und ähnlichen Stoffen. Eine besonders große Verbreitung haben sie in den letzten Jahren in der keramischen Industrie, namentlich in der Ziegelfabrikation gefunden, für deren besondere Zwecke eine ganze Reihe eigenartiger — manchmal aber auch recht gekünstelter — Konstruktionen entstanden sind, von denen hier einige in kurzen Worten Erwähnung finden sollen.

Der Konoid-Kollergang (Patent *Horn*[3]) hat feststehende Mahlbahn und zwei schwach konische Läufer, die in gleichen Abständen von der Königswelle umlaufen. Eine eigentümliche Anordnung des Scharrwerkes bewirkt, daß das Mahlgut, unter Verschiebung nach innen und wieder nach außen, absatzweise zerkleinert wird.

Der Vierläufer-Kollergang des *Jacobiwerkes*, Meißen, zeigt an jeder Seite der Königswelle zwei Läufer, unter denen die einmal abgestufte Mahlbahn sich dreht. Die innere Bahn, auf der die erste Zerkleinerung erfolgt, ist voll, die äußere mit Rostplatten ausgelegt. Die Läufer sind in Armen auf einer gemeinsamen, durchgehenden Welle pendelnd gelagert.

Der Differential-Kollergang, System *Erfurth*, des Eisenwerkes *Concordia* Hameln, hat ganz geschlossene Mahlbahn, die ebenso wie die Läufer zwangsweise angetrieben wird, so daß jede gewünschte oder erforderliche Differentialgeschwindigkeit erreicht werden kann. Der eine der beiden Läufer hat größeren Durchmesser bei verhältnismäßig geringer Breite, der andere kleinen Durchmesser bei großer Breite. Soll der Teller, wie sonst üblich, mit innerem Rost versehen werden, dann ist die Anordnung so getroffen, daß nur der breite Läufer das Gut durch die Rostöffnungen drückt.

Der Differential-Feinkollergang der *Rixdorfer Maschinenfabrik* besitzt zwangläufig angetriebene Läufer und eine ebenso angetriebene, auf Kugeln laufende und nach außen kegelförmig abgeflachte Mahlbahn. Die an sich ziemlich leichten Läufer weisen gleichfalls Kegelform auf (Läuferbreite =

---

[1] *Heusinger v. Waldegg:* Die Ziegel- und Röhrenbrennerei, S. 149. Leipzig 1901.
[2] Über Dinas- und Silika-Mischkollergänge siehe Tonindustrie-Ztg. 1918, S. 693ff.
[3] *Pantzer* u. *Galke:* Leitfaden für den Ziegeleimaschinenbetrieb, S. 84ff. München 1910.

Halbmesser der Mahlbahn); sie werden mittels Hebelübertragung durch Zusatzgewichte je nach Bedarf beschwert. Die Zerkleinerung erfolgt stufenweise.

Der Kollergang, Patent *Gielow*, von *Rich. Raupach* in Görlitz, hat feste oder umlaufende Mahlbahn und stufenförmig gestaltete Läufer.

Beim Kollergang der *Zeitzer Eisengießerei*, Köln, werden Bahn und Läufer für sich von einer gemeinschaftlichen Vorgelegewelle angetrieben, deren Kegelgetriebe gleichzeitig in zwei Räder eingreift. Das obere Rad ist mit der Königswelle fest verbunden, das untere sitzt auf einer die Königswelle umgebenden Hülse, an der die Schleppkurbeln für die Läufer befestigt sind. Da die Bewegungen von Mahlbahn und Läufer bei dieser Anordnung sich summieren, so ergibt sich daraus die Möglichkeit einer Herabsetzung der Umdrehungszahl (für gleichbleibende Leistung), die mit einer entsprechenden Kraftersparnis gleichbedeutend ist.

Endlich muß noch der sog. „Etagenkollergänge" (von *Gebr. Bühler*, Uzwil, *Nienburger Eisengießerei*, Nienburg a. S., *Rieter & Koller*, Konstanz usw.) gedacht werden, die aus zwei oder drei übereinandergebauten Kollergängen zusammengesetzt sind und eine stufenförmige Zerkleinerung des Aufschüttgutes bezwecken, die aber im einzelnen zu beschreiben hier zu weit führen würde.

d) Glockenmühlen.

Die nach Art der jedermann bekannten Kaffeemühlen gebauten Glockenmühlen wirken auf das Mahlgut abscherend, sie dürfen daher nur zum Schroten weicher bis mittelharter Stoffe — Steinsalz, Düngesalz (Kainit, Carnallit, Sylvinit), Gips u. dgl. — dienen, die ihnen in Stücken bis zu 25 cm aufgegeben werden und die sie in erbsen- bis haselnußgroße, mit Grieß und Mehl vermischte Brocken verwandeln.

Das Mahlmittel der Glockenmühlen ist ein abgestumpfter, mit der Grundfläche nach unten gestellter Kegel, dessen Mantel mit scharfkantigen Leisten besetzt ist und der sich in einem, in gleicher Weise bewehrten Hohlkegel dreht. Die Höhe der Leisten verringert sich nach unten — dem Spalt — zu beständig, bis die letzteren in die feingeriffelten Mahlkränze auslaufen, die mit Rücksicht auf den natürlichen Verschleiß leicht abnehmbar und auswechselbar angeordnet sein müssen.

Zwecks Regelung der Spaltweite bzw. der Feinheit des Erzeugnisses ist an den Glockenmühlen eine Stellvorrichtung angebracht, die es ermöglicht, die Mahlkränze einander bis zu einem gewissen Grade zu nähern oder deren Entfernung zu vergrößern.

Um die Leistungsfähigkeit dieser Zerkleinerungsvorrichtung aufs höchste auszunutzen, ist die Anbringung eines Speiseapparates geboten, der meist in einer Zuführungswalze besteht, die von der Mühle selbst in Umdrehung versetzt wird.

Der Antrieb der stehenden Welle kann entweder mittels Kegelrädervorgeleges oder halbgeschränkten Riemens, sowohl von oben als auch von unten erfolgen. Mühlen mit Unterbetrieb durch Kegelrädervorgelege werden mit letzteren zusammen auf einer gemeinsamen Grundplatte aufgebaut, solche mit Oberbetrieb meist an die Deckenträger des Gebäudes angehängt.

Bei verhältnismäßig kleinen Abmessungen und geringem Kraftverbrauch ist die Leistung der Glockenmühlen doch eine große. Mühlen von 365 mm Durchmesser des äußeren Mahlkranzes liefern bei $1^1/_2$ PS Kraftverbrauch 4500 kg, solche von 1140 mm Durchmesser mit etwa 14 PS bis 50 000 kg Schrot in der Stunde. In der Kaliindustrie, die, wie schon erwähnt, mit sehr großen Mengen rechnen muß, sind sie demzufolge — als Zwischenglied zwischen den Vorbrechern und Feinmahlvorrichtungen — schon seit Jahren zu einer ständigen Einrichtung geworden.

In den Fig. 73 und 74 ist eine Glockenmühle, Bauart *Amme, Giesecke & Konegen A.-G.*, Braunschweig, mit unterem Antrieb durch halbgeschränkten Riemen und Aufhängung an den eisernen Deckenbalken des Gebäudes dargestellt. In den Abbildungen bedeutet: a die Riemenscheibe, die die Welle b mittels der Bajonettkupplung p antreibt, c den inneren, d den äußeren Mahlkegel, e den inneren, n den äußeren Mahlkranz. Die Welle ist in den Bügeln g und i gelagert, wovon der letztere mit der Stellvorrichtung $k\,k$ verbunden

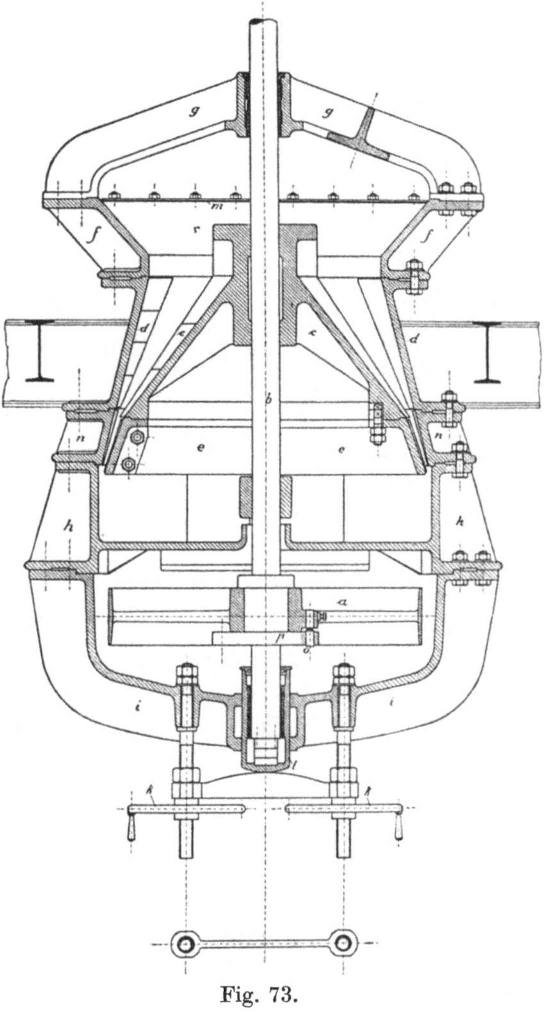

Fig. 73.

ist, die auf den Spurtopf l wirkt. f ist der mit einer Blechplatte m abgeschlossene Einschüttrumpf; an eine Öffnung in der ersteren schließt sich der — nicht gezeichnete — Speiseapparat an. Das zerkleinerte Gut fällt durch den von den Mahlkränzen n und e gebildeten Spalt in den darunterliegenden Trog h, aus dem es von einem mit der Welle b umlaufenden Ausräumer q entweder rechts oder links bei r herausbefördert und weiterer Verarbeitung zugeführt wird.

Die obenerwähnte Bajonettkupplung dient auch hier wieder als Sicherheitsglied gegen zufällige Überlastungen der Maschine, in welchem Falle einer ihrer Bolzen abgeschert und die Mühle zum Stillstand gebracht wird.

Es versteht sich von selbst, daß die arbeitenden Teile — Mahlkegel und Mahlkränze — aus einem besonders widerstandsfähigen Stoff (Schalen - Hartguß) hergestellt werden müssen.

e) Die Schlag- und Schleudermühlen.

Die Wirkungsweise der Schlag- und Schleudermühlen ist bereits durch ihre Bezeichnung ausgedrückt. Bei den Schlagmühlen wird das Gut der schlagenden und gleichzeitig scherenden Einwirkung rasch umlaufender Schlagmittel, die entweder runde Stifte oder flügelartige Arme oder eigentümlich geformte Nasen sein können, ausgesetzt, bei den Schleudermühlen dagegen auf einen Teller mit hoher Umfangsgeschwindigkeit geleitet, der es gegen eine feststehende glatte oder gezackte oder gezahnte Wand schleudert, an der es zerschellt. Diese Zer-

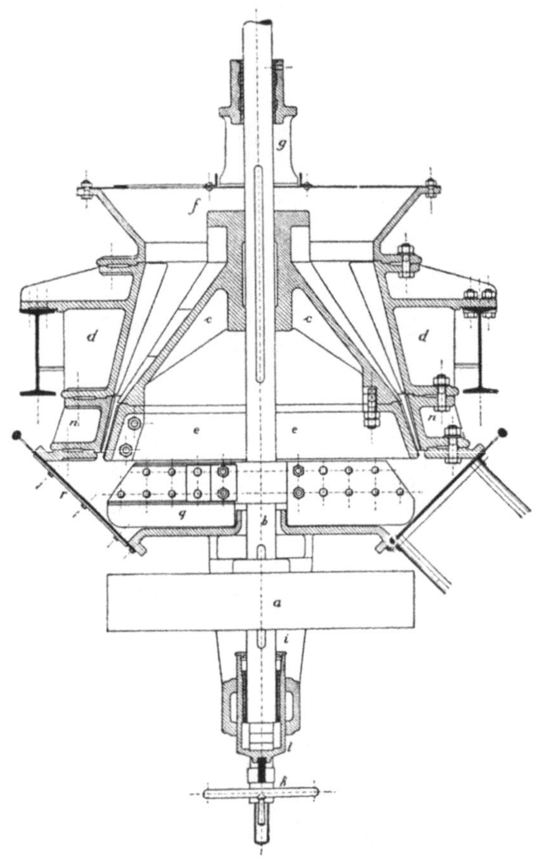
Fig. 74.

kleinerungsvorrichtungen sind überall da am Platze, wo aus einem spröden, mittelharten oder weichen, wenig klebenden oder schmierenden oder aber auch einem zähen, faserigen Aufschüttgut, das schon recht weitgehend vorzerkleinert sein muß, ein feingrießiges bis mehlartiges Erzeugnis hergestellt werden soll.

Allen Schlag- und Schleudermühlen ist eine hohe Umfangsgeschwindigkeit der zerkleinernden Mittel gemeinsam, woraus sich von selbst kleine Abmessungen der ganzen Konstruktion ergeben. Um das Auftreten freier Fliehkräfte zu verhindern, die bei der großen Geschwindigkeit (bis zu 40 m/sek. und darüber) leicht gefährlich werden könnten und die zumindest den ruhigen Lauf der Maschine empfindlich beeinträchtigen würden, ist ein sorgfältiges Ausbalancieren (Auswuchten) der umlaufenden Teile dringend geboten. Nicht minder wichtig ist es, zu den durch die Fliehkraft oft bis an die äußerste Grenze des Zulässigen beanspruchten Scheiben, Schlägern u. dgl. nur allerbesten, zähesten Baustoff von höchster Zug- (Zerreiß-) Festigkeit zu wählen.

Mit zunehmender Umfangsgeschwindigkeit wächst die Leistung dieser Mühlen zwar der Güte nach, wogegen sie der Menge nach zurückgeht — und umgekehrt. Gleichzeitig fängt auch der Kraftverbrauch an, unangenehm in die Höhe zu gehen, was weniger auf Lager- und Zapfenreibung als hauptsächlich auf den großen Luftwiderstand zurückzuführen ist, den die rasch und in meist engen Gehäusen umlaufenden Teile zu überwinden haben und der z. B. bei einem Desintegrator bis zu 43 v. H. des gesamten Kraftaufwandes betragen kann. Aus diesem Grunde sollte den Schlagmühlen das Aufschüttgut unter Luftabschluß zugeführt und es sollten ferner diese Maschinen stets an eine kräftig wirkende Absaugevorrichtung angeschlossen werden, um im Gehäuse eine möglichst hohe Luftverdünnung zu erzielen. Je vollständiger die letztere, desto geringer wird der schädliche und überflüssige Kraftverbrauch und desto wirtschaftlicher die Arbeit.

Von den Schlagmühlen, die als Zerkleinerungsorgane runde Stifte benutzen, ist der von *Th. Carr* erfundene und bereits anfangs der 60er Jahre des vorigen Jahrhunderts in der Öffentlichkeit bekanntgewordene Desintegrator wohl die älteste. Er besteht (siehe Fig. 75 und 76) aus zwei Trommeln a und b, die auf die Wellen c und d fliegend aufgekeilt sind und mittels der Riemenscheiben e und f in einander entgegengesetzter Richtung (mit offenem und gekreuztem Riemen) in rasche Umdrehung versetzt werden. Jede der beiden Trommeln trägt in konzentrischen Ringen eine Anzahl Schlagstifte k, die abwechselnd von der einen Trommelscheibe zur anderen reichen, ohne die Ebene der einen oder anderen Scheibe zu berühren.

Die Trommeln sind bei der Arbeit der Maschine ineinandergeschoben, so daß sich jede Stiftreihe — mit Ausnahme der innersten und der äußersten — in dem ringförmigen Zwischenraum der beiden benachbarten Stiftreihen bewegt. Die Zahl der Stifte in einem Ringe nimmt nach dem Umfang hin zu (z. B. im ersten 30, im zweiten 50, im dritten 80 usw.), in der Weise, daß die Zwischenräume, die die Stifte zwischeneinander lassen, immer enger und kleiner werden.

Das Aufschüttgut wird seitlich durch die Mitte — über der Welle d — durch den Rumpf o eingeführt, von der ersten Schlagstiftreihe erfaßt, gegen die zweite, in entgegengesetzter Richtung umlaufende Reihe, von dieser gegen die dritte und so fort von Stiftreihe zu Stiftreihe geschleudert und einer großen Zahl von rasch aufeinanderfolgenden Schlagwirkungen ausgesetzt, bis es an der Innenwandung des Gehäuses genügend zerkleinert herab- und aus der Ausfallöffnung im Rahmen i herausfällt.

Um, wenn mit dem Desintegrator etwas schmierendes Gut (z. B. Superphosphat) verarbeitet worden ist, den Apparat reinigen zu können, ist die Einrichtung getroffen, daß der Lagerbock g, der im Gegensatz zu dem festen Lagerbock h in der Grundplatte i schlittenartig geführt ist, sich mittels Schraubenspindel l und Handrad m nach Abnahme des Blechgehäuses in die

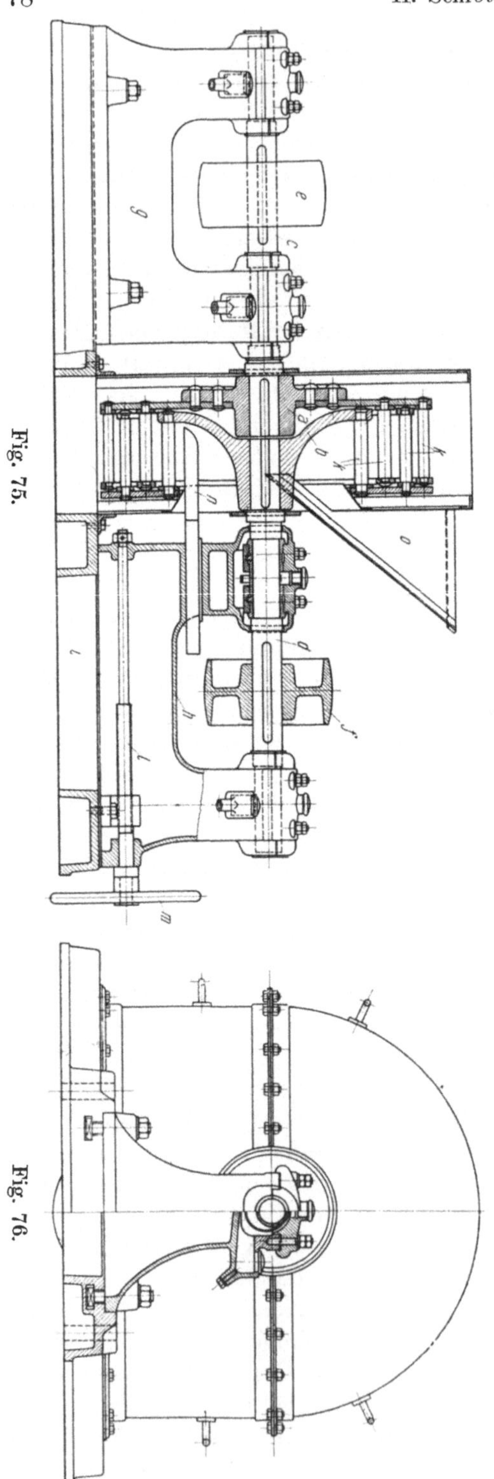

Fig. 75.

Fig. 76.

gezeichnete Stellung bringen läßt, wodurch die Trommel a aus der Trommel b herausgezogen und deren Inneres bequem zugänglich gemacht wird.

Das Messer n dient einesteils dazu, bei klebrigem Aufschüttgut die erste Stiftreihe reinzuhalten, andernteils hat es den Zweck, gröbere Brocken, die nicht gleich zwischen die Stiftreihen hinein- fallen können, daran zu hindern, längere Zeit auf der ersten Stift- reihe liegenzubleiben, da sie durch den Anprall an das Messer eine Vorzerkleinerung erfahren.

Der Desintegrator wird — entsprechend seiner großen Ver- breitung — in vielen verschie- denen Größen von 500 bis 2000 mm Durchmesser der äußeren Trom- mel und für 1200 bis 300 Um- drehungen in der Minute gebaut. Die Stundenleistung schwankt natürlich mit der Härte und Stück- größe des Aufschüttgutes und der Feinheit des Erzeugnisses; sie be- trägt von 250 bis 30 000 kg bei einem Kraftverbrauche von 2 bis 40 PS.

Der Dismembrator von *Kampnagel*, Hamburg, ist aus dem Desintegrator hervorge- gangen. Der Unterschied zwischen beiden besteht darin, daß beim Dismembrator von den beiden Stiftscheiben nur die eine sich dreht und die andere im Gehäuse festsitzt, während beim Desinte- grator beide Stiftscheiben (Trom- meln) in einander entgegenge- setzter Richtung kreisen. Soll also unter sonst gleichen Ver- hältnissen der Dismembrator dieselbe Schlagwirkung hervorbringen wie der Desintegrator, so muß seine Stiftscheibe mit einer Geschwindigkeit umlaufen, die doppelt so groß ist wie jene der Desintegratortrommeln. Diesem Umstande ist beim Dismembrator unter anderem auch durch die außerordentlich sorgfältige Lagerung der Welle Rechnung getragen, so daß er als Nachteil eigentlich nicht angesehen werden kann. Dagegen ist es ein entschiedener Vorteil des Dismembrators, daß er nur eine Welle mit zwei Lagern und nur eine Antriebsriemscheibe besitzt, wogegen die entgegengesetzt laufenden beiden Trommeln des Desintegrators zwei getrennte Wellen mit vier Lagern und zwei Riemscheiben erfordern.

Die Stücke des Aufschüttgutes für den Dismembrator sollen Haselnußgröße nicht überschreiten; kommen größere Stücke vor, so muß ein kleines Vorbrechwerk oder ein Schüttelsieb vorgeschaltet werden.

Wie alle Schlagstiftmaschinen ist auch der Dismembrator sehr empfindlich gegen etwa mit dem Aufschüttgut eingedrungene harte Fremdkörper, die bei der gewaltigen Umfangsgeschwindigkeit der Stiftscheibe ein Verbiegen und Abbrechen der Stifte und in weiterer Folge ganz erhebliche Zerstörungen hervorzurufen vermögen. Meist sind es eiserne Stiefelnägel, Drahtstifte u. dgl., die der Maschine verhängnisvoll werden können, und um diese Gefahr zu beseitigen, ist es unter allen Umständen empfehlenswert, das Aufschüttgut vorher in einem dünnen Strome über Magnete zu leiten, welche die eisernen Störenfriede anziehen und festhalten. Letztere müssen dann von Zeit zu Zeit entfernt werden.

Besetzt man die einseitig bestiftete Scheibe des „einfachen" Dismembrators auch auf der anderen Seite mit Stiften und läßt diese gegen eine zweite feste Stiftscheibe wirken, so erhält man den sog. „Doppel-Dismembrator", der mit seiner doppelten Leistungsfähigkeit alle Vorzüge des einfachen Dismembrators vereinigt. Denn die Bauart ist gleich einfach geblieben, es ist wie beim einfachen Dismembrator nur eine Welle mit zwei Lagern und nur eine Antriebsriemscheibe vorhanden, und überdies ist noch der Vorteil erreicht, daß, da die Schlagscheibe auf beiden Seiten Arbeit verrichtet, die axialen Drücke sich gegenseitig aufheben.

Ein solcher Doppel-Dismembrator, ist durch die Fig. 77 und 78 dargestellt, worin a die Welle, b die zweiseitig bestiftete sich drehende Schlagscheibe, c und c_1 die festen Stiftscheiben, d die Antriebsriemscheibe, e die Spannrolle mit dem Rollenträger f und m die Einlaufstutzen bezeichnet. Die Speisewalzen g, g_1 werden mittels Schneckenrad k und Wurm l von der Vorgelegewelle aus angetrieben und die Menge des aus den Rümpfen i, i zulaufenden Gutes wird mittels der Klappen h, h_1 geregelt. Das Gehäuse o zieht sich nach unten zu den durch eine Scheidewand getrennten Ausfallöffnungen n zusammen.

Die Leistung des Doppel-Dismembrators hängt natürlich ganz von der Beschaffenheit des Aufschüttgutes und von der verlangten Feinheit des Erzeugnisses ab. Nachstehende Tabelle gibt die Zahlenwerte an, die bei der Vermahlung von Steinsalz auf Doppel-Dismembratoren von 630 mm Durchmesser der äußersten Stiftreihe gewonnen wurden[1].

---

[1] Zeitschr. d. Ver. deutsch. Ing. 1890, S. 993.

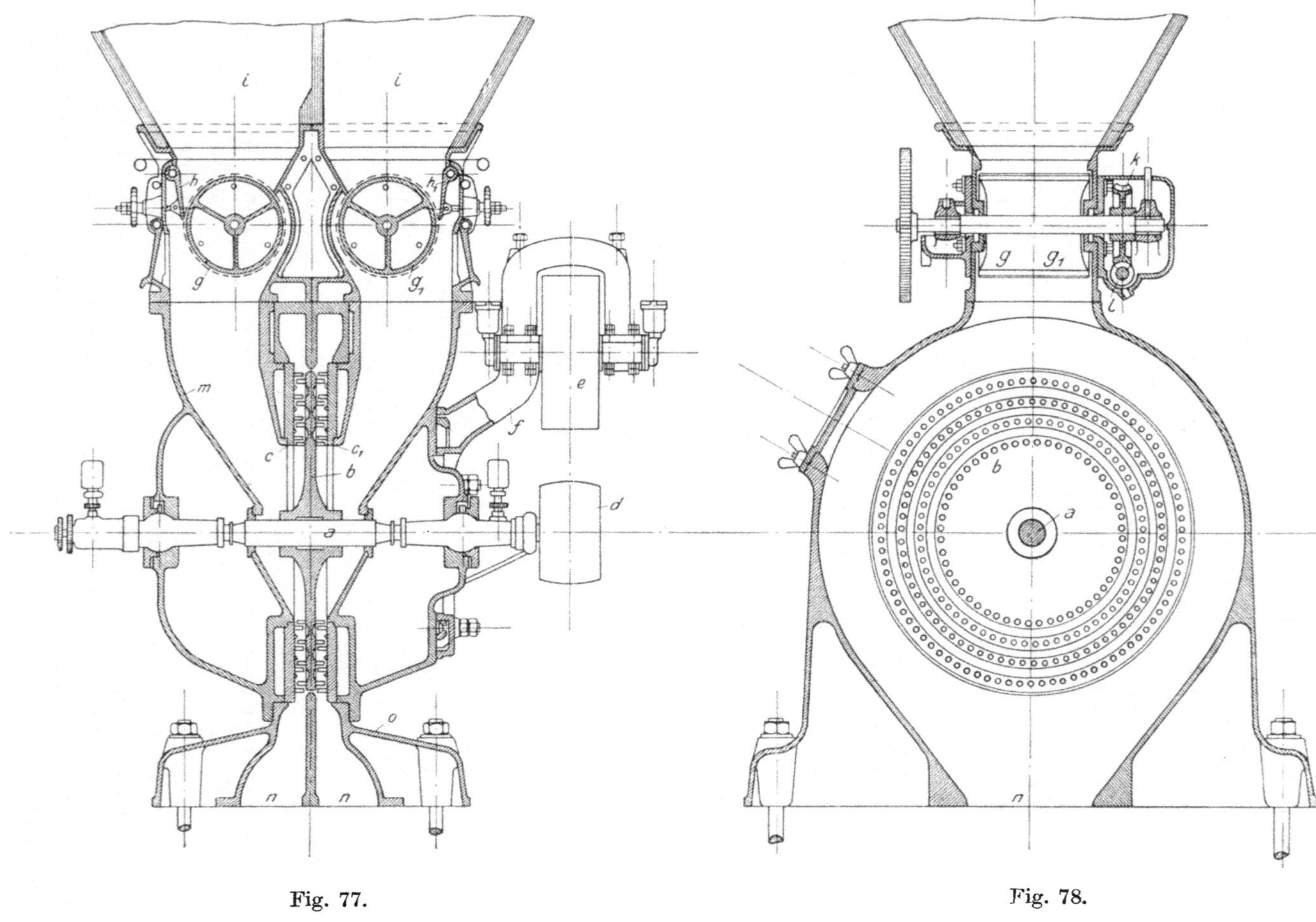

Fig. 77. Fig. 78.

Salz-nummer	Korngröße in mm					Umdr. min.	Umf.-Geschw. m/sek.	Leistung kg/h
	über 2	$1^1/_4$ bis 2	$^3/_4$ bis $1^1/_4$	$^1/_2$ bis $1^1/_4$	unter $^1/_2$			
IV	10	21	40	20	9	500	$16^2/_3$	11250
III	8	12	40	12	28	750	25	10000
II	1	5	35	26	33	1000	$33^1/_3$	7500
I	2	5	46	13	34	1500	50	6000
0	—	—	$2^1/_2$	5	$92^1/_2$	2000	$66^2/_3$	5000
00	—	—	—	—	100	3000	100	2500

Die Nummern I und II entsprechen ungefähr der üblichen Feinheit der Düngesalze. Nummer 00 ist das feinste Speisesalz; auf die in der Zementfabrikation gebräuchlichen Kontrollsiebe mit 900 und 4900 Maschen/cm² bezogen, betragen seine Rückstände etwa 8 bzw. 51 Proz.

Der Kraftverbrauch des Doppel-Dismembrators wurde für Hartsalz mit 1,4 PS für 1 t/St. ermittelt, er sinkt selbstverständlich ganz wesentlich, sobald weichere Salze zur Verarbeitung gelangen. Der Stiftverbrauch stellte sich bei Steinsalzvermahlung auf 1 Pfg. für die vermahlene Tonne (1000 kg).

Die zweite Gruppe der Schlagmühlen verwendet anstatt runder Stifte oder Bolzen eigenartig geformte Nasen, womit die rasch umlaufende Mahlscheibe besetzt wird und die gegen feststehende, in konzentrischen Ringen angeordnete Knaggen arbeiten, und zwar so, daß die Knaggenringe zwischen die durch die Schlagnasen gebildeten Reihen hineingreifen. Hierbei ist die Einrichtung getroffen, daß die von den einzelnen Knaggen gebildeten Schlitze, durch die das Gut von den Schlagnasen hindurchgetrieben wird, von Ring zu Ring immer enger werden, so daß, trotz nur einmaligen Durchganges, doch eine stufenweise Zerkleinerung stattfindet, die ein sehr zweckmäßiges Arbeiten der Maschine zur Folge hat. Das durch den letzten Knaggenring hindurchgeschleuderte Gut wird von den am äußersten Umfang der Schlagscheibe sitzenden Nasen, die als Ausräumer wirken, erfaßt und entweder durch die Spalten eines Rostes oder die Öffnungen eines Siebmantels gedrückt, um das nach unten zu einem Auslauf zusammengezogene Gehäuse als fertiges Erzeugnis zu verlassen.

Die schlitzartigen Öffnungen im Knaggenring haben meist die Form eines *K*, sie sind gleich den nach vorn stehenden Kanten der Schlagnasen als Schneiden ausgebildet, so daß außer der Wurf- und Schlagwirkung noch eine scherenartig schneidende Arbeitsweise erzielt wird. Dadurch werden diese Mühlen ganz besonders für die Zerkleinerung weicher, zäher und faseriger Stoffe befähigt, wie z. B. Papier, Rinden, Holz, Knochen, Kork u. dgl. Aber auch spröde und mürbe Körper wie Borax, Erdfarben, Gewürze, Soda, Pottasche, Zucker usw. sind darauf gleich vorteilhaft mahlbar.

Eine in allen Einzelheiten sehr sorgfältig durchdachte Ausführungsart dieser Mühlengattung ist die Ideal - Memagmühle (Patent *Burckard*) der A.-G. *Joseph Vögele*, Mannheim (Fig. 79 und 80). Sie besteht aus einem allseitig staubdicht geschlossenen, mit einem aufklappbaren Deckel *f* versehenen Gehäuse *a*, das die vollständig eingekapselten Kugellager *b* und *c* für die

Welle der Scheibe *e* trägt. Letztere ist mit einer Anzahl Schlagnasen *d* bewehrt, die sich mit großer Geschwindigkeit zwischen den Anwurfringen (Mahlkränzen) *g* bewegen. Diese Ringe bestehen aus einzelnen drehbaren Knaggen von besonderer Querschnittgestaltung, die mittels eines am Gehäusedeckel *f* befestigten Handrades *h* während des Betriebes so verdreht werden können, daß es möglich ist, die Spaltweite der Beschaffenheit des jeweiligen Aufschüttgutes und dem zur Zeit gewünschten Feinheitgrade des Erzeugnisses entsprechend einzustellen, ohne daß es nötig wäre, die Mühle zu öffnen und Teile

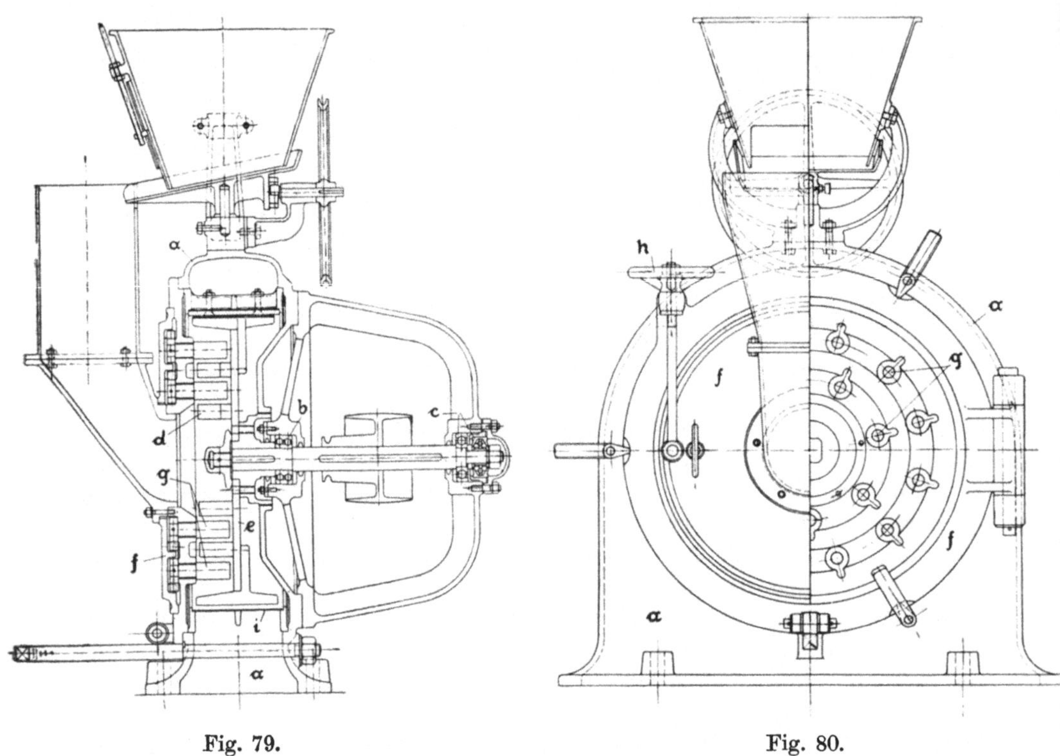

Fig. 79.   Fig. 80.

der Maschine herauszunehmen. Die als erforderlich erkannten Veränderungen in der Wirkungsweise der Mühle lassen sich also ungemein leicht bewerkstelligen. Eine einfache Drehung am Handrad *h*, die, ohne Zwischenschaltung von Hebeln und Gelenken, staubdicht im Gehäusedeckel eingebaute Zahntriebe betätigt, hat eine sofortige Vergrößerung oder Verkleinerung der Spaltweite zur Folge. Dadurch wird weiter erreicht, daß man mit einem verhältnismäßig groben Siebe *i*, doch ein Erzeugnis von erheblicher Feinheit zu erzielen und der Bespannung eine lange Lebensdauer zu verleihen vermag. — Bemerkenswert ist noch, daß im Falle der Beschädigung eines einzelnen Knaggens, dieser sich leicht herausnehmen und durch einen anderen, in Bereitschaft gehaltenen Knaggen ersetzen läßt. —

Die Einrichtung der weit verbreiteten Schlagnasenmühle „Simplex-Perplex“, Bauart und Patent der *Alpinen Maschinen A.-G.*, Augsburg, ist durch die Fig. 81 und 82 veranschaulicht. Darin ist a die in zwei langen selbstschmierenden Kugellagern laufende und von der Riemscheibe b angetriebene Welle, auf deren in die Mahlkammer hineinreichendes Ende die Schlagscheibe c aufgekeilt ist. d sind die Schlagnasen, e die zu letzteren konzentrisch hier in nur einem Ring angeordneten Knaggen[1] und f ist der die Mahlkammer abschließende Siebmantel. Das Gehäuse k ist an der vorderen Seite mit der aufklappbaren Tür l verschlossen, die außer den Knaggenringen, deren Anzahl sich nach der Größe der Mühle richtet, noch den Zulauf-

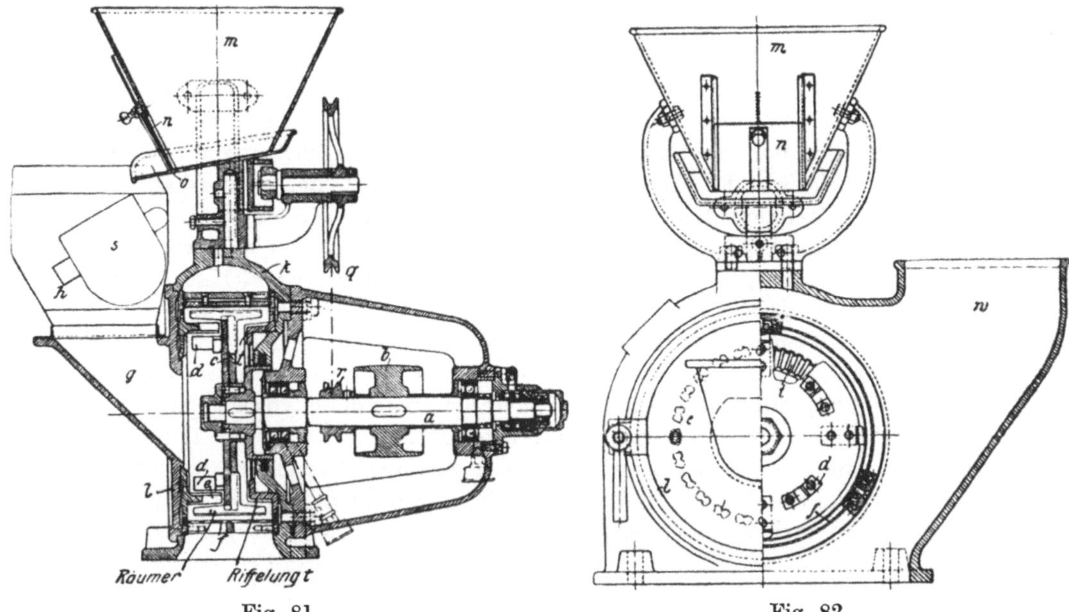

Fig. 81.   Fig. 82.

stutzen g trägt, auf den sich die Schurre h aufsetzt. In dieser wird häufig ein Magnet s angeordnet, um das mitunter im Mahlgut vorkommende Eisen auszuscheiden. Zur Aufnahme des Mahlgutes dient der Trichter m, an den sich ein mittels des Seiltriebes r, q betätigtes Rüttelwerk o anschließt. Der durch eine Schraube einstellbare Schieber n regelt den Zulauf des Gutes, dessen Verarbeitung durch die Maschine in der oben beschriebenen Weise vor sich geht.

Eine geschützte Neuheit bei diesen Mühlen bilden die an der hinteren Gehäusewand befestigten geriffelten Anwurfringe t, gegen die das Mahlgut durch die Rosträumer zwecks erhöhter Mahlwirkung geschleudert wird. Man erreicht dadurch nicht nur eine bessere Leistung, sondern vor allen Dingen auch eine wesentlich größere Mehlbildung. — Zur Entlüftung dient ein Stutzen

---

[1] Abb. einer „Perplex“ mit zwei Ringsystemen s. I. A. d. B., S. 62.

w, der so angeordnet ist, daß die Luft ohne Pressung unmittelbar nach oben in einen Filterschlauch geleitet wird, aus dem sie dann ins Freie treten kann.

Die „Simplex-Perplex"-Mühle wird in vier verschiedenen Größen gebaut, für Leistungen von 70 bis 3000 kg/h und mit einem Kraftverbrauch von 1 bis 18 PS. Die Umdrehungszahl wird durch die jeweilig vorliegenden Verhältnisse bestimmt.

Eine im großen und ganzen der „Simplex-Perplex" ähnliche Bauart weist die „Durania"-Mühle von *H. Depiereux*, Düren, auf, bei der die Schlagscheibe wagerecht gegen die Mahlringe verstellbar gemacht ist und die Schlagnasen und Knaggen so geformt sind, daß sich jeder Spalt zwischen diesen beim Vor- oder Zurückschieben der Schlagscheibe gleichzeitig mehr verengt oder erweitert, als der ihm zunächst nach der Mitte zu liegende Spalt. Hier genügt also schon die Verschiebung der Schlagscheibe, um eine größere oder geringere Feinheit des Erzeugnisses zu erzielen, ohne daß die Lochweite des Siebmantels oder die Spaltweite des Rostes geändert zu werden braucht.

Diese Anordnung erweist sich namentlich bei der Verarbeitung bestimmter faseriger Stoffe wie Farbhölzer, Rinden, Gerbstoffe u. dgl. vorteilhaft, die zwar fein zerkleinert, dabei aber immer noch faserig sein sollen.

Der Durchmesser der Schlagscheibe der „Durania"-Mühle bewegt sich in sieben Abstufungen, von 160 bis 1000 mm, wovon das kleinste Modell auch für Handbetrieb eingerichtet werden kann. Umdrehungszahl und Kraftbedarf schwanken zwischen 3000 bis 1000 in der Minute und 1 bis 30 PS.

Eine Schlagmühle, bei der die zerkleinernden Organe nicht ineinandergreifen, sondern mit einem gewissen Spielraum aneinander vorbeigegehen, ist der Dissipator von *G. Sauerbrey*, Staßfurt. Er besteht (siehe Fig. 83 und 84) aus einer senkrechten Welle *e* mit dem Halslager *f* und dem mittels Schraube *h* nachstellbaren Spurlager *g*, die mittels Riemscheibe *l* in rasche Umdrehung versetzt wird und auf der der Mahlkegel *a* befestigt ist, dessen Oberfläche ebenso wie jene des kegelförmigen Gehäuses *b* angegossene,. radial gestellte Leisten aufweist. Die Aufgabe des bis auf Erbsen- oder Walnußgröße vorgebrochenen Gutes erfolgt bei *k*; es wird mittels eines Streutellers nach allen Seiten gleichmäßig verteilt und durch die besondere Anordnung der Leisten gezwungen, in einer archimedischen Spirale seinen Weg nach unten zu nehmen, wobei es der beständigen Einwirkung der Mahlscheibe ausgesetzt ist und fortschreitender Zerkleinerung so lange unterliegt, bis es fertig vermahlen in dem ringförmigen Raum *c* angekommen ist. Von hier aus wird es durch den Ausräumer *d* nach der Ausfallöffnung *i* geschafft, wo es die Maschine verläßt.

Die nach einer gewissen Zeit um 1 bis $1\frac{1}{2}$ mm abgenutzten Leisten können in der Weise weiter verwendungsfähig gemacht werden, daß man die Drehrichtung der Maschine umkehrt, wodurch die bisher hinten liegenden Kanten der Leisten zur Wirkung gelangen. Sind in der Folge auch diese abgenutzt, so müssen die Mahlkörper abgedreht und frisch gehärtet werden. Die Verkleinerung der Leisten wird dann durch Nachstellen des Mahlkegels ausgeglichen. Da sich das Abdrehen und Härten der Leisten mehrmals vornehmen läßt, so stellt sich der Dissipator in bezug auf Erneuerungskosten sehr billig.

Die Dissipatoren werden sowohl mit stehender als auch mit liegender Welle gebaut, letztere auch als Doppel-Dissipatoren mit nach beiden Seiten kegelförmig gestalteten Mahlscheiben. Die Stundenleistung an gemahlenem Düngesalz eines Doppel-Dissipators von 700 mm Durchmesser beträgt bei 550 Umdrehungen in der Minute und etwa 20 PS Kraftverbrauch bis zu 35 000 kg. Für einen einfachen Dissipator von 400 mm Durchmesser wird die Stundenleistung bei 1500 Umdrehungen in der Minute und 3 PS Kraftverbrauch auf 2250 kg angegeben.

In der dritten Gruppe der Schlagmühlen besteht das zerkleinernde Werkzeug aus einer beschränkten Anzahl (4 bis 6) von Armen (Flügeln), die zu einem Schlägerkreuz zusammengesetzt und auf einer rasch umlaufenden Welle befestigt sind. Die Welle mit den Schlägern bewegt sich in einer Mahlkammer, deren Boden rostartig ausgebildet ist und deren Seitenwände und Oberteil (Haube) mit Schlagleisten bewehrt sind. Das Gut tritt von der Seite in die Mahlkammer ein, wird von den Schlägern erfaßt und durch deren schleudernde und scherende Wirkung so weit zerkleinert, bis es die Mahlkammer durch die Spaltöffnung der Roste verlassen kann.

Schlagarme, Schlagleisten und Roste müssen, um der Abnutzung wirksam begegnen zu können, aus sehr zähem und hartem Stoff hergestellt und leicht auswechselbar sein.

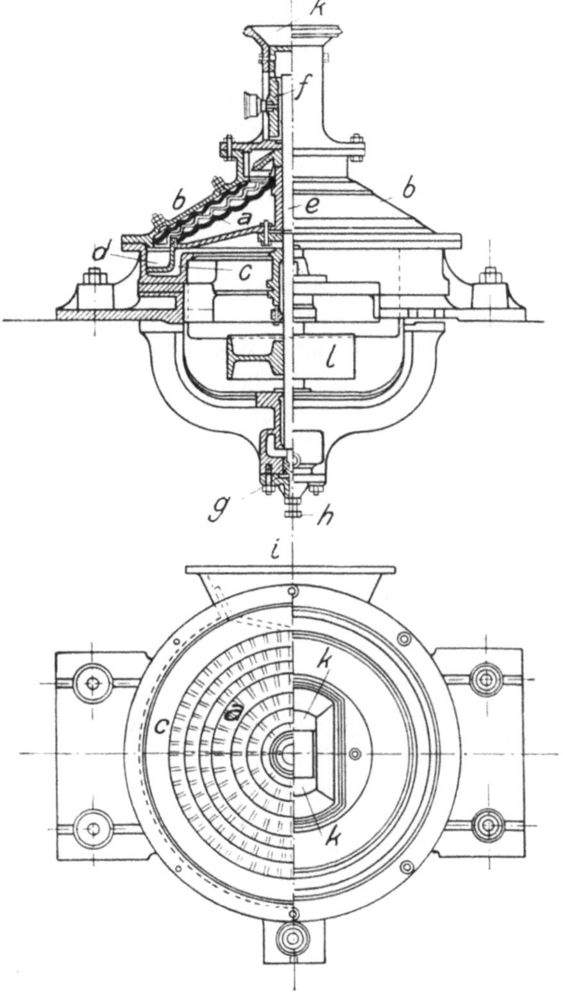

Fig. 83 u. 84.

Das Aufschüttgut kann den größeren Modellen dieser Maschine in reichlich Faustgröße aufgegeben werden; wenn es nur einigermaßen gleichmäßig beschaffen ist, sollte man zur besten Ausnutzung der Leistungsfähigkeit stets eine mechanische Beschickung anwenden.

Die Feinheit des Erzeugnisses läßt sich bei den Schlägermühlen in einfacher Weise durch Einlegen von Siebrosten mit entsprechender Spaltweite dem gerade vorliegenden Bedürfnis anpassen. Zur Verarbeitung auf diesen Maschinen eignen sich vorwiegend mittelharte und zähe Stoffe (Asphalt, Salz, Chemikalien, Klauen, Hörner, Knochen usw.). Das Erzeugnis ist splittrig, grießig oder mehlig.

Aus den Fig. 85 und 86 ist die Konstruktion einer Schlagkreuzmühle der *Alpinen Maschinen A.-G.*, Augsburg, zu erkennen. Die mit *a* bezeichnete Welle trägt das aus der Nabe *b* und den vier Armen *c* zusammengesetzte Schlagkreuz, ist in zwei an das Gehäuse *h* angegossenen Ringschmierlagern gelagert und wird mittels der vollen Riemscheibe *g* angetrieben. Der Einlaufstutzen *i* führt das Gut seitlich in die Mahlkammer ein, deren Boden aus den starken Roststäben *f* gebildet wird, während an ihren Seitenwänden die Schlagleisten *d* mit starken Schrauben befestigt sind. Auch die Haube *m* ist mit einer Anzahl solcher Leisten — *e* — besetzt. Die Klapptüren *l* machen den Ausfallraum *k* unterhalb des Rostes bequem zugänglich.

Die Schlagkreuzmühlen werden in fünf Modellgrößen von 400 bis 1200 mm Durchmesser der Mahlkammer gebaut; die zugehörigen Umdrehungszahlen sind 2400 bis 1300 in der Minute, der Kraftbedarf bewegt sich in den Grenzen von 3 bis 18 PS. Über die stündliche Leistungsfähigkeit einer solchen Mühle von 1200 mm Mahlkammerdurchmesser bei 5 mm Rostweite werden folgende Angaben gemacht:

Asphalt	2000 kg	Knochen, roh	500 kg
Binitrobenzol	1250 ,,	,, entleimt	1250 ,,
Bisulfat	1500 ,,	Kupfervitriol	3700 ,,
Eisenstein	2500 ,,	Leim	250 ,,
Eisenvitriol	3700 ,,	Superphosphat	2500 ,,
Erdfarbe	1500 ,,	Sulfat	2500 ,,

Die neueste Ausführungsform dieser Mühle, die ,,Simplex-Schlagkreuzmühle'' (Fig. 87 und 88) der obengenannten Maschinenfabrik, weist einige bemerkenswerte Verbesserungen gegenüber der älteren Bauart auf. Sie unterscheidet sich von der letzteren hauptsächlich durch die wechselseitig abgebogenen Schläger *c*, die das Aufschüttgut weit energischer anfassen und es an den Mahlringen *d* viel kräftiger zerreiben, als gerade Schläger dies zu tun vermögen, sodann durch den zentralen (bisher seitlich oberen) Einlauf *g*, der ein besseres Einziehen des Mahlgutes, sowie eine günstigere Luftführung bewirkt. Auch ist das Schlagkreuz nicht mehr auf einer durchgehenden Welle, sondern fliegend befestigt, was eine bequemere Reinigungsmöglichkeit des Mühleninneren ergibt.

Im übrigen bedeutet in den Abbildungen *a* die Welle, *b* die Riemscheibe, *e* das Gehäuse, *f* die Türe, *h* den Trichter, *i*, *k* den Seiltrieb, *l* den Schieber mit der Flügelmutter zum Regeln der Materialzuführung und *m* den Entlüftungsstutzen.

Die Wirkung des Schlägerkreuzes ist bei dieser Maschine so bedeutend, daß selbst Papiergewebe, Jute, Wolle, Kork und ähnliche, sehr schwer zu verarbeitende Stoffe anstandslos vermahlen werden.

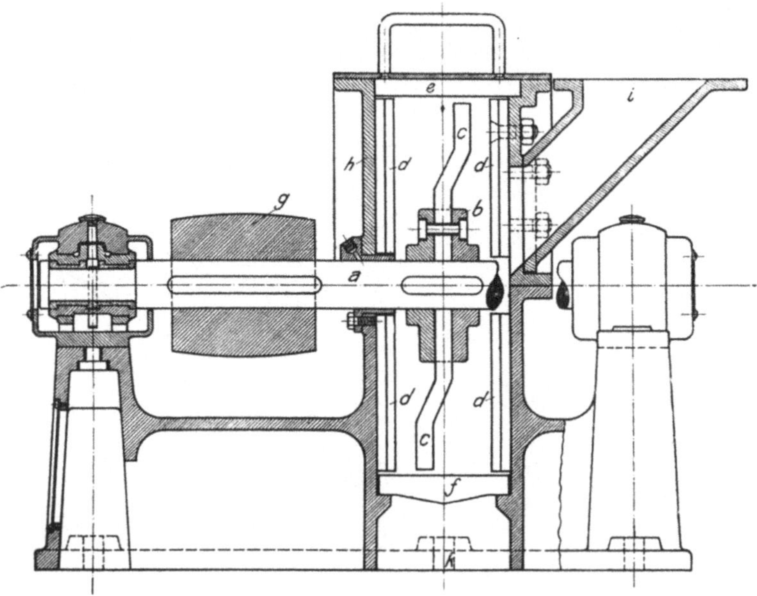

Fig. 85.

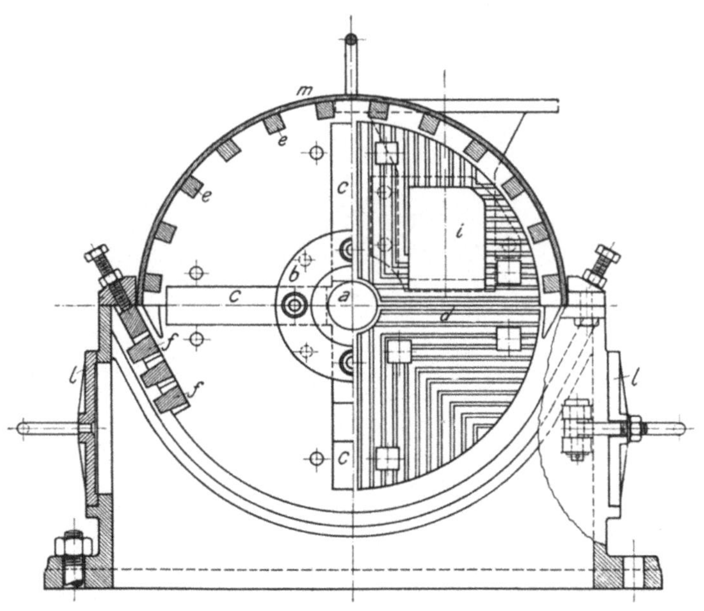

Fig. 86.

Die „Simplex-Schlagkreuzmühle" wird in vier verschiedenen Größen für Leistungen von 200 bis 3000 kg/h gebaut. Kraftverbrauch von 2 bis 30 PS.

Die „Reform"-Mühle der Mühlenbauanstalt *Gebr. Seck*, Dresden, und die gleichnamige Mühle von *Friedr. Krupp-Grusonwerk*, Magdeburg, beruhen

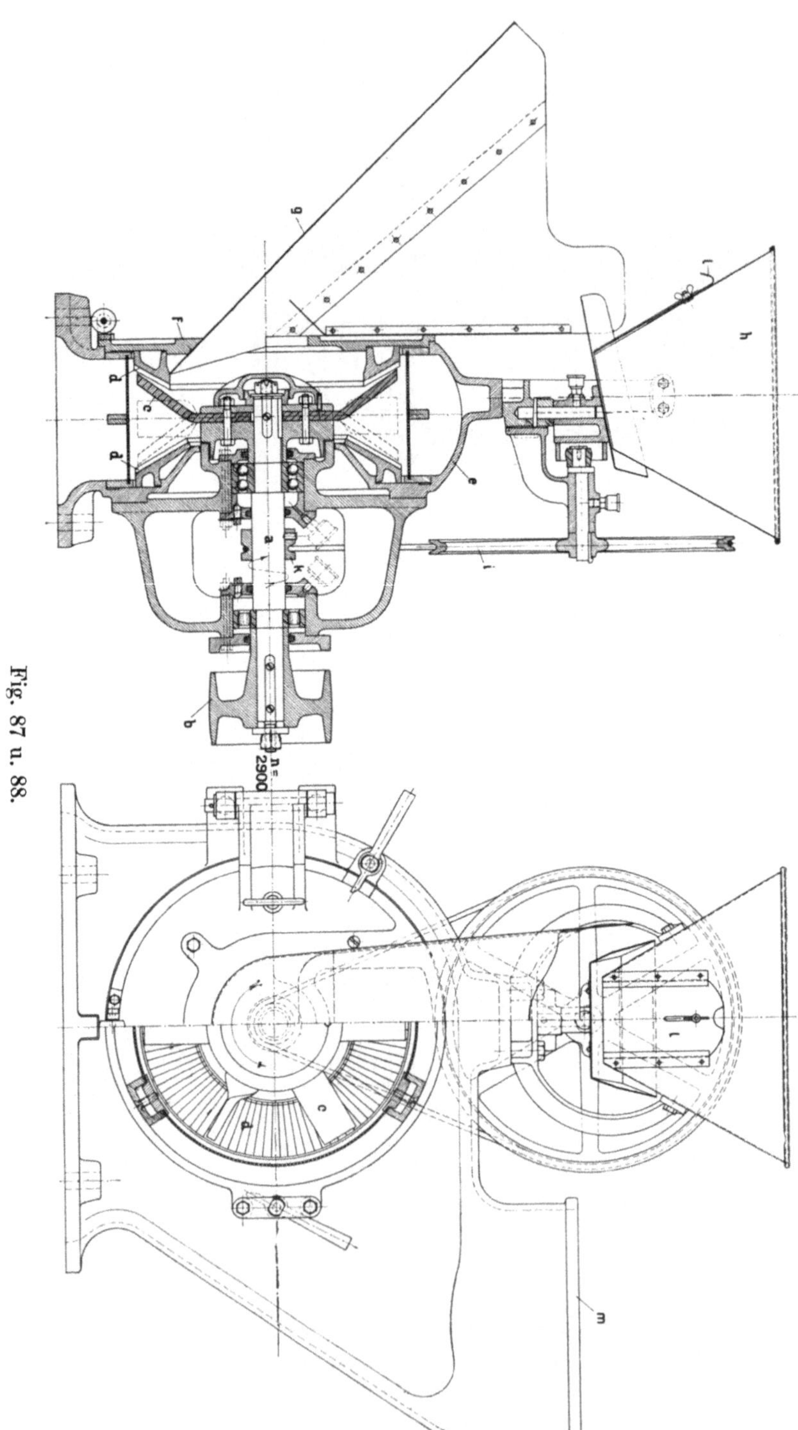

Fig. 87 u. 88.

auf denselben Grundsätzen wie die einfache Schlagkreuzmühle und weichen nur in einigen unwesentlichen Einzelheiten von dieser ab. — Dagegen hat die Konstruktion in der „Kaisermühle‘‘ (*Humboldt*, Kalk b. Köln) insofern eine Vervollkommnung erfahren, als bei dieser der durch die rasche Umdrehung des Schlägerkreuzes entstehende Staubluftstrom in einem vollständigen Kreislauf geführt und das Austreten des Staubes aus der Maschine verhindert wird. Das geschieht in der Weise, daß die Luft zentral in die Mahlkammer eintritt, diese infolge der ihr erteilten Fliehkraft durch die Rostspalten verläßt, um in die an das Gehäuse angebaute Staubkammer und aus dieser wieder in die Mahlkammer zu gelangen.

Auch die von *Kampnagel*, Hamburg, gebaute und in den Fig. 89 und 90 dargestellte „Gloriamühle‘‘, Patent *Geißler*, weist manches Eigenartige

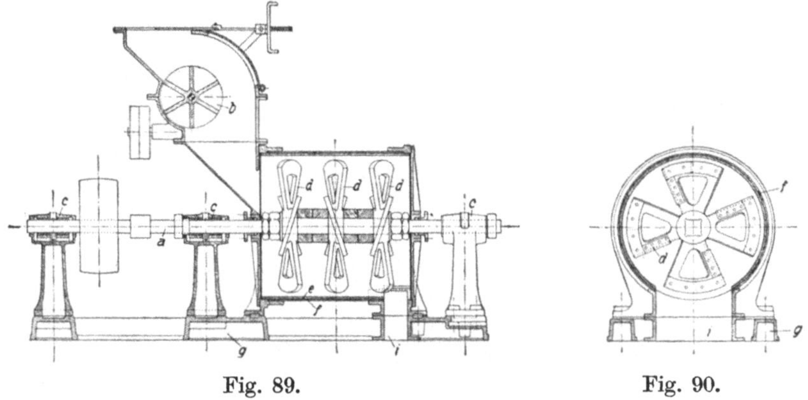

Fig. 89. Fig. 90.

auf, das sie, obzwar sie grundsätzlich zu den Schlägermühlen gezählt werden muß, von den letzteren doch scharf unterscheidet.

Die Gloriamühle besteht aus einer in dem Gehäuse *f* rasch umlaufenden Welle *a*, die mit dem ersteren und den Lagerböcken *c* zusammen auf einer gemeinschaftlichen Grundplatte *g* aufgebaut ist. Die Welle trägt eine Anzahl eigenartig geformter Schlagkreuze *d*, die wechselweise so gegeneinander versetzt sind, daß keine durchgehende Öffnung vom Einlauf *h* nach dem Auslauf *i* zu vorhanden ist. Diese Schlagkreuze wirken nun auf das bei *h* einfallende Gut, das von der Fächerwalze *b* gleichmäßig zugeführt wird, derart ein, daß sie ihm verschiedenartige Bewegungsimpulse erteilen, teils nach dem Umfang der Trommel hin, teils parallel zur Welle, teils senkrecht zu den Seitenflächen der Flügel. Das Gut wird also in den verschiedensten Richtungen geschleudert, zerschellt und zerschlagen, wobei die Armkreuze außerdem noch eine zerreibende und scherende Wirkung darauf ausüben und es aufs innigste durcheinandermischen. Dabei arbeitet die Maschine aber — zum Unterschied von den früher beschriebenen Schlagkreuzmühlen — ohne Roste und Siebe und die Feinheit des Erzeugnisses ist ausschließlich von der Größe des Spaltes zwischen den Armkreuzen und der Trommelwandung, von der Trommellänge — bzw. von der Anzahl der Schläger — und von der Umfangsgeschwindigkeit der letzteren abhängig. Unter Belassung alles übrigen kann also der Feinheitsgrad durch Vergrößerung der Umdrehungszahl erhöht oder durch Verminderung der Schlägerzahl erniedrigt werden und umgekehrt. Mit Rücksicht auf den Kraftbedarf hat es sich in den meisten Fällen vorteilhaft gezeigt, mit nur wenigen Schlägern zu arbeiten, diesen aber eine hohe Umfangsgeschwindigkeit zu erteilen.

Die der Abnutzung ausgesetzten Teile der Gloriamühle sind auswechselbar gemacht. Zu diesem Behufe erhält die Mahltrommel einen Einsatz *e* und die Schläger sind mit angenieteten Leisten bewehrt. Zu beiden wird besonders harter und zäher Stoff verwendet.

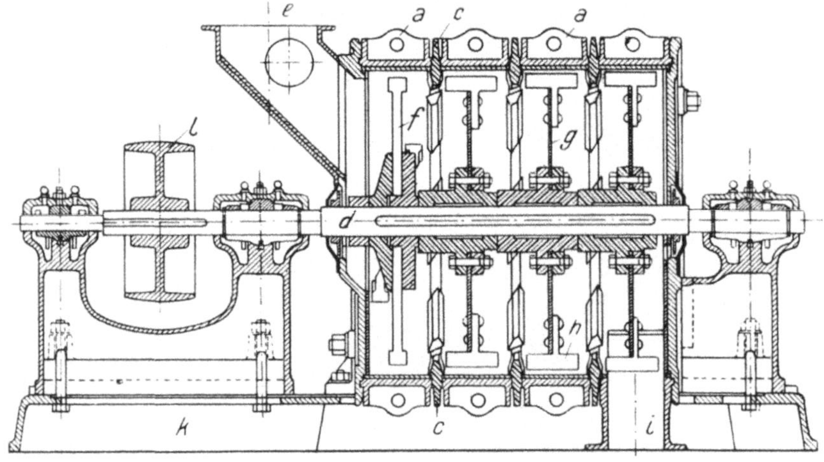

Fig. 91.

Ein besonderer Vorzug dieser Maschine ist es, daß sie kleinere, dem Mahlgut beigemengte Eisenteile, ohne Schaden zu nehmen, vertragen kann und daß sie gegen Feuchtigkeit des Aufschüttgutes in hohem Maße unempfindlich ist. Diese Eigenschaften lassen sie namentlich für die Zwecke der Düngesalzfabrikation als besonders geeignet erscheinen.

Die Gloriamühle wird in drei verschiedenen Größen gebaut, von 500 bis 1000 mm Trommeldurchmesser und 550 bis 1850 mm Trommellänge. Die Stundenleistung schwankt — je nach Umständen — zwischen 7000 und 50 000 kg, der Kraftbedarf zwischen 5 und 30 PS. —

In manchen Einzelheiten der vorbeschriebenen Gloriamühle ähnlich ist die Turbomühle der *Rheinischen Maschinenfabrik*, Neuß a. Rh. (Fig. 91 und 92). Die Maschine setzt sich aus einzelnen zweiteiligen Mahlkammern *a*, die gegen Verschleiß durch die auswechselbaren Einsätze *b* geschützt sind und deren Anzahl in der Hauptsache von der zu erzielenden Feinheit des Erzeugnisses abhängt, zusammen. Zwischen je zwei dieser Kammern ist ein ringförmiger Körper *c* eingebaut, der mit eigenartig geformten Nasen besetzt ist, gegen die die Schläger *b* der Schlagscheiben *g* und die Arme des (ersten) Schlagkreuzes f arbeiten, auf diese Weise das bei e einfallende Gut, das in faustgroßen Stücken aufgegeben wird, zerkleinernd und es nach dem Ausfallstutzen i befördernd, durch den das Enderzeugnis die Maschine verläßt.

Die Schläger sind auf einer wagerechten dreifachgelagerten Welle d aufgekeilt, die von der Riemscheibe l in rasche Umdrehung versetzt wird. Das Ganze ruht auf dem schweren Grundrahmen k.

Bei der Turbomühle ist zwar die Anwendung von Rosten, nicht aber jene von Schlagnasen vermieden; die durch nichts zu überbietende Einfachheit der Bauart der Gloriamühle wird somit von ihr nicht erreicht.

Die Angaben über Leistung und Kraftverbrauch lauten: 250 bis 1000 kg/h und 2 bis 5 PS beim kleinsten, 5000 bis 20 000 kg/h und 10 bis 20 PS beim größten Modell. —
Wird auf große Gleichmäßigkeit in der Körnung des Enderzeugnisses besonderer Wert gelegt, so ist die ununterbrochene Absiebung des Gemahlenen nicht zu umgehen. Letztere wird entweder mittels besonders angeordneter oder mit der Zerkleinerungsmaschine organisch verbundener Siebvorrichtungen[1] vorgenommen. Als Beispiel für die letztere Art möge die ,,Reginamühle''[2], von *Kampnagel*, Hamburg, dienen (Fig. 93 und 94).

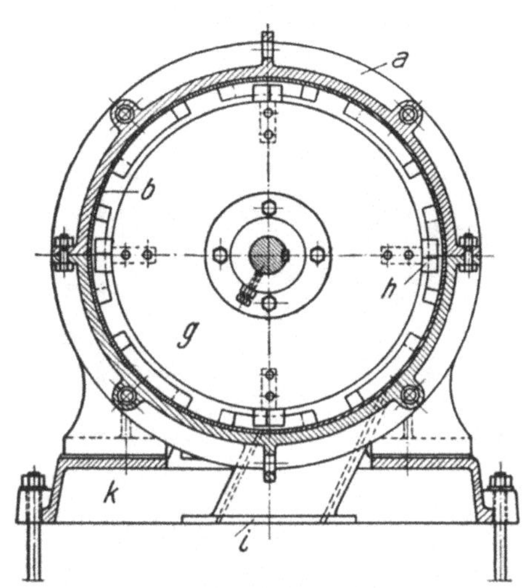

Fig. 92.

Eine mit Schlägern B bewehrte Welle A läuft in einer kreisenden, durch einen Korbrost vom Mahlraum getrennten Siebtrommel J mit großer Geschwindigkeit um. Die Schläger zerkleinern das unter Luftabschluß in einem gleichmäßigen Strom zugeführte Gut und schleudern es in die Siebtrommel, wobei größere Stücke vom Rost aufgefangen werden, während das Feinere durch die Rostspalten hindurchfliegt, von der Siebtrommel abgesiebt wird und das Gehäuse O durch den Ablauftrichter verläßt. Alles Gut über die gewünschte Korngröße wird bei der Drehung der Siebtrommel von den Querwänden L mit nach oben genommen und wieder zwischen die Schläger geworfen, und zwar so lange, bis es genügend fein geworden ist, um durch die Sieböffnungen hindurchzugehen. Die Mulde E verhindert, daß das Gut unmittelbar in das Sieb fällt, bevor es von den Schlägern getroffen ist.

Die Reginamühle ist überall dort vorteilhaft verwendbar, wo aus einem spröden, gut mahlbaren und vor allen Dingen trockenen Gut ein möglichst

---

[1] Über Siebung s. den weiter unten folgenden Abschnitt: ,,Siebvorrichtungen und Windsichter''.

[2] *Michels* u. *Przibylla:* Die Kalirohsalze, S. 75 u. 76. Leipzig 1916. Otto Spamer.

gleichmäßig gekörntes Erzeugnis hergestellt werden soll. Für die Verarbeitung feuchter und leicht schmierender Stoffe ist sie dagegen nicht geeignet. —

Neben den mit Sieben ausgestatteten Schlägermühlen sind in neuerer Zeit auch solche bekannt geworden und haben namentlich in der Kohlenmüllerei weite Verbreitung gefunden, die den durch die Schlägerarbeit erzeugten feinen Staub im Augenblick seines Entstehens mittels eines auf der Schlägerwelle sitzenden Ventilators absaugen, der ihn durch die angeschlossene Druckrohrleitung an den Ort seiner Verwendung befördert. Diese Einrichtungen

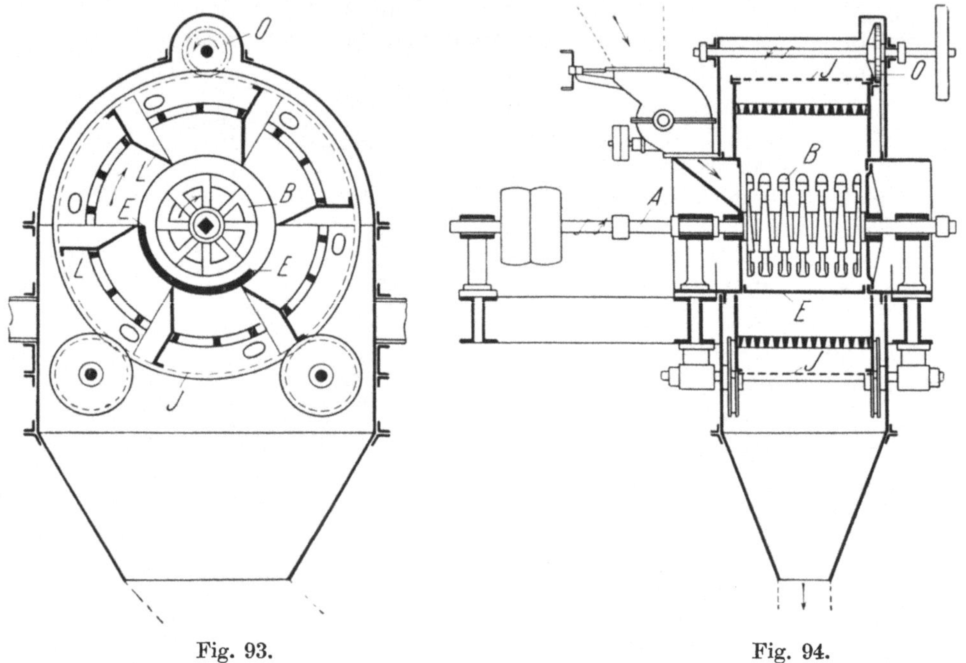

Fig. 93.   Fig. 94.

haben sich namentlich bei Einzelanlagen, Spitzenkesseln, Glüh- und Schweißöfen und in Zusatzfeuerungen gut bewährt.

Als Ausführungsbeispiele[1] seien hier der Kohlenzerstäuber von *Babcock-Wilcox* und die Sichtermühle von *Walther*-Köln gezeigt.

Die Babcock-Mühle (Fig. 95) verwendet abgestufte Schläger. Die im Durchmesser kleinere Grobstufe r wird dadurch entlastet, daß der rechts auf der Welle sitzende Staubventilator p die feinsten Staubteilchen durch die Räume zwischen den Grobschlägern sofort in die Feinmahlstufe q absaugt. Diese Verbundmahlanordnung soll auch eine Kraftersparnis ergeben. Das eigentliche Mahlwerk läuft in geriffeltem, besonders eingesetztem Hartstahlgehäuse, das man leicht auswechseln kann. Durch den Ringraum zwischen Mahl- und Gußgehäuse strömt Heißluft, die das Staubgebläse aus der Brenn-

---

[1] *E. Schulz:* „Kohlenstaubmühlen" im Arch. f. Wärmew., J. 1925, Heft 4, S. 97. Berlin, VDI.

kammereinmauerung absaugt und die dann innig mit Staub durchsetzt in den Brenner gedrückt wird. Die restliche Verbrennungsluft fördert der auf dem anderen Wellenende sitzende Zusatzluftventilator k, der ebenfalls Warmluft aus dem Kühlraum der Brennkammer ansaugt.

Im übrigen bedeutet noch in der Abbildung: a den Kohlentrichter, b das verstellbare Kohleneinlaufrohr, c den verstellbaren Abstreicher, d die Telleraufgabe, e die Kontrollklappe, f den Antrieb zu d, g den Magnet-Eisenabscheider, h Antrieb vom Reduziergetriebe, i Zulaufrohr zur Mühle, l Ansaugstutzen, m Kupplung, n Hartmaterial - Abführungsstutzen und o Heißluft-Ansaugestutzen.

Die Sichtermühle von *Walther*, Fig. 96, ist durch eine Wand in einen Mahl- und einen Ventilatorraum geteilt. Der Windsichter bildet räumlich die Fortsetzung der letzten Mahlkammer. Die in dieser Mahlkammer arbeitenden Schläger pressen den Grobstaub durch Schlitze im Mantel nach oben gegen die äußere Abflußwand im Windsichter. An ihr gleiten die herausfallenden Grieße ab und fallen durch einen trichter-

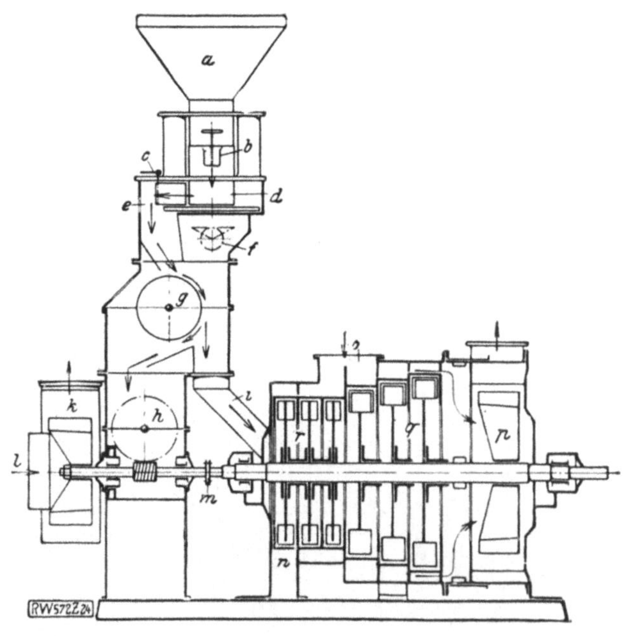

Fig. 95.

förmig zusammengezogenen Stutzen in den Brennstoffeinlauf der Mühle. Das den Windsichter und den Mahlraum unter Unterdruck haltende Gebläse saugt die Feinstaubteile an und drückt sie in die Staubförderleitung. In dieser sitzt noch ein Abscheider, der die Luft vom Staub befreit, bevor sie zur Mühle zurückgeführt wird. Brennstoffaufgabe und Saugstärke im Sichter sind wie bei den anderen Mühlen regelbar und damit läßt sich die Siebfeinheit ändern.

Auf denselben Grundsätzen wie die beiden vorbeschriebenen Einrichtungen beruht auch die Kofino - Mühle von *Krupp-Grusonwerk*, Magdeburg. —

Aus dem Bestreben, eine Vorrichtung zu schaffen, die den meist üblichen stufenweisen Zerkleinerungsvorgang derart zu vereinfachen vermöchte, daß das Vorbrechen, Grob- und Feinschroten in einem einzigen Gerät geschieht, ist die in mehr als einer Hinsicht als originell zu bezeichnende Zyklopmühle der Maschinenbauanstalt *Humboldt* in Kalk b. Köln entstanden, deren Einrichtung aus den Fig. 97 und 98 zu ersehen ist. Es ist dies eine Schlägermühle gleich den vorstehend beschriebenen Maschinen dieser Art, aber hauptsächlich von den letzteren darin abweichend, daß die Schläger *s* mit der im Gehäuse *a* rasch umlaufenden Welle *b* nicht starr, sondern gelenkig verbunden sind und gewissermaßen als Dreschflegel wirken. Im Ruhezustande hängen sie lose herunter und erst beim Anlauf der Maschine stellen sie sich radial ein. Das Gut wird ihnen über eine Rutsche *c, d* zugeführt, die ebenso wie der Rost *e* muldenförmige Gestalt besitzt, der sich die Schläger, wie aus Fig. 97 ersichtlich anschließen, indem sie nach den Seiten hin kürzer werden. Die muldenförmige Gestalt der Rutsche bewirkt, daß die größeren Stücke der Mitte zugeführt werden, wo die längsten Schläger das Gut spalten und nach den Seiten drängen. Hier wird es von den kürzeren Schlägern so lange bearbeitet, bis es die genügende Feinheit erreicht hat, um durch die Rostspalten hindurchfallen zu können. Die Abnutzung wird sich daher in erster Linie auf die langen Schläger werfen, die nach einer gewissen Zeit erneuert werden müssen. Doch gestatten exzentrisch angeordnete Bolzenlöcher *f* in der Nabe eine noch zweimalige Verstellung der Schläger.

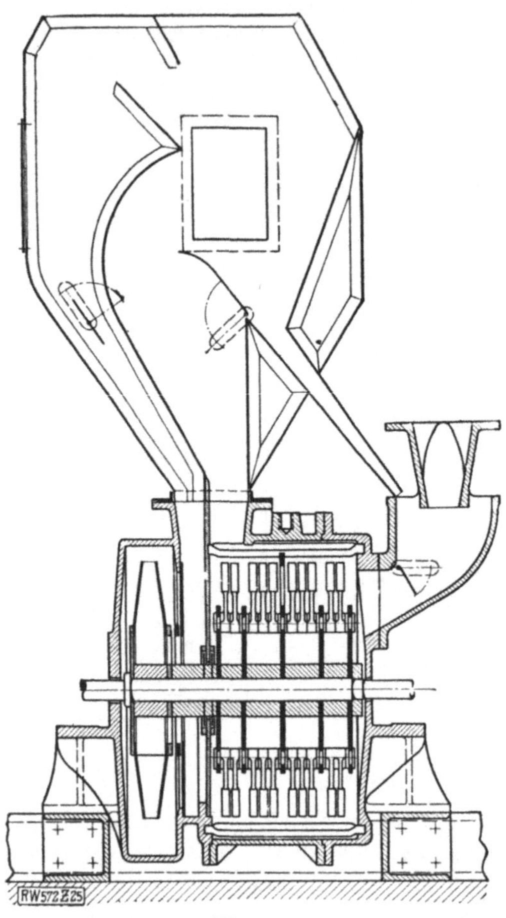

Fig. 96.

Der Rost ist mit seinem hochliegenden Teil im Gehäuse aufgehängt, während er unten an der Aufgabeplatte nur lose auf dem Rosthalter aufliegt, der mit der ersteren durch einen Sicherheitsbolzen verbunden ist. Dieser Bolzen wird in dem Augenblick abgeschert, wenn größere Eisenstücke in die Maschine gelangen, die durch die Rostspalten nicht durchfallen können. Dadurch senkt sich der hängende Rost so weit, daß der Fremdkörper leicht aus der Mühle entfernt werden kann. Nach dem in nur kurzer Frist zu bewerkstelligenden Einziehen eines neuen Sicherheitsbolzens ist die Mühle wieder gebrauchsfähig.

Die Zyklopmühle, die in neuerer Zeit mannigfache, auf eine erhöhte Betriebssicherheit abzielende Verbesserungen erfahren hat, über die, weil noch

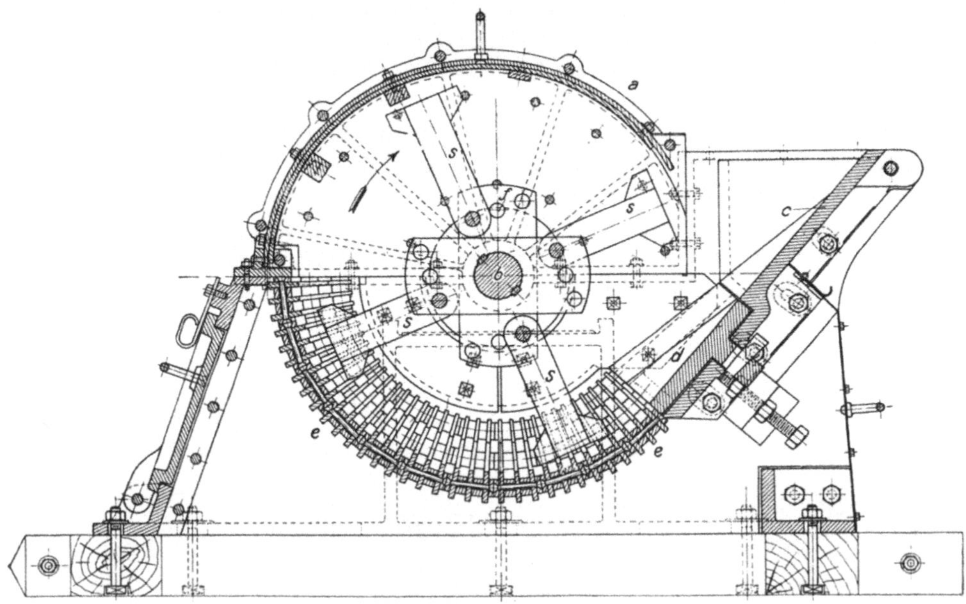

Fig. 97.

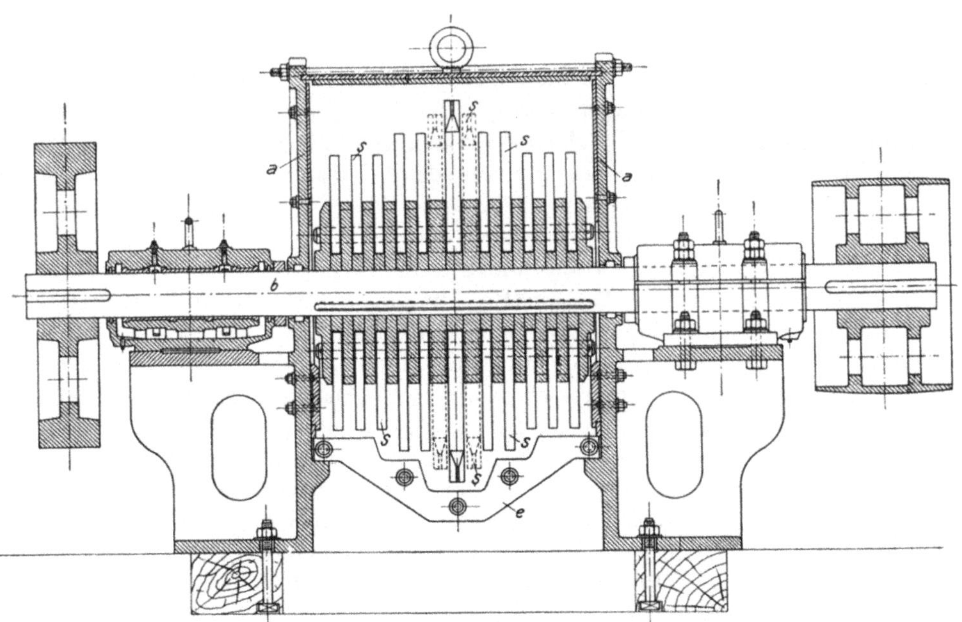

Fig. 98.

nicht unter Patentschutz stehend, vorderhand nichts näheres mitgeteilt werden kann, hat die ursprünglich in sie gesetzten Erwartungen insofern nicht erfüllt, als es sich als unwirtschaftlich erwiesen hat, ihr, außer dem Vorbrechen und Grobschroten auch noch das Feinschroten aufzubürden. Man ist darum, vor allen Dingen in der Kaliindustrie, die das zeitlich erste Anwendungsgebiet der Zyklopmühle darstellt, wieder zur Teilung der Arbeit zurückgekehrt, benutzt die Zyklopmühle sowie die nach ihrem Vorbild entstandenen Bauarten nur zum Vorbrechen und Grobschroten und überläßt in diesem Falle das Feinschroten, bezw. Mahlen den dazu viel besser sich eignenden Walzenstühlen, wogegen die weiter unten beschriebenen Hammermühlen sich auf das Grob- und Feinschroten bezw. Mahlen eines bereits vorgebrochenen oder an sich schon genügend kleinstückigen Gutes beschränken.

Auf derselben Arbeitsweise wie die Zyklopmühle beruht der „Titan‘‘-Brecher von *Amme, Giesecke* & *Konegen A.-G.*, Braunschweig (Fig. 99 und 100) der bei geringeren Leistungen eine, bei größeren Leistungen zwei Schläger-

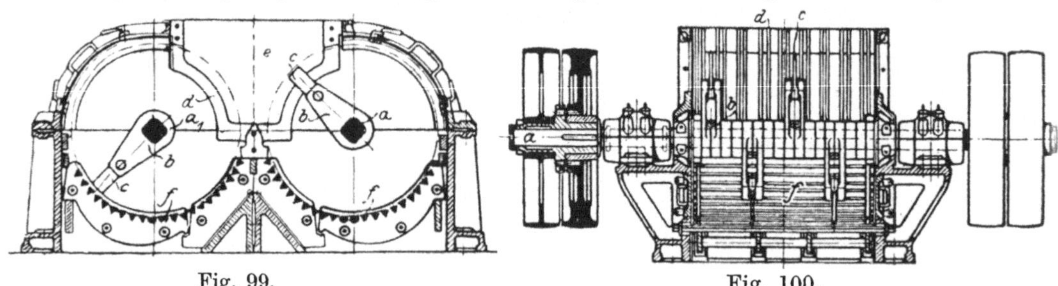

Fig. 99.   Fig. 100.

wellen a aufweist, auf die eine Anzahl fester Arme b mit den um Bolzen drehbaren Schlägern c aufgeschoben sind. Die Schläger schlagen zwischen den Gitterstäben d durch und zerkleinern das losgebrochene und das durch die Zwischenräume des Gitters fallende Gut, das bei e aufgegeben wird, auf dem Rost f weiter, der verstellbar eingerichtet und dessen Spaltweite der gewünschten Korngröße entsprechend zu wählen ist.

Von ähnlicher Konstruktion und gleicher Wirkungsweise ist der Zetbrecher von *G. Polysius*, Dessau (Fig. 101). Auch bei dieser hervorragend leistungsfähigen Maschine wirken pendelnd an Bolzen aufgehängte Schläger auf das Mahlgut durch ununterbrochene Hammerschläge zerkleinernd ein. Die Spaltweite des Austragrostes ist der gewünschten Höchst-Korngröße entsprechend bemessen und außerdem durch eine besondere Vorrichtung verstellbar gemacht, so daß man es nicht nötig hat, sich für verschiedene Korngrößen mehrere Roste zum Auswechseln hinzulegen.

In dieselbe Kategorie wie die zuletzt beschriebenen Maschinen gehören noch die Hammerbrecher von *Kampnagel*, Hamburg, der *C. v. Grueber Maschinenbau A.-G.*, Berlin, der *G. Luther A.-G.*, Braunschweig und der *Gebr. Pfeiffer*, Kaiserslautern.

Bei den Hammermühlen wird von den mit großer Geschwindigkeit um die Mühlenachse sich drehenden Schlägern eine erhebliche Menge Luft durch den Aufgabetrichter hindurch in den Mahlraum gesaugt; davon kann allerdings ein Teil durch die Spalten des Rostes oder durch die Öffnungen der Siebbespannung entweichen und durch die Einwirkung eines in der Regel vorhandenen Staubfängers unschädlich gemacht werden, der andere Teil dagegen kehrt zu der Einlauföffnung zurück und trifft hier mit dem eindringenden Luftstrom zusammen. Es entstehen dadurch derartige Luftwirbel, daß ein erheblicher Teil des Mahlgutes mit großer Gewalt emporgeschleudert wird und leichtere Stoffe überhaupt nicht in den Mahlraum gelangen.

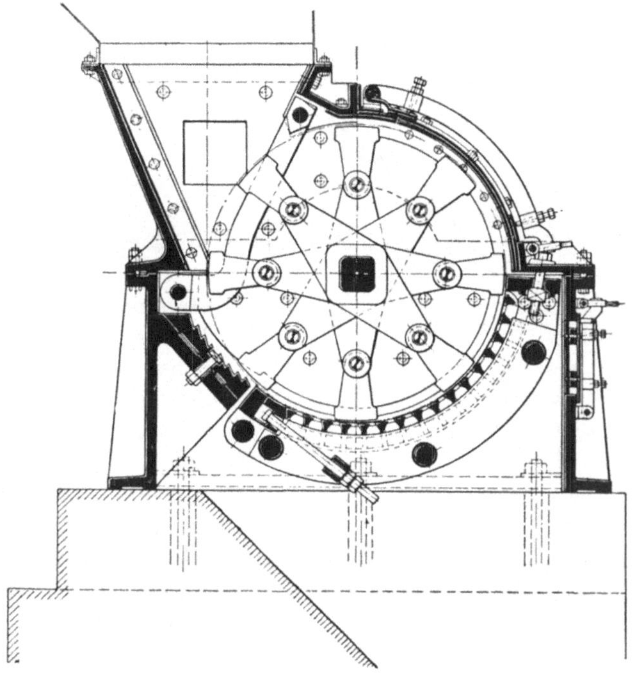

Fig. 101.

Um diesen Übelstand zu vermeiden, der u. U. sich zu einer unerträglichen Staubbelästigung entwickeln kann, bringt die *Alpine Maschinen A.-G.*, Augsburg, im Einlauftrichter ihrer Almag - Hammermühle eine verstellbare Zunge an (D. R. P.), die den ausströmenden Luftstrom auffängt und teilt. Diese Zunge, ein einfacher Blechschieber, wird nun so eingestellt, daß der größere Teil des der Einlaufsöffnung zustrebenden Luftstromes in das Mühleninnere zurückkehrt, während es dem kleinen Rest gestattet ist, ins Freie zu treten, ohne mit der einströmenden Luft in Berührung zu kommen. Neigt das Aufschüttgut in ganz besonderem Maße zur Verstäubung, so wird über der Zunge ein Filterschlauch angebracht, der den Staub zurückhält und nur gereinigte Luft entweichen läßt, oder es wird auch dieser Teil der Mühle an die Saugleitung des oben erwähnten Staubfängers angeschlossen.

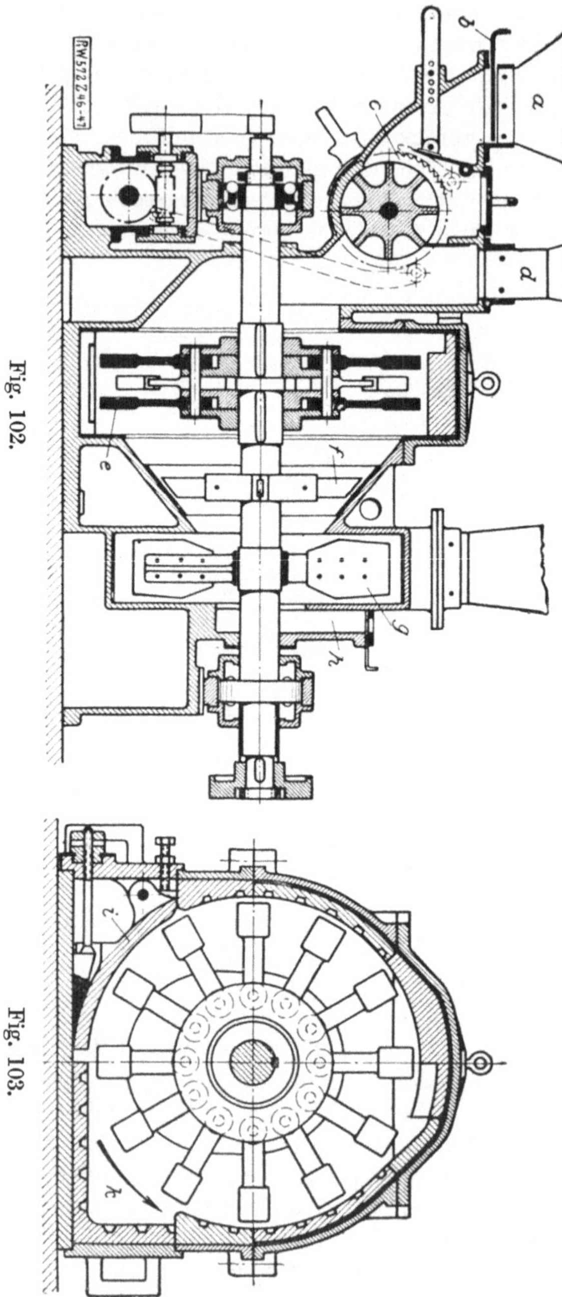

der Kohlenvermahlung für Einzelanlagen.

Eine weitere Eigentümlichkeit der Almag-Hammermühle besteht darin, daß die Spaltweite des Rostes durch Schrauben eingestellt wird, die an den Enden der Roststäbe sitzen, womit diese in die Falze der Rostrahmen eingelegt werden. Man ist dadurch imstande, mittels einfachen Drehens der Schrauben die Spaltweite je nach Bedarf zu ändern, also gröber oder feiner zu mahlen, ohne zu einer Auswechslung des ganzen Rostes schreiten zu müssen.

Auch bei der *Raymond*-Hammermühle[1] (Fig. 102 und 103) ist Vorsorge für ein möglichst staubfreies Arbeiten in der Weise getroffen, daß in dem Einlaufstutzen ein Zellenrad c eingebaut ist, das das Aufschüttgut unter Luftabschluß in die Mahlkammer eintreten läßt, während der zur Fortschaffung des von den Hämmern e erzeugten Staubes dienende Ventilator g die nötige Luft mittels des hinter dem Zellenrad angeordneten Stutzens d ansaugt. a bezeichnet den Bunkerauslauf, b den Einstellschieber, f den Abweiser für Grobstaub, l den Eintritt der Zusatzluft, i ein einstellbares Gehäusesegment und k den Sammelraum für unvermahlbare Teile.

Die Raymond-Hammermühle dient hauptsächlich

---

[1] Arch. f. Wärmew., J. 1925, Nr. 4, S. 100.

Auf den Vorteil, den die Hammermühlen infolge der gelenkigen Aufhängung der Schläger vor den mit starren Schlägern arbeitenden Schlagkreuzmühlen voraus haben, ist weiter oben schon hingewiesen worden. Im Nachteil erscheinen sie jedoch gegenüber den Schlagnasenmühlen dadurch, daß bei letzteren das Mahlgut einen eng vorgeschriebenen Weg zurückzulegen hat, also in bestimmten Bahnen geführt wird und einer stufenweisen Zerkleinerung unterliegt, was bei den Hammermühlen nicht der Fall ist. Hinwiederum fällt für die Hammermühle als günstiger Umstand ins Gewicht, daß sie auf beiden Seiten der Schläger Arbeit verrichtet, wogegen die vom Einlauf abgekehrte Seite der Schlagnasenmühlen im allgemeinen als Tot- oder Leerseite zu betrachten ist, die zur Zerkleinerungsarbeit nichts beiträgt. Es ist einleuchtend, daß eine Kombination der Arbeitsweise der Schlagnasenmühle mit jener der Hammermühle unter sonst gleichen Umständen eine Verbesserung der Leistung, sowohl der Menge als der Güte nach, zur Folge haben muß. Auf diesem Gedanken beruht die Progreß-Mühle, Bauart und Patent der *Maschinenfabrik Fellner & Ziegler*, Frankfurt a. M. (Fig. 104).

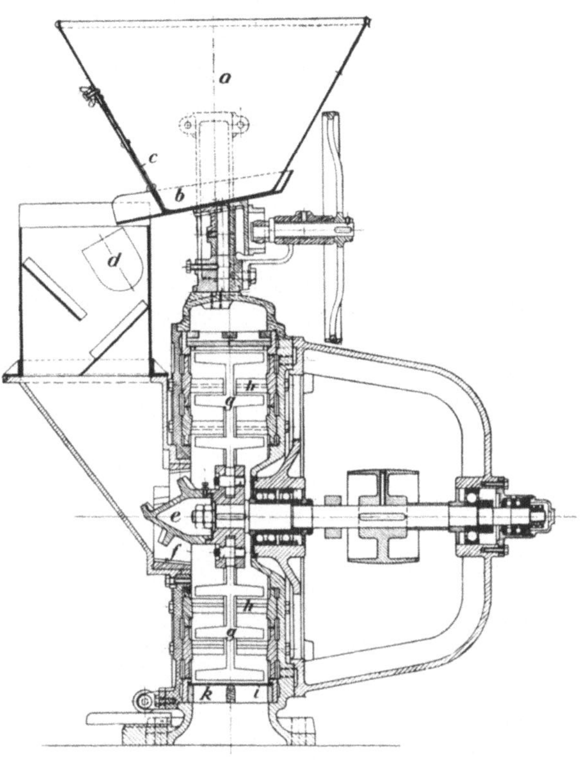

Fig. 104.

Das auf etwa Nußgröße vorgebrochene Gut wird durch den Einfülltrichter a und den Rüttelschuh b, der mittels Exzenter und Riemscheibe von der Mühlenwelle aus getrieben wird, sowie durch eine einstellbare Öffnung c im Einfülltrichter nach dem Einlauf der Mühle befördert. Auf diesem Wege werden im Aufschüttgut etwa vorhandene Eisenteile von einem Dauer-Doppelmagneten d festgehalten; sie sind zeitweise zu entfernen. Kurz vor Eintritt in die Mühle durchläuft das Gut eine Vorschroteinrichtung, bestehend aus dem Kegel e und dem Brechring f und wird hier für die darauffolgende Mahlung vorbereitet. Die Einrichtung der gelenkartig aufgehängten Schlagarme g in Verbindung mit den beiderseits im Gehäuseinnern angebrachten Mahlringen h bewirkt, daß das Gut durch den Zwischenraum zwischen den einzelnen Schlagarmen hindurchtreten und daher auch auf der dem Einlauf gegenüberliegenden Mühlen-

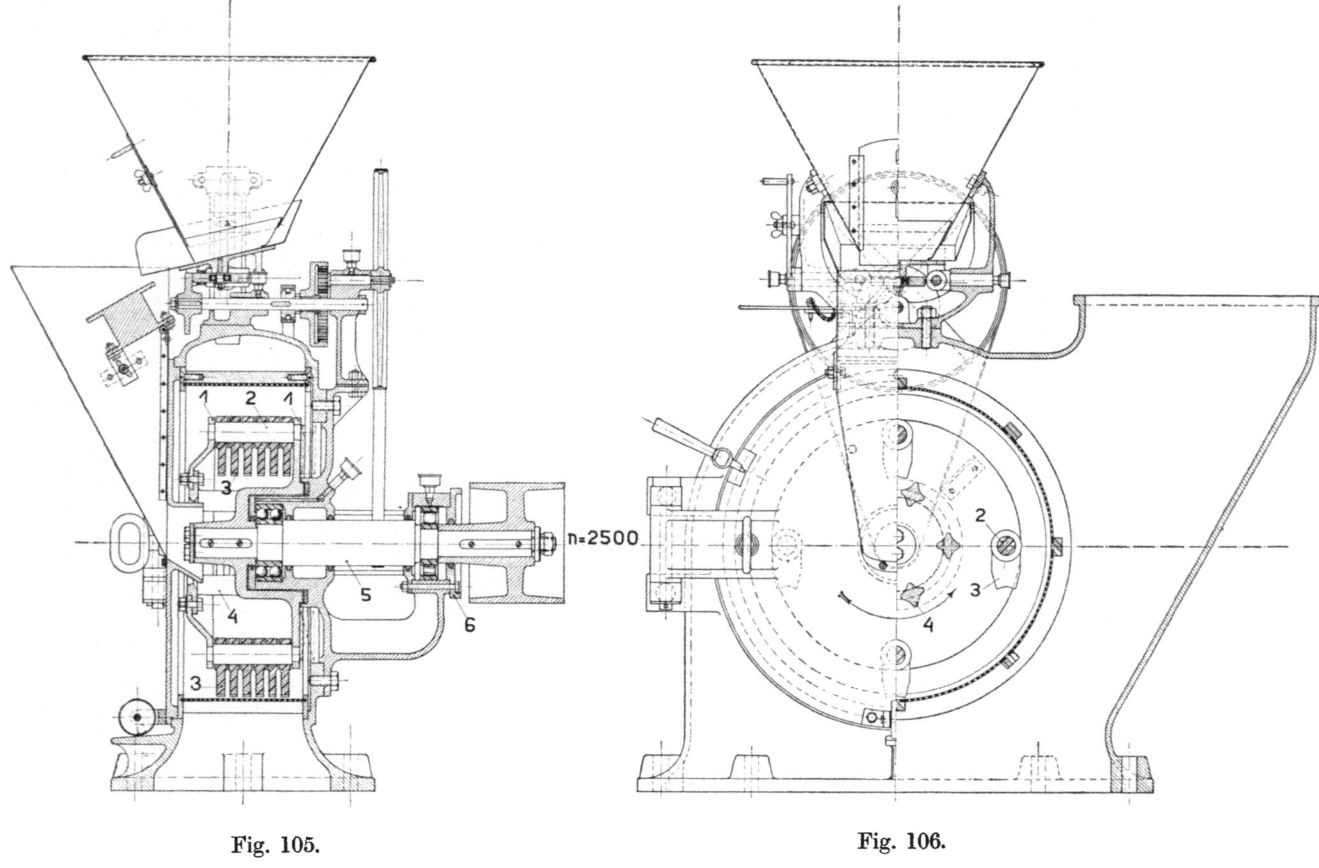

Fig. 105.

Fig. 106.

seite Mahlarbeit verrichtet werden kann. Abgenützte Schläger können umgedreht und auf der anderen Seite benutzt werden. Das leicht auszuwechselnde Rostsieb *i* in dem herausnehmbaren Rostrahmen *k* wird jeweils der gewünschten Feinheit angepaßt. Das fertige Erzeugnis wird in einem Ablauftrichter aufgefangen und abgesackt und die vom Schlägerwerk erzeugte Preßluft in einen Filterschlauch geleitet, durch dessen Poren sie im gereinigten Zustande ins Freie entweicht.

Auch die D u p l e x - P e r p l e x - Mühle der *Alpinen Maschinen A.-G.*, Augsburg (Fig. 105 und 106), stellt sich als Kombination einer Hammer- mit einer Schlagnasenmühle dar. Zwischen zwei rasch umlaufenden Stahlscheiben (*1*) sind vier kräftige Bolzen (*2*) gelagert, auf die eine große Anzahl gegeneinander versetzter, freischwingender Hartstahlschläger (*3*) aufgesteckt ist. Diese Befestigungsart der Schläger vermeidet die angesichts der hohen Umfangsgeschwindigkeit des Systems als unsicher zu bewertende Vernietung und erlaubt außerdem im Bedarfsfalle ein rasches Auswechseln der einzelnen, im Lauf der Zeit schadhaft gewordenen Schläger.

Die Stelle der Schlagnasen der w. o. beschriebenen Simplex-Perplex-Mühle nehmen hier die sechs Traversen (*4*) ein, die die beiden Scheiben (*1, 1*) starr miteinander verbinden und welchen die Vorschrotung des zentral zulaufenden Gutes obliegt, während die Schläger (*3*) das Ausmahlen besorgen. — Die Welle (*5*), die durch die Scheibe (*6*) nach außen abgedichtet wird, läuft in Pendelrollenlagern, die eine Umdrehungszahl bis zu 5000/min. gestatten. Speisevorrichtung, Magnet und Entlüftungsstutzen entsprechen genau der Ausführung der Simplex-Perplex. Der Siebmantel ist als Lamellensieb (Patent *Gaiser*) von besonderer Widerstandsfähigkeit ausgebildet. —

Bei den eigentlichen S c h l e u d e r m ü h l e n wird, wie schon weiter oben ausgeführt, das Gut durch die reine Schleuderwirkung einer sehr rasch umlaufenden, wagerechten Scheibe gegen eine feststehende Wand zerkleinert. Schlagstifte, Schlagnasen, oder Schlagarme fehlen also hier gänzlich.

Nach diesem Grundsatz arbeitet die V a p a r t s c h e S c h l e u d e r m ü h l e von *C. Mehler* in Aachen. Sie besteht aus meist vier wagerechten Scheiben, die mit einer Anzahl radial gestellter Wurfleisten besetzt und in passenden Abständen übereinander auf einer senkrechten, rasch umlaufenden Welle befestigt sind. Diese dreht sich in einem Blechgehäuse, dessen Wandungen mit geriffelten Hartgußplatten ausgelegt sind. Das von der ersten Scheibe abgeschleuderte Gut fällt an der Wandung des Gehäuses nieder, wird hier von schrägen Rutschen aufgefangen und gegen die Mitte der darunterliegenden zweiten Scheibe geleitet, von dieser gegen die Wandung geschleudert und von einer zweiten Reihe von Rutschen auf die dritte Scheibe geführt usw., bis es nach Verlassen der letzten, untersten Scheibe in den im Boden des Gehäuses angeordneten Auslauf gelangt.

Diese Mühle wird zum Zerkleinern von Schamotte, Kohle u. dgl. und zum Mischen der Beschickung für Zinköfen gebraucht.

III. Mühlen.

Unter Mühlen sollen hier nur diejenigen mechanischen Zerkleinerungseinrichtungen verstanden werden, die ein Erzeugnis von überwiegend mehlartigem Charakter liefern. Zwar ist aus dem vorhergehenden Abschnitt zu ersehen, daß manche der dort beschriebenen und als Feinschroter benannten Maschinen die Bezeichnung „Mühlen" tragen, wie z. B. die Schlagkreuzmühle und ihre Abarten, doch ist das Erzeugnis, das sie[1] ihrer schlagenden, klopfenden, schleudernden und scherenden — immer aber nur verhältnismäßig kurz andauernden — Wirkungsweise zufolge hervorzubringen vermögen, von ausgesprochen grießiger Beschaffenheit und nicht als das anzusehen, was man im gewöhnlichen Sprachgebrauch als Mehl bezeichnet[2]. Um dieses zu erzeugen, bedarf es entweder 1. einer lange fortgesetzten Bearbeitung des Gutes durch Schlag und Stoß in mörserähnlichen Gefäßen, oder 2. einer Bearbeitung durch die reibende Wirkung an sich schwerer, oder durch Zuhilfenahme mechanischer Mittel (Fliehkraft, Schraubenpressung, Federspannung) schwer gemachter Mahlkörper, oder endlich 3. einer Vereinigung beider Angriffsweisen[3].

Diesen Unterscheidungsmerkmalen zufolge lassen sich die in der Hartzerkleinerung gebräuchlichen Feinmahlmaschinen einteilen in

---

[1] Die in den Abschnitt „Naßmühlen" eingereihte Kolloidmühle, die eine Sonderbauart der Schlagkreuzmühle darstellt, ausgenommen.

[2] Daß selbst die unter die Vorschroter eingereihten Kollergänge und Walzwerke unter Umständen zur Mehlerzeugung dienen können, wurde schon bei einer früheren Veranlassung erwähnt. Diese Tatsache kann aber hier nicht ins Gewicht fallen, da Kollergänge zur Feinmehlerzeugung in der Hartmüllerei — und mit dieser allein haben wir es zu tun — ihrer geringen Leistungsfähigkeit wegen nur sehr vereinzelt, Walzwerke überhaupt nicht angewendet werden. Daß dagegen letztere in der Weich- (Getreide-) Müllerei die weiteste Verbreitung gefunden haben, dürfte wohl allgemein bekannt sein.

[3] Die technische Grenze der Zerteilbarkeit wird von den allgemeinen Eigenschaften der Werkstoffe beeinflußt. Sie liegt beispielsweise (wenn $1\,\mu = {}^{1}/_{1000}$ mm)

$$
\begin{aligned}
&\text{für Erzpochmehl} \ldots \ldots \text{bei etwa } 22,\ \mu \text{ Korngröße,}\\
&\text{„ Getreidemehl} \ldots \ldots \text{„ „ } 2 \text{ „ „}\\
&\text{„ Porzellan-Glasfluß} \ldots \ldots \text{„ „ } 1,2 \text{ „ „}\\
&\text{„ Ultramarinblau} \ldots \ldots \text{„ „ } 0,3 \text{ „ „}
\end{aligned}
$$

Vergleichsweise beträgt

$$
\begin{aligned}
&\text{die Dicke eines Menschenhaares} \ldots \ldots \text{mindestens } 8,0\ \mu\\
&\text{„ „ „ Spinngewebefadens} \ldots \ldots \text{etwa } 2,5 \text{ „}
\end{aligned}
$$

(*Hugo Fischer:* Technologie des Scheidens, Mischens und Zerkleinerns, S. 246. Leipzig, Otto Spamer.)

a) Stampfmühlen (Pochwerke),
b) Mahlgänge und Fliehkraftmühlen,
c) Kugelmühlen,

die in der vorstehenden Reihenfolge besprochen werden sollen.

Einer gesonderten Betrachtung muß im Anschluß daran

d) die Naßmüllerei

unterzogen werden.

a) Stampfmühlen (Pochwerke).

Stampfmühlen oder Pochwerke üben auf das zu verarbeitende Gut reine Schlagwirkungen aus; sie eignen sich daher vorwiegend zur Zerkleinerung harter, spröder Stoffe, die durch einen heftigen Stoß sofort den Zusammenhang ihrer Teile verlieren. Für Gesteine von zäher Beschaffenheit sind sie weniger gut geeignet, und in solchen Fällen sind ihnen energisch wirkende Fliehkraftmühlen zum Feinmahlen unbedingt vorzuziehen.

Ihr Hauptanwendungsgebiet ist die Gold-, Silber- und Kupfererzaufbereitung. Doch auch hier sind sie nicht überall am Platze. Sie arbeiten nur dann einwandfrei, wenn das Gold oder Silber im Erz äußerst fein verteilt auftritt. Kommt es dagegen darin in größeren Stücken vor oder ist es selbst von spröder Beschaffenheit, so ist die Anwendung von Stampfmühlen mit Rücksicht auf die großen Mengen des Metalls, das dann mit dem Pochschlamm in die Laugerei abfließt und das zur Gänze niemals daraus wiedergewonnen werden kann, nicht zu empfehlen. Immerhin ist die absolute Zahl der gegenwärtig für die genannten Zwecke arbeitenden Pochwerke eine sehr große und nicht minder groß die Zahl ihrer Anhänger und Freunde, die sie trotz der ihnen unleugbar anhaftenden Mängel besitzen.

Pochwerke finden außerdem noch vielfach bei der Feinzerkleinerung roher und gedämpfter Knochen, Drogen, Chemikalien u. dgl. Anwendung, doch ist ihre Bauart in solchen Fällen naturgemäß leichter als jene der stark beanspruchten Erzpochwerke.

Man unterscheidet, je nach der Art der Austragung des Erzeugnisses, Naßpochwerke und Trockenpochwerke.

Ein Naßpochwerk besteht im allgemeinen aus einem senkrechten Schaft, der an seinem unteren Ende mit einem schweren Stahlschuh bewehrt ist und in einer sicheren Führung gleitet. Dieser Schaft wird in kurzen regelmäßigen Zwischenräumen gehoben, um sodann auf einen stählernen Amboß niederzufallen und das auf dem letzteren aufgehäufte Gut zu zerkleinern. Das Gehäuse, in dem die Zerkleinerung vor sich geht, der Pochtrog, steht auf einer Seite mit einer Vorrichtung zur gleichmäßigen Zufuhr des auf einem Steinbrecher vorgebrochenen Gutes in Verbindung, auf der anderen Seite ist ihm ein mit Metallgewebe bespannter Siebrahmen eingefügt, durch dessen Maschen das genügend Gefeinte austreten kann, während das übrige der wiederholten Schlagwirkung des Pochschuhes so lange ausgesetzt bleibt, bis es diejenige Korngröße erreicht hat, die ihm den Austritt durch das Gewebe gestattet. Um die Abführung des Feinen zu beschleunigen und gleichzeitig die Staubentwicklung zu verhüten, wird in das Pochgehäuse in einem beständigen Strome reines Wasser zugeführt, das den Mahlraum als Pochschlamm (Pochtrübe) verläßt und der weiteren Verarbeitung (Konzentration) zufließt.

Das Trockenpochwerk ist vom Naßpochwerk nur in der Bauart des Pochtroges verschieden, der bei trockener Aufbereitung kein seitliches Sieb, dafür aber eine Gittersohle besitzt, durch deren Spalten das genügend Zerkleinerte den Pochtrog verläßt. Absatzweise arbeitende Pochwerke (für Chemikalien, Gifte u. dgl.) erhalten Pochtröge mit voller Sohlplatte und dicht schließender oberer Abdeckung, durch die der Schaft des Pochstempels hindurchtritt.

Die Pochwerke werden je nach der Art und Weise, wie dem Pochstempel die Schlagkraft verliehen wird, in verschiedene Klassen eingeteilt:

α) Schwerkraft-Pochwerke, die nur durch die lebendige Kraft des frei herabfallenden Stempels wirken, bei denen also das Fallmoment durch das Eigengewicht des ersteren begrenzt ist.

β) Dampf-Pochwerke, die in der Art der bekannten Dampfhämmer arbeiten.

γ) Pneumatische, hydraulische und Feder-Pochwerke, bei denen der Stempel durch eine Kurbel gehoben und abwärts getrieben und die Rückwirkung des Schlages mittels eines Luft- oder Wasserkissens oder einer Feder abgefangen wird.

δ) Hebel-Pochwerke, wo der Stempel durch einen Hebel betätigt wird, der mittels eines Gleitschuhes den ersteren auf und nieder bewegt und wobei starke Spiralfedern als Puffer dienen.

Ausführungsbeispiele aus den drei erstgenannten Gruppen werden die Einrichtung dieser Stampfmühlen zeigen, während die vierte Gruppe, weil praktisch zu keiner großen Bedeutung gelangt, hier übergangen werden kann.

Ein Schwerkraft-Pochwerk mit 10 Stempeln, wovon je 5 eine „Batterie" bilden, ist durch die Fig. 107 und 108 veranschaulicht[1]. Die ersten Zerkleinerungsvorrichtungen dieser Art sind in den Goldbergwerken von Kalifornien zur Anwendung gekommen, sie sind daher allgemein als „Kalifornische Pochwerke" bekannt.

In den Abbildungen bedeutet a den schmiedeeisernen Schaft des Pochstempels, b den stählernen Schuh und h das schwere gußeiserne Haupt, das Schaft und Schuh miteinander fest, aber doch lösbar, verbindet. c ist die stählerne, runde Pochsohle, die mit einer viereckigen Fußplatte in das Pochgehäuse d eingelassen ist. Jeder Pochschaft trägt eine gußeiserne Muffe f, an der der „Hebling" e derart angreift, daß der ganze Pochstempel nicht nur gehoben, sondern auch gleichzeitig gedreht wird. Dieses geschieht zu dem Zwecke, um eine möglichst gleichmäßige Abnutzung der arbeitenden Teile herbeizuführen. Die Vorgelegewelle g, auf der die Heblinge e derart sitzen, daß eine taktmäßige Reihenfolge der Schläge entsteht, wird von der Hauptwellenleitung i aus mit Hilfe der Riemscheiben k und h angetrieben. Zum

---

[1] *R. H. Richards:* Ore dressing **1**, 146, 147. 1908.

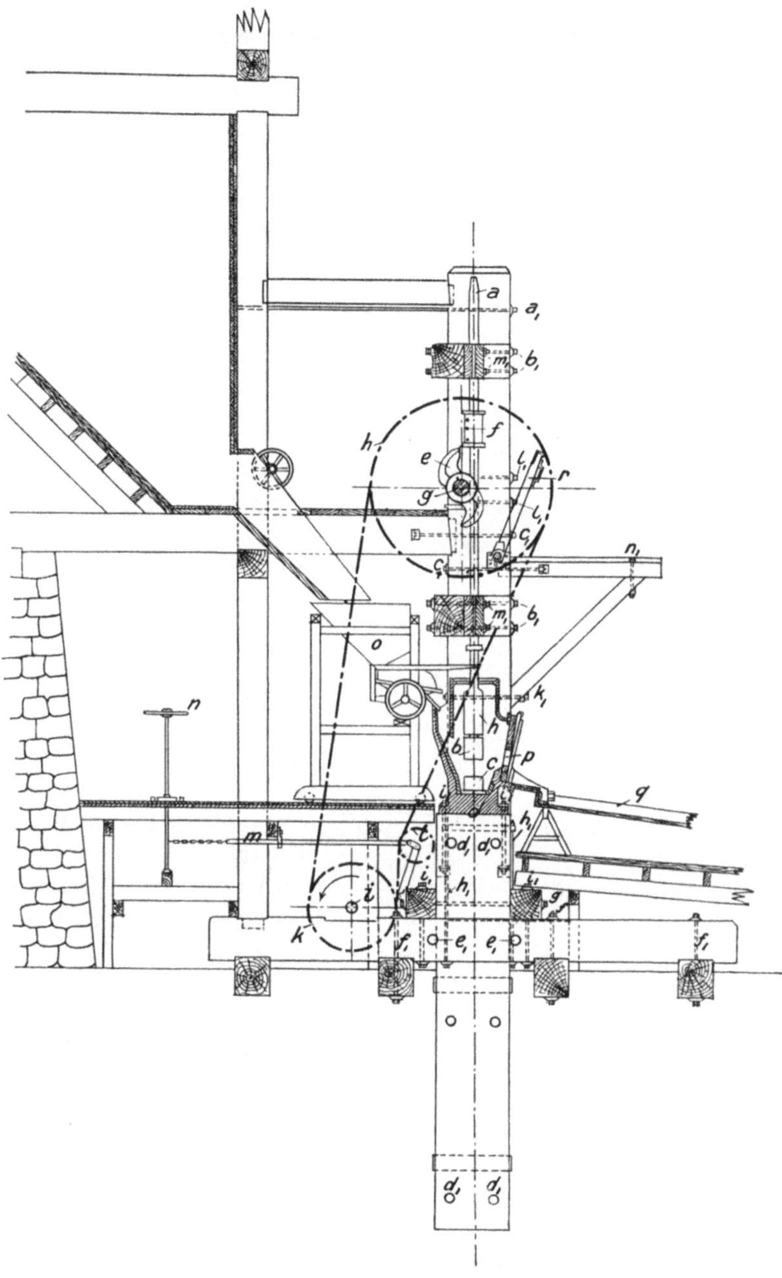

Fig. 107.

Nachspannen des schlapp gewordenen Riemens dient die mittels Handrad n
und Kettenzug m stellbare Spannrolle l und zum Festhalten des Stempels
für den Fall, daß am Pochgehäuse Ausbesserungen vorgenommen werden

müssen, der drehbare Hebel r, der sich beim Umlegen unter die Muffe legt und den Stempel am Herabfallen hindert.

Die gleichmäßige Zuführung des vorgebrochenen Erzes vermittelt die Speisevorrichtung o, die in verschiedener Art konstruiert sein kann. Am besten geeignet hat sich für diesen Zweck der Apparat von *Tulloch* (*Tullochs ore feeder*) gezeigt, bei dem die Schüttelbewegung von dem mittleren Batteriestempel abgeleitet und in ihrer Intensität von der Menge des auf der Pochsohle liegenden Erzes abhängig gemacht ist. Ist die Pochsohle hoch mit Erz bedeckt, so ist die Fallhöhe des Pochstempels eine geringe und infolgedessen auch die schüttelnde Bewegung des Speiseapparates eine schwache, so daß nur wenig Erz in den Pochtrog gelangt. Ist dagegen wenig Erz im Pochtrog, so vergrößert sich die Fallhöhe des Stempels; der Schütteltrog erhält stärkere Stöße und schüttet eine größere Menge Erz in den Pochtrog[1].

Das fertige Erzeugnis wird, wie einleitend erwähnt, mit Hilfe eines Wasserstromes aus dem Pochgehäuse ausgetragen und verläßt es in Form des Pochschlammes oder der „Pochtrübe" durch die Austragöffnung p, um in der Holzrinne q weiterer Verarbeitung zugeführt zu werden. Die Austragöffnungen sind mit Sieben aus gelochtem Blech oder Stahldraht verschlossen,

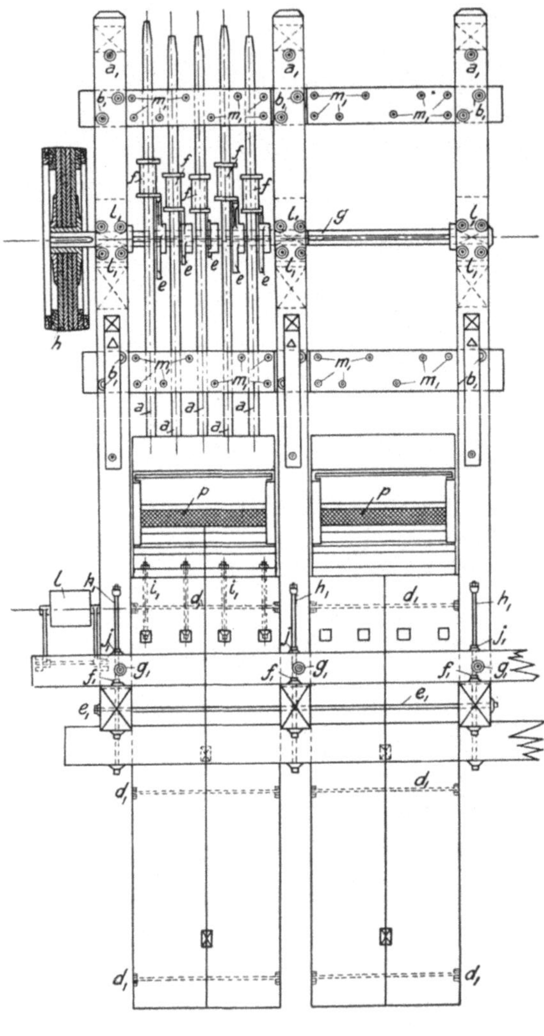

Fig. 108.

deren Holzrahmen durch Keile im Gehäuse festgehalten werden. Wird, um die Leistungsfähigkeit zu erhöhen, an beiden Langseiten ausgetragen, so befindet sich die Eintragöffnung über der Austragöffnung an der hinteren Seite des Pochtroges.

---

[1] *C. Schnabel:* Metallhüttenkunde **1**, 835. Berlin 1901.

Die Eisenteile der Pochwerkbatterie werden von einem schweren Rahmenwerk aus starken Holzbalken getragen, die untereinander durch zahlreiche Schrauben (in der Abbildung durch mit Index versehene Buchstaben bezeichnet) zusammengehalten werden und ihrerseits wieder, teils mit der Gebäudekonstruktion, teils mit dem Beton- oder Steinfundament in solider Verbindung stehen.

Das Gewicht eines vollständigen Pochstempels beträgt von 300 bis 750 kg, die Zahl der Schläge 90 bis 100 in der Minute, die Hubhöhe von 180 bis 260 mm, die Leistung von 3,5 bis 5 t täglich, der Wasserverbrauch von 7,2 bis 15 m³/t.

Die Zahl der Pochstempel in einer Mühlenanlage richtet sich natürlich ganz nach dem Umfang des Minenbetriebes, der stellenweise (Transvaal Randminen) ein ganz riesiger ist, so daß Stampfmühlen mit 320, ja sogar 400 Stempeln durchaus nicht zu den Ausnahmen gezählt werden dürfen. Mühlen von derartiger Ausdehnung vermögen monatlich 48 000 bis 60 000 t Erz zu pochen. Ebenso großartig sind dann selbstverständlich auch die dazugehörigen Anlagen für die Amalgamation, die Auslaugung und Raffinierung des Goldes. —

Über den Kraftverbrauch von Schwerkraft-Pochwerken haben *Rittinger*[1], *Weisbach*[2] und *Gätschmann*[3] eingehende theoretische Untersuchungen angestellt, auf die hiermit verwiesen sei. Für vorliegenden Zweck genügt folgende Überlegung. Ist n die Anzahl der von derselben Welle aus betriebenen Stempel, Q das Gewicht eines solchen in Kilogramm, h die Hubhöhe in Meter und u die Hubzahl in der Minute, so beträgt der theoretische Arbeitsaufwand in der Sekunde

$$A_{\mathrm{mkg}} = Q \cdot n \cdot h \cdot \frac{u}{60}.$$

Hierzu tritt noch der Aufwand zur Überwindung der Bewegungswiderstände (Reibung der Stempel in ihren Führungen, der Heblinge an den Muffen, der Zapfen in den Lagern usw.) und der Verlust durch Stöße und Erschütterungen. Um also den wirklichen Arbeitsaufwand zu bestimmen, ist es erforderlich, den obigen Ausdruck mit einem Koeffizienten > 1 zu multiplizieren, dessen Größe überwiegend von der Beschaffenheit und dem Zustande des Pochwerkes abhängt und der sich (nach *Weisbach*) zwar leicht, aber umständlich berechnen läßt. Für praktische Überschlagsrechnungen genügt es, wenn man einen Mittelwert benutzt, der — nach *Rittinger* — zu 1,33 angenommen werden kann.

Wäre z. B. in einem vorliegenden Falle $n = 10$, $Q = 500$, $h = 0,25$ und $u = 90$, so ist der Arbeitsaufwand

$$A_{\mathrm{mkg}} = 1,33 \cdot 500 \cdot 10 \cdot 0,25 \cdot \frac{90}{60} = 2493,75$$

---

[1] *Rittinger:* Aufbereitungskunde, S. 19 ff. I. u. II. Nachtrag 1 bis 16 und 1 bis 10.
[2] *Weisbach:* Ingenieurmechanik **3**.
[3] *Gätschmann:* Die Aufbereitung **1**, 146 bis 602. Freiberg 1858 und **2**, 631 bis 679. Leipzig 1872.

oder in Pferdestärken

$$N = \frac{2493{,}75}{75} = 33{,}25 \text{ PS} .$$

Der größte Vorzug der Schwerkraft-Stampfmühlen ist die Einfachheit und Übersichtlichkeit ihrer Konstruktion, die eine sorgfältige Instandhaltung sowie eine rasche und leichte Wiederinstandsetzung ermöglicht. Zu ihrer Überwachung genügen einfache Schlosser oder selbst nur solche Leute, die mit Hammer, Meißel und Feile einigermaßen umzugehen verstehen. — Die übliche Teilung in Batterien von nur wenigen Stempeln läßt die durch etwaige Ausbesserungen erforderlich gewordene Stillsetzung einer solcher Batterie in weit niedrigerem Maße als Betriebstörung und Leistungseinschränkung erscheinen, als dies bei Systemen der Fall ist, die aus nur wenigen, aber im einzelnen sehr leistungsfähigen Vorrichtungen bestehen. Endlich ist es von Vorteil, daß man in den Stampfmühlen den Zerkleinerungs- und Amalgamationsprozeß vereinigen kann.

Von Nachteil ist dagegen ihre mit ungemein heftigen Stößen und Erschütterungen verbundene Arbeitsweise, die sehr schwere und teure Fundamente und Holzkonstruktionen erfordert. Desgleichen wird das Mühlengebäude bei etwas größeren Leistungen der Anlage räumlich schon sehr ausgedehnt[1], und die langen Wellenleitungen verursachen ständig große Ausgaben durch Arbeitsverluste und Aufwand an Riemen und Schmiermitteln. Endlich ist ihre Leistungsfähigkeit bei Trockenvermahlung außerordentlich gering. —

Dampfpochwerke bestehen aus einem senkrechten Stempel, der an seinem unteren Ende mit dem Pochschuh, am oberen Ende mit einem Kolben verbunden ist, welcher mittels Dampfkraft in einem Zylinder auf- und abwärts bewegt wird. Bei der Abwärtsbewegung trifft der Pochschuh auf das auf der Pochsohle angehäufte Erz und zerkleinert dieses durch seine Schlagwirkung. Die Pochsohle ist in einem Gehäuse eingebaut, das mit einer Aufgabevorrichtung für das zu zerkleinernde Gut und mit Sieben zum Austragen des fertigen Erzeugnisses versehen ist.

Die Dampfpochwerke werden ausschließlich in den Kupferminen der Lake Superior Region (V. St. A.) verwendet. Am verbreitetsten ist das Dampfpochwerk der *Nordberg Manufacturing Company*, Milwaukee, Wisconsin. Es ist durch die Fig. 109 und 110 in zwei äußeren Ansichten dargestellt[2], worin a den Dampfzylinder — gewöhnlich 510 mm Durchmesser, 610 mm Hub — bedeutet, der mit vier Corliss-Schiebern $b\ c,\ d$ und e ausgerüstet ist, von denen jeder durch ein besonderes Exzenter f_1—f_4 derart betätigt wird, daß die Schieber voneinander unabhängig und jeder für sich einstellbar sind, wobei die Einstellung durch eine Zeigervorrichtung von außen ersichtlich gemacht wird. Die Auslaßschieber werden mittels Ge-

---

[1] Eine Anlage mit 280 Stempeln erfordert ein Gebäude von 90 m Länge, 35 m Breite und 11 m Höhe bis zum niedrigsten Dachbalken (*Simmer & Jack Mine*, Johannesburg).

[2] *R. H. Richards:* Ore dressing **3**, 1258, 1259. 1909.

lenkhebel, die Einlaßschieber dagegen unmittelbar von den Exzentern in Bewegung gesetzt. Die Exzenter für die unteren Schieber sitzen auf einer Welle, die ihre regelmäßige Umdrehung mittels der Riemscheibe g von einer anderen Kraftquelle aus erhält und die mit einer zweiten Welle derart gekuppelt ist, daß die letztere eine ungleichförmige Bewegung vollführt,

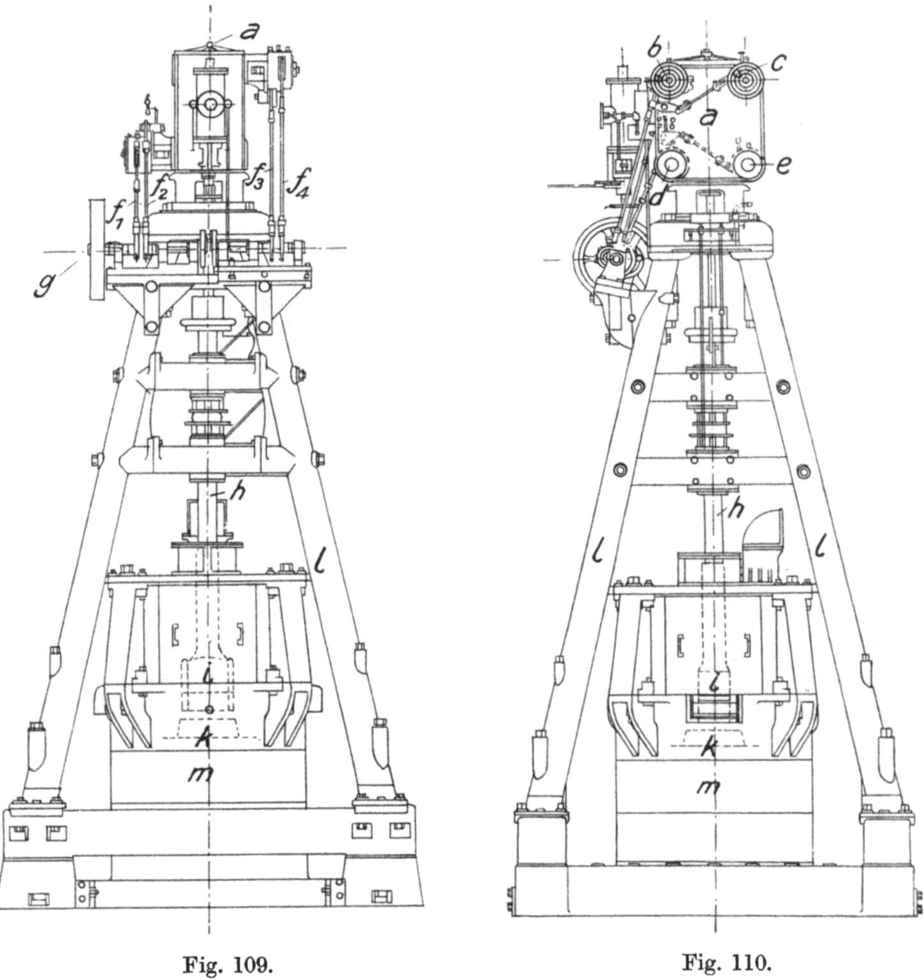

Fig. 109.							Fig. 110.

wodurch die oberen Schieber zu einem sehr schnellen Öffnen und Schließen gezwungen werden.

Der Dampfzylinder mit Steuerung und Steuerwelle ruht auf vier kräftigen, gußeisernen Säulen l, die sich unten auf einen schweren Fundamentrahmen aufsetzen und deren obere Querbalken die Führung für den Schaft h bilden, der unten in dem Pochschuh i endet. Das die Pochsohle k enthaltende Gehäuse ruht auf dem Block m, der einen Teil des 6 m langen, 6 m breiten und $5^1/_3$ m tiefen Hauptfundamentes bildet.

Ein Dampfpochwerk dieser Art, der *Osceola Consolidated Mining Co.* in Opechee, Michigan, gehörig, ist von *O. P. Hood* untersucht worden. Der Dampfdruck der Kessel betrug 118,8 Pfund auf den Quadratzoll, das Gewicht des Pochstempels, welcher 102,8 Hübe in der Minute machte, war 5500 Pfund. In 24 Stunden wurden 550,4 Tons Kupfererz gepocht. Auf eine Tonne Kohle kamen 61,61 und auf 1 PS 0,1164 Tons Erz.

Die genannten Konstrukteure führen die Dampfpochwerke auch mit zwei übereinander angeordneten Zylindern (Tandem-Anordnung) aus, wobei der Hochdruckzylinder auf beiden Seiten, der Niederdruckzylinder dagegen nur auf der Oberseite des Kolbens Dampf erhält. Der Abdampf des ersteren strömt zuerst in einen Aufnehmer (Receiver) und sodann in den Niederdruckzylinder, wo er sich weiter ausdehnt. — Die Untersuchung eines solchen Pochwerkes von $15^1/_2$ bzw. 32 Zoll Zylinderdurchmesser und 24 Zoll Hub ergab eine Leistung von 709,3 Tons in 24 Stunden, wobei auf eine verbrauchte Tonne Kohle 88,3 t Erz entfielen. Daraus ist auf die größere Wirtschaftlichkeit der Dampfpochwerke mit zwei Dampfzylindern zu schließen.

Unter den h y d r a u l i s c h e n   P o c h w e r k e n hat jenes von *George A. Denny*[1] sich am besten bewährt und ist am Witwatersrand mit gutem Erfolge eingeführt worden. Wie einleitend bereits erwähnt, wird der Stempel eines derartigen Pochwerkes von einer Kurbelwelle aus betätigt, die Wirkung der Schläge durch eine äußere Kraft verstärkt und die Rückwirkung des Schlages auf den Stempel mittels eines Wasserkissens aufgefangen, das in Tätigkeit treten muß, bevor der Kurbelzapfen seinen tiefsten Punkt erreicht hat.

In Fig. 111 und 112 bezeichnet a die in dem Rahmen g gelagerte und mittels Riemen angetriebene Kurbelwelle, b die Wasserzylinder mit den Führungen c, m die in den Büchsen s gleitenden Stempel und f Querbalken zur Versteifung der Holzständer, die den Mechanismus tragen. Die Kolbenstange ist durch die Hülse l mit dem Schaft m derart verbunden, daß zwischen den Flansch m_2 und die Hülse l die Scheiben m_2 zum Ausgleich der durch den verschleißenden Pochschuh eintretenden Längenverminderung des Stempels eingelegt werden können. Der Stempel kann, wenn erforderlich, mittels der Flansche l_2 an dem umlegbaren Stück r aufgehängt werden.

Eine Nute l_1 in der Hülse nimmt eine endlose Kette n, die über die Rolle p geführt ist, zum Drehen des Stempels auf. Die Drehung erfolgt mit Hilfe eines einseitigen Sperrwerkes mit Auslösung, also immer nur in demselben Sinne.

Die Steuerung des Wasserumlaufes und die rechtzeitige Bildung des Wasserkissens wird durch das Zusammenspiel von Zylinder, Piston, Kolbenstange und Wasserkasten in höchst sinnreicher Weise bewirkt, wegen deren eingehender Darlegung auf die oben bezeichnete Quelle verwiesen werden muß.

Die Denny-Stampfe macht 124 Hübe in der Minute und leistet mit neuen Schuhen und Pochsohlen 9,2 und, wenn diese Teile abgenutzt sind, 8,4 t mit einem Stempel in 24 Stunden, wobei fünf von ihren Stempeln nur um weniges

---

[1] *R. H. Richards:* Ore dressing **3**, 1249. 1909.

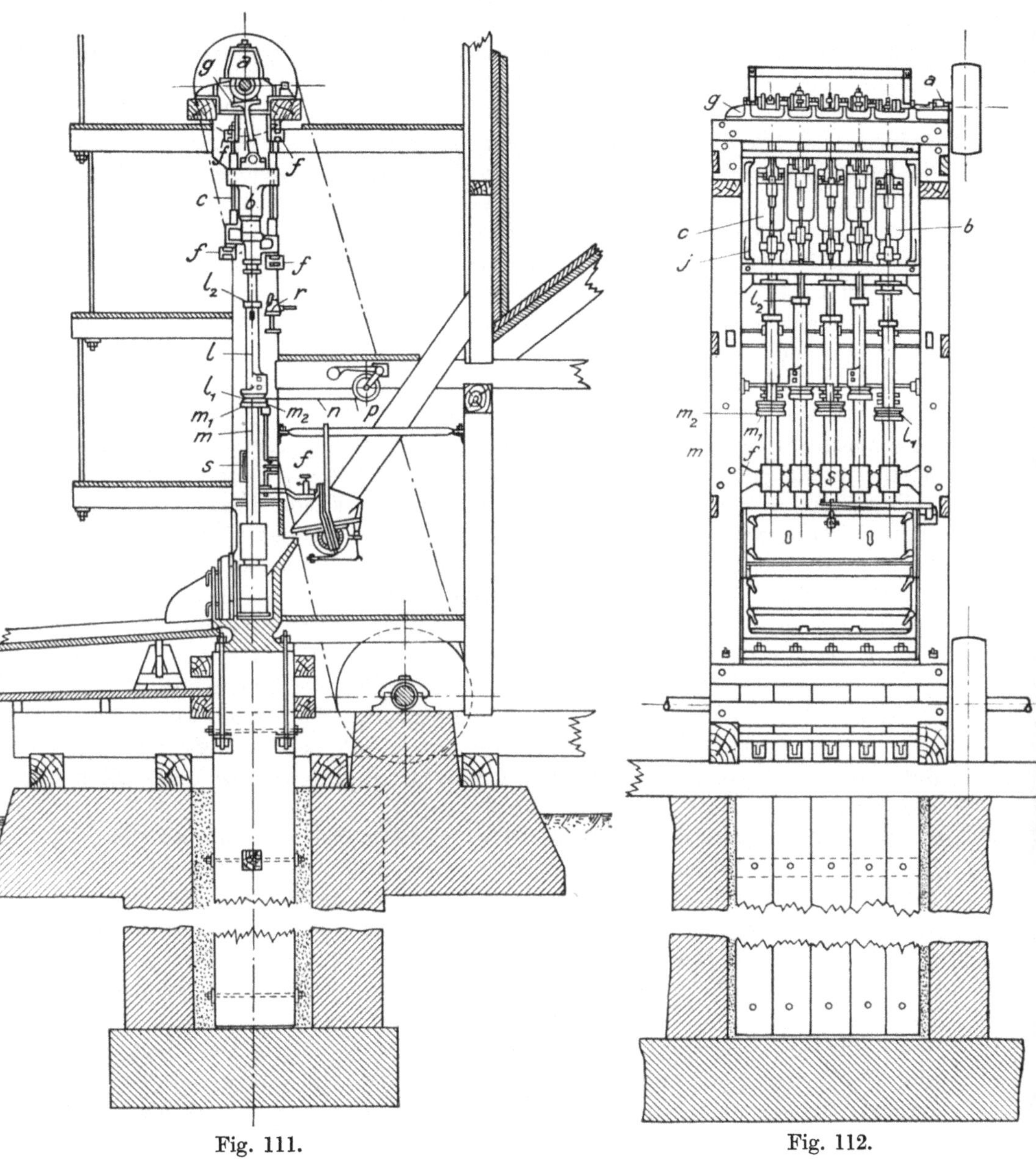

Fig. 111.   Fig. 112.

mehr Kraft gebrauchen als zehn Stempel eines Schwerkraftpochwerkes von derselben Gesamtleistung. Die Einrichtung arbeitet gut und sicher, nur erfordern die Pistons nicht unerhebliche Erneuerungskosten.

Die pneumatischen Pochwerke sind ähnlich eingerichtet wie die hydraulischen, sie werden aber im allgemeinen weniger günstig beurteilt als die letzteren.

b) Mahlgänge und Fliehkraftmühlen.

Der Horizontalmahlgang ist eine der ältesten, seit Jahrhunderten bekannten und zum Feinmahlen der verschiedenartigsten Stoffe in Anwendung stehenden Maschinen. Wenn er auch in den letzten Jahrzehnten auf Gebieten, die er bis dahin unumschränkt beherrschte — wie z. B. in der Zementindustrie —, durch neuere, leistungsfähigere und weniger eingehende Sachkenntnis des Müllers bedingende Zerkleinerungsvorrichtungen fast ganz verdrängt worden ist, so wird er doch in manchen anderen gewerblichen Betrieben immer noch als ein schwer zu ersetzendes Werkzeug betrachtet und darf aus diesem Grunde keineswegs zu den bereits historisch gewordenen Einrichtungen gezählt werden, die für die Gegenwart keine tatsächliche Bedeutung mehr besitzen.

Das Prinzip des Horizontalmahlganges beruht darin, daß das zu vermahlende Gut zwischen die Flächen zweier aufeinanderliegenden, ebenen, kreisrunden Steine gebracht und durch die mahlende Wirkung des sich drehenden Steines zerkleinert, zerrieben wird. Bei diesem Vorgang wird die Mahlwirkung bedingt durch die Größe der auf das Mahlgut ausgeübten Pressung, durch deren Dauer und durch das Maß der Entfernung zwischen den beiden reibenden Flächen. Ein theoretisch richtig konstruierter Mahlgang soll daher so gebaut sein, daß die drei vorgenannten Faktoren, dem Ermessen des Müllers und dem augenblicklichen Erfordernis entsprechend, leicht verändert werden können[1].

Je nachdem sich nun der obere oder der untere der beiden Mühlsteine dreht, unterscheidet man oberläufige oder unterläufige Mahlgänge, kurz Oberläufer und Unterläufer genannt. Zu diesen hat sich anfangs der 70er Jahre des verflossenen Jahrhunderts der Mahlgang mit senkrecht gestellten Steinen gesellt.

Der Oberläufer, Bauart *Amme, Giesecke & Konegen, A.-G.*, Braunschweig (siehe Fig. 113), besteht aus zwei kräftigen eisernen Säulen (oder auch einem Hohlgußgestell) zum Tragen des ebenfalls eisernen Steinbettes, in welchem der in eine gußeiserne Schale eingebettete Bodenstein f auf starken Schrauben q verstellbar ruht. Das Steinbett wird durch Flanschen und Schrauben mit dem eisernen oder hölzernen Balkenwerk des Mühlenbodens fest verbunden. Die von dem Kegelrad a angetriebene Mühlspindel b ist oben in einem gegen das Eindringen von Staub geschützten Halslager, das durch Keil, Gegenkeil und Handgriff l nachstellbar gemacht ist und unten in einem Spurlager p geführt. Die Verbindungsteile zwischen der Spindel und dem Läuferstein e, bestehend aus dem „Treiber" c, der „Balancierhaue" d und dem „Rientopf", bilden zusammen ein vollständiges Universalgelenk oder eine „schwebende Haue", welche vor den früher gebräuchlichen unbeweglichen „Hauen" den Vorteil besitzt, daß der Läufer frei nachgibt, wenn ein zufälliges Hindernis zwischen die Mahlflächen gerät, ferner, daß er sich leicht von der Mühlspindel abheben läßt und endlich, daß er von selbst eine wagerechte Lage annimmt

---

[1] *Naske:* Die Portlandzement-Fabrikation, 4. Aufl., S. 98. Leipzig 1914.

und auch dann mit seiner Mahlfläche wagerecht bleibt, wenn die Mühlspindel nicht völlig im Lot stehen sollte.

Der Läufer wird von einer staubdichten, mit einer runden Einlauföffnung versehenen Blechhaube eingeschlossen, welche unten seitwärts den Auslauf-

stutzen g für das Mahlgut, ferner einen Lüftungsstutzen zum Anschluß an die Saugeleitung einer Staubfängeranlage und endlich noch die von der verlängerten Mühlspindel aus betätigte Speisevorrichtung (Rüttelwerk) trägt. Die Einstellung des Läufers geschieht mittels Hebelübertragung (m, n, o) auf das Spurlager p; sie kann entweder vom Mühlenboden aus oder auch von unten her erfolgen.

Der abgebildete Mahlgang hat Kegelräderantrieb und kann sowohl einzeln als auch in Reihe aufgestellt werden. Im ersteren Falle erhält die Vorgelegewelle eine feste und zwecks Ausrückens auch eine lose Riemscheibe. Bei Reihenaufstellungen werden zum Aus- und Einrücken der einzelnen Mahlgänge Klauen- oder auch Reibungskupplungen verwendet.

Oftmals wird es für

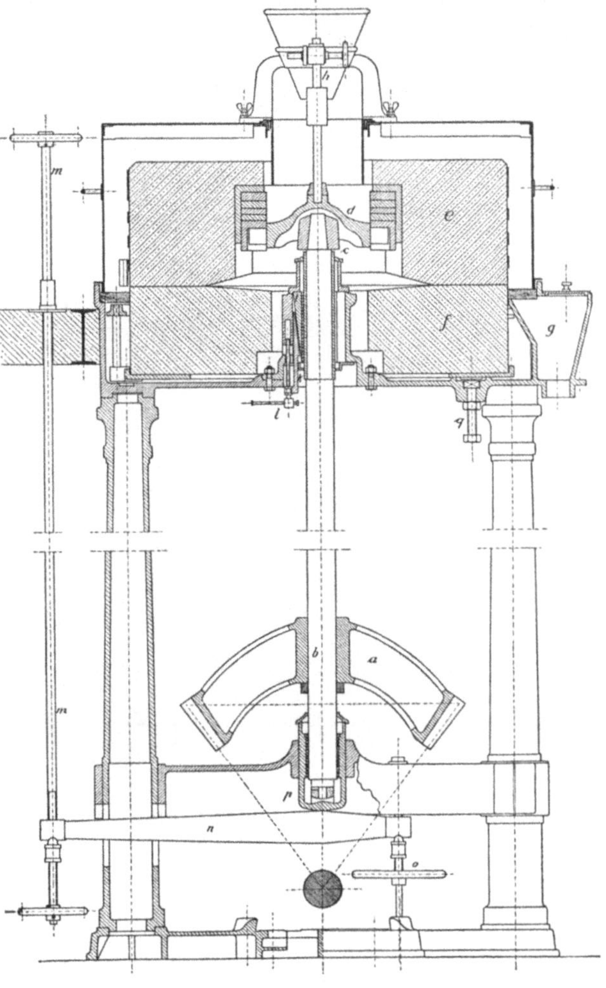

Fig. 113.

praktisch befunden, eine Anzahl — meist vier, seltener zwei, fünf oder sechs — Mahlgänge in einer Gruppe zu vereinigen und sie von einer gemeinschaftlichen stehenden Welle — der sog. „Königswelle" — aus zu betreiben. Diese Anordnung bringt den Vorteil einer nicht unerheblichen Raumersparnis mit sich und ist besonders dann empfehlenswert, wenn die sämtlichen Mahlgänge das gleiche Aufschüttgut zu verarbeiten haben, da sich dann die Verteilung und Zuführung des letzteren aus einem gemeinschaftlichen Vor-

ratkasten (Silo oder Rumpf) in die einzelnen Mahlgänge sehr bequem und
einfach, ohne Zuhilfenahme von Schnecken, Bändern oder sonstigen Fördereinrichtungen gestaltet.

Ein solcher Oberläufermahlgang für Gruppenbetrieb ist durch die Fig. 114
veranschaulicht (Bauart *Kampnagel*, Hamburg).

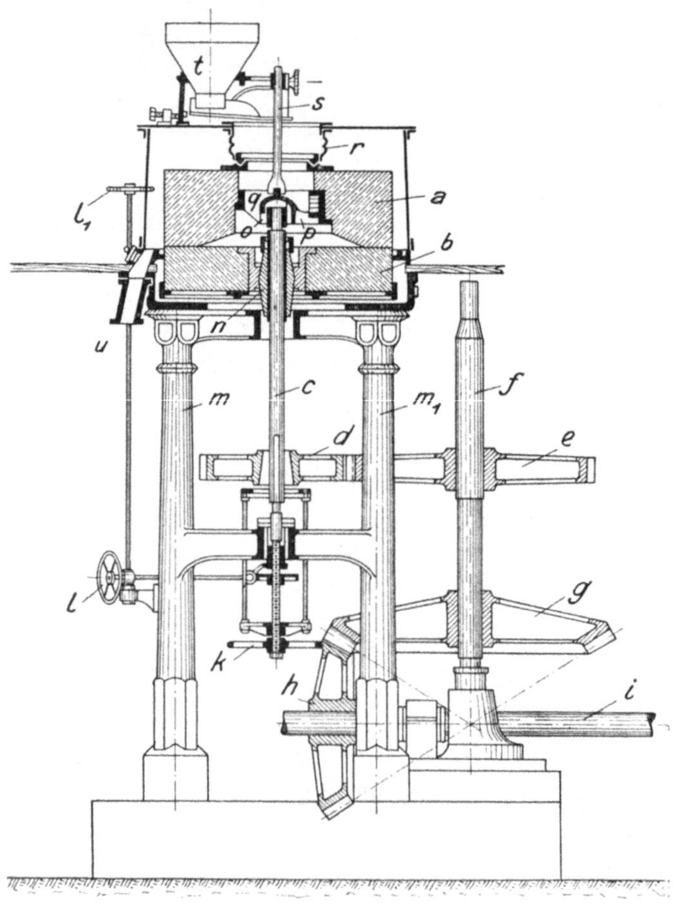

Fig. 114.

Die Königswelle *f* erscheint hier durch das Kegelräderpaar *g*, *h* von der
Hauptwellenleitung *i* aus angetrieben und versetzt ihrerseits mittels des großen
Stirnrades *e* und des Gegenrades *d* (oder der Gegenräder) die Mühlspindel *c*
und mit dieser den Läufer *a* in Umdrehung. Die obere Führung der Mühlspindel ist hier als langes Kugellager *n* ausgebildet, das, eben infolge seiner
Länge und der großen Auflagerfläche, die es der Spindel bietet, einer besonderen Nachstellvorrichtung entraten kann und, falls es nach Verlauf eines
längeren Betriebes etwas ausgelaufen erscheint, nur frisch vergossen zu werden
braucht, um wieder vollkommen verwendungsfähig zu sein.

Die schwebende Haue, die in ihrer vervollkommneten Form von dem rühmlichst bekannten Mühlenbaumeister *Nagel* in Hamburg konstruiert und eingeführt wurde, besteht hier wieder, wie in dem voraufgegangenen Ausführungsbeispiel, aus dem Treiber o, der Balancierhaue p und dem Rientopf q. Mit s ist die auf die Balancierhaue aufgesetzte Dreischlagwelle bezeichnet, die die Aufgabevorrichtung zur gleichmäßigen Beschickung des Mahlganges betätigt.

Die Einstellung des Läufers geschieht hier mittels eines Wurmgetriebes, das durch eine flachgängige Schraube auf den Spurzapfen der Mühlspindel wirkt und sowohl vom Mühlenboden aus — mit Handrad l_1 — als auch vom Erdgeschoß her — mit Handrad l — in Umdrehung versetzt werden kann. Diese Stellvorrichtung heißt das Leuchtwerk, während eine andere, Hebegatter genannte und mittels des großen Handrades k zu regierende Einrichtung dazu dient, das Mühlengetriebe d außer Eingriff mit dem großen Zahnrad e zu bringen und den Mahlgang auszurücken.

Die Grundrißanordnung einer Gruppe von vier Oberläufern geht aus der Skizze Fig. 115 hervor. Darin bedeutet f die Königswelle, g und h das Kegelräderpaar auf der Hauptwellenleitung i, e das große Stirnrad, d_1—d_4

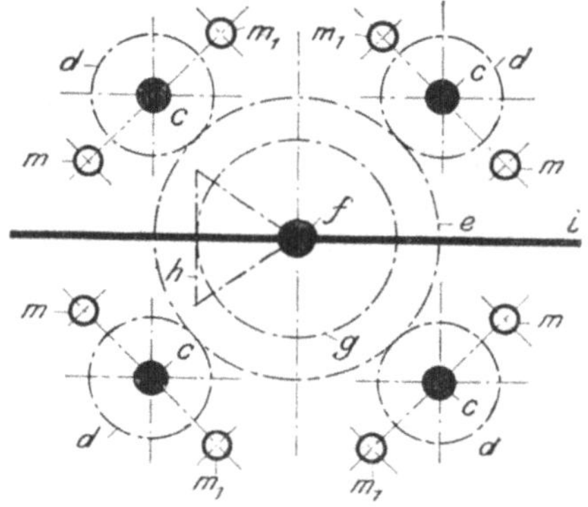

Fig. 115.

die Mahlgangsgetriebe, m, m_1 die die Mahlgangsbetten tragenden Säulen.

Ergänzend muß zu Fig. 114 noch hinzugefügt werden, daß unter u der Auslaufstutzen und unter r ein Lederbeutel zu verstehen ist, der an seinem unteren Ende einen gußeisernen Schleifring trägt, wodurch ein staubdichter Abschluß des den Lederbeutel umgebenden Raumes nach außen hin erzielt wird. —

Der Oberläufer wirkt ausschließlich durch das Gewicht des Obersteines, das also nur im Leerlauf auf dem Spurzapfen, bei voller Beschüttung aber auf dem Mahlgut und daher mittelbar auf dem Bodenstein lastet. Um die Pressung auf das Mahlgut zu vergrößern bzw. auf der als erforderlich erkannten Höhe zu erhalten, muß man somit das Gewicht des Läufers erhöhen. Diese Notwendigkeit tritt ein, wenn der Läufer durch die Nachbearbeitung an Gewicht und Mahlwirkung eingebüßt hat; man mauert dann den Stein durch Aufgießen von Zementmörtel auf.

Die vorzüglichsten Gebirgsarten, aus welchen gute Mühlsteine gewonnen werden können, sind: Sandsteine, Porphyr, verschlackter Basalt und Lava, ganz besonders aber poröses Quarzgestein der sog. Süßwasserbildung. Für die Hartmüllerei kommt nur die letztgenannte Steinart in Frage, weil sie alle Eigenschaften in sich vereinigt, die man von einem hoch beanspruchten Mühlstein verlangen muß. Das bekannteste Lager der Süßwasserquarzbildung ist jenes zu La Ferté-sous-Jouarres (Seine et Marne, Frankreich); aber auch die slawonischen Quarzmühlsteine haben weitere Verbreitung und günstige Beurteilung gefunden.

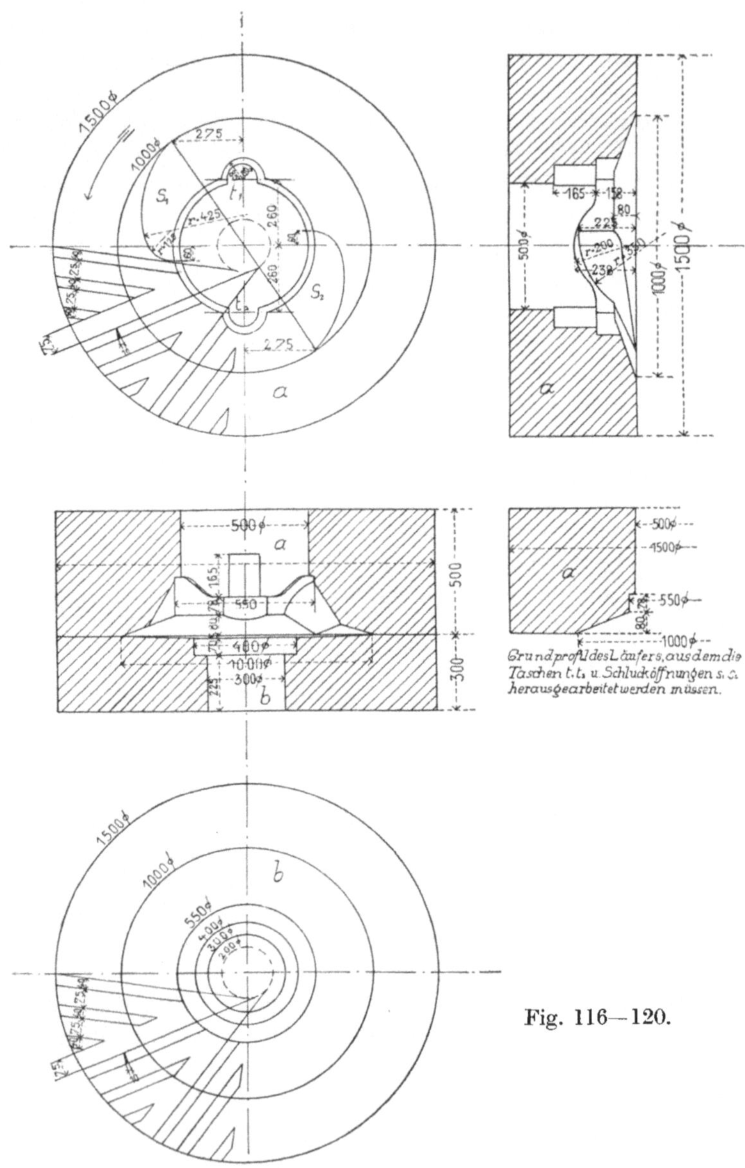

Fig. 116—120.

Selten nur findet sich das Quarzgestein groß und stark genug vor, um einen Mühlstein aus einem Stück daraus fertigen zu können, vielmehr ist es Regel, die Mühlsteine aus einer großen Anzahl kleiner Stücke zusammenzusetzen, sie miteinander zu verkitten und durch umgelegte schmiedeeiserne Reifen gegen das Auseinanderreißen zu sichern.

Die natürliche Rauheit der Mahlfläche der Steine geht bei der Vermahlung harter Stoffe sehr bald verloren, und die glatten Flächen vermögen dann nur noch zu würgen, aber nicht mehr zu mahlen. Zur Erzielung dauernder Wirksamkeit der Mühlsteine ist es daher nötig, sie von Zeit zu Zeit zu schärfen, worunter man das Einarbeiten von Furchen (Hauschlägen) versteht, die in bestimmter Breite und Tiefe vom Mittelpunkt nach dem Umfang des Steines hin verlaufen. Für die Form des Verlaufes der Furchen sind mancherlei Regeln aufgestellt worden, deren theoretische Ableitung weiter unten folgen wird. Die in der Getreidemüllerei da und dort geübte Schärfung nach der logarithmischen Spirale oder nach der *Evans*schen oder *Nagel*schen Regel kommt für die Hartmüllerei schwerlich in Frage, dagegen wird die bequeme amerikanische, gerade, sog. „Viertelschärfung“ wohl allgemein angewendet.

In den Fig. 116 bis 120 ist die praktisch bewährte Schärfung eines Oberläufers von 1500 mm Steindurchmesser zur Vermahlung von Kalkstein u. dgl. angegeben. Zur Erläuterung sei bemerkt, daß die Schärfung bei Läufer- und Bodenstein vollkommen identisch ist. Die Peripherie des Steines wird in zwölf gleiche Teile geteilt; die von jedem Teilpunkt an den sog. „Zugkreis“ (hier 200 mm Durchmesser) gezogene

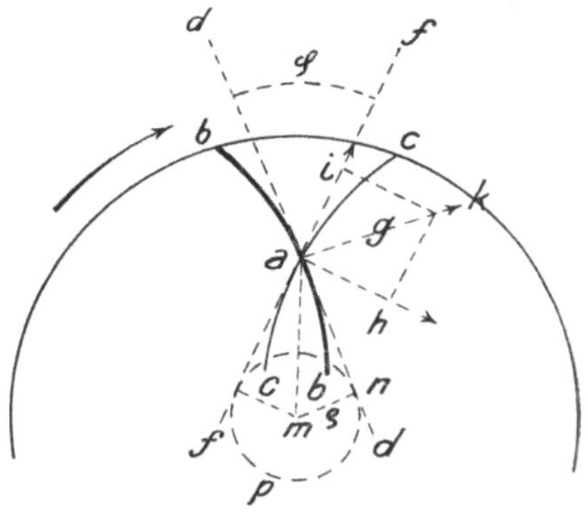

Fig. 121.

Tangente bestimmt die Richtung der „Hauptfurche“, zu der parallel und in gleichen Abständen noch je zwei „Nebenfurchen“ geschlagen werden. Denkt man sich die Mahlflächen aufeinandergelegt, so ist klar, daß sich die Furchen der beiden Steine unter Winkeln schneiden müssen, die vom Läuferauge nach dem Umfang hin abnehmen. Welchen Einfluß diese Tatsache sowie die Gestaltung der Furchen überhaupt auf die Mahlgangsarbeit ausübt, wird aus der folgenden Betrachtung[1] hervorgehen.

In Fig. 121 möge $b\,b$ die Kurve für die Schnittkante einer Furche des Läufersteines, $c\,c$ jene des unbeweglichen Bodensteines und a den Schnittpunkt der beiden Kurven für einen bestimmten Augenblick der Bewegung bezeichnen. Sind ferner $a\,d$, $a\,f$ die Tangenten zu $d\,d$ bzw. $f\,f$, so kann die Senkrechte $a\,g$ auf $a\,d$ als Richtung und Größe des vom Läufer gegen ein in a befindliches Mahlgutteilchen ausgeübten Druckes K betrachtet werden, der sich in bezug auf die unverrückbare Kurve des Bodensteines nach deren Normale $a\,h$ und Tangente $a\,f$ zerlegt, so daß, wenn der Winkel $d\,a\,f = \varphi$,

$a\,h = K \cdot \cos\varphi$ als **Scherkraft** und

---

[1] *Wiebe:* Die Mahlmühlen, S. 73. Stuttgart 1861.

$a\,i = K \,.\, \sin\varphi$ als Kraft zum Vorwärtstreiben oder Auswerfen (letztere ohne Rücksicht auf Reibung) erhalten wird.

Setzt man ferner $mn = \varrho$ und $m\,a = z$, so ergibt sich, wenn beide Kurven symmetrisch sind, zur Bestimmung von a die Gleichung

$$\sin\frac{1}{2}\,\varphi = \frac{\varrho}{z}\,.$$

Hieraus lassen sich nachstehende Schlüsse ziehen:

Wächst φ von innen nach außen, so nimmt die Scherkraft mit diesen Winkeln ab, wogegen die Kraft zum Auswerfen wächst. Nehmen die Kreuzungswinkel von innen nach außen ab, so wächst die Scherkraft mit den Winkeln, während die Kraft zum Auswerfen mit den Winkeln abnimmt.

Sind in dem Bruch $\dfrac{\varrho}{z}$ Zähler und Nenner beliebig veränderlich, $\left\{\begin{array}{l}\text{so erhält man veränderliche Kreuzungswinkel,}\\ \text{die von innen nach außen entweder zu- oder ab-}\\ \text{nehmen und wobei die Furchen entspre-}\\ \text{chend gekrümmt sind.}\end{array}\right.$

Ist $\dfrac{\varrho}{z}$ konstant, $\left\{\begin{array}{l}\text{so erhält man konstante Kreuzungswinkel, und die Furchen}\\ \text{sind nach einer logarithmischen Spirale gekrümmt (bei}\\ \text{der bekanntlich für alle Punkte der Winkel der Tangente mit dem}\\ \text{radius vector — in Fig. 121 z. B. Winkel }f\,a\,m\text{ — gleich groß ist).}\end{array}\right.$

Ist der Zähler des Bruches $\dfrac{\varrho}{z}$ konstant, $\left\{\begin{array}{l}\text{so erhält man gleichfalls veränderliche, und zwar von innen}\\ \text{nach außen abnehmende Kreuzungswinkel, die Furchen}\\ \text{bilden jedoch gerade Linien, welche die Halbmesser}\\ \text{des Mühlsteinkreises unter einem Winkel schneiden, der}\\ \text{dem halben Kreuzungswinkel gleich ist.}\end{array}\right.$

Der letztere Fall trifft also auf die in den Fig. 116 bis 120 dargestellte amerikanische Schärfungsart zu, die auch aus dem praktischen Grunde den anderen Methoden vorzuziehen ist, weil sie sich leichter in gutem Zustande halten läßt als die gekrümmte Schärfe.

Die Mühlsteine für Oberläufer werden von 500 bis 1500 mm und 250 bis 600 mm Höhe des Läufers ausgeführt. Der Bodenstein erhält bei demselben Durchmesser eine um 50 bis 150 mm geringere Höhe. Die Umdrehungszahl. ist in den Grenzen von 250 bis 120 in der Minute veränderlich.

Ganz außerordentlich verschieden, weil von vielerlei Umständen abhängig, sind Leistung und Kraftverbrauch der Mahlgänge. Härte, Zähigkeit und Trockenheitsgrad des Aufschüttgutes, ferner seine mehr oder minder vollkommene Vorzerkleinerung und endlich der Zustand der Mühlsteine spielen dabei eine bestimmende Rolle. Alle bisher versuchten theoretischen Berechnungen über den Widerstand des zwischen ebenen Steinflächen zu vermahlenden Gutes haben keine brauchbaren Ergebnisse geliefert. Ein mathematischer Ausdruck für die Größe der zur Überwindung des vorhandenen Widerstandes erforderlichen Betriebsarbeit und der damit zusammenhängenden Leistungsfähigkeit eines Mahlganges müßte eine Funktion des Durchmessers, der Umfangsgeschwindigkeit, des Steinmaterials, des Abstandes zwischen Läufer und Bodenstein und der Schärfung der Steine sein und müßte Rücksicht nehmen auf die Beschaffenheit des Aufschüttgutes, sowie auf jene des fertigen Erzeugnisses[1].

Man ist daher, wie bei fast allen Zerkleinerungsvorrichtungen, auch hier genötigt, sich ausschließlich an die Zahlen zu halten, die durch zuverlässige Beobachtungen im praktischen Betriebe gewonnen wurden. Als solche können die Angaben gelten, wonach der Kraftverbrauch der Oberläufer von den oben genannten Abmessungen von 2 bis 25 PS schwankt. Ferner kann als Anhaltspunkt dienen, daß ein Oberläufer von 1500 mm Durchmesser stündlich 1400 bis 1500 kg gut vorgebrochenen und getrockneten Kalksteins in ein Mehl mit etwa 2 Proz. Rückstand auf dem Siebe von 900 und 18 bis 20 Proz. Rückstand auf dem Siebe von 4900 Maschen/cm^2 zu verwandeln vermag, wobei der Kraftverbrauch ungefähr 22 PS beträgt. — Derselbe Mahlgang liefert stündlich 7500 kg Kainitmehl von der üblichen Feinheit und benötigt dazu 2,38 PS/t. —

Horizontalmahlgänge, bei denen sich der untere von den beiden Steinen dreht und der obere feststeht, werden, wie schon erwähnt, „unterläufige" Mahlgänge oder kurz Unterläufer genannt. Während der Oberläufer durch das Gewicht des Obersteines auf das Gut zerkleinernd einwirkt, wobei das erstere auf den Bodenstein übertragen wird, die Mühlspindel und Spur also entlastet erscheinen, muß beim Unterläufer der erforderliche Mahldruck erst künstlich, meist durch Schneckenrad und Wurm erzeugt werden. Es ist als ein Nachteil dieser Bauart anzusehen, daß Spindel und Spur den ganzen Mahldruck aufnehmen müssen, wobei Überlastungen der Spindel und Heißlaufen der Spur leicht eintreten können. Auf der anderen Seite wirkt aber der Umstand leistungerhöhend, daß das Aufschüttgut beim Unterläufer auf den rasch umlaufenden Bodenstein fällt und durch die von diesem entwickelte Fliehkraft schnell nach außen befördert wird. Das Einziehen des Aufschüttgutes zwischen die Mahlflächen erfordert daher hier viel weniger Zeit als beim Oberläufer.

Eine in allen Teilen sehr gut durchdachte Konstruktion eines Unterläufers, Bauart *G. Polysius*, Dessau, zeigt die Fig. 122. Das kräftige Untergestell *g* des Ganges trägt das Gehäuse für den Unterstein *a*, das mit der oberen Haube *e* durch drei Knaggen mit Bolzen und Evolutfedern *s* verbunden ist. Letztere ermöglichen das Ausweichen des in der oberen Haube an Spindeln *f* verstellbar aufgehängten Obersteines, ohne daß die Steine schleudern. Die Mühlspindel *c* ist oben in einem mit dem unteren Gehäuse fest verbundenen Halslager, unten in einer Spur *k* geführt. Die Einstellung des Untersteines geschieht mit Hilfe eines aus Schneckenrad *i* und Wurm, konischen Zahnrädchen, Spindel und Handrad *h* bestehenden Stellzeuges. Die Flanschen der Haube und des unteren Gehäuses sind genau senkrecht zur Mühlspindel abgedreht, wodurch eine Auflagefläche dargeboten wird, nach welcher der Stein genau bearbeitet werden kann. Die Verlängerung *r* der Spindel betätigt in bekannter Weise die Aufgabevorrichtung *q*.

---

[1] *M. Rühlmann:* Allgemeine Maschinenlehre **2**, 239.

Der Antrieb des Einzelmahlganges erfolgt durch ein Vorgelege, bestehend aus der Welle *n*, den Riemscheiben (fest und lose) *o*, *o* und dem Kegelräderpaar *l* und *m*. Die Aufstellung in Gruppen oder Reihen bietet keinerlei Schwierigkeiten.

Unterläufer dieser Art werden mit Steinen von 800 bis 1500 mm Durchmesser und 250 bis 450 mm Höhe ausgeführt. Bei 200 bis 130 Umdrehungen

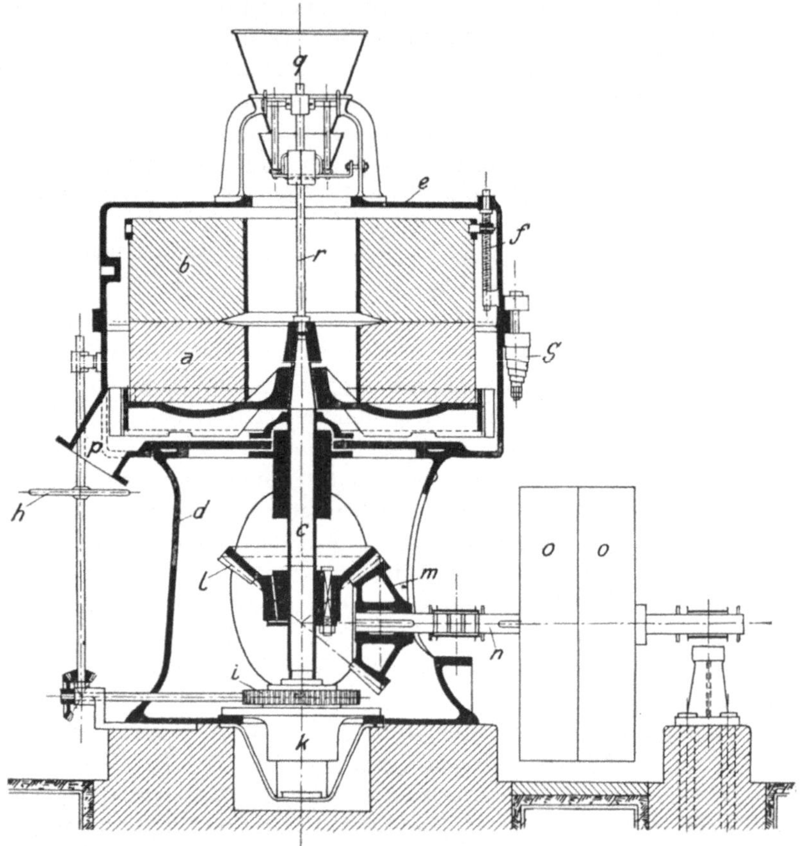

Fig. 122.

in der Minute und 4 bis 20 PS Kraftverbrauch beträgt die Stundenleistung an Kalksteinmehl 300 bis 1600 kg mit 3 Proz. Rückstand auf dem Siebe von 900 Maschen/cm², wenn das Aufschüttgut bis Haselnußgröße vorgebrochen ist.

Für geringere Mengenleistungen haben sich in gewerblichen Betrieben kleineren Umfangs, die darauf bedacht sein müssen, mit den einfachsten, billigsten und dabei doch vielseitig verwendbaren mechanischen Hilfsmitteln ihr Auskommen zu finden, die sog. „transportablen Mahlgänge" sehr gut bewährt. Man verwendet sie hauptsächlich zum Vermahlen von Farben, Glasuren, Chemikalien u. dgl. und stattet sie, je nach dem Zweck, dem sie dienen sollen, entweder mit natürlichen oder mit künstlichen Steinen aus. Den

Hauptbestandteil der Masse, aus der die künstlichen Steine zusammengesetzt sind, bildet der als Schleif- und Poliermittel allgemein bekannte Schmirgel, der den Mahlflächen der künstlichen Steine eine außerordentliche Härte und Widerstandsfähigkeit verleiht. Ein weiterer Vorzug der künstlichen Steine besteht darin, daß sie niemals geschärft zu werden brauchen; man hat nur nötig, von Zeit zu Zeit die vorhandenen Luftfurchen zu vertiefen, die Hohlführung nachzuhauen und die Mahlbahn, sofern sie Unebenheiten zeigt, abzuflächen. Die Bedienung derartiger Mahlgänge ist also eine ungemein einfache Sache, zu der sich noch der Vorteil gesellt, daß die künstliche Steinmasse, die auf ein eisernes Armkreuz oder auf einen eisernen Teller aufgetragen wird, nach gegebener Anweisung selbst von ungeübten Arbeitern leicht erneuert werden kann.

Transportabel werden diese Mahlgänge aus dem Grunde bezeichnet, weil sie infolge ihrer leichten Bauart, ihres ruhigen Laufes und geringen Kraftbedarfes keiner umfangreichen Vorkehrungen zur Erzielung der nötigen Standfestigkeit bedürfen. In den meisten Fällen genügt es, wenn man sie auf einer Balkenlage des Gebäudes festschraubt oder mit einigen Steinschrauben auf einem kleinen Mauersockel befestigt. Sie lassen sich daher ohne große Umstände immer dorthin versetzen, wo man sie gerade haben will.

Ein solcher **transportabler Unterläufermahlgang mit künstlichen Steinen**, Bauart *Kampnagel*, Hamburg, ist in den Fig. 123 bis 125 gezeigt. Darin bedeutet *a* die im Halslager *d* und Spur-

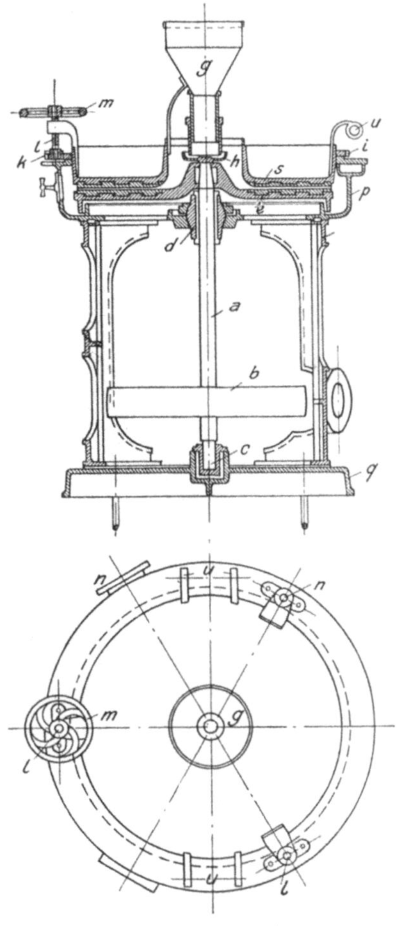

Fig. 123 u. 124.

lager *c* geführte Mühlspindel, *b* die Antriebsriemenscheibe, *e* den umlaufenden Bodenstein und *f* den feststehenden Oberstein[1]. Die Vorrichtung zur Einstellung des letzteren besteht aus dem mit der Steinschüssel verbundenen Zahnkranz *i*, dem Trieb *k*, den Stellschrauben *l* und dem Handrad *m*. Der Auslaufstutzen *n* kann entweder wie gezeichnet oder an jeder anderen beliebigen Stelle des Gehäuses *p* sitzen, das mittels zweier gußeiserner Trag-

---

[1] In Fig. 123 versehentlich mit *s* bezeichnet.

ständer mit der Grundplatte q fest verbunden ist. Die schmiedeeisernen Ösen u dienen zum Abheben der Steinschüssel.

Das Mahlgut fällt aus dem Trichter g auf den Zentrifugalaufschütter h und von da auf den umlaufenden Bodenstein. Die Menge des Gutes läßt sich in einfacher Weise durch Höher- und Tieferstellen der Auslaufhülse des Trichters g regeln.

Der Antrieb mittels halbgeschränkten, selbstleitenden Riemens kann nur bei einer ganz bestimmten Höhenlage des Vorgeleges erfolgen. Bei allen an-

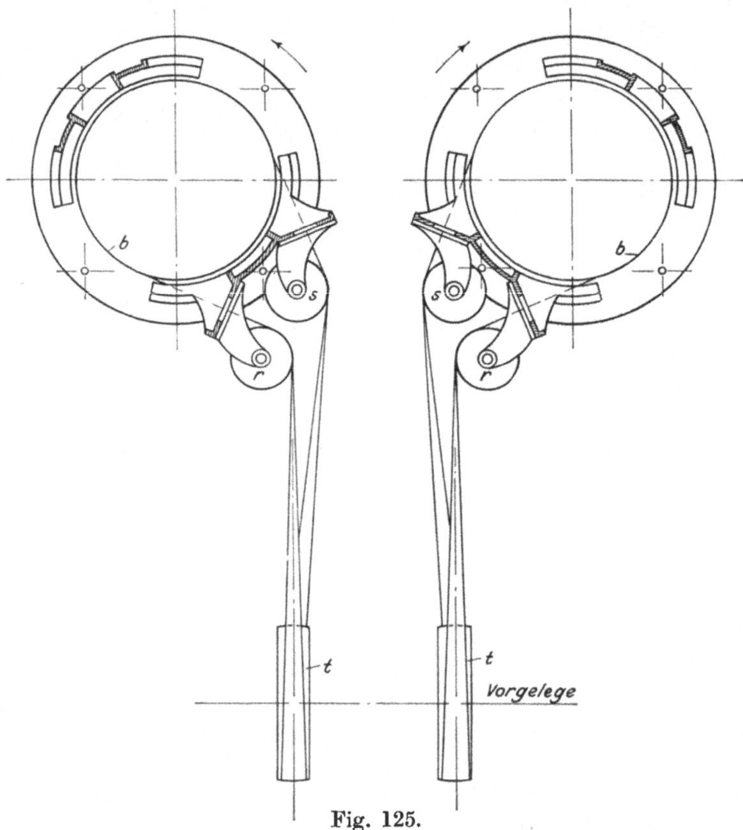

Fig. 125.

deren Höhenlagen des letzteren muß der Riemen von der Scheibe t aus über zwei einstellbare Leitrollen r und s auf die Scheibe b geführt werden (siehe Fig. 125). — Bei 750 mm Steindurchmesser und 300 Umdrehungen in der Minute beträgt der Kraftverbrauch eines solchen Mahlganges im Mittel 3 PS, die Leistung etwa 250 kg/h.

Mahlgänge mit senkrecht gestellten Steinen wurden vor etwa 60 Jahren zuerst von *Evans*[1] in Amerika und von *Umfried*[2] in Deutschland

---

[1] Engineering 1869, S. 344.

[2] Zeitschr. d. Ver. deutsch. Ing. 1872, S. 207.

in die Getreidemüllerei eingeführt. Wenn sie auch die an ihr Erscheinen geknüpften weitgehenden Hoffnungen nicht zu erfüllen und die erwartete Um-
wälzung in der Müllerei nicht zu bewirken vermochten, so sind sie — namentlich in den inzwischen durch *S. Theiner*, Pilsen („Monarchmühle"), *Seck*,
Dresden, *Luther*, Braunschweig, die *Alpine Maschinen A.-G.* in Augs-
burg usw. verbesserten Ausführungsformen — für mancherlei Zwecke,
wie z. B. das Schroten sämtlicher Fruchtgattungen, das Flachmahlen in der
Lohn- und Hausmüllerei, das Vermahlen von Reinigungsabgängen, von Öl-
kuchen, Gips, Magnesit u. dgl., doch als hervorragend geeignet anzusehen
und beherrschten bis vor kurzem auf manchen engeren Gebieten, beispielsweise in der Gipsmüllerei, das Feld fast ausschließlich.

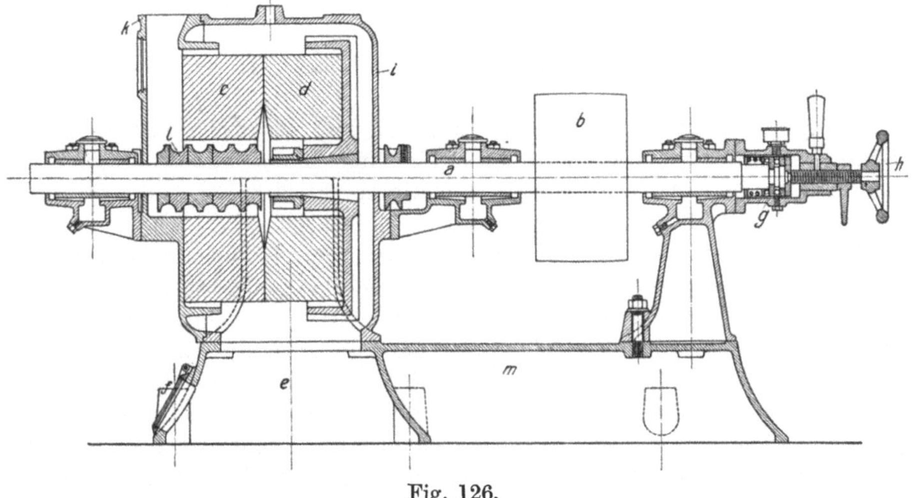

Fig. 126.

Die im großen und ganzen recht einfache Einrichtung eines von den
Konstrukteuren (*Alpine Maschinen A.-G.*, Augsburg) Meteormühle genannten Mahlganges mit senkrecht gestellten Steinen geht aus Fig. 126
hervor.

Auf der mittels Riemenscheibe *b* angetriebenen Welle *a* sitzt eine gußeiserne Muffe *l*, die am Umfang schraubenförmig gestaltet ist und infolgedessen das durch die obere Öffnung des Gehäuses *k* einfallende Mahlgut
zwischen die Mahlflächen des festen Steines *c* und des mit der Welle umlaufenden Steines *d* befördert. Das Erzeugnis verläßt die Maschine durch den
Auslauf *e* der Grundplatte *m* und kann von der mit einer Klappe *f* verschließbaren Öffnung aus abgefühlt werden.

Zwecks Erzielung eines leichten Ganges ist das Stützlager *g* als Kugeldrucklager ausgebildet, das den Arbeitsdruck der Welle aufzunehmen hat.
Eine gegen dieses Lager wirkende Schraube mit Handrad *h* gestattet die
Einstellung der Mühle auf den jeweilig gewünschten Feinheitsgrad und eine
kräftige Spiralfeder hält die beiden Steine auseinander, um ein Aufeinander-
schlagen der letzteren beim Leergang zu verhindern.

Hinzuzufügen ist noch, daß diese Mühle sowohl mit natürlichen als auch mit künstlichen Steinen ausgerüstet werden kann, und daß sie in vier verschiedenen Größen von 260 bis 520 mm Steindurchmesser und für 1000 bis 650 Umdrehungen in der Minute gebaut wird. Mit einem Kraftaufwand von 2 bis bzw. 12 PS ergibt sie eine Stundenleistung von 55 bis 650 kg Schrot. —

Maschinen, bei welchen die Fliehkraft rasch umlaufender Körper zu Zerkleinerungszwecken benutzt wird, lassen sich im allgemeinen in zwei Gruppen einteilen: in die Gruppe der Pendelmühlen und in die Gruppe der Fliehkraft - Kugel- und Fliehkraft - Walzenmühlen.

Die Pendelmühlen sind dadurch gekennzeichnet, daß eine oder mehrere, meist kegelförmig gestaltete Walzen an Stangen (Pendeln) aufgehängt sind, die so rasch im Kreise herumgeführt werden, daß die Fliehkraft den oder die Mahlkörper mit einer solchen Intensität gegen eine kreisrunde Bahn drückt, daß Stoffe, die zwischen Körper und Bahn gebracht werden, eine zerkleinernde Wirkung erfahren.

Dieser Konstruktionsgrundsatz ist schon vor geraumer Zeit in der in Erzaufbereitungsanlagen häufig anzutreffenden Huntington - Mühle zur Anwendung gelangt, deren Einrichtung durch die Fig. 127 und 128 veranschaulicht wird.

Die Huntington-Mühle (Bauart der *Power and Mining Machinery Company*, Cudahy, Wisconsin) besteht aus einem soliden gußeisernen Untergestell, das die Vorgelegewelle mit fester und loser Riemscheibe, Lagerung und Räder trägt und auf das sich das schwere Mühlenbett d aufsetzt. Das Mühlenbett ist nach oben zu einer Hülse verlängert, die das Halslager für die Königswelle e enthält. Letztere ist unten noch in einem Spurlager geführt und trägt die Mitnehmerscheibe f, an der die vier Mahlwalzen a mittels kurzer Wellen b pendelnd aufgehängt sind. An derselben Scheibe sind auch noch die vier Scharrwerke h befestigt. Der ganze Oberteil der Maschine ist von einem mehrteiligen Gehäuse umschlossen, dessen Wandungen zum Teil als Siebe ausgebildet sind und das unten in eine Sammelrinne für das fertige Erzeugnis ausläuft.

Das bis auf eine Stückgröße von höchstens 25 mm vorgebrochene Gut wird der Mühle mittels einer beliebig gestalteten Speisevorrichtung durch die im Grundriß sichtbare Mulde aufgegeben und wird von den auf der Mahlbahn c rasch abrollenden und sich gleichzeitig um ihre eigene Achse drehenden Walzen so lange zerkleinert, bis es die genügende Feinheit erlangt hat, um mit dem in den Mahlraum eingeleiteten Wasserstrom durch die Öffnungen der Siebe hindurchtreten zu können, wobei die erwähnten Scharrwerke das sich im Innern und am Boden des Mahltroges ansammelnde Gut beständig fortscharren und in den Bereich der Mahlwalzen schaffen.

Der Mahlring c und die Mäntel der Mahlwalzen bestehen aus Hartstahl und sind leicht auswechselbar. Das Bett ist außerdem noch mit einem sog. „falschen Boden“ ausgelegt, dessen einzelne Segmente sich nach erfolgter Abnutzung gleichfalls bequem gegen neue auswechseln lassen.

Theoretisch läßt sich die Fliehkraft solcher und aller ähnlichen Maschinen durch die Erhöhung der Umdrehungszahl bis ins Ungemessene steigern.

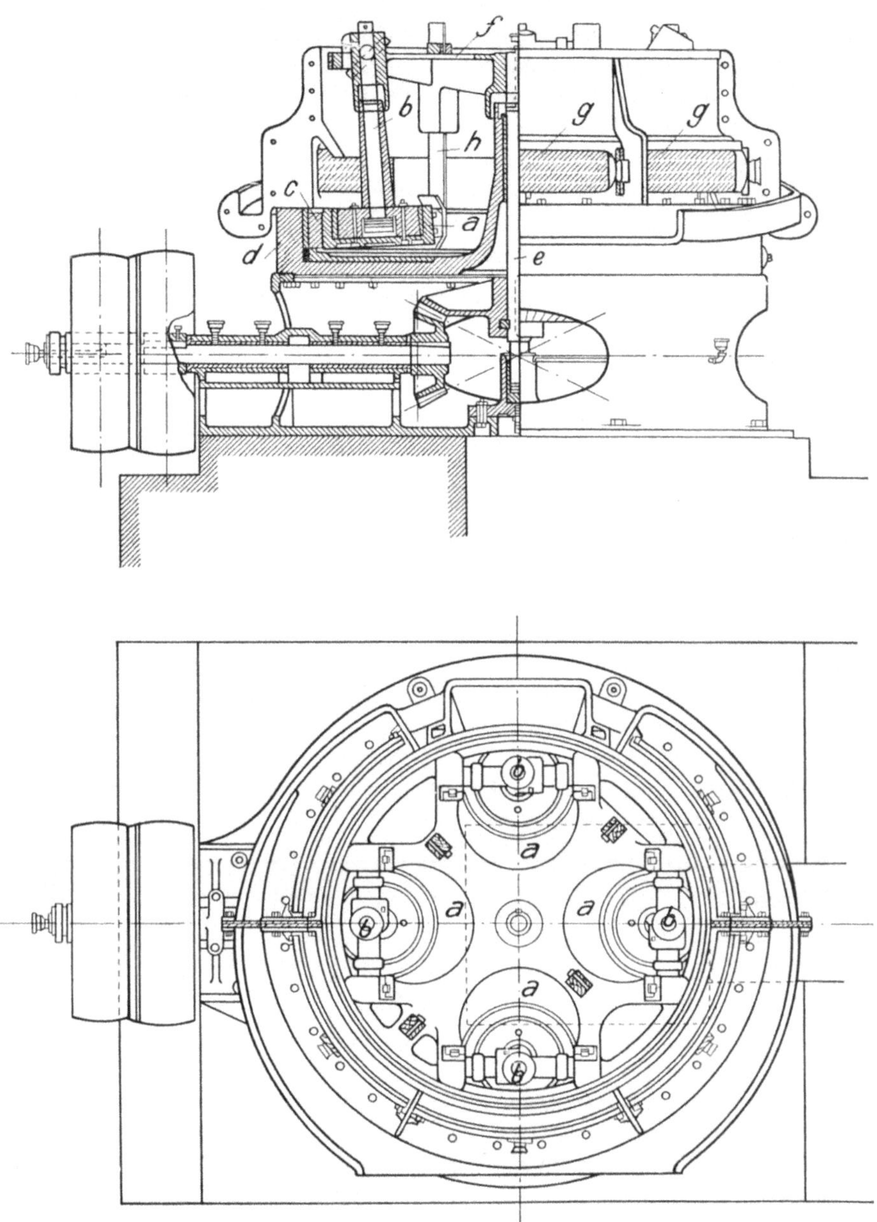

Fig. 127 u. 128.

Praktisch ist dieser Steigerung — ganz abgesehen von allem anderen —
aber schon dadurch eine Grenze gesetzt, daß die niemals ganz genau aus-
zuwuchtenden schweren, in rascher Bewegung befindlichen Massen nach
Überschreitung einer gewissen Geschwindigkeit den Gang der Maschine sehr

ungünstig zu beeinflussen beginnen, was bei einer weiteren Steigerung unfehlbar die Zerstörung des ganzen Mechanismus zur Folge haben müßte. Die Umdrehungszahlen der verschiedenen Fliehkraft-Mahlmaschinen sind durch die praktische Erfahrung gewonnene Werte, die man nur wenig, besser noch aber gar nicht überschreiten sollte.

R. H. Richards[1] hat für drei verschiedene Modellgrößen der Huntington-Mühle die Fliehkraft der Walzen berechnet. Das Ergebnis ist aus der folgenden Zusammenstellung ersichtlich.

Durchmesser des Mahlringes Fuß	Mittlerer Durchmesser der Walzen Fuß	Gewicht der Walze Pfund	Umdrehungen der Königswelle in der Minute	Halbmesser des Laufkreises Fuß	Fliehkraft der Walze Pfund
3,33	1,219	470	90	1,057	1372
4,75	1,396	506	70	1,677	1418
5,479	1,584	417	65	1,947	1731

Die Huntington-Mühle, die sich ganz besonders zur Verarbeitung toniger Erze eignet und die mit geringfügigen Änderungen auch trocken mahlen kann, steht hauptsächlich im Wettbewerb mit den Pochwerken, vor denen sie die größere Billigkeit in den Anschaffungs- und Aufstellungskosten und den geringeren Kraftverbrauch voraus hat. Dagegen stellt sie sich — nach der letztgenannten Quelle — in den Unterhaltungskosten ungünstiger. Den Vorteil der gleichzeitigen Mahlung und Amalgamation hat sie mit den Stampfmühlen gemeinsam. — Sie wird in vier verschiedenen Größen gebaut, deren Kraftbedarf von 5 bis 17 PS schwankt. Ihre Leistung ist, je nach Umständen, gleichfalls schwankend, wie aus der folgenden Tabelle hervorgeht.

Mine	Mühlendurchmesser	U/min.	Maschenzahl der Siebe für 1 Zoll engl.	Leistung in 24 Stunden t
Quaker Mine	6 Fuß	50 bis 55	25 bis 40	15 bis 20
Shaw Mine	5 „	50	25 „ 30	10 „ 12
Mathines Creek . . .	5 „	—	40	9 „ 10
Monte Christo	5 „	65 bis 75	40	24

Gleich der Huntington-Mühle arbeitet auch die Rollenmühle der *Raymond Brothers Impact Pulverizer Co.* in Chicago (siehe Fig. 129) meist mit vier Walzen *a*, die an einem von einer stehenden Welle *b* angetriebenen Mitnehmerkreuz *c* pendelnd aufgehängt sind und an dem Mahlring *d* abrollen. Vor jeder Walze ist eine Schaufel angebracht, die das Mahlgut in einem ununterbrochenen Strome zwischen Mahlring und Rolle leitet. Gänzlich verschieden ist aber hier die Austragung des fertigen Erzeugnisses, die bei dieser Maschine mit Hilfe eines Luftstromes, bei der Huntington-Mühle dagegen in der Regel mittels Wasserspülung erfolgt.

---

[1] *R. H. Richards:* Ore dressing **1**, 276; **3**, 1311.

Zu diesem Behufe ist auf den Mahlraum ein **Windsichter** e aufgesetzt und ein Ventilator angebaut (vgl. die Fig. 130 bis 132); die von dem letzteren angesaugte Luft tritt in die Mühle durch eine Anzahl tangential um den Mahlraum angebrachter Öffnungen hinein, die unmittelbar unterhalb des ersteren angeordnet sind. Das Feine wird durch den Luftstrom nach oben geführt und in einem **Zyklon** abgesetzt, während die gröberen, schwereren

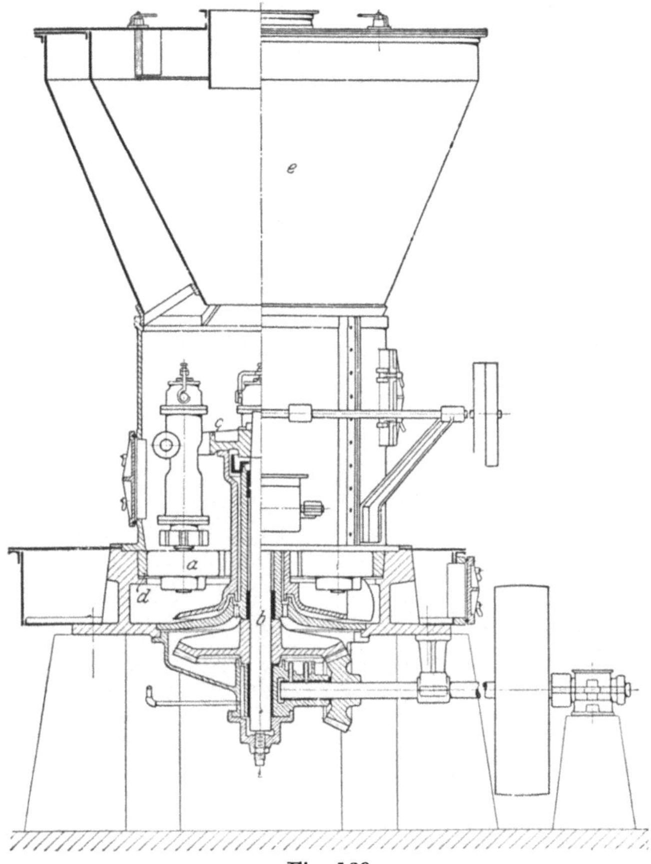

Fig. 129.

Teile niedersinken, von den Schaufeln erfaßt werden und erneuter Vermahlung unterliegen. Aus dem Zyklon geht die gereinigte Luft nach der Mühle zurück, vollführt also einen Kreislauf. Die überschüssige Luft wird zweckmäßig in einen Staubsammler geleitet.

Über Windsichter, Zyklon und Staubsammler wird in zwei weiter unten folgenden Abschnitten dieses Buches, die von der Siebung und Staubbeseitigung handeln, das Erforderliche gesagt werden. Es ist aber auch ohne weitere Erklärungen ersichtlich, daß die beschriebene Einrichtung nicht nur für die Erzeugung großer, etwa in der üblichen Feinheit des Zementrohmehles gemahlener Mengen, sondern auch dann mit Vorteil zu gebrauchen ist, wenn es

sich um die Herstellung geringerer Mengen eines Mehles von hoher Feinheit
handelt. Da diese Mühle ohne Siebgewebe arbeitet, so kann die Veränderung
des Feinheitsgrades nur durch zweckentsprechende Veränderung der Intensität des vom Ventilator erzeugten Luftstromes hervorgebracht werden. Sehr
beachtenswert ist hier die Einrichtung zum selbsttätigen Beschicken, die

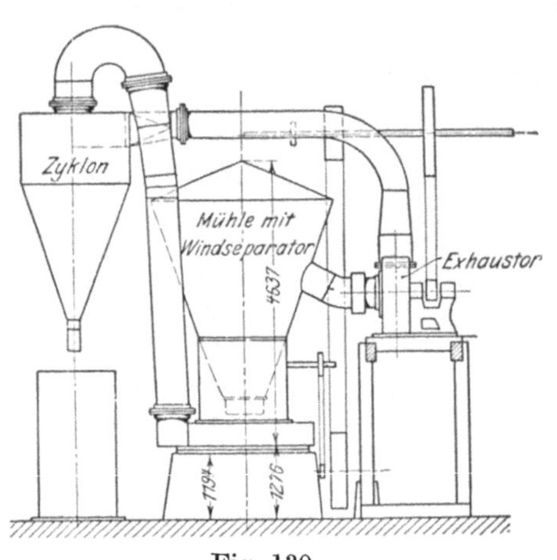

Fig. 130.

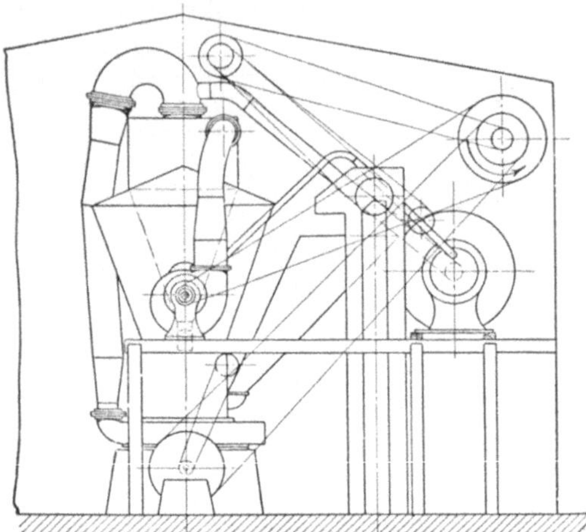

Fig. 131.

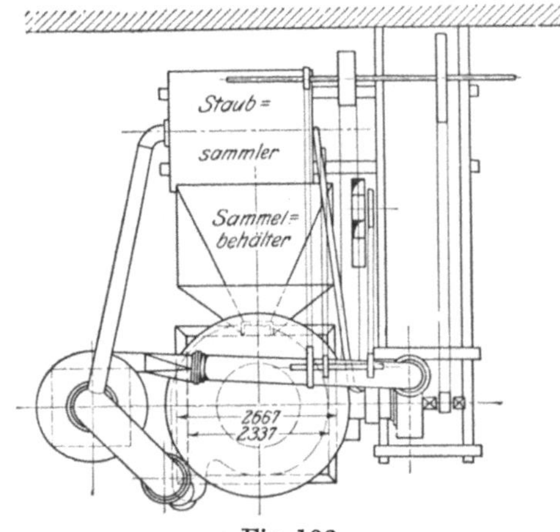

Fig. 132.

mittels einer Membran, auf die der
Unterdruck in der Mühle einwirkt,
die Menge des Aufschüttgutes regelt.
Erhält die Mühle von letzterem zu-
viel, so steigt der Unterdruck und
die Membran verlangsamt die Zufuhr und umgekehrt. Diese Einrichtung vermag die Durchschnitt-
leistung der Raymond-Mühle bis
um 15 Proz. zu erhöhen. — Bemerkt
sei noch, daß der Schmierung und
staubsicheren Abdichtung der im
Mahlraum liegenden Lagerstellen
ganz besondere Sorgfalt zugewendet
werden muß.

Die Raymond-Mühle wird vorwiegend zur Vermahlung von Zementrohstoffen, Kohle, Graphit, Schwerspat usw. verwendet. Namentlich ist die in
den letzten Jahren infolge der zunehmenden Verbreitung der Kohlenstaub-
feuerung für die verschiedensten industriellen Zwecke zu großer Bedeutung
gekommene Kohlenmüllerei dasjenige Gebiet, auf dem die Raymond-Mühle
außerordentliche Erfolge aufzuweisen hat[1].

---

[1] Ende 1925 waren rund 80 Proz. der großen Kraftzentralen in den V. St. von
Nord-Amerika mit Raymond-Mühlen ausgestattet.

Die beiden vorstehend beschriebenen Maschinen arbeiten mit vier bzw. bis zu sechs Walzen, und obzwar es in dieser Hinsicht theoretisch keine Begrenzung nach oben gibt, dürfte die letztere Zahl doch als das praktisch zulässige Maximum anzusehen sein. Die Gründe, die für diese Beschränkung sprechen, sind zum Teil dieselben, die gegen die ein bestimmtes Maß überschreitende Erhöhung der Umfangsgeschwindigkeit weiter oben schon vorgebracht worden sind, zum anderen Teil ergeben sie sich aus der Tatsache, daß durch eine Vermehrung der Walzenzahl über sechs hinaus der Gewinn an Leistungsfähigkeit nicht mehr in dem richtigen Verhältnis zur Betriebsicherheit steht, die ja bekanntlich mit der steigenden Anzahl der bewegten Teile an einer Maschine sehr rasch zu sinken pflegt.

Von dieser Erwägung ausgehend, sind viele Konstrukteure mit der Walzenzahl unter der obersten praktischen Grenze geblieben, manche haben drei, manche haben zwei gewählt, und gerade diejenige Pendelmühle, die die zahlreichsten Ausführungen aufzuweisen hatte, begnügte sich gar nur mit einer einzigen Walze. — Die folgenden Darstellungen werden also die bemerkenswertesten Typen jener Mühlen umfassen, die mit weniger als vier Walzen arbeiten.

Zunächst sei hier die Dreiwalzenmühle der *Bradley Pulverizer Company*, Boston, beschrieben, deren Einzelheiten sich aus Fig. 133 ergeben. Die stehende, durch einen halbgeschränkten Riemen angetriebene Welle a, deren oberes Ende mit einer Mutter auf dem Kugeldrucklager b ruht, wird durch lange Gleitlager sicher geführt und trägt an ihrem unteren Ende eine Mitnehmerscheibe c, an der die drei die Mahlarbeit verrichtenden, an dem Mahlring e abrollenden pendelnden Mahlwalzen d hängen. Die kurzen Pendelachsen h werden durch Schwingköpfe f gehalten und tragen mittels eines Bundes mit Bronzebüchsen ausgefütterte Hülsen g, an die die Walzenkörper mit starken Schrauben sicher, aber dabei leicht auswechselbar angeschlossen sind. Das zwischen Mahlwalzen und Mahlring zerkleinerte Gut wird in bekannter Weise durch stehend angeordnete Siebe abgezogen, gegen die es durch besondere Rührer gewirbelt wird. Gleichzeitig saugen mit der Mitnehmerscheibe verbundene Ventilatorflügel den feinen Staub ab und treiben ihn durch das Siebgewebe hindurch. Die Schnecke s befördert das genügend Gefeinte zu weiterer Verarbeitung, wohingegen die Schnecke t für die gleichmäßige Beschickung der Mühle sorgt.

Das Gestell besteht aus starken Winkeleisen; es ist infolge seiner Elastizität zur Aufnahme von Stößen besonders gut geeignet und bietet Gewähr, daß die senkrechte Lage der Welle stets beibehalten wird — ein Umstand, der für das gute, ruhige Arbeiten von Fliehkraftmühlen von hoher Bedeutung ist. Auch der Ausbildung und Anordnung der für einen störungsfreien Betrieb so wichtigen Schmiervorrichtungen ist besondere Sorgfalt zugewendet. Es muß noch bemerkt werden, daß die Mahlwalzen so angeordnet sind, daß sie das Bestreben haben, sich zu heben und dadurch nicht allein das Spurlager von ihrem Gewicht zu befreien, sondern auch die Antriebsvorrichtung zu entlasten und den auf das Spurlager wirkenden Druck zu verringern.

Die Bradley-Mühle eignet sich zur Vermahlung von Phosphaten, Zementrohstoffen, Zementklinkern und sonstigen harten Körpern, die ihr bis **auf** etwa Walnußgröße vorgebrochen aufgegeben werden müssen. Gegen Feuchtigkeit im Aufschüttgut ist sie allerdings nicht unempfindlich, eine Eigen**schaft**, die sie mit allen Mühlen teilt, die mit Siebgeweben arbeiten. Die Leistung

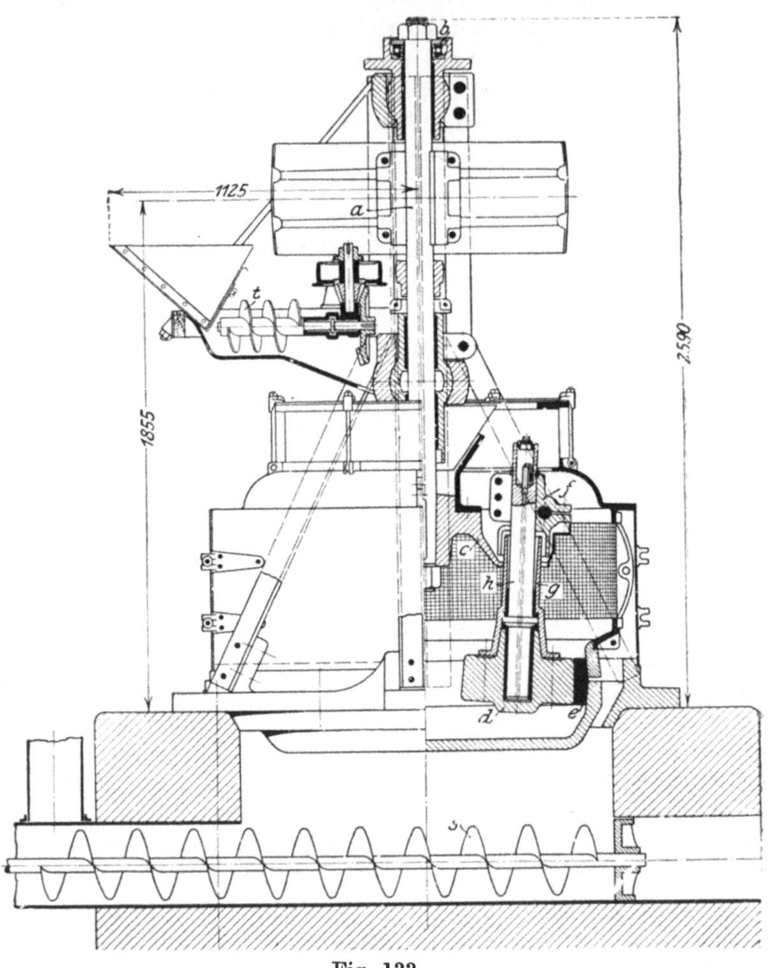

Fig. 133.

wird angegeben zu 3500 kg in der Stunde bei Vermahlung von Portlandzementrohstoffen oder 3000 kg bei Vermahlung von Schachtofenklinkern **oder** 2150 kg bei Vermahlung von Drehofenklinkern zu den Feinheiten: 1 **bis** 2 Proz. Rückstand auf dem Sieb von 900 und 18 bis 20 Proz. auf dem **Sieb** von 4900 Maschen im Quadratzentimeter. Ferner zu 2800 kg in der **Stunde** Florida Hart Rock Phosphat oder 4500 bis 5000 kg Algier und Gafsa **Phosphat** (Feinheit 18 Proz. Rückstand auf dem Sieb Nr. 100 = 1600 Maschen im **Qua**-

dratzentimeter). Der Kraftbedarf ist in allen diesen Fällen mit 40 PS anzunehmen.

Die Mörsermühle der *Rheinischen Maschinenfabrik* in Neuß mit zwei oder auch mit drei Walzen, veranschaulicht durch Fig. 134, besteht im wesentlichen aus zwei Hauptteilen: dem Bottich p, der sämtliche stillstehenden, und der Hohlwelle g, die sich nach unten je nach der Zahl der Pendel zu einem zwei- oder dreiflügeligen Querbalken verbreitert und sämtliche bewegten

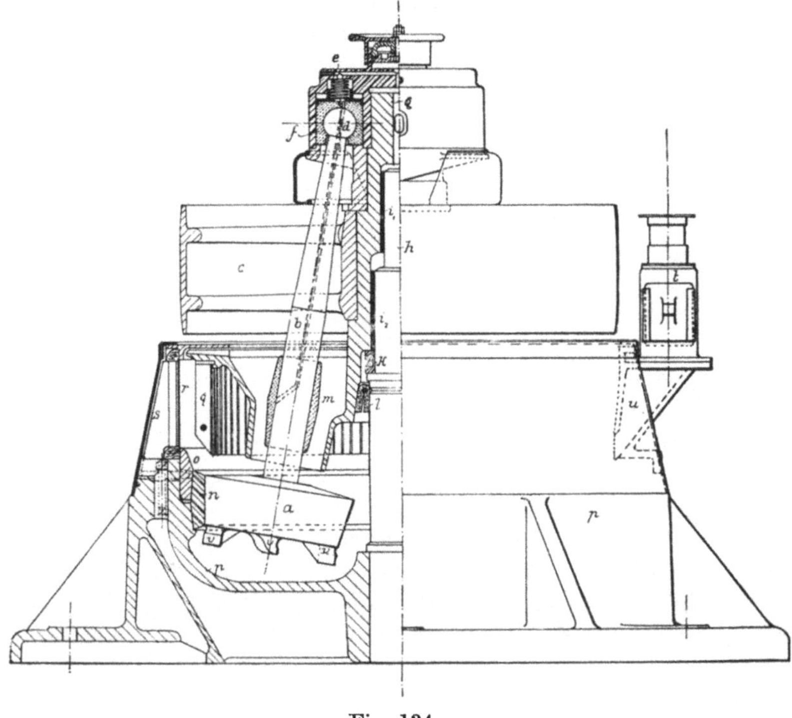

Fig. 134.

Teile der Mühle trägt. n ist der durch den Klemmring o festgehaltene Mahlring, auf dem die mit Rührknaggen v versehenen Mahlwalzen a abrollen, die von den in Kugellagern d hängenden und durch e abgefederten Pendeln b mitgenommen werden. Letztere werden von der Riemscheibe c mittels der schon erwähnten Hohlwelle bzw. dem Querbalken g und der mit dem letzteren federnd verbundenen Schlepplager m in Umdrehung versetzt. Das Stück g, gleichzeitig als Abschlußdeckel für den Mahlraum dienend, dreht sich auf dem Kugeldrucklager k und wird auf der Säule h durch die langen Halslager i_1 und i_2 sicher geführt. An seinem Umfang ist ein aus vielen schmalen Windflügeln bestehender Ventilator q angeordnet, der auf seiner Innenseite ein Schutzsieb aus grob gelochtem Stahlblech trägt, das das aus einzelnen Rahmen bestehende Feinsieb r vor Beschädigungen durch die Schleuderwirkung gröberer Stücke bewahrt. Der Mahlraum ist von einem zweiteiligen Staubmantel

s mit Keilverschluß umgeben. Das Mahlgut wird dem Inneren der Mühle durch den Einlauftrichter u mit Hilfe einer Speisevorrichtung zugeführt.

Der Arbeitsvorgang in dieser, durch die große Gedrungenheit ihrer Bauart bemerkenswerten Mühle ist derselbe wie bei den vorbeschriebenen Pendelmühlen. Dagegen weicht sie von diesen in einem wesentlichen Konstruktionsteil ab, nämlich in der Anwendung von Schlepplagern — m — an Stelle der Schwingköpfe der Bradley-Mühle und der Mitnehmergelenke der Raymond- und der Huntington-Mühlen, wodurch bezweckt wird, die Kraftübertragung von der Riemscheibe auf die Mahlwalzen auf dem kürzesten Wege zu erzielen und Brüche der Pendelstangen hintanzuhalten.

Der mit dem umlaufenden Querbalken verbundene Ventilator q saugt das Feine aus dem im Mahlbottich enthaltenen Gemisch von gröberem und feinerem Mahlgut ab, bläst es durch die Maschen des Siebgewebes r hindurch und setzt es unter der Mühle in einen Sammelbehälter ab, von wo es der weiteren Verwendung zugeführt wird. Die überschüssige, mit ganz feinem Staub beladene Luft wird zweckmäßig in eine Staubkammer oder in einen Filterapparat geleitet.

Infolge des lebhaften Luftwechsels in der Mahlkammer ist die Mörsermühle imstande, auch etwas feuchteres Mahlgut zu verarbeiten, wobei aber ihre Leistung naturgemäß zurückgeht. Sie wird als Zwei- oder als Dreiwalzenmühle in fünf Modellgrößen von 250 bis 1200 mm Mahlringdurchmesser gebaut und leistet bei 450 bis 142 Riemscheibenumdrehungen in der Minute und 1 bis 50 PS Kraftverbrauch von 125 bis 7500 kg in der Stunde.

In Fig. 135 und 136 ist die Schwungwalzenmühle von *Kampnagel*, Hamburg, dargestellt, die, wie die Mörsermühle, gleichfalls mit drei oder mit zwei Mahlwalzen ausgerüstet wird. Die aus einem gußeisernen Walzenkörper e, dem Hartstahlmantel f und dem Hartgußboden g mit angegossenen Rührknaggen bestehenden Walzen kreisen mit ihren in Kugellagern x_2 aufgehängten Pendeln d um eine zentrale Königswelle b, werden durch die Fliehkraft gegen die kreisrunde mit einem Klemmring k im Gehäuse i festgehaltene Mahlbahn h, die gleich den Walzenmänteln aus Hartstahl besteht, gedrückt und verwandeln, auf dieser Mahlbahn abrollend, das zwischen sie und die letztere gelangende Mahlgut in ein feines Mehl.

Die Pendelstangen hängen, wie schon erwähnt, mit ihren oberen Spurringen in kugelförmigen Lagern, welche gestatten, daß sie gleich Fliehkraftpendeln sowohl in radialer als auch in tangentialer Richtung ausschwingen können. Hierbei ist das radiale Ausschwingen durch die Mahlbahn, das tangentiale Ausschwingen durch die Schlepplager begrenzt, die durch starke Blattfedern mit dem auf der Königswelle sitzenden Mitnehmer b_2 so verbunden sind, daß die Mahlwalzen, während sie um die Königswelle kreisen, etwas zurückbleiben können, wenn größere, das Mahlen erschwerende Stücke zwischen die Mahlflächen gelangen.

Das bis auf 25 mm und darunter vorgebrochene Mahlgut wird dem Trichter s mittels der durch die kleine Riemenscheibe o, Welle p und das Kegelräderpaar q, r angetriebenen Schnecke n entnommen, über eine steile Rutsche

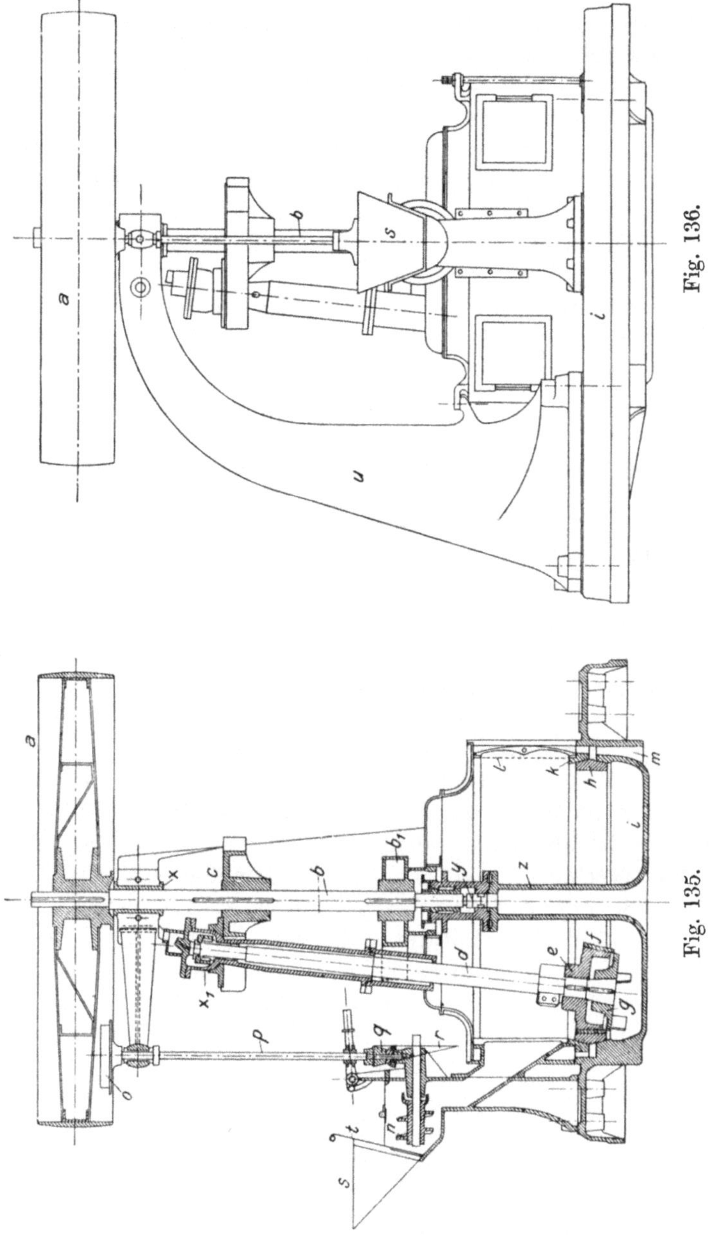

dem Mahlraum zugeführt und hier so lange bearbeitet, bis es fein genug ist, um durch das von einem dichten Staubgehäuse umgebene Sieb in die am ganzen Umfange des Bettes i verteilten Ausfallöffnungen m gelangen zu können. Der Fundamentblock, auf dem die Maschine aufliegt, ist nach unten zu einer Rinne zusammengezogen, aus der eine Schnecke das dort angesammelte Erzeugnis fortschafft und weiterer Verarbeitung oder Verwendung zuführt. Die Königswelle *b* ruht mit ihrem Spurlager *y* auf der aus der Mitte des Bettes aufragenden Säule *z* und ist oben im Halslager *x* geführt, in das der überaus kräftige Hohlgußständer *u* ausläuft. Das mit der Königswelle fest verbundene Querhaupt *c* trägt die bereits erwähnten oberen Kugellager der Pendelstangen. Die wagerechte Antriebsriemscheibe *a* ist in leichter, aber hinreichend steifer Schmiedeeisenkonstruktion ausgeführt. Der halbgeschränkte Riementrieb ist entweder selbstleitend — was seltener vorzukommen pflegt — oder er muß über Leit- und Spannrollen geführt werden.

Bemerkenswert ist an der Schwungwalzenmühle ihre verhältnismäßig große Bauhöhe, die dem Bestreben entsprungen ist, alle Lager, als die empfindlichsten Teile und die schwächsten Stellen aller Pendelmühlen, so weit wie möglich von den Staubquellen abzurücken und sie vor den davon ausgehenden schädlichen Einflüssen zu schützen. Schlepp- und Spurlager befinden sich hier außerhalb des Mahlgehäuses und sind deshalb leicht zugänglich und stets überwachbar.

Die Schwungwalzenmühle ist für die Vermahlung jeglicher Art harter Stoffe: als Portlandzement, Phosphat, granulierte Schlacke, Kalkstein usw. verwendbar. Die Stundenleistung einer Zweiwalzenmühle beträgt im Mittel 2400 kg Portlandzementmehl aus Schacht- oder Ringofenbrand mit 2 Proz. Rückstand auf dem Sieb von 900 und 14 bis 16 Proz. auf dem Sieb von 4900 Maschen im Quadratzentimeter oder 2000 bis 2200 kg Floridaphosphatmehl mit 0 Proz. Rückstand auf dem Sieb Nr. 60. Eine mit drei Walzen arbeitende Schwungwalzenmühle liefert stündlich 2000 kg Mehl aus granulierter Hochofenschlacke mit 15 Proz. Rückstand auf 4900 Maschen im Quadratzentimeter. Dieses Mehl zeigt bei 1 mm Wassergeschwindigkeit nur 50 Proz. Schlämmrückstand, es ist also außerordentlich reich an allerfeinsten Teilen.

Der Kraftverbrauch der Schwungwalzenmühle mit zwei Walzen wird mit 35 bis 38, jener mit drei Walzen mit 50 PS angegeben.

Feuchtigkeit im Aufschüttgut zieht wie bei allen mit Siebgeweben ausgerüsteten Einrichtungen auch bei der in Rede stehenden Maschine die Leistungsfähigkeit herab, was schon an anderer Stelle hervorgehoben wurde. Als erleichternder und den erwähnten Nachteil erheblich mildernder Umstand wirkt indessen die Tatsache, daß bei sämtlichen derartigen Pendelmühlen — auch bei den noch zu besprechenden — infolge des Umstandes, daß das gemahlene Gut nicht in senkrechter, sondern in tangentialer Richtung zur Siebfläche durch das Gewebe hindurchgetrieben wird, letzteres viel gröber sein kann, als der wirklichen Feinheit des Erzeugnisses entspricht. Die größeren Sieböffnungen setzen sich naturgemäß nicht so leicht zu wie die engeren, kleineren und gestatten daher in bezug auf Feuchtigkeitsgrad einen viel größeren Spielraum, als die ersteren zu tun vermöchten. —

Zur Besprechung der Einpendelmühlen übergehend, muß in erster Reihe ihrer bekanntesten und am weitesten verbreiteten Ausführungsform, der Griffin-Mühle gedacht werden. Diese Mühle wurde anfangs der 90er Jahre vorigen Jahrhunderts von dem amerikanischen Konstrukteur *Edwin*

C. Griffin mit geradezu glänzendem Erfolge in die Hartmüllerei eingeführt, wozu außer ihrer hervorragenden Leistungsfähigkeit und vielseitigen Verwendbarkeit wohl auch die in manchen Einzelheiten geistreich zu nennende Konstruktion sehr viel beigetragen hat. Der Originalität der letzteren ist es zuzuschreiben, daß man anfänglich über manche Mängel der ersten Bauart hinwegsah, die im späteren Dauerbetriebe als unerträglich empfunden wurden und weitgehende Änderungen einiger Einzelheiten erforderlich machten. Das war um so leichter bewerkstelligt, als alle diese Übelstände einer einzigen Wurzel entstammten.

Es ist nämlich klar, daß die starke Seite der Einpendelmühlen — die Einfachheit ihrer Bauart — in genau demselben Prinzip — der Verwendung nur eines einzigen Pendels — begründet ist wie ihr schwacher Punkt: die einseitig wirkende, unausgeglichene Fliehkraft, die durch die tragenden Teile der Konstruktion auf das entsprechend schwer und massig zu gestaltende Fundament übergeleitet werden muß. Sind nun die gedachten Teile unzureichend bemessen oder aus ungeeignetem Baustoff hergestellt, so müssen sie der erwähnten Beanspruchung, zu der sich noch jene durch die unausbleiblichen Stöße und fortdauernden Erschütterungen hinzugesellt, über kurz oder lang erliegen, was denn auch in der Tat in zahlreichen Fällen geschehen ist.

Ferner ließen es auch die nicht gerade seltenen Brüche der Pendelstangen und Zapfen geraten erscheinen, den Kraftübertragungsweg von der Empfang- zur Abgabestelle nach Möglichkeit zu verkürzen, und endlich erwiesen sich Vorkehrungen nötig, um ein staubfreies Arbeiten der Mühlen zu erzielen.

Aus dem Bestreben, die Griffin-Mühle auch in den bezeichneten Richtungen zu einem betriebsicheren Werkzeug zu gestalten, ist nun die in Fig. 137 dargestellte Gigant - Mühle der *Bradley Pulverizer Company*, Boston, entstanden. In der Abbildung bedeutet *a* die an der Pendelstange befestigte Mahlwalze, die gleich dem Mahlring *b* aus Hartstahl besteht, *c* den schweren gußeisernen Rahmen und *d* das meist aus Stahldrahtgewebe verfertigte, stehende Sieb. Die Bewegungsübertragung von der Riemscheibe *g* auf die Pendelstange vermittelt das Universalgelenk *f*. Riemscheibe und Pendel hängen an einer kurzen Welle, die sich auf das Kugeldrucklager *h* aufstützt und in einem langen Kugelhalslager geführt ist. Die Speiseschnecke *k* wird von der verlängerten Nabe der Riemscheibe *c* aus mittels Gegenriemscheibe, Welle *l* und eines Kegelräderpaares in Umdrehung versetzt.

Das Traggestell der Mühle besteht aus Walzeisenständern *m*, die oben durch einen starken gußeisernen Querbalken, unten mit dem Rahmen verbunden sind. Eine dritte Verbindung ist durch das Querstück geschaffen, welches auch noch zur Aufnahme des Kugellagers *i* für die verlängerte Hohlnabe der Riemscheibe dient, mit der ein Ventilator *e* mit abwärts gerichteten Schaufeln sich dreht, deren Krümmung so gestaltet ist, daß in den Mahlraum ständig ein Strom frischer Luft hineingedrückt wird, der das Austreten des Staubes verhindert. — Der Vermahlungsvorgang ist derselbe wie bei den anderen Pendelmühlen.

Gegenüber der Griffin-Mühle weist die Gigant-Mühle folgende Verbesserungen auf:

1. Die Pendelstange ist durch das Tieferlegen des Universalgelenkes verkürzt.

2. Das Traggestell ist bei aller Steifigkeit doch hinreichend elastisch, um jede Bruchgefahr als ausgeschlossen erscheinen zu lassen.

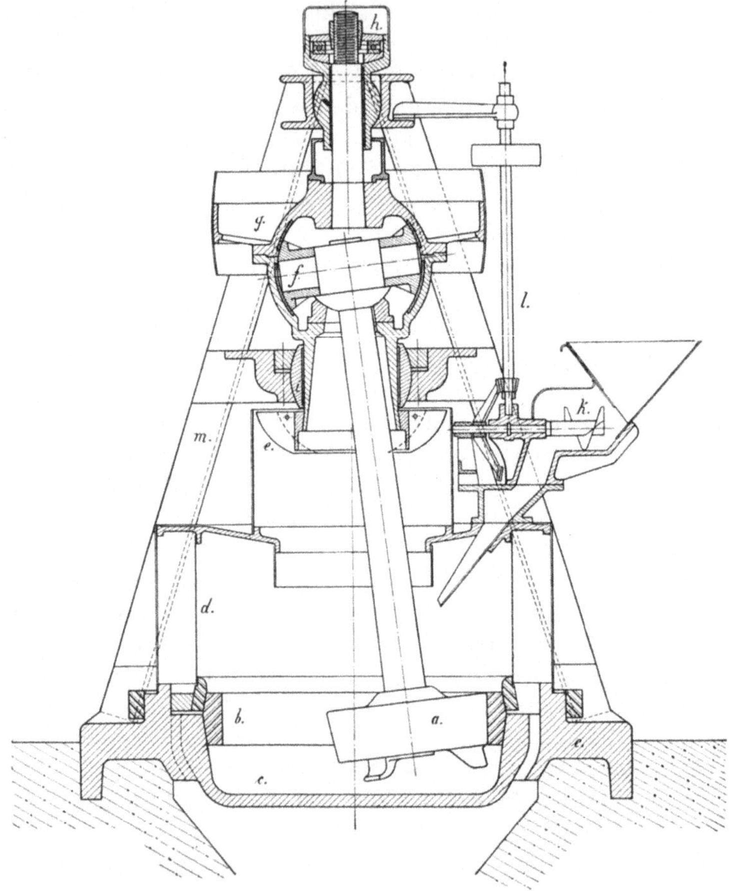

Fig. 137.

3. Die Mühle arbeitet infolge der beschriebenen Wirkung der Ventilatoreinrichtung staubfrei. —

Während bei den Mühlen mit zwei oder mehr Pendeln die Pendelstange mit den Walzen im Sinne der Drehrichtung der Riemscheibe und mit derselben Umdrehungszahl wie diese um die Königswelle kreisen, wobei sie sich gleichzeitig um ihre eigene Achse drehen und in einem der gedachten Drehrichtung entgegengesetzten Sinne auf der Mahlbahn abrollen, ist der Bewegungsvorgang bei der Griffin- oder Gigant-Mühle nicht so einfach und nach *H. A. Siordet*[1] etwa folgendermaßen zu erklären.

Man denke sich ein Gewicht an einer Schnur aufgehängt, und zwar in der Achse eines Ringes, um dessen inneren Rand das Gewicht herumlaufen kann. Setzt man die Schnur in kreisende Bewegung, so hat das Gewicht das Bestreben, von der Senkrechten abzufliegen. Wird die Drehgeschwindigkeit derart gesteigert, daß das Gewicht schließlich an dem Rand herumläuft, so ist zwischen Gewicht und Ring ein gewisser Druck vorhanden, der von der Umdrehungsgeschwindigkeit der Schnur abhängig ist. Dieses ist, schematisch dargestellt, die Griffin-Mühle; die Finger, welche die Schnur halten, vertreten die Lagerung, die Schnur die Pendelstange, das Gewicht den Mahlkörper und der Ring die Mahlbahn. Schon bei dieser einfach gedachten Mühle ergibt sich für die Praxis ein großer Vorteil, nämlich, daß die Lagerung ganz außerhalb der Mahlgrenze liegt und dadurch staubfrei gehalten werden kann.

Bei der normalen Griffin-Mühle ist der vom Mahlkörper auf den Ring ausgeübte Druck etwa gleich 3000 kg. Der Druck ist jedoch, wie schon bemerkt, abhängig von der Umdrehungsgeschwindigkeit der Pendelstange und von dem Gewicht des Mahlkörpers. Also sowohl eine höhere Umdrehungszahl als auch ein schwererer Mahlkörper erhöhen den ausgeübten Druck bzw. die Leistung der Mühle.

Merkwürdig und sehr beachtenswert ist dabei das Verhältnis zwischen den Durchmessern des Mahlkörpers und des Mahlringes, welche beide einen großen Einfluß auf die Leistung der Mühle haben, wie später gezeigt werden wird. Vorher sei aber noch einiges über den scheinbaren Widerspruch bei der Griffin-Mühle gesagt.

Wenn die Riemscheibe und damit die darin aufgehängte Pendelstange in der Richtung der Zeiger einer Uhr gedreht werden, wird der Mahlkörper um die Mahlbahn in der umgekehrten Richtung laufen; ja nicht nur das, sondern bedeutend schneller als sich die Scheibe dreht. Daß nun der Mahlkörper sich in der umgekehrten Richtung um die Bahn drehen muß, wird besser verständlich, wenn man sich am Umfang der letzteren und des Mahlkörpers Zähne denkt, die in Wirklichkeit durch die rollende Reibung ersetzt werden. Jede sich drehende Scheibe, die in Berührung mit einer konkaven Fläche kommt, sucht sich auf letzterer sozusagen rückwärts abzuwickeln. Bei der Mühle behält natürlich die Pendelstange vermöge ihrer Aufhängung in einem Kugelgelenk ihre ursprüngliche Drehrichtung bei, nur der Mahlkörper wickelt sich dabei in umgekehrter Richtung an dem Mahlring ab, was ihm die freie Bewegung des Kugelgelenkes gestattet, und man täuscht sich dabei in der Meinung, die Pendelstange habe auch ihre ursprüngliche Drehrichtung geändert.

Um nun die erhöhte Umdrehungszahl des Mahlkörpers um die Bahn

---

[1] Protokoll der Verhandlungen des Vereins deutscher Portlandzement-Fabrikanten 1900.

besser zu verstehen, beachte man folgendes: Ein Arm OP, siehe Fig. 138, welcher sich um den Punkt O drehen kann, trägt an seinem Ende P eine Rolle, die durch die Fliehkraft an den Rand eines größeren Ringes gedrückt wird. Der Einfachheit halber ist der Durchmesser des Ringes im Verhältnis zu dem der Rolle wie 3 : 1 angenommen. Dreht man nun den Arm OP nach einer Richtung um O, so wird die Rolle sich auf dem Ring abwickeln und wird sich in der umgekehrten Richtung um ihre eigene Achse drehen. Wären nun O und P feste Wellen, so würde für jede Umdrehung des Ringes die Rolle drei Umdrehungen machen. Da aber in diesem Falle der Punkt P auch beweglich ist, und zwar sich in der umgekehrten Richtung dreht, so macht die Rolle im ganzen, wenn der Arm OP eine volle Umdrehung gemacht hat, drei weniger eine Umdrehungen um ihre eigene Achse. Oder mathematisch ausgedrückt: Es sei R der Halbmesser des Ringes, r der Halbmesser der Rolle, dann ist der Arm $R-r$. Wenn also

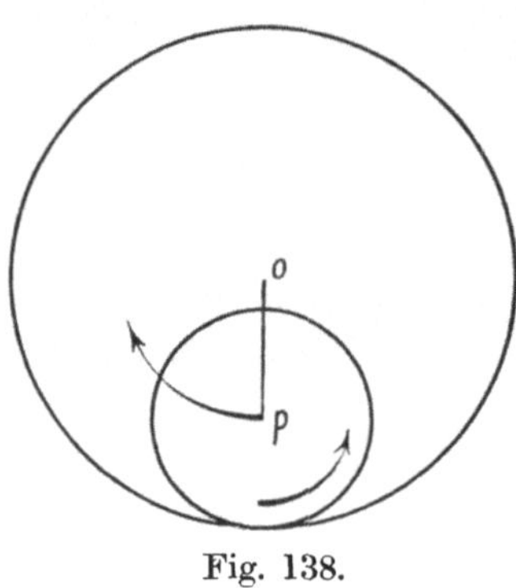

Fig. 138.

der Arm eine Umdrehung um O macht, hat die Rolle $\dfrac{R}{r} - 1$ Umdrehungen um ihre eigene Achse P gemacht, oder $\dfrac{R-r}{r}$.

Daraus ergibt sich durch einfache Proportion, daß, wenn die Rolle eine Umdrehung gemacht hat, der Arm $1 : \dfrac{R-r}{r}$ oder $\dfrac{r}{R-r}$ Umdrehungen um O gemacht hat, oder wenn die Rolle in der Minute n Umdrehungen macht, so macht der Arm OP in derselben Zeit $\dfrac{n \cdot r}{R-r}$ Umdrehungen um O. Dieser Wert $\dfrac{n \cdot r}{R-r}$ bedeutet also bei der Griffin-Mühle, daß der Walzenkörper soviel mal in der Minute um die Bahn läuft, während die Pendelstange oder die Riemenscheibe sich in derselben Zeit n mal um ihre Achse dreht. Setzt man nun die entsprechenden Werte in die Formel ein, wie sie tatsächlich bei der Griffin-Mühle vorhanden sind, so hat man $R = 380$, $r = 230$ und $n = 200$; dann macht also der Mahlkörper $\dfrac{200 \cdot 230}{150} =$ rund 306 Umdrehungen in der Minute um die Mahlbahn. — Aus der Formel geht hervor:

1. Wenn r größer wird, so wird der Bruch, d. h. die Leistung größer, also ein kleiner bzw. verschlissener Mahlring verringert die Leistung.

2. Wenn R größer wird, so wird der Bruch verkleinert, in anderen Worten: ein größer gewordener oder verschlissener Ring verringert die Leistung.

3. Wenn n größer genommen wird, so wird zwar die Leistung der Mühle erhöht, die Mühle muß aber dann entsprechend stärker gebaut werden. Die Erfahrung hat gezeigt, daß 200 Umdrehungen für die normale Mühle am geeignetsten sind.

Den Einfluß eines verschlissenen Ringes und Mahlkörpers auf die Leistung der Mühle kann man sofort aus der Formel berechnen. Ist z. B. $R = 400$ geworden anstatt 380 und $r = 210$ anstatt 230, so hat man:

$$\frac{n \cdot r}{R - r} = \frac{200 \cdot 210}{190} = 221 ,$$

anstatt wie oben 306 oder die Leistung ist um etwa 28 Proz. kleiner geworden. Es versteht sich aber von selbst, daß, sowie wieder neue Ringe in die Mühle eingebaut werden, die ursprüngliche Leistung wiederhergestellt wird.

Der Durchmesser der Mahlwalze der Gigant-Mühle ist gegenüber der Griffin-Mühle von 457 auf 610 mm vergrößert, der Druck der Walze auf den Mahlring bzw. auf das Mahlgut von 3000 auf 6800 kg erhöht und das Gesamtgewicht der Maschine mit 12 200 kg gegen früher ungefähr verdoppelt worden. Hand in Hand damit ist auch eine erhebliche Erhöhung der Leistung gegangen; diese beträgt bei rd. 65 PS Kraftverbrauch und bei einer Feinheit des Erzeugnisses von 15 Proz. Rückstand auf dem Sieb von 4900 Maschen auf 1 cm² etwa 4500 kg/h Kalkstein oder 2500 bis 3000 kg/h Drehofenklinker oder 3000 bis 4000 kg/h Schachtofenklinker oder 4000 bis 5000 kg/h Steinkohlenstaub oder 2500 bis 2800 kg/h Hochofenschlacke usw. — Es sei noch bemerkt, daß das Aufschüttgut bis zu 40 mm Kantenlänge aufweisen darf; die Vorzerkleinerung braucht daher bei diesem Schnelläufer nicht sehr weit getrieben zu werden.

Die Pendelmühle der *Maschinenfabrik Geislingen* in Geislingen (Württemberg) deren Einrichtung aus Fig. 139 hervorgeht, ist gleich der Griffin-Mühle eine Einpendelmühle und vieles, was weiter oben von der letztgenannten gesagt wurde, trifft also auch auf diese Maschine zu.

In der Abbildung bedeutet c die massive Mahlwalze, b den Mahlring — beide aus Stahlguß —, a das Mahlgehäuse mit der Schnecke i und d die Pendelstange, die mit der oberen senkrechten in zwei Halslagern geführten und im Ringspurlager f verstellbaren Achse durch ein Doppelkugelgelenk e verbunden ist, das eine gleichmäßige Bewegungsübertragung von der einen Welle auf die andere bewirkt. Der Antrieb erfolgt mittels einer wagerechten Vorgelegewelle mit fester und loser Riemscheibe und einem Kegelräderpaar. Der recht unbequeme schwere halbgeschränkte Riemen ist also hier vermieden, die Antriebsweise ist daher einfacher als bei den vorhergehenden Pendelmühlen. Dafür müssen aber die Kegelräder ganz hervorragend genau und sauber gearbeitet und aus dem besten, widerstandsfähigsten Material hergestellt sein. Leistung und Kraftverbrauch sind ungefähr dieselben wie bei der Griffin-Mühle.

Die zweite Gruppe der Fliehkraftmühlen umfaßt jene Feinmahlmaschinen, bei denen die zerkleinernde Wirkung durch eine beschränkte Anzahl (2 bis 6) Kugeln oder Walzen erfolgt, die auf einer feststehenden Mahlbahn rasch umlaufen und ihren Bewegungsimpuls von einem mit der senk- oder wagerechten Welle verbundenen Armkreuz — also ohne die Vermittlung gelenkig aufgehängter Pendelstangen — empfangen. Die Bearbeitung des Mahlgutes

geschieht in diesen Vorrichtungen durch Druck und Reibung, und da es
bei ihnen auf den Ausgleich der nur in einer Ebene auftretenden Fliehkräfte
nicht so sehr ankommt, so ist eine etwa gewünschte oder beabsichtigte Steigerung der Intensität ihrer Kraftäußerung nicht an so enge Grenzen ge-

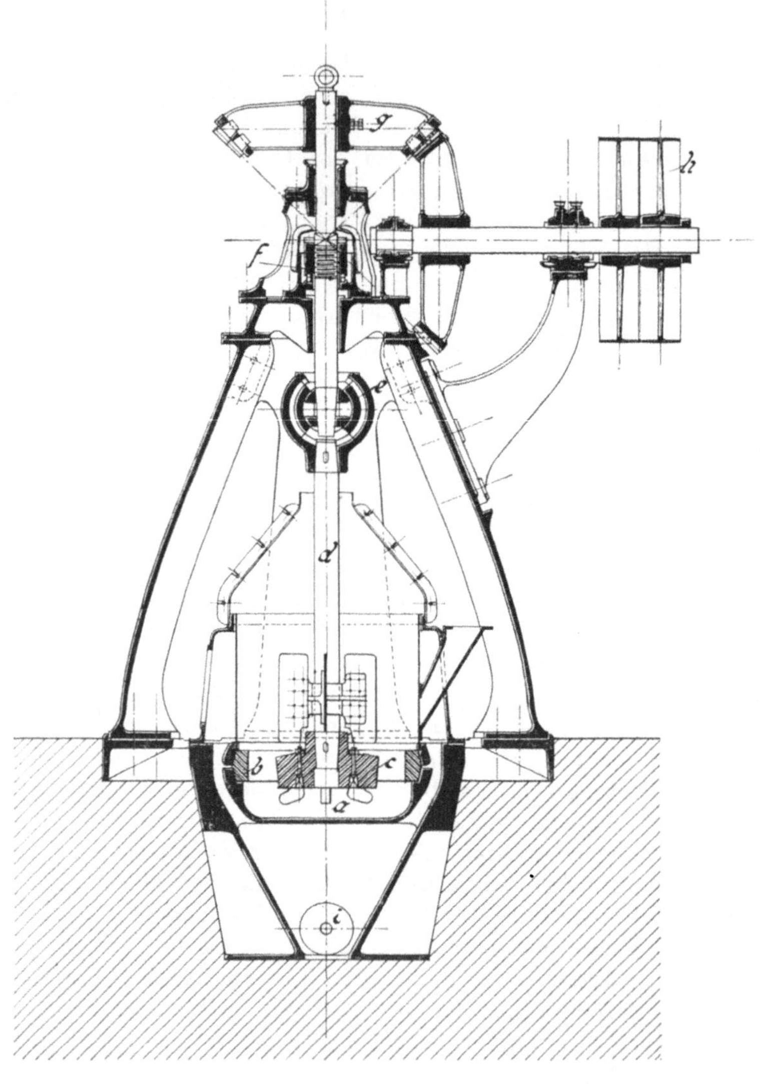

Fig. 139.

bunden wie bei den Pendelmühlen. Immerhin geht die Praxis auch hier
über ein gewisses, durch die Erfahrung festgelegtes Maß nicht hinaus, da
dessen Überschreitung zwar nicht sofort den Bestand der Konstruktion ge-
fährden, wohl aber eine unwirtschaftliche Erhöhung der Erneuerungskosten

zur Folge haben würde. Die rasche Abnutzung der Mahlflächen war überhaupt ein Übelstand, mit dem die schnellaufenden Feinmahlmaschinen von Anfang an schwer zu kämpfen hatten, der jedoch gegenwärtig, dank den inzwischen gemachten erheblichen Fortschritten in der Erzeugung von Sonderstahlarten, als nahezu vollständig beseitigt gelten darf, so daß wirklich nennenswerte Unterschiede in dieser Hinsicht zwischen Schnell- und Langsamläufern kaum noch bestehen. Während z. B. noch vor 30 Jahren für Abnutzung und Erneuerung der mahlenden Teile bei Fliehkraftmühlen, auf die Tonne Zement berechnet, 55 bis 60 Pfg. aufgewendet werden mußten, ist dieser Betrag heute infolge Verwendung geeigneter Stahlsorten auf den vierten Teil und darunter gesunken.

Bei den Fliehkraft - Kugelmühlen werden die Kugeln entweder in einer senkrechten oder einer wagerechten Bahn herumgeführt; von diesen beiden Ausführungsformen hat indessen nur die letztere eine weitere Verbreitung gefunden, während die erstere nicht zu Bedeutung zu gelangen vermochte und daher übergangen werden darf.

In Fig. 140 und 141 ist die von ihren Konstrukteuren (*Amme, Giesecke & Konegen, A.-G.*, Braunschweig) Roulette benannte Fliehkraft-Kugelmühle dargestellt. Man bemerkt dort die in einem sehr langen Hals- und in einem Spurlager geführte und mittels halbgeschränkten Riemens auf der Riemscheibe a angetriebene stehende Welle b, die das tellerförmige Armkreuz c und das Flügelkreuz i mit den Ventilatorschaufeln trägt. Die mittels eines Schnurseiltriebes von der Welle b aus in Tätigkeit gesetzte Speisevorrichtung g läßt das Gut durch die Rutsche h in den Aufgabetrichter der Mühle gelangen, von wo es auf den Teller c und zwischen die Kugeln d und die Mahlbahn f fällt, an der die ersteren, durch die Zapfen e vorwärts getrieben, abrollen und das auf ihrer Bahn liegende Gut durch Druck und Reibung zerkleinern. Das so entstandene Gemisch von Mehl und Grießen wird nun von den Schaufeln k erfaßt und gegen das aus starkem Stahlblech bestehende und mit schräger Schlitzlochung versehene Schutzsieb l geschleudert, das das Grobe wieder in den Mahlraum zurückfallen läßt, während das Feine, durch die Öffnungen des dahinterliegenden Feinsiebes m hindurchtretend, in die hohlen Ständer des Gehäuses n und von da aus in den Sammelraum unter der Mühle gelangt, von wo es mittels Schnecke oder dgl. seiner weiteren Bestimmung zugeführt wird.

Bei einem Kugeldurchmesser von 200 mm, einer Umdrehungszahl von 180 in der Minute und einem Kraftaufwand von rund 25 PS vermag die Roulette stündlich ungefähr 2000 kg gut vorzerkleinerten Kalksteines in ein Mehl mit 1 bis 2 Proz. Rückstand auf dem 900er und 15 bis 20 Proz. auf dem 4900er Siebe zu verwandeln. Mit dem gleichen Kraftverbrauch liefert die Roulette stündlich etwa 900 kg Braunkohlenstaub mit 12 bis 15 Proz. Rückstand auf dem 4900er Siebe aus einem Aufschüttgut, das auf Brechschnecke und Walzwerk vorgebrochen und bis auf etwa 7 Proz. Restfeuchtigkeit abgetrocknet ist.

Auf demselben Prinzip wie die Roulette beruht die Fuller - Lehigh - Mühle der *Lehigh Car, Wheel and Axle Works*, Catasauqua, Pa. (siehe Fig. 142).

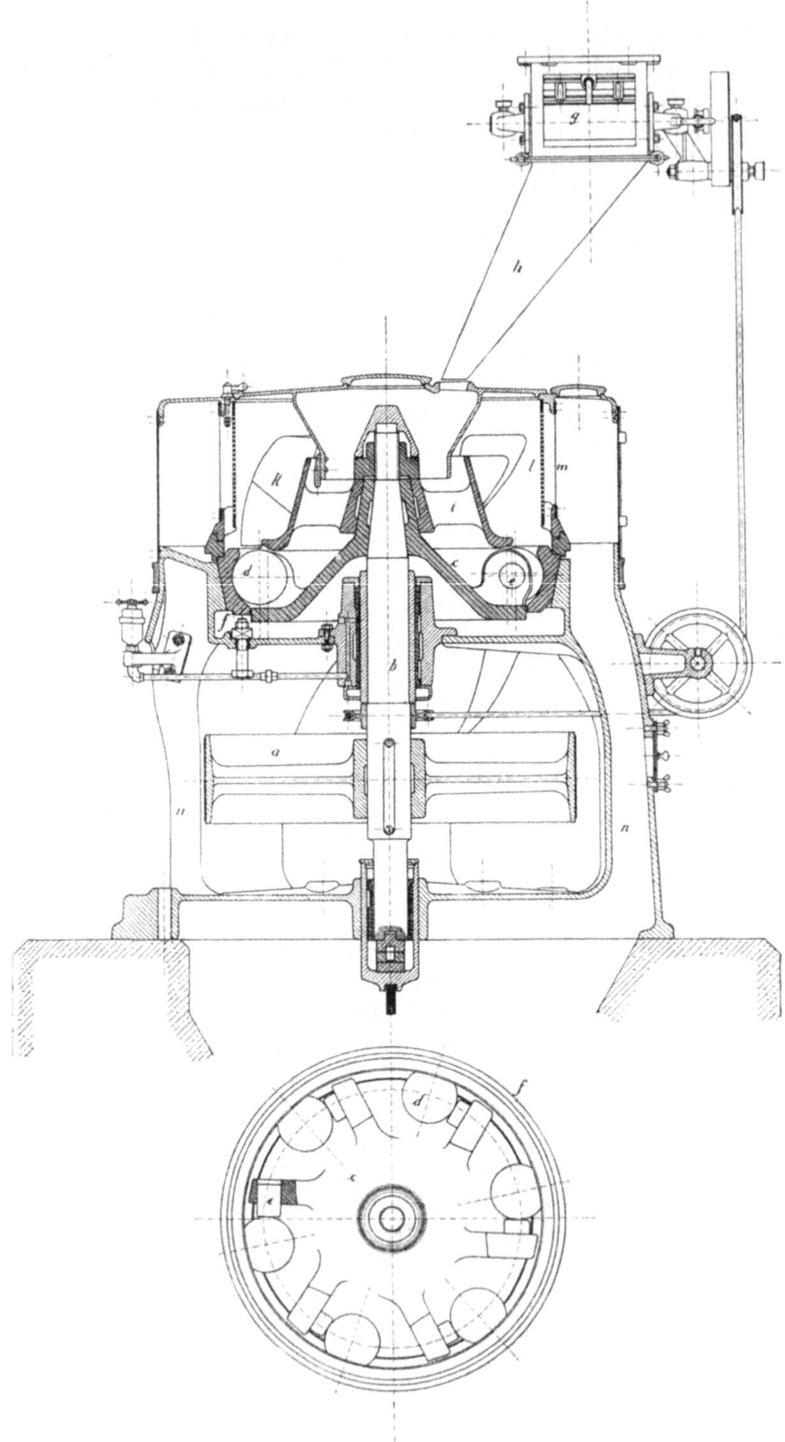

Fig. 140 u. 141

Die stehende, von einem Kegelrädervorgelege in Umdrehung versetzte (oder
auch unmittelbar mit einem Elektromotor gekuppelte) Welle a ist außerhalb
des Mahlraumes dreifach gelagert; sie trägt eine Mitnehmerscheibe, die mit
Treibern, vier Kugeln b von 305 mm Durchmesser und je 125 kg Gewicht
in kreisende Bewegung versetzt, wodurch das zwischen diesen und der im
Gehäuse unverrückbar gelagerten Mahlbahn einfallende Gut zerkleinert und

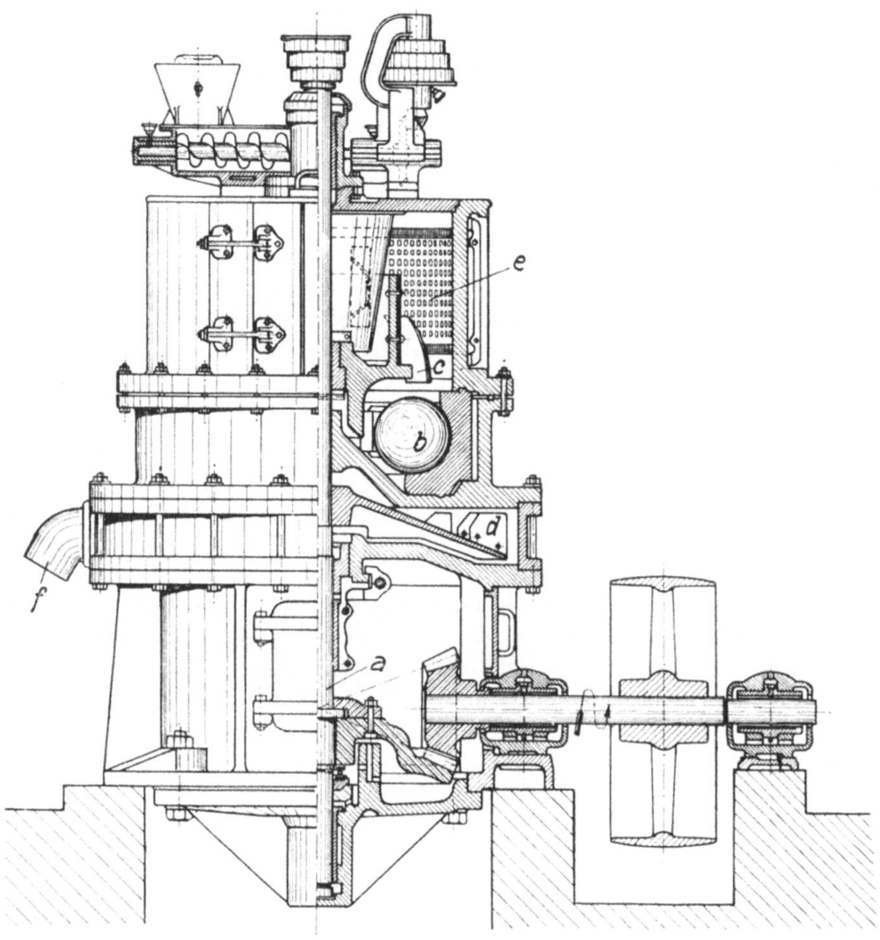

Fig. 142.

vermahlen wird. Treiber und Mahlbahn sind nach einem besonderen Verfahren
aus einem sehr widerstandsfähigen Hartguß hergestellt. Die Flügel c wirken
wie ein Ventilator und blasen das genügend Gefeinte durch das auf der Mahlkammer sitzende Feinsieb hindurch, das zur Schonung des Gewebes mit
einem Schutzsieb e aus starkem Stahlblech ausgerüstet ist. Das Mehl, das
sich im äußeren Raum der Mühle ansammelt, wird durch einen Schaber d
dem Auslaufstutzen f zugeführt, während das ungenügend Gefeinte in den

Mahlraum zurückfällt und weiterer Bearbeitung unterliegt. Zwecks Regelung der Menge des Aufschüttgutes kann die Fördergeschwindigkeit der Speiseschnecke mittels Stufenscheiben verändert werden.

Die vorstehend beschriebene Bauart der Fuller-Lehigh-Mühle ist in der letzten Zeit durch die Hinzufügung eines zweiten Ventilators ganz wesentlich verbessert worden, der mit einem die Mahlbahn und das Feinsieb umgebenden ringförmigen Raum in Verbindung steht und die Druckwirkung des oberen Ventilators durch seine Saugwirkung unterstützt. Hierdurch gestaltet sich die Ausscheidung der feinsten Teilchen aus dem Mahlgut lebhafter und da nunmehr ein stärkerer Strom Frischluft durch die Aufgabeöffnung angesaugt wird, der eine kühlende Wirkung auf die mahlenden Teile ausübt, so ist die Mühle befähigt, auch Stoffe mit einem verhältnismäßig hohen Feuchtigkeitsgehalt zu verarbeiten, ohne daß die Sieböffnungen sich zusetzen und die Leistung der Mühle erheblich heruntergeht.

Die Fuller-Lehigh-Mühle wird in vier Modellgrößen, von 10 bis 100 PS Kraftbedarf und von 3700 bis 27 200 kg Eigengewicht der Maschine gebaut. Die sog. 42″-Mühle liefert bei 60 bis 70 PS Kraftverbrauch etwa 6—7000 kg/h Kalksteinmehl mit der in der Zementfabrikation üblichen Feinheit und an Feinmehl (13 bis 18 Proz. Rückstand auf dem Sieb Nr. 100) aus Florida Hard Rock Phosphat 4 bis 4,5, aus Gafsa Phosphat 7 bis 7,5 t/h.

Die Fliehkraftwalzenmühlen haben in der Praxis keine große Bedeutung erlangt. Im Prinzip den Fliehkraftkugelmühlen gleichwertig und wie diese ein an allerfeinsten Teilchen sehr reichhaltiges Erzeugnis liefernd, arbeiteten sie nur so lange zufriedenstellend, als Walzen und Mahlring noch neu und unversehrt waren. Bei fortgeschrittener Abnutzung dieser Teile stellten sich unruhiger Gang und schwere Störungen ein, die nur in dem Mangel an freier Beweglichkeit der Walzenkörper — die den Kugeln bis zu einem gewissen Grade und den an Pendeln frei beweglich aufgehängten Mahlrollen unter allen Umständen verbleibt — ihren Grund hatten. Dieser offensichtliche Mangel ist aber sofort behoben, sobald man sich zur Potenzierung des Walzengewichtes nicht der Fliehkraft, sondern der Spannung starker Federn bedient und der Mahlbahn durch eine unstarre Lagerung so viel Beweglichkeit verleiht, um bei Bedarf ein gegenseitiges Ausweichen und Nachgeben von Mahlwalze und Mahlring zu ermöglichen.

Nach diesem Grundsatz ist die in Fig. 143 im Schnitt dargestellte Kent-Mühle der *Kent Mill Company*, Neuyork, gebaut[1]. Das Eigenartige dieser Konstruktion besteht darin, daß die Mahlarbeit zwischen den Walzen und einem besonderen Mahlring erfolgt, der auf den Walzen läuft und gegen den diese durch Federdruck angepreßt werden. Von den drei Walzen *b* wird nur eine angetrieben, sie nimmt den Ring *a* durch Reibung mit, und dieser setzt seinerseits gleichfalls durch Reibung die beiden anderen Walzen in Umlauf. Das zwischen die eine Walze und den Ring einfallende Mahlgut wird

---

[1] Diese Zeichnung soll hauptsächlich der Erklärung des Kentmühlenprinzips dienen; sie entspricht nicht in allen Teilen der ursprünglichen sondern einer späteren Ausführungsform der Mühle.

auf dem letzteren durch die Fliehkraft gehalten (die Walzen haben konvexe, der Ring hat konkave Mahlfläche), zwischen den beiden anderen Walzen hindurchgeführt und je nach der Federspannung mehr oder weniger zerkleinert; sodann fällt es über die beiden Kanten des Mahlringes in das Gehäuse e und aus dessen unterer Öffnung heraus. Da der Mahlring von den drei Walzen frei getragen wird und an ihrer nachgiebigen Lagerung teilnimmt, so kann er sich den bei der Mahlarbeit auftretenden Stößen stets anpassen, was eine ungemein geringe Abnutzung der Mahlteile und ein nahezu geräuschloses und stoßfreies Arbeiten der Einrichtung zur Folge hat. Aus diesem Grunde bedarf die Kent-Mühle keines eigentlichen Fundamentes, und es unterliegt

keinem Bedenken, sie selbst in den oberen Stockwerken der Mühlengebäude aufzustellen, wenn die Deckenkonstruktion nur stark genug ist, um das Gewicht der Mühle zu tragen.

Die Kent-Mühle hat ursprünglich fast nur in der Phosphatmüllerei Anwendung und Verbreitung gefunden; um ihr auch auf anderen Gebieten gleichen Erfolg zu verschaffen, war es nötig, unter Beibehaltung des Mahlprinzipes verschiedene Einzelheiten den veränderten Bedingungen anzupassen. Es entstand so die von ihren Konstrukteuren (*Curl v. Grueber*, *M. A. G.*, Berlin)

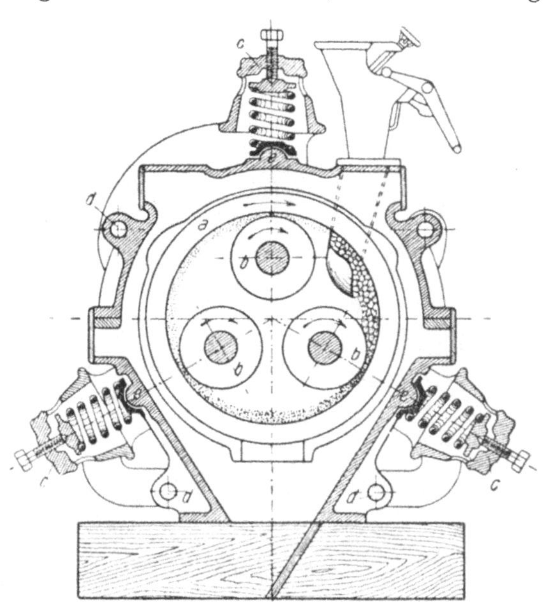

Fig. 143.

Max econ-Mühle genannte Bauart, deren äußere Ansicht in Fig. 144 wiedergegeben ist. Die Unbequemlichkeit des doppelseitigen Antriebes ist hier vermieden. Dies gelang dadurch, daß die Gleitführungen der Lager fortfielen; an ihrer Stelle sind Schwingbügel c auf Drehbolzen d angeordnet[1], die eine radiale Beweglichkeit der Walzen gegen den Ring gestatten. Die axiale Beweglichkeit der Walzen selbst, welche die seitlichen Stöße abschwächen soll, ist gleichfalls fortgefallen und durch die seitliche Beweglichkeit des ganzen Bügels ersetzt worden. Diese Maßnahmen (radiale und axiale Beweglichkeit der unter einem federnden Druck gehaltenen Mahlteile) haben sehr guten Erfolg gehabt, den Kraftaufwand vermindert und die Betriebsicherheit erhöht.

Die Kent- und die Maxecon-Mühle liefern beide kein fertiges Erzeugnis und bedürfen der Ergänzung durch besondere Siebeinrichtungen (Plansiebe

---

[1] S. a. Fig. 143.

oder Windsichter); ebenso erfordern sie die Vorzerkleinerung des Aufschüttgutes bis zu einem gewissen Grade. Dagegen sind auch sie gegen höheren
Feuchtigkeitsgehalt des Gutes noch unempfindlich. Sie sind zwar in erster
Reihe Feinmahlmaschinen, können indessen auch zum Vorschroten für Rohrmühlen verwendet werden.

Die Stundenleistung einer Maxecon - Mühle beträgt 8 bis 9 t Gafsa oder
6 bis 7 t Algier oder 4 bis 5 t Pebble oder 3 bis 3,6 t Florida Hard Rock Phosphat bei der üblichen Feinheit, oder 3 bis 4 t Quarz mit 0 Proz. auf Sieb
Nr. 50. Der Kraftverbrauch ist in allen Fällen nur etwa 25 PS; bei Vermahlung von Braunkohle, die auf etwa 15 Proz. Restfeuchtigkeit abgetrocknet ist, stellt er sich auf 8 KWh/t
bei 20 Proz., 11 KWh/t bei 15 Proz. und 15 KWh/t bei 10 Proz. Rückstand auf dem Sieb von
4900 Maschen/cm² und ist daher als sehr günstig zu bezeichnen.

Die Doppel-Maxecon-Mühle besitzt 2 Mahlringe, 6 Mahlwalzen und einen hier
nicht zu umgehenden doppelseitigen Antrieb; ihre Leistung ist auf das $1^3/_4$ fache der einfachen Mühle zu veranschlagen.

Der in den Fig. 145 und 146 abgebildeten Ringmühle, Bauart der *Rheinischen Ma-

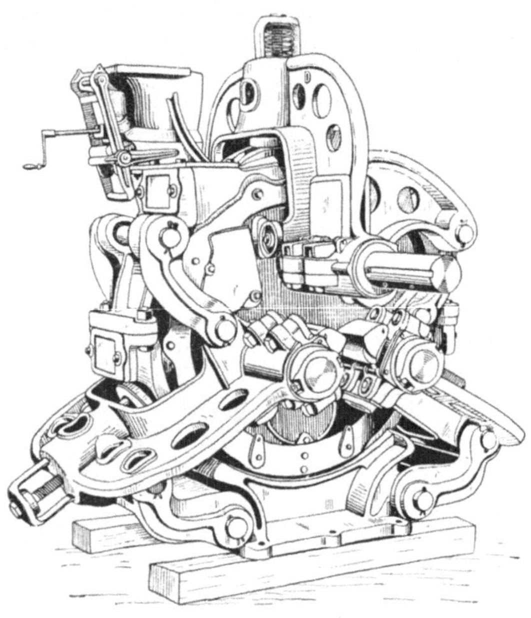

Fig. 144.

schinenfabrik*, Neuß a. Rh., hat die Kent - Mühle gleichfalls als Vorbild
gedient. Auch hier finden wir die bekannten, von einem unten offenen
Gehäuse c umschlossenen, auf den Achsen i_{1-3} befestigten drei Mahlwalzen
a_{1-3} nebst dem beweglichen Mahlring b. Während die Lager der Antrieb-
walze a_1 an das erwähnte Gehäuse angegossen, also starr sind, werden jene
der beiden unteren vom Mahlring in Umdrehung versetzten Walzen a_{2-3} durch
die Federn e_1 gegeneinander und durch die Federn e mit Gelenkspindeln
d gegen das Mahlgehäuse elastisch abgestützt, so daß auf jeder Seite
der Mühle eine untereinander verbundene Federngruppe erscheint, die bewirkt, daß jede Belastungsschwankung einer der sechs Federn eine Spannungs-
änderung der übrigen fünf Federn auslöst. Hierdurch werden gefährliche
Überspannungen der Federn ausgeschaltet, der Kraftbedarf wird verringert
und die Bruchgefahr ausgeschlossen.

Der doppelseitige Antrieb der ältesten Kent-Mühlenbauart ist auch bei
der Ringmühle vermieden und durch nur eine Riemscheibe h ersetzt. f ist
eine genau einstellbare Speisevorrichtung und g die Auslauföffnung des oben

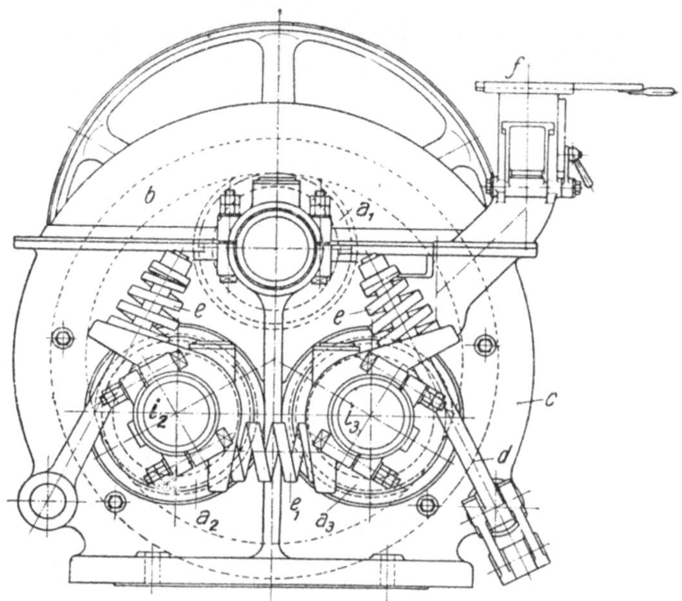

Fig. 145.

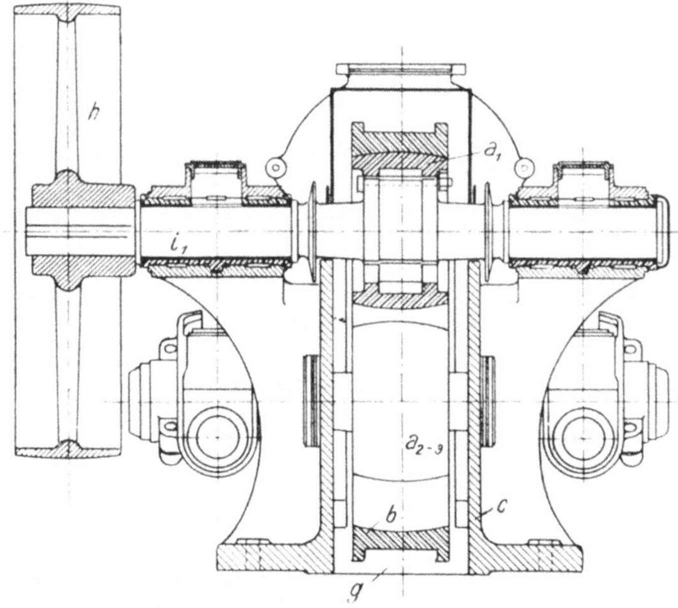

Fig. 146.

mit einer leicht abnehmbaren Blechhaube abgeschlossenen Gehäuses, das mit
zwei seitlichen, staubdicht verschließbaren Öffnungen zum Herausnehmen der
beiden unteren Walzen versehen ist.

10*

Der Durchmesser des Mahlringes der Ringmühle beträgt 1 m, jener der Mahlkörper 420 mm, die Breite dieser vier Mahlteile 250 mm. Die Leistung wird in weiten Grenzen mit 2500 bis 10 000 kg/h und der Kraftbedarf mit 30 bis 40 PS angegeben.

Aus den Fig. 147 und 148 ist die Einrichtung der Ringmühle, Bauart *Walther*, Köln[1], zu erkennen, bei der gleichfalls nur die beiden unteren Walzen abgefedert sind. Mit *a* ist das Gehäuse bezeichnet, mit *b* die bei allen derartigen Mühlen gebräuchliche Hosenschurre, die das Gut der Mühle von beiden Seiten zuführt; *c* sind die Walzen, *d* der Mahlring, *e* sind zwei Schleißringe

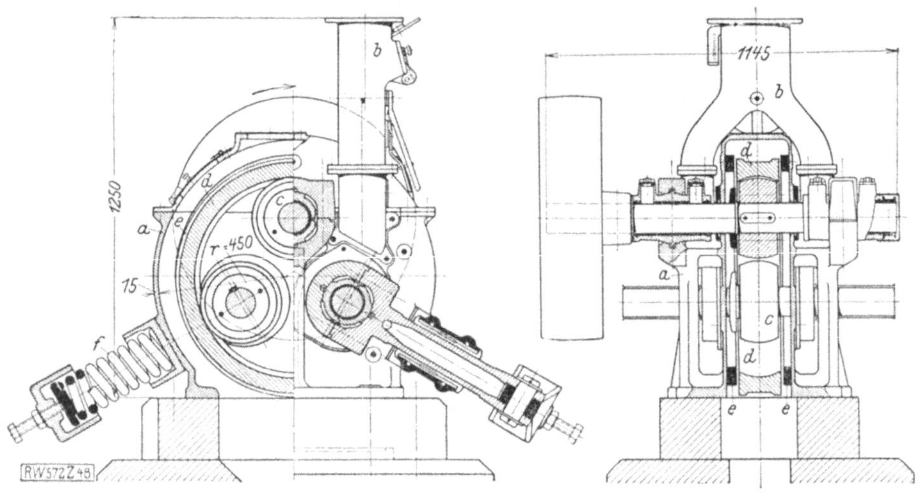

Fig. 147.   Fig. 148.

zum Schutze des Gehäuses vor dem Angriff des Mahlgutes und *f* sind die Druckfedern.

Diese Mühle mit den in den Figuren angegebenen Abmessungen ist imstande, stündlich 2 t trockene und gut vorgebrochene Steinkohle zu der üblichen Feinheit zu vermahlen.

Die Ringmühle von *Pfeiffer*, Kaiserslautern, unterscheidet sich von den bisher besprochenen Dreiwalzenmühlen in der Hauptsache dadurch, daß bei ihr anstatt der gewöhnlichen Spiralfedern Blattfedern angewendet sind, auf denen die Walzenlager unmittelbar, also ohne Vermittlung von Hebeln, Gelenken oder Bügeln aufruhen, wodurch sich diese Bauart leichter und billiger gestaltet.

Bei der Sturtevant-Ringmühle (Fig. 149), die gleichfalls mit drei Walzen arbeitet, ist die freie Beweglichkeit des Mahlrings *c*, die die sonstigen Ringmühlen auszeichnet, verlassen und durch einen zwangläufigen Antrieb, bestehend aus Riemscheibe *h*, Rädervorgelege *e*, Welle *a* und Glocke *b* ersetzt. Die Walzen *d* drehen sich auf den Bolzen *g*, die in starken Bügeln gelenkig ge-

---

[1] Arch. f. Wärmew., J. 1925, H. 4, S. 102.

lagert sind und in gewissen Grenzen ein Ausweichen der Walzen gestatten. Das Anpressen der letzteren gegen den Mahlring geschieht mittels der Federn f. i ist der Einschüttrumpf und k der Einstellschieber.

Der leitende Gedanke des Konstrukteurs dieser Mühle war, durch die zwangläufige Führung des Ringes eine ganz gleichmäßige Verteilung des Mahlgutes auf dem ersteren und demzufolge ein ruhigeres Arbeiten der Mühle zu bewirken. Dieses Ziel ist zwar erreicht, doch erscheinen die hierfür aufgewandten Mittel reichlich umständlich und kostspielig.

Auch bei der Maximal-Mühle, Pat. *Loesche* (Ausführung: *C. v. Grueber*, *M. A. G.*, Berlin), Fig. 150 und 151, wird der Mahlring d zwangläufig in Bewegung gehalten, während die Mahlwalzen e (deren man hier bis zu 8 anwendet)

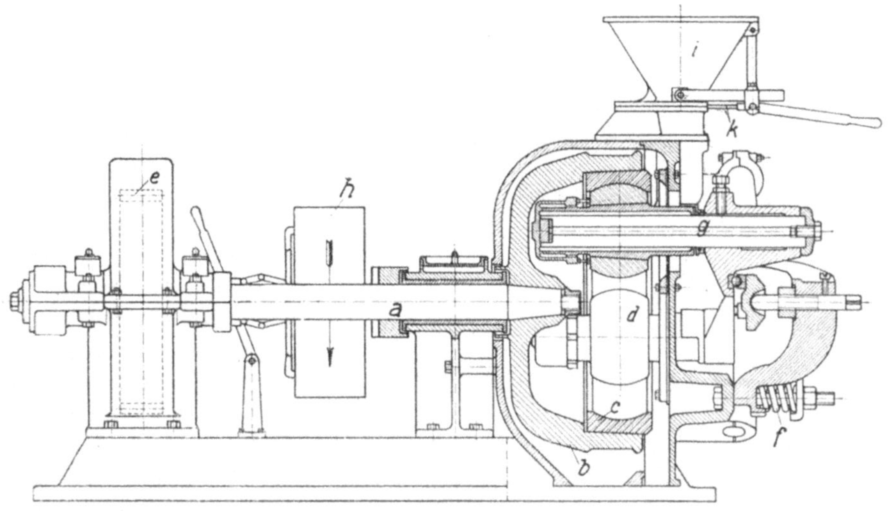

Fig. 149.

sich, vom Ring angetrieben und gegen diesen von den Federn f angepreßt, nur um ihre eigene Achse drehen. Insoweit sehen Sturtevant- und Maximal-Mühle einander ähnlich.

Der grundlegende Unterschied zwischen beiden besteht jedoch darin, daß die den Mahlring umschließende, auf der senkrechten Welle a aufgekeilte Schüssel c der Maximal-Mühle auf ihrem oberen Flansch Exhaustorflügel g trägt, daß also Mühle und Windsichter hier in einem Gerät vereinigt sind. Das bei i einlaufende Gut, dessen Menge in der Zeiteinheit sich durch die verstellbare Hülse k bequem regeln läßt, fällt auf den Zentrifugalaufschütter l, der es in der Schüssel gleichmäßig verteilt. Letztere füllend, gelangt das Gut zwischen die Walzen und den Ring und wird auf diesem durch den Druck der Walzen zerkleinert und verrieben. Der von den Windflügeln g erzeugte Luftstrom saugt das genügend Feine aus dem Gemenge heraus und bläst es in das Gehäuse, an dessen Innenwänden m es herabfällt, um von unterhalb angebrachten passenden Fördervorrichtungen (Schnecken o. dgl.) abgezogen

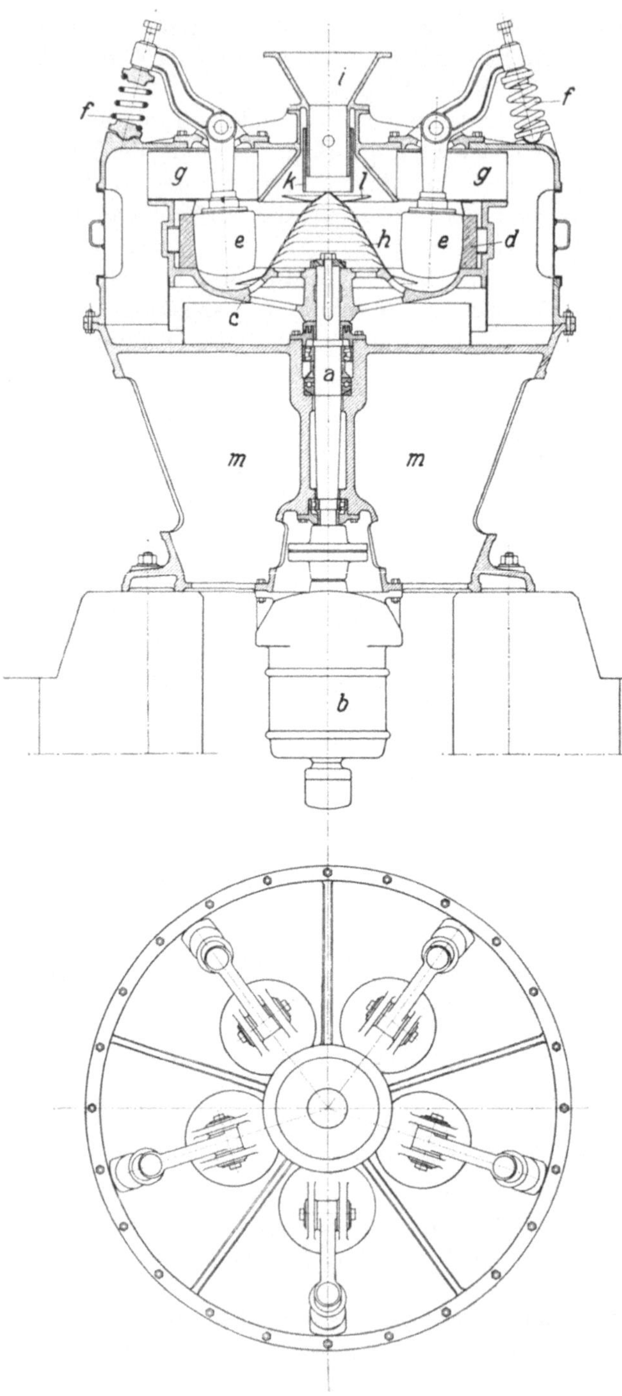

Fig. 150 u. 151.

und der weiteren Behandlung (Einlagern, Absacken) unterzogen zu werden.

Der vom Staub befreite Luftstrom kehrt durch die Öffnungen des Korbes h in den Mahlraum bzw. in den Saugbereich der Flügel g zurück. Die Luft vollführt hier also genau denselben Kreislauf wie bei jedem gewöhnlichen Windsichter (s. w. u.).

Hinzuzufügen ist noch, daß b einen mit der Welle a unmittelbar und elastisch gekuppelten Elektromotor bedeutet, der jedoch auch durch ein Kegelrädervorgelege ersetzt werden kann.

Die Leistung dieser äußerst kompendiösen Maschine, die einem schon lange gefühlten Bedürfnis in der Hartmüllerei nachkommt, beträgt je nach den gewählten Abmessungen etwa 4 bis 8 t/h Steinkohlenstaub von üblicher Feinheit, bei einem Kraftaufwand von rd. 50—100 PS.

c) Die Kugelmühlen.

Unter Kugelmühlen versteht man Mahlvorrichtungen, bei welchen das Mahlmittel — die Kugeln — zusammen mit dem Mahlgut sich in einer Mahltrommel befindet; die Drehung der Trommel bewirkt ein beständiges Überstürzen des Inhaltes und damit ein kräftiges Bearbeiten des Gutes durch die Kugeln sowohl als auch durch die noch grobstückigen und schweren Mahlgutteile. Die Kugelmühlen erzeugen das Mehl in der Hauptsache durch eine lang fortgesetzte Bearbeitung des Mahlgutes mittels Schlag und Stoß in Verbindung mit der reibenden Wirkung der schweren Mahlkörper, also durch die Kombination der in der Einleitung zu diesem Abschnitt unter 1. und 2. bezeichneten Angriffsweisen, wobei jedoch an die Stelle eines oder nur weniger schweren eine große Anzahl an sich leichterer Mahlkörper tritt, die eine im Verhältnis zu ihrer Masse viel größere Mahlfläche darbieten, als ein einziger großer Körper von dem Gesamtgewicht der vielen kleinen aufweisen würde. In dieser Hinsicht muß das Mahlprinzip der Kugelmühlen als durchaus zweckentsprechend bezeichnet werden.

Der Zerkleinerungsvorgang in den Kugelmühlen beruht auf dem Zusammenwirken zweier entgegengesetzter Tendenzen. Während die sich drehende Mahltrommel dauernd bestrebt ist, den Inhalt — Mahlgut und Kugeln — mit in die Höhe zu nehmen, zieht die Schwere ihn ebenso stetig nach dem tiefsten Punkte herab. Auf diese Weise kommt ein dauerndes Arbeiten der Kugeln an dem Mahlgut zustande. Das gilt natürlich nur für den Fall, daß die Umdrehungsgeschwindigkeit genügend klein gewählt ist, um ein Überwiegen der Fliehkraftkomponente über die gleichzeitig auf den Trommelinhalt wirkende Schwerkraftkomponente auszuschließen[1].

Die obere Grenze der Trommelumfangsgeschwindigkeit ist also jene, bei welcher die Kugeln durch die Fliehkraft fest gegen die Trommelwandung gepreßt werden und die Wirkung der Schwerkraft aufgehoben wird, so daß ein Überstürzen des Inhaltes nicht mehr stattfinden kann. Sie läßt sich durch die folgende rechnerische Betrachtung leicht ermitteln.

Bedeutet:

G das Gewicht einer Kugel,
w die Winkelgeschwindigkeit,
D den Durchmesser der Mahltrommel,
ω ihre Umdrehungszahl in der Minute,
$g = 9{,}81$ m die Beschleunigung der Schwerkraft,

so ist

$$\omega = \frac{n \cdot 2\pi}{60}$$

und die Fliehkraft

$$C = G \cdot \frac{\omega^2 \cdot D}{2g}.$$

Letztere wird dem Eigengewicht der Kugel gleich, wenn

$$G = G \cdot \frac{\omega^2 \cdot D}{2g} = G \cdot \frac{2n^2 \cdot \pi^2 \cdot D}{3600 \cdot g},$$

$$2n^2 \cdot \pi^2 \cdot D = 3600\,g,$$

$$n = \frac{60}{\pi} \cdot \sqrt{\frac{g}{2D}} = \frac{42{,}3}{\sqrt{D}}.$$

---

[1] Dinglers Polytechn. Journ. **306**, Heft 2. 1897.

Die praktischen Ausführungen, die natürlich recht erheblich unter diesem Wert bleiben müssen, zeigen im Durchschnitt

$$n = \frac{23 \text{ bis } 28}{\sqrt{D}}.$$

Um nun mittels verhältnismäßig kleiner Kugeln (von etwa 80 bis 130 mm Durchmesser) eine genügend große Mahlfläche und damit auch die gewünschte Mahlwirkung zu erzielen, müssen sie in erheblicher Menge zur Anwendung kommen. Für Mahltrommeln in üblicher Breite und von 1050 mm Durchmesser hat man mit 150 kg, für solche von 1900 mm Durchmesser mit 700 kg und für solche von 3100 mm Durchmesser mit 3000 kg Kugeln zu rechnen. Als Baustoff für die Kugeln wird ausschließlich geschmiedeter Stahl verwendet, ein Stoff, der mit beträchtlicher Härte große Zähigkeit verbindet.

Die Mahlplatten, aus denen sich die runde oder auch polygonal gestaltete Mahltrommel zusammensetzt, müssen gleichfalls aus einem harten und widerstandsfähigen Baustoff hergestellt sein, desgleichen auch die Auspanzerung der Seitenwände der Trommel, damit die durch den natürlichen Verschleiß nötig werdenden Erneuerungen dieser Teile, die außer dem Stoffverlust auch noch eine unangenehme Betriebsstörung bedeuten, so selten wie möglich vorgenommen zu werden brauchen.

Die Mahlplatten sind entweder über ihre ganze Länge oder nur an gewissen Stellen mit Öffnungen versehen, die dem zerkleinerten Gut den Austritt gestatten. Letzteres gelangt nach dem Verlassen der Mahltrommel auf eine mit dieser verbundene Siebtrommel, die mit einem dem jeweilig vorliegenden Zweck entsprechenden Stahl- oder Messingdrahtgewebe bespannt ist. Zum Schutz des letzteren gegen Beschädigung und Zerstörung durch den groben Schrot des Gemisches ist in der Regel zwischen Mahl- und Siebtrommel noch ein Sieb aus starkem Eisenblech eingebaut. Dabei ist die Einrichtung getroffen, daß die Siebgröbe — der Überschlag — von beiden Sieben wieder in die Mahltrommel zurückgeleitet wird. Dadurch erscheint die Grundbedingung für eine ununterbrochene Betriebsweise erfüllt. (Kugelmühlen mit absatzweisem Betrieb — also solche ohne Siebe — werden nur für kleine Leistungen und ganz besondere Zwecke gebaut.)

Das Ganze ist von einem möglichst staubdichten Blechgehäuse umgeben, das unten zu einem Auslauftrichter für das fertig vermahlene Gut zusammengezogen ist und an dessen höchste Stelle entweder ein Dunstabzugschlauch oder die Rohrleitung für die Staubabsaugung angeschlossen wird.

Der Antrieb kann nur bei den allerkleinsten Modellen von Hand geschehen und muß bei den größeren Ausführungen ausschließlich durch motorische Kraft erfolgen. Da die Mahltrommeln, im Verhältnis zu den in der Regel sehr rasch umlaufenden Triebwerken der gewerblichen Anlagen, sich nur langsam drehen, so ist gewöhnlich eine Zwischenübersetzung mit Zahnrädern erforderlich. Das Ein- und Ausrücken geschieht bei den kleineren und mittleren Modellen mit Hilfe von festen und losen Riemscheiben, bei den größten vorteilhaft mittels sicher wirkender Reibungskupplungen.

Die Kugelmühlen sind als Mahlvorrichtungen schon seit sehr langer Zeit bekannt und nachweislich bereits anfangs des vorigen Jahrhunderts in französischen Pulverfabriken, Farbenmühlen und ähnlichen Betrieben in Anwendung gewesen. Man beschränkte sich jedoch darauf, nur weichere Stoffe wie Salpeter, Kohle, Gips, Indigo u. dgl. mit Kugelmühlen zu mahlen und betrieb diese ausschließlich absatzweise. Viel später erst ging man daran, die Kugelmühlen auch für die Vermahlung harter Stoffe einzurichten; hauptsächlich war es die Erzmüllerei, in deren Dienste man eine ganze Reihe neuer Konstruktionen stellte, die sich aber insgesamt bald als ungeeignet und daher als lebensunfähig erwiesen. Erst als man gelernt hatte, die Kugelmühle so zu bauen, daß sie der Hauptforderung des Großbetriebes — der Beständigkeit der Wirkung — Genüge leisten konnte, wurde diese Maschine eine wirklich brauchbare und in manchen Fällen (wie z. B. in der Thomasschlackenmüllerei) geradezu unübertreffliche Mahlvorrichtung, die seitdem in vielen Tausenden von Ausführungen in den verschiedensten gewerblichen Betrieben zur Anwendung gelangt ist[1].

Die erste, nach dem Grundsatz der stetigen Ein- und Austragung gebaute Kugelmühle stammt aus dem Jahre 1876, ihre Konstrukteure sind die *Gebr. Sachsenberg* in Roßlau a. E. und *W. Brückner* in Ohrdruf bei Gotha. Diese Mühle hat als Vorbild für alle späteren Kugelmühlenbauarten gedient, da sie bereits alle Elemente teils in nahezu vollendeter Form, teils noch im Keime enthielt, die als die Grundbedingungen einer zweckdienlichen Arbeitsweise eines derartigen Mahlgerätes anzusehen sind. Die in der Folge von verschiedenen Seiten angestrebten Verbesserungen der ersten, naturgemäß noch unvollkommenen Bauart waren zunächst darauf gerichtet, den die Mahlarbeit verrichtenden Teilen durch Verwendung wiederstandsfähigerer Baustoffe eine möglichst lange Lebensdauer zu sichern und sodann auch die Mahlleistung durch zweckentsprechende Gestaltung der Mahlplatten zu erhöhen. Unter den vielen zur Erreichung des letztgenannten Zweckes in Anwendung gebrachten Mitteln hat die sägezahnartige Ausbildung des Trommelquerschnittes, wie solche zuerst von *Krupp* und *Löhnert* angewendet wurde, die verhältnismäßig weiteste Verbreitung gefunden.

In Fig. 152 und 153 ist die sog. Kugelfallmühle, Bauart der *Herm. Löhnert-A.-G.*, Bromberg, dargestellt. Dort bezeichnet *a* die schmiedeeiserne, an den Seiten durch auswechselbare Verschleißplatten *b* geschützte Trommel, deren Mantel aus den Mahlplatten *c* gebildet wird. Diese sind als Verbundplatten ausgeführt, so daß von den beiden Platten jeweils nur die obere — Auflaufplatte — erneuert zu werden braucht, während die untere — Grundplatte — bestehen bleibt. Die von je zwei aufeinanderfolgenden Platten geformte Stufe bezweckt einerseits eine lebhaftere Bewegung des Haufwerkes, anderseits gestatten die von den Stufen gebildeten, über die ganze Trommelbreite gehenden Spalten eine bequeme Anordnung zur Rückleitung des ungenügend gefeinten Gutes in die Mahltrommel. Letztere ist von einer dreifachen Sieb-

---

lage umgeben: dem aus starkem Stahlblech hergestellten Schutzsieb *d*, dem Mittelsieb *e*, das bei gröberer Mahlung entfallen kann, und dem auf hölzernen Rahmen aufgespannten Feinsieb *f*, dessen Gewebe aus Phosphorbronze- oder

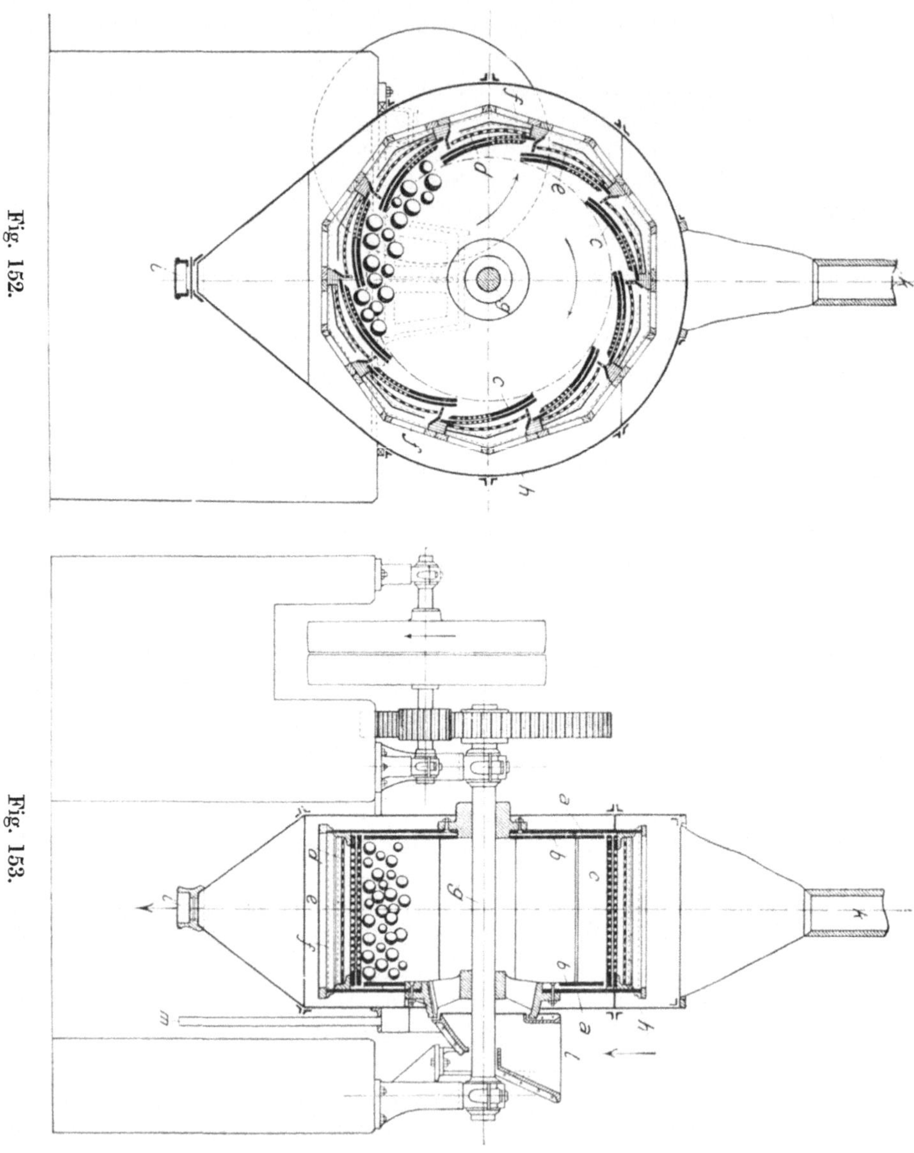

Fig. 152.

Fig. 153.

Stahldraht besteht. Alle Überschläge fallen durch die aus starken Blechen bestehenden Rücklaufsiebe, die in den durch die Erhebungen der Auflaufplatten gebildeten Öffnungen sitzen, selbsttätig in das Innere der Trommel zurück, um dort einer erneuten Bearbeitung unterworfen zu werden.

Die Mahltrommel ist auf der Welle g befestigt, die mittels eines ausrückbaren Zahnrädervorgeleges in Umdrehung versetzt wird. l ist der Einlauftrichter, dem das Gut unter allen Umständen nur durch eine genau regelbare Speisevorrichtung zugeführt werden sollte, da die Leistung der Kugelmühle — wie im allgemeinen einer jeden Zerkleinerungsvorrichtung — infolge ungleichmäßiger Beschickung sehr stark zurückgeht. Das aus dem ringförmigen Spalt zwischen Einlauftrichter und Nabe etwa austretende Gut wird in dem Rohr m abgefangen und der Aufgabevorrichtung wieder übergeben.

Das Staubgehäuse h ist unten in einen Auslaufstutzen i zusammengezogen. An dem Oberteil des Blechgehäuses befindet sich eine viereckige Öffnung, die mittels eines Leinenschlauches mit dem Luftschacht k verbunden ist. Bei genügender Höhe des letzteren leitet der in diesem Schacht entstehende Luftstrom die sich bei der Vermahlung etwa bildenden feuchten Dünste ab, wodurch gleichzeitig der Staubaustritt aus dem Einlauftrichter verhindert sowie einer übermäßigen Erwärmung der Mühle und des Mahlgutes vorgebeugt wird. — Anstatt an den Luftschacht kann das Gehäuse auch an eine Entstäubungsanlage angeschlossen werden.

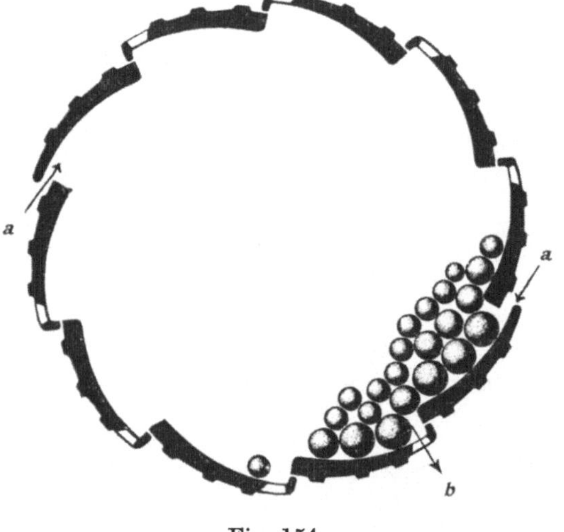

Fig. 154.

Die *Löhner*sche Kugelfallmühle wird in elf Modellgrößen gebaut, von 1220 bis 2830 mm Durchmesser und von 660 bis 1630 mm Breite der Mahltrommel. Das Gewicht der Kugelfüllung beträgt 200 bis 3500 kg, der Kraftverbrauch $2^1/_2$ bis 65 PS. Die Leistung ist je nach der Beschaffenheit des Aufschüttgutes und der Feinheit des Erzeugnisses ganz außerordentlich verschieden. Im allgemeinen kann nur gesagt werden, daß sich die Leistungen des genannten kleinsten und größten Modells wie etwa 1 : 18 verhalten.

Eine im Verlaufe einer längeren Betriebszeit mit Sicherheit zu erwartende Erscheinung ist das Zuhämmern der Öffnungen in den Mahlplatten der Kugelmühlen gewöhnlicher Bauart. Man hat diesem Übelstande durch konische Gestaltung der Löcher zu begegnen gesucht, ohne indessen den gewollten Zweck auf die Dauer erreichen zu können. Dagegen ist die von der *G. Luther*-A.-G.*, Braunschweig, bei ihren Kugelmühlen angewendete und in Fig. 154 dargestellte Plattenkonstruktion ohne Zweifel als eine sehr gute Lösung dieser Frage zu bezeichnen, da bei dieser Bauart die Öffnungen in denjenigen Teil der Platten verlegt sind, der den Wirkungen des Kugelschlages vollkommen entrückt ist. Die Verwendbarkeitsdauer dieser Platten ist eine ganz wesentlich höhere als jene der gewöhnlichen Bauart. — Zu der auf Seite 155 stehenden Skizze sei noch bemerkt, daß mit *a* die Einläufe für die Überschläge, mit *b* die länglich ovalen Plattenöffnungen bezeichnet sind.

Dieselben Erwägungen führten die *Herm. Löhnert-A.-G.*, Bromberg, zur Konstruktion ihrer Molitor-Kugelmühle (siehe Fig. 155 bis 157). Sie

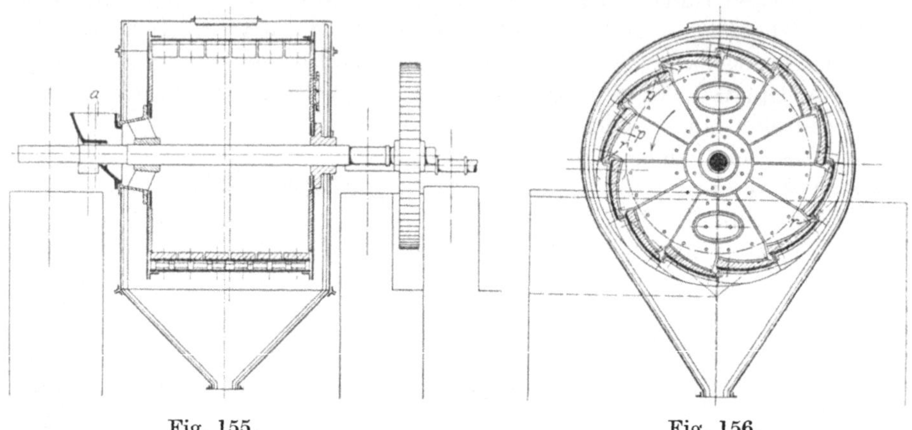

Fig. 155.   Fig. 156.

stellt eine Kugelfallmühle dar mit nach Bedarf veränderlicher, geschlossener Mahlbahnlänge, welche ohne jegliche Siebe arbeitet. Das Mahlgut tritt nach

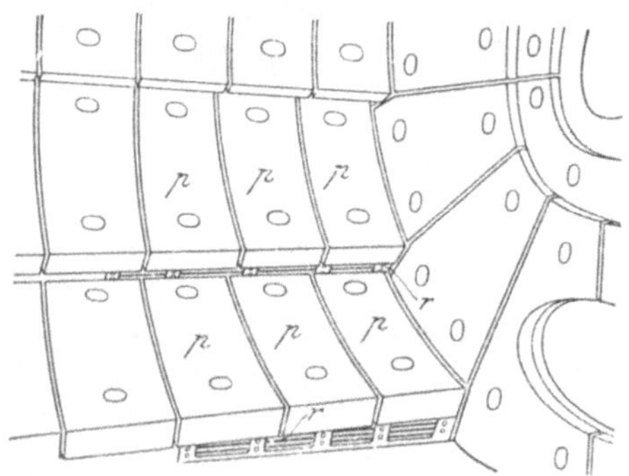

Fig. 157.

der dem Einlauf *a* gegenüberliegenden Seite hin durch in ihrer Spaltweite leicht zu verändernde Roste *r, r* (Fig. 157) aus, die zwischen den Fallplatten *p, p* angeordnet sind und bis in die Nähe der Einlaufkopfwand in kürzester Zeit nach Bedarf durch Deckbleche auf- oder zugedeckt werden können. Es sind also bei dieser Mühle die Spaltweiten und Spaltlängen der gegen Kugelschläge geschützt liegenden Austragroste veränderlich einstellbar. Hierdurch ist es ermöglicht, bei weithin abgedeckten Rosten, mithin durch künstliche Verlängerung des geschlossenen Teiles der Mahlbahn und gleichzeitige enge Stellung der offenen Schlitze ein mehlreiches Erzeugnis, untermischt mit Grießen von beschränkter Korngröße, zu erhalten, während umgekehrt bei möglichst weitgestellten und gleichzeitig möglichst vielen offenen Schlitzen ein mehlärmeres und grobgrießiges Mahlgut entfällt. Die in der Regel dahintergeschaltete Rohrmühle (siehe weiter unten) verarbeitet das Erzeugnis zu Mehl, und das ihr aufgegebene Gut wird durch richtige, von der Mahlarbeit abhängige Einstellung der Roste mittels der Molitor-Kugelmühle so weit vorgeschrotet, daß die Rohrmühle es bequem verdauen kann.

Die Molitor-Kugelmühle, deren Erzeugnis ohne vorherige Absiebung oder Sichtung entfällt, eignet sich besonders zum gröberen Vermahlen nicht zu harter Stoffe in großen Mengen, wie z. B. Mergel, bei welchem Leistungen bis zu 15 000 kg in der Stunde erzielt werden. Sie wird in vier Modellgrößen gebaut, von 2200 bis 2720 mm Durchmesser und 1445 bis 1700 mm Breite der Mahltrommel. Die Kugelfüllung beträgt 2100 bis 5000 kg, der Kraftverbrauch 45 bis 95 PS.

Besondere Erwähnung verdient aber noch die sehr eigenartige Panzerung dieser Mühle, die durch Fig. 158 und 159 dargestellt ist. Der grundlegende

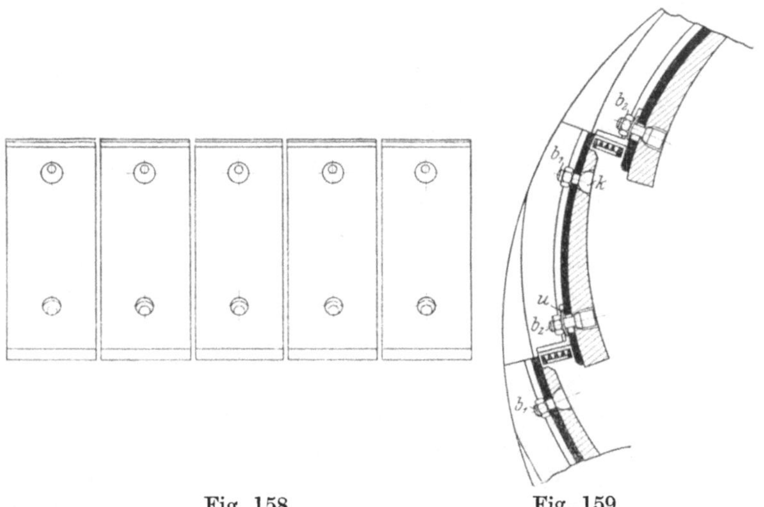

Fig. 158.   Fig. 159.

Gedanke der Konstruktion ist, die auf Grundplatten ruhenden Panzerstücke nur in einem Punkt auf diesen festzuhalten, während sie sich nach allen Richtungen hin dehnen können. Auf diese Weise wird vermieden, daß die von Kugelschlägen ständig gehämmerten und dabei eine Formveränderung erleidenden Platten Spannungen in die Befestigungsbolzen bringen können. Während es früher üblich war, die Panzerstücke mittels mehrerer Bolzen fest auf Grundplatten aufzuschrauben, werden sie jetzt nur in einem Punkte festgehalten, während in einem zweiten, gegen die Grundplatte verschiebbaren Punkte nur eine gewissermaßen elastische Aufhängung stattfindet, die lediglich dazu dient, das Abkippen der Platte von der Grundplatte in der Zeit, wo diese bei der Drehung der Mühle den oberen Teil durchläuft, zu verhindern. Wie aus den Abbildungen hervorgeht, ist der eine Bolzen b_1 am dünneren Ende der Platte der feste, der andere Bolzen b_2 ist der in einem Schlitz der Grundplatte geführte, bewegliche, der somit der Ausdehnung der Platten folgen kann; zugleich sitzen bei diesem zwischen Mutter und Grundplatte zwei starke Stahlfederscheiben u, so daß der Bolzen einer etwaigen

Ausbucklung der Platten infolge Streckung der oberen Faserschichten in den Panzern durch die Kugelschläge etwas nachgeben kann. Der kugelförmige Teil k des Kopfes von b_2, der die Platte in einem kegelförmigen Loche festhält, gestattet zugleich ein senkrechtes Einstellen des Bolzens zur Grundplatte, wenn die Panzerplatte sich von dieser beim Ausbeulen abhebt. Die freie Formveränderung der Platte innerhalb der vorkommenden Grenzen ist also gewährleistet.

Es läßt sich nicht leugnen, daß diese Panzerungsart, welche sich in jeder Beziehung gut bewährt hat, große Vorteile bietet, indem die Panzerplatten bis zur Erneuerung fast vollständig abgenutzt werden können, ohne daß die Befestigungsmittel vorher ersetzt werden müssen; denn der tragende Konstruktionsteil für das oft sehr große Gewicht des Mühleninhaltes sind die unter den Panzern liegenden Grundplatten. Neue Panzerstücke auf diese aufzuschrauben, ist nicht schwierig. Bei Anwendung von einzelnen großen Stahlgußpanzerstücken, welche über die ganze Mühlenbreite reichen, tritt, abgesehen davon, daß es schon nicht leicht ist, bei Stahlguß die erforderliche gleichmäßige Härte zu erzielen, der Nachteil ein, daß diese Platten nicht genügend abgenutzt werden können, weil sie zugleich Tragkonstruktionsteile für den Mühleninhalt bilden. Es muß daher, falls nicht vorher schon Risse und Brüche auftreten, ein großer Teil des teuren Baustoffes ins alte Eisen wandern. Aus diesem Grunde bietet die *Löhner*sche Bauweise nicht zu verkennende Vorteile, die sich im wesentlichen auf Sicherheit und Billigkeit des Betriebes erstrecken.

Die Verwendung gelochter Mahlplatten — mögen diese nun wie bei der ältesten Ausführungsform über die ganze Länge der Mahlbahn verteilt, gegen Kugelschlag geschützt oder ungeschützt sein, mag die Lochung auch ganz entfallen und durch stellbare Längsschlitze oder Spalten ersetzt erscheinen — bewirkt in jedem Falle, daß das Mahlgut die Mühle an zahlreichen Stellen zu verlassen vermag — vorausgesetzt, daß es klein genug ist, um durch die Löcher, Schlitze oder Spalten hindurchfallen zu können. Theoretisch ist diese sofortige Abführung des hinreichend zerkleinerten Gutes sicher als Vorzug der Kugelmühle anzusehen, in der Praxis stellt sich die Sache aber ganz anders, wenn es sich um die Verarbeitung außergewöhnlich harter Stoffe, wie z. B. der in Drehöfen gebrannten Zementklinker handelt. Dann sinkt die Leistung der gewöhnlichen Kugelmühle dermaßen, daß es nicht mehr wirtschaftlich ist, sie als Vorschroter für die darauffolgende Feinmahlmaschine anzuwenden. Die Erklärung dieser Tatsache ist darin zu finden, daß das sehr harte Aufschüttgut in Kugelmühlen gewöhnlicher Bauart der Einwirkung des Mahlmittels durch eine viel zu kurze Zeit unterliegt, die zwar hinreicht, um das Gut zu zertrümmern und grob vorzuschroten, nicht aber, um ein feingrießiges, mit Mehl untermischtes Erzeugnis zu erzielen, wie solches die weitere Verarbeitung erfordert.

Um nun den Kugeln mehr Zeit zur Einwirkung auf das Mahlgut zu geben, haben *F. L. Smidth* & *Co.*, Kopenhagen, ihre Kominor - Mühle (siehe Fig. 160 und 161) als eine Art Rohrmühle mit Siebvorrichtung und Rückleitung

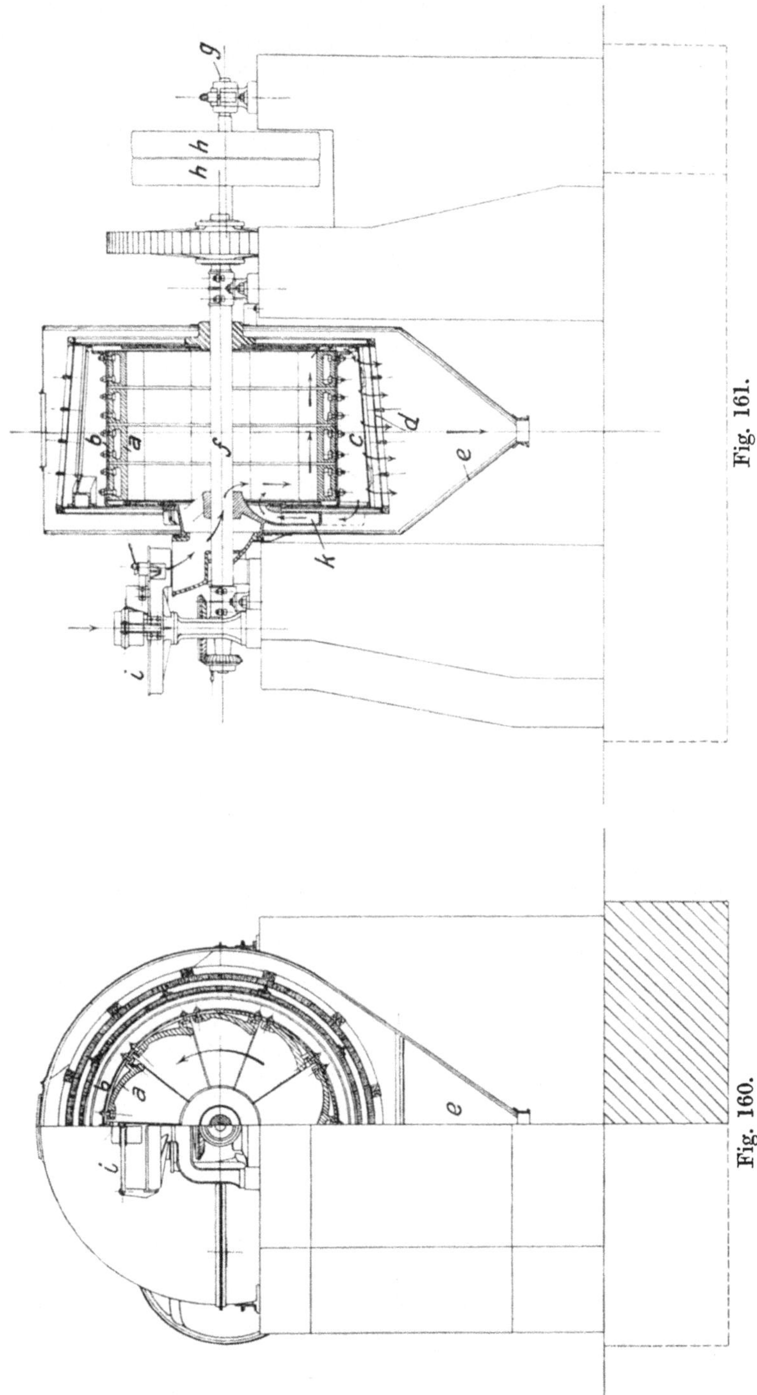

g
h
a
b
f
c
d
e
k
i
Fig. 161.
a
b
e
i
Fig. 160.

der Grieße gestaltet. Das von einer Telleraufgabevorrichtung i in gleichmäßigen Mengen zugeführte Aufschüttgut fällt durch den Trichter und die Einlaufnabe in die Mahltrommel b, die mit vollen, undurchlochten Mahlplatten a ausgepanzert ist, und bewegt sich wie in einer Rohrmühle in der Längsrichtung vorwärts, wobei es der zertrümmernden und mahlenden Wirkung schwerer Stahlkugeln ausgesetzt ist. Es verläßt die Mahltrommel auf der dem Einlauf entgegengesetzten Seite durch regelbare Austrittöffnungen, die außerhalb des Wirkungsbereiches der Kugeln liegen, und gelangt auf das schwach kegelförmige Sieb d mit Schutzsieb c. Das genügend Gefeinte

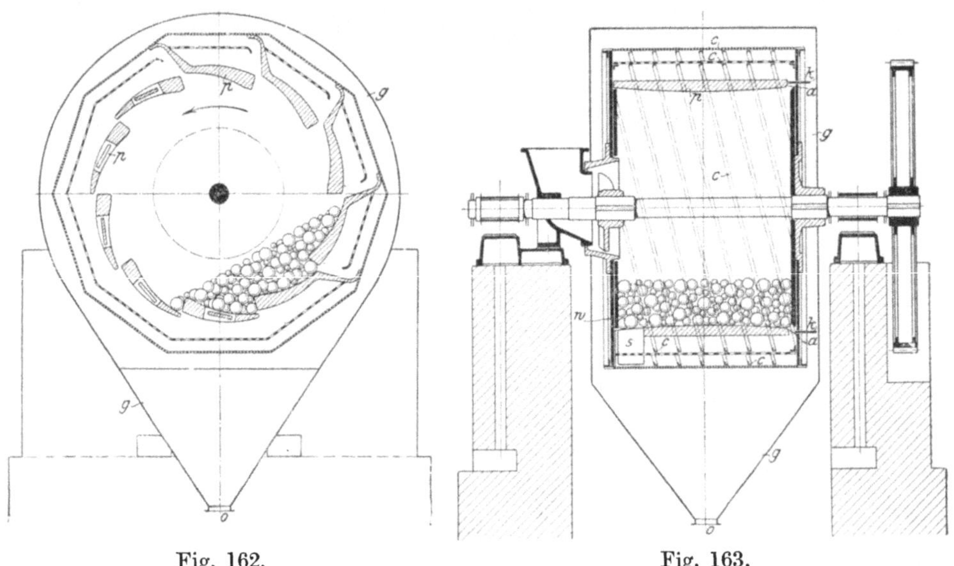

Fig. 162.   Fig. 163.

fällt durch die Maschen des Gewebes in einen die Mühle staubdicht umgebenden Sammeltrichter e mit anschließender Fördervorrichtung zur Rohrmühle, während das Grobe durch Rücklaufkanäle k in die Mahltrommel geleitet und der nochmaligen Einwirkung des Mahlmittels ausgesetzt wird. — Die Mahltrommel ist auf der Welle f befestigt, die mittels eines aus der Welle g, den Riemscheiben h, h und einem Stirnräderpaar bestehenden Vorgeleges in Umdrehung versetzt wird. — Die Kominor-Mühle wird in elf Modellgrößen gebaut, von 500 bis 5000 kg Kugelfüllung und mit 7 bis 80 PS Kraftverbrauch.

Denselben Zwecken wie die vorbeschriebene Mühle dient der „Cementor" von *G. Polysius*, Dessau, den die Fig. 162 und 163 veranschaulichen. Innen- und Außensiebe sind hier mit schraubenförmig verlaufenden Leisten c aus Winkeleisen besetzt, die als Fördermittel dienen und das aus den vor Kugelschlägen geschützten Austragöffnungen a austretende Mehl- und Grießgemenge zu einer rückläufigen Bewegung — nach der Einlaufseite zu — zwingen. Die Siebflächen werden dadurch sehr kräftig ausgenutzt, und da die Mahlplatten p über ihre ganze Länge geschlossen sind, so ist die Mahlwirkung gleichfalls sehr ausgiebig. Absiebung und Mahlung halten viel besser miteinander Schritt, als das bei Kugelmühlen älterer Bauart je zu erreichen war. Das abgesiebte Gut verläßt die Mühle durch den Auslauf o des nach unten trichterförmig zusammengezogenen Gehäuses g. Die Überschläge gelangen mittels an der Stirnwand w angeordneter gekrümmter Schaufeln s in den Mahlraum zurück, um einer erneuten Bearbeitung unterzogen zu werden. Die Anordnung dieser Schaufeln an der Innenseite der Stirnwand ist deswegen vorteilhaft, weil dadurch die Mahlbahn bei gleichen äußeren Abmessungen größer wird. Die Feinheit des Erzeugnisses wird durch Weiter- oder Engerstellen der Schieber k an den Austragschlitzen geregelt.

Auf eine Erhöhung der Siebwirkung geht auch die in den Fig. 164 und 165 dargestellte Kominor-Mühle mit Fasta-Sieben hinaus, bei der drei oder mehr Siebtrommeln c ganz außerhalb des Mahlgehäuses b angebracht und mit diesem durch die Sammelkanäle d verbunden sind. Das mittels der Teller-aufgabevorrichtung e zugeführte Gut durchwandert — wie bei dem Kominor — den Mahlraum in seiner ganzen Länge und tritt durch an der Rückwand des Gehäuses angeordnete Schlitze in einen Kanal, der es unter dem Einfluß der Schwerkraft in die jeweilig untere Siebtrommel leitet. Das Gemisch aus Mehl und Grießen durchstreicht die Siebtrommeln in der Richtung nach der Einlaufseite zu und wird abgesiebt. Das Mehl wird in üblicher Weise durch eine Öffnung des trichterförmig gestalteten Gehäuses abgezogen, während der Überschlag durch den Kanal d in den Mahlraum zurückgeleitet wird.

Die Fasta-Mühle, bei der die Unabhängigkeit des siebenden Teiles von dem mahlenden Teile des Systems in gewissen Grenzen zum Ausdruck kommt, leitet über zu den „sieblosen Kugelmühlen", die nur in Verbindung mit besonderen Siebeinrichtungen — und zwar mit Windsichtern — gedacht werden können, bei denen also Mahlarbeit und Siebarbeit in räumlich vollkommen getrennten Vorrichtungen durchgeführt werden. Während aber die Kominor- und Cementor-Mühlen die Bestimmung haben, nur Vorbereitungsapparate für die darauffolgende Feinmahlmaschine (die Rohrmühle) zu sein, bezwecken die sieblosen Kugelmühlen (zu denen in gewissem Sinne auch die oben besprochene Molitor-Kugelmühle *Löhnerts* gehört) die Vorschrotung und Feinmahlung in einem einzigen Gerät. Sie arbeiten ausschließlich mit Windsichtern (siehe weiter unten) zusammen, deren Abmessungen so gewählt werden müssen, daß die in jedem Augenblick von der Kugelmühle erzeugte Feinmehlmenge vom Sichter als Fertigerzeugnis ausgeschieden wird und daß nur solche Überschläge auf die Mühle zurückgeführt werden, die tatsächlich noch einer weiteren Verarbeitung bedürfen. Die Tatsache, daß die Mahlvorrichtung durch die kräftige Wirkung der Sichtvorrichtung beständig von dem erzeugten Feinmehl befreit wird, bedeutet fraglos eine Entlastung der ersteren von überflüssiger Arbeit und ist als durchaus zweckmäßig und den Gesetzen der rationellen Zerkleinerung entsprechend anzusehen. Als praktischer Vorteil der Anordnung ergibt sich der Fortfall jeglicher Siebgewebebespannung, die nur zu häufig zu Betriebsstörungen Veranlassung liefert, und ferner eine nicht unerhebliche Einschränkung des Raum- und Kraftbedarfes.

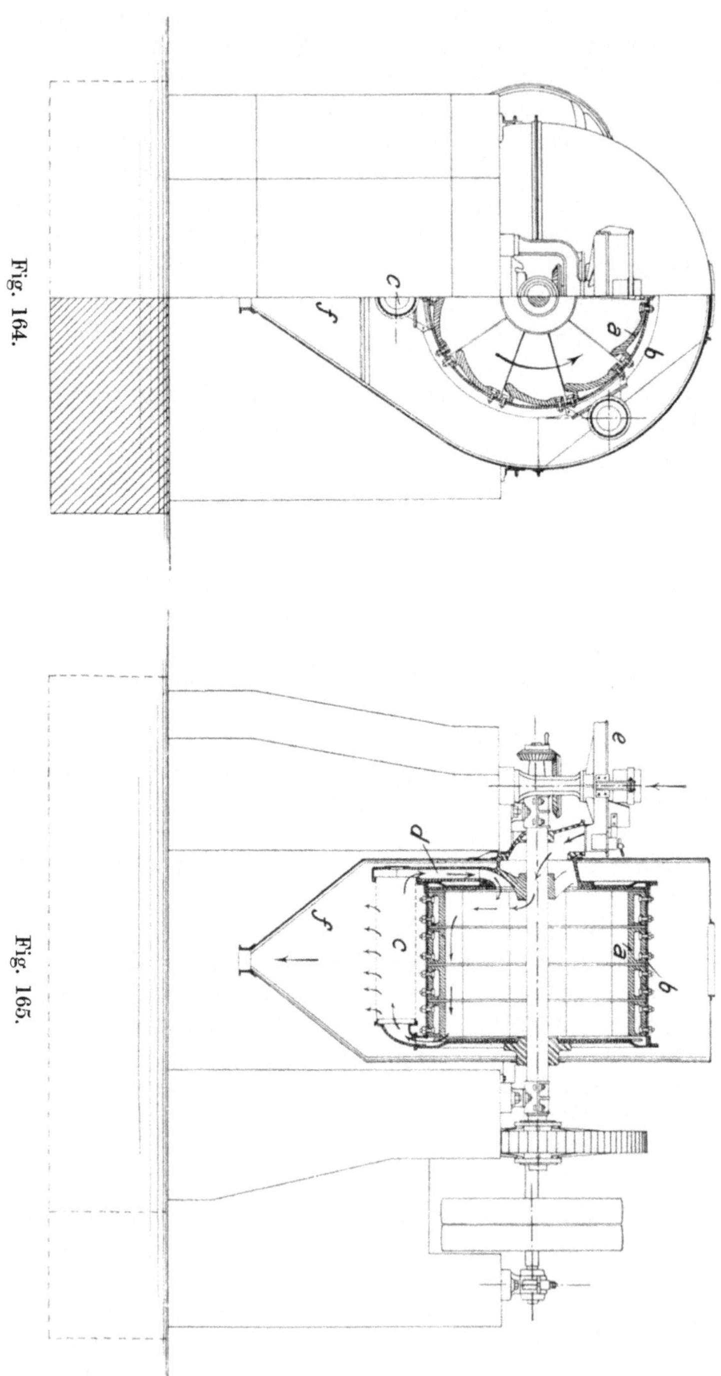

Fig. 164.

Fig. 165.

In Fig. 166 ist eine solche Anlage, Bauart der *Gebr. Pfeiffer*, Kaiserslautern, dargestellt; sie besteht aus einer Kugelmühle, deren Mahlplatten *a* vor Kugelschlägen geschützte Längsschlitze *b* bilden, die mittels der Schieber *c* nach Bedarf enger oder weiter gestellt werden können, so daß sie nur einem Erzeugnis von einer ganz bestimmten Korngröße den Durchtritt gestatten, das von dem Becherwerk *d* auf den Windsichter *e* gehoben wird. Dieser trennt in dem Gemisch mittels eines von ihm selbst erzeugten Luftstromes das Mehlfeine vom Groben, und während ersteres unmittelbar an dem Mehlauslaufrohr abgesackt oder in die Lagerräume befördert werden kann, fällt der Überschlag (Grieß) selbsttätig in den Einlauftrichter der Mühle zur weiteren Bearbeitung zurück.

Die *Pfeiffer*sche sieblose Kugelmühle wird in acht verschiedenen Modellgrößen — bis zu 5000 kg Kugelfüllung und 90 PS Kraftbedarf — gebaut. Sie hat hauptsächlich in der Zementindustrie, der Düngerschlackenmüllerei und in der Fabrikation des hydraulischen Kalkes weite Verbreitung gefunden. Namentlich ist in dem letztgenannten Zweig der Mörtelindustrie die Zahl der Ausführungen verhältnismäßig am zahlreichsten.

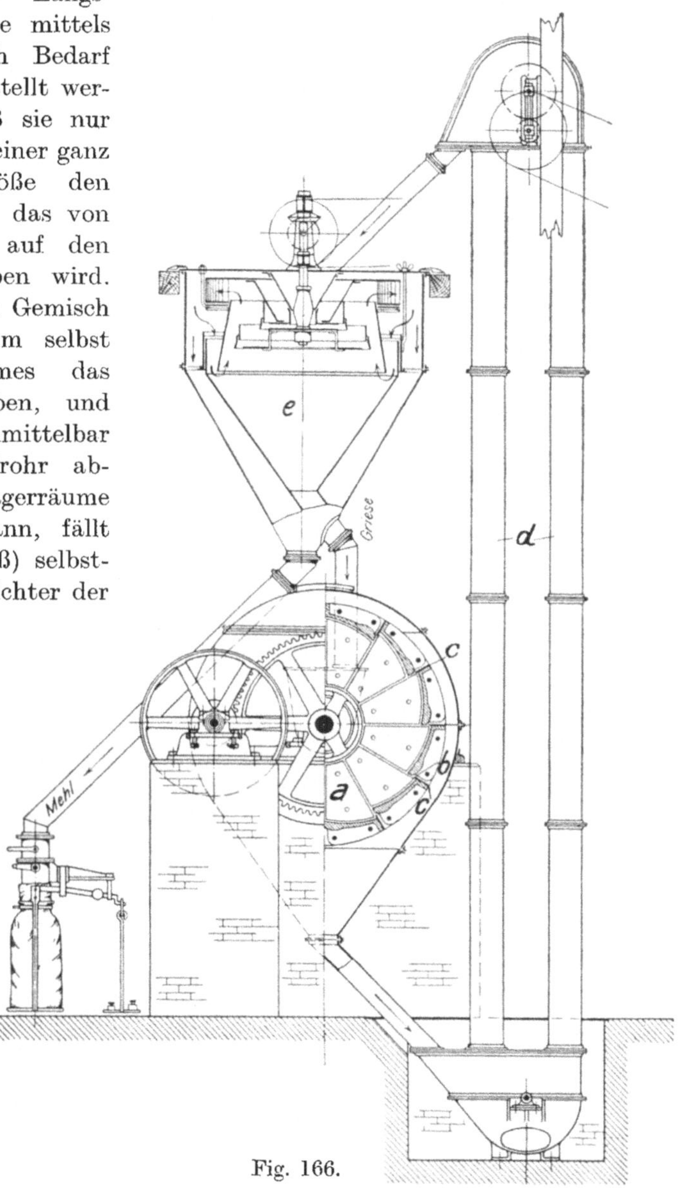

Fig. 166.

Als weitere Vertreterin dieser Gattung ist die Orion-Mühle der *Alpinen Maschinen A.-G.*, Augsburg, zu nennen, deren Einrichtung durch Fig. 167

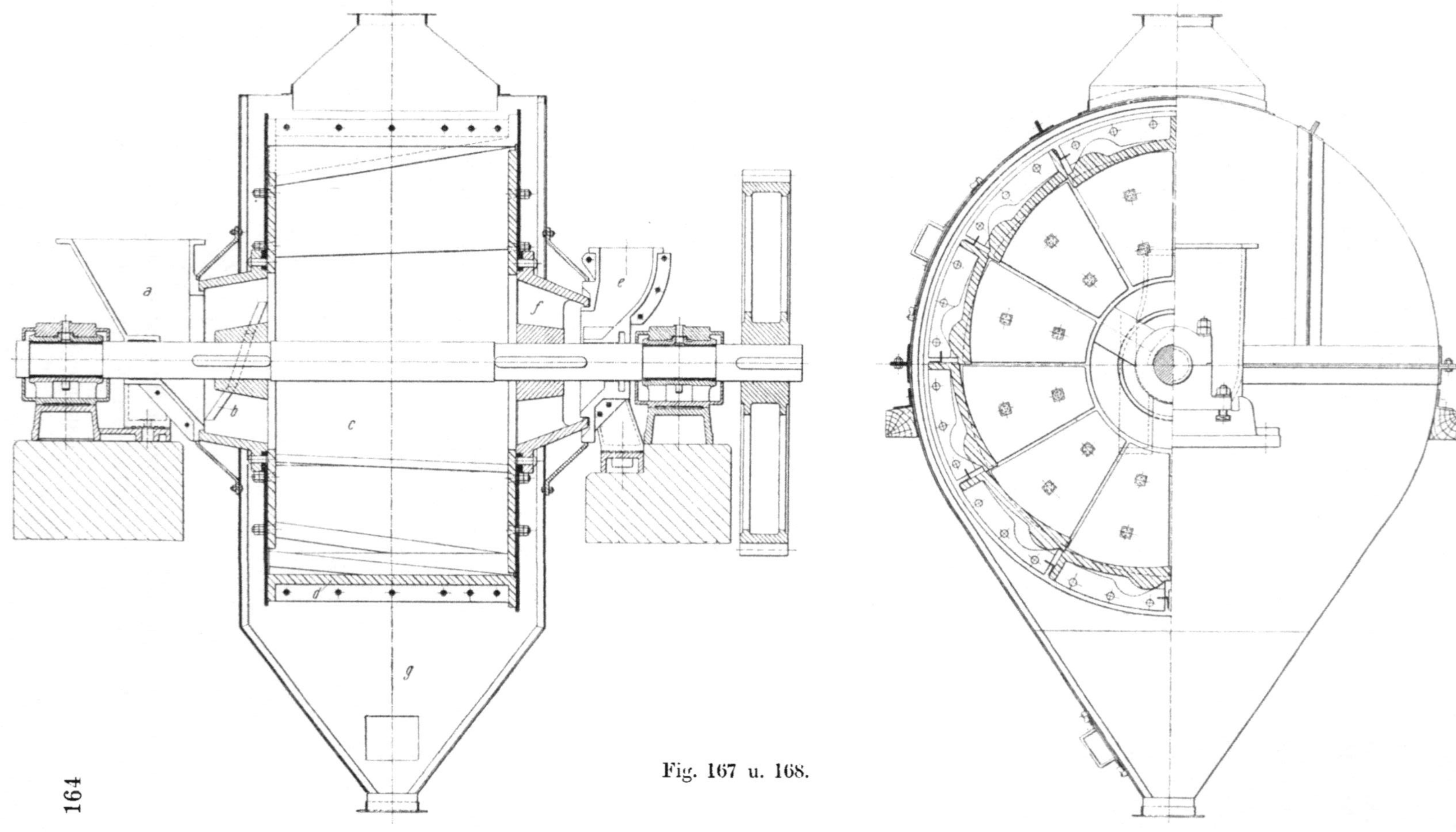

Fig. 167 u. 168.

und 168 dargestellt wird, während die schematische Skizze Fig. 169 der Veranschaulichung des Konstruktionsgedankens dienen soll. In letzterer bedeutet *a* den Einlauf, *h* die Mahltrommel, *b* die Austrittöffnung der Mahlplatte, *d* den Staubgehäusetrichter, *c* das — nur a u s n a h m s w e i s e (wenn die Orion-Mühle als Vorschroter für die Rohrmühle dienen soll) anzuwendende — Vorsieb, das in der Regel fehlt, *g* und *e* das Rücklaufrohr und die Rücklaufschaufel für die Grieße und *f* Aussparungen in der hinteren Nabe, durch die die Grieße zu nochmaliger Vermahlung in das Mahlgehäuse eintreten. — Die Wirkungsweise der Einrichtung dürfte ohne weitere Erläuterungen klar sein; es sei nur noch bemerkt, daß die Austrittöffnungen *b* durch Schieber verstellbar gemacht sind, um die wirksame Trommellänge der Mahlbarkeit des Gutes anpassen zu können.

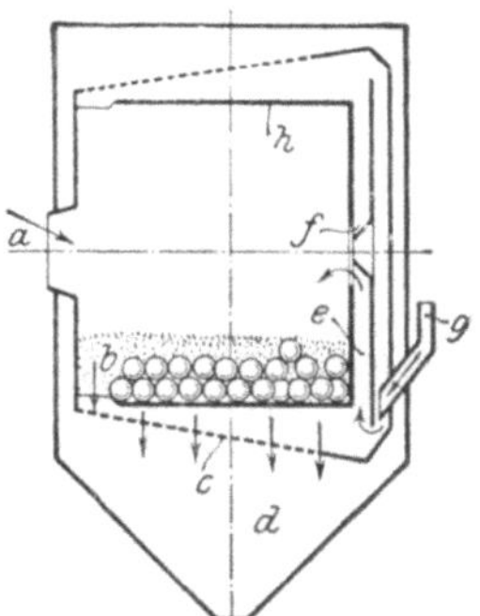

Fig. 169.

Besondere Erwähnung verdient bei dieser Mühle eine Verbesserung, die darin besteht, daß die Mahlplatten nicht als Teile eines Zylinders sondern in windschiefer Form hergestellt werden, so daß die Platten an der Einlaufseite weiter in das Mühleninnere vorragen als an der entgegengesetzten Seite. Es wird damit bezweckt, die Kugeln auf der Aufgabeseite höher emporzuheben und ihnen dort eine größere Schlagwirkung zu verleihen, als auf der Einlaufseite der Grieße, wo die Zerkleinerung des Gutes bereits weiter vorgeschritten ist und geringere Fallhöhen zur weiteren Bearbeitung genügen. Sodann wirken die windschiefen Platten ähnlich wie das Wendebrett eines Pfluges und veranlassen eine lebhafte Bewegung der Kugeln untereinander, wodurch das Mahlgut nicht nur zerschlagen sondern auch zerrieben und die Mehlbildung, infolge des .der Wirkungsweise eines Mörsers nachgeahmten Mahlvorganges, erheblich gesteigert wird. — Die Orion-Mühle wird in neun Modellgrößen gebaut, für Kugelfüllungen von 300 bis 5000 kg mit einem Kraftbedarf von 5 bis 90 PS.

Die sieblose Kugelmühle der *Amme, Giesecke & Konegen A.-G.*, Braunschweig (siehe Fig. 170 und 171), besteht aus der auf der Welle *c* mittels der Naben *b* und *h* befestigten Mahltrommel *d*, deren Seitenwände mit Stahlplatten *g* ausgepanzert sind und deren Mantel aus vollen Stahlgußbalken *f* gebildet wird, so daß die Mahlbahn allseitig geschlossen erscheint.

Das Aufschüttgut gelangt aus dem Trichter *a* durch die mit schraubenflügelartigen Speichen versehene Hohlnabe *b* in das Innere des Gehäuses, wird hier vermahlen und fällt durch einen Schlitz auf einen Rost, dessen Länge und Spaltweite nach Bedarf einzurichten ist. Der Überschlag wird mittels eines zylindrischen, Förderleisten tragenden Blechmantels zum Eintrittende zurückgeführt, dort von Rücklaufschaufeln erfaßt und in die Mühle zurückbefördert, um diese nochmals der ganzen Länge nach zu durchwandern. Das durch die Rostspalten hindurchgefallene Gut läuft durch den Stutzen *i*, zu dem das Blechgehäuse *e* unten zusammengezogen ist, einem Becherwerk zu, das es auf den Windsichter befördert. —

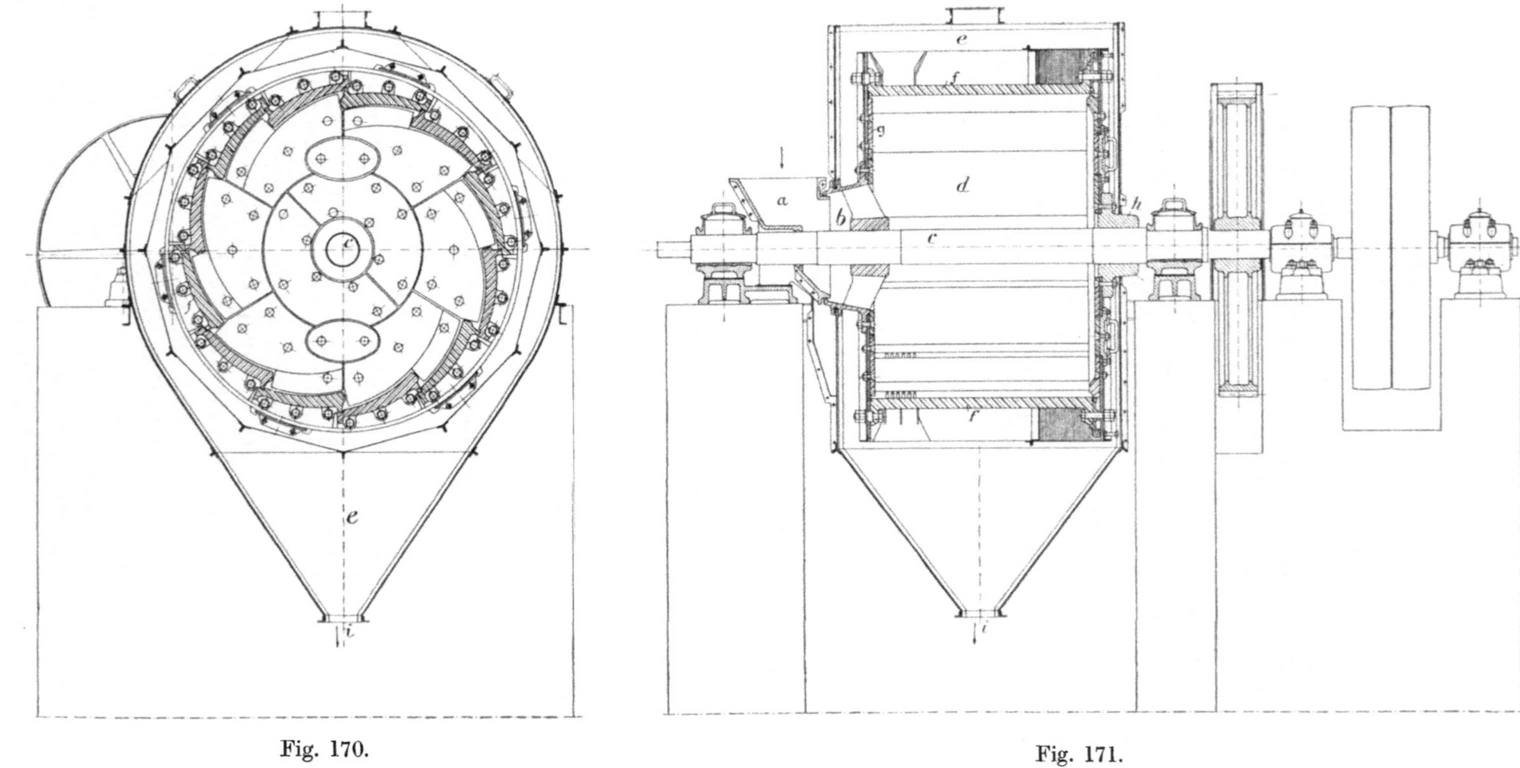

Fig. 170.

Fig. 171.

Durch ausgedehnte Versuche hat *Pfeiffer* festgestellt, daß der Mahlgutaustritt bei Kugelmühlen nicht gleichmäßig auf der ganzen Länge der Auslaßschlitze erfolgt, sondern daß das Gut vornehmlich und überwiegend die Mühle an deren Enden verläßt[1]. Diese Versuchsergebnisse führten zur Konstruktion der Doppelhartmühle, die sich dadurch kennzeichnet, daß das Mahlgut nur an den Enden ausgetragen wird (siehe Fig. 172 und 173).

Die Trommel a ist mit zwei Seitenschilden b, b' versehen und ruht auf vier Rollen c, c' und d, d', wovon die beiden letzteren auf einer gemeinsamen Welle, der Antriebwelle, sitzen und die Mühle vermöge der durch ihr Gewicht erzeugten Reibung in Umdrehung versetzen. Auf die Seitenschilde sind Laufringe e und e' aus gewalztem Stahl aufgezogen. Die Beschickung geschieht von beiden Seiten, und zwar wird das Frischgut zweckmäßig bei f zugeführt, während die aus dem Windsichter zurückkehrenden Grieße in den Einlauf f' geleitet werden. Der Austritt erfolgt durch die ringförmigen Querschnitte g und g'. Sowohl Trommel wie Seitenschilde sind mit Stahlplatten h bzw. i gepanzert. Die Platten dienen zugleich zur Regelung der Weite des Aus-

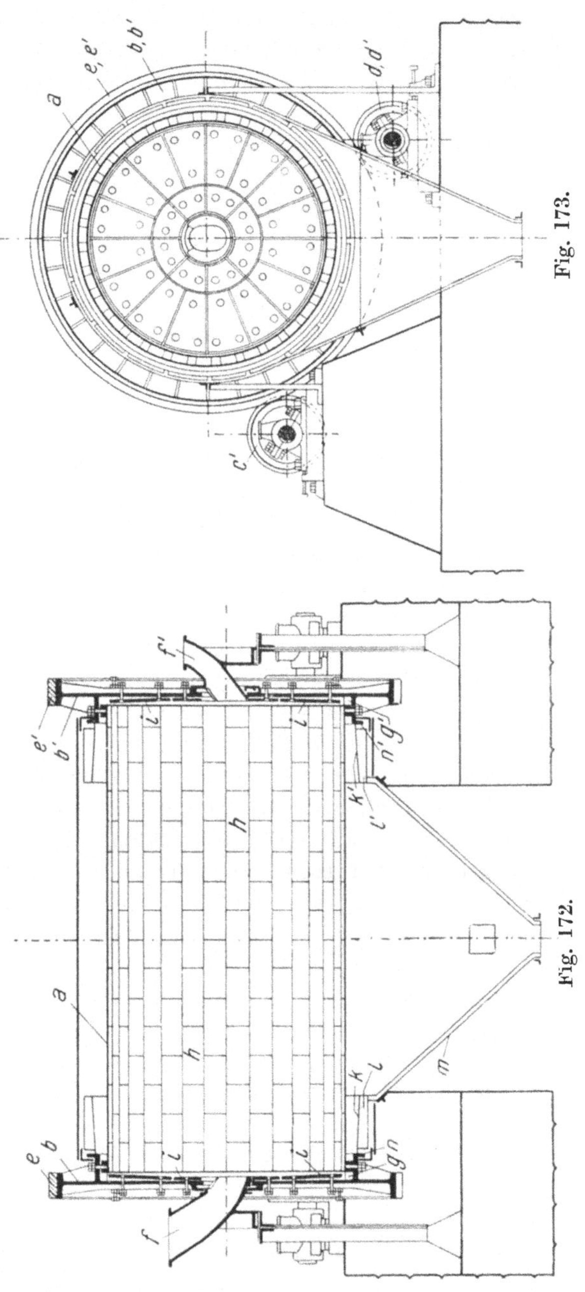

Fig. 173.

Fig. 172.

---

[1] Protokoll der Verhandlungen des Ver. deutsch. Portlandzement-Fabrikanten 1912.

trittspaltes. An den Seitenschilden sind Blechringe k, k' angeschraubt, welche schräggestellte Schaufelbleche l, l' tragen, die sich an dem zwischen Mühle und feststehenden Mantel m befindlichen Spalt n, n' vorbeibewegen und als Ventilator wirken, der den Staub von dem Austrittspalt abhält und nach innen saugt. Die sonst üblichen und nachteiligen Filzdichtungen kommen also in Fortfall.

Besonders beachtenswert an dieser Mühle ist es, daß bei ihr der sonst gebräuchliche Zahnräderantrieb vermieden und durch eine sinnreiche Anordnung der Tragrollen ersetzt erscheint. Bei der bekannten symmetrischen Anordnung der Rollen ist es nämlich nicht möglich, diese Rollen als Treibrollen zu benutzen und die Mühle durch Drehen dieser Rollen, also lediglich durch Vermittlung der rollenden Reibung, in Bewegung zu setzen. Es ist das deshalb nicht möglich, weil der durch das Gewicht der Mühle auf die Rollen ausgeübte Druck zur Entwicklung der notwendigen Umfangskraft nicht ausreicht. Bei der *Pfeiffer*schen Konstruktion sind nun diese Rollen, wie Fig. 173 zeigt, derart angeordnet, daß fast das gesamte Mühlengewicht auf den Antriebrollen d, d' ruht, während die Rollen c, c' in der Hauptsache als Stütze dienen. Durch diese Anordnung ist es möglich, einen derartigen Druck auf die Treibrollen zu erzeugen, daß die für die Inbetriebnahme der Mühle erforderliche Umfangskraft mit Sicherheit erreicht wird. Die Vorteile dieser Konstruktion sind ganz bedeutend. Die Kosten des Zahnradantriebes und dessen Unterhalt kommen ganz in Fortfall und an Kraftverbrauch werden — nach *Pfeiffers* Schätzung — etwa 10 Proz. gespart.

Nach derselben Quelle beträgt die Leistungsfähigkeit der Doppelhartmühle 8000 kg/h Drehofenzementmehl mit nur 11,4 Proz. Rückstand auf dem Sieb von 4900 Maschen/cm², bei einem Kraftverbrauch von 185 PS. —

In der Einleitung zu diesem Abschnitt wurde gesagt, daß die Kugelmühlen erst dann die ihnen zukommende Bedeutung für die Industrie zu erlangen vermochten, als es gelungen war, ihre Arbeitsweise zu einer stetigen zu gestalten. Immerhin ist den absatzweise arbeitenden Kugelmühlen doch noch ein — wenn auch eng begrenztes — Wirkungsgebiet geblieben, das sie wohl auch in Zukunft behaupten werden. Diese Maschinen sind nämlich für alle Fälle, wo es sich darum handelt, bei geringem Kraftaufwand kleine Stoffmengen in ein unfühlbar feines Pulver zu verwandeln, ganz besonders gut geeignet und in ihrer qualitativen Leistung unübertroffen.

Die Konstruktion der Kugelmühlen für absatzweisen Betrieb ist ungemein einfach. Sie bestehen aus einer geschlossenen Trommel aus Hart- oder Stahlguß, in der sich eine Anzahl Stahlkugeln von verschiedener Größe befindet, die bei der fortgesetzten Umdrehung der Trommel das Mahlgut zerkleinern. Die Trommel hat eine verschließbare Öffnung, durch die das Gut aufgegeben und, nachdem es den gewünschten Feinheitsgrad erreicht hat, unter Zuhilfenahme eines Rostes, der die Kugeln zurückhält, auch wieder entfernt wird.

Bei größeren Mühlen dieser Art ist die dann längliche Trommel in zwei Böcken gelagert und wird mittels Riemen angetrieben. Bei kleineren Mühlen ist die Trommel auf die Welle fliegend aufgesetzt. Der Antrieb kann im letzteren Falle auch von Hand erfolgen. — Das Gut: Farben, Chemikalien, Gewürze, Kohlen, Emaille, Schellack usw. kann trocken und naß vermahlen werden.

Eine solche kleine Mühle ist in Fig. 174 und 175 dargestellt. Dort bedeutet b die Mahltrommel, c die Kugeln, e ein Verschlußstück mit der Klemmschraube f, a die zweimal gelagerte Welle und $d\,d$ die feste und lose Riemenscheibe.

In Fällen, wo das Mahlgut nicht mit Eisen in Berührung kommen darf, wird die Trommel aus Rotguß angefertigt oder mit Holz, Granit, Hartporzellan u. dgl. ausgefüttert und statt der Stahlkugeln werden dann solche aus Rotguß oder auch Flintsteine verwendet.

Mit einer für Handbetrieb eingerichteten Kugelmühle von 500 mm Durchmesser und 130 mm Breite der Trommel können in der Stunde 5 kg Holz-

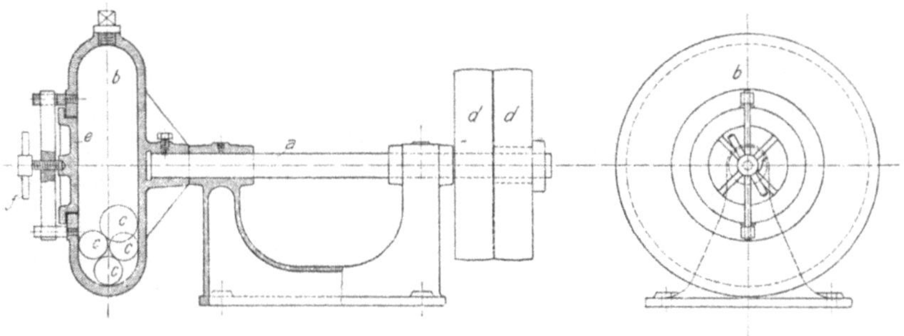

Fig. 174.   Fig. 175.

kohlen zu einem unfühlbaren Pulver vermahlen werden. Für 75 kg Stundenleistung ist eine mit Riemen anzutreibende Kugelmühle von 1000 mm Durchmesser und ebensolcher Breite der Mahltrommel mit $1^1/_2$ PS Kraftverbrauch erforderlich. —

Mit den steigenden Anforderungen mancher gewerblicher Großbetriebe — vor allem der Zementindustrie — an die Mahlfeinheit ihrer Erzeugnisse wuchsen auch die Schwierigkeiten, die sich ihrer Erfüllung unter alleiniger Anwendung von Kugelmühlen gewöhnlicher Bauart entgegenstellten. Wie gezeigt wurde, ist die Kugelmühle älterer Bauart nicht eine Mühle schlechtweg, sondern gleichzeitig auch eine Siebvorrichtung, und zwar — da von der ganzen Siebfläche immer nur ein kleiner Teil (die bei der Umdrehung gerade untenliegenden Felder des Siebes) zur Wirkung kommt — eine solche von bemerkenswert ungünstigem Wirkungsgrad. Bei der in der Kugelmühle vorliegenden Konstruktion: Mühle und Sieb, ist das letztere zweifellos der schwächere Teil schon bei gröberer Mahlung, der bei wirklicher Feinmahlung nahezu gänzlich versagt. Das Bestreben der Konstrukteure mußte sich also darauf richten, entweder

    1. den Sieben eine derartige Stellung anzuweisen, daß sie auf die Feinheit des Enderzeugnisses keinen unmittelbar bestimmenden Einfluß auszuüben vermochten, oder

2. die Mahlarbeit von der Siebarbeit ganz und gar zu trennen, oder endlich

3. ohne jegliche Siebung oder Sichtung auszukommen.

Die unter 1. angegebene Lösung der Aufgabe findet sich durch die Kominor- und Cementor-Mühlen verwirklicht, die sich darauf beschränken, das Mahlgut für die dahinterfolgende Feinmahlmaschine vorzubereiten und bei denen neben einer gesteigerten Mahlleistung eine infolge Verwendung gröberer Gewebe in besonderen Anordnungen erhöhte Siebwirkung einhergeht.

Eine vollständige Trennung von Mahl- und Siebarbeit nach Punkt 2 ist in den Konstruktionen der sieblosen Kugelmühlen durchgeführt.

Die dritte Lösungsart endlich erforderte es, dem Mahlgut einen so langen, bzw. so langsam zurückzulegenden Weg durch das Mahlgerät vorzuschreiben, daß damit eine hinreichende Feinung des Gutes bewirkt wurde, die eine nachträgliche Absiebung entbehrlich machte. (Dieses ist das den Rohrmühlen zugrundeliegende Prinzip.) Um aber dabei nicht auf abenteuerliche Längenabmessungen zu kommen, war es nötig, das Aufschüttgut vorher schon so weit zu zerkleinern, daß der Endzweck: Fortfall jeglicher Sieberei — auch mit unbedingter Sicherheit erreicht wurde. Diese Vorschrotung ist natürlich an keine bestimmte Gattung von Zerkleinerungsvorrichtungen gebunden, sie kann auf Kugelmühlen der verschiedensten Bauart (Kominor, Cementor, Molitor usw.) oder auf verkürzten Rohrmühlen, auf Kollergängen und Mahlgängen erfolgen, die sämtlich nur die eine Bedingung zu erfüllen haben: Lieferung eines Erzeugnisses von einer ganz bestimmten nicht überschreitbaren Korngröße.

Die Rohrmühle, in ihrer jetzigen Gestalt, ist von *F. L. Smidth & Co.* in Kopenhagen i. J. 1892 zuerst in die Zementindustrie eingeführt worden und hat eine ganz beispiellos schnelle und ausgedehnte Verbreitung gefunden, was sie in allererster Linie ihrer überaus einfachen, jegliche Betriebstörung mit fast unbedingter Sicherheit ausschließenden Bauart zu verdanken hat. Sie besteht aus einem schmiedeeisernen, mit einem widerstandsfähigen Stoff ausgepanzerten Rohr, das mit einer großen Anzahl kleiner Mahlkörper (Flintsteine oder Stahlkugeln) gefüllt wird, an einem Ende eine Aufgabevorrichtung besitzt und am anderen Ende zur stetigen Austragung des fertigen Erzeugnisses eingerichtet ist. Auf dem Trommelmantel ist an passender Stelle ein Zahnkranz aufgesetzt, der mittels eines ausrückbaren Vorgeleges angetrieben wird und seinerseits die Mahltrommel in Umdrehung versetzt.

Der Mahlvorgang ist derselbe wie bei jeder Kugelmühle mit geschlossener Mahlbahn. Es ist eine erstaunliche Tatsache, daß es ganze zwölf Jahre nach der Einführung der Rohrmühle dauerte, bis über den Arbeitsvorgang in dieser so einfach erscheinenden Maschine Klarheit geschaffen worden war. Es ist das Verdienst Prof. *Hermann Fischers* durch seine klassischen Versuche[1] in der Versuchsanstalt von *Friedr. Krupp-Grusonwerk* in Magdeburg den Nachweis erbracht zu haben, daß die bis dahin geltende Auffassung von der Wirkungsweise der Rohrmühle eine durchaus irrtümliche und falsche war.

---

[1] Zeitschr. d. Ver. deutsch. Ing.: Der Arbeitsvorgang in Kugelmühlen. 1904.

Man dachte sich den Vorgang im allgemeinen so: Die Kugeln oder Flint-steine rollen auf der Böschung des Trommelinhaltes und verschieben sich in dem Haufwerk gegeneinander, so das zwischen ihnen liegende Mahlgut zer-kleinernd, und letzteres bewegt sich vom Eintritt- zum Austrittende der Trommel, da die Öffnung an jenem Ende höher liegt als an diesem.

An einer Versuchsrohrmühle, die so eingerichtet war, daß die Vorgänge im Innern der Mahltrommel von außen bequem beobachtet werden konnten, wies *Fischer* nach,

1. daß die Rohrmühle das Mahlgut weder an der Böschung noch im Innern

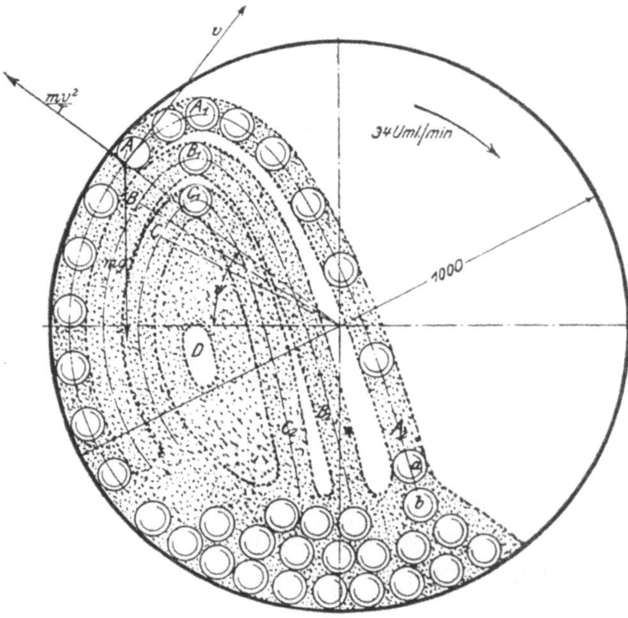

Fig. 176.

des Haufwerks nennenswert zerreibt, es vielmehr durch sog. schiefen Schlag zerkleinert, und

2. daß eine höhere Lage der Eintrittöffnung gegenüber der Austritt-öffnung für die Förderung des Mahlgutes ohne Bedeutung ist.

Fig. 176 veranschaulicht die berechnete Wurfbewegung der Kugeln in der Versuchsrohrmühle, die sich mit der von ihnen wirklich ausgeführten Be-wegung — wie der Augenschein lehrte — vollständig deckte. Die Kugeln, die unten und an der Steigseite die Trommelwand berühren, liegen auf dieser infolge der durch die Umdrehung der Mahltrommel erzeugten Fliehkraft so lange fest, bis sie, auf einer gewissen Höhe angekommen, sich loslösen und einen deutlichen Wurfbogen beschreiben. Die herabsausenden Kugeln treffen auf die untere Kugelschicht oder auf die Trommelwandung auf, wobei das Mahlgut, das sie mittreffen, zerschlagen, nach allen Seiten ziemlich weit ver-spritzt und von den benachbarten Hohlräumen, die zwischen Kugeln und

Mahlgut sich vorfinden, aufgenommen wird. Befindet sich an einer Schlag-
stelle viel Mahlgut, so wird von hier aus viel verteilt, sonst wenig. An der
Austragseite der Mühle wird das Gemisch naturgemäß ärmer an Mahlgut,
so daß der Ausgleich zwischen gefüllteren und weniger gefüllten Hohlräumen in
der Hauptsache nach dem Auslauf zu gerichtet sein und ein ununterbrochenes
Wandern des Mahlgutes von der Eintrag- zur Austragstelle zur Folge haben
muß. Der Höhenunterschied zwischen beiden Stellen spielt dabei gar keine
Rolle; durch den Versuch wurde nachgewiesen, daß der Austritt unter gewissen Bedingungen sogar an einer erheblich höheren Stelle erfolgen kann
als der Eintritt des Mahlgutes. Es ist nur nötig, daß die Eintrittöffnung da
liegt, wo der Trommelinhalt locker genug ist, um das Mahlgut aufzunehmen
oder wo die Trommel überhaupt leer ist und daß die Austrittöffnung von
dem Trommelinhalt gestreift wird.

Die Mahlwirkung der Rohrmühle wird bedingt durch den Durchmesser
und die Umfangsgeschwindigkeit der Trommel, ferner durch das Gewicht
und die Zahl der Mahlkörper. In der Veränderung dieser Faktoren hat man
das Mittel in der Hand bei gegebenen Verhältnissen sich den bestmöglichen
Mahlerfolg zu sichern.

Mit derselben Frage wie *Fischer* hat sich — etwa ein Jahr später —
H. A. White in ungemein gründlicher Weise beschäftigt und namentlich die
Umfangsgeschwindigkeit naß mahlender Rohr- und Kugelmühlen zum Gegenstand zahlreicher Versuche und Beobachtungen gemacht. Auf diese sehr
interessante Arbeit[1] kann hier nur hingewiesen werden.

Die Einrichtung einer „Dana"-Rohrmühle, Bauart *F. L. Smidth & Co.*,
Kopenhagen, geht aus der Fig. 177 hervor, die den Längenschnitt durch diese
Mühle zeigt. Es bedeutet a die schmiedeeiserne, mitf Hartgußplatten b oder
mit irgendeinem anderen harten Stoff (Tonfliesen, Silexsteine) ausgepanzerte
und mit gleichfalls gepanzerten Stirnwänden abgeschlossene Trommel, die
in zwei Hohlzapfen e_1 und e_2 läuft, wovon der erstere zur Zuführung des
Aufschüttgutes dient. Auf der Trommel sitzt ein Zahnkranz, der von einem
ausrückbaren Stirnradvorgelege mit Riemenscheibe f und Reibungskupplung
oder mit fester und loser Riemscheibe in Umdrehung versetzt wird.

Das Gut wird mittels der von der Vorgelegwelle aus angetriebenen Schnecke d
dem Mahlraum zugeführt, durchwandert diesen unter der beständigen
Mahlwirkung des Mahlmittels und verläßt ihn als fertiges Erzeugnis durch
die rostartigen Öffnungen c, die am Umfang des Austrittendes der Trommel
verteilt angebracht sind. Das die genannten Öffnungen umschließende Blechgehäuse muß zur Verhütung des Staubaustrittes ein Abzugrohr erhalten oder
— besser noch — an eine Staubfängeranlage (siehe weiter unten) angeschlossen
werden.

Die Dana-Rohrmühlen werden in zehn Modellgrößen, von 500 bis 12 000 kg
Flintsteinfüllung und 5 bis 120 PS Kraftverbrauch gebaut. Die Leistung
wird — außer von den weiter oben genannten Faktoren — auch noch durch

---

[1] Journ. of the Chemical Metallurgical and Mining Society of South Africa 1905,
S. 290. Johannesburg.

die Härte und Korngröße des
Aufschüttgutes und die Feinheit des Erzeugnisses beeinflußt. Sie beträgt beispielsweise bei einer Rohrmühle
von 1,75 m Durchmesser etwa
7000 kg Mehl/h mit 17 Proz.
Rückstand auf dem Siebe
von 4900 Maschen im Quad-
ratzentimeter, aus einem sehr
harten Portlandzementklin-
ker, der auf einer, mit Sieb
Nr. 30 bespannten Kominor-
mühle vorgeschrotet war.

Die Rohrmühlen von
Krupp, Polysius, Luther u. a.
unterscheiden sich von der
vorbeschriebenen Mühle im
wesentlichen nur durch eine
andere Austragsweise, die
bei ihnen durch den hohlen
Endzapfen, bei *Smidth* dagegen am Umfang der Trom-
mel erfolgt, doch ist dieser
Unterschied — wie *Fischer*
gezeigt hat — auf den
Arbeitsvorgang in der Mühle
von gar keinem Einfluß[1].
Als Vorteil der zentralen Austragung kann es angesehen
werden, daß bei dieser die
Staubloshaltung bequemer
durchzuführen ist als bei der
*Smidth*schen Bauweise.

Ein großer praktischer
Vorzug der Rohrmühlen —
im allgemeinen — ist ihre
geringe Ausbesserungsbe-

---

[1] Durch Versuche von *Zeyen*
— Tonindustrie-Ztg. 1913, S. 558
u. 559 — ist sogar eine günstige
Einwirkung der zentralen Aus-
tragsweise auf das Ergebnis der
Rohrmühlenarbeit bezüglich
Feinheit und Menge nachge-
wiesen worden.

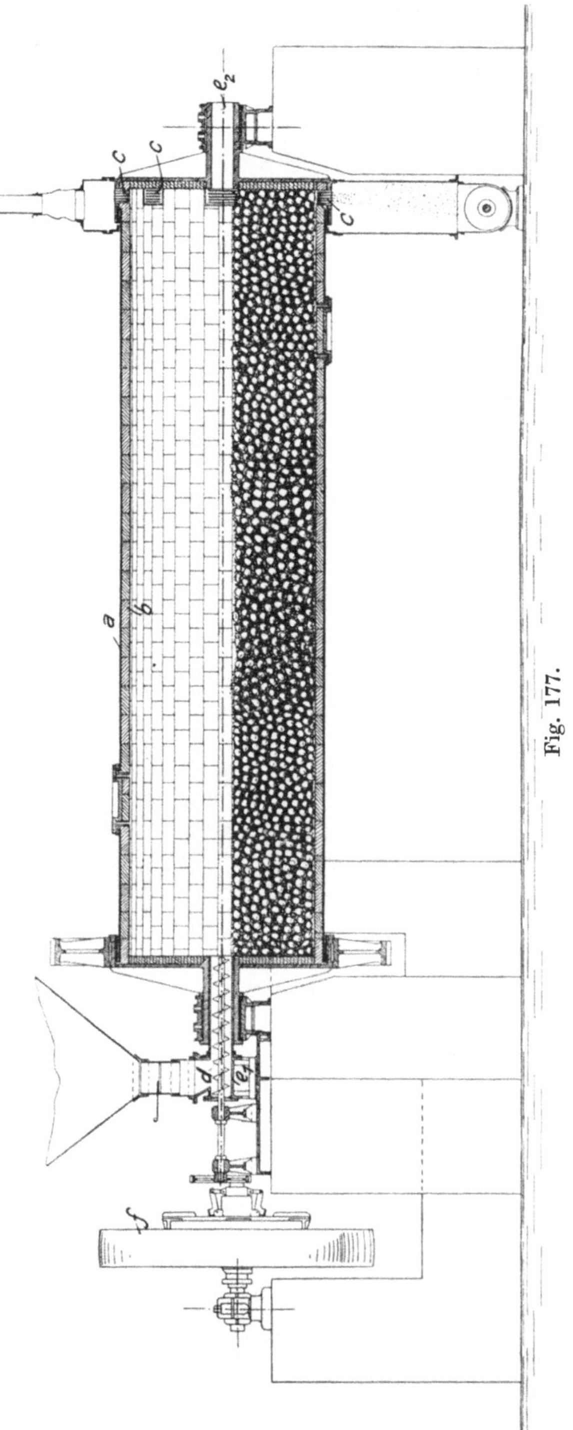

Fig. 177.

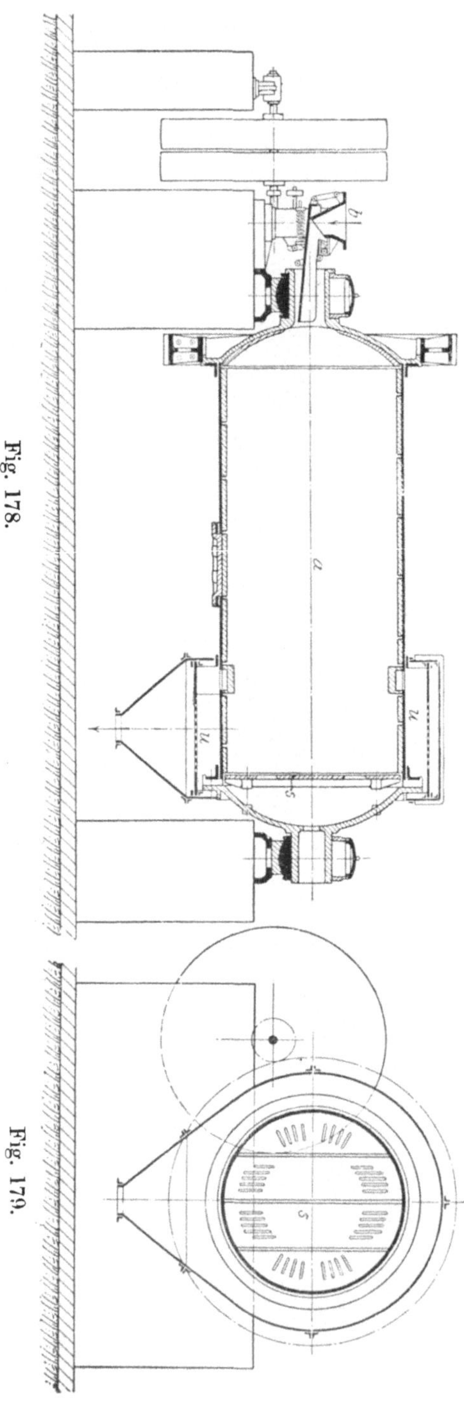

Fig. 178.

Fig. 179.

dürftigkeit. Nach *Smidth*[1] beträgt der Verschleiß bei Feinvermahlung von Schachtofenzement durchschnittlich 1 kg Flintsteine auf 10 t Zement, bei Drehofenklinker etwa $1^1/_2$ kg; die Lebensdauer einer Silexauspanzerung erstreckt sich oft über mehrere Jahre und die störungsfreie Arbeitszeit solcher Mühlen beläuft sich stellenweise auf 6 bis 7000 Stunden im Jahre.

Die Rohrmühle bedarf, um als Feinmahlmaschine wirken zu können, einer verhältnismäßigen großen Mahltrommellänge, die stets ein Vielfaches des Trommeldurchmessers sein muß. Verkürzt man also die Rohrmühle, so wird ihre Wirkung um so mehr vorschrotend sein, je weiter man in der Verringerung der Trommellänge gegangen ist. Auf diese Erwägung gründet sich die Konstruktion der Molitor - Rohrmühle der *Herm. Löhnert A.-G.*, Bromberg, Fig. 178 und 179, die als eine derartige verkürzte Rohrmühle anzusehen ist. Sie dient dazu, besonders harte Stoffe (z. B. Drehofenklinker) vorzuschroten und das Mahlgut ohne Rückführung der Grieße so weit vorzubereiten, daß die Ausmahlung mittels der dahintergeschalteten Feingrieß-mühle in einem Durchgang erfolgen kann. Bei dieser Kombination geht also die ganze Vermahlung ohne Zuhilfenahme irgendwelcher Siebe oder Windsichter vor sich, doch kann die Molitor-Rohrmühle ebensogut mit einem Windseperator zuasmmengeschaltet werden, wodurch dann selbstverständlich die Ausmahlvorrichtung entbehrlich wird.

Die mit Fallplatten ausgestattete und zu einem Teil mit Stahlkugeln gefüllte Mahltrommel *a* läuft in zwei Zapfen und wird in üblicher Weise durch

---

[1] *F. L. Smith* & *Co.*, Kopenhagen: Flugschrift.

ein Zahnräder-Riemscheiben-Vorgelege betrieben. Die Länge der Mahlbahn ist gegeben, fest, und von ihr und der Kugelfüllung hängen Menge und Feinheit des durch die Schlitzwand s entfallenden Erzeugnisse ab; durch entsprechende Einstellung der Aufgabevorrichtung b kann das letztere so in seinem Feinheitsgrade beeinflußt werden, daß die darauffolgende Feingrieß-(Rohr)-Mühle die beabsichtigte Endfeinheit zu liefern vermag. Um nun einzelne grobe Stücke abzufangen, wie solche bei allen derartigen Mühlen entfallen und deren Menge erfahrungsgemäß 2 bis 3 Proz. der Aufschüttmenge beträgt, geht das Mahlgut durch ein grob gelochtes starkes Umlaufschlitzsieb u, durch dessen Öffnungen das fertige Erzeugnis leicht hindurchfällt, während die wenigen groben verirrten Stücke am Ende des Siebes der Mühle am Umfang wieder zurückgeführt werden. Ist für ein bestimmtes Mahlgut die Mühle durch Regelung der Zufuhrmenge mittels der Aufgabevorrichtung einmal richtig auf den gewünschten Feinheitsgrad eingestellt, so arbeitet sie fortlaufend und in jeder Beziehung selbsttätig. — Die Molitor-Rohrmühle wird in zehn Modellgrößen gebaut, von 1500 bis 1800 mm Durchmesser und von 2500 bis 4000 mm Länge der Mahltrommel. Bei etwa 6000 kg Kugelfüllung des kleinsten Modells beträgt der Kraftverbrauch ungefähr 65 PS, bei 12 000 bis 16 000 kg Füllung des größten Modells etwa 140 bis 160 PS.

Gleichfalls als verkürzte Rohrmühle ist die Ergo-Mühle der *Amme, Giesecke & Konegen A.-G.*, Braunschweig — Fig. 180 und 181 —, anzusehen. In den Abbildungen bezeichnet e die mit Fallplatten ausgestattete, an den Stirnwänden gepanzerte Mahltrommel, die in zwei Hohlzapfen b und i läuft und in bekannter Weise angetrieben wird. Das Mahlgut wird der Mühle mittels einer regelbaren Aufgabevorrichtung a durch den Hohlzapfen b zugeführt, wobei Schraubenflügel c seinen Rücktritt verhindern. An der Austrittseite ist die Stirnwand f mit einer Reihe von Schlitzen versehen, durch die das gemahlene Gut in die Kammer h tritt, um bei k den Auslauftrichter zu verlassen, der wieder zweckmäßig an eine Entstäubungseinrichtung anzuschließen ist.

Die Ergo-Mühle ist nicht als Vorschroter für einen dahinterliegenden Ausmahlapparat gedacht, sondern sie wird ausschließlich — gleich der *Pfeiffer*schen Hartmühle und der Orion-Mühle — in Verbindung mit einem Windsichter zum gleichzeitigen Schroten und Feinmahlen verwendet. Die Stundenleistung eines solchen Systems wurde vom Verf. mit 4300 kg festgestellt. Das Aufschüttgut war Drehofenzementklinker, der in ein Mehl mit 1,3 Proz. Rückstand auf dem Sieb von 900 Maschen im Quadratzentimeter und 17 Proz. auf jenem von 4900 Maschen im Quadratzentimeter verwandelt wurde. Der Kraftverbrauch betrug 125 PS.

Rohrmühlen sind vereinzelt auch mit in axialer Richtung gewelltem Mahlmantel ausgeführt worden, wobei die Mahlkörper aus Kugeln bestanden, deren Halbmesser mit dem Krümmungshalbmesser der Wellentäler übereinstimmte. Auch ist eine Rohrmühle mit keilförmig genutetem Mahlmantel bekannt, bei der als Mahlkörper lose Ringe von keilförmigem Querschnitt dienen, die nahezu den gleichen Durchmesser wie der Mahlmantel besitzen

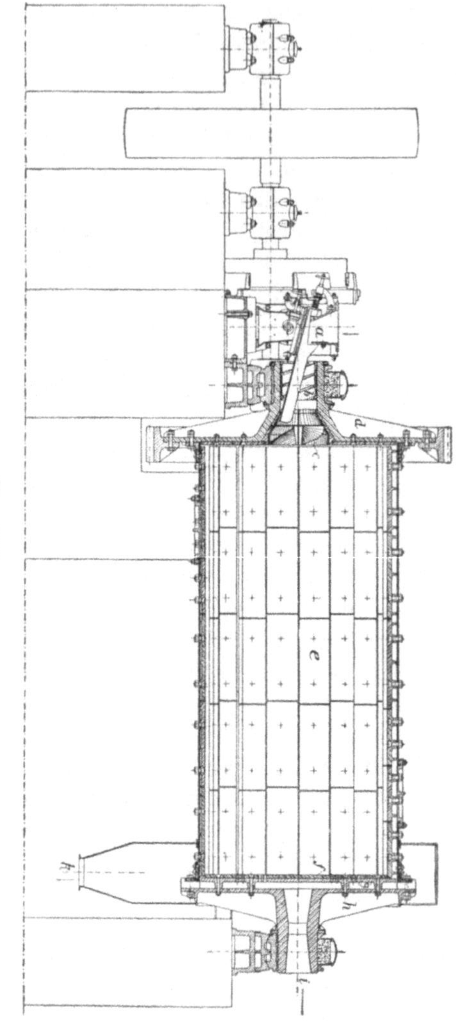

Fig. 180.

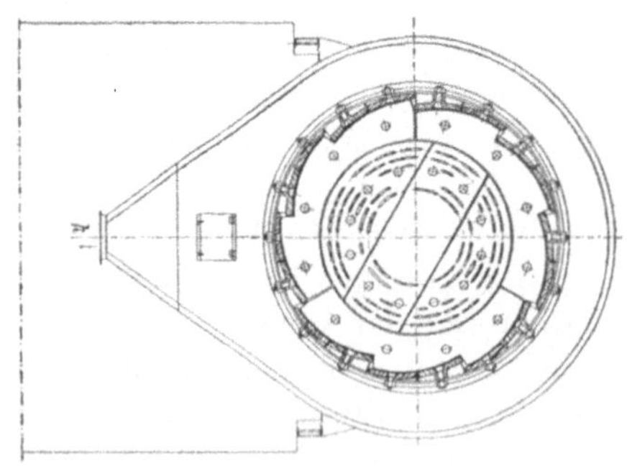

Fig 181.

Ferner ist durch das D.R.P. 384451 (*Wüstenhöfer*, Dortmund) eine Rohrmühle mit in axialer Richtung gewelltem Mahlmantel geschützt, bei der die Mahlkörper aus in Übereinstimmung mit dem Mahlmantel gewellten Walzen bestehen, deren Durchmesser kleiner ist als der Halbmesser des Mahlmantels.

Als technischer Zweck dieser Konstruktionen wird die Vergrößerung der Arbeitsfläche des Mahlmantels und damit eine Erhöhung der Leistungsfähigkeit der Rohrmühlen gegenüber solchen mit glattem Mantel angegeben. Dazu ist zu bemerken, daß, wie aus der weiter oben dargelegten Arbeits- und Wirkungsweise der Rohrmühlen im allgemeinen hervorgeht, nicht die zweifellos nur geringfügige Verschiebung der Mahlkörper an der Rohrwand die Hauptmahlarbeit in der Rohrmühle leistet, sondern der schiefe Schlag der bei der Umdrehung der Mühle sich von der Rohrwand ablösenden und auf das weiter unten liegende Gemenge von Mahlkörpern und Mahlgut auftreffenden Mahlmittel. Wenn also, um die Leistungsfähigkeit der Rohrmühle zu heben, etwas vergrößert werden soll, so ist es in erster Linie die Mahlfläche der Mahlkörper und erst in letzter Reihe jene des Rohres. Selbstverständlich findet die erstere Maßnahme ihre Grenze in dem Gewicht des einzelnen Mahlkörpers und in der von diesem entwickelten lebendigen Kraft, die ein sich nach der Korngröße und Härte des Mahlgutes richtendes geringstes Maß nicht unterschreiten darf, falls überhaupt noch eine Mahlwirkung ausgeübt werden soll.

An dieser Stelle müssen weiter auch noch Rohrmühlen erwähnt werden, die an Stelle der sonst üblichen Flintsteine oder Stahlkugeln zylindrische Stahl- oder Eisenstäbe besitzen, die in der Mahltrommel parallel zur Trommelachse angeordnet sind und dieselbe Länge aufweisen wie die Mahltrommel (amerik. „Marathon-Mühle"[1]). Der zuzugebende Vorteil dieser Bauart besteht in der Möglichkeit der Vermahlung eines gröberen Aufschüttgutes; dagegen ist die geringe spezifische Leistungszahl (d. h. die effektive Leistung pro Tonne Mahlmittelgewicht bzw. pro 1 KW oder 1 PS) ein Nachteil, der den bezeichneten Vorteil weit überragt.

Die weiter oben ausführlich geschilderten, in mehr als in einer Richtung bedeutsamen und erfolgreichen Bestrebungen im Kugelmühlenbau haben es nicht verhindert, sondern im Gegenteil dazu beigetragen, dem Gedanken der unmittelbaren Verbindung der Kugelmühle mit der Rohrmühle in einem einzigen Mahlgerät näher zu treten oder, richtiger gesagt, da er an sich schon lange nicht mehr neu ist[2], ihn in eine zeitgemäße Form zu bringen. Es entstanden so die sog. „Verbundmühlen", deren gemeinsames Kennzeichen darin besteht, daß die gemeinschaftliche Mahltrommel durch eine Scheidewand in zwei Kammern geteilt erscheint, von denen die erste, kürzere, mit großen und schweren Stahlkugeln gefüllte Kammer der Vorzerkleinerung und Schrotung, die zweite, längere, mit kleineren und leichteren Kugeln oder Flintsteinen arbeitende Kammer der Ausmahlung der in der Vorkammer erzeugten Grieße dient.

Die Molitor - Verbundmühle der *Herm. Löhnert A.-G.*, Bromberg, ist eine Verbindung der Molitor-Rohrmühle mit der Flintstein-Rohrmühle in einem Rohr, das zu einem Zweikammersystem ausgebildet ist. In ihrem vorderen Teil arbeitet die Mühle genau wie die vorhin beschriebene Molitor-Rohrmühle, in dem hinteren Teile wie eine gewöhnliche Flintstein-Rohrmühle. Sie wird in sieben Modellgrößen gebaut, von 1150 bis 2000 mm Durchmesser und 8200 bis 11 000 mm Länge der Mahltrommel. Die Kugelfüllung beträgt von 3500 bis 14 000 kg, die Flintsteinfüllung von 3500 bis 12 000 kg, der Kraftverbrauch von 65 bis 310 PS.

Die Einrichtung einer Verbundmühle, Bauart *Fellner & Ziegler*, Frankfurt a. M., geht aus den Fig. 182 bis 184 hervor. Eine Stoßaufgabevorrichtung *a*, die ihren Antrieb von der Vorgelegewelle der Mühle aus erhält und die genau einstellbar ist, sorgt für die gleichmäßige Speisung der Mühle mit Aufschüttgut, das **trocken** sein und höchstens Hühnereigröße haben soll. Das nicht genietete, sondern überlappt geschweißte Rohr ist durch eine Zwischenwand in einen Vorschrot- und einen Feinmahlraum, *b* bzw. *c* geteilt. Die Grieße der Vorschrotkammer treten durch Schlitze *d* der mehrteiligen Schlitzwand hindurch und gelangen auf ein Kontrollsieb *e* aus Stahlblech, das die sogenannten „Spritzer" zurückhält, die durch Hebeschaufeln *f* und Kanäle *g* zur nochmaligen Vermahlung in die Vorschrotkammer kommen. Das übrige Mahlgut fällt durch die Schlitze des Kontrollsiebes auf einen zweiten

---

[1] Protokoll der Verhandlungen des Vereins deutscher Portlandzementfabrikanten. J. 1911, S. 415.

[2] Dinglers polytechn. Journ. **306**, Heft 2. 1897.

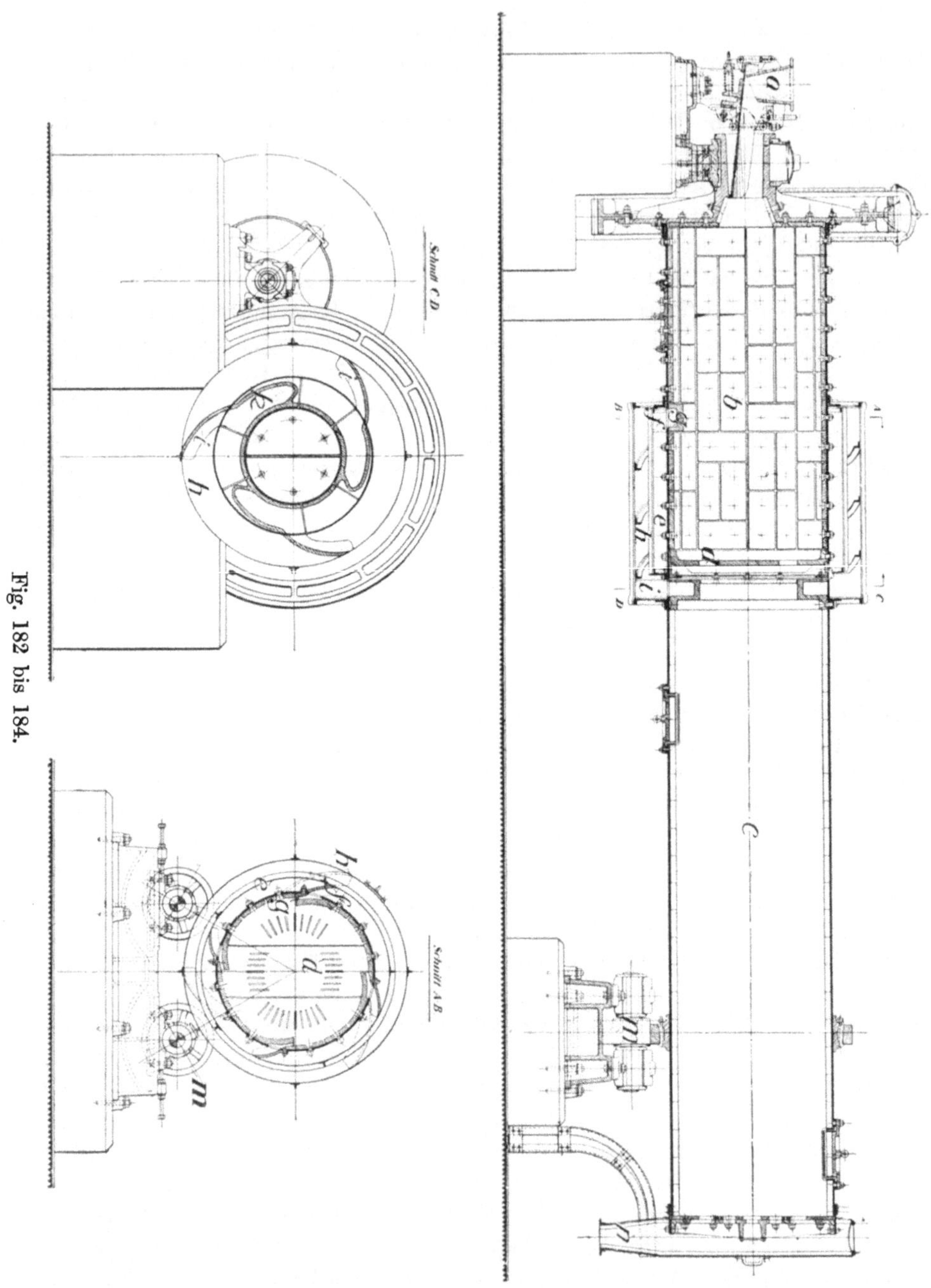

geschlossenen, mit Förderleisten versehenen Blechmantel h, und wird hier durch Hebearme i und Überleitkanäle k in den Feinmahlraum c gebracht.

Für besondere Fälle bauen *Fellner & Ziegler* von der oben dargestellten abweichende Konstruktionen; Mahlgutzuführung, Ausbildung der Schlitzwand und Anordnung der Austrittöffnungen in der Feinmahlkammer werden dem jeweiligen Zweck angepaßt.

Die Mühle läuft auf der Einlaufseite in einem Zapfenlager l mit besonderer Kugelsohlplatte, am Auslaufende auf verstellbaren Rollen m. Um kleine Flintsteinsplitter im Mehl zurückzuhalten, wird in der Staubhaube n ein-Umlaufsieb angeordnet. Die Vorschrotkammer ist mit Schalenhartguß-platten gepanzert, der Feinmahlraum in der Regel mit Quarzit-(Silex)-futter ausgemauert, das bei Anwendung von Flintsteinen als Mahlkörper dem Hartguß vorzuziehen ist. — Die *Fellner & Ziegler*sche Verbundmühle wird in 8 Modellgrößen (bis zu 12 m Trommellänge) gebaut.

Auf die Verbundmühlen von *Luther*, *Amme, Giesecke & Konegen* und *Polysius* („Solomühle") näher einzugehen, erscheint wegen der mehr oder

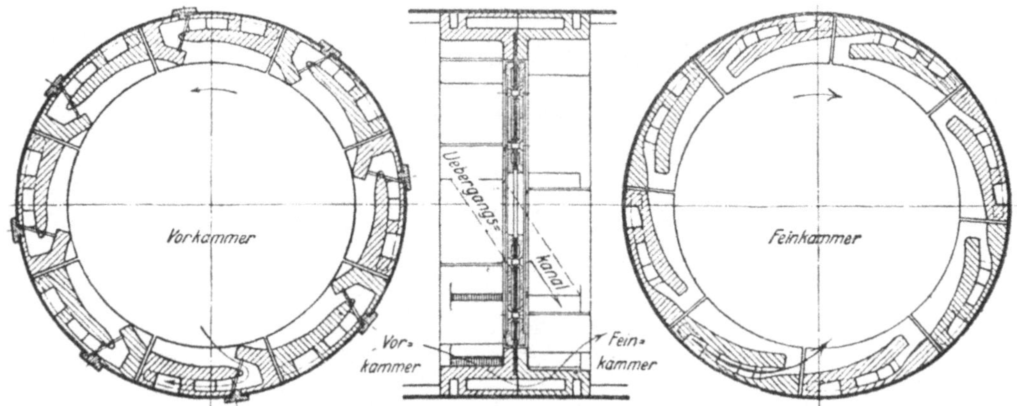

Fig. 185 bis 187.

weniger weitgehenden Ähnlichkeit, die diese Konstruktionen untereinander aufweisen, entbehrlich. Nur einer Verbesserung der Verbundmühle von *Fried. Krupp A.-G.*, *Grusonwerk*, Magdeburg, sowie einiger besonderer Ausführungs-formen von Verbundmühlen muß noch gedacht werden.

Die erwähnte Verbesserung besteht, Fig. 185 bis 187, in einer eigenartig konstruierten Zwischenwand nach D. R. P. 281 341. Das Mahlgut tritt durch zweckmäßig geformte Kanäle am Umfang der Zwischenwand an der Vormahl-kammer ein. Durch Siebbleche, deren Lochung sich nach der gewünschten Feinheit richtet, wird das Grobe zur weiteren Zerkleinerung zurückgehalten und das Feine fällt durch die Öffnungen der Siebbleche nach der Feinmahl-kammer zur Fertigmahlung. Diese Vorrichtung dient dazu, um den Mahlvor-gang gleichmäßig zu gestalten und dadurch die Leistungsfähigkeit der Mühle zu erhöhen.

Bei der durch Fig. 188 dargestellten Verbundmühle der *Kennedy-Van-Saun Mfg. Co.*, New York, erscheint das Prinzip der sieblosen Kugelmühle auf die Verbundmühle übertragen[1]. Das aus dem Behälter g in regelbarer

---

[1] *Rock Products*, 26. Jan. 1924, S. 6.

und gleichmäßiger Menge abgezogene Gut wird von der Verbundmühle *a* vermahlen, an deren Auslaufende ein kräftiger Exhaustor angeschlossen ist, der den Staub aus der Mahlkammer absaugt und in einen Zyklon[1] *c* drückt.

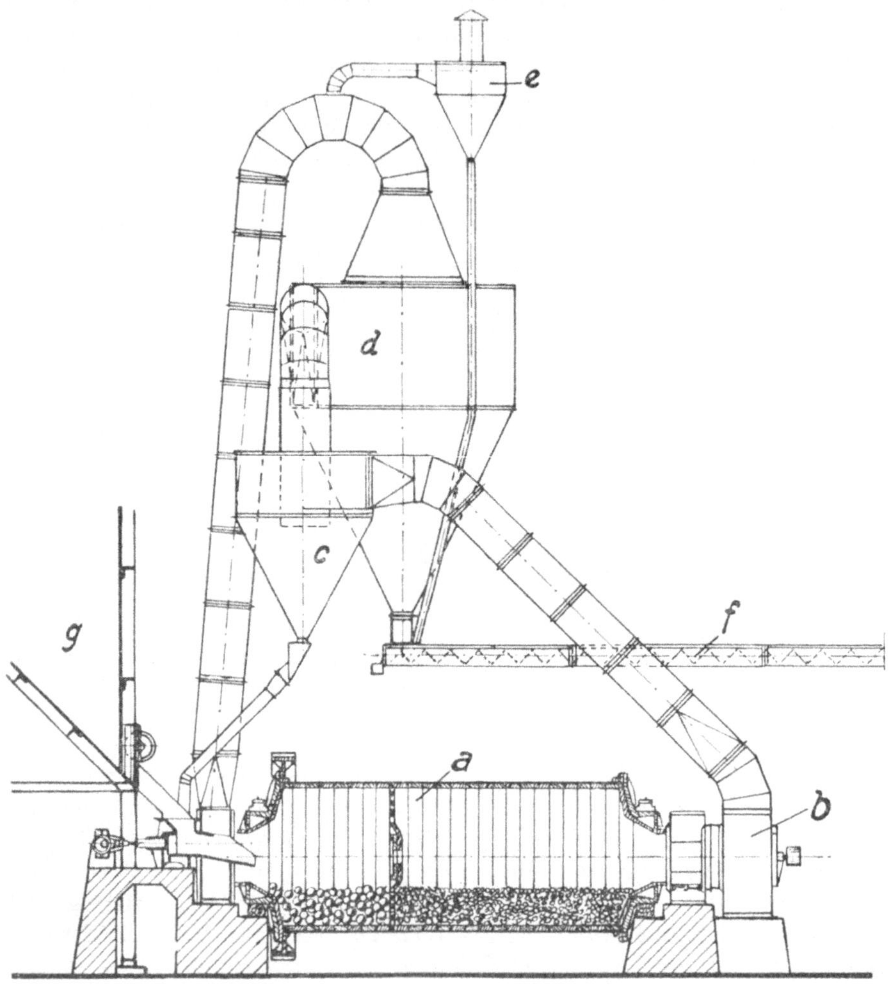

Fig. 188.

Das Grobe läuft zur Speisevorrichtung der Mühle zwecks wiederholter Vermahlung zurück, während der mit feinem Staub beladene Luftstrom in den zweiten Zyklon *d* geleitet wird, an den sich ein dritter, kleinerer Zyklon *e* anschließt. Das gewonnene Mehl wird von der Schnecke *f* abgeführt.

Die Leistung dieser Mühle wird mit rund 12 t/h Kalksteinmehl bei einer Feinheit von 15,5 Proz. Rückstand auf dem Sieb Nr. 200, der Kraftverbrauch dabei auf 132 PS angegeben.

---

[1] Über „Zyklon" s. weiter unten.

Eine gleichzeitig mahlende und trocknende Verbundmühle, der „Pyrator"
von *F. L. Smidth*, Kopenhagen, wird durch Fig. 189 veranschaulicht. Bei
dieser Konstruktion ist der Gedanke maßgebend gewesen, die für die Verarbeitung feuchter Materialien — in erster Reihe nasse Stein- und Braunkohle — sonst unumgänglich notwendige, besondere Trockenvorrichtung zu
sparen. Das wird dadurch erreicht, daß die Mahlkörper der Vormahlkammer *a*
am Ende der letzteren beständig abgezogen und vom Becherwerk *c* in einen
von Abgasen beheizten Raum *d* geführt werden, wo sie sich erhitzen und durch
die Rutsche *g* in die Kammer *a* zurückrollen, um dort ihre trocknende und
mahlende Tätigkeit auszuüben. Der Exhaustor *e* sowie das Dunstrohr *h*
sorgen für die Ableitung der beim Trocknen entstehenden Schwaden, die im

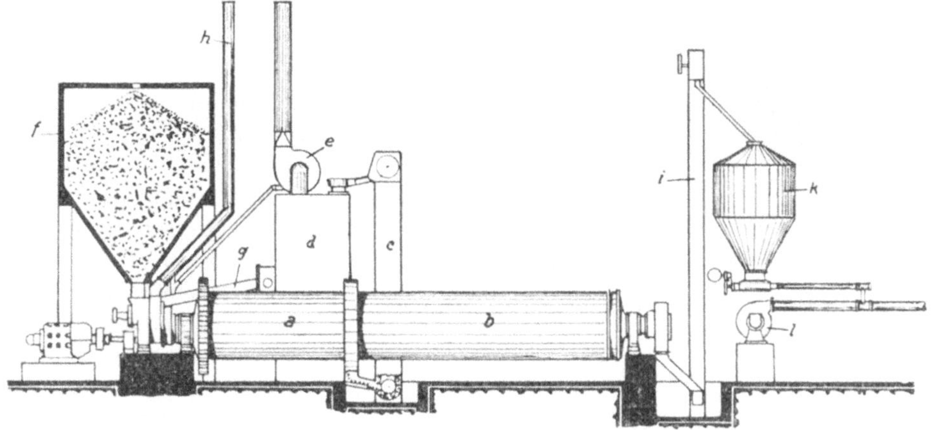

Fig. 189.

übrigen ein gutes Vorbeugungsmittel gegen die Explosionsgefahr beim Kohlen-
mahlen bilden.

Der Kohlenbunker ist mit *f* bezeichnet, die Feinmahlkammer mit *b*. Aus
dieser fällt das Feine in ein Becherwerk *i*, das in ein Kohlenstaubsilo *k* mündet,
und der Hochdruckventilator *l* bläst das Staub-Luftgemisch in den Drehofen hinein.

Der Pyrator ist außer für Kohle, auch noch für naturfeuchten Kalkstein,
Ton, Kaolin, granulierte Hochofenschlacke, Ölschiefer und Torf verwendbar,
doch liegen zuverlässige, an diesen Stoffen gewonnene Betriebsergebnisse zur
Stunde noch nicht vor.

Von ausgeprägter Eigenart erscheint auch die in Fig. 190 dargestellte
Harding - Mühle[1], die als eine Verbundmühle ohne die sonst übliche Tren-
nungswand zwischen Vor- und Feinmahlraum angesehen werden kann. Ihr
Gehäuse setzt sich aus einem größeren, die Fortsetzung des Einlaufstutzens *a*
bildenden, zylindrischen Teil und aus einem daran anschließenden und in den

---

[1] Arch. f. Wärmew., J. 1925, H. 3, S. 59.

Auslaufstutzen übergehenden, konischen Teil, ihre Füllung aus großen und
kleinen Stahlkugeln zusammen.

Diese eigentümliche Gestaltung des Gehäuses bewirkt

1. daß die großen Kugeln sich in dem zylindrischen Teil, wo die Vorzerkleinerung stattfindet, und daß

2. die kleinen Kugeln sich in dem konischen Teil, wo die Ausmahlung
   vor sich geht, ansammeln.

Die Mahlmittel ordnen sich somit ihrer Größe und Wirkung nach ohne weiteres
dem natürlichen Mahlvorgang unter, was, wie leicht einzusehen, sowohl die
Leistung als auch den Kraftverbrauch dieser Maschine sehr günstig beeinflussen muß. —

Im allgemeinen lösen die Verbundmühlen die Aufgabe der unmittelbaren
Feinmahlung in größeren Stücken aufgegebener besonders harter Stoffe in
befriedigender Weise und bieten gegenüber der üblichen Vermahlung durch
Vorschrot- und Feinmühle den Vorteil geringeren Raumverbrauches, ein-
facherer Fundamente, so-

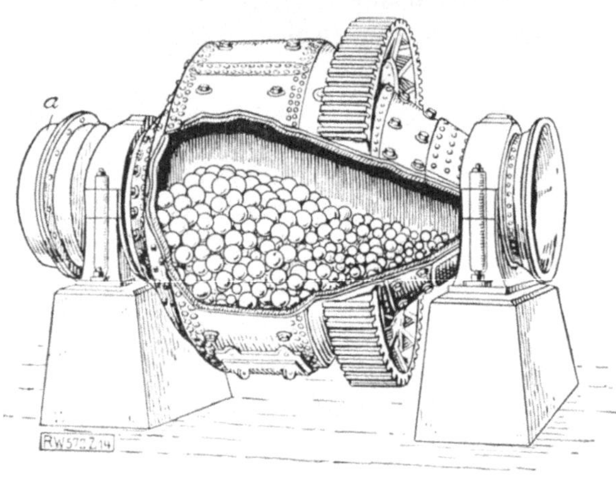

Fig. 190.

wie geringerer Anlagekosten und Wartung, da eine Anzahl Lager und ein
Antrieb fortfallen, und damit auch den Vorteil des geringeren Kraftver-
brauches, bezogen auf die Leistungseinheit. Hervorzuheben ist endlich noch
ihre ausgezeichnete Mischwirkung, die sie namentlich für die Erzeugung von
Eisenportland- und Hochofenzement geeignet macht. In der Tat geschieht
die Vermahlung der Klinker in solchen Zementwerken heutzutage ausschließlich auf Verbundmühlen.

Um die Überfüllung der Vorschrotkammer bei Verbundmühlen mit den
zurückgeführten Grießen und eine daraus entspringende etwaige Überlastung
dieser Kammer zu verhüten, sowie um eine zweckmäßigere Vermahlungsweise nach dem Grundsatz: für jede Mahlgutkategorie eine der Korngröße
möglichst entsprechende Vermahlungsweise hinsichtlich des Eigengewichtes
der Mahlkörper durchzuführen, sind in letzter Zeit Verbundmühlen mit drei
Kammern gebaut worden. Davon dient die erste wie üblich zum Vorschroten, die
mittlere zum Mahlen der Grieße und die dritte zum Ausmahlen. In den Fig.
191 bis 197 ist eine Dreikammermühle von 1850 mm Durchmesser bei
14 m Länge, Bauart der *G. Luther A.-G.*, Braunschweig, gezeigt, an der besonders die zwischen der ersten und zweiten Kammer angeordneten Schieber
bemerkenswert erscheinen, welche bezwecken, daß die erste Kammer immer

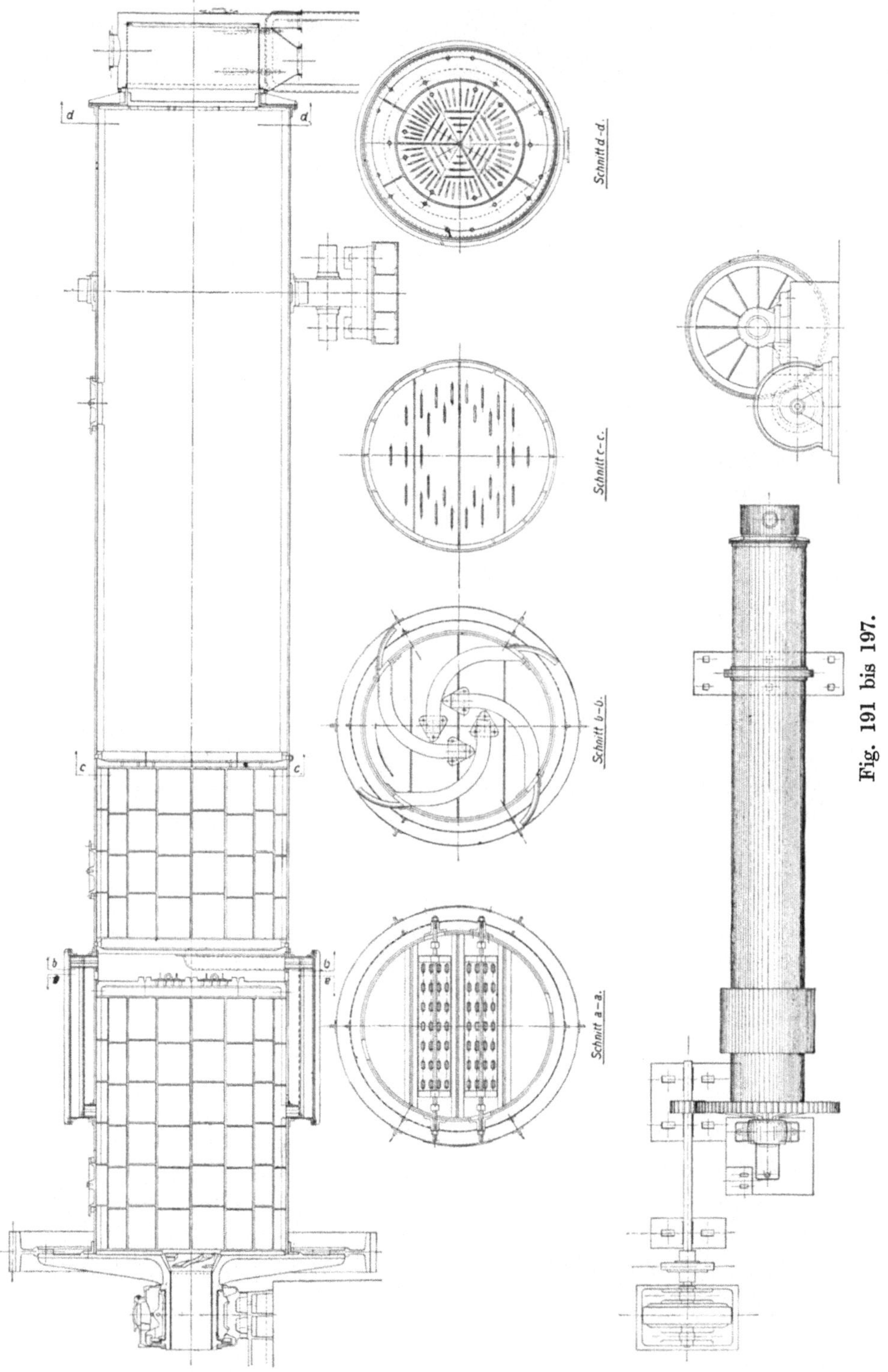
Schnitt d–d.
Schnitt c–c.
Schnitt b–b.
Schnitt a–a.
Fig. 191 bis 197.

genügend mit Mahlgut gefüllt und ihre Leistungsfähigkeit dadurch voll ausgenützt wird. Alle sonstigen Einzelheiten der Mühle sind nach dem Vorhergehenden wohl ohne weiteres verständlich und bedürfen u. E. keiner besonderen
Erläuterung.

Die z. Zt. neueste Erscheinung auf dem Gebiete des Verbundmühlenbaues
ist die Rekord-Verbundmühle, eine Erfindung des Ingenieurs *Chr. Pfeiffer*
in Neubeckum, die von der M.-A.-G. *C. v. Grueber*, Berlin-Teltow, gebaut wird.
Ihr Hauptmerkmal ist eine eigenartig konstruierte Zwischenwand zwischen
Vorschrot- und Ausmahlkammer — (die übrigens ohne weiteres auch in Verbundmühlen anderer Bauart eingesetzt werden kann) —, die infolge der
zweckmäßigen Gestaltung der Schaufeln und Schlitze eine restlose Trennung
des groben Grießes vom Feingrieß und Mehl und dadurch ein bisher nicht
gekanntes höchst rationelles Arbeiten dieser Mahlvorrichtung bewirkt.

Nur dem Antrieb der Verbund- und Dreikammermühlen im allgemeinen
seien noch einige Worte gewidmet.

Diese Mühlen können auf drei verschiedene Arten angetrieben werden:

1. Mittels Riemen von einer Transmission aus, wobei die auf dem Vorgelege der Mühle sitzende Riemscheibe durch eine Reibungskupplung ein-
und ausrückbar sein muß.

2. Mittels eines langsamlaufenden Elektromotors, dessen Welle mit der
   Vorgelegewelle der Mühle gekuppelt ist.

3. Mittels eines schnellaufenden Elektromotors, unter Zwischenschaltung
   eines Reduktionsgetriebes.

Die Fig. 198 und 199 zeigen die letztgenannte Ausführungsart als den sog.
„Centra-Antrieb" an einer *Krupp*schen Dreikammermühle. Wie aus der
Abbildung hervorgeht, ist die Auslaufkopfwand zu einem kräftigen Kleeblatt-
zapfen ausgebildet, auf dem eine Muffenkupplung sitzt, in die eine Kuppelspindel von den jeweiligen örtlichen Verhältnissen entsprechender Länge eingreift. Auf dem anderen Ende der Spindel ist eine gleiche Kupplung vorgesehen,
die in Verbindung mit dem Wellenstumpf eines Präzisionsgetriebes steht. Dieses
Getriebe, ein vollständig in Öl laufendes, aus Zahnrädern mit geschnittenen und
gehärteten Zähnen bestehendes sog. Reduktionsgetriebe ermöglicht die Wahl
jedes beliebigen Übersetzungsverhältnisses und gestattet somit die Verwendung
eines schnellaufenden Elektromotors, der unmittelbar mit dem Getriebe gekuppelt werden kann. Aus dieser Anordnung entspringen verschiedene Vorteile:

1. Wegfall des vor den Wirkungen der Staubluft im Mühlenraum unge-
   schützten und daher erheblicher Abnutzung unterliegenden Zahnkranz-
   antriebes.

2. Fast unbegrenzte Lebensdauer des in einem staubdichten Gehäuse ein-
   geschlossenen und im Ölbad laufenden Reduktionsgetriebes.

3. Hoher mechanischer Wirkungsgrad des letzteren (bis zu 98 Proz.) und
   daher Kraftersparnis.

4. Besserer Wirkungsgrad und höherer Leistungsfaktor des schnellaufenden
   Elektromotors gegenüber dem langsam laufenden und daher weitere
   Kraftersparnis.

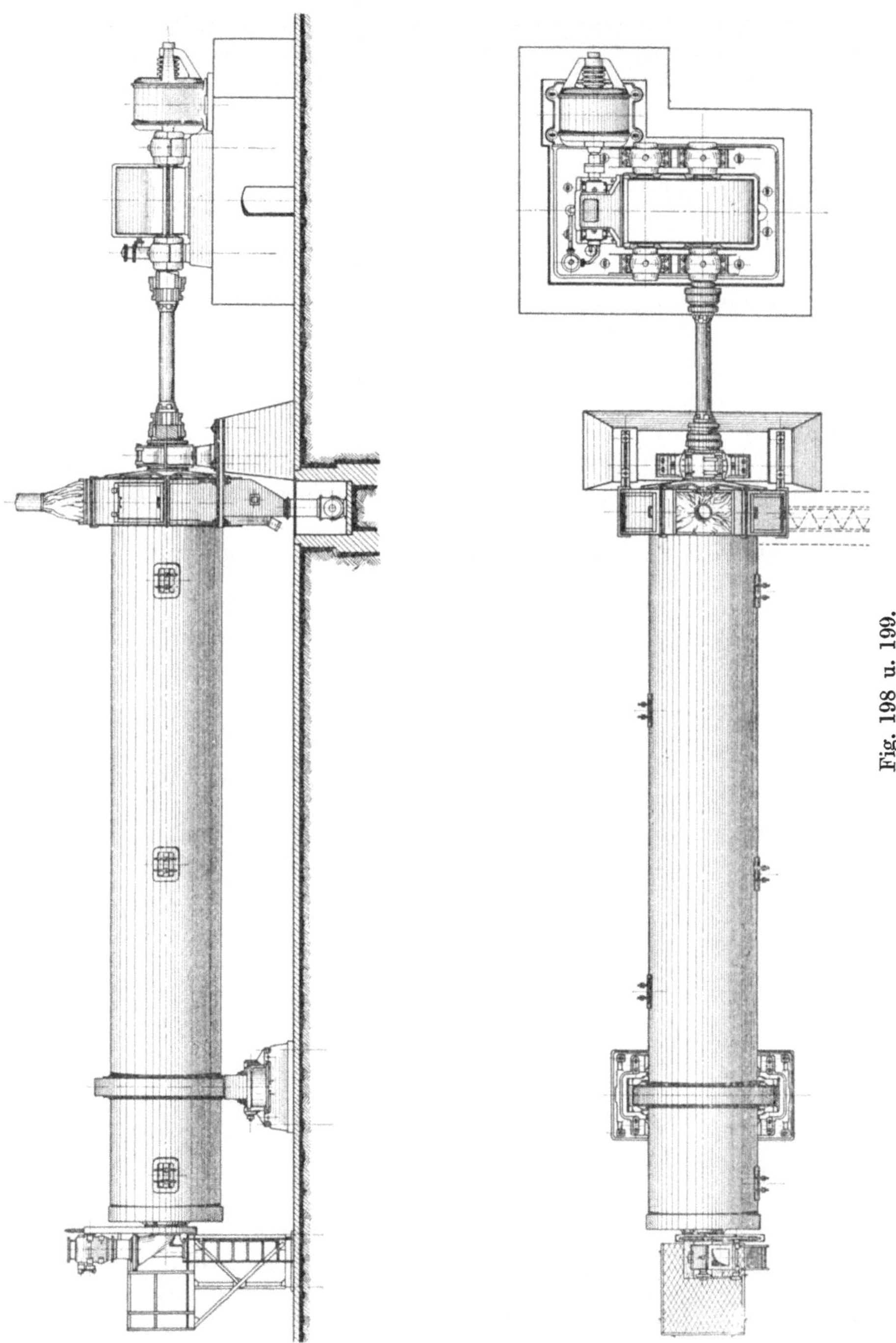

Fig. 198 u. 199.

Von denselben Erwägungen wie *Krupp* hat sich auch *F. L. Smidth*, Kopenhagen, bei der Konstruktion seiner „Unidan"-Dreikammermühle mit Reduktionsgeriebe leiten lassen, deren allgemeine Anordnung aus Fig. 200 hervorgeht. *Smidth* verwendet einen Dreiphasen-Asynchronmotor und legt be-

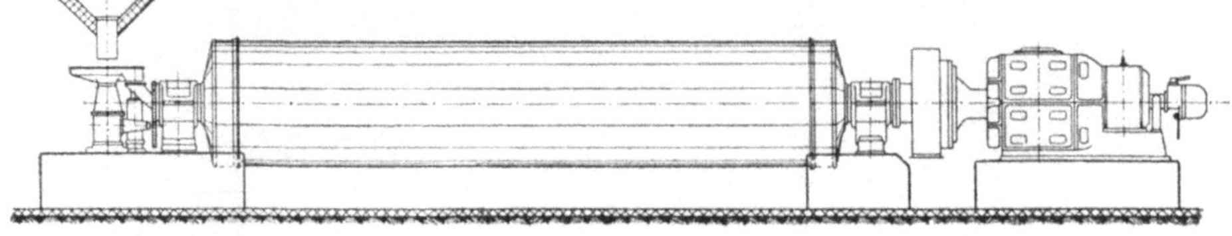

Fig. 200.

sonderen Wert auf die Verhinderung der Rückübertragung von Stößen, die in der Mühle auftreten, auf den Motor.

Die Fig. 201 zeigt einen Längenschnitt, die Fig. 202 und 203 zeigen zwei Querschnitte durch den mit dem Motor zusammengebauten Räderkasten. Es überträgt: *1* auf zweimal *2*, und zweimal *3* auf *4*. *1* sitzt auf dem Endstumpf der Motorwelle, *2, 2* und *3, 3* auf je einer Blindwelle, *4* auf der Kuppelspindel,

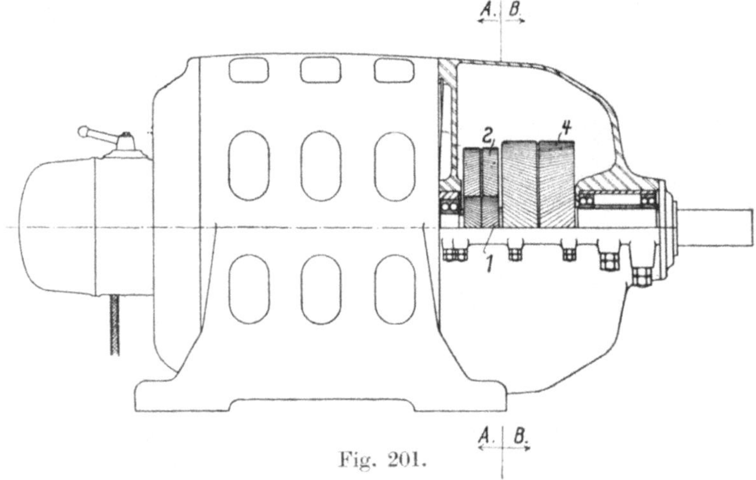

Fig. 201.

die — ähnlich wie beim „Centra-Antrieb" — den Räderkasten mit der Auslaufstirnwand der Mühle verbindet. Da nun die Räder *2, 2* auf den Blindwellen nicht fest aufgekeilt, sondern mit ihnen durch elastische Federn verbunden sind, so wird dadurch verhindert, daß Stöße von der Mühle bis zum Rotor des Elektromotors durchdringen.

Gleiche oder ähnliche Sicherheitsvorkehrungen sind übrigens bei allen bisher bekannt gewordenen Reduktionsgetrieben für schwere Arbeitsmaschinen (Mühlen, Drehroste usw.) getroffen worden.

Ein weiterer, wichtiger Einzelteil der Rohr- und Verbundmühlen, der die Konstrukteure in den letzten Jahren stark beschäftigt hat, ist die Lagerung dieser Maschinen. Vorherrschend war hier, und ist auch bis heute noch, das einfache Gleitlager, trotz seines großen Verbrauches an Energie und Schmiermitteln und trotz seines starken Verschleißes in staubhaltiger Umgebung. Diese offenbaren Übelstände werden aber willig in Kauf genommen, weil das Gleitlager in hohem Maße betriebssicher und weil es in der Anschaffung billig ist.

Zweifellos sind die neuzeitigen Rollen- und Wälzlager den gewöhnlichen Gleitlagern technisch weitaus überlegen, da sie nur sehr geringe Reibungsverluste verursachen (einen Bruchteil des nötigen Aufwandes der Gleitlager), äußerst sparsam im Schmiermittelverbrauch sind (einmalige Ölfüllung im Jahr bei Tag- und Nachtbetrieb), wenig Wartung beanspruchen (einmaliges Auswaschen mit Benzol im Jahr) und überdies Nachstellbarkeit, Betriebs- und Stoßsicherheit besitzen. Trotzdem schreitet ihre allgemeine Einführung nur

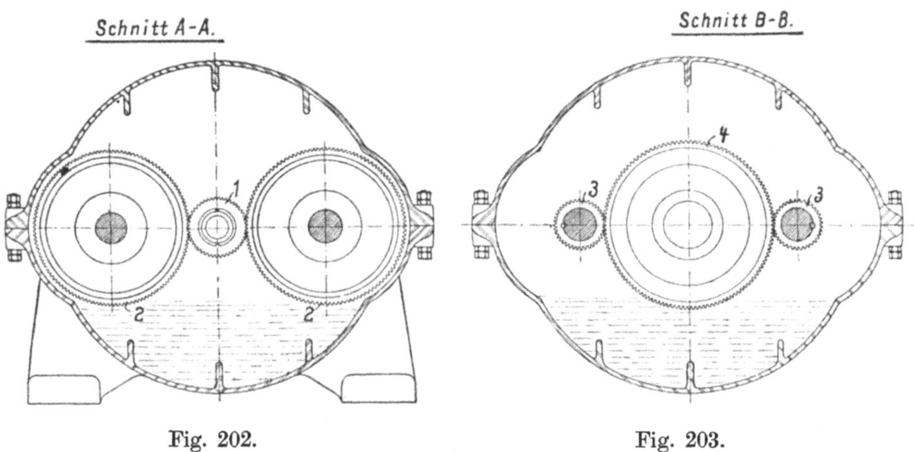

Fig. 202. Fig. 203.

sehr langsam vor. Der alleinige Grund hierfür liegt in dem hohen Herstellungspreis.

In Fig. 204 ist ein Rollenlager (Bauart *Krupp*, Essen) für große Belastungen dargestellt[1]. Es besteht aus einem äußeren und einem inneren Laufring und 10 bis 15 Rollen, die in einem Blechkäfig geführt werden. Alle Laufflächen liegen auf Kegelflächen mit gemeinsamer Spitze, so daß ein reines Wälzen der Rollen erzielt wird. Durch diese kegelige Ausführung kann das Lager neben den tangentialen Belastungen gleichzeitig Druck in der Achsenrichtung aufnehmen. Die Rollen haben an ihrem dickeren Ende Köpfe, die sich gegen den Innenlaufring legen und so das Herausdrücken der Rollen verhindern. Die Achsialschübe können bei diesen Lagern bis zu 30 Proz. der radialen Belastungen betragen. Der Käfig, aus einem Stück Blech nahtlos gepreßt und auf das genaueste kalibriert, hält die Rollen im vorgeschriebenen Abstand und sichert jede Rolle gegen Schräglaufen und Klemmen. Ausschlaggebend für geringe Abnutzung und sicheren Betrieb ist besonders in Zementmühlen eine sehr sorgfältig durchgebildete Dichtung. Diese besteht

[1] *Fried. Krupp A. G.*, Essen: Flugblatt 1923.

im wesentlichen aus einer Filzdichtung, mehreren Labyrinthen und einer Außendichtung aus Leder. Alle Fugen sind öldicht geschlossen und durch Ölpapier abgedichtet.

Nach denselben Konstruktionsgrundsätzen wie die abgebildete Wälzlagerung der Laufrollen, können auch die Tragzapfenlager am Einlauf bzw. Auslauf der schweren Mühlen ausgeführt werden. —

Was nun endlich die Leistung der Dreikammer- gegenüber gleich großen Verbundmühlen anbelangt, so kann darüber, der Neuheit des Gegenstandes wegen, noch nicht allzuviel gesagt werden. Verf. hatte selbst Gelegenheit zu einem Mahlversuch mit einer in eine Dreikammermühle (System *Andreas*) umgebauten Verbundmühle, die vor dem Umbau eine Stundenleistung von

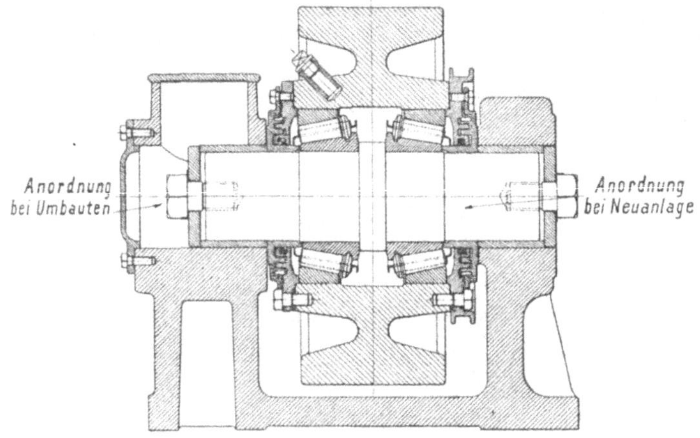

Fig. 204.

11 000 kg zeigte, nach dem Umbau aber eine solche von 16 500 kg, also um rund 50 Proz. mehr. Das Aufschüttgut war in beiden Fällen 14 Tage alter Drehofenklinker, die Feinheit betrug 12—14 Proz. Rückstand auf dem Sieb von 4900 Maschen/cm², der Kraftverbrauch 340 PS. Es sei jedoch ausdrücklich bemerkt, daß dieses Ergebnis keineswegs verallgemeinert werden darf.

Wegen Leistung und Kraftverbrauch der Verbundmühlen i m a l l g e m e i n e n sei an dieser Stelle auf die sorgfältigen Versuche *Zeyens* hingewiesen, deren Ergebnisse in den Aufsätzen: „Über Trommelmühlen", „Betrachtungen über Verbundmühlen" und „Trommelmühlen verglichen mit anderen Mahlmaschinen" niedergelegt sind[1].

d) Naßmühlen.

In manchen gewerblichen Großbetrieben, wie z. B. in der Erzaufbereitung, Portlandzementfabrikation, Tonwarenindustrie u. dgl., gibt es Zwischenstufen der Fabrikation, die einen brei- oder schlammförmigen Zustand der Rohstoffe verlangen, was sich auf zwei verschiedenen Wegen erreichen läßt. Ent-

---

[1] Tonindustrie-Ztg. 1913, Nr. 42, 62, 83 und 123.

weder vermahlt man die künstlich getrockneten oder an sich schon genügend trockenen Stoffe zu einem feinen Pulver und setzt dem Mehl das Wasser in Pfannen, Rührwerken oder ähnlichen Einrichtungen zu, oder der Wasserzusatz erfolgt schon vorher, wenn das Gut bis zu einem gewissen Grade oder auch gar nicht vorzerkleinert ist.

Weiche Stoffe, wie Lehm, Ton, Kaolin, Kreide u. dgl. werden in der Regel ohne vorhergehende Zerkleinerung in Schlämmaschinen „aufgelöst". Handelt es sich dabei ausschließlich um eine feine Zerkleinerung, so wird nur so viel Wasser zugesetzt, daß ein eben noch bewegungsfähiger dicker Schlamm entsteht; soll das Gut aber gleichzeitig von fremden Beimengungen (Sand, Kies, Feuerstein, Wurzelknollen usw.) befreit, also gewaschen werden, so muß die Wasserzugabe so reichlich sein, daß der Dünnschlamm oder die „Trübe" siebfähig wird und daß spezifisch schwere Verunreinigungen sich in der Trübe nicht mehr schwebend erhalten können, sondern in künstlich geschaffenen Ruhepunkten — Labyrinthleitungen, Absitzkästen — zu Boden sinken müssen.

Die Schlämmaschine besteht in einem Rührwerk, das sich in einem gemauerten oder eisernen oder hölzernen Bottich langsam dreht und das eingeworfene Gut mit dem zugesetzten Wasser so lange durcheinandermengt, bis daraus ein Schlamm von der gewünschten Konsistenz entstanden ist. Diese sehr einfache Einrichtung setzt sich zusammen aus einer stehenden, durch ein Kegelrädervorgelege angetriebenen, in Spur und Halslager geführten Welle, die ein oder mehrere Armkreuze trägt. An diesen sind senkrechte Stäbe befestigt, die das Gut vor sich herschieben, mit sich im Kreise herumführen und dessen Auflösung im Wasser bewirken. Der Schlamm fließt durch eine im oberen Teile des Bottichs angeordnete Öffnung ab, die mittels eines Schiebers abschließbar gemacht ist, um bei Bedarf auch absatzweise arbeiten zu können.

Häufig findet man die Rührstäbe mit den Armen nicht starr verbunden, sondern in Form einer Egge mit Ketten an die ersteren angehängt, wie aus den Fig. 205 und 206 ersichtlich, die eine Schlämmaschine in der Bauart der *Gebr. Pfeiffer*, Kaiserslautern, darstellen. Diese beweglichen Rechen sind vorteilhaft überall dort anzuwenden, wo das Gut viele und grobstückige Verunreinigungen enthält, die sich in kurzer Zeit am Boden des Bottichs zu beträchtlicher Höhe ansammeln. Dann können sich die Rechen heben und auf den Hindernissen schleifen, ohne — wie das bei festen Rechen der Fall sein würde — einer Bruchgefahr ausgesetzt zu sein.

Die Leistung der Schlämmaschinen hängt von der Schlämmbarkeit des Gutes, die natürlich nicht bei allen Rohstoffen dieselbe ist, ferner von der Konsistenz des Erzeugnisses und von ihren Abmessungen ab. In der Zementfabrikation sind Durchmesser von 3 bis 7 m und Bottichtiefen von 1,5 bis 2,4 m, für Leistungen von 3000 bis 10 000 kg/h gebräuchlich. Kraftbedarf etwa 5 bis 18 PS.

Kleinere Schlämmaschinen werden gewöhnlich mit wagerechten Rührwerkswellen versehen.

Mit dem Dünneinschlämmen ist die ganze Zerkleinerungs- und Mahlarbeit auch schon erledigt. Bei der Dickschlämmerei weicher Stoffe, wo der
Dickschlamm noch nicht hinreichend aufgelöste Stoffteilchen und feinkörnige

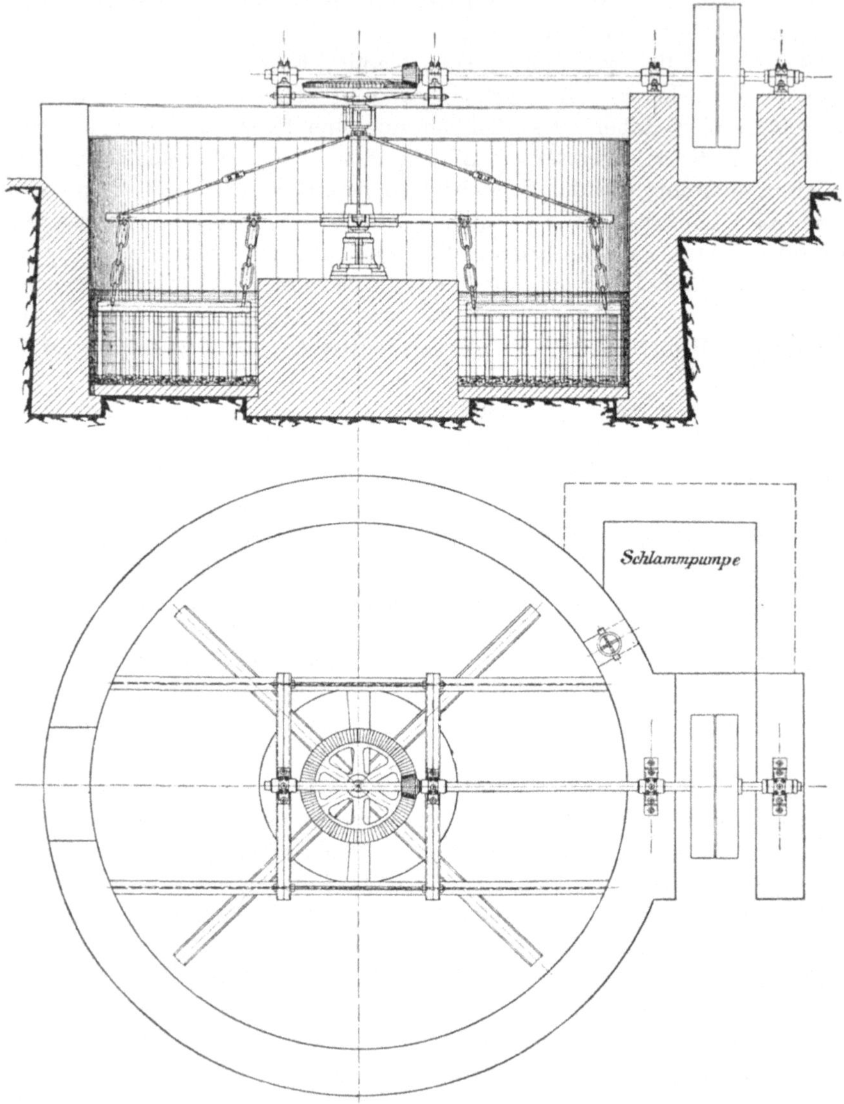

Fig. 205 u. 206.

fremde Beimengungen enthält, ist dies aber nicht der Fall, sondern es
muß hier noch eine Nachfeinung des Schlammes erfolgen, die früher ausschließlich auf Mahlgängen oder Rohrmühlen vorgenommen wurde. Als
Ersatz für letztere hat sich die von *G. Polysius* gebaute Clarke-Mühle mit

sehr gutem Erfolge eingeführt. *Clarke*[1] betrachtet die übliche Arbeitsweise, wonach das ganze, zum großen Teil schon einen feinen Schlamm darstellende Erzeugnis der Schlämmaschinen, das unmittelbar weiter verarbeitet werden könnte, der Rohrmühle zugeführt wird, als unwirtschaftlich. Seine Mühle bezweckt, diesen feinen Schlamm von den gröberen Bestandteilen zu trennen, die in den letzteren enthaltenen Kreide- und Tonklümpchen, die zu ihrer feinsten Zerkleinerung keines großen Kraftaufwandes bedürfen, zu mahlen und die schwer mahlbaren Verunreinigungen (Flintsteine u. dgl.) auszuscheiden. Er löst die Aufgabe mit sehr einfachen Mitteln.

Die Clarke - Mühle, Fig. 207, enthält eine stehende, durch ein Riemscheiben-Rädervorgelege angetriebene Welle a, die ein mit starken Stahlbürsten b ausgerüstetes Flügelkreuz c in rasche Umdrehung versetzt. Der

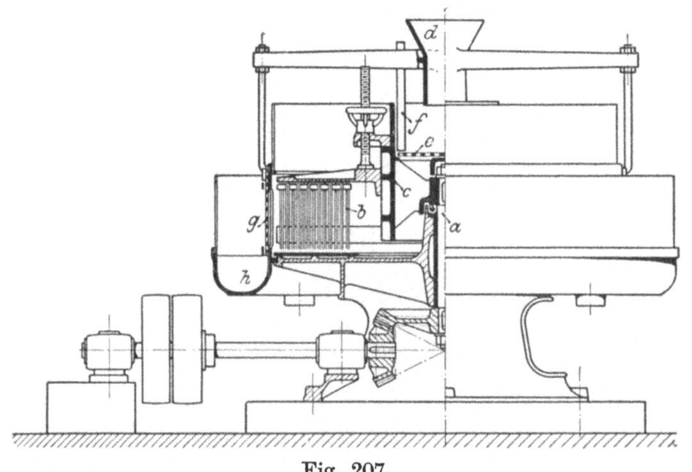

Fig. 207.

Schlamm wird durch den Trichter d aufgegeben, unter dem ein als starkes Sieb ausgebildeter Boden e angeordnet ist, der den Eintritt grober Stücke in das Innere der Mühle verhindert. Die Streichvorrichtung f dient dazu, die weichen Kreide- und Tonklümpchen zu zerdrücken und ein Verstopfen der Löcher zu verhindern. Der grob gesiebte Schlamm wird infolge der hohen Umlaufgeschwindigkeit des Flügelkreuzes an die gleichfalls siebartig gestalteten Wände g des inneren Mantels geschleudert, auf dem Wege dahin von den Stahlbürsten zerrieben und gelangt, durch die Sieblöcher hindurchgehend, in eine Sammelrinne h und von da aus in die Mischbottiche und die Öfen. Die kleineren harten Verunreinigungen, die vom oberen Sieb nicht zurückgehalten werden konnten, werden durch eine verschließbare Öffnung in die Rührwerke zurückgeleitet. — Die Leistung der Clarke-Mühle wird von *Brendel*[2] auf etwa 24 000 kg/h trockenen Rohstoff bei einem Kraftaufwand von nur 6 PS angegeben.

---

[1] Zeitschr. d. Ver. deutsch. Ing. 1910, S. 5.
[2] Protokoll der Verhandlungen des Ver. deutsch. Portlandzement-Fabrikanten 1908.

Die Naßvermahlung harter, wenig Feuchtigkeit enthaltender Stoffe kann unter Umständen vorteilhafter sein als die für solche Fälle natürlicher erscheinende Verarbeitung auf ausschließlich trockenem Wege; stellenweise ist sie sogar unbedingt geboten, wie z. B. bei den Stampfmühlen für Erzaufbereitung, deren an sich schon nicht sehr große Leistungsfähigkeit ohne das allgemein übliche Ausschwemmen des genügend Gefeinten aus den Pochgehäusen auf ein unzulässig geringes Maß herabsinken würde. Aber auch in anderen Betrieben, beispielsweise in der Portlandzementfabrikation, hat die Naßmahlung harter Rohstoffe manche praktischen Vorteile erkennen lassen, die in der Hauptsache in der Verhütung der Staubentwicklung, in der leichten Mischbarkeit der Rohmassen und in einem etwas verringerten Kraftbedarf bestehen.

Bei der nassen Verarbeitung harter Rohstoffe erfolgt der Wasserzusatz erst, nachdem diese vorgebrochen oder grob vorgeschrotet sind. Die Ver-

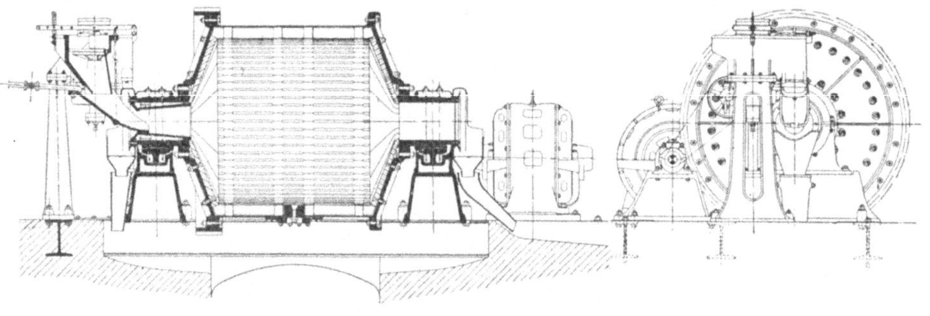

Fig. 208.   Fig. 209.

mahlung geschieht auf für diesen Zweck entsprechend eingerichteten Mahlgängen, Kollergängen, Kugel-, Rohr-, Pendel- oder Fliehkraftkugelmühlen und Verbundmühlen, wovon sich die letzteren, die außerdem ein viel gröberes Vorbrechen des Gesteins zulassen, als die anderen Mühlengattungen erfordern, am besten bewährt haben. Die Verbundmühlen werden wie bei der trockenen Vermahlung entweder als Zwei- oder als Dreikammermühlen ausgeführt.

Eine für die nasse Arbeitsweise eingerichtete Kugelmühle, Bauart der *G. Luther A.-G.*, Braunschweig, zeigen die Fig. 208 und 209. Die Menge des in der Regel schon vorgebrochenen Aufschüttgutes ist durch Heben oder Senken des Zulaufstutzens über dem Tellerapparat regelbar. In die Schurre unterhalb des letzteren mündet das Rohr einer Wasserleitung. Die Zusatzwassermenge wird von einem Wasserstandanzeiger oder mittels Meßgefäß kontrolliert. Der Auslauf erfolgt durch den rückwärtigen hohlen Tragzapfen und der Antrieb durch einen mit der Vorgelegewelle direkt gekuppelten Elektromotor.

Eine Zweikammer-Mühle „Kombinator" der *Amme, Giesecke & Konegen A.-G.*, Braunschweig, ist in Fig. 210 dargestellt. Das nach Bedarf bis Faustgröße auf Steinbrecher oder Walzwerk vorgebrochene Mahlgut gelangt von *a* aus durch den Hohlzapfen *b*, dessen Schraubenflügel fördernd wirken, zuerst in die gepanzerte Vorschrotkammer *c*, die einen weit größeren Durchmesser aufweist als der Feinmahlraum, wird hier von schweren Stahlkugeln auf Haselnußgröße und feiner vorzerkleinert und tritt darauf durch die Schlitze *f* der Mittelwand in die Zwischenkammer *e*, um sodann durch eine mittlere Auslauföffnung *g* in die mit kleineren Stahlkugeln oder Flintsteinen arbeitende, gleichfalls gepanzerte Feinmahlkammer *d* geführt zu werden. Das Enderzeugnis ist fertiger Dickschlamm von großer Feinheit. Der Austritt erfolgt durch eine Anzahl etwa 10 mm breiter Schlitze *l* der Endwand *k* in den hohlen Endzapfen *h*, der gleich dem Einlaufzapfen in kugelbeweglichen Lagern ruht. Der trichterförmig erweiterte Endzapfen wird von einem feststehenden Ringgehäuse umschlossen, das in einen Ablaufstutzen *i* endigt. Der Antrieb geschieht durch Zahnradvorgelege mittels Riemen oder Seilen oder dort, wo Elektrizität zur Verfügung steht, durch unmittelbare Kupplung mit einem Elektromotor. — Die Mühle wird in verschiedenen Größen bis zu 18 000 kg Leistung/h ausgeführt.

Die „Solomühle" von *G. Polysius*, Dessau (Fig. 211 und 212), ist eine Verbundmühle mit drei Kammern. In den Abbildungen bedeutet *a* die nahtlos geschweißte Mahltrommel, *b* die beiden Trennungswände, *c* die Auspanzerung aus Hartstahlformguß, *d* den Elektromotor mit der elastischen Kupplung *e*, *f* die Vorgelegewelle, *g* und *h* ein Zahnräderpaar und *l* den Auslauftrog. Die Mahltrommel ist nicht in Zapfen, sondern in Laufringen *i* gelagert, die sich auf den Laufrollen *k* abwälzen; Vor- und Rückwand der Mühle bleiben dadurch frei, was der Zugänglichkeit der Einrichtung sehr zu statten kommt. —

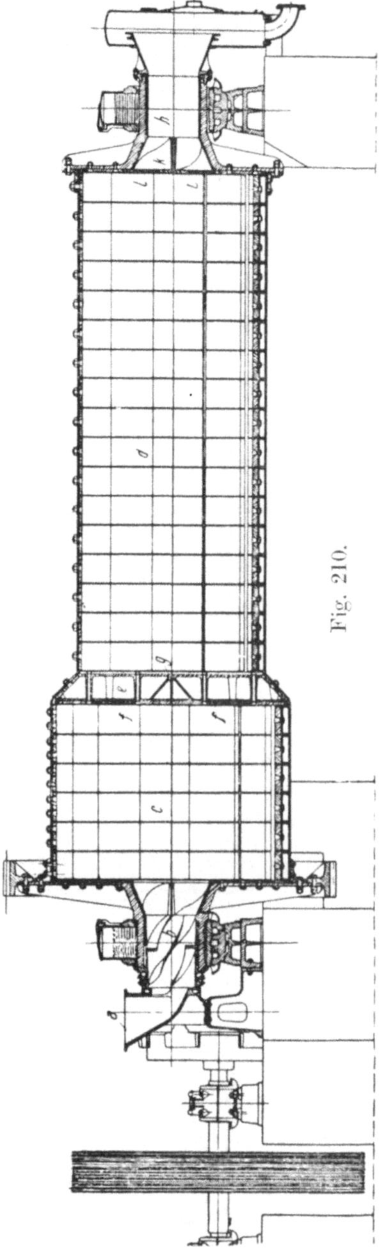

Die Solomühle wird in 6 Modellgrößen, von 1200 bis 2200 mm Durchmesser und 8 bis 13 m Länge der Mahltrommel gebaut. Die stündliche Leistung, bezogen auf trockenen Zement-Rohstoff, beträgt von 2700 bis 18 000 kg, der Kraftverbrauch von 60 bis 400 PS. Die größte Solomühle wiegt (ohne Motor) rund 135 000 kg, sie ist also eine ganz gewaltige Maschine.

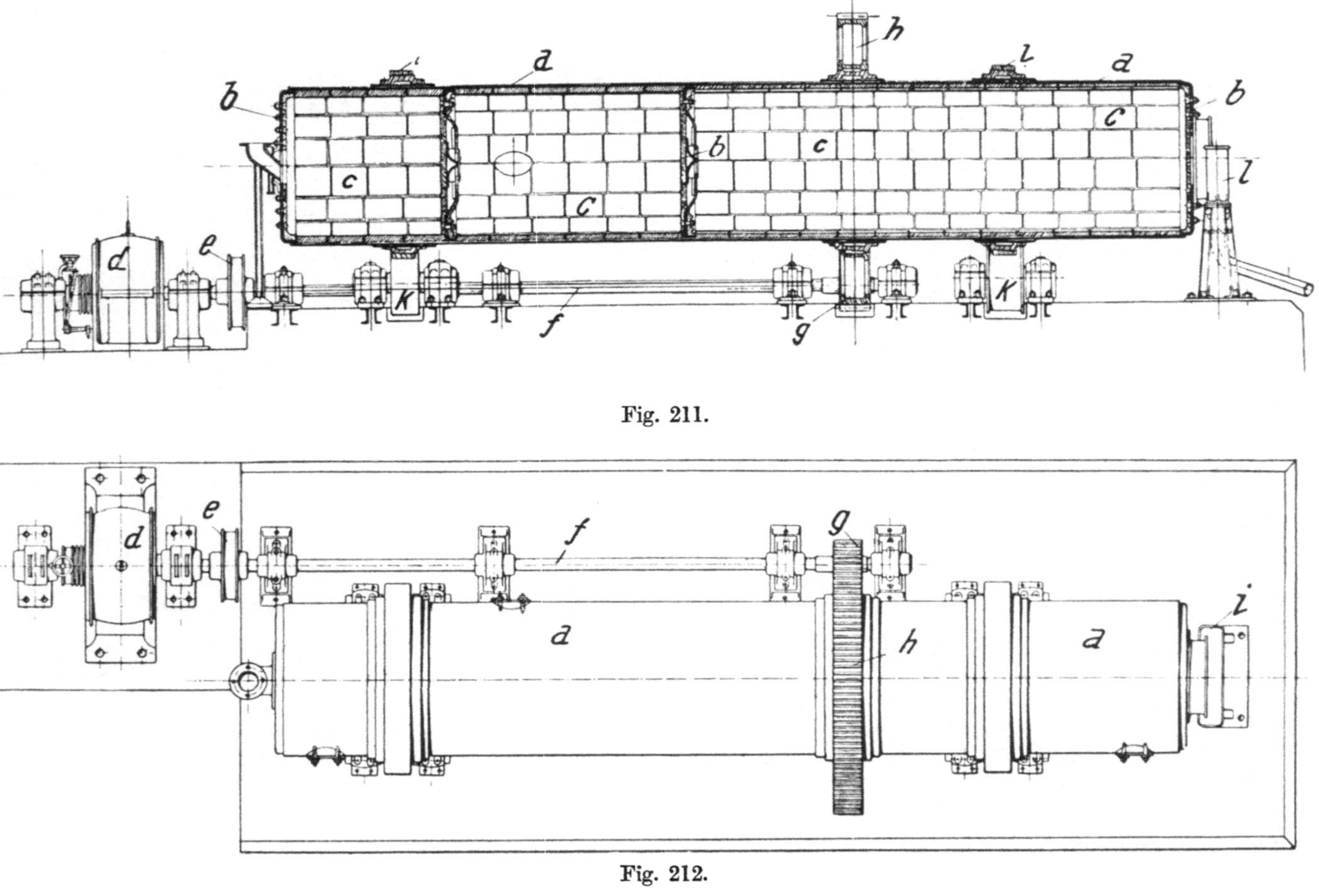

Fig. 211.

Fig. 212.

An dieser Stelle muß noch die Beschreibung von Maschinen Platz finden, die gleich der oben erwähnten Clarke-Mühle die Aufgabe haben, das Erzeugnis einer vorgeschalteten Zerkleinerungsvorrichtung nachzufeinen. Es sind dies die in der Silbererzaufbereitung vielfach in Anwendung stehenden Pfannen sowie die bei der Herstellung von Farben, Kunstharzen, Lacken, Graphitmassen, Poliermitteln und noch vielen andern Erzeugnissen der chemischen und pharmazeutischen Industrie zahlreich gebrauchten Dreiwalzenmaschinen.

Die Pfannen[1] sind mit Rühr- und Reibvorrichtungen versehene Gefäße von der Gestalt niedriger, stehender Zylinder oder abgestumpfter Kegel. Sie bestehen gewöhnlich ganz aus Gußeisen, in manchen Fällen werden die Seitenwände auch aus Holz hergestellt. Der Durchmesser der Pfannen beträgt 1,2 bis 1,7 m, die Höhe 0,6 bis 0,76 m.

Die Reib- und Rührvorrichtung hat den Zweck, das gepochte Erz in feinen Staub zu verwandeln und es mit dem Quecksilber und den zugesetzten sonstigen Reagentien in die innigste Berührung zu bringen. Sie besteht aus einem Läufer und dem Mahlboden. Der Läufer ist ein gußeiserner Kegel, in dessen Mantel einige Öffnungen angebracht sind; unten verbreitert sich der Kegel zu einer Scheibe, die mit einer Anzahl (nicht unter sechs) Hartgußschuhen von je 250 bis 400 kg Gewicht besetzt ist, die auf dem Mahlboden gleiten. Der Läufer wird durch eine stehende Welle angetrieben und läßt sich heben und senken. Der Hartgußmahlboden ist aus einzelnen Segmenten zusammengesetzt und mit Furchen versehen.

Durch die Umdrehungen des Läufers (60 bis 90 in der Minute) wird das Quecksilber auf dem Boden der Pfanne zerteilt und in eine Bewegung versetzt, welche dessen einzelne Teile mit dem Erzbrei in Berührung bringt. Es bilden sich infolge der Gestalt der Schuhe und der Öffnungen im Läuferkegel Strömungen, die den Erzbrei an den Seiten der Pfanne in die Höhe heben, während das Quecksilber sich am Boden bewegt. Der an den Seiten der Pfanne in die Höhe gestiegene Erzbrei sinkt in der Mitte nieder, gelangt unter den Läufer, wo er mit dem Quecksilber in innige Berührung kommt, und tritt dann zwischen den Schuhen und dem Mahlboden hindurch an die Pfannenwand, wo er von neuem emporgehoben wird. Um ein zu starkes Emporsteigen des Erzbreies zu verhindern, sind in einer gewissen Höhe an den Seitenwänden der Pfanne Flügel angebracht, die die Bewegung des Gemisches nach unten ablenken.

Die Reaktionen in der Pfanne gehen am besten vor sich, wenn die Temperatur der Füllung ungefähr den Siedepunkt des Wassers erreicht. Zu diesem Zwecke wird die Pfanne durch Wasserdampf erwärmt, den man entweder unter den Pfannenboden in einen Raum, der durch Herstellung eines falschen Bodens gebildet wird, oder ohne weiteres in die Pfanne leitet. Auch lassen sich beide Arten der Erwärmung gleichzeitig anwenden. Die unmittelbare Einleitung des Dampfes ist am empfehlenswertesten, doch muß dieser Dampf dem Kessel selbst entnommen werden, da sich der Abdampf der Maschinen

---

[1] *Schnabel*, Metallhüttenkunde 1, 837. 1901.

wegen seines Gehaltes an Schmieröl, das auf die Amalgamation hindernd einwirkt, hierzu nicht eignet. — Der Dampf wird durch den Deckel zugeführt, mit dem die Pfanne verschlossen ist.

Im Laufe der Zeit sind Pfannen von den verschiedensten Einrichtungen ausgeführt worden, ohne daß hierdurch indes die wesentlichen Prinzipien der ersteren verändert worden wären. Die Abweichungen der einzelnen Pfannen sind hauptsächlich durch die Zahl der Schuhe und deren Befestigung am

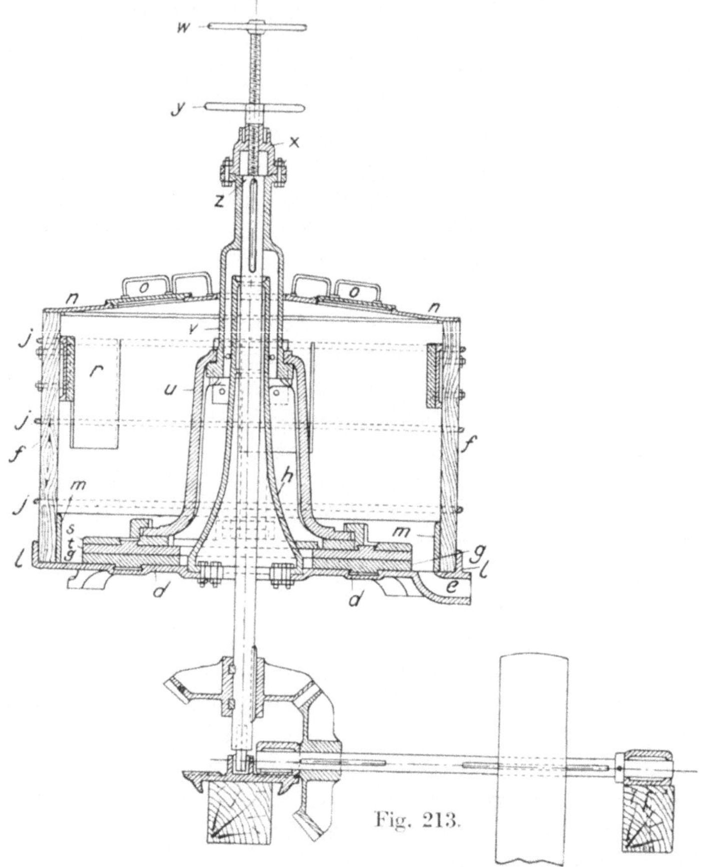

Fig. 213.

Läufer, durch die Zahl der Mahlbodenplatten und deren Befestigung am Pfannenboden, durch die Gestalt sowie die Vorrichtungen zum Aufhängen, Heben und Senken des Läufers und durch die Form der an den Seitenwandungen der Pfannen angebrachten Flügel bedingt.

In Fig. 213 und 214 ist die in den Silberminen Nordamerikas vielfach anzutreffende sog. „Kombinationspfanne" von *Fraser & Chalmers*, Chicago, dargestellt[1]. Dort bezeichnet *d* den Pfannenboden mit dem Auslauf *e* (während der Arbeit durch einen Pfropfen verschlossen), *l* den äußeren,

---

[1] R. H. Richards, Ore dressing I, 240.

m den inneren Flanschenring für den Holzbottich f, der mit drei eisernen Reifen j und Schlössern k zusammengehalten und mit dem Deckel n verschlossen wird. Der Läufer, an dem die acht auf dem Mahlboden g gleitenden Schuhe t mit Schwalbenschwanznut befestigt sind, besteht aus den vier Teilen s, u, v und x; er wird von der stehenden Welle z in Umdrehung versetzt, die mittels Schraubenspindel und der Handräder w und y einstellbar gemacht und in der Hülse h sowie einer Spur gelagert ist. Mit r sind die Abweiser und mit o die Mannlöcher mit Deckel bezeichnet. — Der Betrieb geht absatzweise vor sich. Die Leistung einer 5-Fuß-Pfanne beträgt 15 t in 24 h, der Kraftbedarf etwa 14 bis 15 PS.

Eine **D r e i w a l z e n - m a s c h i n e**, Bauart *Frigge & Welz*, Mannheim (Fig. 215 und 216), besteht in der Hauptsache aus drei genauest geschliffenen Hartguß- oder Porphyrwalzen von 70 bis 450 mm Durchmesser und 210 bis 1000 mm Länge, wovon die erste derselben nicht nur — wie die beiden anderen — drehende, sondern gleichzeitig auch eine in der Achsenrichtung hin- und her-

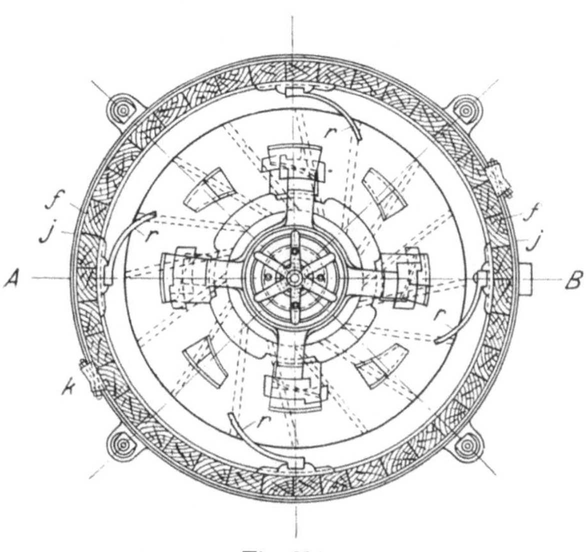

Fig. 214.

gehende Bewegung vollführt, so daß ein äußerst intensives Verreiben der den beiden ersten Walzen aus einem Trichter zugeführten Masse stattfindet. Abweichend von anderen Bauarten sind hier keine beweglichen Lager vorgesehen, sondern die Walzen sind mit ihren Achsen exzentrisch gelagert und die Bewegung wird mittels Feingewindespindeln durch Exzenterübertragung gesteuert. Ein über die ganze Länge der dritten Walze reichendes Messer aus Bandstahl wird durch ein einstellbares Gegengewicht an die erstere angedrückt und bewirkt auf diese Weise das seitliche Abfallen der fertig gewalzten und verriebenen Masse. Je nach Bedarf werden die Walzen entweder mit Dampfheizung oder mit Wasserkühlung ausgerüstet.

Das größte Modell dieser Maschine vermag bei rund 5 PS Kraftbedarf täglich etwa 3600 kg Bleiweiß zu verarbeiten.

Zum Schlusse dieses Abschnittes ist noch einer auf ganz neuartigen Grundsätzen beruhenden Mühle Erwähnung zu tun, die vielleicht dazu bestimmt ist, auf vielen Gebieten der chemischen Großindustrie (Herstellung von Seifen, Lacken, Erdfarben, Zellstoffwaren, Ölen usw.) einschneidende Veränderungen in der Aufbereitung der Rohstoffe herbeizuführen.

Bereits auf S. 77 ist auf die Rolle hingewiesen worden, die der Luftwiderstand bei der Arbeit der Schlagmühlen spielt und der so weit geht, daß er die letzteren zur Erzeugung allerfeinster Mehle untauglich macht. Zwar ist in der Vergrößerung der Umfangsgeschwindigkeit der Schläger ein einfaches Mittel gegeben, um die Feinheit des Erzeugnisses zu erhöhen, doch steht dem die damit verbundene starke Erwärmung der Mahlwerkzeuge und des Mühlengehäuses entgegen, der man durch eine kräftigere Entlüftung zu begegnen sucht, die aber hinwiederum den Nachteil zeitigt, daß die feinen Teilchen mit dem Luftstrom mitgehen, ohne durch die Schleuderkraft der Arme gegen die Roste, Nasen u. dgl. geworfen zu werden. Die Teilchen gleiten an den Rosten vorbei und eine weitere Zerkleinerung findet nicht statt, trotz wiederholter Rückführung des Staubes in die Mühle.

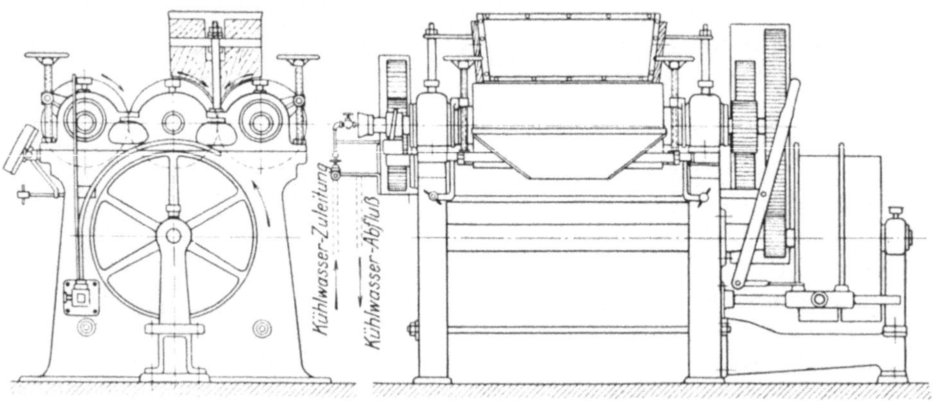

Fig. 215.   Fig. 216.

Aber der letzte und hauptsächlichste Grund für die qualitativ unbefriedigende Leistung der Schlagmühlen ist der Umstand, daß die in den einzelnen Schlägern aufgespeicherte Energie nicht zu voller Auswirkung gelangen kann, weil die in der Luft schwebenden Teilchen dem Schlage nach allen Richtungen auszuweichen vermögen. Die von den Armen ausgeteilten Schläge sind daher, soweit die kleinsten Teilchen in Betracht kommen, „Lufthiebe" und somit wirkungslos.

Auch mit Kugelmühlen ist das Ziel nicht oder nur durch Aufopferung eines außerordentlich großen und daher unwirtschaftlichen Zeitaufwandes zu erreichen.

Diesem anerkannten Mangel will die von *H. Plauson* erfundene Kolloidmühle[1] abhelfen. *Plauson* sieht die Ursache der verhältnismäßigen Wirkungslosigkeit

---

[1] Über die Einzelheiten ihrer Bauart ist Näheres zu ersehen aus: Zeitschrift für angewandte Chemie vom 25. Januar 1921 und Zeitschr. d. Ver. deutsch. Ing., J. 1921, S. 495.

a) bei den Schlagmühlen in dem Fehlen der festen Unterlage für den
an sich genügend energischen Schlag,

b) bei den Kugelmühlen in der zu geringen Energie des einzelnen Kugelschlages und in der gleichfalls zu geringen Zahl der Schläge in der Zeiteinheit.

Beiden Übelständen will er dadurch begegnen, daß er erstens die Schlagarme seiner Mühle auf eine Flüssigkeitsoberfläche, also eine vollkommen
unelastische Unterlage treffen läßt, so daß die zu zerkleinernden Teilchen
nicht ausweichen können und deshalb zertrümmert werden müssen, und
zweitens dadurch, daß er dem schlagenden, mit einer Anzahl Armen versehenen Werkzeug eine sehr hohe Umfangsgeschwindigkeit verleiht, so daß
in der Zeiteinheit eine ungeheure Anzahl von Schlägen auf das Mahlgut ausgeübt wird.

Ob die bisherigen Leistungen der Kolloidmühle die Richtigkeit der ihr
zugrunde liegenden Gedanken, um deren praktische Verwirklichung sich
B. Block durch seine zielsichere Überwindung zahlloser Schwierigkeiten ganz
besonders verdient gemacht hat, im ganzen Umfange bestätigt haben und
wie weit diese Konstruktion die an sie geknüpften Erwartungen erfüllt hat,
entzieht sich der Kenntnis des Verfassers. In jedem Falle ist der *Plauson*sche
Gedanke gut und verdient, weiter verfolgt und ausgebaut zu werden.

IV. Siebvorrichtungen und Windsichter.

Unter einem Sieb versteht man im allgemeinen ein flächenartiges Gebilde, das mit Löchern oder Schlitzen in regelmäßiger Anordnung versehen ist. Bringt man ein aus ungleich großen Stücken oder Teilen bestehendes Haufwerk auf das Sieb, so wird alles, was kleiner ist als die Öffnungen der Siebfläche, durch diese hindurchfallen, während die größeren Stücke darauf liegen bleiben.

Man bedient sich der Siebvorrichtungen also in allen jenen Fällen, wo es sich darum handelt, aus einem ungleichmäßig zusammengesetzten Haufwerk jene Teile zu gewinnen, die eine bestimmte Größe — Körnung — aufweisen. Es liegt in der Natur der Sache, daß das Gut, das die Öffnungen des Siebes passiert hat, ebensowenig eine ganz gleichmäßige Zusammensetzung — der Korngröße nach — aufweisen wird als das Aufschüttgut selbst, da die Öffnungen der Siebe nicht nur jene Stücke durchfallen lassen, die der Größe der ersteren entsprechen, sondern auch alle anderen, die diese Größe unterschreiten. Eine Scheidung des Gutes nach verschiedenen, untereinander genau gleichen Korngrößen, wie solche bei der Klassierung von Erzen u. dgl. angestrebt wird, ist auch durch Anwendung mehrerer Siebe hintereinander nicht zu erreichen, da sich stets Zwischenstufen in den Korngrößen bilden werden, die weder den einen noch den anderen der angewandten Sieböffnungen entsprechen.

Dieser Umstand hat indessen für die Hartmüllerei wenig Bedeutung, da es fast immer darauf ankommt, durch die Siebung zu verhindern, daß Teile des Zwischen- oder Enderzeugnisses eine bestimmte Korngröße überschreiten, als deren oberstes Maß die Größe der Sieböffnungen festliegt.

Die Windsichter sind Vorrichtungen, die den gleichen Zweck wie die Siebe, jedoch mit anderen Mitteln zu erreichen suchen. Wie schon in der Bezeichnung angedeutet, erfolgt bei diesen Maschinen die Siebung durch einen in sich zurückkehrenden Luftstrom, der in dem Apparat selbst erzeugt wird. Siebgewebe, gelochte Bleche u. dgl. kommen hier also nicht in Anwendung.

a) Siebvorrichtungen.

Die Siebvorrichtungen lassen sich wie folgt einteilen:

a) Feststehende Siebe: { Stangenroste, Gelochte Platten und Drahtgitter;

b) Bewegliche Siebe { Schwingende oder sonstwie bewegte Roste, Umlaufende Trommeln von rundem oder vieleckigem Rätter. [Querschnitt,

Die feststehenden Siebe üben naturgemäß nur eine geringe sichtende Wirkung aus. Stangenroste, die aus einer Reihe starker, hochkantgestellter Flacheisenstäbe bestehen, werden meist als Schutzroste verwendet; sie halten zu grobe Stücke zurück, die dann von Hand mit dem Hammer zerschlagen werden, während das durch die Spalten Gefallene der Zerkleinerungsvorrichtung zuläuft. Sie werden wagerecht oder nahezu wagerecht gelegt, wenn sie nur das Grobe, und erhalten eine stärkere Neigung dann, wenn sie — z. B.

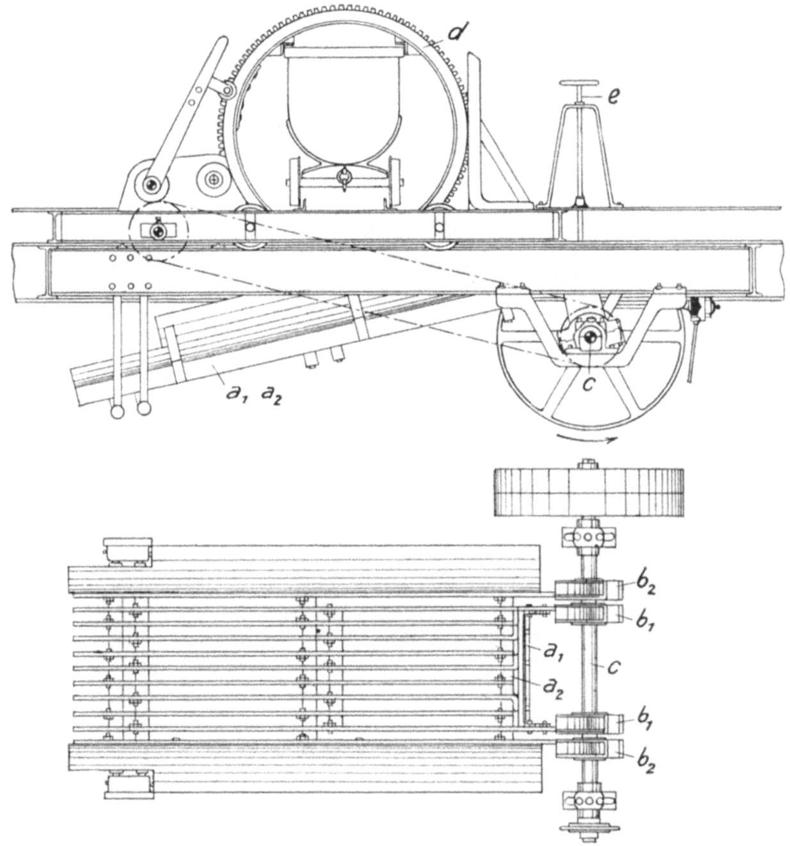

Fig. 217 u. 218.

zwecks Entlastung eines darunter liegenden Vorbrechers — das Feine ausscheiden sollen. Das Grobe rutscht dann durch seine eigene Schwere dem Vorbrecher zu und das Feine hat Zeit, durch die Rostplatten hindurchzufallen; es wird in der Regel mit dem Erzeugnis des ersten Vorbrechers vereinigt und mit diesem zusammen der weiteren Verarbeitung zugeführt.

Ähnlich verhalten sich starke gelochte Blechplatten, wogegen Drahtgewebe meist dazu dienen, um grobe Teile aus einer durch nasse Vermahlung erzeugten Flüssigkeit (Schlamm, Trübe) zurückzuhalten und gleichzeitig dem

genügend Gefeinten den Austritt aus dem Mahlraum zu ermöglichen. Als
Beispiel seien hier die Siebgewebe an den Pochgehäusen der Stampfmühlen und
die Drahtgitter an den Ausflußöffnungen der Schlämmaschinen genannt.

Die beweglichen Roste dienen fast ausschließlich zum Ausscheiden
desjenigen Gutes aus einem Haufwerk, das fein genug ist, um — unter Umgehung des ersten Vorbrechapparates — sofort dem Schroter zugeführt zu
werden. Sie entlasten also den Vorbrecher, und indem sie ihm das Grobe
infolge ihrer geregelten Bewegung gleichmäßig zuführen, wirken sie gleichzeitig als vorzügliche Aufgabevorrichtungen.

In Fig. 217 und 218 ist ein sog. Briartscher Rost, Bauart der *G. Luther
A.-G.*, Braunschweig, dargestellt. Er besteht aus zwei ineinanderliegenden

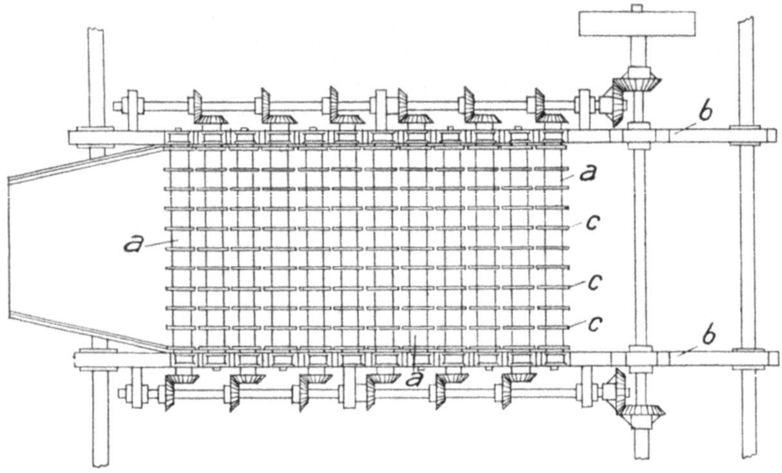

Fig. 219.

Rosten a_1, a_2 aus Keileisenschienen, die an eisernen Trägern pendelnd aufgehängt sind und wovon jeder durch zwei Exzenter b_1, b_2 und b_1, b_2, die auf
einer gemeinschaftlichen Welle c sitzen, angetrieben wird. Die Roste erhalten
dadurch eine schwingende Bewegung, die das sichere Durchfallen des Feinen
durch die Rostspalten bewirkt, während die gröberen Stücke auf ihnen in
eine Schurre hinabgleiten, die nach dem Maul des Brechers führt.

Für große Leistungen empfiehlt sich hierbei die Anwendung eines mechanisch betriebenen Kreiselwippers d; der Antrieb wird dann durch eine Kette
vom Rost auf den Wipper übertragen. Diese Anordnung hat den Vorteil,
daß der Wipper zugleich mit dem Rost außer Tätigkeit gesetzt wird. Die
Ausrückvorrichtung e ist daher zweckmäßig auf dem Wipperboden anzu-
bringen, so daß der Rost von dort aus, je nach Bedarf, in oder außer Betrieb
gesetzt werden kann.

Fig. 219 veranschaulicht einen sog. Kaliberrost, bei dem das Feine nicht
durch Spalten, sondern durch vierseitige Öffnungen hindurchfällt, wodurch
eine noch genauere Sichtung stattfindet.

Der Kaliberrost, System *Diestel-Susky*, Bauart der *G. Luther A.-G.*, Braunschweig, ist aus einzelnen Walzensträngen a, a ... gebildet, die auf einem geneigt liegenden eisernen Gestell b fest und parallel zueinander gelagert sind und in der durch die Abbildung veranschaulichten Weise angetrieben werden.

Auf den Walzen sind Rippen c, c ... in Bogendreiecksform starr befestigt, die sich dicht aneinander vorbei bewegen. Da die quadratischen Durchfallöffnungen bei der drehenden Bewegung stets die gleichen bleiben, so wird damit eine sehr gleichmäßige Ausscheidung erzielt. Auch die Förderung gestaltet sich sehr zweckmäßig, weil das Aufschüttgut infolge der eigentümlichen Form der Rippen gehoben, ohne Stoß von Walze zu Walze vorwärtsbewegt und diese Bewegung durch die geneigte Lage des Rostes noch unterstützt wird. — Die feste Lagerung des Kaliberrostes hat auch noch den Vorteil, daß die darunterliegende Schurre staubdicht angeschlossen werden kann.

Der Seltner-Rost[1], Fig. 220 bis 222, der gleichzeitig als Aufgeber wirkt, hat bei normaler Ausführung eine Länge von rund 1600 mm, eine Breite von rund 1100 mm und eine Maschenweite, die sich nach dem jeweils vorliegenden Zweck richtet. Der Hub beträgt 140 mm, die Neigung rund 13°, die Hubzahl rund 67 in der Minute. Die Arbeitsweise dieses in der Kohlenaufbereitung seit Jahren vielfach angewendeten Rostes besteht darin, daß die beweglichen, mit Maschen bildenden Ansatzrippen versehenen Querstäbe des Rostes zwischen gleichartigen, jedoch feststehenden Querstäben in eine auf und ab gehende Bewegung schräg zur Austragrichtung versetzt werden. Hierdurch gleitet die Grobkohle von Stufe zu Stufe hinab und wird am vorderen Ende über den Rost ausgetragen, während die Kleinkohle durch die maschenartigen Zwischenräume fällt. Die drei Maschenkanten eines jeden Stabes müssen sich über die vierte Maschenkante des davorliegenden Stabes heben, damit sich die Masche nach vorn öffnen kann. Das Gut wird hierbei unter schonender Behandlung vollkommen getrennt. Die feststehenden Stäbe sind in den Lagerungsrahmen des Rostes untergebracht, während die dazwischenliegenden beweglichen Stäbe in einem beweglichen Rostrahmen befestigt sind, der, auf vier Stützhebeln ruhend, durch zwei einfache Schubstangen angetrieben wird und im Kreisbogen auf und nieder schwingt. Durch entsprechend angeordnete Gegengewichte wird das Gewicht des beweglichen Rostrahmens ausgeglichen. Die Wangen der feststehenden Stäbe sind konvex, die der beweglichen Stäbe konkav, so daß der senkrechte Abstand zwischen den die Maschen bildenden Kanten der Roststäbe bei jeder Stellung der letzteren derselbe ist und damit stets eine gleich große Maschenweite erhalten bleibt. Die einfachen und wenigen beweglichen Teile sichern bei niedrigen Anschaffungskosten einen guten Dauerbetrieb dieses Rostes.

Umlaufende Siebtrommeln von rundem oder vieleckigem Querschnitt werden sowohl für die Absiebung und Ausscheidung grob vorge-

---

[1] Zeitschr. d. Ver. deutsch. Ing. 1916, Nr. 24.

brochener als auch geschroteter oder fein gemahlener Stoffe verwendet und
je nach ihrer Bestimmung verschieden ausgeführt.

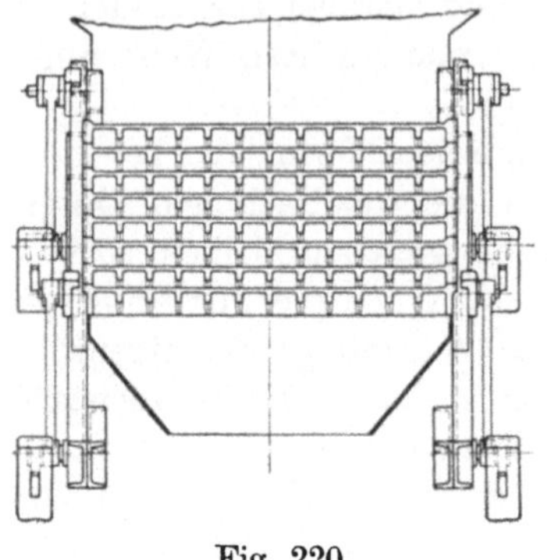

Fig. 220.

Trommeln für vorgebrochenes Gut erhalten einen Mantel aus starkem, gelochtem
Eisenblech, der an einem aus Winkeleisen
zusammengesetzten Rahmen befestigt ist und
bei der Ausführung für größere Leistungen
mit Laufringen auf breiten Rollen aufruht,
die, von einem Vorgelege aus angetrieben,
die Trommel in Umdrehung versetzen.

Für kleinere Leistungen wird der Rahmen
mittels einiger Armkreuze mit einer durchgehenden Welle verbunden, die außerhalb
der Trommel beiderseitig gelagert ist. Der
Antrieb erfolgt hier entweder durch eine
auf der Welle sitzende Riemscheibe oder es wird ein Rädervorgelege angeordnet.

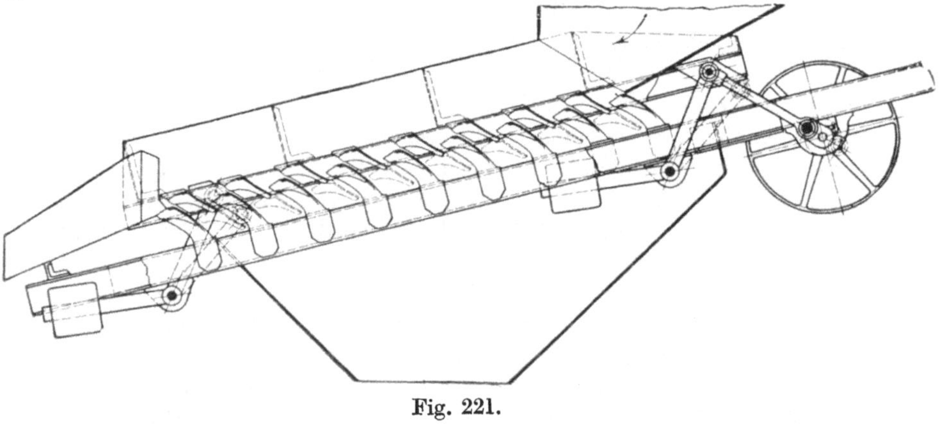

Fig. 221.

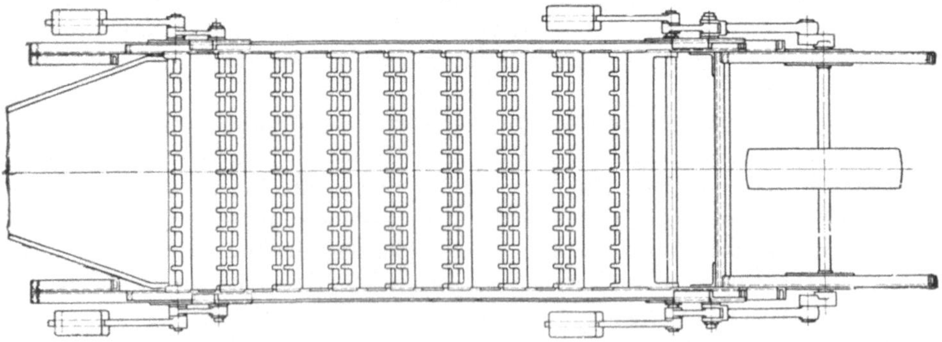

Fig. 222.

Solche Trommeln werden zum Sortieren von Kleinschlag, Erzen, Kies,
Kohlen usw. angewendet und hinter der Vorbrechmaschine aufgestellt, um

deren Erzeugnisse nach der Stückgröße ab-
zusondern. Wird eine Sortierung nach
mehr als zwei Stückgrößen verlangt, so
sind die Trommeln aus einer der gewünschten Zahl von Sorten entsprechenden Zahl von Blechschüssen mit passender
Lochung zusammenzusetzen, wobei mit
der geringsten Lochweite an der Einlaufseite zu beginnen ist.

Die Fig. 223 und 224 zeigen eine Sor-
tiertrommel, Bauart der *Alpinen Maschinen-A.-G.*, Augsburg. Hier ist a die
aus zwei Schüssen zusammengesetzte
Trommel, die an dem äußeren, aus
Winkeleisen gebildeten Rahmen befestigt
ist. Letzterer wird an den Enden durch
starke gußeiserne Ringe b zusammengehalten, die auf breiten Hartgußlauf-
rädern $c_1\, c_1$, $c_2\, c_2$ abrollen. Der Antrieb
erfolgt von der mit fester und loser Riemenscheibe g, g versehenen Vorgelegewelle b
aus, mittels zweier Kegelräderpaare e, f,
die die Bewegung auf die beiden Rollen-
achsen d und dadurch auch auf die Trommel übertragen. — Zur Aufnahme des
Horizontalschubes der geneigt liegenden
Trommel dient die Druckrolle i.

An die Leistungsfähigkeit solcher Trommeln werden meist große Ansprüche gestellt, da sie fast nur in Betrieben Verwendung finden, die der Massenerzeugung
dienen. Eine Einrichtung der beschriebenen
Bauart leistet an sortiertem Kleinschlag
bei 600 mm Durchmesser und 3000 mm
Länge der Trommel stündlich 2—3 m³;
bei 1000 mm Durchmesser und 8000 mm
Länge stündlich 8—9 m³. Kraftbedarf 1,25
bzw. 6 PS.

Die dem Absieben feingeschroteter oder
gemahlener Stoffe dienenden Trommeln
werden, um dem Verstäuben vorzubeugen
und eine bequeme Sammlung und Abführung des Durchgesiebten zu ermöglichen, in
hölzerne oder eiserne Gehäuse eingeschlossen,
die an den Längsseiten mit großen abnehm-

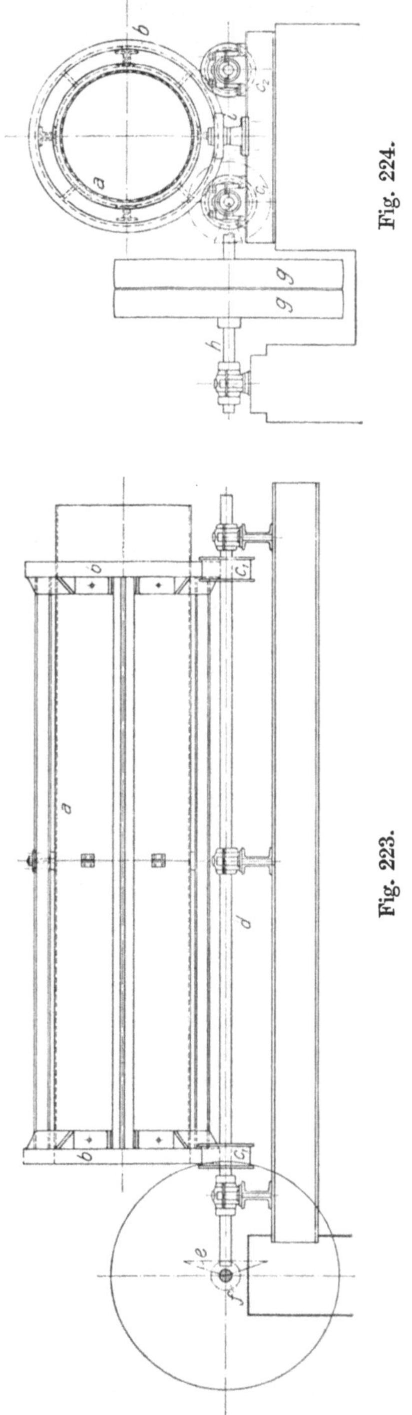

baren Türen versehen sind, welche eine rasche Freilegung der Trommel gestatten. Werden mehr als zwei Sorten Siebgut verlangt, so ist der unterhalb
der Trommel liegende Teil des Gehäuses in die entsprechende Anzahl Kammern
zu teilen, bzw. durch Schrägwände in die entsprechende Anzahl Ausläufe zu-
sammenzuziehen. Bei der gewöhnlichen Art der Ausführung, wo nur zwei Erzeugnisse — Mehl und Überschlag — gezogen werden, ist das Gehäuse unten
zu einem Trog verengt, in dem eine Schnecke zum Hinausbefördern des Mehles nach der einen oder anderen Seite gelagert ist. Der Überschlag wird durch
Rutschen zu den Auslauföffnungen geleitet.

Die Trommel besteht, wenn geschrotetes Aufschüttgut gesiebt werden
soll, aus gelochtem oder geschlitztem Eisenblech. Für Mehlsiebung bedient
man sich eines Gewebes aus Stahl- oder Messingdraht, das auf Holzrahmen
gespannt, d. h. aufgenagelt ist. Die Rahmen lassen sich leicht herausnehmen
und die Bespannung bequem reinigen und ausbessern.

Der Querschnitt der Trommel kann rund oder vieleckig (meist sechseckig)
sein. Letztere Ausführungsart besitzt den Vorzug der besseren Siebwirkung,
während es bei der ersteren vorteilhaft erscheint, daß man zwecks kräftiger
selbsttätiger Reinigung des Gewebes an der runden Trommel leicht eine umlaufende Bürste anbringen kann, mit deren Anwendung aber auch ein größerer
Verschleiß des Siebgewebes verbunden ist, zu dem noch jener der Bürste
hinzutritt.

Ist das Aufschüttgut stark mit grobem Schrot gemischt, so muß die feine
Außenbespannung durch eine eingelegte, mitumlaufende Siebtrommel — den
Innenzylinder — aus starkem Eisenblech vor Beschädigungen geschützt
werden.

Soll ein nicht ganz trockenes, leicht schmierendes („klammes“) Aufschüttgut abgesiebt werden, so werden zur Reinhaltung der Bespannung Klopf-
vorrichtungen oder die schon erwähnten Bürsten angeordnet, die von der
Trommel oder von der Trommelwelle aus betätigt werden. Der Erfolg dieser
Vorkehrungen ist aber meistens nur gering.

Besser wird die Siebwirkung, wenn man in der langsam laufenden äußeren
Siebtrommel ein rasch kreisendes, mit Schöpf- und Schleuderschaufeln versehenes Flügelwerk anbringt, das das Sichtgut auf die ganze Sichtfläche
verteilt und durch den entstehenden Luftstrom durch die Öffnungen des
Gewebes hindurchdrückt. Derart eingerichtete Siebe heißen Zentrifugal-
sichtmaschinen. — Da ihre kräftige Sichtwirkung mit einer raschen Abnutzung der Siebgewebe Hand in Hand geht, haben sie in der Hartmüllerei
nur geringe Verbreitung gefunden.

Ein Zylindersieb, Bauart *Kampnagel*, Hamburg, ist in den Fig. 225 bis
227 dargestellt. Auf der geneigt liegenden Trommelwelle a sitzen die drei
Armkreuze b, die den Siebmantel c tragen. Das Aufschüttgut wird durch den
Trichter i in das Innere der Trommel geführt; es gleitet langsam über die
Siebfläche hinweg und abwärts und gibt auf diesem Wege sein Mehl an die
Schnecke m ab, die es je nach Erfordernis nach einer vorn oder hinten liegenden
Ausfallöffnung befördert. Der Überschlag, d. h. die Stücke, die größer als die

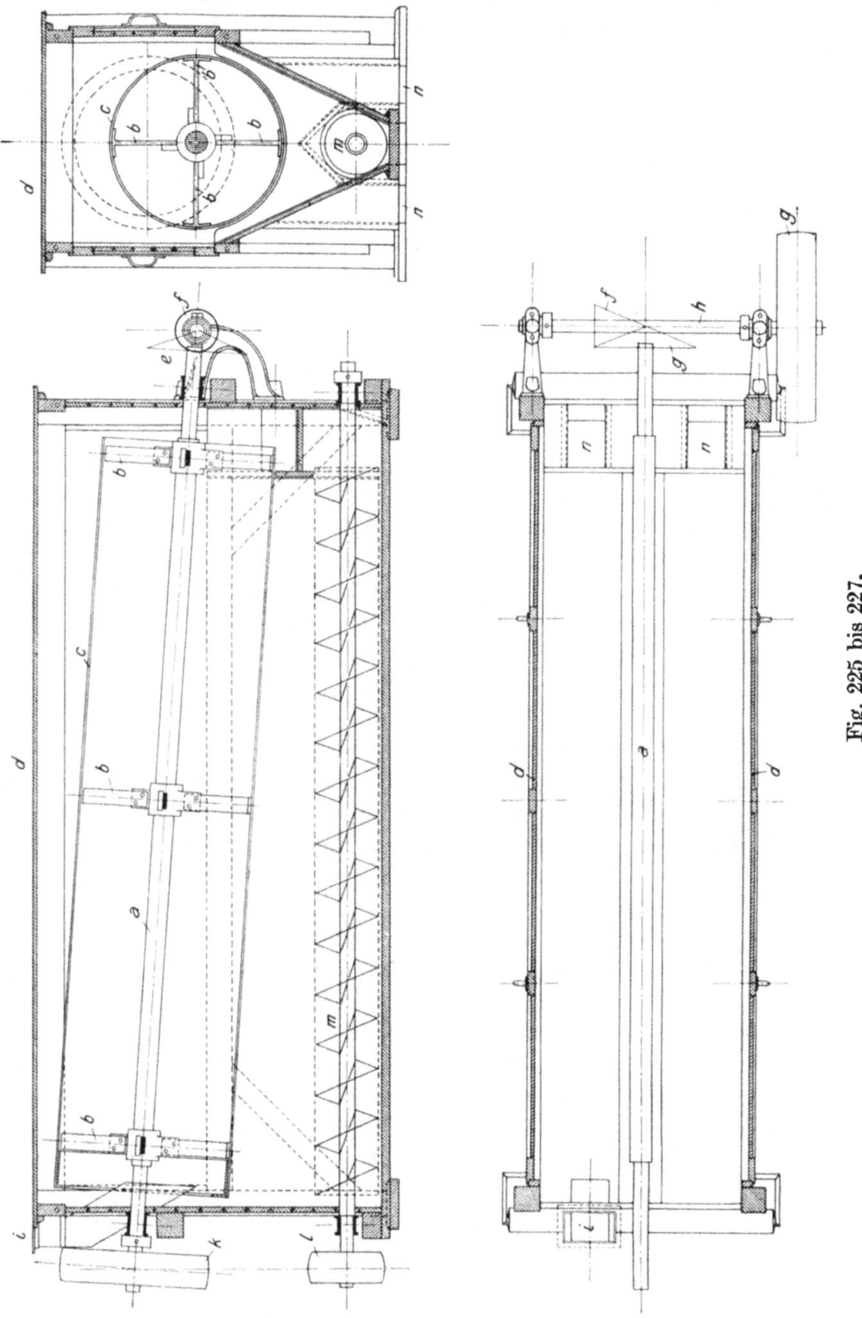

Fig. 225 bis 227.

Sieblochung sind, und derjenige Teil des Mehles, der nicht gleich beim ersten Durchgang zur Aussiebung gelangte, fällt über eine dachförmige Rutsche in die beiden Auslauföffnungen n.

Der Antrieb der Siebtrommel besteht aus der Riemenscheibe g, der Vorgelegewelle h und dem Kegelräderpaare e, f. Die Bewegungsübertragung auf die Schnecke m vermitteln die beiden Riemscheiben k und l. — Das auf jeder Langseite mit großen Türen versehene Gehäuse d ist aus Holz.

Ein ganz in Eisen konstruiertes Zylindersieb, Bauart der *Amme, Giesecke & Konegen, A.-G.* Braunschweig, zeigen die Fig. 228 und 229, worin a den Einlauftrichter, b einen Transportschneckenflügel, c einen vollwandigen Schutzzylinder, d die untere Siebtrommel, e die Trommelwelle, f die Armkreuze, g den Trog, h die Sammelschnecke, i den Antrieb, k die aus Walzeisen und Blechplatten zusammengenieteten Stirnwände bedeuten. Das Mehl wird von der Sammelschnecke zum Auslauf n befördert, während der Überschlag die Maschine am entgegengesetzten Ende verläßt.

Der Kraftbedarf der Zylindersiebe ist ein sehr mäßiger und beträgt bei den größten Ausführungen nur 2 bis $2^{1}/_{2}$ PS. Die Leistung ist abhängig von Länge, Durchmesser, Lochweite und Umfangsgeschwindigkeit. Hinsichtlich der letzteren gelten genau dieselben Erwägungen, die in betreff der Umfangsgeschwindigkeit der Kugelmühlen (S. 151 u. 152) angestellt wurden, man hat also demzufolge als oberste Grenze der Umdrehungszahl in der Minute gleichfalls den dort gefundenen Wert

$$n = \frac{42{,}3}{\sqrt{D}}$$

anzusehen, worin D den Durchmesser der Siebtrommel in m bedeutet.

Als empfindliche Mängel der Zylindersiebe sind zu betrachten: der namentlich bei angreifendem Aufschüttgut sehr starke Verschleiß und das nicht seltene Reißen des Siebgewebes, wodurch, wenn das letztere Vorkommnis nicht sofort entdeckt wird, höchst unangenehme Weiterungen entstehen. Diese Übelstände sind mit der Bauart der Zylindersiebe untrennbar verknüpft und müssen mit in Kauf genommen werden. Daß ihre Verbreitung trotzdem noch eine verhältnismäßig große ist, dürfte wohl hauptsächlich in den im Verhältnis zur Leistung geringen Anschaffungskosten begründet sein.

Rätter sind Siebe mit einer ebenen Siebfläche, der von einer umlaufenden Welle eine schüttelnde, schaukelnde oder kreisende Bewegung erteilt wird. Je nach der Art der letzteren lassen sie sich in drei Gruppen einteilen:

α) Schüttelsiebe, welche eine hin und hergehende Bewegung in der Längs- oder Querrichtung der Siebebene, mit oder ohne Stoßwirkung vollführen;

β) Schüttelsiebe, die eine auf- und abgehende Bewegung senkrecht zur Siebebene erhalten, zu der noch eine Stoß- oder Fallwirkung hinzutritt;

γ) kreisende Siebe mit kreisrunder oder elliptischer Bahn, genau oder nahezu in der Siebebene.

Die unter α) gekennzeichneten Siebe weisen durchgehends eine sehr einfache Bauart auf. Sie bestehen aus einem länglich viereckigen Kasten, der

ein gelochtes Blech oder ein
auf einen Rahmen gespanntes
Gewebe enthält und mittels
elastischer stählerner oder
Holzfedern am Deckengebälk
aufgehängt oder auf dem Fußboden stehend befestigt ist.
Am unteren Boden des Kastens
greift eine Stange an, die an
eine Durchkröpfung oder ein
Exzenter einer rasch umlaufenden Welle angeschlossen ist
und dem Sieb eine schüttelnde
Bewegung erteilt. Letztere im
Verein mit der schrägen Lage
des Siebes bewirkt, daß das
Aufschüttgut über die ganze
Länge des Siebes wandert, wobei das Feine durch die Öffnungen oder Maschen hin-
durchfällt, während der Überschlag bis zum unteren Rande
des Siebes gleitet und von hier
aus weiter befördert wird.

Der Siebkasten kann auch
zwei oder mehrere Siebe übereinander enthalten, wenn eine
Sortierung in mehr als zwei
Erzeugnisse gewünscht wird.

Wegen ihrer niedrigen Bauart sind die Schüttelsiebe überall dort vorteilhaft anzuwenden, wo es an größerer Bauhöhe
gebricht.

Das in den Fig. 230 bis
232 dargestellte Schurrsieb
(stellbare Schrägsieb), Bauart
Kampnagel, Hamburg, gehört
der zweiten Gruppe der Rätter an. Es besteht aus einem
Flachsieb *b* — meist mit Schlitzlochung aus Stahl-, Kupfer-
oder Zinkblech gefertigt —,
das in einem oben mit Segel-
tuch *o* abgedeckten und unten

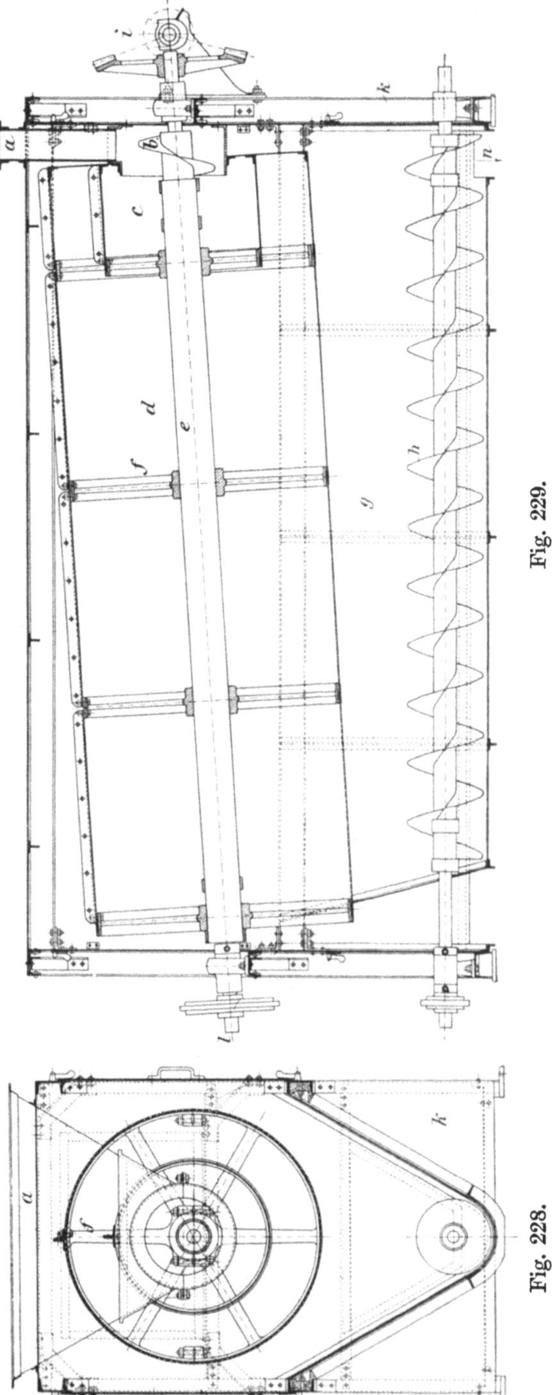

Fig. 229.

Fig. 228.

mit einer Blechplatte *d* verschlossenen, in zwei Auslaufstutzen (*k* für den Überschlag und *l* für das Mehl) endigenden Holzrahmen *n* eingelegt ist. Der Rahmen stützt sich mittels der beiden Gelenkstangen *p* und der Spindel *g* auf das gußeiserne Gestell *a*, in dem die Welle *t* mit der Antriebscheibe *q* und dem Sechsschlag *c* gelagert ist, der das bewegliche Ende des Rahmens in eine schüttelnde Bewegung versetzt. Die Heftigkeit der letzteren bzw. der

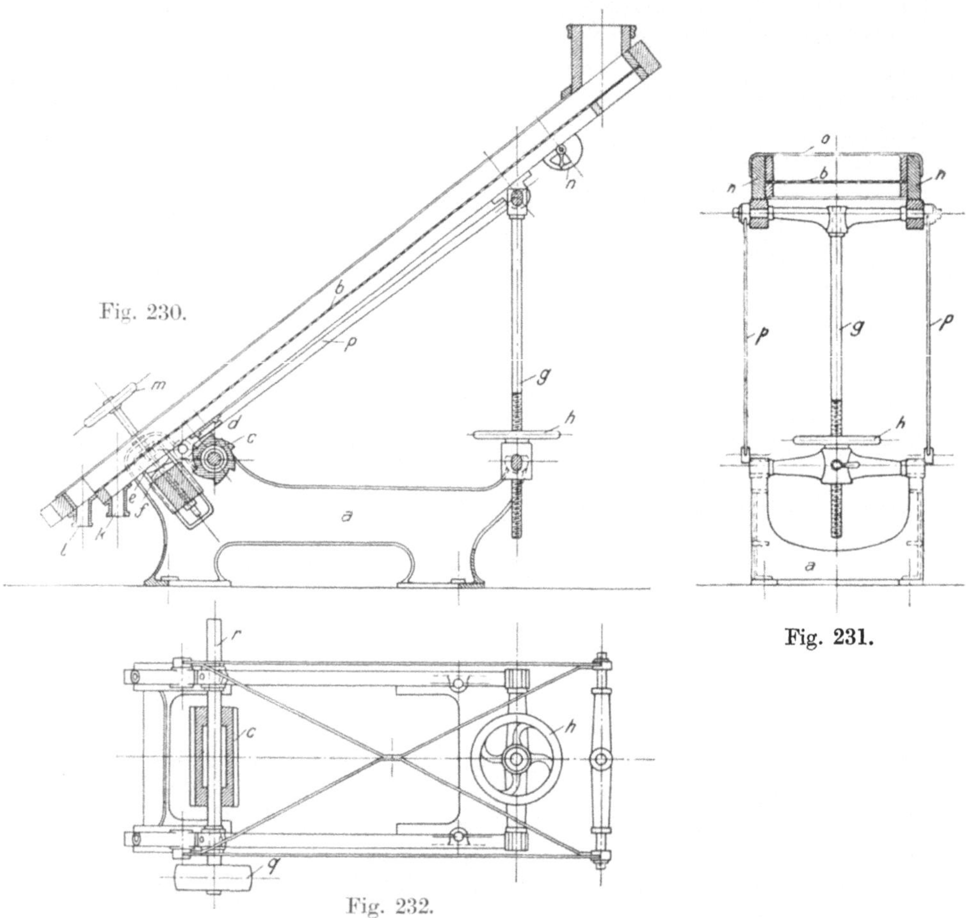

Fig. 230.

Fig. 231.

Fig. 232.

dadurch verursachten Schläge ist von der Entfernung zwischen den beiden Prellklötzen *e* und *f* abhängig; sie läßt sich nach Bedarf mittels zweier Schraubenspindeln und der Handräder *m* verstärken oder mildern.

Auch die Neigung der Siebfläche ist mittels Schraubenspindel *g* und Handrad *h* leicht zu verändern, wobei zu berücksichtigen ist, daß eine steilere Neigung ein feineres, eine flachere ein gröberes Sieberzeugnis liefert, da die Größe der durchfallenden Teilchen — wie bei allen Schrägsieben — nicht durch die wirkliche Loch- oder Schlitzweite, sondern durch deren Projektion auf die wagerechte Ebene bestimmt wird. Man kann also mit grober Lochung ein verhältnismäßig feines Mehl absieben, aus welchem Grunde sich das Schurrsieb namentlich für die Absiebung etwas feuchter oder backender Stoffe eignet, die ein feines Sieb bald zusetzen würden.

Der Umstand, daß bei diesem Sieb die größte Wirkung dort ausgeübt wird, wo am wenigsten Sichtgut vorhanden ist, während die am dichtesten bedeckte Stelle nahezu im Ruhestande verharrt, hat zu Konstruktionen geführt, bei denen auch der dem Einlauf zunächst gelegene Teil der Siebfläche in schüttelnde Bewegung gebracht (Schaukelsieb) oder bei denen die Siebfläche überhaupt nicht bewegt, sondern nur in Vibration versetzt wird.

Von letzterer Bauart ist der Vibracone Separator der *Stephens Adamson Mfg. Co.*[1], Aurora, Illinois, ferner der Newaygo - Separator[2] — ein stellbares Schrägsieb, über dessen Länge drei Klopfwerke verteilt sind — sowie das *v. Grueber*sche und das Schrägsieb der *Rheinischen Maschinenfabrik*, Neuß, namentlich in der Phosphatindustrie vorteilhaft bekannt geworden.

Der Vibracone Separator (siehe Fig. 233) ist eigentlich kein Rätter im üblichen Sinne, da seine Siebfläche nicht eben, sondern kegelförmig gestaltet ist. Er bildet daher eine Klasse für sich.

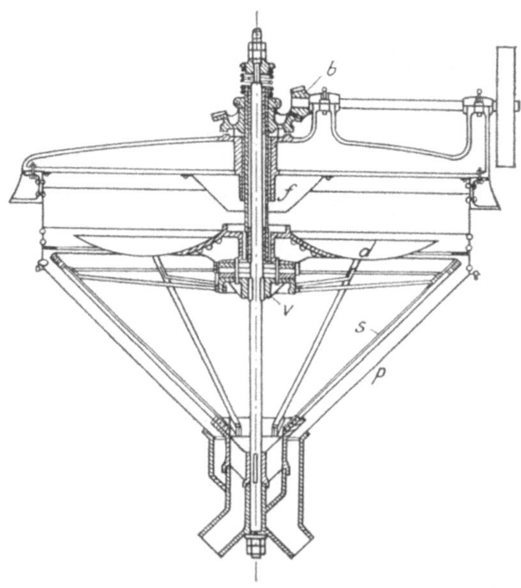

Fig. 233.

Das Gut tritt bei diesem Sieb durch den Trichter *f* in das Gehäuse *p* ein, fällt auf den von der stehenden Welle mit dem Vorgelege *b* in Umdrehung versetzten, schüsselförmig gestalteten Verteiler *d* und über den Rand des letzteren auf das kegelförmige Sieb *s*, das durch eine von der stehenden Welle aus betätigte Vorrichtung *v* in vibrierender Bewegung gehalten wird.

Die Einrichtung eines Schrägsiebes, Bauart *v. Grueber*, Berlin, geht aus den Fig. 234 und 235 hervor. In der meist üblichen Weise wird am Kopfende der stark geneigt stehenden Siebfläche eine mit Riemscheibe *b* angetriebene Förderschnecke *a* verwendet, die das Sichtgut über die ganze Siebfläche gleichmäßig verteilt. Entgegen den früher bekannt gewordenen Anordnungen wird dem die Siebbespannung enthaltenden Rahmen nicht mehr durch Exzenter eine schwingende Bewegung erteilt, die eine ziemlich starke und ungleichmäßige Abnutzung des Gewebes zur Folge hatte, sondern der außerhalb

---

[1] *Stephens Adams Mfg. Co.*, Aurora, Illinois: Flugblatt.
[2] *Naske:* Die Portlandzement-Fabrikation, 2. Aufl., S. 76.

des Siebgehäuses auf Spiralfedern getragene, bei g einstellbare Siebrahmen f wird durch als Doppelhebel c, d ausgebildete Klopfer e über die ganze Fläche in leichte, aber genügend ausgiebige Schwingungen versetzt, wobei die von oben gegen die Federunterstützung wirkende Klopfbewegung dem Verstopfen der Siebmaschen entgegenarbeitet.

Das abgesiebte Feingut fällt in eine in dem Raum i unterhalb des Siebes angeordnete Schnecke, während der grobe, über das Sieb hinweggehende Rückstand in den Raum i fällt und erneuter Vermahlung zugeführt wird.

Das Schrägsieb, Bauart der *Rheinischen Maschinenfabrik*, Neuß a. Rh., zeigen die Fig. 236 und 237, worin a den Einlauf, b den Siebrahmen, c das eiserne Gehäuse, d den Mehl- und e den Grießauslauf, f und g den Klopfmechanismus, und h die Antriebwelle mit den Riemscheiben i, i_1 bedeutet.

Eine Besonderheit dieser Konstruktion besteht in der Verteilvorrichtung des Siebgutes, die nicht durch Schnecken od. dgl. bewirkt wird, sondern durch dachartig gegeneinander geneigte Flügelbleche, die in leichte Schwingungen versetzt werden und so abgeschrägt sind, daß das Gut in einer gleichmäßigen Schicht über die ganze Breite der Siebfläche verteilt wird.

Als typischer Vertreter der dritten Gruppe soll hier endlich noch der durch die Fig. 238 bis 240 veranschaulichte Seltner-Rätter[1] gezeigt werden, der

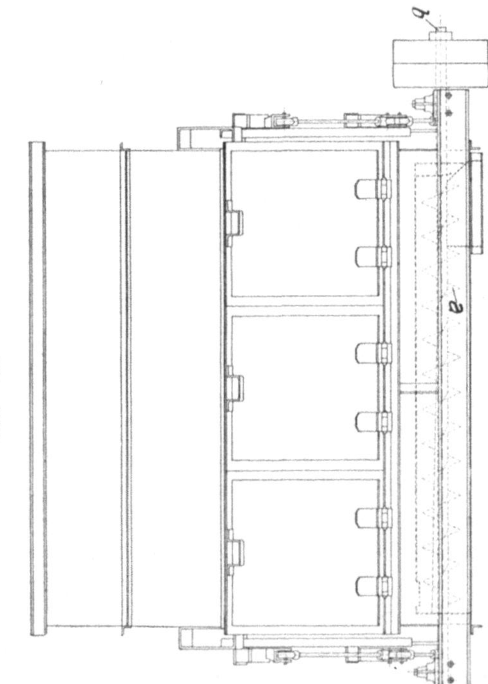

aus zwei übereinander angeordneten, mit Sortiersieben und Rückführblechen ausgerüsteten Rätterkästen besteht, die an ihren vier Eckpunkten

---

[1] Zeitschr. d. Ver. deutsch. Ing. 1916, Nr. 24.

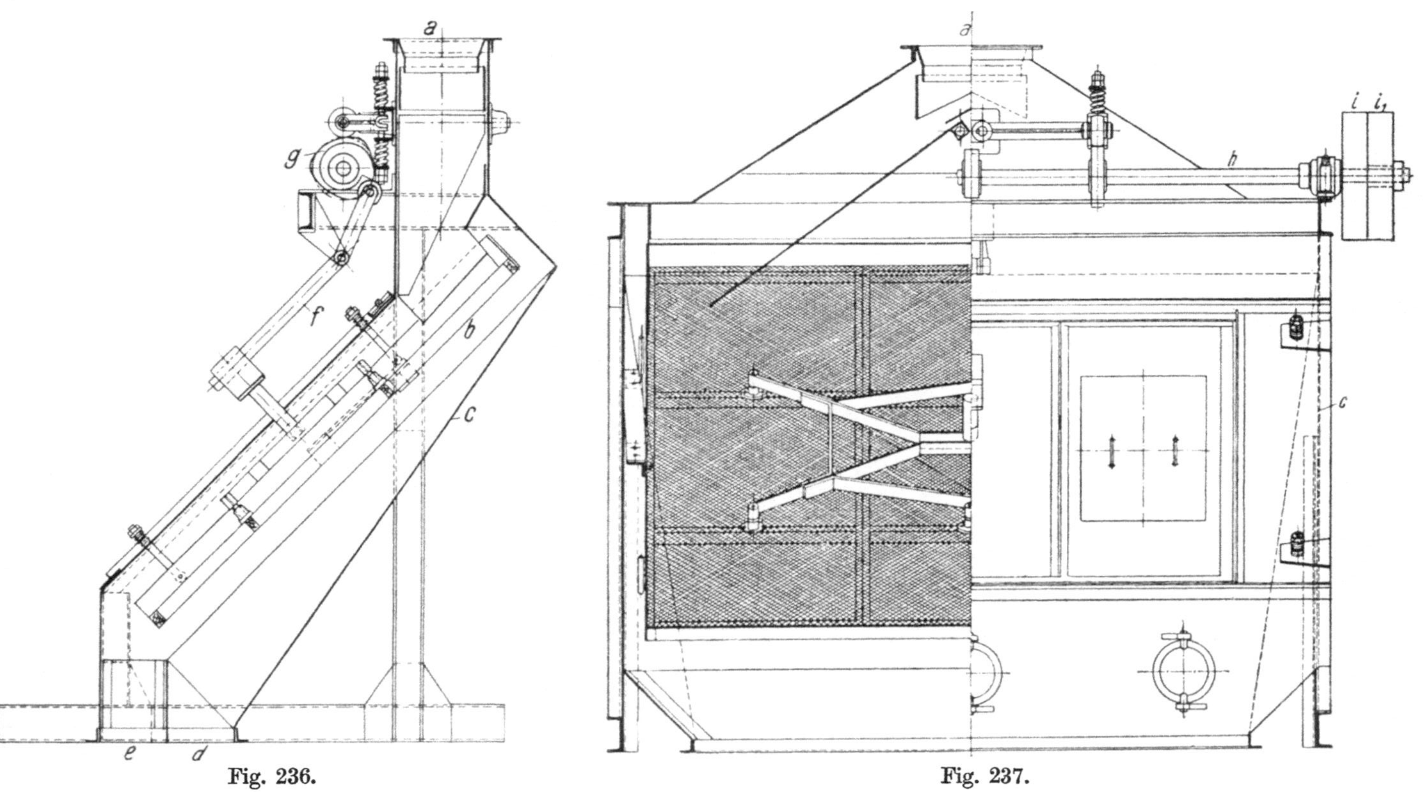

Fig. 236.

Fig. 237.

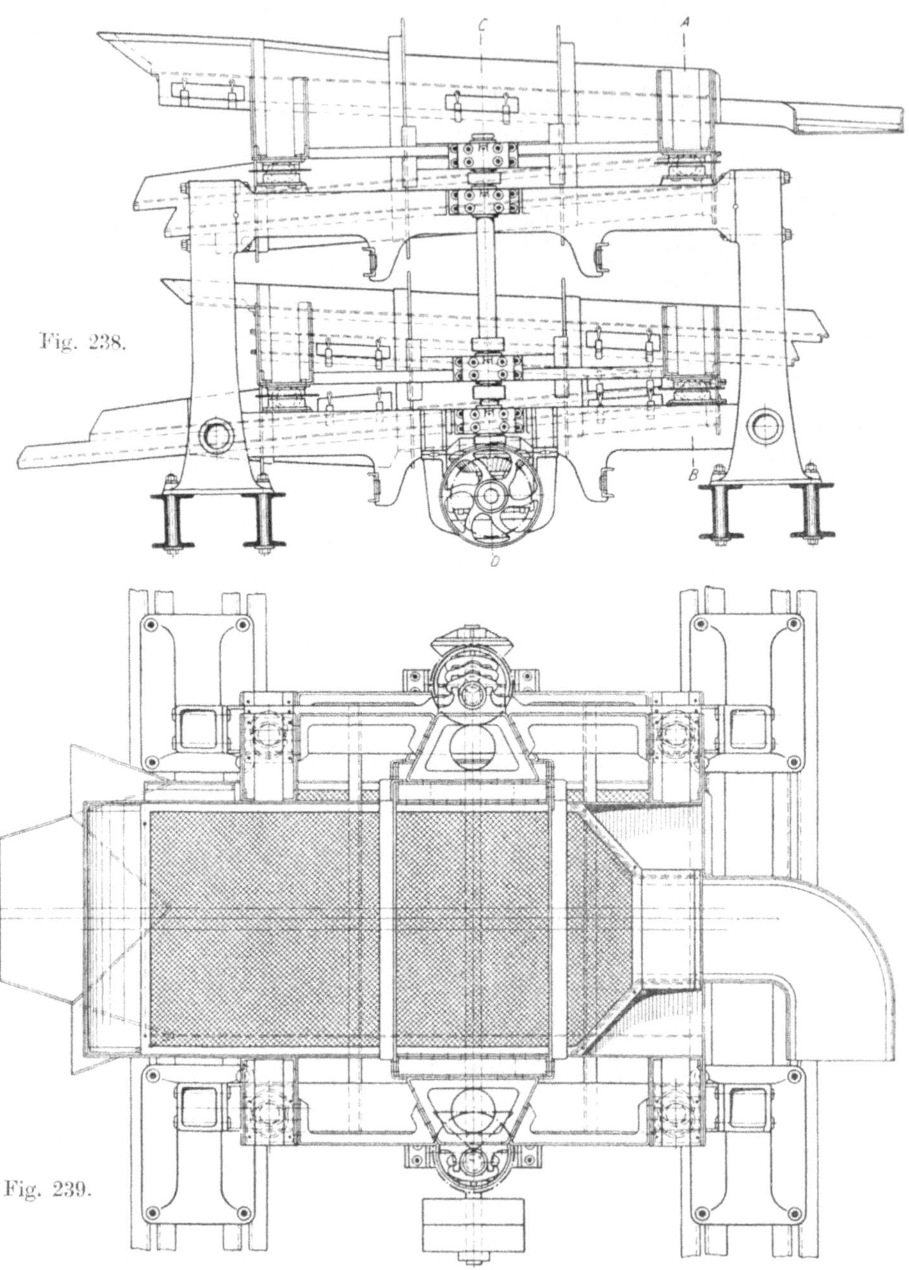

Fig. 238.

Fig. 239.

mittels Tragstücken in eigens hierzu ausgebildeten Kugelpfannenlagern ruhen.
Die Kästen werden an ihren beiden Längsseiten durch doppelt gekröpfte
Kurbelwellen angetrieben, deren Kröpfungen um 180° gegeneinander ver-

setzt sind, wodurch alle Punkte der in die Rätterkästen eingebauten, schwach geneigten Siebe eine Kreisbewegung erhalten. Der Durchmesser der Bewegungsbahn der Kugeln in den Kugelpfannenlagern ist hierbei halb so groß als der Durchmesser der Bewegungsbahn der Rätterkästen und des Kurbelkreises. Die beiden Kurbelwellen sowie die unteren Pfannen der Kugellager ruhen in einem gußeisernen Gestell, ebenso auch die quer unter den Rätterkästen liegende Antriebswelle, auf der sich die Riemscheibe und die beiden konischen Zahnradgetriebe für den Kurbelwellenantrieb befinden.

Sämtliche Antrieb- und Lagerungsteile befinden sich somit übersichtlich und leicht zugänglich außerhalb des Rättergestells. Die Rätterkästen sind

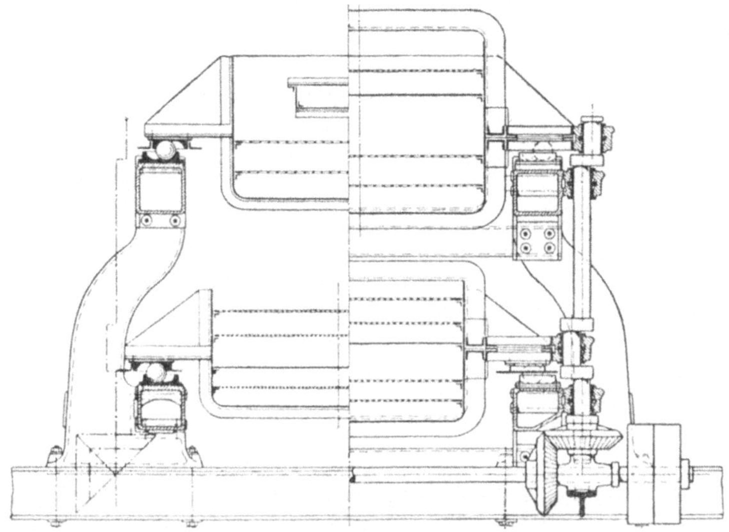

Fig. 240.

durch Putztüren zugänglich und die Siebe können leicht ausgewechselt werden. Die Kugelpfannenlager, die durch Schutzhauben vor dem Eindringen von Schmutz gesichert sind, ermöglichen demzufolge einen jahrelangen anstandslosen Dauerbetrieb. Sie werden aus bestem Stahl hergestellt, die Kugeln sind glashart und geschliffen.

Derartige Kreiselrätter können selbst in größeren Höhen über dem Erdboden aufgestellt werden, weil sich die Massenkräfte der gewöhnlich übereinander angeordneten Siebkästen gegeneinander ausgleichen und demgemäß den Unterbau, der, wie es sich von selbst versteht, kräftig auszubilden ist, nur verhältnismäßig wenig beanspruchen. —

In manchen Industrien, wie z. B. der Keramischen, der Portlandzement- und der Papierindustrie werden die Rohstoffe häufig — in der letztgenannten Industrie sogar immer — nicht trocken, sondern naß aufbereitet; in einem bestimmten Punkt des Erzeugungsvorganges hat man es also nicht mit Mehl, sondern mit Schlamm (oder „Zeug") zu tun, der in der Regel von den im

Rohstoff vorhanden gewesenen Verunreinigungen befreit werden muß, bevor er weiter verarbeitet wird. Es ist daher eine Siebung vorzunehmen, was aber aus naheliegenden Gründen nur dann mit Erfolg durchgeführt werden kann, wenn das abzusiebende Gut einen gewissen Grad von Dünnflüssigkeit besitzt.

Nach dem sog. „Dünnschlammverfahren", d. h. mit etwa 80 bis 85 Proz. Wasser im Schlamm arbeitende Zementfabriken verwenden vielfach das durch die Fig. 241 und 242 dargestellte Naßsieb. Dieses Sieb besteht aus einer durch die Riemscheibe r und das Rädervorgelege $z_1\, z_2$ angetriebenen Trommel s, deren Umfang mit feinem Drahtgewebe bespannt ist, deren Seitenwände aber bis auf zwei Auslauföffnungen a_1 und a_2 geschlossen sind. Die um ihre Achse sich langsam drehende Trommel taucht bis auf eine gewisse Tiefe in die zu siebende Flüssigkeit, füllt sich innerhalb mit derselben, soweit diese durch das die Trommelumhüllung bildende Drahtgewebe hindurchtreten

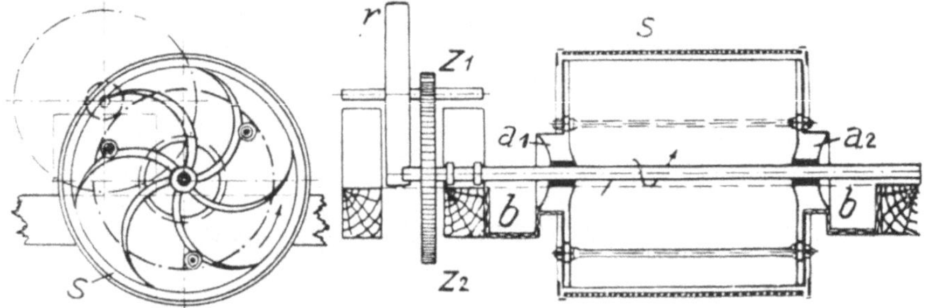

Fig. 241 u. 242.

konnte, und führt die gesiebte Flüssigkeit durch die seitlichen Auslauföffnungen in die Rinnen b, b ab, während der Sand u. dgl. in dem Bottich oder Kasten, in dem dieses Trommelsieb angeordnet ist, langsam zu Boden sinkt und zeitweilig durch Öffnen eines Schiebers entfernt werden muß.

Dieses selbe Naßsieb ist auch in einer nur unwesentlich von der geschilderten abweichenden Form ein wichtiger Bestandteil der maschinellen Einrichtung einer jeden Papierfabrik. In den Trog des „Holländers" eingebaut, dient es dazu, das von dem letzteren hervorgebrachte „Zeug" von dem schmutzigen Waschwasser zu befreien, um dem beständig zufließenden reinen Wasser Raum zu schaffen, ohne die Fasern der Papiermasse mitzunehmen. Es siebt das lästige und wertlose Schmutzwasser aus dem Gemenge aus und läßt den wertvollen Rückstand im Trog zurück, wirkt also umgekehrt wie das Naßsieb der Zementfabriken.

Im sog. „Dickschlammverfahren" erzeugte Portlandrohmasse mit nur 36 bis 40 Proz. Wasser läßt sich eben noch absieben — allerdings nicht auf dem oben abgebildeten Naßsieb, das in diesem Falle gänzlich versagen würde —, wenn der Wirkung des Siebgewebes durch geeignete Mittel, z. B. Rührflügel, nachgeholfen wird. *F. L. Smidth & Co.*, Kopenhagen, haben in dem „Trix" ein Sieb geschaffen, das, zwischen die naß vormahlende Kugelmühle und die naß ausmahlende Rohrmühle eingeschaltet, eine Entlastung der letzteren und eine Erhöhung der Nutzwirkung des ganzen Systems herbeiführt.

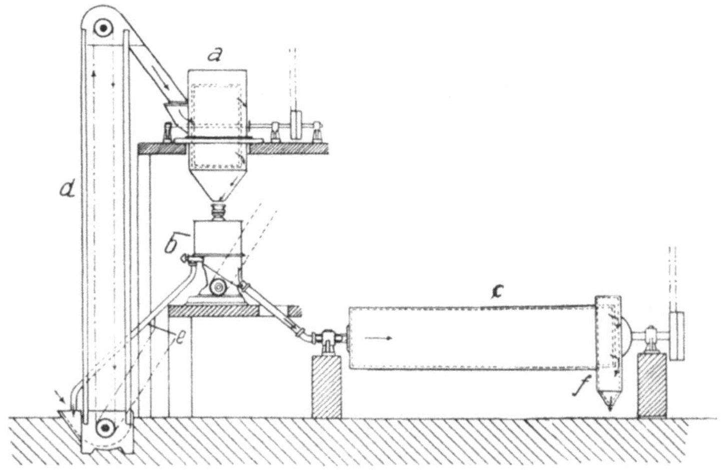

Fig. 243.

In Fig. 243 ist eine derartige Anordnung gezeigt. Dort bedeutet a die Kugelmühle, b den Trix, c die Rohrmühle, d das Becherwerk zum Heben des Mahlgutes und der durch e aus dem Trix ablaufenden Grieße in die Kugelmühle, und endlich f den Auslauf des fertigen Dickschlammes.

Fig. 244 veranschaulicht die Einrichtung des Trix, der aus einer stehenden rasch umlaufenden Welle besteht, die das bei a einströmende Kugelmühlenerzeugnis mittels der Krümmer b in das Innere des Siebgehäuses c leitet. Der durch das Siebgewebe hindurchtretende Feinschlamm fließt bei e zur Rohrmühle

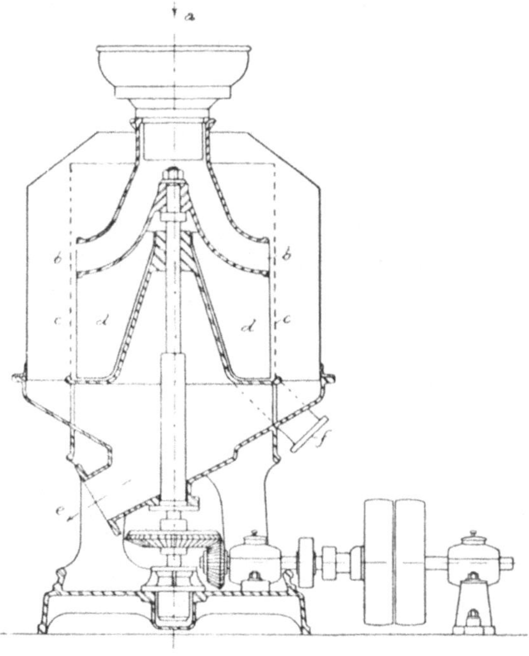

Fig. 244.

ab, während die harten Rückstände von den Flügeln d dem Stutzen f zugeschoben werden, um durch diesen die Maschine zu verlassen und zu der Kugelmühle zurückzukehren.

b) Windsichter.

Die Schattenseiten der Siebvorrichtungen, deren Sichtflächen aus mehr oder weniger feinen Geweben bestehen, wurden bereits weiter oben erwähnt. Sie treten um so stärker hervor, je größer die Ansprüche an die Feinheit des Siebereugnisses werden und mit je angreifenderen, spezifisch schwereren Stoffen man es zu tun hat — wie letzteres in der Hartmüllerei ja fast immer der Fall ist. Es hat selbstverständlich nicht an Bestrebungen gefehlt, die mit der Gewebesieberei verbundenen Übelstände zu vermeiden, wobei sich im allgemeinen von sämtlichen eingeschlagenen Wegen nur zwei als gangbar erwiesen haben: die Trennung unter Wasser und die Sichtung mit Luft.

Der erstere Weg wird beschritten, wenn — wie bei manchen Arten der Edelmetallgewinnung — der Fabrikation das nasse Aufbereitungsverfahren zugrunde liegt. In allen anderen Fällen, vor allem aber dann, wenn das gewonnene Feinmehl ein fertiges Erzeugnis darstellt, das in trockenem Zustande in den Handel gebracht werden soll, ist man auf den zweiten Weg angewiesen.

Der Grundgedanke der Trennung unter Wasser wie der Sichtung mit Luft beruht darauf, daß das bewegte Wasser oder die bewegte Luft imstande ist, je nach der Strömungsgeschwindigkeit verschieden feine Teilchen mitzuführen. Eine starke Strömung vermag grobe und schwere Teilchen zu tragen, die in einer schwachen Strömung sofort zu Boden sinken würden. Durch Regelung der Stromstärke ist es also ohne weiteres möglich, eine Absonderung nach verschiedenen Korngrößen herbeizuführen. Um eine reine, scharfe Aussichtung zu erzielen, ist es aber noch weiter erforderlich, das zu behandelnde Gut möglichst gleichmäßig in dem Strom zu verteilen, damit dieser Gelegenheit findet, jedes einzelne Teilchen zu umspülen und so alles Feine fortzuführen.

Die Umsetzung dieses an sich sehr einfachen Gedankens in die praktische Tat hat bei der schon seit langer Zeit geübten Trennung unter Wasser von vornherein befriedigende Ergebnisse gezeitigt, wogegen die Ausführung eines praktisch brauchbaren Windsichters nur wenig über 30 Jahre zurückreicht. Wenn auch der Grundegedanke in beiden Fällen der gleiche ist, so sind doch die Schwierigkeiten, die sich seiner Durchführung entgegenstellen ungleich größer und vielgestaltiger, sobald statt des Wassers Luft gewählt werden muß. Denn dem Wasser läßt sich ebenso leicht eine ganz bestimmte Geschwindigkeit erteilen, als es leicht ist, seine Menge zu regeln; es ist ebenso leicht, das Wasser zur Ruhe zu bringen und zu sammeln, als es leicht ist, es in jeder gewünschten Richtung zu führen. Alles dieses ist aber, auf Luft angewendet, sehr schwierig zu erreichen, wozu sich noch gesellt, daß es ferner nicht nur nötig ist, das Sichtgut in vollkommenster Gleichmäßigkeit in dem Luftstrom zu verteilen, sondern auch das Feinmehl später dem Luftstrom vollständig und unter Vermeidung jeglicher Staubentwicklung zu entziehen. Denn Staub bedeutet nicht nur Stoffverlust, sondern gleichzeitig auch eine Schädigung der Gesundheit der Arbeiter, eine Herabminderung ihrer Arbeitsfreudigkeit und endlich noch eine Verkürzung der Lebensdauer der Maschinenanlage.

Allen diesen Forderungen suchten die Konstrukteure des ersten, praktisch brauchbaren Windsichters, die Engländer *Mumford* und *Moodie*, dadurch gerecht zu werden, daß sie den ganzen Vorgang, den man bis dahin allgemein in räumlich getrennten Vorrichtungen sich hatte abspielen lassen, in das Innere eines einzigen geschlossenen Apparates verlegten.

Fig. 245 stellt eine der ersten Ausführungsformen eines *Mumford-* und *Moodie*schen Windsichters aus dem Jahre 1889 dar, gebaut von *Gebr. Pfeiffer*, Kaiserslautern, die das alleinige Ausführungsrecht von den Erfindern erworben hatten und die Konstruktion im Laufe der Zeit auf eine hohe Stufe der Vollendung gebracht haben.

In der Abbildung bezeichnet k die von einem Vorgelege l in rasche Umdrehung versetzte stehende Welle, die den Ventilator a und den Streuteller b trägt und in zwei Halslagern des oberen Gestelles sicher geführt ist. Das Aufschüttgut fällt aus dem Einlaufstutzen auf den Streuteller, wird von diesem gegen die Wand des mittels der Schrauben e an dem Gehäuse aufgehängten Trichters c, d geschleudert und in eine Staubwolke aufgelöst, aus der der Ventilator das Feine heraussaugt, um es gegen die Außenwand des Gehäuses i zu treiben, an der das Mehl langsam nach unten gleitet und den Apparat durch einen zentralen Auslauf verläßt.

Die Teile des Gutes, die zu schwer sind, um von dem Luftstrom getragen zu werden — der Grieß oder Überschlag — fallen in den inneren Trichter f, g, werden dort gesammelt und durch eines der beiden seitlichen Rohre abgeführt,

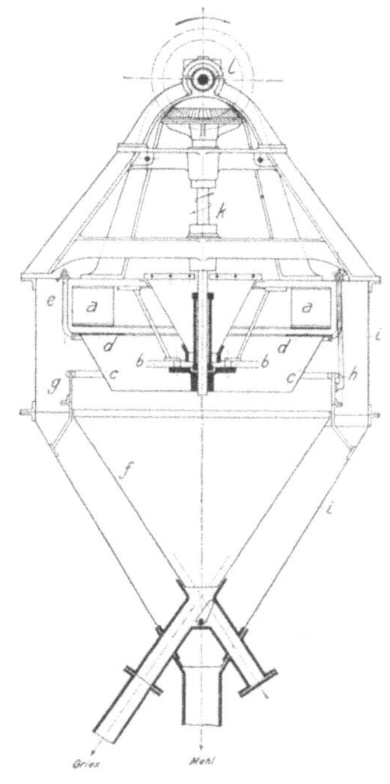

Fig. 245.

während die vom feinen Staub befreite Luft, einen Kreislauf vollführend, wieder unter den Streuteller zurückkehrt.

Diese Ausführungsform beschränkte sich auf den eigentlichen Grundgedanken der Erfindung und erwies sich in mancher Hinsicht als noch recht verbesserungsfähig. Es sind dort keine Vorkehrungen getroffen, um die Staubaufnahme oder die Abscheidung besonders wirksam zu gestalten. Die Scheidewand c zwischen dem inneren (Staubaufnahme) und dem äußeren (Staubabscheidung) Raum diente gleichzeitig als Anwurfring oder Verteiler. Trotzdem lieferte dieser Sichter bei den zu jener Zeit noch wesentlich geringeren Ansprüchen an die Feinheit des Portlandzementes, Thomasschlackenmehles u. dgl. immerhin schon recht befriedigende Ergebnisse.

Die Ausführungsform nach Fig. 246 enthält bereits einen besonderen Anwurfring zur Verteilung des Gutes im Luftstrom, ferner ist unterhalb des Streutellers ein birnenförmiger Doppelkegel angeordnet, um eine gewisse Führung für den Luftstrom zu schaffen und Wirbelbildungen in dem toten

Raum unterhalb des Streutellers zu vermeiden. — Im übrigen bedeutet hier E_2 die stehende Welle, E_1 den Streuteller, E den Ventilator, D den Doppelkegel, A den Mehltrichter, B den Grießtrichter und a das Grießauslaufrohr.

In Fig. 247 ist die letzte Ausführungsform veranschaulicht. Der Windsichter hat einen in senkrechter Richtung beweglichen Anwurfring, wodurch dieser dem Streuteller gegenüber verschiebbar gemacht ist, so daß der Gutstrom je nach der Lage des Anwurfringes mehr oder weniger abgelenkt wird. Da nun diese Ablenkung einen bestimmten Einfluß auf den Feinheitsgrad des

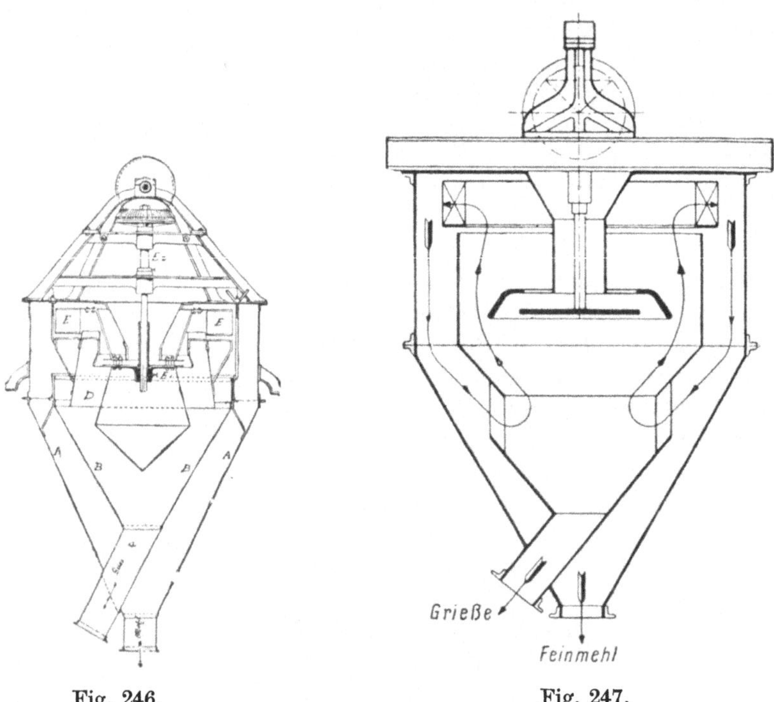

Fig. 246.   Fig. 247.

Mehles ausübt, so hat man mit dem Heben oder Senken des Anwurfringes, das während des Betriebes vorgenommen werden kann, ein ebenso einfaches wie sicheres Mittel zur Regelung der Mehlfeinheit in der Hand. Die sonst zu demselben Behufe geübte Änderung der Umdrehungsgeschwindigkeit des Flügelrades, die eine Auswechslung der Antriebsriemscheibe bedingt, kann somit hier entfallen.

Der Weg des in sich geschlossenen Luftstromes ist aus der Abbildung klar zu erkennen. Die Sichtung erfolgt nach dem Grundsatz des Gegenstromes; die Luft geht von unten nach oben, das Sichtgut von oben nach unten. Die reinste, d. h. die staubfreieste Luft, die mithin am besten Staub aufnimmt, wird zur letzten Nachsichtung benutzt. Die Reinsichtung wird auf diese Weise bis auf den denkbar höchsten Grad getrieben, indem jedem Staubteilchen nach gründlicher Lockerung wiederholt Gelegenheit geboten wird, mit dem Luftstrom zu entschweben.

Dieser Sichter scheidet Mehle ab bis zu einer Feinheit von etwa 0 Proz. Rückstand auf dem Sieb von 900 Maschen im Quadratzentimeter und 10 bis 12 Proz. Rückstand auf 4900 Maschen im Quadratzentimeter und gröber, je nach der Einstellung, die wie oben schon hervorgehoben, selbst während des Betriebes leicht geändert werden kann. Will man noch feinere und sog. „unfühlbare" Mehle absichten, tritt an seine Stelle der „Selektor", Bauart *Moodie-Pfeiffer*.

Beim Selektor,[1] streicht der Staubluftstrom durch ein unterhalb des Ventilators angeordnetes, mitkreisendes System von Scheiben oder Tellern wodurch er in eine Anzahl dünner Schichten zerlegt wird. Auf diesem Wege, sinken die größeren und schwereren Teilchen jeder Schicht nach unten auf die Teller, werden durch die Fliehkraft der letzteren nach außen geschleudert und fallen hier nach unten in den Grießtrichter bzw. den Grießauslauf, wogegen die feinsten Teilchen vom Flügelrad angesaugt und in den Mehlsammelraum befördert werden.

Der Patent-Almag-Windsichter der *Alpinen Maschinen A.-G.* in Augsburg, Fig. 248, ist gleichfalls aus dem *Moodie*schen Windsichter hervorgegangen.

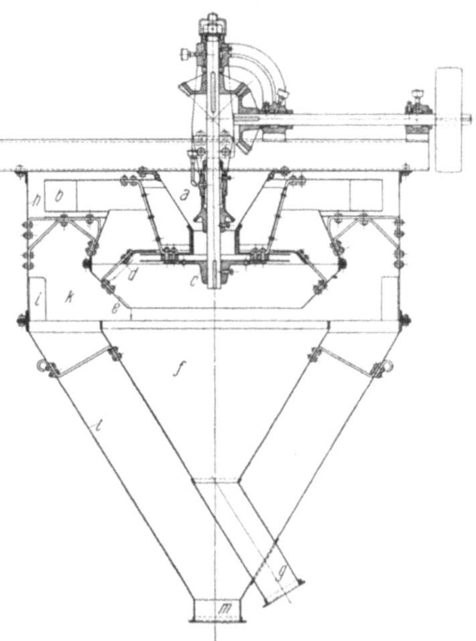

Fig. 248.

Die Zuführung des Sichtgutes erfolgt bei *a*, in der Mitte eines wagerecht angeordneten Ventilators *b*, mit dem, auf derselben Achse sitzend, ein Streuteller *c* umläuft. Dieser schleudert das aufgegebene Gut infolge der Fliehkraft nach außen gegen einen Anwurfring *d*, von wo es weiter gegen den Blechkegel *e* geworfen wird, um sodann in den Grießtrichter *f* zu fallen. Die vom Ventilator angesaugte Luft durchströmt nun das in dünner Schicht vom Streuteller fortgeschleuderte Gut zweimal, und zwar zunächst während seines Falles vom Blechkegel *e* in den Grießtrichter *f*, und das zweitemal auf seinem Wege vom Streuteller nach dem Blechkegel *e*. Der Windstrom sättigt sich dabei mit den feineren Bestandteilen des Sichtgutes, während die gröberen Teile aus dem Grießtrichter *f* mittels des Grießrohres *g* abgeleitet werden. Der mit Feinmehl gesättigte Luftstrom wird in den Ventilator *b* geführt und von letzterem an die Wand des zylindrischen Oberteils des

---

[1] Die in den früheren Auflagen dieses Buches gebrachte Abbildung des Selektors entspricht nicht der tatsächlichen Ausführung.

Mantels h geblasen. Durch das große Volumen des Teiles k zwischen dem äußeren und dem inneren Sichtermantel wird nun die Geschwindigkeit des Windstromes derartig verlangsamt, daß er nicht mehr imstande ist, das Mehl zu tragen, das infolgedessen an der Wand des äußeren Blechkegels l entlang durch den Mehlauslauf m den Sichter verläßt. Um zu verhindern, daß der in den inneren Teil des Sichters zurückkehrende Windstrom noch Mehlteilchen mitnimmt, sind an der inneren Zylinderwand h, auf dieser senkrecht stehend,

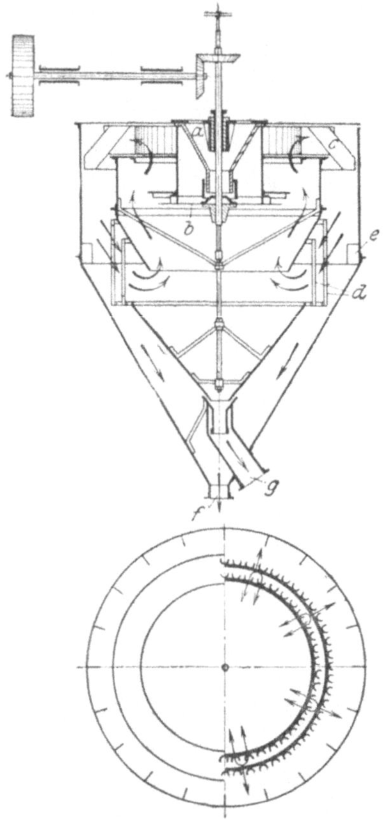

Fig. 249 u. 250.

eine Anzahl Bleche i angenietet. Gegen diese stößt der nach unten sich spiralförmig bewegende Luftstrom, wird dabei in seiner Bahn abgelenkt und läßt die mitgenommenen Mehlteilchen fallen.

Besondere Erwähnung verdient noch eine an dem vorstehend beschriebenen Windsichter getroffene Neuerung, welche bezweckt, eine etwa nötig gewordene Änderung des Feinheitsgrades der Absichtung ohne Beeinflussung der Schleuderwirkung des Streutellers, also ohne Änderung der Umlaufzahl zu bewirken, was bei spezifisch leichtem Aufschüttgut von Wichtigkeit sein kann. Zu diesem Behufe ist der Ventilator mit verstellbaren Flügeln versehen, derart, daß durch eine leicht vorzunehmende Stellungsänderung auch die Luftstromstärke geändert wird.

Von den sonstigen zahlreichen, aus der grundlegenden *Moodie*schen Erfindung hervorgegangenen Windsichterkonstruktionen sei nur noch jene der *Curt v. Grueber*, *M. A. G.*, Berlin, erwähnt (Fig. 249 und 250)[1]. In der Abbildung bedeutet a den Zuführungstrichter für das Grieß - Staubgemisch, c den Ventilator und b den Streuteller, der das Gut gegen den gleichfalls bekannten Anwurfring schleudert. Der Hauptanteil des Staubes wird durch die Ventilatorwirkung im äußeren Scheideraum abgesetzt und durch den Stutzen f abgezogen. Um nun auch den letzten Staubrest aus der Luft zu entfernen, wird diese beim Eintritt in den Innenraum des Sichters durch Jalousiebleche d in Wirbelungen versetzt, die das Herausschleudern des Staubes bewirken. Am äußeren Mantel angeordnete Leitbleche e erteilen der schraubenförmig aus dem Ventilator austretenden Luft die Radialrichtung für den Wiedereintritt

---

[1] Arch. f. Wärmew., J. 1925, H. 4, S. 99 und 102.

in den inneren Raum. Hier umspült sie die vom Teller herabfallenden Grieß-
körner, um aus ihnen auch die noch anhaftenden Staubteilchen mitzunehmen.
Der Grieß verläßt den Sichter durch den Stutzen g und kehrt zur Mühle zurück. —

Das Verwendungsgebiet des Windsichters im allgemeinen ist ein fast un-
begrenztes. Seine Vorzüge liegen nach den gegebenen Beschreibungen klar
zutage. Sie bestehen in seiner Zuverlässigkeit, in seinen höchst bescheidenen
Ansprüchen an Wartung und Beaufsichtigung und — als Folge des Fehlens
jeglicher Art Bespannung — auch in seiner unübertroffenen Bedürfnislosigkeit
in bezug auf Erneuerung der arbeitenden Teile. Diese unleugbar guten Eigenschaften haben ihm ein entschiedenes Übergewicht über alle anderen Siebvorrichtungen verschafft und haben es vermocht, letztere an vielen Stellen
zum Verschwinden zu bringen. Manche Industrien, wie z. B. die Sackkalk-
fabrikation, verdanken der Einführung des Windsichters eine ganz außerordentliche Förderung und sind ohne ihn heutzutage gar nicht mehr denkbar.

V. Fördervorrichtungen.

Unter allen für den Betrieb von Hartzerkleinerungsanlagen erforderlichen Hilfsgeräten nehmen die Vorkehrungen zur Beförderung der Rohstoffe, der Zwischen- und Enderzeugnisse in wagerechter, schräger und senkrechter Richtung die erste Stelle ein. Die ansehnlichen Mengen, die schon in kleineren Betrieben dieser Art zu bewegen sind, und die Beschaffenheit der zu befördernden Stoffe erheischen ganz besonders kräftige, leistungs- und widerstandsfähige Konstruktionen.

Je nach der Strecke über die, bzw. der Stelle, auf der die Förderung vor sich geht, hat man zwischen Außen- und Innenförderung zu unterscheiden. Der ersteren obliegt die Förderung der Rohstoffe zur, der letzteren die Bewegung der Halb- und Fertigerzeugnisse innerhalb der Verarbeitungsstelle.

a) Außenförderung.

Für die Heranschaffung des Rohstoffes vom Orte seiner Gewinnung an den Ort seiner Verarbeitung kommen je nach den örtlichen Verhältnissen verschiedenerlei Hilfsmittel in Betracht. Liegen diese Stellen nahe beisammen, so wird man die Rohstoffe am einfachsten mittels Karren oder besser mittels Kippwagen, die auf schmalspurigen Gleisen laufen und von Hand bewegt werden, zur Fabrik heranschaffen. Ist die Entfernung größer und sind die Bodenverhältnisse günstig, so wird man zur Bewegung der Muldenkipper motorische Kraft (Dampf oder Elektrizität) verwenden und mit Lokomotiven fahren, während man bei außergewöhnlichen Steigungen oder ebensolchen Gefällen der Ungunst des Geländes durch Bremsberge, Schrägaufzüge, Seil- oder Kettenförderanlagen begegnen wird. Sehr große Entfernungen endlich auf ebener oder beliebig gestalteter Strecke werden am billigsten und bequemsten durch Seilbahnen überwunden, die meist maschinell betrieben werden. Doch kommt es nicht gerade selten vor, daß die herabgehenden beladenen Wagen die zurückkehrenden leeren Fördergefäße auf die Beladestelle heraufziehen, daß also die Seilbahn eines besonderen Antriebes nicht bedarf. Diese Art des Betriebes stellt sich natürlich sehr billig.

Von den vorerwähnten Fördermitteln können die schmalspurigen Rollbahnen in allen Einzelheiten — mit ihren Muldenkippern, Drehscheiben, Weichen usw. — als allgemein bekannt vorausgesetzt werden. Dagegen dürfte es angebracht erscheinen, an dieser Stelle einiges über die Drahtseilbahnen, Elektro-Hängebahnen und Kettenförderer zu sagen, da jede einzelne dieser Fördervorrichtungen sowohl als auch deren Kombinationen unter-

einander in allen mit großen Rohstoffmengen arbeitenden Industrien täglich
an Boden und Bedeutung gewinnt.

Wie schon im Namen „Drahtseilbahnen" ausgedrückt, ist bei diesen
Fördervorrichtungen die Laufbahn aus einem Drahtseil hergestellt, das an
einem Ende fest verankert, am anderen Ende durch Winden, Schrauben
oder selbsttätig wirkende Belastungsgewichte in der nötigen Spannung erhalten wird, im übrigen aber frei schwebt und nur an geeigneten Stellen unterstützt und getragen wird. Für ununterbrochenen Betrieb — und nur ein
solcher kommt in Frage — ist es erforderlich, die Seilbahn zweigleisig auszu-
gestalten: das eine Tragseil für die Hin-, das andere, parallel zu dem ersteren
laufende, für die Rückbeförderung. Zu den beiden Tragseilen gesellt sich das
Zugseil, das über wagerechte Seilscheiben — je eine an der Be- und Entladestelle — geführt und mittels eines Wellenvorgeleges, Elektromotors u. dgl.

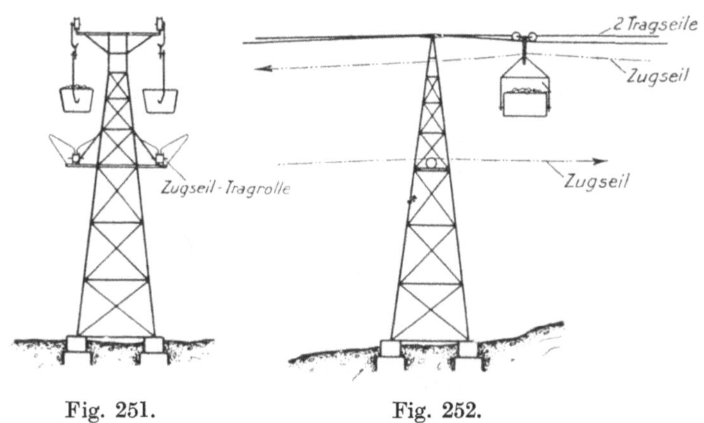

Fig. 251. Fig. 252.

in Bewegung gesetzt wird (Seilgeschwindigkeit = 1 bis 2,5 m). Das Zugseil
wird ebenso wie die Tragseile mit einer selbsttätigen Spannvorrichtung ausgestattet. An das Zugseil werden die Fördergefäße (1 bis 8 hl Inhalt, 125
bis 1500 kg Nutzlast) mittels Klemmvorrichtungen angekuppelt, die Kupplung wird beim Einlaufen des Fördergefäßes in die Station selbsttätig gelöst,
beim Auslaufen selbsttätig geschlossen. Man rechnet stündlich 40 bis 100
Wagen Förderleistung.

Die Stützen für die Tragseile haben gewöhnlich die durch Fig. 251 und
252 veranschaulichte Form; sie werden in Holz oder Eisen ausgeführt, auf
gemauerte Fundamentsockel gestellt und mit diesen verankert. Die Entfernung zwischen den Stützen beträgt in der Regel 50 bis 60 m, ihre Höhe
7 bis 8 m und, je nach Erfordernis, auch mehr. Muß die Seilbahn Straßen
oder Eisenbahnen kreuzen, so werden diese Übergänge durch feste Schutz-
dächer gesichert. — Die in Fig. 251 angedeuteten Rollen dienen zur Unter-
stützung des durchhängenden Zugseiles, während die Tragseile in gußeisernen,
halbrund ausgekehlten Schuhen frei aufliegen.

Die Einrichtung des Be- und Entladeortes geht aus den beistehenden Skizzen, Fig. 253 bis 256, hervor. An diese Tragseile schließen sich jedesmal Weichenschienen an nebst einem in sich geschlossenen Hängeschienenstrang, der nach Bedarf geführt wird. Das Beladen der Fördergefäße kann aus Füllrümpfen oder auch in anderer Weise erfolgen; steht der Beladeort in Verbindung mit einer Rollbahn, auf der die Rohstoffe herangeschafft werden, so werden die Kasten der Seilbahnwagen auf Unterwagen gesetzt und mittels dieser zu den Füllstellen im Steinbruch hin- und zum Beladeort zurückbefördert.

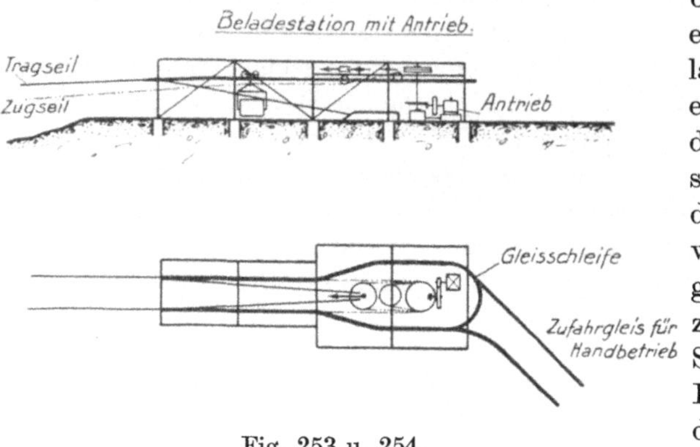

Fig. 253 u. 254.

Die Drahtseilbahnen ordnet man so an, daß der Entladeort unmittelbar an die Fabrikanlage anschließt. (Die in den Fig. 255 und 256 gezeigten Bunker kommen nur dann vor,

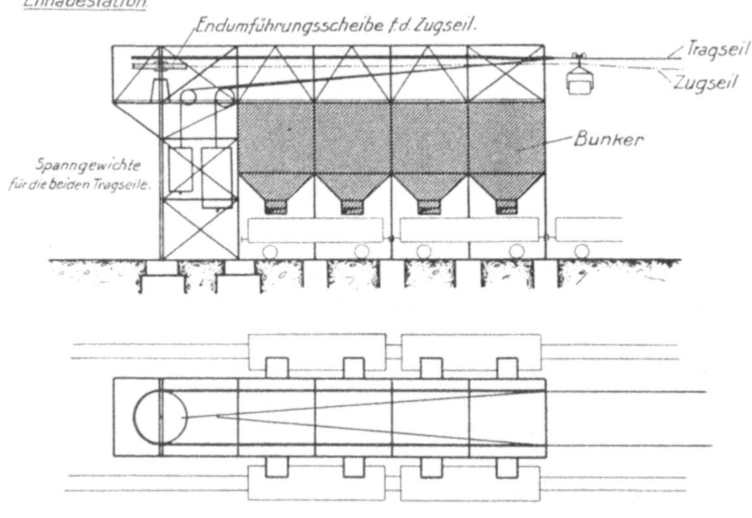

Fig. 255 u. 256.

wenn das Fördergut in Eisenbahnwagen entladen werden soll.) Die Weiterbeförderung von der Entladestelle in die Fabrik geschieht meist auf Roll- oder Hängebahnen und durch Hand- oder elektrischen Betrieb.

Wenn es infolge von Grundstückschwierigkeiten unmöglich erscheint, den Rohstoffgewinnungsort (Steinbruch, Tongrube) mit der Verarbeitungsstelle in gerader Linie zu verbinden, so muß an einer passenden Stelle der Strecke eine **Winkelstation** eingerichtet werden, wovon die Fig. 257 und 258 ein Ausführungsbeispiel zeigen, während die Fig. 259 bis 261 die Einzelheiten der Anordnung veranschaulichen.

Die in einem solchen Falle nicht zu umgehende Knickung der Linienführung erschwert oder verteuert den Betrieb jedoch in keiner Weise, da sie von den Wagen selbsttätig durchfahren wird und daher keiner **Beaufsichtigung** bedarf. Das Zugseil für die vollen und die leeren Wagen wird durch je eine Batterie wagerecht liegender Rollen abgelenkt. Damit das Seil nicht erheblich geknickt und infolgedessen abgenutzt wird, muß der Abstand zwischen Mitte Seil und Rollenumfang auch beim Vorüberfahren eines Wagens möglichst gering bleiben. Deshalb ist die Anordnung so getroffen, daß die Gehänge der Wagen auf dem Voll- und Leerstrang, statt wie bei normalen Drahtseilbahnen symmetrisch zueinander zu stehen, auf dieselbe Seite des Seiles kommen, so daß sich in der Kurve nur die beweglichen Klemmbacken, die sehr schmal gehalten werden können, zwischen dem Seil und der Rolle befinden (Fig. 261). Die Knickung des Seiles ist infolgedessen verschwindend und übt auf die Lebensdauer, zumal die Klemmstellen ständig wechseln, keinen bemerkbaren Einfluß aus. Die beiden Endstationen sind dementsprechend so eingerichtet, daß die Wagen nicht auf einer Schleife herumgeführt, sondern durch eine Weiche zurückgeschoben werden und demnach keine Drehung ausführen. Natürlich haben die Stützen unsymmetrische Form.

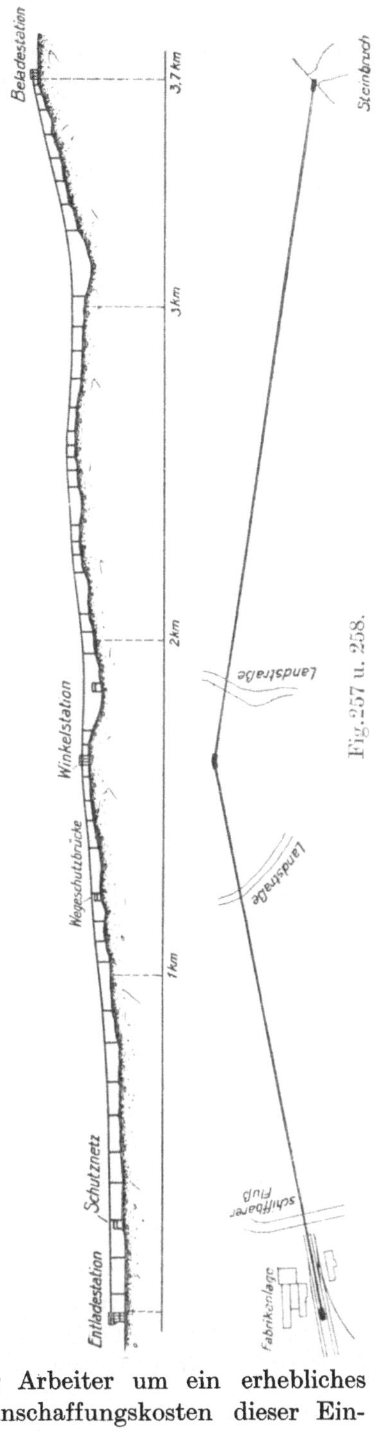

Zur Weiterbeförderung der Rohstoffe vom Entladeort zur Fabrik haben, wie weiter oben schon erwähnt, mehrfach Hängebahnen mit elektrischem Betrieb — **Elektrohängebahnen** — Anwendung gefunden, die den großen Vorteil bieten, bei geringfügigem Stromverbrauch die Zahl der Arbeiter um ein erhebliches Maß zu vermindern, wodurch sich die Anschaffungskosten dieser Ein-

Fig. 257 u. 258.

richtung bald bezahlt machen[1]. Die Fig. 262 und 263 zeigen einen Elektrohängebahnwagen (Bauart der *Gesellschaft für Förderanlagen, Ernst Heckel,
Saarbrücken*), auf Doppelkopfschiene laufend, für 600 kg Nutzlast, der
außer mit dem normalen Laufwerk noch mit einer besonderen Hebe- oder
Windevorrichtung versehen ist, so daß dieser Wagen nicht nur zum Füllen,
sondern auch zum Entleeren von Vorratschuppen u. dgl. verwendet werden
kann. Laufwerk und Windewerk werden von je einem Elektromotor betrieben,
der den Strom einer Schleifleitung entnimmt. Es sind also zwei Zuleitungen
(blanke Kabel) nötig, während die Rückleitung durch die Schiene erfolgt.
Die Bewegungsübertragung geschieht beim Laufwerkmotor mittels Stirnrad
und Stahlritzel, beim Windenmotor mittels Stirn- und Schneckenradvorgelege.

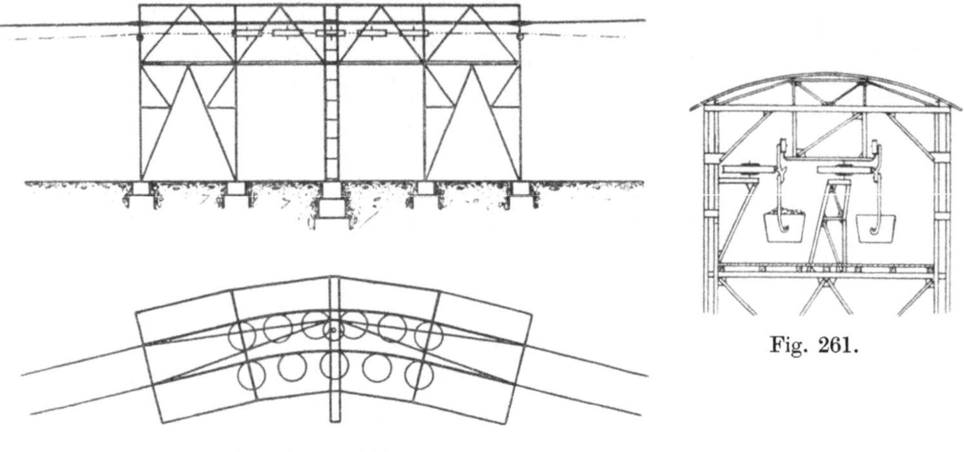

Fig. 261.

Fig. 259 u. 260.

Die Bremsen des Lauf- und des Windwerkes werden von Hubmagneten ange-
zogen.

Der Wagenkasten ist in einem Flacheisengehänge drehbar aufgehängt
und derart zum Kippen eingerichtet, daß eine Feststellvorrichtung zwischen
Wagen und Gehänge am bestimmten Ort durch einen Anschlag gelöst und der
Wagen durch sein Übergewicht zum Umschlagen gebracht wird. Der Hub-
motor wird in der höchsten Stellung der Last selbsttätig ausgeschaltet. Die
Umkehrung der Fahrrichtung erfolgt mittels eines Wendeanlassers, der durch
eine — gegebenenfalls selbsttätige — Fernsteuerung oder durch Handkettchen
von unten aus bedient wird.

Wird eine Drahtseilbahn mit einer Elektrohängebahn kombiniert, so ist
es erforderlich, jeden Seilbahnwagen mit einem Elektromotor zum selbsttätigen Befahren der Hängebahnstrecke auszurüsten. Tritt dann noch die
Aufgabe der Entleerung von mit vorrätigem Rohstoff (mit Hilfe derselben
Hängebahn) gefüllten Schuppen hinzu, so sind außerdem noch zwei oder
mehrere Elektrohängebahnwagen mit Windwerk und Kübel — die aber

---

[1] *C. Naske*: Die Portlandzement-Fabrikation, 4. Aufl., S. 304. Leipzig, Thomas.

selbstverständlich nicht auf der Seilbahn, sondern nur auf der Hängebahnstrecke laufen — vorzusehen. Die Handarbeit beschränkt sich in diesem Falle auf das Füllen der Kübel, alles andere geschieht selbsttätig. Wird aber mit Umgehung der Schuppen, also z. B. unmittelbar vom Steinbruch in die Vorbrechmaschinen gearbeitet, so ist überhaupt keine Bedienung hierfür nötig.

Die Einrichtung und Betriebsweise von Kettenbahnen, die namentlich in den Steinkohlen- und Eisenhüttengebieten sehr zahlreich und in mannig-

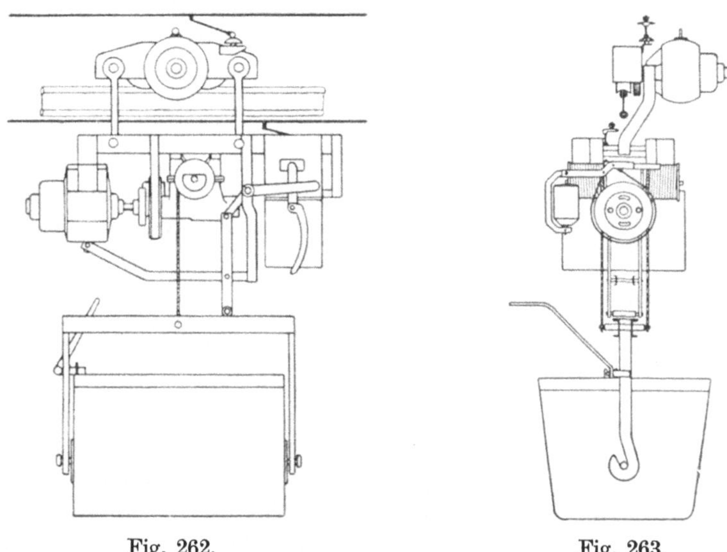

Fig. 262.Fig. 263.

faltigster Gestaltung anzutreffen sind, wird am besten an den beiden folgenden Ausführungsbeispielen gezeigt.

Bei der Anlage nach Fig. 264 und 265[1] handelt es sich um die Versorgung eines Brechwerkes auf der alten Schlackenhalde in Stieringen der Burbacher Hütte mit Hochofenschlacke. Die Anlage zerfällt in einen Lagerplatz zur Kühlung und Vorzerkleinerung der Blöcke, und in ein Brech- und Siebwerk zu ihrer weiteren Verarbeitung[2]. Eine schmalspurige Dampfeisenbahn von der Hütte zur Halde war vorhanden; neu angelegt wurden mechanische Kettenförderungen zur Abförderung vom Lagerplatz und zur Hochförderung auf das Brechhaus sowie eine Rangierseilanlage auf dem Bahnhof des Anschlußgleises[3].

Die zum Transport der heißen Blöcke dienende Bahn hat eine Länge von 3 km; jeder Zug enthält bis zu 30 Wagen mit kippbarer Plattform für je einen

---

[1] *C. Abels* in „Stahl u. Eisen", J. 1912, Nr. 15: „Eine neuere Brechanlage für Hochofenschlacke".

[2] Geliefert von *Esch & Stein*, Duisburg.

[3] Die Kettenförderungen und die Rangierseilanlage sind ausgeführt von der *Gesellschaft für Förderanlagen, Ernst Heckel*, Saarbrücken.

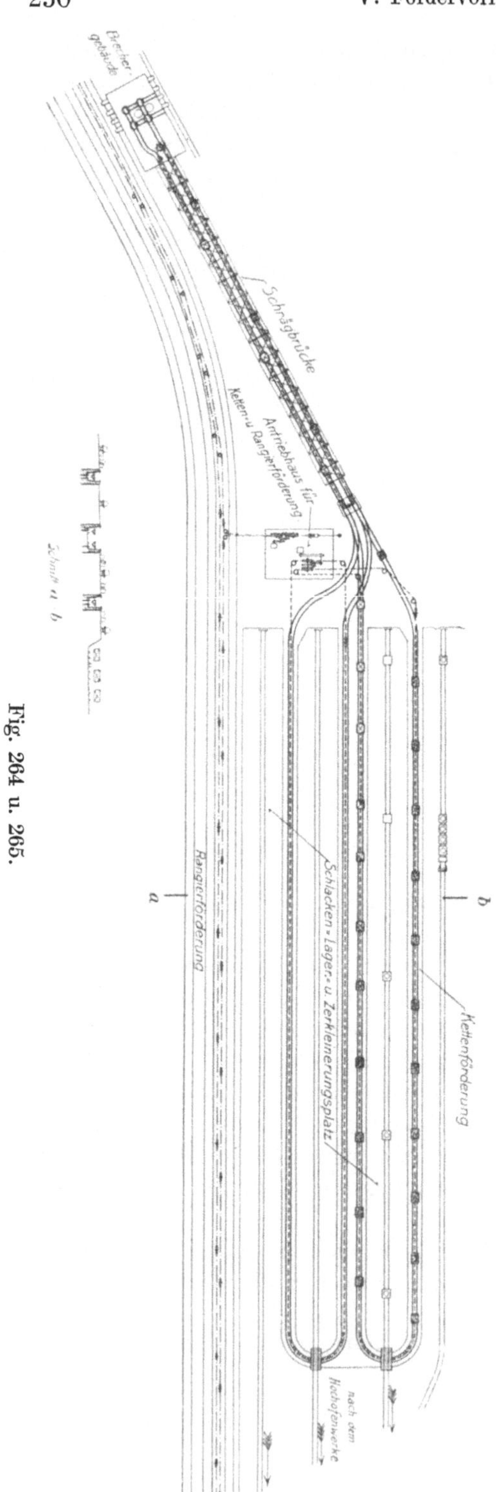

Fig. 264 u. 265.

rund 1,5 t schweren Schlackenblock. Der Lagerplatz ist 150 m lang und 40 m breit; seine Einrichtung zeigt Fig. 264. Die Dampfbahn löst sich in vier Zweigstrecken auf, die sich auf ebenso viele streifenförmige Teile des langgestreckten Platzes verteilen. Die letzteren werden voneinander getrennt durch 2 m tiefe, offene Gräben, in denen die aus zwei voneinander unabhängigen Schleifenbahnen bestehende Abförderungsanlage untergebracht ist. Der Betrieb erfolgt umschichtig. Während auf der einen Hälfte des Platzes die noch ziemlich heiß abgeworfenen Blöcke abkühlen, werden auf der anderen die bereits erkalteten durch Handarbeit mit Hammer, Keil und Brechstange zu Stücken von höchstens 25 cm Größe auseinandergebrochen und in die mit nur 0,2 m/sek. vorbeilaufenden Muldenkippwagen der zugehörigen Schleifenbahn während der Bewegung abgeworfen (vgl. Fig. 265).

Als Zugmittel für die letztere dient eine **unterlaufende Kette**, die in Abständen von 13 m nach oben ragende Nasen trägt. Sie wird geführt durch je 4 m voneinander entfernte Tragrollen und zwischen diesen angeordnete hölzerne Unterlagen. Am Kopfende des Platzes liegt eine halbkreisförmige Kurve von nur 4,5 m Halbmesser, die die Wagen mit Hilfe einer größeren Zahl wagerechter Rollen glatt durchfahren. Die Bahn leistet in der Stunde 53 Wagen, also bei 1,2 Wageninhalt 64 t. Der Antrieb benötigt 7,5 PS; er besteht aus einem Motor, Vorgelege, Ausrückkupplung und je einer Kettenscheibe für die beiden Bahnen.

Die Hochführung der Wagen zur Plattform des Brechhauses übernimmt eine ansteigende Kettenbahn, die gleichfalls mit unterlaufender Nasenkette arbeitet. Sie ist verlegt innerhalb einer 72 m langen, mit 14° ansteigenden Brücke in Eisenkonstruktion. Ihre Leistung ist naturgemäß die gleiche wie die der Lagerplatzbahnen. Der Antrieb erfolgt am oberen Kopfende mittels Riemen- und Kegelradvorgelege.

In mancher Hinsicht gegenüber der vorbeschriebenen vervollkommnet, erscheint die in den Fig. 266 und 267 dargestellte Schlackenbrechanlage der *Röchlingschen Eisen- und Stahlwerke*, Völklingen a. Saar. Auch hier teilt sich die von den Hochöfen kommende Zubringer - Dampfbahn auf der Halde in mehrere Gleise, so daß der Lagerplatz in seiner ganzen Länge und Breite ausgenutzt wird. Dagegen geschieht das erste Zerkleinern der schweren Schlackenblöcke hier nicht von Hand, sondern mit Hilfe einer fahrbaren Brücke, die den ganzen Platz bestreicht und die Fahrbahn mehrerer Laufkatzen bildet. Die Laufkatzen sind mit Elektromotoren ausgerüstet, welche Fallbärgewichte von je 2500 kg hochheben, die zum Zerkleinern der Blöcke dienen. Durch dieselben Laufkatzen werden die auf dem mittleren Teil des Lagerplatzes erzeugten Bruchschlacken und Schotter an

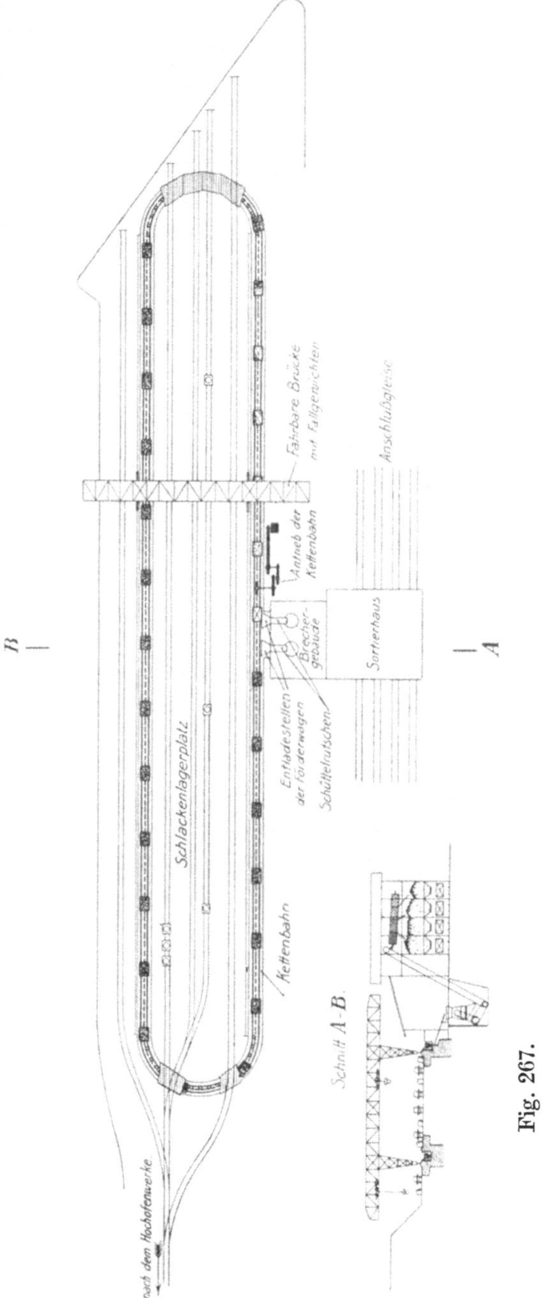

Fig. 267.

die seitlichen Beladestellen gebracht und von Arbeitern während der Fahrt in die Wagen einer stetig mit 0,2 m/sek. umlaufenden Rundbahn geworfen, die als Unterkettenbahn (Bauart *Heckel*, Saarbrücken) ausgebildet ist.

Diese Bahn läuft in einer Vertiefung, so daß die Wagen leicht beladen werden können. Die Kette liegt etwas über Schienenhöhe und hat in Abständen von $5^1/_2$ m eingeschweißte Mitnehmer oder Nasen, die die Wagen an den Radsatzbuchsen anpacken. Die Bahn wird von einem 30 PS-Motor betrieben.

Die Wagen entleeren sich am Brechergebäude durch einen Anschlaghebel derart, daß sich ihre äußeren Seitenwände aufklappen und den Inhalt auf Schüttelrutschen entleeren, die als Speisevorrichtungen für die beiden Kegelbrecher dienen. Die Wagen entleeren abwechselnd beim ersten bzw. zweiten Brecher. Die nun offenen Seitenwände werden kurz hinter der Entladestelle durch eine besondere Führung wieder selbsttätig geschlossen, worauf die Wagen aufs neue beladen werden.

Die stündliche Leistung der Kettenbahn beträgt etwa 100 m³ Schlacke, was bei der angegebenen Geschwindigkeit und bei einem Wagenabstand von ungefähr $5^1/_2$ m dem Inhalt von 133 Wagen entspricht.

Anstatt der Kette in den vorhergehenden Beispielen wird häufig ein Drahtseil angewendet, an das die auf Schienen laufenden Förderwagen, meist oben, mittels Keilschloß oder Seilgabel oder Seilschloß und Kuppelkette angeschlossen und durch passend angeordnete Anschläge u. dgl. aus- und wieder eingerückt werden. Das Seil, das durch selbsttätig wirkende Gewichte stets in der gehörigen Spannung zu erhalten ist, läßt sich in jedem beliebigen Winkel in der wagerechten Ebene führen und ist ebenso wie die Kette zur Überwindung selbst sehr starker Steigungen geeignet.

b) Innenförderung.

Zur Förderung in senkrechter Richtung werden hauptsächlich Becherwerke und Fahrstuhlaufzüge verwendet.

Die Becherwerke (Elevatoren) dienen zum Heben sowohl grobstückiger (höchstens Faustgröße) als auch griesiger und mehlförmiger Stoffe. Sie bestehen aus einer oberen und unteren Scheibe, über welche eine oder zwei Ketten oder Gurte laufen, die in passenden Abständen mit den Fördergefäßen, den „Bechern" oder „Eimern", besetzt sind. Gurte, namentlich Hanfgurte, sind billiger als Ketten, aber nur dann brauchbar, wenn das zu fördernde Gut nicht so heiß ist, daß es den Gurt angreifen oder zerstören könnte. Die Regel bildet in den hier in Betracht kommenden gewerblichen Betrieben die Kette. Die Kettenstränge mit den Bechern bewegen sich in staubdichten Rohren. Hat das Becherwerk nur eine Kette, so kann man die Innenseite der Rohre bequem mit einer Führungsrinne für die erstere versehen, wogegen Doppelketten einer besonderen Führung nicht bedürfen. Es gibt auch Becherwerke, die an Stelle der beiden Rohre ein entsprechend weites, beide Stränge einschließendes Gehäuse besitzen. Die Kettenscheiben sind ebenfalls in staubdichten Kasten gelagert; die Lager von einer derselben, gewöhnlich der unteren, sind behufs Nachspannens der in angestrengtem Betriebe bald schlapp werdenden Kette verstellbar. Vielfach findet man Becherwerke, bei welchen das Nachspannen selbsttätig unter der Einwirkung eines entsprechend schweren Gewichtes erfolgt, womit die Welle der unteren Kettenscheibe belastet wird.

Gehäuse und Rohre werden fast ausschließlich aus Eisen hergestellt, teils der Feuersicherheit halber (hölzerne Becherwerksrohre sind zur Über-

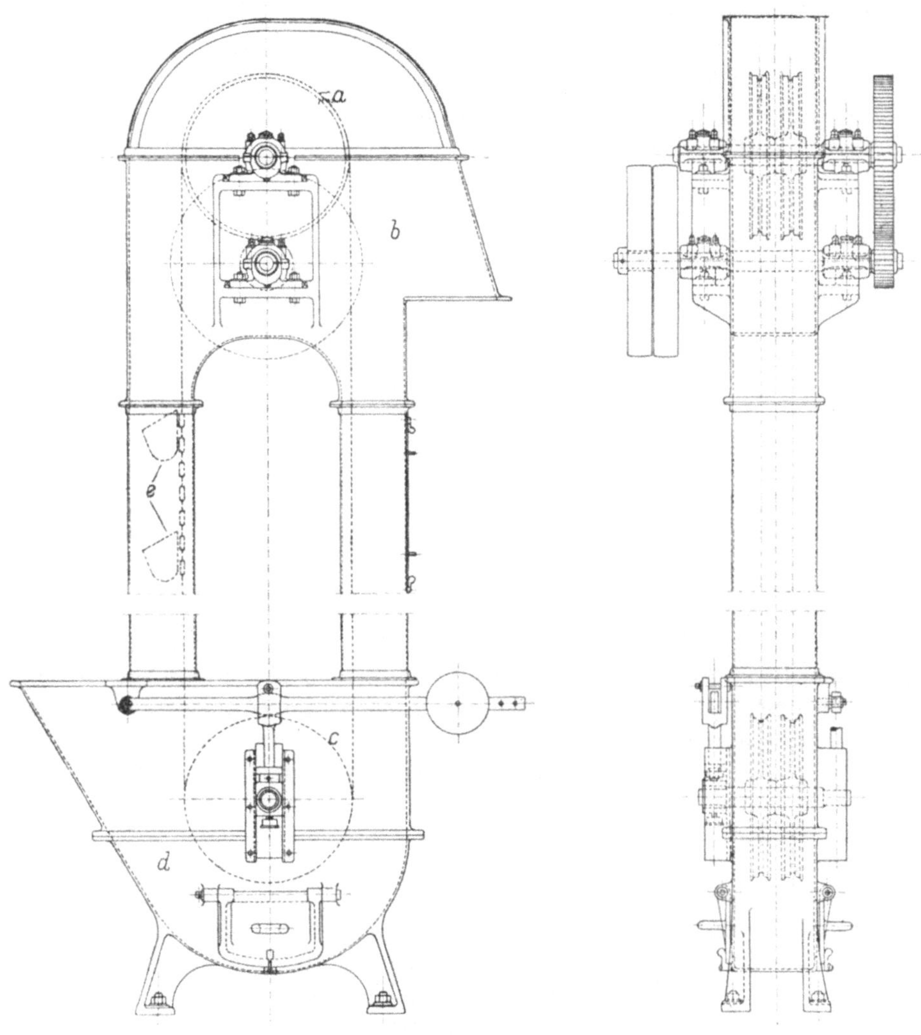

Fig. 268 u. 269.

tragung des Feuers aus unteren Stockwerken in die höher gelegenen sehr geeignet), teils des besseren Aussehens wegen, endlich auch deswegen, weil hölzerne Rohre für die Förderung heißen Gutes — und um eine solche handelt es sich vielfach — unbrauchbar sind, da sie durch die Einwirkung der Hitze bald fugenbreit und zu häßlichen Staubquellen werden.

Der Antrieb erfolgt entweder unmittelbar mittels einer auf der verlängerten oberen Kettenscheibenwelle sitzenden Riemscheibe oder mittels eines Zahnrädervorgeleges.

Die Fig. 268 und 269 veranschaulichen die Normalkonstruktion eines eisernen Kettenbecherwerkes mit oberer Kettenrolle a, Blechhaube und gußeisernem Oberkasten b, ebensolchem Schöpftrog d und durch Gewichtsbelastung sich selbsttätig einstellender unterer Kettenrolle c. Das Becherwerk hat Doppelkette (gewöhnliche schmiedeeiserne, kurzgliedrige Schiffskette) f, s. a. Fig. 270 und 271. Die Becher e sind an ihr mittels Krampenschrauben g befestigt, der hohen Beanspruchung wegen sehr stark gebaut und an der Schöpfkante mit einer Stahlleiste verstärkt oder, wie in der Abbildung, ganz aus Stahl gegossen. Die Blechrohre werden vorteilhaft aus einer Tafel zusammengebogen, haben nur je eine Nietnaht und sind demzufolge leicht herzustellen

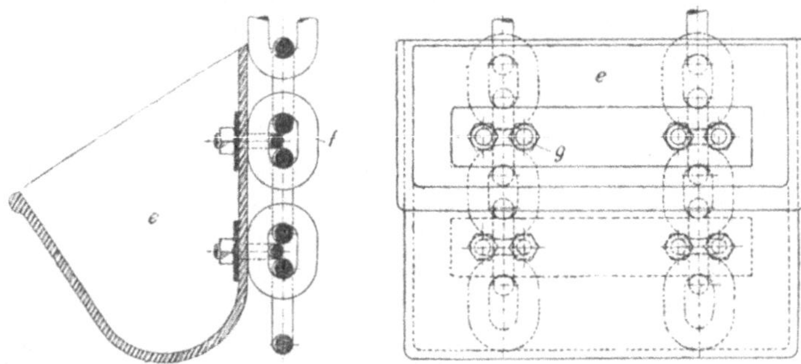

Fig. 270 u. 271.

und unbedingt staubdicht. An passenden Stellen der Rohre angebrachte Klappen und abnehmbare Einsätze dienen dazu, die Füllung und den Lauf der Becher während des Betriebes zu beobachten.

Je nach Art und Menge des zu hebenden Gutes werden diese Becherwerke mit verschiedenen Kettenrollendurchmessern — gewöhnlich von 575 bis 700 mm — und mit verschiedenen Becherbreiten — von 180 bis 500 mm — ausgeführt.

Der Einlauf am Schöpftrog der Becherwerke muß, wenn grobstückiges Gut gefördert wird, stets so angebracht sein, daß sich die Becher dem einfallenden Gut entgegenbewegen; der Auslauf sitzt in diesem Fall also stets auf der dem Einlauf entgegengesetzten Seite. Bei grießigem und mehligem Fördergut können Ein- und Auslauf sich auf derselben Seite befinden.

Zum Aufziehen größerer Lasten, also z. B. mit Rohstoff beladener Kippwagen, bedient man sich der Fahrstuhlaufzüge, bei welchen die Last auf einen Fahrstuhl (Förderkorb) geschoben und mit diesem mittels eines Windewerks hochgezogen wird. Die Plattform des Fahrstuhls ist den Abmessungen des zu hebenden Fördergefäßes entsprechend zu wählen. Bei besseren Ausführungen versieht man den Fahrstuhl mit Fangvorrichtungen, die in Wirksamkeit treten, wenn das Seil oder die Kette oder der Drahtgurt reißt, an dem der Stuhl hochgezogen wird. Der letztere bewegt sich in einem Schacht, dessen Gerüst aus Holz oder Eisen konstruiert ist und dessen senkrechte Mittelständer — die „Ruten“ — zur Führung des Förderkorbs dienen. Die Ein- bzw. Ausfahröffnungen des Schachtes sind mit Hebetüren ausgestattet,

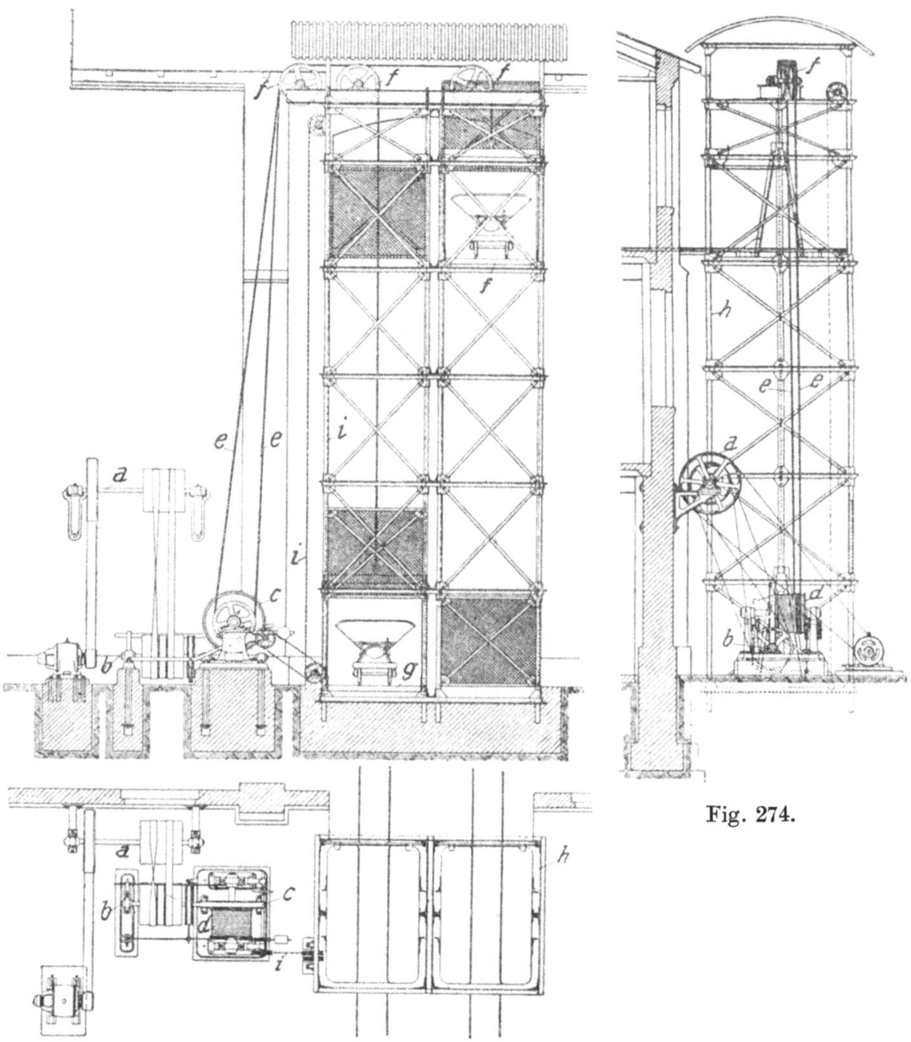

Fig. 274.

Fig. 272 u. 273.

die durch den ansteigenden bzw. niedergehenden Stuhl geöffnet oder geschlossen werden, wodurch das Hineinstürzen von Personen in den Schacht und das Betreten des Schachtes von unten, bei obenschwebendem Stuhle, zur Unmöglichkeit gemacht wird.

In den Fig. 272 bis 274 ist ein Fahrstuhlaufzug von *G. Polysius*, Dessau, dargestellt. Um mittels des Aufzuges möglichst große Fördermengen be-

wältigen zu können, sind hier zwei gegenläufige Fahrstühle vorgesehen, wo
also der eine immer füllbereit, der andere abnahmebereit ist.

Der Antrieb dieses Doppelaufzuges ist für Riemenbetrieb eingerichtet,
weil dieser eine größere Betriebssicherheit bietet als unmittelbarer elektrischer
Antrieb. Während letzterer nämlich bei Überlastung oder unbeabsichtigtem
Zuhochfahren fast immer zerstört wird, ist dies beim Riemenantrieb nicht der
Fall, da bei ihm in solchen Fällen ein Gleiten oder Abfallen des Riemens
eintritt, womit jedes weitere Unheil verhütet wird, indem die Fahrschalen
sofort stillstehen.

Das Riemenvorgelege *a* wird durch eine beliebige Antriebmaschine, beispielsweise einen Elektromotor, in Umdrehung versetzt und betätigt mittels
offenen und gekreuzten Riementriebes eine Schneckenwelle *b*. Die Schnecke
dieser Welle versetzt ein Schneckenrad *c* und mit diesem eine Seiltrommel

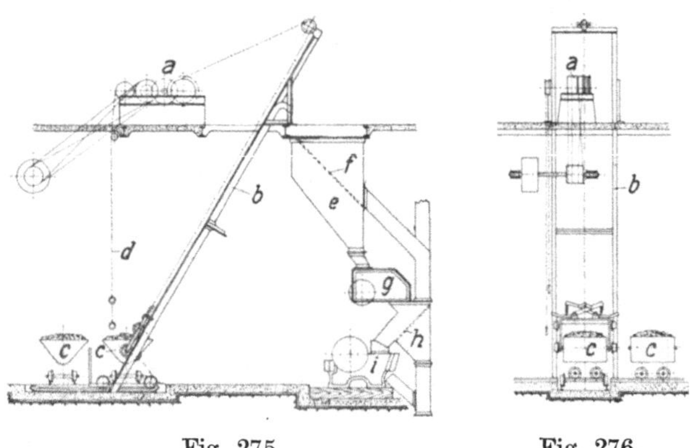

Fig. 275.   Fig. 276.

d in Umdrehung. Um die Seiltrommel windet sich ein Stahldrahtseil *e*, das
über Leitrollen *f* geführt wird und an dessen freien Enden die Fahrstühle *g*
befestigt sind. Die Auf- und Abwärtsbewegung der letzteren erfolgt in einem
Fördergerüst *h* aus Schmiedeeisen oder Holz. Je nachdem mittels eines
Riemenrückers der offene oder der gekreuzte Riemen die Schneckenwelle
antreibt, wird der eine der beiden Fahrstühle gehoben, während der andere
sinkt. Die Steuerung geschieht durch Steuerketten *i*, die ein Stillsetzen und
Einrücken des Aufzugs von beliebiger Stelle aus gestatten. Am Hubende
oben und unten erfolgt das Ausrücken durch den Fahrstuhl selbsttätig. Die
Zu- und Abfuhröffnungen des Fördergerüsts werden durch die gesteuerten
Schiebetüren gleichfalls selbsttätig geöffnet und geschlossen. Beim Beladen
der Fahrstühle unterstützt diese eine Stützvorrichtung solange, bis sie beladen bzw. entladen sind. Selbst für den Fall, daß das Seil infolge Überlastung
reißen sollte, werden Unfälle verhütet, da die Fahrstühle mit Fangvorrichtungen versehen sind, die sofort in Tätigkeit treten, wenn ein Fahrstuhl
herabzustürzen droht und die den letzteren daran hindern. Eine weitere
der an diesem Doppelaufzug angebrachten Sicherungen gegen Unfälle jeder
Art besteht darin, daß die Windevorrichtung selbstsperrend ist. Die Winde

kann auf dem Fußboden, in beliebiger Stockwerkhöhe
oder an sonst passender Stelle untergebracht werden.

Für die Leistung eines Aufzuges ist die Fördergeschwindigkeit des Fahrstuhles und die Größe der
Einzelnutzlast maßgebend. Erstere beträgt bei Auf-
zügen der beschriebenen Art i. M. 0,2 m/sek., letztere
richtet sich nach der Aufnahmefähigkeit der Fördergefäße des Außenbetriebes (bei losen Haufwerken
Muldenkipper, bei regelmäßig geformten Körpern,
z. B. Preßlingen, die auf die Gichtbühne des Ofen-
hauses hinaufgezogen werden sollen, sog. „Etagen-
wagen").

Zur Überwindung geringer Höhenunterschiede,
etwa vom Erdgeschoß zum ersten Mühlenboden, ist
der in den Fig. 275 und 276 gezeigte Schrägaufzug
(Bauart *C. v. Grueber M. A. G.*, Berlin) sehr gut verwendbar. In den Abbildungen bedeutet *a* das Windwerk, das von unten aus mittels der Kette *d* gesteuert
wird und *b* das Gerüst, auf dem sich die vollen Förder-
kübel *c* hinauf- und die leeren hinabbewegen. Die
Kübel kippen auf den in den Rumpf *e* eingebauten
Rost *f* aus; die groben Stücke fallen dem Brecher *i*
durch eine Umleitungsschurre zu, während ihm die
kleineren mittels der Aufgabevorrichtung *g* gleichmäßig
zugeführt werden, um eine Verstopfung des Brechers
zu verhüten.

Für die wagerechte Förderung der Zwischen-
und Enderzeugnisse stehen verschiedenartige maschinelle Beförderungsmittel zu Gebote, unter welchen
man von Fall zu Fall passende Auswahl zu treffen
hat. Handelt es sich um die Fortbewegung grobstückiger oder glühend heißer Stoffe, so wird man sich
dazu entweder des Plattenförderers (z. B. in der
Bauart der *Rheinischen Maschinenfabrik*, Neuß, durch
die Fig. 277 und 278 veranschaulicht, worin *a* und *b*
die Kettenräder, *c* die Platten und *d* die Führungs-
rollen bezeichnen) — der übrigens nicht nur für die
Beförderung in wagerechter, sondern ohne weiteres
auch für solche in schräger Richtung verwendbar
ist — bedienen, oder man wird eine Förderschwinge
benutzen. Diese Schwinge besteht aus einer oben
offenen Rinne, deren Breite und Tiefe je nach Art und
Menge des Fördergutes zu bestimmen ist; letzteres
wird ihr — in der Förderrichtung — und zur Verhütung von Überfüllung möglichst gleichmäßig zugeführt und rückt infolge der schwingenden Bewegung der

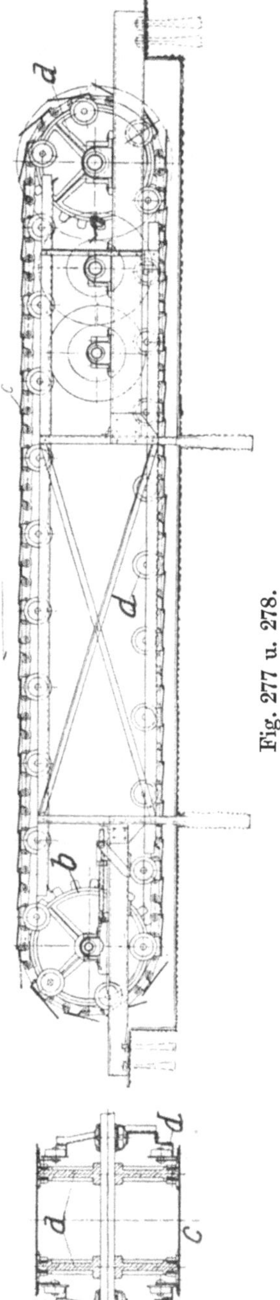

Fig. 277 u. 278.

Rinne langsam dem andern Ende der letzteren zu. Der Antrieb erfolgt mittels Exzenters von der mit Fest- und Losscheibe versehenen Vorgelegewelle aus, die sehr rasch umläuft und auf eine starke Grundplatte mit besonderem Sockel aufgesetzt ist, wodurch die Stöße aufgefangen und unmittelbar ins Grundmauerwerk geleitet werden. Die Rinne selbst ist auf einer Anzahl

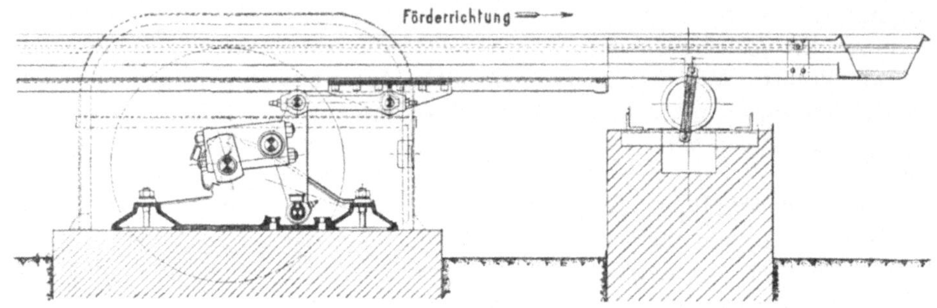

Fig. 279.

federnder Stützen gelagert. Der Kraftbedarf der Förderschwingen ist gering; er beträgt beispielsweise bei einer stündlichen Leistung von 10 000 kg und 10 m Förderlänge nur 2 PS. — Die Förderschwinge ist billig in der An-

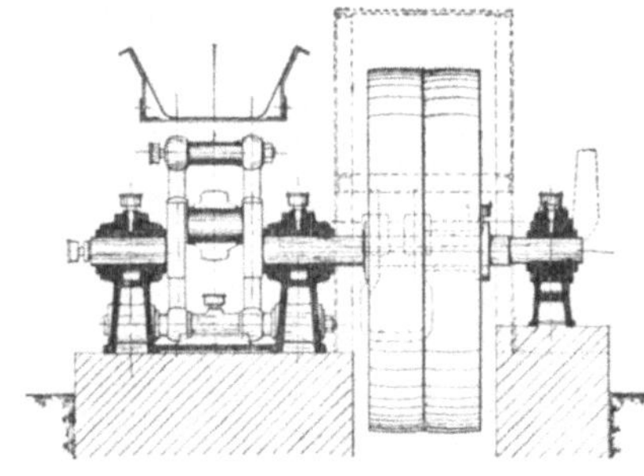

Fig. 280.

schaffung, doch sind die federnden Stützen sehr zu Brüchen geneigt, die dann recht unliebsame Störungen veranlassen.

Eine ganz wesentliche Verbesserung und Vervollkommnung der Förderschwinge bedeutet die *Marcus*sche Propellerrinne mit Wurfgetriebe[1] (Fig. 279 und 280). Während bei Schüttelrinnen gewöhnlicher Bauart das Fördergut schräge zur Unterlage im Bogen nach oben geworfen und einer

ununterbrochenen Folge von kleinen Stößen ausgesetzt wird, ist bei der *Marcus*schen Rinne die Wurfbewegung einer Schaufel derart nachgebildet bzw. vervollkommnet, daß das Fördergut den kürzesten Weg durchläuft und dabei keinen Stoß erleidet; das Gut selbst wird also nicht geworfen, sondern es wird ihm in der Förderrichtung möglichst viel lebendige Kraft zugeführt, wobei es — d. h. während der Kraftaufnahme — auf der Unterlage in Ruhe verharrt und die Unterlage in gerader Richtung derart geführt wird, daß die Masse des Fördergutes sich nie von ihr entfernen und ein Abheben von der Unterlage niemals eintreten kann. Dadurch wird ermöglicht, daß man mit viel geringerer Umdrehungszahl arbeiten und die Rinnen in bedeutend größerer

---

[1] Tonindustrie-Ztg. 1908, Nr. 96.

Länge ausführen kann, als das früher möglich war, wo das Maß von 40 Metern ungefähr die Höchstgrenze für die Länge einer Schüttelrinne bezeichnet, während Propellerrinnen von 100 und mehr Metern Länge durchaus nicht selten sind. Dabei ist ihr Kraftbedarf äußerst mäßig; so benötigt z. B. eine solche Rinne von 330 × 500 m Breite, 170 mm Tiefe bei 70 Umdr./min. nur eines Aufwandes von 5 bis 6 PS, wobei sie etwa 35 000 kg Zementklinker in der Stunde über eine Strecke von 100 m befördert.

Auf einem gleichfalls neuen und eigenartigen Arbeitsgrundsatz beruht die Torpedorinne von *Amme, Giesecke & Konegen*, Braunschweig, die in den Fig. 281 und 282 dargestellt ist. Sie besteht aus einer an Pendeln aufgehängten Rinne *a*, aus dem durch den Kurbelantrieb *b* in hin- und hergehende Bewegung versetzten Wagen *c*, der mittels der Rollen *d* auf kurzen Schienen gleitet, die auf den Tragböcken *e* befestigt sind, aus dem Walzeisenrahmen und endlich aus dem Luftpuffer *f*. Mit *g* sind die Siloausläufe bezeichnet, worunter die Rinne Aufstellung gefunden hat.

Die Arbeitsweise der Einrichtung ist folgende:

Fig. 281 u. 282.

Durch die hin- und hergehende Bewegung des Wagens gerät die Rinne in Pendelschwingungen, die an sich keinerlei fördernde Wirkung auf das Gut auszuüben vermögen. Diese tritt erst dann ein, wenn der Luftpuffer *f* die Bewegung der Rinne aufhält. Hierdurch wird in dem ersteren Energie aufgespeichert, die beim Rückgange der Rinne wieder ausgenutzt wird. An der Stelle, an der die Rinne ihre Schwingung vorzeitig zu beenden gezwungen ist, hat das Fördergut eine gewisse Geschwindigkeit erlangt, mit der es sich nunmehr in der Rinne vorwärts bewegt, und dieser Vorgang, der sich bei jeder Umdrehung der Kurbel wiederholt, stellt die eigentliche Arbeitsleistung der Einrichtung dar. Eine Rückübertragung der in der Rinne auftretenden Kräfte auf das Kurbelgetriebe findet dabei nicht statt. Diese Tatsache zusammen mit dem Umstande, daß bei der Bewegung fast nur die Widerstände der rollenden Reibung zu überwinden sind, bedingt den geringen Kraftverbrauch der Torpedorinne, der beispielsweise bei 98 m Förderlänge und 35 000 kg/h. Leistung nur 3,68 KW = 5 PS ausmacht.

Bei niedriger Umdrehungszahl des Getriebes (normal 52 Min.) ist der Gang der Torpedorinne leicht und stoßfrei, daher auch geräuschlos. Zu bemerken ist noch, daß Antrieb und Luftpuffer an jeder Stelle der Rinne eingebaut werden können. Auch die Austragung kann an jeder beliebigen Stelle der Rinne geschehen und die letztere bei Bedarf nach der einen oder andern oder nach beiden Seiten verlängert werden.

Eine den vorbeschriebenen Einrichtungen gleichwertige Bauart stellt die Polo - Rinne von *G. Polysius*, Dessau, Fig. 283 bis 285, dar[1]. Die Rinne besteht aus dem schmiedeeisernen Trog *a* und dem an seiner Unterseite befestigten

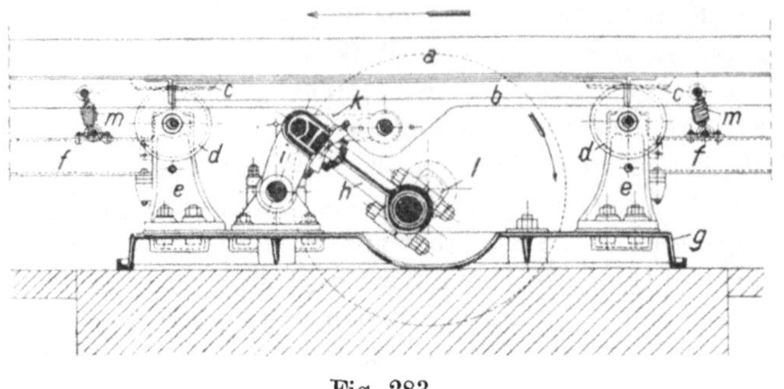

Fig. 283.

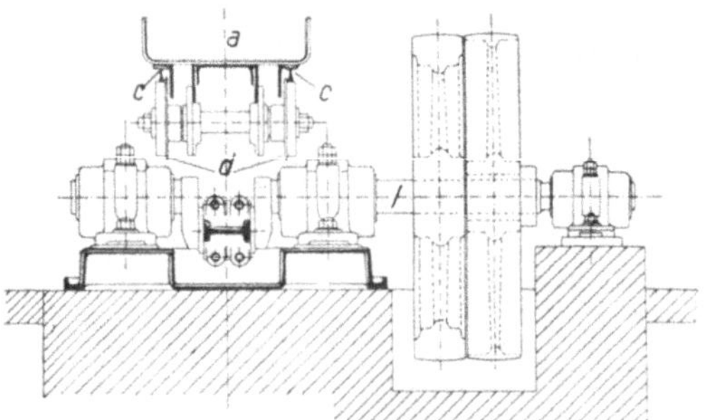

Fig. 284.

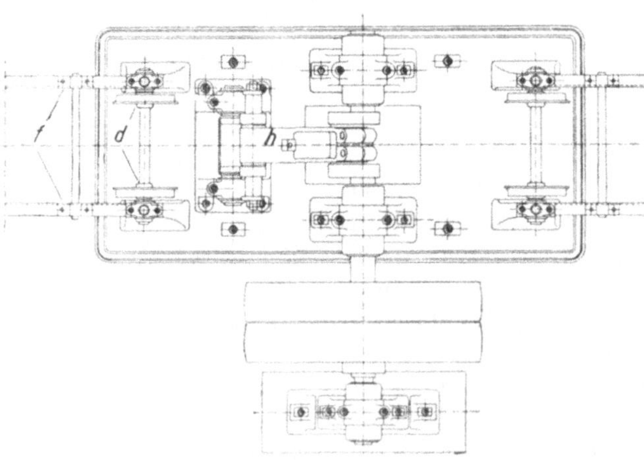

Fig. 285.

Rahmen *b*, der in gewissen Abständen kurze Schienenstücke *c* trägt, die auf gußeisernen Rollen *d* laufen. Die Rollenlager *e* ruhen auf dem Traggerüst *f*, das im Fundament verankert wird. Der an beliebiger Stelle des Troges auf einer Grundplatte *g* anzubringende Antrieb, der aus der dreifach gelagerten Welle *l*, einer festen, als Schwungrad ausgebildeten und einer losen Riemscheibe besteht, bewirkt, daß die auf die Rinne aufgegebenen Massen trotz des verhältnismäßig langsamen Laufes der Rinne doch rasch, stoß- und erschütterungsfrei in der Förderrichtung bewegt werden. Das Fördergut kann entweder am Ende oder an einer beliebigen Stelle der Rinne durch einen verschließbaren Auslauf abgegeben werden. Das Kennzeichnende des Antriebs ist die Verwendung eines sogenannten geschränkten Kniehebels, wobei der Winkel zwischen der Schwinge *i*, *k* und der an diese sowie an die Rinne an-

---

[1] *C. Naske:* Neuerungen der Hartzerkleinerung, in Zeitschr. d. Ver. deutsch. Ing. 1920, S. 619.

gelenkten Pleuelstange h in der Mittellage der Schwinge von einem rechten
Winkel wesentlich abweicht. Beim gewöhnlichen Kurbelantrieb sind die
Beschleunigung und die Verzögerung in den beiden Totlagen selbst bei geringer
Umlaufzahl so hoch, daß ein Tanzen des Fördergutes in der Rinne hervorgerufen wird, das der beabsichtigten Förderwirkung außerordentlich abträglich
ist. Wendet man jedoch den geschränkten Kniehebel an, so läßt sich die Anordnung so treffen, daß selbst bei der höchsten Beschleunigung der Förderrinne das Gut nicht gleitet, wogegen die gegen das Ende des Hubes eintretende
starke Verzögerung bewirkt, daß, während die Rinne in die eine Totlage übergeht, das Gut heftig nach vorne schießt, worauf die Rinne mit größter Beschleunigung in die andere Totlage zurückkehrt.

Polorinnen werden in sieben verschiedenen Größen, von 400 bis 1000 mm
Breite und für Stundenleistungen von 14 000 bis 50 000 kg (auf Zementroh-
stoffe berechnet) ausgeführt; sie haben sich überall gut bewährt.

Die neueste Erscheinung auf dem Gebiete der Förderrinnen ist der Wuchtförderer[1], Pat. *Heymann*, der von der Maschinenfabrik *Schenck* in Darm-
stadt gebaut wird. Sein Förderprinzip beruht auf der Tatsache, daß Rinnen
oder Flächen, die kurze, schnelle Schwingungen ausführen, eine äußerst
gleichmäßige und schonende Förderung von Massengütern ermöglichen. Der
Trog des Wuchtförderers ruht auf einer verhältnismäßig großen Anzahl
schwacher, unter 75° stehender Federn, die auf zwei Längsträgern befestigt
sind. Die Schwingungen werden von einer an einem Ende der Rinne angebrachten schwingungstechnischen Maschine erzeugt, die aus einer in einem
Gehäuse zwischen starken Spiralfedern freischwebend eingespannten Masse
besteht, die in ihrem Innern einen Drehstrom-Kurzschluß-Elektromotor trägt.
Die Fliehkräfte, die bei der Drehung des Motors auftreten, schütteln die Masse
und mit ihr auch die Rinne im Takt der Drehzahl hin und her und erteilen
dadurch dem Fördergut den Impuls zur Bewegung in der beabsichtigten
Richtung.

Der Wuchtförderer hat sich in der kurzen Zeit seines Bestehens infolge
seiner Vorzüge, die in dem erschütterungsfreien, das Fördergut schonenden
Arbeiten, dem geringen Verschleiß der Rinne und dem äußerst geringfügigen
Kraftbedarf bestehen, schnell Eingang verschafft. — Bemerkt sei noch, daß
er auch schräg angeordnet werden kann, doch darf die Steigung nicht mehr
als 10 Proz. der Förderlänge betragen.

In die Kategorie der Fördermittel für grobstückiges Gut gehört auch die
Kettenschlepprinne (Kratzenförderer). Sie besteht aus einer feststehenden Rinne, in welcher sich, an einer oder an zwei Ketten aufgehängt, Schaufeln
(Kratzer) bewegen, die das an der Einwurfsstelle in die Rinne eingetragene
Fördergut vor sich herschieben und der Auslauföffnung zuführen. Neuerdings
ist die Schlepprinne mit einer Kette dadurch bedeutend vervollkommnet
worden, daß man die Schaufeln mit kleinen Rollen versehen hat, die sie auf
seitlichen Schienen führen.

---

[1] VDI-Nachrichten, J. 1926, Nr. 92.

N a s k e , Zerkleinerungsvorrichtungen. 4. Aufl. 16

Die Abnutzung der Rinne und auch der bewegten Teile (Kratzer und Kette) ist nicht unerheblich und macht diese Einrichtung weniger empfehlenswert.

Eines der ältesten Geräte für die Förderung grießigen oder mehligen Fördergutes in wagerechter Richtung ist die Förderschnecke (Fig. 286 und 287). Ihr fördernder Teil ist die in ihren Lagern festgehaltene Schraube c, als deren Schraubenmutter man sich das Fördergut zu denken hat; durch die fortgesetzte Drehung der Schraube wird das Gut in axialer Richtung fortbewegt und der Auslauföffnung zugeschoben. Das Schraubengewinde ist auf der Welle b mittels Winkeln und Blattschrauben befestigt; um Stauungen zu vermeiden, muß das Gewinde vor der Ausfallöffnung aufhören oder in den letzten Gängen entgegengesetzte Richtung erhalten. Die Welle besteht entweder aus Gasrohren e mit eingesetzten massiven Zapfen oder ist massiv mit eingesetztem Zwischenstück in den Mittellagerungen d. Die Lager haben

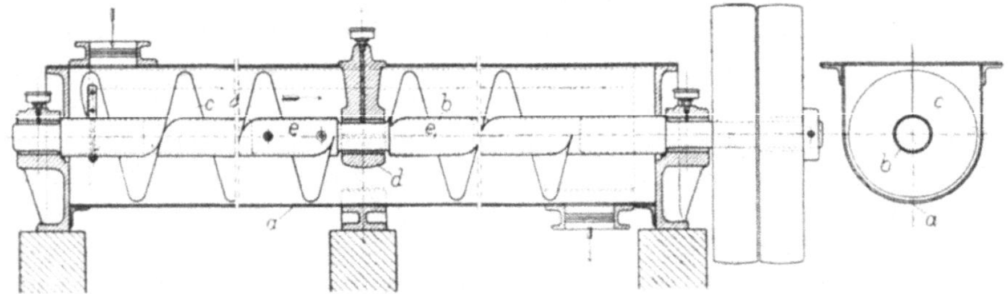

Fig. 286 u. 287.

herausnehmbare Weißmetallschalen und sind für Staufferschmierung eingerichtet oder als Dauerfettschmierlager mit größeren Fettkammern ausgebildet. Bei normalen Längen wird der Achsdruck durch ein Kammlager aufgenommen; längere Schnecken erhalten besondere Druckspurlager. Trog a und Gewinde c werden meist aus starkem Eisenblech, selten aus Gußeisen angefertigt. In älteren Anlagen trifft man noch Schnecken an, deren Trog aus Holz besteht; diese Bauart ist jedoch, weil Holztröge durch warmes Fördergut undicht werden und stäuben, nicht zu empfehlen.

Der Durchmesser des Schneckengewindes ist der Förderleistung entsprechend zu wählen, jedoch nicht unter 200 mm und nicht über 600 mm. Für die Länge betrachtet man 60 m als oberste Grenze. Um dem Verwürgen der Schneckenwelle vorzubeugen, müssen lange Schnecken von beiden Seiten angetrieben werden. — Der Kraftverbrauch der Schnecke ist abhängig von der Förderleistung in der Zeiteinheit und von der Förderlänge.

Sind größere Entfernungen (etwa von 20 m an) und Fördermengen im inneren Betriebe und in wagerechter oder sanft ansteigender Richtung zu überwinden, wie z. B. langausgedehnte Lagerräume mit dem Fertigerzeugnis der Mühlen zu füllen oder außerhalb des Fabrikgebäudes stehende Packsilos zu bedienen u. dgl., so wird man solche Aufgaben am einfachsten und vorteilhaftesten mit Hilfe eines Bandförderers lösen. Eine derartige Einrichtung

— s. Fig. 289 bis 291 — ist ganz außerordentlich einfach; sie besteht aus einem breiten Gurt, der, gleich dem Riemen bei einem Riementrieb, über zwei Rollen — die Antrieb- und die Endrolle — läuft und dessen fortbewegendes wie auch rückkehrendes Trum durch Tragrollen unterstützt wird, wovon die dem Antrieb zunächstliegenden unteren Rollen wegen ihrer stärkeren Inanspruchnahme durch das Band etwas größer im Durchmesser gehalten sind als die übrigen Rollen. Das zu fördernde Gut wird an irgendeiner Stelle auf das obere Band gebracht und, auf diesem ruhend, solange mitgenommen, bis es durch eine feste oder verschiebbare Abwurfvorrichtung abgeleitet oder aber von der Endrolle abgeworfen wird. Die Abwurfvorrichtung gestattet,

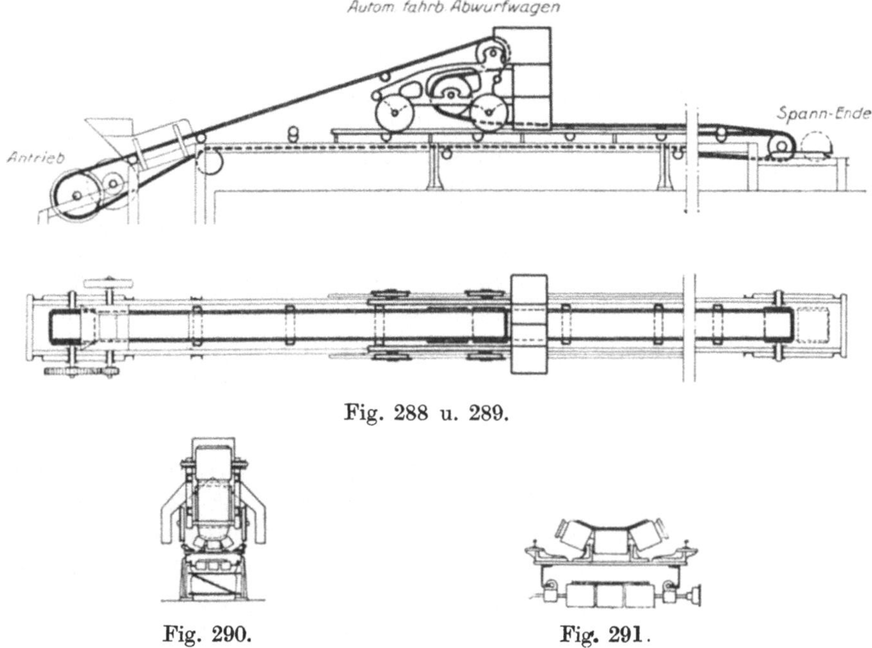

Fig. 288 u. 289.

Fig. 290.   Fig. 291.

daß das Band an jeder beliebigen Stelle das Fördergut abwirft oder es auch wieder auf das Band auflaufen läßt; sie setzt sich zusammen aus einer oberen und einer unteren Kehrrolle, einem Ausschüttrichter mit Hosenrohr und dem Fahrgestell mit Feststellvorrichtung. Der tragende Gurt ist durch geeignete Schiefstellung der oberen Tragrollen zu einer Mulde ausgebildet, wodurch die Leistungsfähigkeit des Förderers gegenüber dem ebenen Bande natürlich bedeutend erhöht wird, so daß der Gurt erheblich schmäler und billiger gewählt werden kann als im andern Falle.

Für das gute Arbeiten der Einrichtung ist ein gerader Lauf des Bandes erstes Erfordernis, daher sorgfältige Aufstellung und gutes gleichmäßiges Bandmaterial nötig. Außerdem muß das Band bis zu einem gewissen Grade straff gehalten werden, was man durch geeignete Spannvorrichtungen erreicht, die entweder durch ihr Eigengewicht wirken oder durch Schraubenspindeln

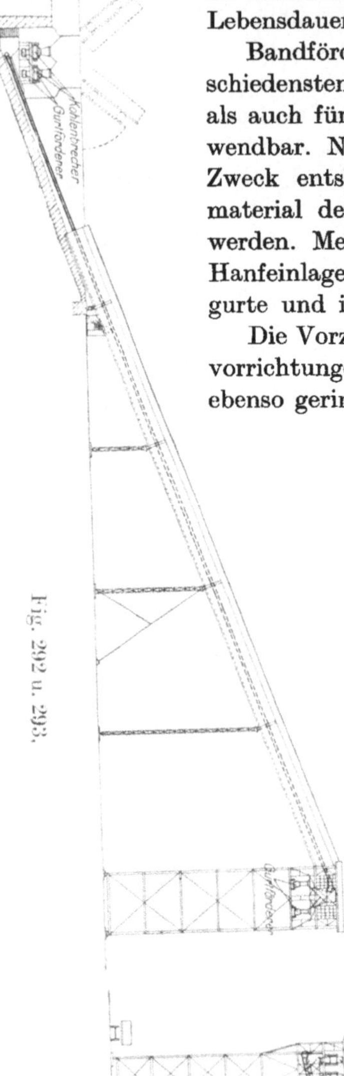

betätigt werden. Zu starkes Anspannen des Gurtes ist jedoch zu vermeiden, da er darunter unnötigerweise leidet und an Lebensdauer einbüßt.

Bandförderer sind sowohl für Massengüter in den verschiedensten Formen (mehlig, grießig, Fein- und Grobschrot) als auch für Stückgut (gepackte Säcke, Kisten, Ballen) verwendbar. Natürlich ist die Bauart dem jeweils vorliegenden Zweck entsprechend einzurichten, ebenso muß das Bandmaterial der Natur des Fördergutes entsprechend gewählt werden. Meistens bestehen die Förderbänder aus Gummi mit Hanfeinlagen, doch haben sich ebenso die billigeren Balatagurte und in letzter Zeit auch Stahlbänder gut bewährt.

Die Vorzüge des Bandförderers gegenüber andern Fördervorrichtungen bestehen in seinem geringen Kraftbedarf bei ebenso geringen Unterhaltungskosten und ruhigem, fast lautlosem und staubfreiem Betrieb.

Die Leistungsfähigkeit eines Bandförderers ist von der nutzbaren Breite, der Geschwindigkeit (gewöhnlich 1,2 bis 1,5 m/sek) des Bandes und der durch Erfahrung bestimmten Schichthöhe des Aufschüttgutes abhängig und leicht zu bestimmen. — Der Kraftverbrauch ist, wie bereits erwähnt, sehr gering; er entspringt, bei wagerechter Förderung, wenn man von den geringen Einsenkungen zwischen den Unterstützungsrollen des tragenden Bandes absieht, eigentlich nur aus der Zapfenreibung der Rollenlager. So kann beispielsweise bei 600 mm Gurtbreite, 20 m wagerechter Förderlänge und 30 m³ Stundenleistung der Kraftaufwand mit etwa 4 PS angenommen werden.

Als Ausführungsbeispiel diene die von *Muth-Schmidt*, Berlin, ausgeführte Bandförderanlage der Städtischen Gaswerke (Gaswerk Obuda) Budapest (s. Fig. 292 bis 294).

Zur Förderung der mittels Eisenbahnwagen ankommenden sowie der auf dem Lagerplatz des Gaswerkes vorhandenen Kohle nach dem Vorratbunker über der Koksofenbatterie dient ein doppeltes Gurtförderer-System, bestehend aus je 3 hintereinander liegenden Gurtförderern.

Die in die Überlaufbunker der Kipper-Grube entleerte Kohle wird durch Rüttelrutschen je einem der in der Grube aufgestellten Kohlenbrecher gleichmäßig zugeführt. Die

Rüttelrutschen dienen gleichzeitig zur Vorsiebung, so daß die vorhandene
Feinkohle unmittelbar dem darunterliegenden kurzen wagerecht laufenden
Gurtförderer wahlweise durch entsprechend eingestellte Überlaufrutschen zu-
geführt wird.

Die über 40 mm großen Kohlenstücke gelangen in die Backenbrecher, um
auf das besagte Maß zerkleinert zu werden, von wo sie dann ebenfalls wahlweise einem der beiden oder beiden erwähnten Gurtförderern zufließen.

Diese je 14 m langen und 800 mm breiten Gurtförderer sind mit ihren An-
triebsmotoren auf fahrbaren Untergestellen aufgebaut, wodurch es ermöglicht ist, die vordere Antriebtrommel, über welche die geförderte Kohle abgeworfen wird, nach Wunsch über jeden der beiden schräg ansteigenden Gurtförderer einzustellen. Die letzteren geben die hochgeförderte Kohle wieder

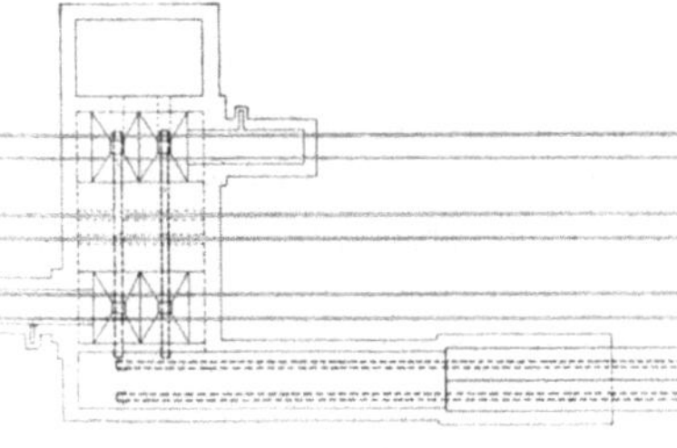
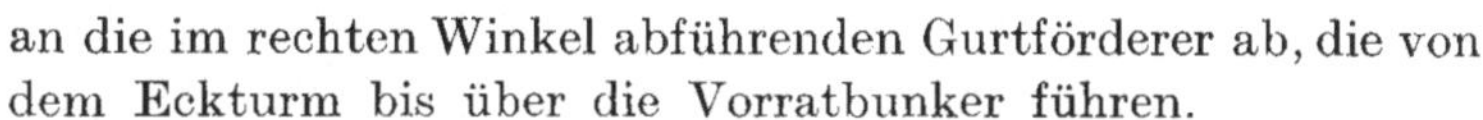
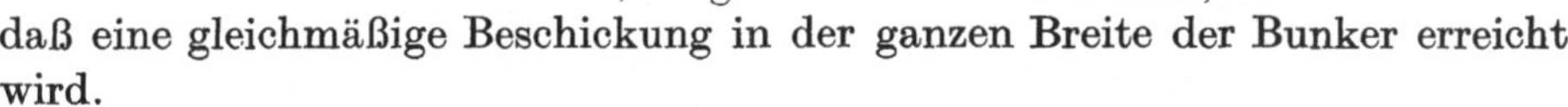
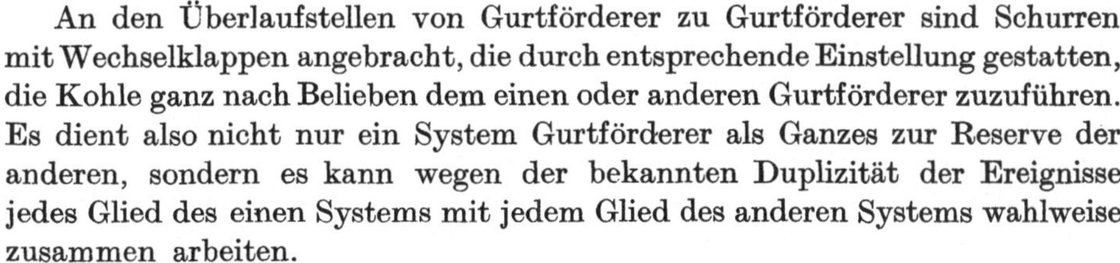

Fig. 294.

an die im rechten Winkel abführenden Gurtförderer ab, die von
dem Eckturm bis über die Vorratbunker führen.

Zur gleichmäßigen Verteilung der Kohle in die Vorratbunker
ist jeder der beiden letzten Förderer mit einem selbsttätigen
Abwurfwagen ausgerüstet, der während des Abwerfens der
Kohle über eine sog. Hosenschurre, also je zur Hälfte nach
beiden Seiten der Gurtföderer, langsam hin- und herfährt, so
daß eine gleichmäßige Beschickung in der ganzen Breite der Bunker erreicht
wird.

An den Überlaufstellen von Gurtförderer zu Gurtförderer sind Schurren
mit Wechselklappen angebracht, die durch entsprechende Einstellung gestatten,
die Kohle ganz nach Belieben dem einen oder anderen Gurtförderer zuzuführen.
Es dient also nicht nur ein System Gurtförderer als Ganzes zur Reserve der
anderen, sondern es kann wegen der bekannten Duplizität der Ereignisse
jedes Glied des einen Systems mit jedem Glied des anderen Systems wahlweise
zusammen arbeiten.

Die Leistung eines jeden Gurtförderers beträgt durchschnittlich 120 t
Kohlen/h bei 600 mm Gurtbreite und einer Gurtgeschwindigkeit von 1,5 m/sek.

Der Kraftbedarf beträgt hierbei

für je einen der beiden Gurtförderer unter den Brechern von 14 m Länge . . 2 PS
„ jeden der beiden schräg ansteigenden Förderer von 101 m Länge bei 34 m
    Steigung . . . . 28 „
„ jeden der beiden 32 m langen Gurtförderer mit Abwurfwagen bei 4 m Steigung 6 „

Als Gurte sind M.-S. Sonder-Gummigurte verwendet mit 3,5 mm starker Gummidecke auf der Tragseite der Gurte, die, auf muldenförmigen Tragrollen nach Bauart *Muth-Schmidt* laufend, seit Ende 1912 bis heute noch im Gebrauch sind.

Aus dem vorstehenden Ausführungsbeispiel ist deutlich zu erkennen, wie leicht sich Förderbänder selbst schwierigen örtlichen Verhältnissen anpassen lassen, allerdings meist nur durch Zerlegung in mehrere Elemente, worin jedes einzelne seine bestimmte Aufgabe zu erfüllen hat. Das letztere ist nun sicherlich dann nicht als Nachteil des Systems zu bewerten, wenn, wie im vorliegenden Falle, durch die geschickte Anordnung die Betriebssicherheit auf das denkbar höchste Maß gesteigert wird, der gegenüber in solch lebenswichtigen Betrieben, wie es Gaswerke sind, alle andern Rücksichten zurücktreten müssen. Ist die Sachlage aber eine andere und spielt namentlich die Höhe der Anschaffungskosten nicht die ausschlaggebende Rolle, so ist das aus Amerika herübergekommene und im Laufe der letzten Jahre zu hoher konstruktiver Vollendung gelangte Schaukelbecherwerk („Conveyor") das gegebene Hilfsmittel, um auch die einer zweckmäßigen Förderung entgegenstehenden, denkbar schwierigsten örtlichen Verhältnisse zu meistern.

Ein Schaukelbecherwerk besteht nach *Michenfelders* knapper und klarer Begriffsbestimmung[1] „im wesentlichen aus einem im beliebigen Verlauf geschlossen in sich zurückgeführten Zugorgan, in das becherartige Gefäße oberhalb ihres Schwerpunktes pendelnd eingehängt sind. Hierdurch stellen sich die Fördergefäße, unabhängig von der jeweiligen Richtung des Zugorgans, selbsttätig stets in die zur Mitnahme des Materials erforderliche wagerechte Lage ein. Die Förderung tritt dadurch ein, daß das an beliebiger Stelle des stetig umlaufenden Becherwerkes — meist in einem horizontalen Lauf — aufgegebene Gut durch die Becher so weit mitgenommen wird, bis diese an der gewünschten Stelle mittels eines Anschlags, einer Auflaufschiene oder dgl. gekippt und entleert werden".

Schaukelbecherwerke besitzen eine fast unbegrenzte räumliche Anpassungsfähigkeit; man kann den Kettenstrang, woran die Becher hängen, nicht nur wagerecht oder schräg oder senkrecht führen, sondern auch in jedem beliebigen Winkel ablenken und auf diese Weise eine Förderung vollbringen, zu der andernfalls eine mehrgliedrige Kombination von Fördereinrichtungen nötig wäre. Die Vorteile, die diese Bauart zu bieten hat, können also unter Umständen so bedeutend sein, daß sie jeden Wettbewerb aus dem Felde schlagen.

Die Fig. 295 bis 304 veranschaulichen die Einzelheiten des Schaukelbecherwerkes, Bauart der *Sächsischen Maschinenfabrik vorm. Rich. Hartmann*, Chemnitz, das sich namentlich bei Kesselbekohlungsanlagen, aber auch bei der Massenbeförderung von Gestein, Erz, Getreide usw. sehr gut bewährt hat.

Fig. 295 und 296 stellt die Becherkette dar und zeigt deutlich die auf Schienen geführten Laufrollen mit Staufferschmierung, miteinander verbunden durch Flacheisen und distanzbolzenartig durch Gasrohrstücke gehalten, woran

---

[1] *Michenfelder:* Die Materialbewegung in chemisch-technischen Betrieben, S. 61. Leipzig, Otto Spamer.

die Becher frei pendelnd aufgehängt sind. Das Entleeren der Becher erfolgt in einfachster Weise mittels ein- und ausschaltbarer, durch ein kurvenartiges Gleitstück gebildeter Kippvorrichtungen, gegen die an den Bechern sitzende Führungsröllchen anstoßen und sie auf diese Weise zum Kippen bringen.

Fig. 297 bis 300 zeigt den Antrieb, bestehend aus Elektromotor, elastischer Kupplung, Schneckenrad, doppeltem Stirnräderpaar und den Kettenscheiben. Die letzteren tragen Rillen, in die sich die Bechertragrollen hineinlegen. Fig. 297 zeigt weiterhin den Übergang von der wagerechten in die senkrechte Förderrichtung. Dem Antrieb gegenüber liegt eine Spannvorrichtung, welche ähnlich wie der erstere aus zwei Kettenscheiben besteht, die aber in einem auf Rollen verschiebbaren Gestell gelagert sind und unter Federdruck stehen, um etwaige Stöße, Dehnungen des Kettenstranges usw. aufzunehmen.

Besonders sorgfältig ist die Aufgabevorrichtung der Füllmaschine, Fig. 301 bis 303, durchgebildet. Während Bandförderern ein ununterbrochener

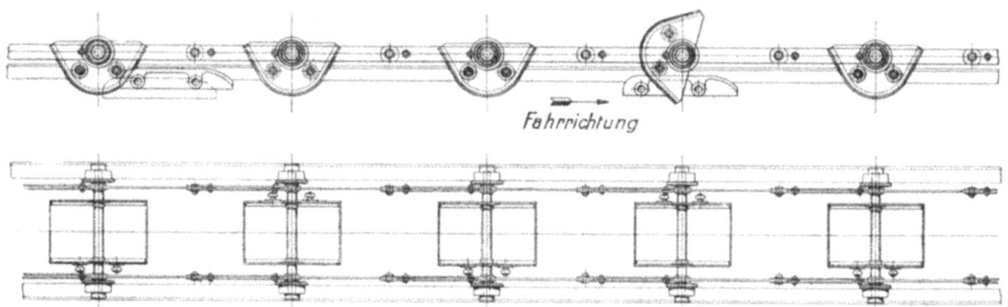

Fig. 295 u. 296.

Strom des Fördergutes zugeführt werden kann, handelt es sich bei Schaukelbecherwerken stets um eine regelbare Zuteilung in die einzelnen Becher, die in den weitaus meisten Fällen in gewissen Abständen voneinander sitzen. Die Füllmaschine muß demnach neben einer gleichmäßigen Beschickung den Fördergutstrom zu gegebener Zeit unterbrechen oder freigeben und selbst sperriges, zu Brückenbildungen und somit zu Verstopfungen neigendes Fördergut einwandfrei verarbeiten.

Zum Verständnis des Schemas, Fig. 304, ist noch die folgende Zeichenerklärung nötig:
a und b = Ausschlagwinkel.
$\quad$ c = der die Pendelbewegung einleitende Hebel.
$\quad$ d = Gleitrolle, mit c fest verbunden.
$\quad$ e = Laufrolle des Bechers.
$\quad$ f = Schieber zur Horizontalbewegung.
$\quad$ g = mit f verbundene Führung des Hebels c.
$\quad$ h = Schlitzhebel, betätigt durch Hebel c.
i und k = scharnierartig verbundene Vorschubwangen.
$\quad$ l = Führungshebel zu i und k.
$\quad$ m = verstellbarer Teller.
$\quad$ n = fester Drehpunkt für i, k, l.
$\quad$ o = Handhebel zur Regelung des Ausschlages a.
$\quad$ p = Führung und Klemmvorrichtung zu Hebel o.

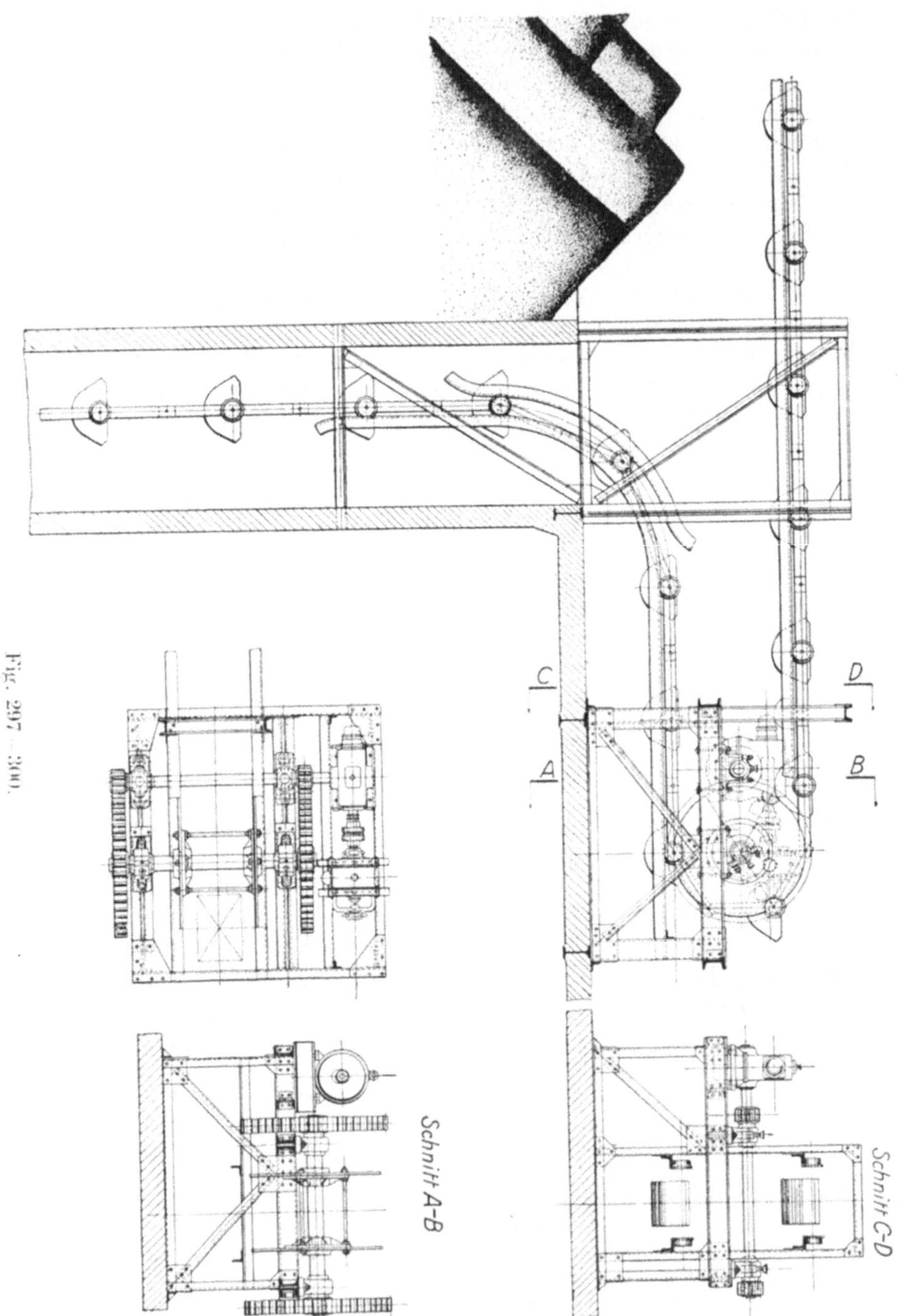
Fig. 297—300.
A
B
C
D
Schnitt A-B
Schnitt C-D

q = fester Drehpunkt des Hebels o.
r = fester Drehpunkt für h, i.
s = in Pfeilrichtung wirkender Federzug zur Rückbewegung von c, h, i, k, l.
t = Anschluß unter Einschüttrumpf.
u = Auslauf des Fördergutes.

Das vorstehend bildlich dargestellte Schaukelbecherwerk besitzt ein doppeltes Zugorgan mit zwischen den beiden Kettensträngen eingehängten Bechern. Manche Konstrukteure bevorzugen jedoch das einfache Zugorgan mit in der Längsachse der Kette eingeschalteten Bechern, weil bei dieser Ausführungs- form keine Gefahr der ungleichmäßigen Längung der beiden Kettenstränge besteht, die, falls sie eintritt, allerdings zu recht unangenehmen Weiterungen führen kann, sich jedoch bei aufmerksamer Überwachung sehr wohl ver- meiden läßt. Überhaupt spielt die pflegliche Behandlung und ständige Auf- sicht beim Schaukelbecherwerk mit seinen vielen beweglichen Teilen und stellenweise recht empfindlichen Mechanismen eine viel größere Rolle als bei allen anderen bekannten Fördereinrichtungen. Hierzu gehört in erster Linie eine sichere und ausgiebige Schmierung der zahlreichen Lager und Reibungs- flächen, wofür man durchgängig selbsttätig wirkende Vorkehrungen getroffen hat.

Sorgfältige Ausführung und Wartung vorausgesetzt, ist der Kraftbedarf des Schaukelbecherwerks nur klein. Er beträgt z. B. bei einer von der *Berliner Conveyor-Baugesellschaft* an die Gewerkschaft Kaiseroda gelieferten Kessel- bekohlungsanlage, die bei mehrmaliger Ablenkung des Kettenstranges eine Gesamtlänge von 150 m und eine Förderhöhe von 19 m aufweist, für eine Leistung von 25 000 kg/h nur 5 bis 6 PS.

Ein sehr ernsthafter Wettbewerber ist dem Schaukelbecherwerk in dem pneumatischen Förderer entstanden, der die modernste Erscheinung auf dem vielgestaltigen Gebiete der maschinellen Materialbewegung dar- stellt. Mit dem ersteren, dessen Hauptvorzug: eine unübertreffliche An- passungsfähigkeit an selbst die ungünstigsten Orts- und Raumverhältnisse teilend, besitzt er diesem gegenüber noch den Vorteil, daß die Förderstrecke (Leitung) keinen einzigen beweglichen Teil, das Becherwerk deren aber eine große Anzahl aufweist, daß er somit billiger in den Anlagekosten, bequemer zu überwachen, leichter zu bedienen und auszubessern sein muß, als es bei jenem der Fall ist. Ungünstiger dagegen stellt sich der pneumatische Förderer im Punkte des Kraftbedarfes, der nicht nur den Verbrauch des Schaukelbecher- werks, sondern auch den jeder beliebigen anderen maschinellen Fördereinrich- tung ganz wesentlich übersteigt und der mit seinem Arbeitsprinzip untrennbar verbunden, daher als unabänderliche Tatsache anzusehen ist.

Die pneumatische Förderung kommt dadurch zustande, daß in einer Rohr- leitung entweder eine Luftverdünnung oder eine Luftverdichtung erzeugt wird. Das auf geeignete Weise, entweder mittels einer Düse oder mittels eines Zellenrades in die Leitung eingebrachte Gut, wird von der in der ersteren herrschenden Strömung fortgerissen und, dem Wege der Leitung in der Strö- mungsrichtung folgend, an den Ort seiner Bestimmung gebracht. Vorher,

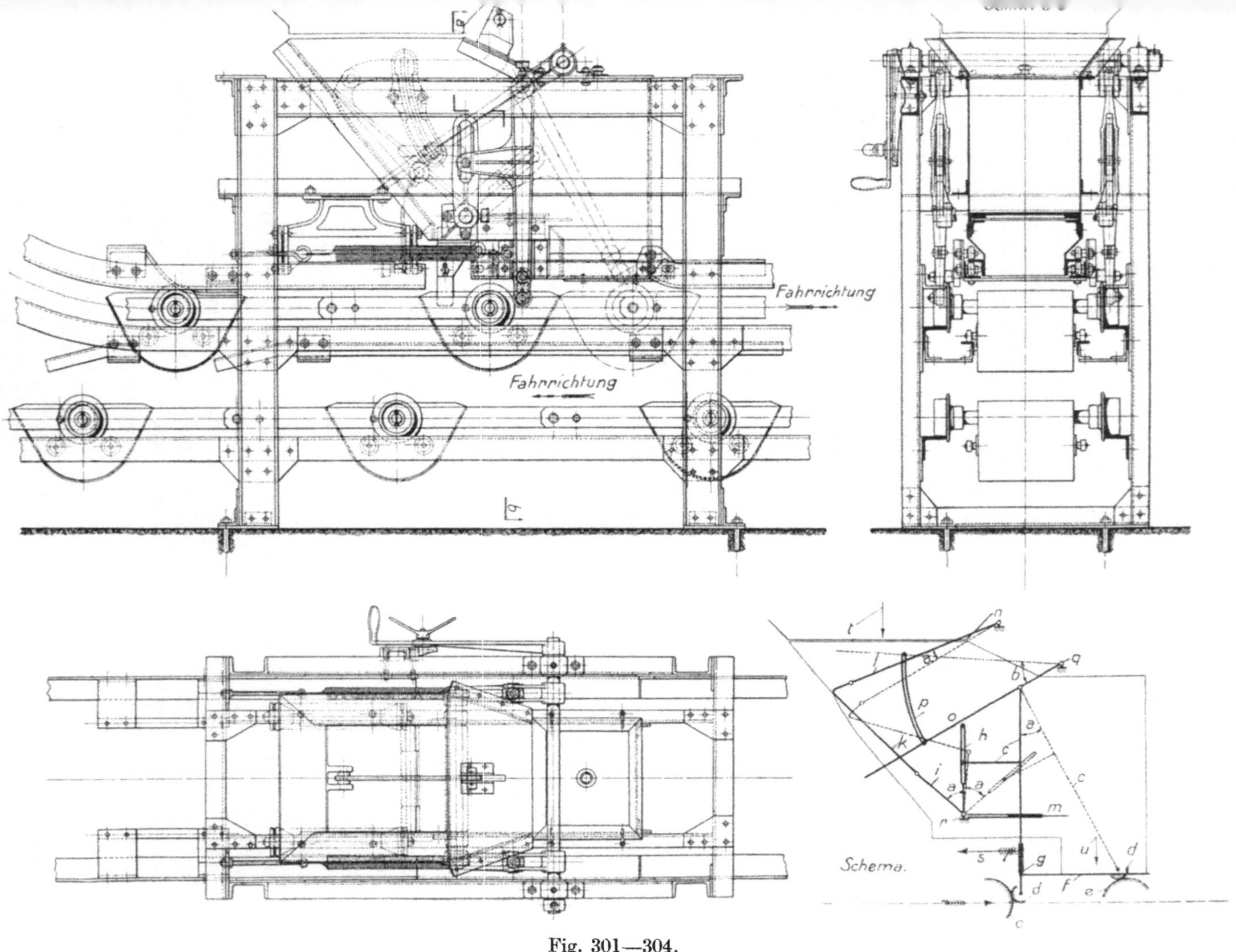

Fig. 301—304.

vor dem Austritt des Gutes, muß jedoch eine Trennung desselben von seinem Träger, d. h. der bewegten Luft stattfinden.

Die Windpressung oder die Luftverdünnung wird von einem Kreiskolbengebläse oder von einer Kolbenluftpumpe hervorgebracht.

Nach vorstehendem hat man demnach zwischen Saugluft- und Druckluftförderern zu unterscheiden. Das Schema des ersteren ist in Fig. 305[1] dargestellt, worin a, a, a die Saugdüsen bedeuten, die entweder aus einem losen Haufen, oder aus einem vollen Eisenbahnwagen oder aus einem Schiffsrumpf ansaugen. (Die Einrichtung einer solchen Düse oder eines „Rüssels" nach Bauart *Seck*, Dresden, geht aus der Fig. 306 hervor). Mit e ist die Saugleitung bezeichnet, die zum Aufnehmer d führt, in welchem die Trennung der Luft vom Fördergut und der Austritt des letzteren unter Luftabschluß durch

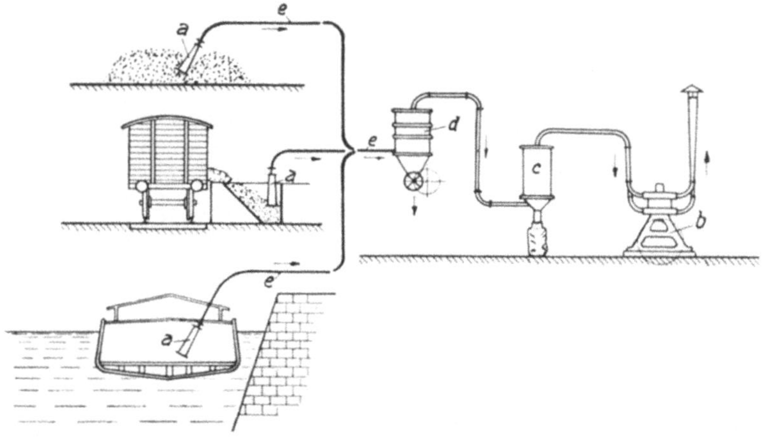

Fig. 305.

ein beständig in Umdrehung befindliches Zellenrad stattfindet (s. Fig. 307). Die meist noch etwas feinsten Staub enthaltende Luft wird im Filter c gereinigt und gelangt in diesem Zustande in die Pumpe b, von der sie, nach vollbrachter Arbeit, ins Freie geblasen wird.

Die beschriebene Art der pneumatischen Förderung ist jedoch wegen der beschränkten Saugwirkung der Pumpe für sehr weite Förderstrecken nicht mehr anwendbar. An ihre Stelle tritt dann die Druckluftförderung, deren Wirkungsweise durch Fig. 308 veranschaulicht wird. Dort ist mit a die Druckpumpe und mit b das Zellenrad, das das Gut in die Rohrleitung einführt, bezeichnet. c, c, c sind die Aufnehmer zur Trennung der Luft vom Fördergut.

Pneumatische Förderanlagen, die vor etwa 35 Jahren zum ersten Male in England zur Entladung von Getreideschiffen in Anwendung gekommen sind, eignen sich in erster Linie für leichtrollende körnerartige, dann für grießige und mehlartige Materialien. Aber auch kleinstückige Kohle, Kesselasche, Salze, Soda und viele sonstige Erzeugnisse der chemischen Industrie

---

[1] Die Fig. 305 bis 308 entstammen der „Hütte", XXIV, Bd. 2, S. 604 und 605.

— soweit sie nicht kleben und anbacken —, ja selbst direkt von den Öfen kommende, noch rotglühende Stoffe können pneumatisch befördert werden. Doch ist stets auf die Beschaffenheit des Fördergutes insofern Rücksicht

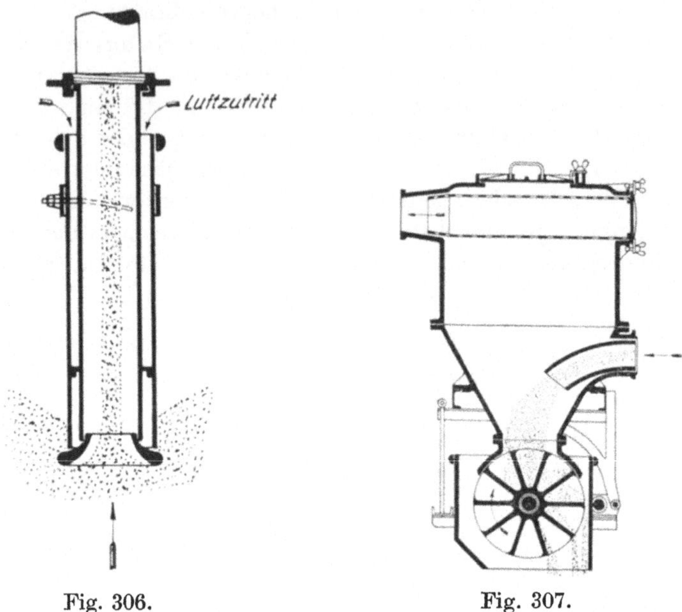

Fig. 306.   Fig. 307.

zu nehmen, als sehr harte, grießige, dabei eckige und kantige Stoffe im Luftstrom wie ein Sandstrahlgebläse wirken, unter dem namentlich die Krümmer der Rohrleitungen außerordentlich zu leiden haben. In solchen Fällen wird man besser eine andere Fördervorrichtung wählen.

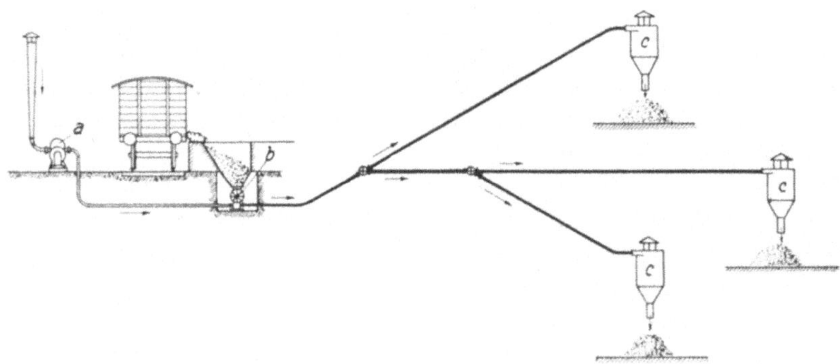

Fig. 308.

Wesensverwandt mit der pneumatischen Förderung ist das **Fuller-Kinyon-System** zum Transport von staubförmigem Gut (Kohlenstaub, Roh- und Zementmehl der Zementfabriken, kaustische Soda, Magnesit u. dgl.), das in einem Ausführungsbeispiel in Fig. 309 gezeigt ist. Die Seele dieses

Systems ist eine, „Fuller-Kinyon-Pumpe" genannte Förderschnecke besonderer Bauart, deren hauptsächlichsten Merkmale in einer geringen Gewindetiefe bei großer Steigung und hoher Umdrehungszahl (1000 und mehr in der Minute) bestehen. Am Auslaufende der Schnecke wird dem Staub etwas Druckluft von geringer Spannung zugesetzt, die den von der Schnecke aufgelokkerten und verrührten Staub in eine Staubluftemulsion von außerordentlicher Flüssigkeit und leichter Transportfähigkeit verwandelt, so daß es nach *Wulff*[1] gelungen sein soll, Förderstrecken bis zu 1600 m Länge zu überwinden und Stundenleistungen bis zu 50 t erzielen.

Die Anlage nach Fig. 309 hat den Zweck, fünf, vor ebensoviel Einzelfeuerungen angeordnete Behälter, mit dem von irgendeiner Mühle erzeugten Kohlenstaub zu füllen, zu welchem Behufe an die Pumpe eine Rohrleitung mit den nötigen Abzweigungen und Ventilen angeschlossen ist. Die Behälter sind mit Standanzeigevorrichtungen versehen,

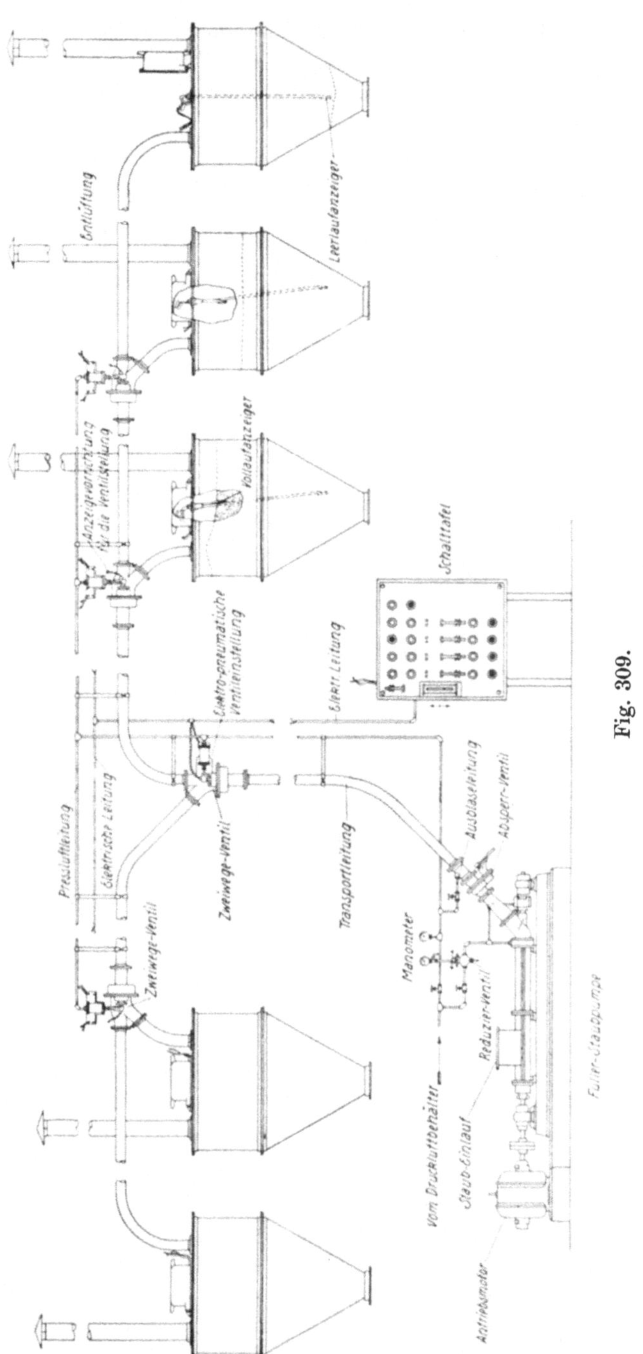

Fig. 309.

[1] Protokoll der Verhandlungen d. Ver. deutsch. Portlandzementfabrikanten 1924.

die die Füllung durch Lichtsignale anzeigen, wobei gleichzeitig die elektro-
pneumatischen Steuerungen der Abzweigventile durch die Standanzeigevorrichtungen betätigt und die ersteren nach Bedarf geöffnet oder geschlossen
werden.

Die aus der Abbildung ersichtliche Druckluftleitung dient außer zu dem
erwähnten Emulgieren noch der Steuerung der Ventile und zum Reinigen
(Ausblasen) der Hauptrohrleitung.

Erwähnt sei endlich noch, daß zu der Anlage selbstverständlich ein Luft-
kompressor und zu ihrer Bedienung ein Mann am Schaltbrett gehört. —

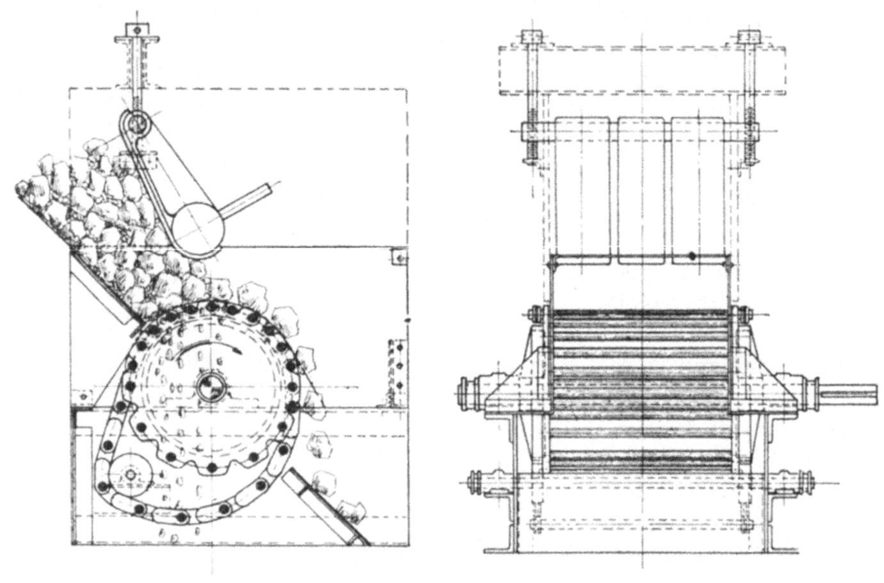

Fig. 310.　　　　　　　　　　　　　　Fig. 311.

Zu den Fördermitteln im engeren Sinne gehören die Aufgabevorrichtungen, deren man sich bedient, um den Vorbrechern oder den Mühlen das
Aufschüttgut in gleichmäßigen Mengen selbsttätig zuzuführen. Da das gleichmäßige Beschicken einer Zerkleinerungsvorrichtung erst die Möglichkeit für
das volle Ausnützen ihrer Leistungsfähigkeit schafft, den Gang der Maschinen
ruhiger macht und den durchschnittlichen Kraftverbrauch herabmindert,
so ist es verständlich, daß man auch dieser Einzelheit große Aufmerksamkeit
zugewendet hat. In deren Folge ist eine große Anzahl von zweckdienlichen
Konstruktionen entstanden, von denen einige besonders bemerkenswerte Bauarten nachstehend gezeigt und beschrieben werden sollen. Gemeinsam ist
ihnen allen der Umstand, daß die Menge des zu befördernden Aufschüttgutes
sich regeln läßt, ohne daß man nötig hätte, die Antriebverhältnisse zu ändern.
Die Einstellung kann also ohne weiteres während des Ganges der Maschinen
geschehen.

Als Aufgabevorrichtung für Grobgut, die gleichzeitig sortiert, dient der Stangensiebrost, Pat. *Roß* (Bauart *Krupp-Grusonwerk*, Magdeburg), Fig. 310 und 311. Er besteht aus zwei durch eine Anzahl Rundeisen verbundene umlaufende Kettenscheiben und zwei gleichfalls durch Rundeisen verbundene Laschenketten. Die Anordnung ist so getroffen, daß die letztgenannten Rundeisen in die Zahnlücken der Kettenscheiben eingreifen und daß die Laschenketten unterhalb der Kettenscheiben durch zwei Rollen abgelenkt werden.

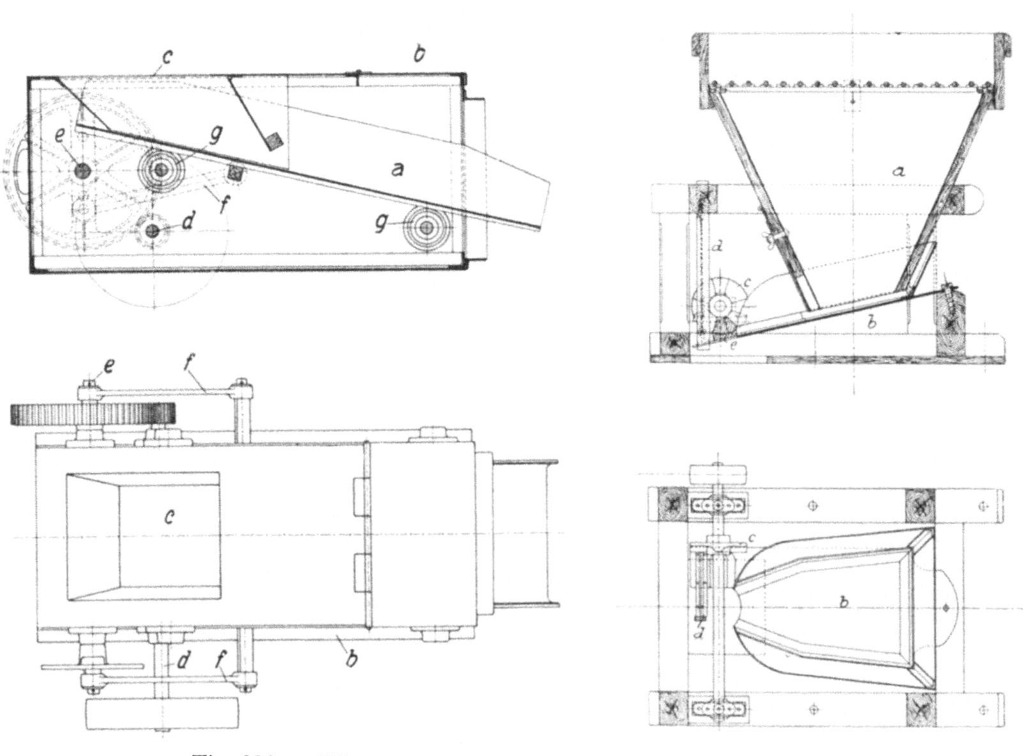

Fig. 312 u. 313.   Fig. 314 u. 315.

Demzufolge bilden die beiden Stabreihen oben einen engspaltigen Rost, über den das Grobgut — beispielsweise in einen Steinbrecher — hinweggleitet, während der Grus ungehindert — beispielsweise in ein Walzwerk — durchfallen kann.

Die Konstruktion wird auch in Bandform ausgeführt. Wählt man statt einfacher Rundeisen profilierte Stäbe, so erhält man statt des Spaltes eine entsprechend gestaltete Sieblochung (quadratisch, rechteckig u. dgl.), genau wie bei den weiter oben beschriebenen Kaliberrosten.

Eine Schubaufgabe für sehr grobstückiges Gut (Bauart *Curt v. Grueber*, *M. A. G.*, Berlin) zeigen die Fig. 312 und 313, worin *a* den in einem Eisenblechgehäuse *b* eingebauten, auf Rollen *g* geführten und vom Getriebe *d, e, f* in Bewegung gesetzten Schuh bedeutet, dessen Hub durch Veränderung des Angriffs-

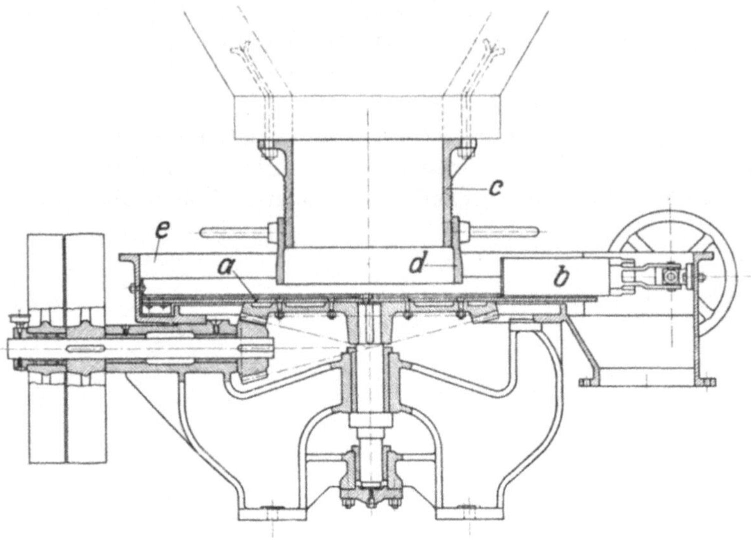

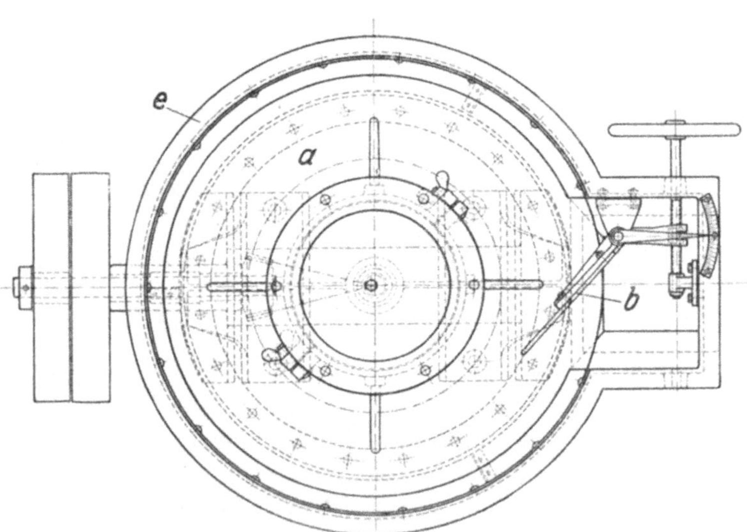

Fig. 316 u. 317.

punktes der Stangen *f* größer oder kleiner gemacht werden kann, wodurch
auch die Leistung dieser Aufgabevorrichtung größer oder kleiner wird.

Der Rüttelschuh, Fig. 314 und 315, besteht aus dem hölzernen Trichter
a, der von einem Schutzrost zum Abhalten zu grober Stücke überdeckt ist,
dem Schuh *b* mit dem Anschlagklotz *e*, der Holzfeder *d* und einer Welle mit
Vierschlag *c*, Riemscheibe und Lagern, die an einem Holzgestell befestigt sind.

Die Holzfeder ist so eingestellt, daß sie den mit ihr verbundenen Schuh bzw. den Klotz *e* beständig gegen den Vierschlag andrückt, so daß der erstere bei jeder Umdrehung der Welle vier Schläge erhält, die ihn in eine in der wagerechten Ebene rasch hin- und hergehende, rüttelnde Bewegung versetzen. Der Austritt des Gutes aus dem Trichter kann durch Schieberstellung leicht geregelt werden.

Der Rüttelschuh eignet sich infolge seiner energischen Arbeitsweise besonders für etwas feuchtes, schmierendes Gut, wie z. B. Guano, Superphosphat u. dgl.

Beim **Tellerbeschicker**, Fig. 316 und 317, läuft der Teller *a*, der durch ein im Ständer gelagertes Räder-Riemscheibenvorgelege in langsame Umdrehung versetzt wird, in der Schüssel *e* um und führt das Gut, das aus dem an einen Siloauslauf angeschlossenen, einstellbaren zweiteiligen Einlaufstegen *c, d* kommt, dem Auslaufstutzen der Schüssel zu, wobei der gleichfalls einstellbare Flügel *b* von dem sich unterhalb *d* bildenden und stets ergänzenden Schüttkegel die jeweils gewünschte oder erforderte Menge abstreicht.

Die Konstruktion stammt von *C. v. Grueber*, Berlin. Der Apparat ist für trockenes und für feuchtes Gut in Stücken bis zu Faustgröße verwendbar.

Von ähnlicher Bauart ist der schräge Tellerbeschicker der *Amme, Giesecke & Konegen A.-G.*, Braunschweig, s. Fig. 318, worin

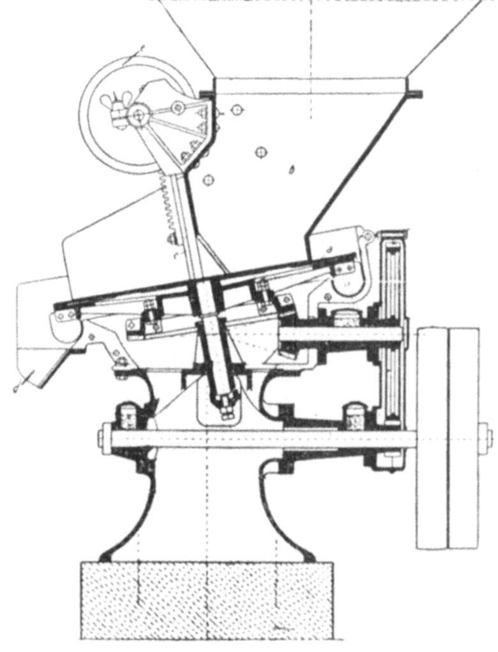

Fig. 318.

a den Teller, *b* den Zulauftrichter, *c* den Regelschieber und *d* den Auslauf bedeutet. Die Vorrichtung hat sich als Speiseapparat für Naß-Rohrmühlen, in welchem Falle sie zwischen diese und die Naß-Kugelmühle eingeschaltet wird, gut bewährt.

Die **Aufgabevorrichtung**, Sonderbauart von *G. Polysius*, Dessau, dient der Zuführung großer Mengen trockenen oder nicht allzu feuchten Gutes in Stücken- oder Grießform zu den Vorschrot- oder Ausmahlmaschinen. Sie besteht, s. Fig. 319 und 320, aus dem Gehäuse *a*, in dem ein Schuh *b* derart angeordnet ist, daß er mittels eines Lenkers *c* um einen Punkt *d* eine Schwingbewegung ausführen kann, während der hintere Teil des Schuhes auf Rollen *e* gleitet. Das Gehäuse *a* ist unter einem Silo *f* angeordnet. Der Schuh *b* erhält mittels Pleuelstange *g* und eines Exzenters *h* eine hin- und hergehende Be-

wegung, indem letzterer durch eine Riemscheibe i und ein Kegelräderpaar k
angetrieben wird. Die Pleuelstange g greift mittels Bolzen l am Exzenter h
an und der Exzenterpunkt l wird durch einen Lenker m geführt, dessen

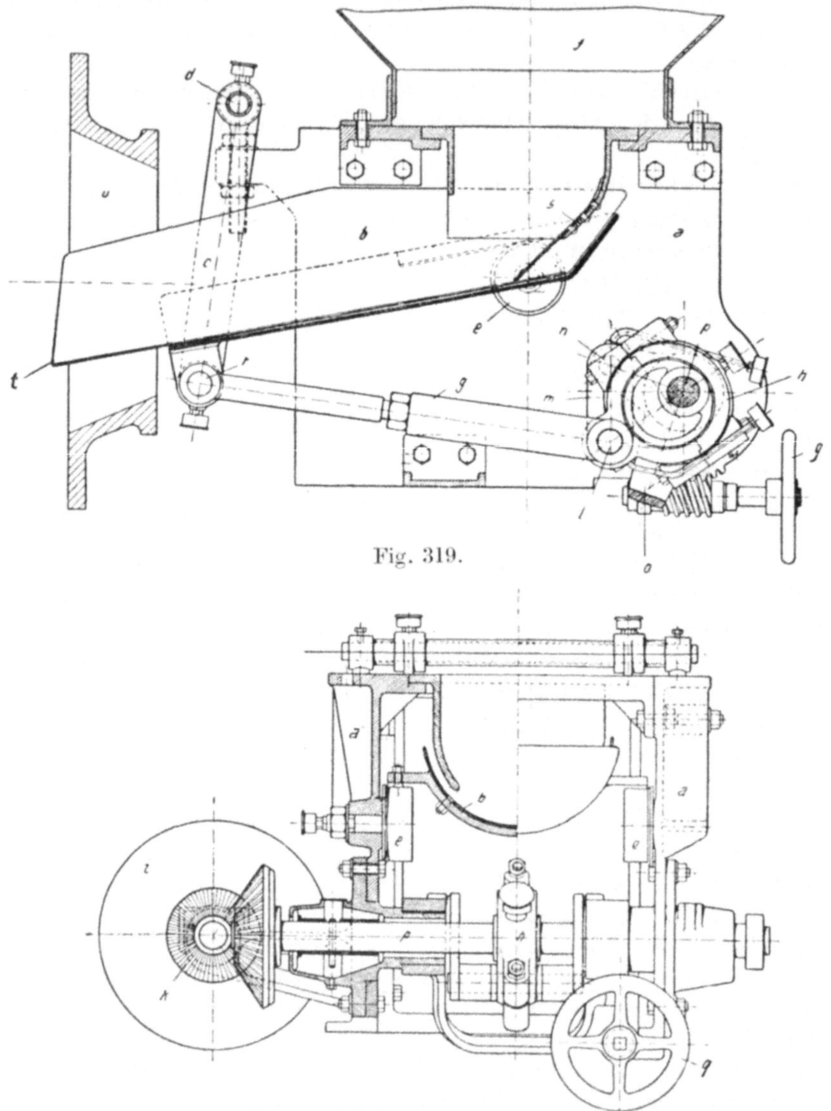

Fig. 319.

Fig. 320 (links Querschnitt, rechts Seitenansicht von Fig. 319).

zweiter Stützpunkt n an einen Winkelhebel o angelenkt ist, der um die Exzenterwelle p mittels der Vorrichtung q drehbar gelagert ist. Die hin- und hergehende Bewegung des Exzenterpunktes l wird dadurch beeinflußt, daß dieesr
Punkt mittels des Winkelhebels o und des Lenkers m verschiedene Lagen ein-

nehmen kann. In der gezeichneten Stellung kommt, wie ersichtlich, nicht
der ganze Hub des Exzenters auf den Schuh zur Wirkung. Je mehr indes
mittels der Stellvorrichtung q der Winkelhebel im Sinne des Uhrzeigers
gedreht und damit der Lenker m und der Exzenterbolzen l in eine höhere
Lage gebracht wird, um so größer wird der Anteil, welcher von der hin- und
hergehenden Bewegung des Exzenters auf den Schuh übertragen wird. Infolgedessen wird der Hub des Schuhes vergrößert und damit auch die Leistung.
Erfolgt dagegen die Drehung des Winkelhebels im entgegengesetzten Sinne
des Uhrzeigers, so daß der Punkt l immer tiefere Lagen einnimmt, so ist

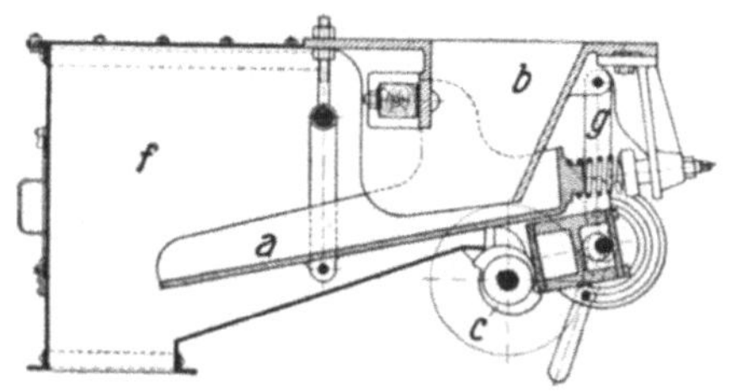
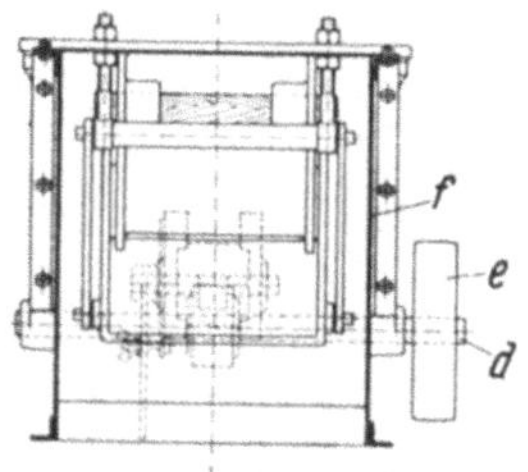

Fig. 321 u. 322.

ersichtlich, daß von der sich mehr und mehr der senkrechten Richtung nähern-
den Exzenterbewegung ein immer kleinerer Anteil in eine hin- und hergehende
Bewegung der Pleuelstange g umgesetzt wird, bis letztere schließlich eine
solche gar nicht mehr ausübt, sondern
durch das Auf und Nieder des Punktes l lediglich eine Kreisbewegung um
den Punkt r beschreibt, mit dem sie
an den Schuh angelenkt ist. Der
Schuh führt hierbei immer kleiner
werdende Hübe aus, bis er schließlich stillsteht.

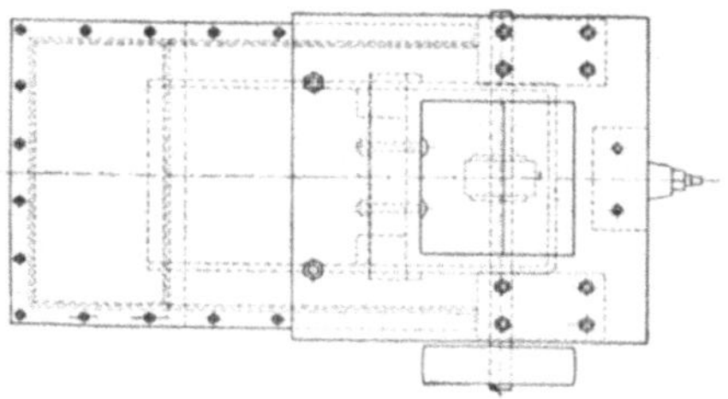

Fig. 323.

Die Förderung des Gutes geschieht
dadurch, daß das Gut aus dem Silo f
durch eine Schurre s auf den Schuh gelangt und sich auf diesem abböscht.
Erhält der Schuh nunmehr eine Bewegung nach rechts, so schiebt sich das
Gut auf ihm nach seinem Auslauf zu, während beim Rückgang neues Gut
nachfällt, bis es schließlich über die Förderkante t des Schuhes in den Mühlen-
oder dgl. Einlauf u gelangt. Der Schuh ist in seiner Neigung mittels des Lenkers
c beliebig einstellbar. Da wie beschrieben durch die Eigenart des gewählten
Exzenterantriebes außerdem der Hub des Schuhes in beliebigen Grenzen
veränderlich ist, so ist die Veränderung der Leistung und die Leistungsfähigkeit selbst nahezu unbegrenzt. —

Zur Beschickung von Kugel- oder Verbundmühlen wird vielfach die
in den Fig. 321 bis 323 dargestellte Stoßaufgabe (Bauart *Curt v. Grueber,
M. A. G.*, Berlin) verwendet, die sich aus dem Schuh a, dem Einlauftrichter b,

dem Zweischlag c, der Welle d mit Antriebscheibe e, dem Gehäuse f, den Gehängen g und einer Spiralfeder zusammensetzt. Die Intensität des auf den

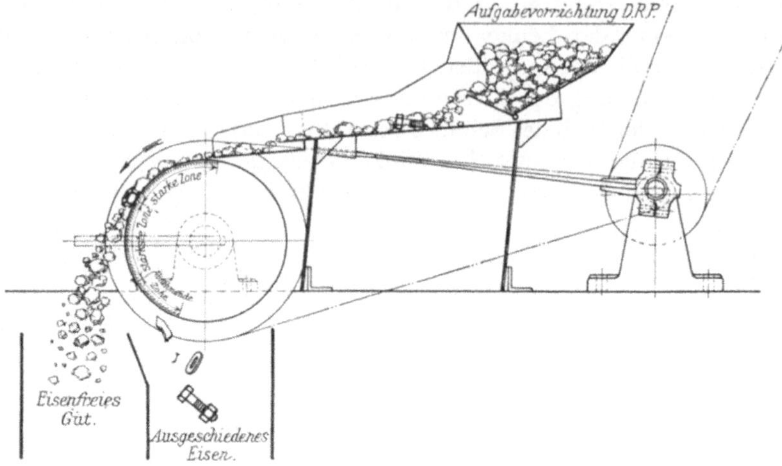

Fig. 324.

Schuh ausgeübten Stoßes, und damit die Beschickungsmenge, ist durch Verdrehen des aus Fig. 321, rechts, ersichtlichen kleinen Handhebels regelbar. Enthält das Aufschüttgut Eisen in größeren Mengen und Stücken, so ist,

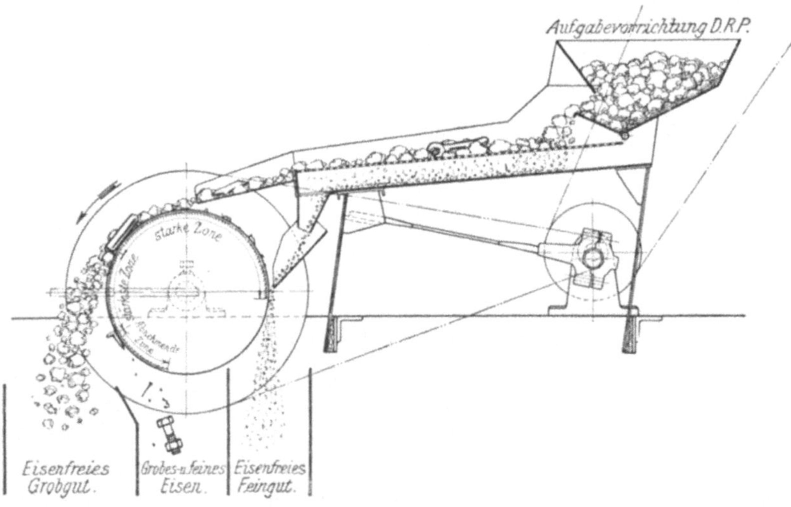

Fig. 325.

wie schon weiter oben erwähnt, die Einschaltung eines Magneten geboten. Dieser kann als einfacher Lamellenmagnet in die Einlaufschurre eingebaut (wie in Fig. 81, 104, 105) oder als umlaufende Magnettrommel zwischen dem Aufgabeapparat und die Zerkleinerungsmaschine eingeschaltet sein.

Letzere Ausführungsform Bauart (*Krupp-Grusonwerk*, Magdeburg) ist aus Fig. 324 ersichtlich. Die Aufgabevorrichtung ist hier ein von einem Exzenter bewegter Rüttelschuh. Die Magnetfelder des Trommelscheiders, Bauart *Ullrich*, besitzen verschiedenstarke Zonen, so daß die auf das Eisen ausgeübte Anziehungskraft dort am stärksten ist, wo die Schwerkraft und die Zentrifugalkraft am ungünstigsten wirken. Hierdurch wird das vorzeitige Abfallen der Eisenteile verhindert.

Enthält das Aufschüttgut neben größeren Eisenstücken auch Feineisenteile, so wird nach Fig. 325 (Bauart *Krupp-Grusonwerk*) der Aufgaberüttelschuh als Sieb ausgebildet und das feinkörnige Gut seitlich an der Magnetwalze, Bauart *Ullrich*, vorbeigeführt, wo es in den Bereich der besonders lang ausgebildeten Magnetfelder kommt, so daß die Eisenteile an die Trommel herangezogen und bei der Drehung mitgenommen werden, während das unmagnetische feine Material ohne die Trommel zu belasten niederfällt.

VI. Die Entstäubung der Arbeitsräume.

Staubfreie Arbeitsräume und ausreichend gelüftete Maschinen gehören zu den Hauptbedingungen eines zweckdienlichen Betriebes. Wo also in irgendeinem Zeitpunkt der Fabrikation sich Staubentwicklung geltend macht, ist deren Beseitigung — nicht nur weil die gesetzlichen Bestimmungen es so wollen, sondern weil es auch im eigensten Interesse der gewerblichen Anlage selbst liegt — eine unabweisliche Pflicht.

Die Bemühungen der Technik zur Schaffung einwandfrei arbeitender Entstäubungsanlagen reichen allerdings nur über höchstens dreiundeinhalb Jahrzehnte zurück, da der Industrie die Erkenntnis von der außerordentlichen Wichtigkeit der Staubverhütung erst sehr spät — und dann auch erst vielfach nur unter dem Druck, den der Staat im Interesse der Arbeiterwohlfahrt ausüben mußte — gekommen war. Dessenungeachtet haben die mechanischen Einrichtungen, die für diesen Zweck den staubentwickelnden Industrien heute zu Gebote stehen, einen hohen Grad der Vollkommenheit erreicht, und es darf wohl gesagt werden, daß es unüberwindliche Schwierigkeiten auf diesem Gebiete für die moderne Staubverhütungstechnik überhaupt nicht mehr gibt.

Der Hauptgrundsatz, dem man diesen Erfolg zu verdanken hat, ist kurz ausgedrückt der, daß man sein Augenmerk darauf lenkt, nicht mehr, wie das anfänglich vielfach geschehen ist, den Arbeitsraum, sondern die Arbeitsmaschine zu entstäuben, indem man den Stauberreger durch geeignete Mittel daran hindert, mit dem von ihm erzeugten Staub die Umgebung zu erfüllen, und auf diese Weise das Übel im Keime erstickt.

Der nächstliegende Weg zur Isolierung des Stauberregers scheint vor allem seine möglichst dichte Einkleidung und Abschließung zu sein. Da diese jedoch aus praktischen Gründen niemals in vollkommener Art durchgeführt werden kann, so muß dieses Mittel durch die saugende Wirkung eines Exhaustors unterstützt und in dem Gehäuse des Stauberregers ein solcher Unterdruck erzeugt werden, daß die mit Staub beladene Luft nicht mehr das Bestreben hat, aus dem Gehäuse auszutreten, sondern der Saugwirkung des Exhaustors zu folgen.

Mit diesen sehr einfachen Mitteln erscheint zwar die Aufgabe, die Verstäubung von Arbeitsräumen zu verhüten, auch schon gelöst, nicht aber die zweite, schwierigere Aufgabe, die staubbeladene Luft von dem Staub so zu befreien, daß sie, ohne die Umgebung zu belästigen, ins Freie treten oder in die Arbeitsräume zurückgeleitet werden darf.

Für die Trennung des Staubes von seinem Träger, der ihn fortführenden Luft, stehen der Technik nun fünf Wege offen:

- a) Verminderung der Luftgeschwindigkeit in Staubkammern,
- b) trockene Filtration,
- c) Ausscheidung durch Fliehkraft,
- d) Niederschlagung mittels fein verteilter Wasserstrahlen und nasse Filtration, und
- e) Niederschlagung durch elektrische Ströme.

a) Staubkammern.

Die auf dem ersten Grundsatz beruhenden Staubkammern sind Räume, in die man den staubbeladenen Luftstrom hineinführt, wo dieser infolge der plötzlich eingetretenen Querschnittvergrößerung und dadurch bedingten Geschwindigkeitverminderung einen Teil des Staubes fallen läßt, der um so größer sein wird, je geringer die Luftgeschwindigkeit wurde. Da man nun aus naheliegenden Gründen die letztere nicht auf Null ermäßigen kann und ein wenn auch noch so schwach bewegter Luftstrom immer noch Staubträger bleibt, so ist klar, daß eine vollkommene Staubbeseitigung auf diesem Wege nicht zu erreichen ist.

b) Trockene Filtration.

Besser, ja unter Umständen in vollkommenster Weise, wird die Aufgabe von der Filtrationsmethode gelöst, die darin besteht, daß die verunreinigte Luft durch passend gewebte Tücher gedrückt oder gesaugt und dadurch auf der einen Seite der letzteren der Staub zurückgehalten wird, während auf der anderen Seite die gereinigte Luft austritt. Man verwendet dabei zweckmäßigerweise niemals nur ein einziges Filtertuch, sondern zerlegt die zur Reinigung einer gegebenen Staubluftmenge erforderliche Filterfläche in eine Anzahl Elemente (Zellen) und unterscheidet je nach der Form und Anordnung der letzteren zweierlei Bauarten: Schlauchfilter und Sternfilter. Da indessen die Schlauchfilter sich als die im Grundsatz richtigere Bauart erwiesen und die zweitgenannte Bauart fast ganz verdrängt haben, so ist hier von einer ausführlichen Behandlung der Sternfilter Abstand genommen und der Leser, der aus irgendeinem Grunde Interesse daran hat, wird auf die vorhergehenden Auflagen dieses Buches verwiesen.

Schlauchfilter bestehen aus einer Anzahl enger, nach unten etwas weiterer Schläuche in Verbindung mit einem Exhaustor, der die staubbeladene Luft durch die Schläuche entweder hindurchsaugt oder hindurchdrückt, wobei der Staub an dem Filtertuch hängen bleibt, während die gereinigte Luft ins Freie geblasen wird. Die Schläuche sind zu je vieren oder achten in Abteilungen eines schrankartigen Gehäuses angeordnet, unten offen und in dem Boden des Gehäuses befestigt, oben jedoch durch Holzdeckel abgeschlossen, die mit einem Schaltwerk in Verbindung stehen. Die Reinigung der Schläuche geschieht absatzweise durch das selbsttätig vom Schaltwerk bewirkte, mehrmals hintereinander erfolgende Schlaffwerden und Straffziehen der Filterschläuche. Bei

Saugschlauchfiltern wird außerdem noch in den gleichen Perioden ein reiner Außenluftstrom eingeleitet, der seinen Weg von außen nach innen nehmen muß und auf diese Weise zur Abreinigung beiträgt.

Während Saugschlauchfilter stets in einem Gehäuse eingeschlossen sein müssen, ist dies bei Druckschlauchfiltern zwar nicht unbedingt erforderlich, wohl aber der offenen Ausführungsweise — wegen der größeren Feuersicherheit und der gefälligeren äußeren Form der ersteren — vorzuziehen. Bei offenen Druckschlauchfiltern sind die Schläuche fest zwischen die Böden eines oberen Luftzuführungskastens und eines unteren Staubsammelkastens eingespannt. Die Abreinigungsvorrichtung besteht aus einem Rahmen mit einem grobmaschigen Drahtnetz. Durch jede solche viereckige Masche, die kleiner ist als der Schlauchdurchmesser, ist ein Schlauch hindurchgezogen. Beim selbsttätigen Auf- und Niedergehen dieses Rahmens werden die Schläuche eingeschnürt, wodurch sich der an den Innenwandungen haftende Staub loslöst und unter der Wirkung des abwärts gerichteten Luftstromes in den unteren Sammelkasten fällt, aus dem er mittels eines Scharrwerkes oder einer Schnecke beständig entfernt wird. — Die gereinigte Luft tritt bei diesen Filtern durch die Schlauchporen in den Aufstellungsraum. Sie sind daher vorteilhaft nur für solche Anlagen zu verwenden, wo die Luft leichte, aber größere Teile mitführt, die nicht durch die Schlauchporen hindurchgeblasen werden können.

Die Fig. 326 bis 329 zeigen einen Saugschlauchfilter, Bauart *Maschinenfabrik Beth*, Lübeck, in schematischer Darstellung. Die Staubluft nimmt ihren Weg durch den Kasten a in den unteren in Abteilungen f geteilten Kanal b, von wo aus sie, wie mit Pfeil angedeutet, von unten in das Innere der Schläuche c tritt. Der Staub wird an den inneren Wandungen der Schläuche zurückgehalten, während die Luft gereinigt in das Filtergehäuse d entweicht und von da aus ihren Weg durch den Saugstutzen e nach dem Exhaustor nimmt, der sie ins Freie oder nach einem anderen Verwendungsorte befördert.

Um das Zusetzen der Schläuche zu vermeiden, werden die einzelnen Schlauchabteilungen g durch den auf dem Filter angebrachten Mechanismus von der Saugwirkung des Exhaustors zwecks Reinigung abgeschaltet. Dieses geschieht durch einen Hebel h, der durch Gestänge i die Klappe k (Fig. 326) in die Lage L (Fig. 327) bringt. Der Hebel m ist mit dem Hebel h beweglich verbunden, so daß er, wenn letzterer in der Pfeilrichtung nach vorn gezogen wird, denselben Weg macht und so in den Bereich des Abklopfdaumens n kommt (Fig. 328), infolgedessen das betreffende Schlauchsystem mittels des Hebels m angehoben und fallen gelassen wird. Beim Zurückfallen in die Ursprungstellung geraten die Schläuche durch das Aufschlagen des Gehänges in kurze schütternde Bewegungen. Das Anheben und Fallenlassen geschieht je nach Erfordernis 7 bis 14 mal hintereinander. Es sei hier aber besonders bemerkt, daß die Schläuche nur glatt und nicht straff gezogen werden, was für ihre Lebensdauer von ganz besonderer Bedeutung ist.

Durch die Erschütterungen fällt der an den inneren Schlauchwandungen hängende Staub in der Pfeilrichtung (Fig. 327) in den unteren Teil des Filters

wo er unmittelbar abgesackt oder durch eine Schnecke weiterbefördert
wird.

Der ungeteilte, mit sämtlichen Abteilungen *f* — siehe Fig. 329 — in Verbindung stehende Kasten *a* verpflanzt den in den Nachbarabteilungen herrschenden Unterdruck auf die Abreinigungsabteilung, so daß eine geringe
Menge Luft durch den Saugstutzen *e* in das Filtergehäuse *d* und durch die
Schläuche von außen nach innen gesaugt wird. Während des Durchstreichens

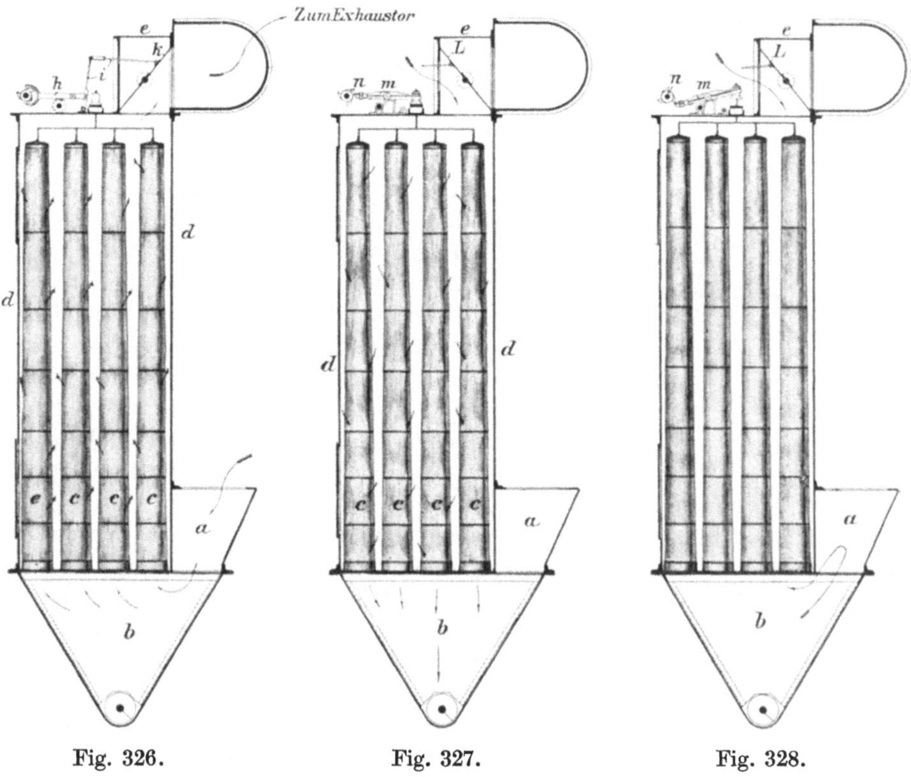

Fig. 326.　　　　　　Fig. 327.　　　　　　Fig. 328.

des Luftstromes durch das Stoffgewebe reißt er die durch das Erschüttern
gelockert im Gewebe sitzenden Staubteilchen mit sich fort und läßt sie in
den Kanal *b* fallen.

Nach der Abreinigungsperiode schaltet der Mechanismus die im Saugstutzen befindliche Klappe *L* (Fig. 327) wieder in die Ursprungstellung (Fig.
326) zurück.

Durch die Fig. 330 bis 333 ist die Einrichtung und Wirkungsweise eines
*Beth*schen geschlossenen Druckschlauchfilters veranschaulicht. Der
Kanal *a* steht mit den einzelnen Filterabteilungen durch Kanäle *b* (siehe
besonders Fig. 333) in Verbindung. Die von dem Exhaustor in den Kanal *a*
gedrückte Staubluft nimmt ihren Weg durch *b* von unten in das Innere der
Schläuche *c* und entweicht durch deren Poren, den Staub an den Schlauch-

wandungen zurücklassend, in das Gehäuse *d*. Öffnungen *e* in der Seiten-
wandung und im Deckel des Gehäuses gestatten das Ausströmen der Luft
in den Raum.

Wie bei dem Saugschlauchfilter erfolgt die Abreinigung der einzelnen
Schlauchsysteme auch hier selbsttätig. Durch das Vorziehen des punktierten
Gabelhebels *f* in die ausgezogene Stellung wird auch der mit ihm verbundene
Winkelhebel *g* in die Lage *h* gebracht und steuert die Winkelklappe *i* mittels
des Winkels *k* und Gestänges *l* in die Lage *m*, schließt also die abzureinigende
Schlauchabteilung *n* von dem Druckkanal *b* ab.

Das Abreinigen der Schläuche geschieht durch Anheben und Fallenlassen, wie beim Saugschlauchfilter. Nach dem Abreinigen schaltet der
Mechanismus die Winkelklappe wieder selbsttätig aus der Lage *m* in die

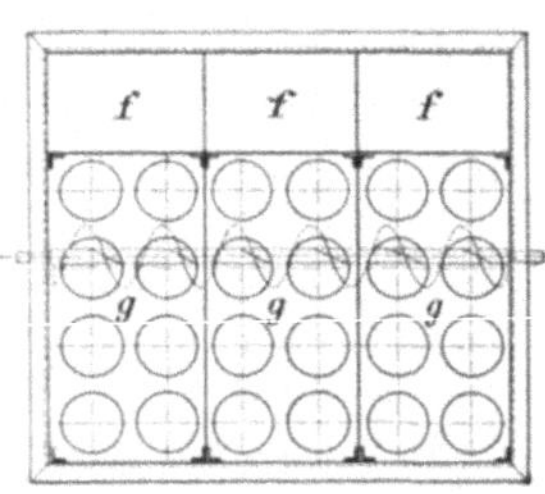

Fig. 329.

Lage *i* (*p* zeigt die Klappe auf halbem Wege
während der Umsteuerung). Während des Um-
schaltens fällt der Staub, der sich in der Periode
der Abreinigung auf dem Winkelstück *o* abgelagert
hat, in der Pfeilrichtung *g* in den mit einer Schnecke
versehenen Unterbau des Filters. Der Schieber *r*
dient dazu, etwaige Ablagerungen im Kanal *b* in
den Schneckentrog fallen zu lassen. — Der Kraftverbrauch des Filterapparates an sich ist sehr gering — etwa $^1/_{10}$ PS —; jener des Exhaustors
richtet sich nach der erforderlichen Luftleistung
und der zu erzeugenden Luftleere. —

Nachdem nun im vorstehenden die Bauart und die Einzelheiten der
gebräuchlichsten Schlauchfilter zur Genüge erörtert worden sind, sei zum
Zwecke des besseren Verständnisses der folgenden Beispiele vollständiger
Entstäubungsanlagen noch einiges über die Regeln mitgeteilt, die dabei
— ohne Rücksicht auf das jeweils angewendete Staubfängersystem — zu beachten sind.

Zunächst hat man danach zu trachten, die Entstehung des Staubes möglichst einzuschränken und die stauberzeugenden Maschinen so viel wie möglich einzukleiden, um zu verhüten, daß Staub nach außen dringt. Kann
man eine stauberzeugende Maschine so umhüllen, daß gar kein Staub heraus-
dringt, so ist eine weitere Entstäubungsanlage nicht nötig. Meistens wird
dies — wie bereits weiter oben erwähnt — nicht möglich sein; einerseits sind
die Einkleidungen häufig nicht staubdicht zu erhalten, anderseits müssen
bei den Maschinen Öffnungen verbleiben, welche nicht verschlossen werden
dürfen, wie z. B. die Einschüttöffnungen von Steinbrechern, wenn das Gut
von Hand eingeschaufelt wird.

Man sucht daher, wie gleichfalls schon gesagt, in den stauberzeugenden
Maschinen eine geringe Luftverdünnung hervorzubringen dadurch, daß man
sie an das Saugrohr eines Exhaustors anschließt. Diese Luftverdünnung
muß so bemessen sein, daß sie nur eben das Herausdringen von Staubluft
aus den Öffnungen der Maschine verhindert.

Beim Zerkleinern und Mahlen wird in den Maschinen gewöhnlich Wärme entwickelt, so daß ein Streben der warmen staubhaltigen Luft nach oben eintritt. Es empfiehlt sich daher in diesen Fällen meistens, diese natürliche Luftbewegung zu benützen und die absaugenden Rohrleitungen oben an die Maschinen anzuschließen.

Die Anschlüsse der Saugleitungen an die Maschinen werden zweckmäßig nach letzteren zu trichterförmig erweitert, damit die abzusaugende Luft mit geringer Geschwindigkeit austritt und infolgedessen möglichst wenig Staub

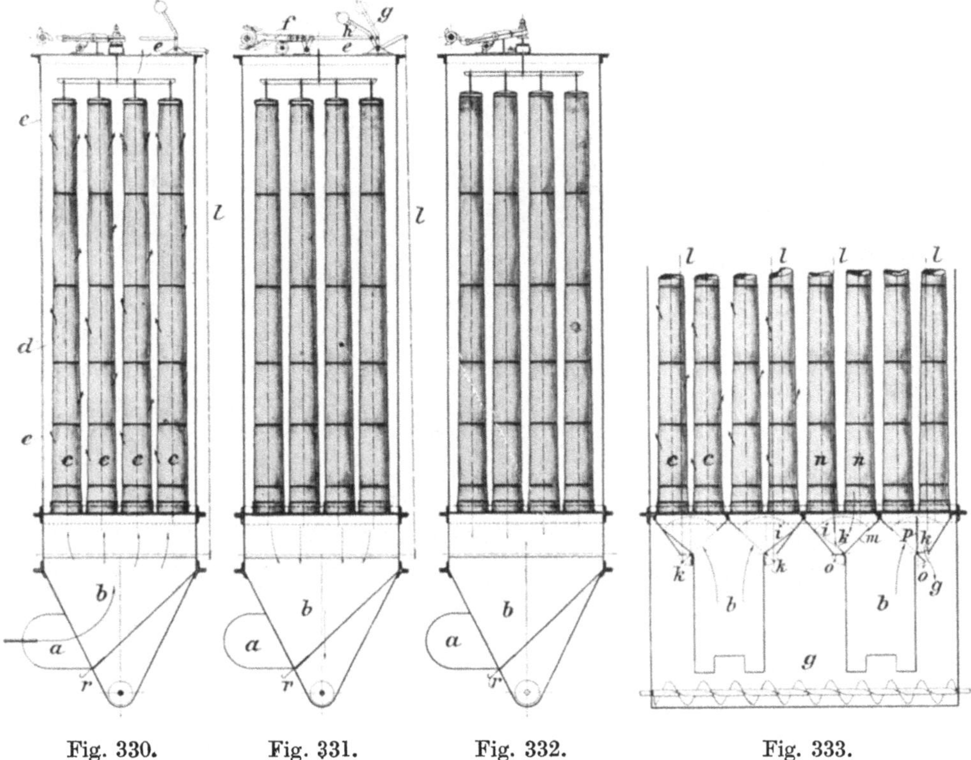

Fig. 330.   Fig. 331.   Fig. 332.   Fig. 333.

mitnimmt. Es muß überhaupt dahin getrachtet werden, mit der abzusaugenden Luft möglichst wenig Staub mitzureißen. — Jedes Rohr, welches eine Maschine absaugt, ist mit einem Schieber oder einer Klappe zu versehen, so daß man die Stärke des Luftstromes genau regeln kann und auch imstande ist, die betreffende Maschine ganz von der Absaugung abzuschließen.

Bei der Führung der Saugrohrleitung ist zu beachten, daß man schroffe Querschnittsänderungen vermeidet. Die Luftgeschwindigkeit soll in der Leitung überall nahezu dieselbe und so groß sein, daß der mitgeführte Staub innerhalb der Röhren nicht zur Ablagerung kommt, sondern mitgerissen wird. Wagerechte Leitungen sind ganz zu vermeiden; kann eine solche nicht umgangen werden, so ist sie mit einer Schnecke zur Fortschaffung des Staubes zu versehen.

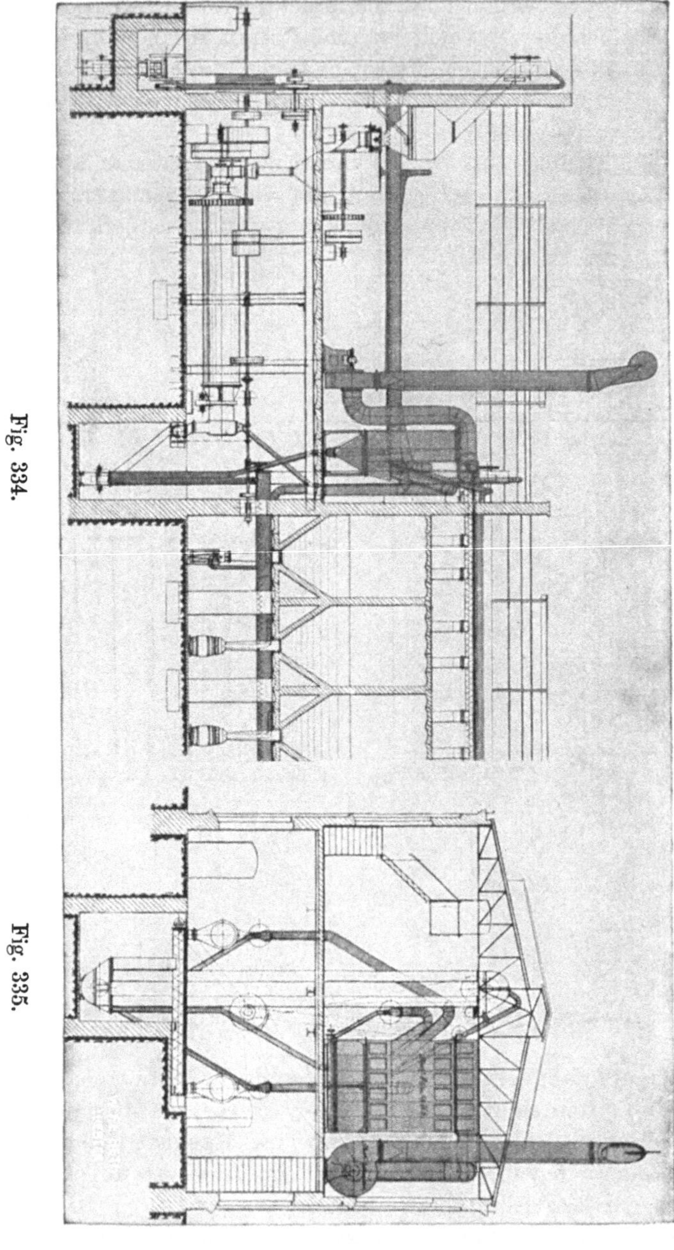

Fig. 334.

Fig. 335.

Die Staubfänger sind möglichst nahe den abzusaugenden Maschinen und möglichst oberhalb der letzteren aufzustellen. Die aus dem Staubfänger austretende gereinigte Luft kann man entweder unmittelbar innerhalb des Gebäudes oder ins Freie ausströmen lassen. Ersteres verdient den Vorzug bei warmer Luft, die zum Heizen des Arbeitsraumes benützt werden kann, letzteres hat den Vorteil, eine beständige Lufterneuerung zu bewirken.

Erwähnt sei noch, daß für die dauernd gute Wirkung der Staubsammelapparate aller Systeme deren gewissenhafte Beaufsichtigung und Instandhaltung die unerläßliche Vorbedingung bildet.

Die Fig. 334 und 335 veranschaulichen die zweckmäßige Aufstellung eines *Beth*schen Saugschlauchfilters in einer Zementmühle, die aus einem Steinbrecher, einer Kugel- und einer Rohrmühle zwei Becherwerken und den nötigen Zubehörteilen besteht und an die sich unmittelbar ein Silospeicher mit Packeinrichtung anschließt.

Die Anordnung ist so getroffen, daß durch die ganze Länge der Mühle, des Speicheroberbaues und des Packraumes je eine Staubsammelschnecke mit erweitertem Trog gelegt ist, an die die Saugrohre der einzelnen Stauberreger anschließen. Die Sammelschnecken sind durch Saugrohre mit dem

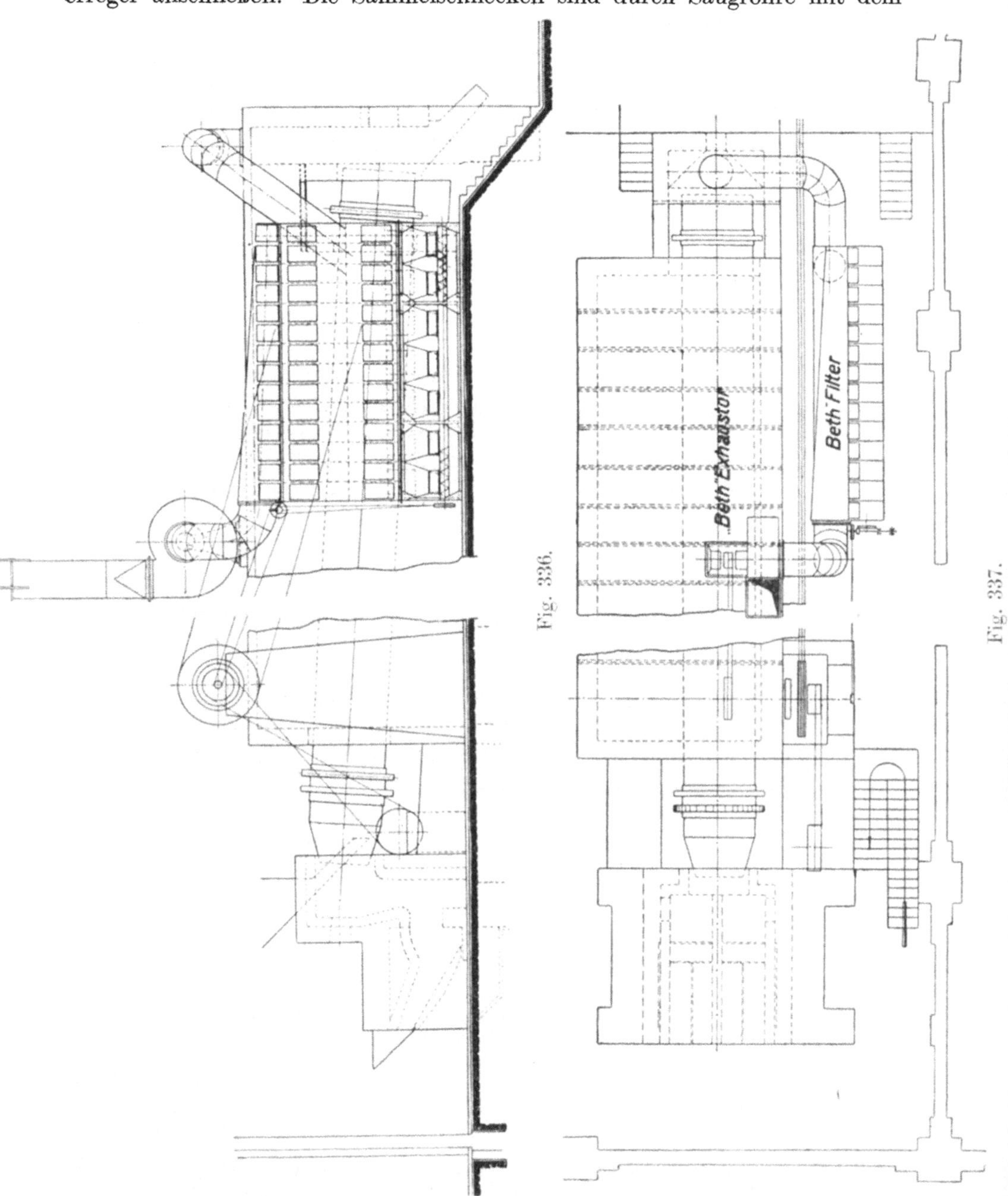

— in der schematischen Skizze Fig. 326 mit a bezeichneten — Kasten des Filters verbunden. Der Exaustor saugt den letzteren oben ab und bläst

die gereinigte Luft über das Dach hinaus ins Freie. Der im Filter und in den Staubsammelschnecken gesammelte wertvolle Staub fällt beständig in das zweite Becherwerk zurück, das ihn auf die Verteilungschnecke oberhalb der Silozellen schafft. Die Anlage arbeitet vollkommen selbsttätig.

Zu der Entstäubungs- und Staubsammelanlage, Bauart *Beth*, für Rohstofftrockentrommeln, Fig. 336 bis 338 ist folgendes zu bemerken.

Der Anschluß der Trockentrommel erfolgt in der dargestellten Weise durch eine Hauptrohrleitung an den Hinterbau des Filters, der möglichst warm, also am besten neben dem Trockentrommelmauerwerk aufzustellen ist, um Kondensationen zu vermeiden, die besonders — weil nur Eisengehäuse in Anwendung kommt — zu unangenehmen Betriebstörungen Veranlassung geben würden. Aus demselben Grunde empfiehlt es sich, die Gegenluft mittels der Abgase der Trockentrommel vorzuwärmen. Der Exhaustor saugt die filtrierte, mit Wasserdampf geschwängerte Staubluft ab und befördert sie ins Freie. Der Staub haftet naturgemäß trocken an dem Filter und wird ebenso — abgereinigt — durch eine Sammelschnecke in geeigneter Form, die allerdings aus der Zeichnung nicht hervorgeht, abgeführt. Bemerkt sei noch, daß die Anordnung der Filter einen den vorliegenden hohen Anforderungen für Trockentrommeln entsprechende ist und sich überall gut bewährt hat.

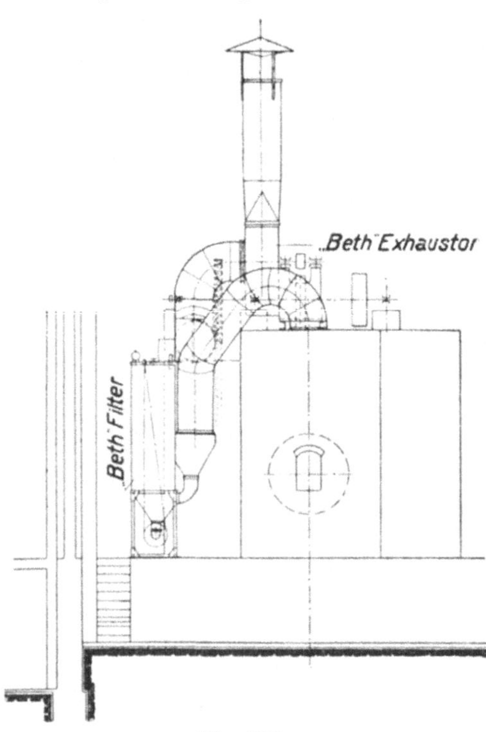

Fig. 338.

Der Entstaubungsplan einer von *C. v. Grueber*, Berlin, gebauten Kalksteinmühle von 12 500 kg Leistung/h. ist durch die Fig. 339 und 340 wiedergegeben. Die Mühle besteht aus dem Steinbrecher *a*, dem Förderband *b*, dem Walzwerk *c*, dem Becherwerk *d*, den beiden Schrägsieben *e* und der Maxecon-Mühle *f*, die sämtlich (der Brecher *a* mittels des an sein Gehäuse angeschlossenen Ausfallrumpfes über dem Bande *b*) unmittelbar mit dem Saugraum des Schlauchfilters *S* in Verbindung stehen. Die aus der vorhergehenden Abbildung 334 ersichtlichen Staubsammelschnecken sind hier, wegen der Gedrängtheit der Anordnung der stauberregenden Maschinen, nicht nötig. Der im Filter abgeschiedene Staub wird durch das Rohr *g* beständig abgeführt und von Zeit zu Zeit abgesackt, die gereinigte Staubluft vom Exhaustor ins Freie geblasen.

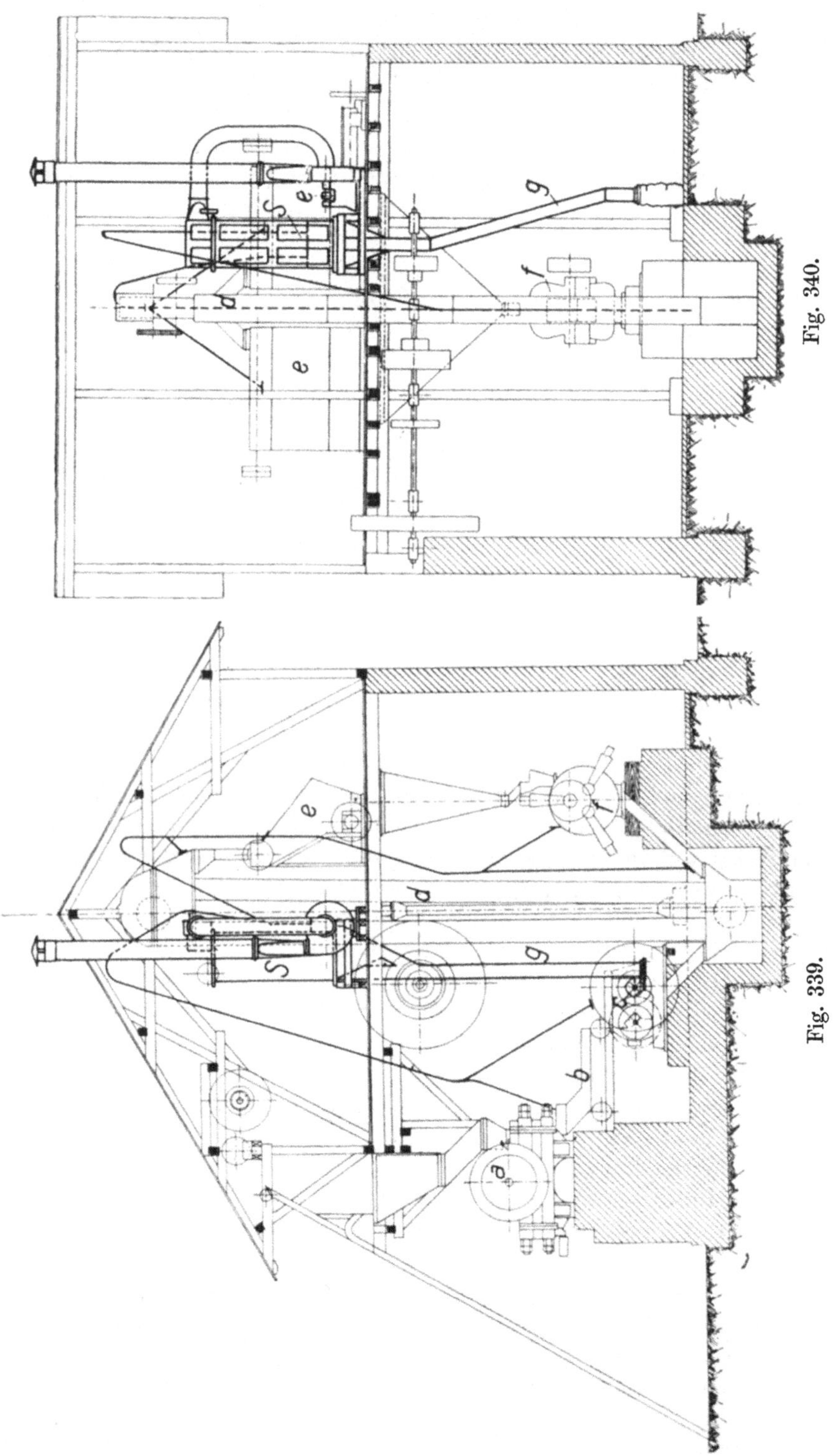
Fig. 340.
Fig. 339.

c) Ausscheidung durch Fliehkraft.

Ein mit großer Geschwindigkeit im Kreise herumgeführter Staubluftstrom hat die Wirkung, daß die schwereren Staubteilchen nach außen drängen und sich dort niederschlagen, während die leichteren und leichtesten Staubteilchen mehr im Mittelpunkt der kreisenden Bewegung verbleiben.

Der in Fig. 341 schematisch dargestellte Staubsammler „Zyklon" ist obigem Gedankengange gemäß konstruiert. Er besteht aus einem oberen weiten Blechgehäuse, in das die Staubluft von einem Ventilator V in tangentialer Richtung eingeblasen wird. Der ausgeschiedene Staub fällt, den Windungen einer Spirale folgend, der Ausfallöffnung S zu, während die nahezu gereinigte Luft aus der größeren Öffnung L im Deckel entweicht und durch ein aufgesetztes Rohr ins Freie geleitet wird.

Die Staubausscheidung mittels des „Zyklon" ist natürlich keine vollkommene, da er nur diejenigen Staubteilchen beeinflußt die eine genügende Masse besitzen, um der Wirkung der Fliehkraft noch zu erliegen. Immerhin ist dieser Apparat in solchen Fällen ganz vorzüglich verwendbar, wo die staubgeschwängerte Luft gleichzeitig warm und feucht ist, und wo daher Trockenfilter (falls nicht eine gleichmäßige Erwärmung des den Filterstoff umgebenden Raumes die Niederschlagung des Wasserdampfes hintanhält) wegen Verschmierens und Verrottens der Filtertücher versagen. Auch dort, wo es sich um die Ausscheidung sehr grober Beimengungen wie z. B. der Holzspäne in Faßfabriken und anderen Holzbearbeitungswerkstätten handelt, ist der Fliehkraftausscheider ein vortreffliches und unersetzbares Hilfsmittel.

Soll ein Fliehkraftausssscheider zweckdienlich sein, so muß er möglichst große Fliehkräfte erzeugen; er muß mittels dieser starken Fliehkräfte den Staub einen möglichst kurzen Weg, also nur durch möglichst dünne Luftschichten zu treiben haben und er muß endlich den ausgeschiedenen Staub in einer Weise und an einer solchen Stelle abführen, daß einerseits keine Wirbelungen wieder etwas davon mitnehmen können und anderseits auch kein starker Zweigstrom nötig ist, um den Staub hinauszubefördern, weil dann nicht ein Staubkuchen sondern eine Staubwolke als Endresultat herauskommen würde[1].

Diese Bedingungen erfüllt der „Zyklon" insofern nicht ganz, als er der Luft ganz erhebliche Widerstände (bis zu 100 mm Wassersäule und darüber) entgegensetzt und dadurch unnötigen Kraftverbrauch des Ventilators verursacht. Der Fliehkraftausscheider, Bauart *Danneberg & Quandt*, Berlin (Fig. 342 und 343), vermeidet den erwähnten Übelstand, da er nach folgenden Gesichtspunkten konstruiert ist:

1. Die Luftgeschwindigkeit ist vermindert, wodurch erreicht wird, daß die Luft den Staub leichter fallen läßt und die Bewegungswiderstände verringert werden;
2. die durch Verminderung der Geschwindigkeit verringerte lebendige Kraft wird in diesem Abscheider in nutzbaren Unterdruck umgesetzt;

---

[1] *Isaachsen:* Über einige Wirkungen von Zentrifugalkräften in Flüssigkeiten und Gasen. Civilingenieur **42**, Heft 4. 1896.

3. die Fliehkraftwirkung wird durch zunehmende Krümmung der Spiral-Mantelführung *c* verstärkt und hierdurch das Abscheidungsvermögen des Apparates erhöht;

4. in den gewöhnlichen Abscheidern kreist die Luft vielmals mit hoher Geschwindigkeit zwecklos, wobei die Luftströme aufeinanderstoßen und Reibungs- und Wirbelungsverluste entstehen; diese Verluste werden hier vermieden, da die Luft durch den Spiralmantel *c* auf kürzestem

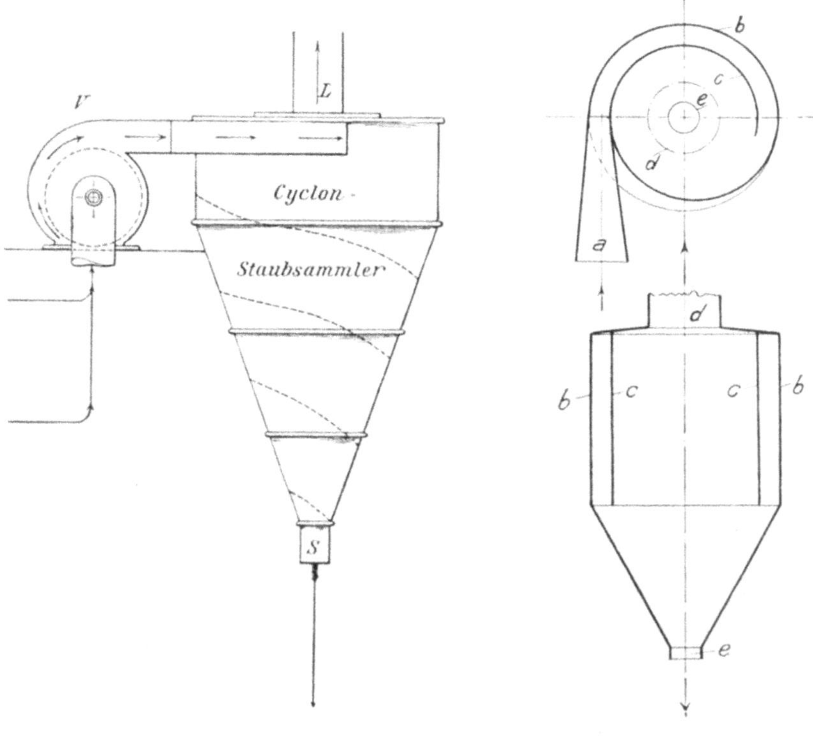

Fig. 341.   Fig. 342 u. 343.

Wege zum Austritt *d* geführt und eine Vermischung von Luftströmen hintangehalten wird.

Zu den schematischen Skizzen, Fig. 342 und 343, sei noch bemerkt, daß dort *a* den Stutzen für den Eintritt der Staubluft, *b* das Gehäuse, *c* den Spiral-mantel, *d* das Austrittrohr für die gereinigte Luft und *e* den Staubaustritt bedeutet.

Die Ersparnisse an Betriebskraft und der Gewinn an Saugwirkung sind bei Anwendung dieses Abscheiders ganz beträchtlich, wie aus den Ergebnissen eines auf der Kaiserlichen Werft zu Wilhelmshaven anfangs 1905 durch-geführten Parallelversuches hervorgeht. Zum Vergleich stand ein Abscheider, Bauart „Zyklon" mit einem solchen nach Bauart *Danneberg & Quandt*. Die Versuchsanordnung zeigt Fig. 344; Fig. 345 ist das Kräftediagramm.

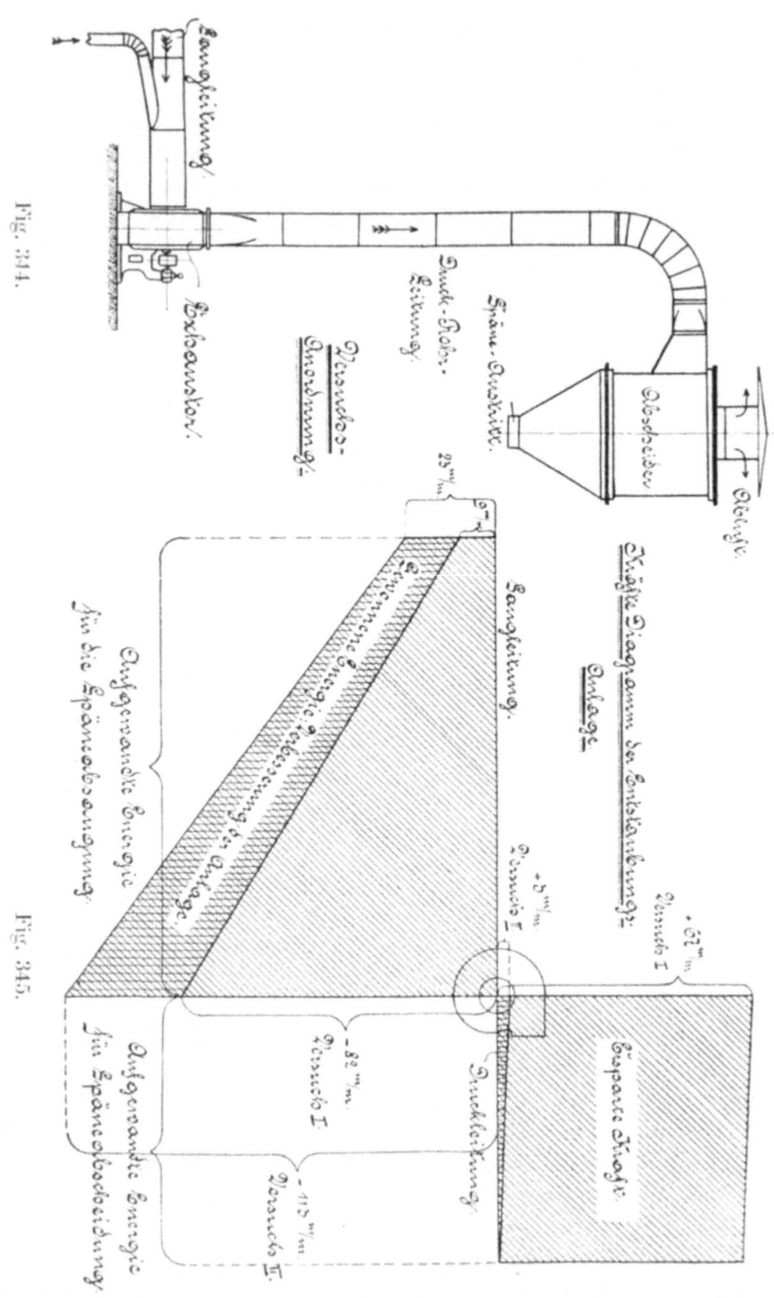

Beim Betrieb mit dem „Zyklon“ wurde dicht vor dem Exhaustor ein Saugdruck von 82 mm Wassersäule gemessen, gleich hinter dem Exhaustor ein Widerstand der Druckleitung einschließlich Abscheider von 67 mm WS. Es betrug demnach infolge des hohen Widerstandes des Abscheiders der Widerstand der kurzen Druckleitung fast ebensoviel (82 Proz.) wie der Saugdruck vor dem Exhaustor, welch letzterer für die Anlage als allein nutzbringend in Frage kommt. Der Kraftbedarf betrug 67 Amp. bei 230 Volt.

Nach erfolgtem Umbau des Abscheiders in einen solchen nach System *Danneberg & Quandt* und nach Ermäßigung der Umdrehungszahl des Exhaustors, wurde vor dem Exhaustor ein Saugdruck von i. M. 113 mm und hinter ihm ein Widerstand der Druckleitung einschließlich Abscheider von 3 mm WS gemessen. Gleichzeitig ergab sich ein Sinken des Kraftbedarfs von 67 Amp. auf 52 Amp.

Das Ergebnis des Umbaues bestand also darin, daß eine Kraftersparnis von 15 Amp. oder 5 PS erzielt wurde bei einer gleichzeitigen Verstärkung der Saugwirkung von 82 auf 113 mm WS. Es betrug daher die Kraftersparnis etwa 25 Proz. und gleichzeitig der Gewinn an Saugwirkung etwa 40 Proz. Beides zusammen bedeutet somit eine allgemeine Verbesserung der Anlage um 65 Proz.

Auch der in Fig. 346 und 347 dargestellte **Staubabscheider**, Bauart *Winkelmüller*, Leipzig, darf als ein wesentlicher Fortschritt auf dem Gebiete der Fliehkraftabscheider angesehen werden[1]. Die staubbeladene Luft tritt bei ihm durch a in den zylindrischen Teil des Apparates und bewegt sich in der punktiert angedeuteten Linie nach abwärts, wobei sie die Staubteile abstößt, die das Gehäuse an dessen unterer Öffnung verlassen. Wieder aufsteigend, streicht die Luft durch den Zylinder c, der mit schraubenförmig gestalteten Leisten d, d_1, d_2, d_3 versehen und von einem zweiten Zylinder b mit schräg nach oben gerichtetem Randvorsprung e umgeben ist. Durch die erwähnten Leisten, die unten steil ansteigen und oben

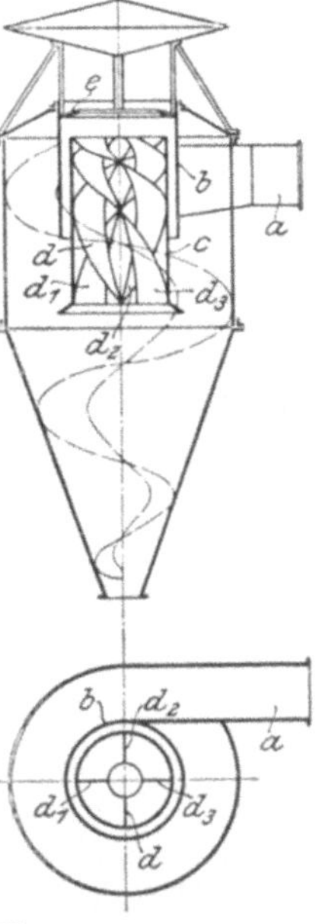

Fig. 346 u. 347.

flach auslaufen, wird oberhalb des Zylinders c eine Wirbelbewegung erzeugt Die hierbei abgestoßenen Staubteilchen werden gegen den Zylinder b und den Rand e geschleudert und fallen durch den ringförmigen Raum zwischen b und c, welcher gleichzeitig saugend wirkt, nach unten in den Apparat zurück.

Es erfolgt also bei diesem Abscheider eine **zweimalige** Reinigung der Luft. Hervorzuheben ist, daß die bei der zweiten Reinigung ausgeschleuderten Teilchen durch einen **besonderen** Hohlraum (zwischen b und c) abgeleitet werden, wodurch die Gefahr vermieden wird, daß sie durch den in c aufsteigenden Luftstrom wieder mitgerissen werden könnten.

d) Niederschlagung
mittels fein verteilter Wasserstrahlen und nasse Filtration.

Die Niederschlagung mittels fein verteilter Wasserstrahlen kommt nur dann in Frage, wenn es gilt, große Mengen eines feinen Staubes, der von einem feuchten Luftstrom getragen wird, zu beseitigen, wo also

---

[1] Zeitschr. d. Ver. deutsch. Ing. 1910, S. 139.

einerseits seine Feuchtigkeit die Anwendung von Stoffiltern, anderseits die Feinheit und Leichtigkeit des Staubes die Benutzung von Fliehkraftabscheidern ausschließt. Ein solcher Fall findet sich z. B. bei der künstlichen Trocknung von Rohstoffen für die Zementfabrikation vor, wo den Abzugschloten der umlaufenden Trockentrommeln erhebliche Mengen eines feinen Staubes gleichzeitig mit den aus dem Wassergehalt des Trockengutes sich bildenden Schwaden entweichen. Hier ist diese Art der Staubbeseitigung um so mehr am Platze, als der durch das Niederschlagen gewonnene Schlamm im Betriebe wieder verwendet werden kann und bei sachgemäßer Anordnung

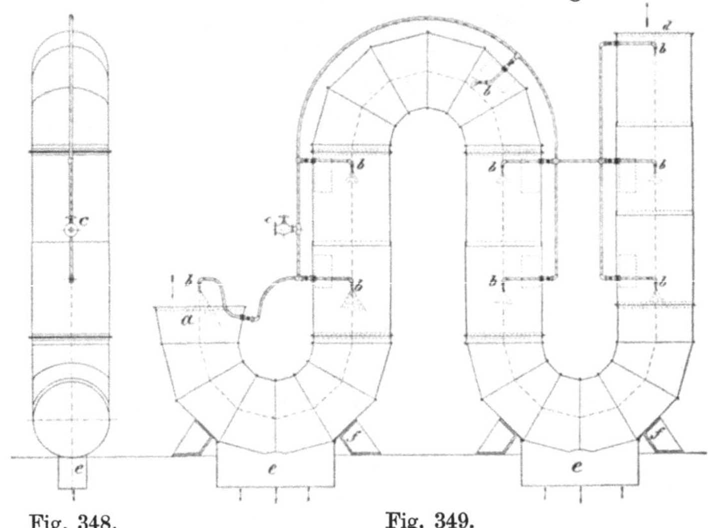

Fig. 348.   Fig. 349.

der Entstäubungseinrichtung keinerlei Beeinträchtigung der Zugverhältnisse in der Trockenanlage eintritt.

Aus Fig. 348 und 349 ist die sehr einfache Konstruktion einer derartigen von der *Amme, Giesecke & Konegen A.-G.*, Braunschweig, mehrfach ausgeführten Vorkehrung zum Niederschlagen des Staubes der Rohstofftrocknerei einer Zementfabrik zu ersehen. Die Staubluft tritt hier bei *a* ein, durchstreicht das zweimal gekrümmte Rohr — dessen Abmessungen sich nach der zu bewältigenden Staubluftmenge richten — und tritt, nachdem sie eine Anzahl Wasserstreukegel *b* passiert hat, in gereinigtem Zustande bei *d* aus. Der in den Tümpeln *e* sich ansammelnde dünne Schlamm wird nach den Anfeuchteschnecken für das Rohmehl gepumpt. — Die Menge des unter einer Pressung von etwa 3 bis 4 at in die Rohrleitung gedrückten Wassers wird mittels des Ventils *c* geregelt.

Zu den Vorrichtungen der vorbeschriebenen Art („Gaswäschern") gehören auch die in den Fig. 350 und 351 abgebildeten Gaswäscher einfachster Bauart von *Schultheß* und *Zervas*[1].

---

[1] Tonindustrie-Ztg. 1911, Nr. 101. — Näheres über Gaswäscher s. den Abschn. 91: „Das Waschen und Reinigen der Kohlensäure", S. 326ff. in: „Das Kalkbrennen im Schachtofen mit Mischfeuerung", 2. Aufl., von *B. Block.* Leipzig, Otto Spamer.

Der Gaswäscher, Bauart *Schultheß* (Fig. 350), besteht aus einem sehr weiten, senkrecht angeordneten Rohr R_1, in welches die staubbeladenen Abgase durch ein etwas engeres Rohr R_2 eingeführt werden. Im Innern des weiteren Rohres sind ringförmige Zellen Z und Wasserstaubbrausen B an-

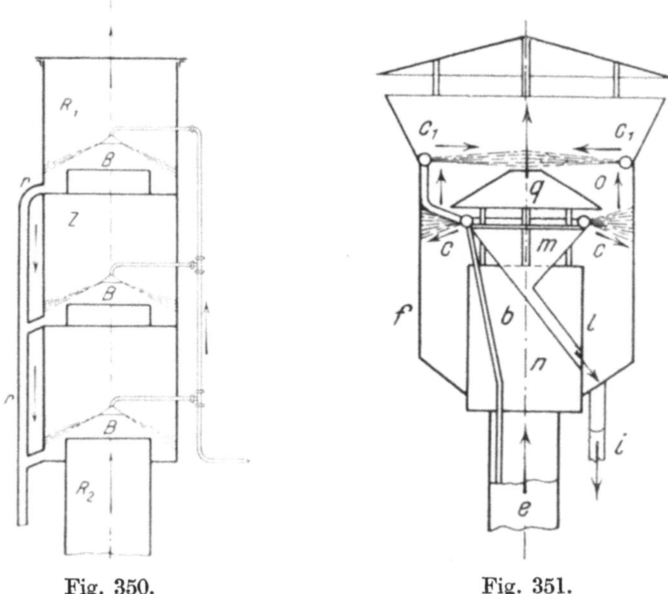

Fig. 350.　　　　　　　　　　Fig. 351.

geordnet, die derart mit feinen Löchern versehen sind, daß bei Einführung des Wassers trichterförmige Nebelschleier gebildet werden. Die Gase werden gezwungen diese zu durchstreichen, wobei das erzeugte Schlammwasser von den ringförmigen Zellenräumen aufgenommen und aus diesen durch die Rohrleitung r abgeführt wird.

Bei der *Zervas*schen Bauart (Fig. 351) wird an der oberen Öffnung des Ausblasekamins ein derart erweiterter Blechaufsatz f angebracht, daß durch den darin angeordneten Trichter m eine Zugverminderung der Abgase nicht eintreten kann. Über diesem Trichter, der mit einem Abflußrohr n versehen ist, befindet sich eine Haube o. Das Druckwasser wird durch das innerhalb des Kamins aufsteigende Zuleitungsrohr b zwei mit feinen Öffnungen versehenen Strahlrohren c und c_1 zugeführt, die an der Innenwand des Kamins über dem Trichter m bzw. der Haube o befestigt sind.

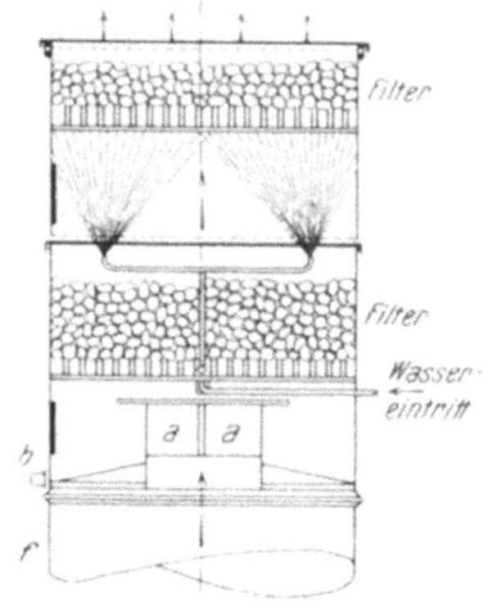

Fig. 352.

Das Strahlrohr c spritzt das Wasser vom Rande des Trichters nach dem äußeren Mantel des Aufsatzes hin und schlägt auf diese Weise die aus der oberen Öffnung des Blechaufsatzes l aufsteigenden Staubschwaden zum

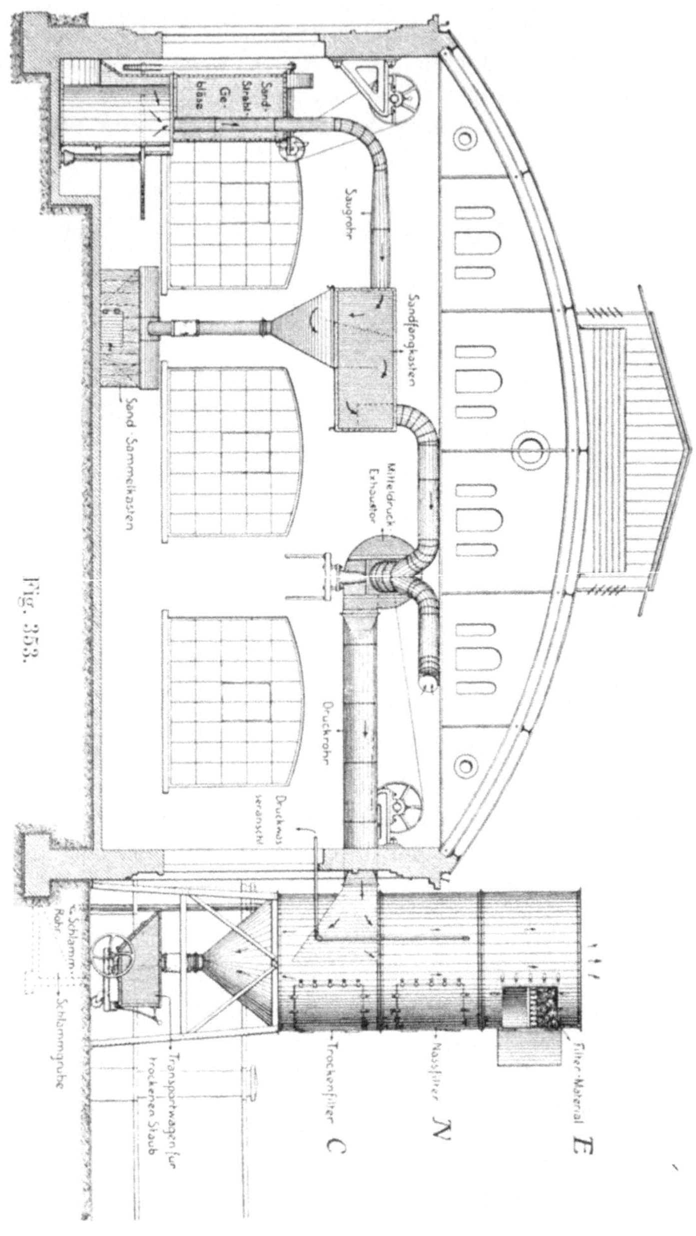

größten Teil nieder. Der noch nicht niedergeschlagene, aufwärts durch die Mittelöffnung der Haube o oder auch außerhalb der letzteren abziehende Teil wird sodann durch das nach innen spritzende Strahlrohr c_1 berieselt. Das gebildete Schlammwasser wird durch das Abflußrohr i abgeleitet.

Die nasse Filtration wird selten für sich allein, sondern meist in Verbindung mit einem Fliehkraftabscheider angewendet, der den größten Teil des Staubes vorweg sammelt und nur die feinsten und spezifisch leichtesten Teilchen des Staubes der Wasserbehandlung überläßt.

Ein Naßfilter, Bauart *Danneberg & Quandt*, Berlin, veranschaulicht Fig. 352. Dieses Naßfilter[1] steht in Verbindung mit einem Zyklon. Der bei a aus dem Vorabscheider f austretende Gasstrom geht in senkrechter Richtung durch das Naßfilter, das aus mineralischem Filterstoff besteht und von mehreren Streudüsen gleichmäßig und ununterbrochen benetzt wird. Der fortgeführte Schlamm fließt bei b aus dem Apparat ab. Zum Betriebe des Druckfilters ist Druckwasser von mindestens 1 at oder nasser Dampf von mindestens $1/_2$ at Druck erforderlich.

Fig. 353 zeigt eine, gleichfalls von *Danneberg & Quandt*, Berlin, ausgeführte Entstäubungsanlage für eine Gußputzerei, die mit Sandstrahlgebläsen arbeitet.

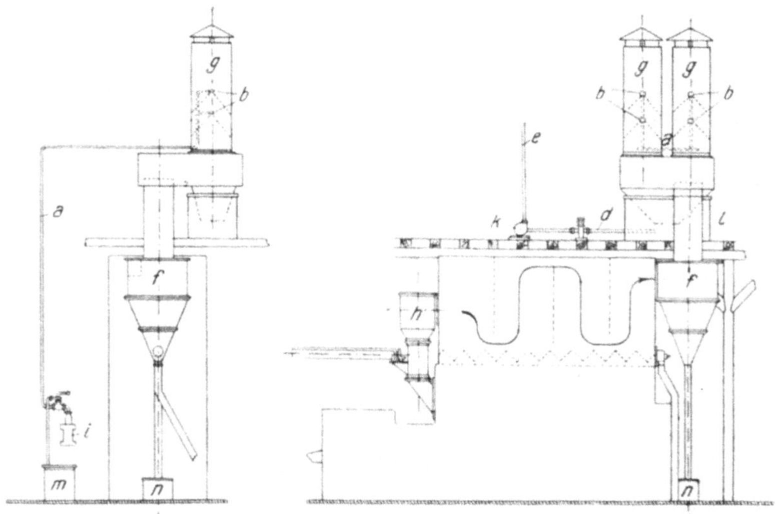

Fig. 354 u. 355.

Die Staubluft tritt in den als Vorabscheider wirkenden Fliehkraftabscheider C ein, der den größten Teil des Staubes auf trockenem Wege abfängt. Dieser wird an der unteren Austrittmündung einfach abgesackt, während die mit den feinsten Staubteilchen behaftete Luft in den Naßfilter N übergeht; in letzterem befindet sich eine je nach der Staubart zu verändernde Schicht eines mineralischen Filterstoffes E, welche gleichmäßig und ununterbrochen von Wasser berieselt wird. Die staubhaltige Luft ist nun gezwungen, die Filterschichten E zu durchstreichen und gibt dabei ihren Staubgehalt an den nassen Filterstoff ab, von welchem der Staub aber ununterbrochen wieder abgespült und in Schlammform durch ein Abflußrohr in die Schlammgrube geleitet wird.

---

[1] Tonindustrie-Ztg. 1911, Nr. 101.

Zum Schlusse dieses so wichtigen Abschnittes sei noch an einem Ausführungsbeispiel die Vereinigung von Staubkammer, Zyklon und Gaswäscher durch die Fig. 354 und 355 vorgeführt, die an einer Trockentrommel *Cummerscher* Bauart von *Kampnagel*, Hamburg, in Anwendung gebracht worden ist. In diesen Abbildungen bedeutet: *a* die Hochdruckwasserleitung, *b* die Streudüsen, *c* ein Überdruckrohr vom Sicherheitsventil, *d* das Schlammsaugrohr, *e* die Schlamm-Druckleitung zur Ziegelei, *f* den Zyklon, *g, g* die Schwadenabzugrohre, *h* den Ventilator, *i* die Hochdruckpumpe, *k* die Schlamm-Kreiselpumpe, *l* den Schlammsammler, *m* den Wasserbehälter und *n* den Schlammkasten.

e) Niederschlagung durch elektrische Ströme.

Die Befreiung der Gase von mitgeführten festen Teilchen durch mechanische Mittel (Filter) hat den Nachteil, daß sie einen starken Strömungswiderstand verursacht und größeren Arbeitsaufwand bedingt. In dieser Beziehung stellen sich daher jene Reinigungsarten günstiger, die die Scheidung durch Kräfte vornehmen, die allein auf die festen Teile, nicht aber auf den Träger der letzteren — den Gasstrom — einwirken. Besonders magnetische und elektrische Kräfte kommen hierbei in Frage[1].

Schon 1850 erwähnt *Ginhard* das Niederschlagen von Tabakrauch durch statische Elektrizität, und *Moeller* in Deutschland, *Walker* und *Lodge* in England befassen sich 1884 damit, praktische Versuche auf diesem Gebiet anzustellen, die aber keine größeren Erfolge erzielten. *Lodge* stellte sich die Aufgabe, durch Elektrizität Rauch, Staub und Nebel[2] niederzuschlagen.

Cottrell machte zuerst in den Jahren 1906 bis 1911 in industriellen Anlagen Versuche, wozu er einen umlaufenden Gleichrichter benutzte, der den Wechselstrom eines Hochspannungstransformators in hochgespannten Gleichstrom von 80 000 Volt und darüber umwandelte. So glückte es *Cottrell*, Staubteilchen statt durch ein elektrostatisches Feld durch Korona-Entladung abzuscheiden. Diese Gase werden durch mehrere, meist senkrecht angeordnete Rohre von 120 bis 300 mm Durchm. je nach der angewandten Stromspannung, die zwischen 30 000 und 80 000 Volt schwankt, hindurchgeleitet. In der Mittelachse dieser bis 8 m langen Rohre sind isolierte Drähte angebracht, die mit dem negativen Pol des Gleichrichters verbunden werden. Durch die bei richtig bemessenem Durchmesser der Drähte eintretende Glimmentladung wird das Gas in dem Rohr stark ionisiert, wodurch die schwebenden festen und flüssigen Teile niedergeschlagen werden. Sie sammeln sich an der Rohrwand und fallen durch ihre Schwere zu Boden.

Durch die negative Korona werden 95 bis 98 Proz. der schwebenden Teile ausgeschieden, während man bei Verwendung der positiven Korona nur 70 bis 80 Proz. ausfällen würde. Bei der Einrichtung, die an und für sich

---

[1] „The Engineer." 13. Nov. 1914. — Zeitschr. d. Ver. deutsch. Ing. 1914, Nr. 51 und 1916, Nr. 49.

[2] Über Entnebelungsanlagen vgl. „Heizungs- und Lüftungsanlagen in Fabriken", von *Valerius Hüttig* (S. 280 ff.). Leipzig, Otto Spamer.

sehr einfach ist, darf mit Rücksicht auf die hohe Temperatur, die die Gase meist haben und die chemischen Einwirkungen, falls Säuredämpfe gereinigt werden sollen, nur hochwertiger Baustoff verwendet werden.

Die von *Cottrell* ausgeführten Anlagen dienten hauptsächlich dazu, Säuren oder andere chemische Stoffe niederzuschlagen. Dadurch wird eine Vergiftung der Luft durch giftige chemische Abgase vermieden, und Stoffe, die sonst ungenützt entweichen würden, können wiedergewonnen werden. So wurden bei einer elektrischen Leitung von 1,5 KW täglich 500 kg Schwefelsäure gewonnen. Chlor, Salzsäure, Kalisalze werden in anderen Werken ausgeschieden und verwertet. Eine Portlandzementfabrik erhielt bei einem Brennofen mit

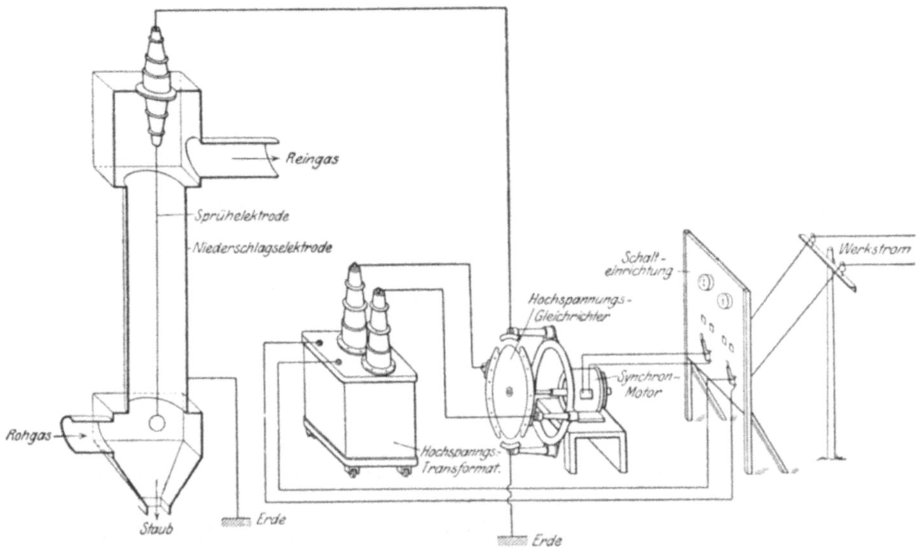

Fig. 356.

*Cottrell*scher Anlage täglich etwa 5000 kg Zementstaub. Die Dämpfe von Silberraffinerien und anderen Metallhüttenwerken enthalten oft wertvolle Bestandteile, die nach dem beschriebenen Verfahren meist leicht zurückzugewinnen sind.

Schwieriger gestaltet sich die Abscheidung von Rauch- und Rußteilen, da die lockeren Rußmengen sich nur schwer wegschaffen lassen.

Um das Verfahren weiter durchzubilden, wurde 1912 eine Studiengesellschaft in den Vereinigten Staaten gegründet, die wissenschaftliche Weiterarbeit liefert und auch Versuche für die Industrie durchführt. Das bisher erzielte Ergebnis verdient weitgehende Beachtung.

In Deutschland sind es namentlich die „*Lurgi*" *Apparatebau-Ges.* in Frankfurt a. M. und die „*Oski*" *A. G.* in Hannover, die das elektrische Gasentstäubungsverfahren zu hoher Vollkommenheit gebracht haben.

Die „*Lurgi*" arbeitet nach dem System *Cottrell-Möller*, dessen Grundzüge bereits weiter oben dargelegt worden sind und durch die Fig. 356 im Schema gezeigt werden, während Fig. 357 eine „*Oski*" Anlage[1] darstellt. Hier streichen die Gase horizontal durch eine Kammer, und in ihrer Strömungsrichtung hängen die Niederschlagelektroden, die aus Beton mit einer Drahteinlage bestehen. Zwischen den Platten sind die Sprühnetze isoliert befestigt. Hat die Staubschicht an den Elektroden eine genügende Stärke erreicht, so fällt sie von selbst ab, und der Staub wird von der aus der Abbildung ersichtlichen Schnecke aus der Kammer herausbefördert.

Wesentlich für das „*Oski*"-Verfahren sind die Beton - Elektroden, welchen,

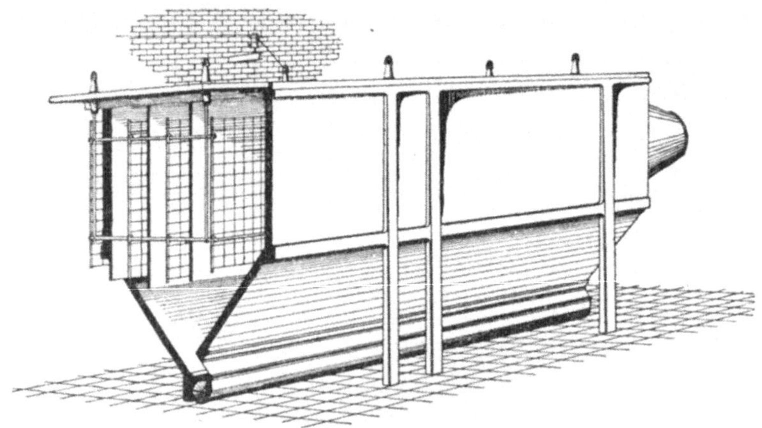

Fig. 357.

als Halbleitern, von der „*Oski*" eine wesentliche Stromersparnis gegenüber gut leitenden Elektroden zugesprochen wird.

Im übrigen sind die praktischen Ergebnisse beider Verfahren gleich befriedigend. So hatte Verf. selbst Gelegenheit, die Messungen, die an einer von der „*Lurgi*" gelieferten Entstäubungsanlage für vier Kalkstein- und Mergel-Trockentrommeln vorgenommen worden waren, zu kontrollieren und festzustellen, daß der Reinheitsgrad der entstäubten Abgase sich zwischen 99,3 und 99,8 Proz. bewegte, also nahezu ein vollkommener war.

Anderseits gibt *Oppen*[2] den Abgas-Reinheitsgrad von 9 von ihm untersuchten, mit „*Oski*"-Entstäubung arbeitenden Anlagen in den Grenzen von 98,5 bis 99,5 an. Ein Unterschied zwischen beiden Ergebnissen besteht somit — praktisch — nicht.

---

[1] Protokoll der Verhandlungen des Ver. deutsch. Portlandzement-Fabrikanten 1924.
[2] Zement, J. 1924, Nr. 33 und 35.

VII. Lagerung und Verpackung.

Die Lagerung mehlartiger Fertigerzeugnisse kann entweder den Zweck haben, dem Fabrikat durch das Ablagern noch gewisse Eigenschaften zu verleihen, die es im frisch vermahlenen Zustande noch nicht oder in nicht genügendem Maße besitzt, oder die fertige Ware in solcher Menge aufzuspeichern, daß den in manchen Industrien absatzweise wechselnden Ansprüchen des Versandes unter allen Umständen nachgekommen werden kann, oder es können endlich mit der Lagerung beide Zwecke gleichzeitig verfolgt werden. Je nach dem Einfluß, den der eine oder der andere der genannten Faktoren (oder beide zusammen) auf die Fabrikation ausübt, ist die Aufnahmefähigkeit der Lagerräume zu bemessen, weshalb sich allgemeine Angaben über die zweckmäßige Größe eines Speichers nicht machen lassen und diese Frage von Fall zu Fall entschieden werden muß.

Man unterscheidet im allgemeinen drei Ausführungsformen von Lagerhäusern: *a*) Kammerspeicher, *b*) Silospeicher, *c*) Bodenspeicher.

a) Kammerspeicher.

Der Kammerspeicher ist ein Lagerhaus von großer Grundfläche bei verhältnismäßig kleiner Höhe; während man bei der Bemessung der ersteren gewissermaßen unbeschränkt ist (d. h. nur an die Größe der überhaupt verfügbaren Fläche gebunden erscheint), sollte man bei letzterer aus Konstruktionsrücksichten nicht über das Maß von 6 m hinausgehen.

Wie schon durch die Bezeichnung ausgedrückt, wird dieses Lagerhaus durch gemauerte oder hölzerne Zwischenwände in eine Reihe von Kammern geteilt, die man gewöhnlich 5 bis 10 m breit wählt, bei einer Länge von 10 bis 25 m. Hölzerne Zwischen- und Außenwände bestehen zweckmäßig aus Rundhölzern von etwa 13 cm Stärke, die dicht aneinandergefügt und mit ihren unteren Enden in eine Betonschicht eingebettet, an den oberen Enden durch Zangen zusammengefaßt werden. Die Zwischenwände sind untereinander noch in geeigneter Weise durch eiserne Anker zu verbinden, die so stark sein müssen, daß sie im Verein mit den erwähnten Zangenhölzern den Seitendruck des lagernden Gutes mit Sicherheit aufzunehmen vermögen und die Übertragung des Druckes auf die Umfassungswände des Bauwerkes verhindern.

Gemauerte oder Beton-Zwischenwände erhalten gleichfalls eine Verankerung, welche mit Rücksicht auf die im Vergleich zur Holzwand recht geringe Elastizität des Baustoffes ganz besonders sorgfältig ausgeführt sein muß.

An einer, unter Umständen auch an der anderen Langseite des Kammerspeichers, wird in einer Mindestbreite von 5 m der Packraum angeordnet;

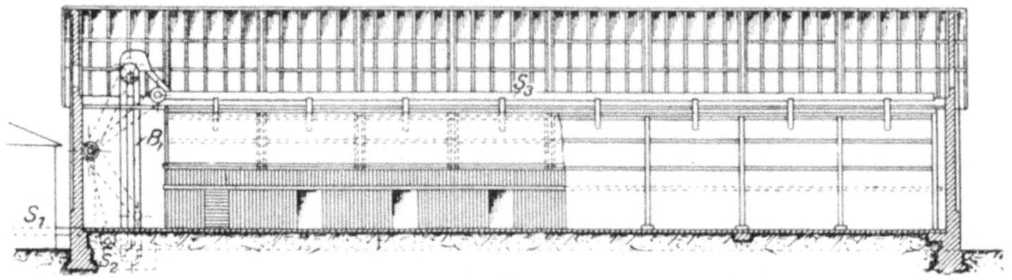

Fig. 358.

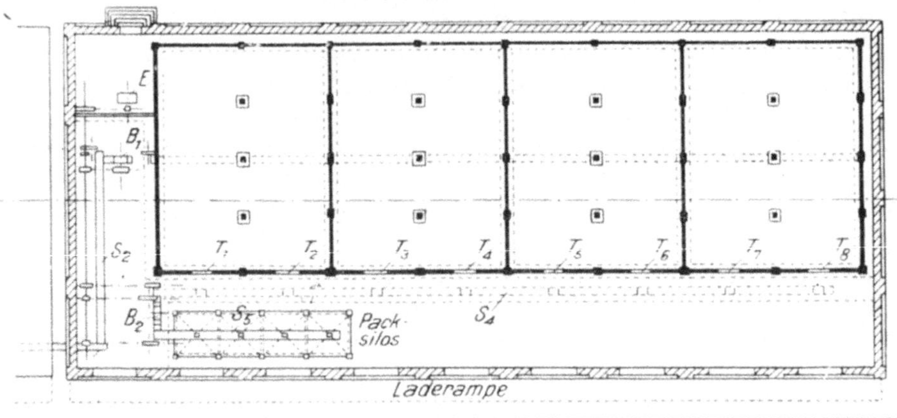

Fig. 359.

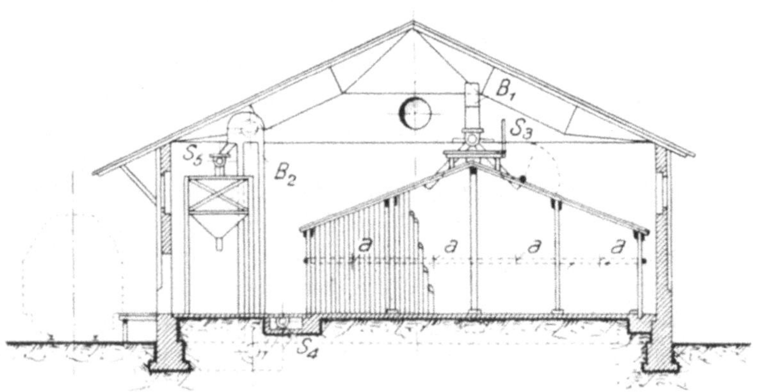

Fig. 360.

in jeder Kammer ist eine Einfahröffnung von 1,2 bis 1,5 m Breite bei 2 bis 2,5 m Höhe vorgesehen, die beim Füllen der Kammer nach und nach mit Brettern gedichtet wird. Beim Entleeren der Kammer werden die Bretter in der umgekehrten Reihenfolge entfernt.

Die Baukosten des Kammerspeichers sind verhältnismäßig niedrig; dagegen gestaltet sich der Betrieb insofern teuer, als wohl das Füllen, nicht aber das vollständige Entleeren der Kammern mit maschinellen Hilfsmitteln geschehen kann, sondern ausschließlich durch Handarbeit bewirkt werden muß. Diese Arbeitsweise ist kostspielig und gewöhnlich mit starker Staubbelästigung der Arbeiter verbunden, sie dürfte heutzutage kaum noch irgendwo anzutreffen sein. Dagegen findet man jetzt häufig die Einrichtung, daß an der einen Längsseite des Kammerspeichers eine Förderschnecke angeordnet ist, die das Gut einem Becherwerk zuführt, von dem es in ein oder zwei sog. „Packsilos" entleert wird. Letztere bieten — bis auf den kleinen Fassungsraum — alle Vorteile, deren sich die Silolagerungsmethode im allgemeinen erfreut und wovon weiter unten noch die Rede sein wird. Allerdings kann auch bei dieser Kombination das Entleeren der Kammern nur von Hand geschehen, da ja das Gut der Förderschnecke zugeschaufelt bzw. zugekarrt werden muß, doch gestaltet sich hinwiederum die Arbeit des Verpackens bequemer und leichter[1]. Es empfiehlt sich, durch Einschaltung geeigneter Fördermittel die Einrichtung zu treffen, daß die Packsilos auch unmittelbar von der Mühle aus gefüllt werden können, um bei starkem Versand in der Lage zu sein, das Füllen der Kammern ganz zu umgehen.

In Fig. 358 bis 360[2] ist ein mit vier Packsilos ausgestatteter Kammerspeicher dargestellt. Er besteht aus vier Kammern von 10 m Breite und 13 m Länge bei 3,5 seitlicher und 6 m mittlerer Höhe. Die hölzernen Zwischen- und Außenwände der Kammern sind aus Rundhölzern von 13 cm Stärke zusammengesetzt und mittels der Anker a und 4 Paar Zangenhölzern untereinander fest verbunden. Die Kammern sind oben mit einer einfachen Bretterlage bedeckt und in dieser Verschalung mit Beobachtungsklappen versehen. Die 8 Auskarröffnungen sind 2 m hoch und 1,2 m breit. Über sämtliche Kammern führt ein Laufsteg hinüber, der gleichzeitig die Füllschnecke s_3 trägt.

Der Packraum, in dem die schon erwähnten vier Packsilos aufgestellt sind, hat eine Breite von 5,4 m; er geht seitlich in die 1,5 m breite Laderampe über, deren Höhe über Schienen-Oberkante dem Normal-Eisenbahnprofil entsprechend gewählt ist.

Die Umfassungswände des Gebäudes sind massiv, können aber auch in leichtem Fachwerk hergestellt sein, da sie nur das gleichfalls leichte Dach zu tragen haben. Die Vorderwand enthält 9 Ausfahröffnungen, die durch Schiebetüren verschließbar sind.

Die maschinelle Einrichtung besteht aus der Schnecke S_2, die das Gut von der Mühlenschnecke S_1 empfängt und an das Becherwerk B_1 abgibt, der an letzteres anschließenden Schnecke S_3, die das Gut mittels 16 Fallrohren (mit Absperrschiebern) in die vier Kammern verteilt, ferner aus der Schnecke

---

[1] Über die nahezu vollständige maschinelle Entleerung eines Kammerspeichers s. weiter unten folgende Ausführungsbeispiele, Fig. 361 bis 363.

[2] Der Querschnitt — Fig. 360 — ist der Deutlichkeit halber in einem etwas größeren Maßstab gehalten.

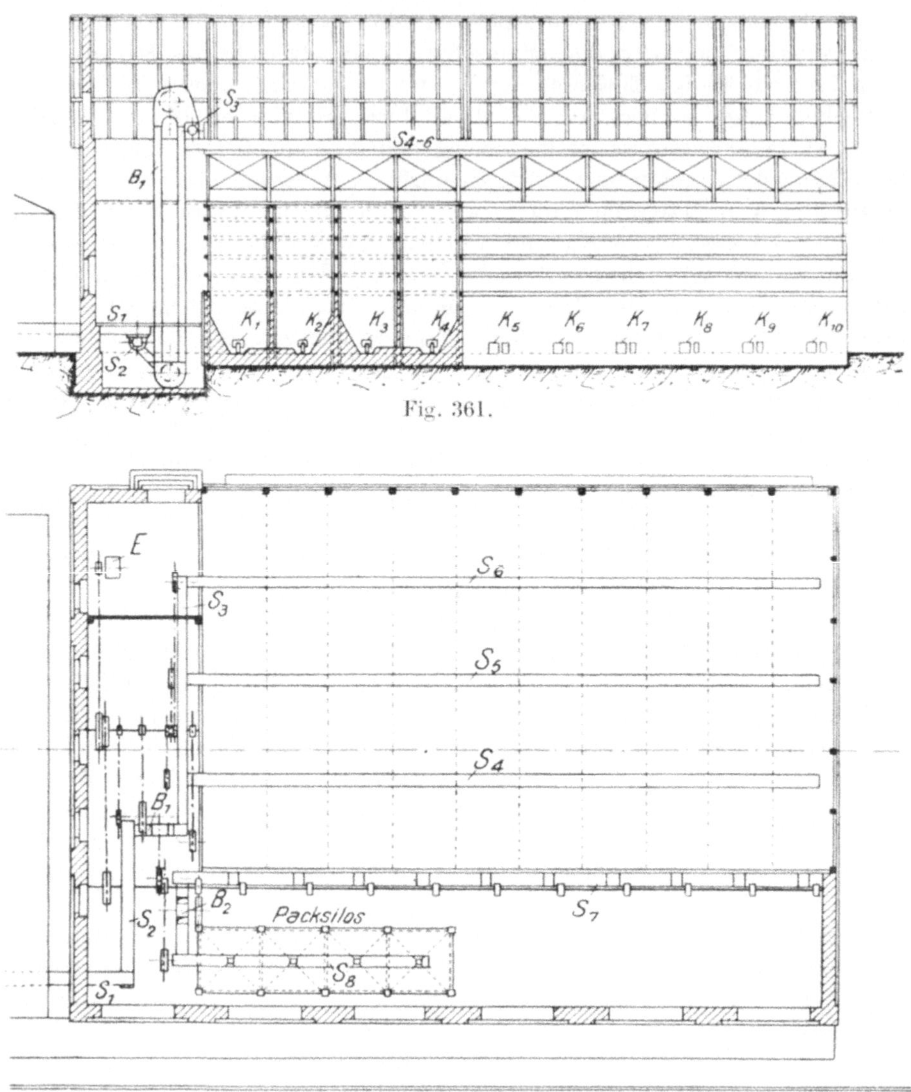

Fig. 361.

Fig. 362.

S_4, in die der Kammerinhalt mittels Handkarren entleert wird und die das Gut an das Becherwerk B_2 heranschafft, das mittels der Schnecke S die vier Packsilos füllt. Unterhalb der letzteren sind die Packvorrichtungen aufgestellt. — Der Kraftbedarf der beschriebenen Einrichtung beträgt etwa 18 PS, der Fassungsraum rund 2500 m³.

Die Einrichtung eines Kammerspeichers, der gleichzeitig mit mechanischen Hilfsmitteln gefüllt und entleert wird, ist durch Fig. 361 bis 363 veranschaulicht.

Der Lagerraum ist hier in 10 Kammern von je 2,5 m Breite, 15 m Länge und 6 m Höhe geteilt. Außen- und Zwischenwände sind aus hölzernen starken Bohlen und Riegeln zusammengesetzt und solide verankert (*a*); sie bilden zusammen einen Kasten von 25 m Länge, 12 m Breite und 6 m Höhe, der auf einer Betonplatte von 0,4 m Dicke aufruht.

Die maschinelle Einrichtung besteht aus der Zubringerschnecke S_1, der Schnecke S_2, dem Becherwerk B_1, der Schnecke S_3, den drei Verteilschnecken S_4—$_6$, den zehn Entleerungsvorrichtungen K_1—$_{10}$ — über die das Nähere weiter unten noch gesagt werden wird, — der Sammelschnecke S_7, dem Becherwerk B_2 und der Schnecke S_9, die das Gut in die vier Packsilos verteilt, worunter die Sack- oder Fässerpackvorrichtungen angeordnet sind. — Der Kraftverbrauch dieser Anlage beträgt im normalen Betriebe etwa 34 PS, der Fassungsraum etwa 2000 m³.

Die Konstruktionseinzelheiten der Vorrichtung zur mechanischen Entleerung der Kammern gehen aus Fig. 364 bis 366 hervor. Sie besteht aus einer

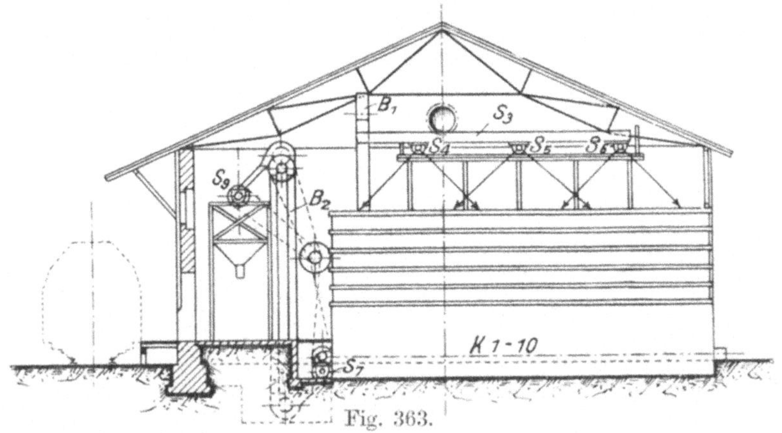

Fig. 363.

langgliederigen Laschenkette *a*, die, durch die Öffnungen *k* und k_1 der Kammerwände hindurchtretend, über zwei Kettenräder geführt und von einem Vorgelege *c, d, e, f* in Bewegung gesetzt wird. Hierbei schleift der untere Kettenstrang in einem Kanal und schiebt das ihn umgehende Gut durch die Öffnungen *k* in die Schnecke *i*, die es seiner weiteren Bestimmung zuführt, während sich der obere, rückkehrende Strang auf einer gehörig abgestützten Bohlenunterlage bewegt. — Zwecks Nachspannens der mit der Zeit schlapp werdenden Kette sind die Lager *h* der einen Kettenrolle als Schiebelager eingerichtet. Gegen den Druck des überlagernden Gutes wird die Einrichtung durch eine kräftige schmiedeeiserne Haube geschützt.

Eine sehr bemerkenswerte Ausführungsform eines Kammerspeichers mit selbsttätiger Entleerung nach *Lathbury* und *Spackmann*[1], die sich in manchen Einzelheiten bereits der Silobauweise nähert, möge hier noch mit einigen Worten beschrieben werden. Die Kammern sind bei diesem Speicher nicht

---

[1] *Lathbury* and *Spackmann*: The rotary Kiln, S. 55 u. 57. Philadelphia 1902.

nur in der Quer-, sondern auch in der Längsrichtung durchgeteilt, so daß eine
Anzahl Zellen entsteht, wovon je zwei Reihen mittels einer Förderschnecke
gefüllt werden. Der Boden ist nicht eben, wie bei gewöhnlichen Kammer-
speichern, sondern für die beiden zusammengehörigen Zellenreihen schräg nach
unten zusammengezogen, so daß der Inhalt durch Öffnungen in einen bequem
begehbaren Tunnel entleert werden kann, von wo aus das Gut mittels Schnecke
und durch ein an diese anschließendes Becherwerk in einen Packsilo hinein-
befördert wird. Die Schrägen müssen selbstverständlich unter einem Neigungs-
winkel angelegt sein, der etwas größer ist als der Reibungswinkel des Gutes
auf einer gemauerten Unterlage, so daß die Entleerung auch wirklich selbst-

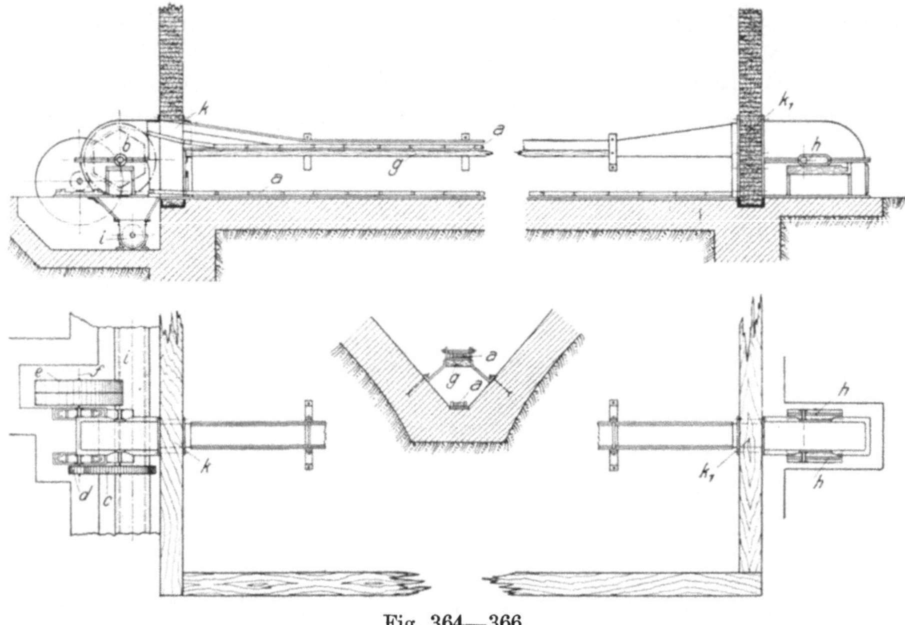

Fig. 364—366.

tätig erfolgt und ohne daß es nötig ist, den Inhalt den Öffnungen im Tunnel
zuzuschaufeln.

Ein derartiger Speicher ist von den genannten amerikanischen Ingenieuren
für „Alsens American Portland Cement Works“ in West Camp, N. Y., ausgeführt für eine Aufnahmefähigkeit von 100 000 Faß (1600 W. zu 10 000 kg).

Billiger als der vorbeschriebene stellt sich der durch die Fig. 367 und 368
im Querschnitt und Grundriß veranschaulichte Kammerspeicher, Bauart
Amme, Giesecke & Konegen A.-G., Braunschweig, bei dem die fast vollständige,
selbsttätige Entleerung dadurch erreicht wird, daß in dem Eisenbetonfuß-
boden jeder Kammer drei Abzugsöffnungen angebracht sind, die das Mehl
in die darunter liegenden Schnecken s_3—$_8$ mittels abschließ- und regelbarer
Verbindungsstutzen abgeben. Eine vor s_3—$_8$ liegende Sammelschnecke s_9,
ein Becherwerk b und die Schnecke s_{10} vermitteln die Weiterbeförderung des

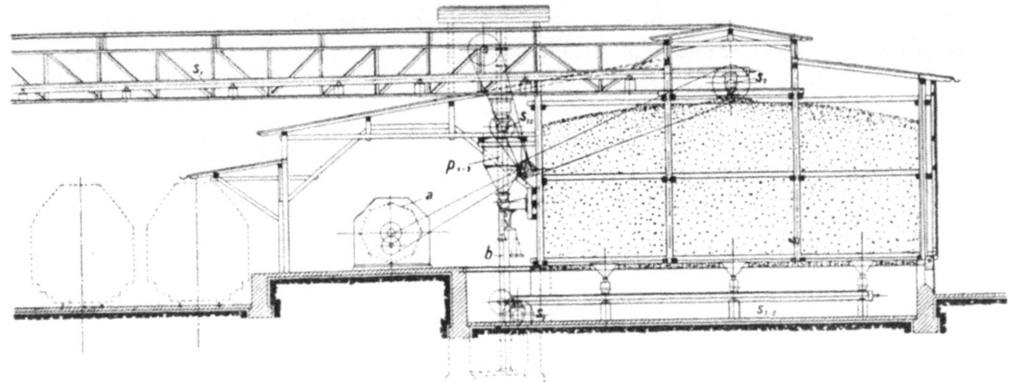

Fig. 367.

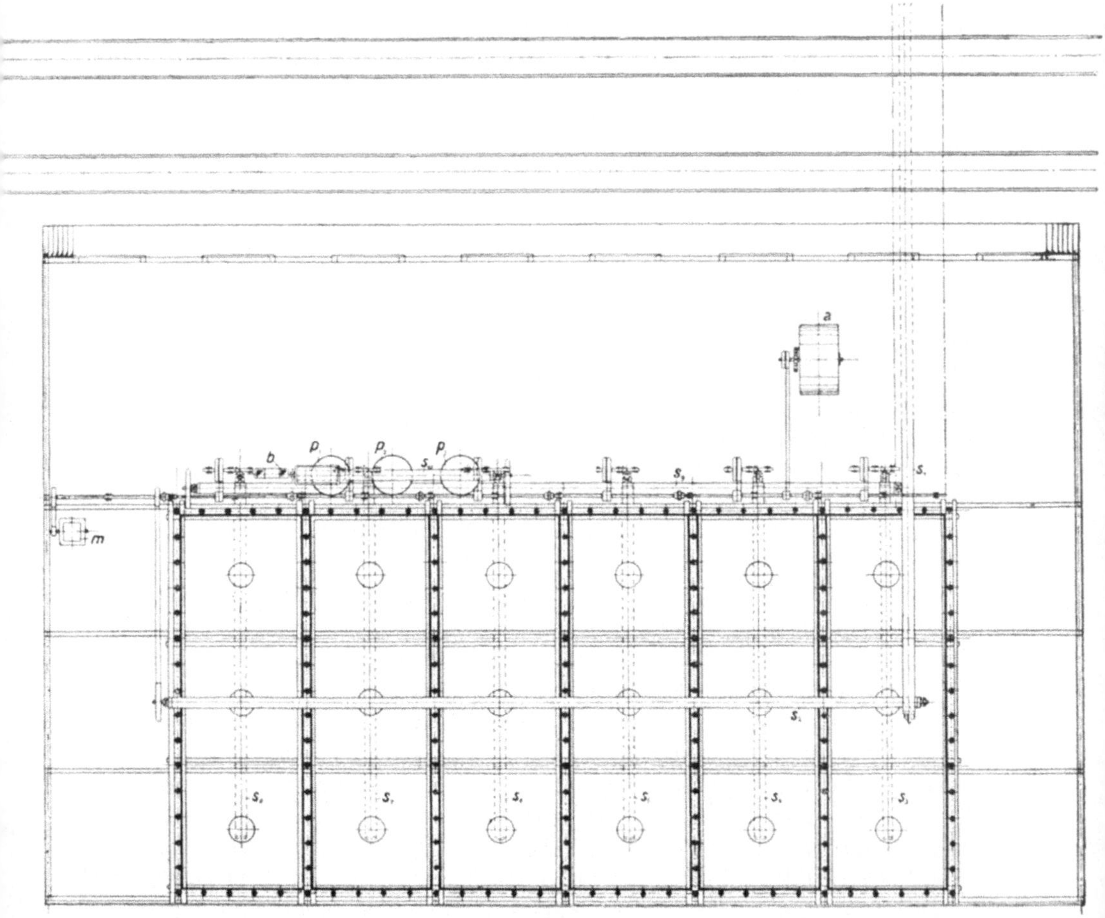

Fig. 368.

Mehles in die drei kleinen Packsilos p_1—$_3$, an deren Ausläufen selbsttätige Sackwagen oder Faßpackmaschinen (über beide s. w. u.) angebracht sind.

Zum Füllen der Kammern dient die Verteilschnecke s_2, die das Mehl von der Zubringerschnecke s_1 aus der Mühle empfängt. — a ist eine Sackschüttelmaschine (s. w. u.) und m der Eelektromotor zum Betrieb der ganzen Einrichtung.

Eine von den vorstehend beschriebenen Lagerhäusern stark abweichende Konstruktion zeigt der Salzspeicher, Fig. 369 und 370, Bauart der *G. Luther A.-G.*, Braunschweig. An die Stelle der bei den ersteren durchgeführten Querteilung ist hier eine einfache Teilung in der Längsachse des Lagerraumes getreten; auch liegt das Gut nach der Mitte zu frei, so daß nicht eigentlich von einer Einlagerung in Kammern, sondern von einer Aufschüttung in Haufen gesprochen werden muß. Ganz besonders hervorzuheben ist aber die ausschließliche Verwendung der Elektrohängebahn sowohl zur Ein- als auch zur Ausspeicherung, unter gänzlicher Vermeidung der sonst üblichen Fördermittel, wie Schnecken, Bänder, Rinnen u. dgl.

Von vornherein sei jedoch bemerkt, daß diese Speicherbauart sich nur für solche Stoffe eignet, die in gemahlenem Zustande nur wenig oder gar nicht zur Verstäubung neigen. Für Zement z. B. ist sie nicht zu gebrauchen, wohl aber für Kalisalze, deren hygroskopische Natur der Staubentwicklung wirksam entgegentritt.

Der Arbeitsvorgang bei diesem Speicher ist folgender:

Beim Einspeichern füllen sich die Fördergefäße bei einer der beiden Füllvorrichtungen a, die durch die Mühlenbecherwerke beschickt werden, und entleeren sich während der Fahrt an beliebigen Punkten der Strecke b oder c. Auf der Strecke d kehren sie wieder nach den Füllvorrichtungen zurück, nehmen eine neue Füllung auf und bringen sie auf dem beschriebenen Wege in den Speicher.

Bei der Ausspeicherung füllen sich die Fördergefäße bei der fahrbaren Füllvorrichtung e, bringen das Salz auf der Strecke f nach der Verladestation, wo sie sich während der Fahrt in einen der beiden Behälter g entleeren, und kehren auf der Strecke h zur fahrbaren Füllvorrichtung zurück, um von neuem gefüllt zu werden.

Die Füllverrichtung e ist mit heb- und senkbarer Förderschale ausgerüstet, die das Gut dem gleichfalls mit selbsttätiger Füllvorrichtung versehenen Kratzer i entnimmt. Der Kratzer ist heb-, senk-, schwenk- und fahrbar; er hat die Aufgabe, das Salz, das zwecks Zerkleinerung der Klumpen vorher noch durch ein Stachelwalzwerk gegangen ist, nach der Füllvorrichtung e zu schaffen, die durch ein endloses Seil mit dem fahrbaren Kratzer verbunden ist, so daß eine beiderseitige Übereinstimmung in jeder Stellung gesichert erscheint.

Für den ganzen Betrieb und eine Leistungsfähigkeit von 60 t/h. sind zum Fördern sowohl beim Einspeichern wie auch beim Ausspeichern bloß zwei Fördergefäße erforderlich, zu deren Fahrbetrieb nur 3 PS nötig sind.

Dadurch, daß bei diesem Speicher das Mittelfeld nicht zum Lagern benutzt wird, kann das Salz an jeder beliebigen Stelle unabhängig von der

Mühle
14250
16500
4700
3200
14250
6500
6500
4700
14250
3200
14250
a
a
b
c
d
e
f
g
g
h
i

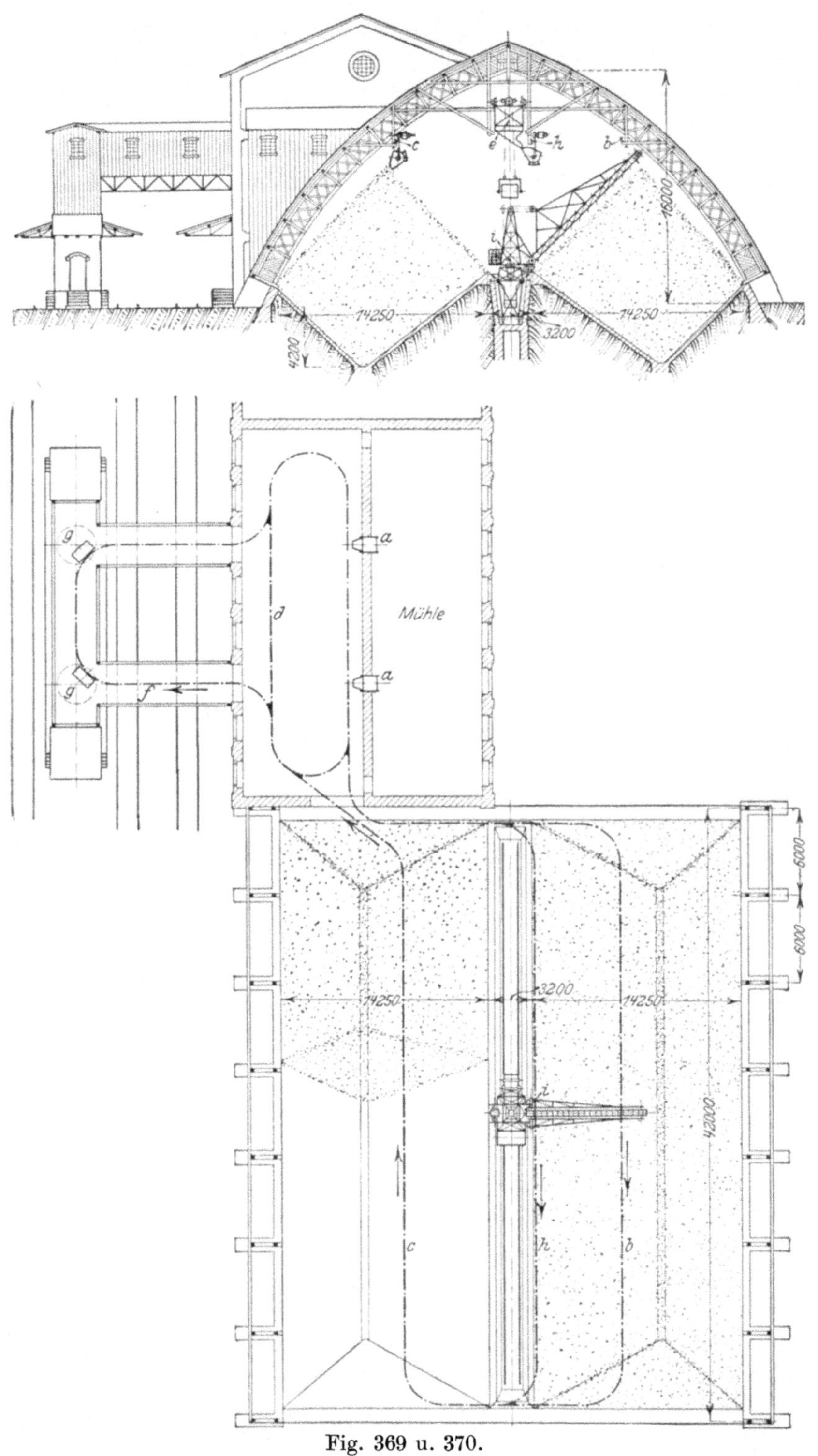

Fig. 369 u. 370.

Gesamtfüllung entnommen werden, was bei Lagerung von Salzen verschiedener Beschaffenheit (hoch- oder normalwertigen) von ganz besonderer Bedeutung ist. Durch die Anordnung der beiderseitigen Mulden wird der um das Mittelfeld freibleibende Querschnitt zum Teil wieder ersetzt.

Der ganze Betrieb ist selbsttätig und erfordert zur Bedienung des Kratzers einen Mann. Die Lagerfähigkeit beträgt 500 Wagen zu 10 t (5000 t); sie kann durch Verlängerung des Speichers beliebig vergrößert werden.

b) Silospeicher.

Ein Silospeicher besteht aus einer Anzahl Zellen von rundem oder vier- oder sechseckigem Querschnitt, die in einer, zwei oder auch mehr Reihen angeordnet sind. Die runde Form der Zellen wird man wählen, wenn man Eisen oder Eisenbeton, die vier- oder sechseckige, wenn man Holz als Baustoff zur Verfügung hat. Mit dem Durchmesser bzw. der Seitenlänge geht man für gewöhnlich nicht über 5 m hinaus, da das vollständige Entleeren der Zelle bei größeren Abmessungen schon Schwierigkeiten bietet.

Wie beim Kammerspeicher die Länge und Breite, so ist beim Silospeicher die Höhe in erster Linie für den Fassungsraum bestimmend; die Anlage eines solchen Lagerhauses wird sich also schon überall da empfehlen, wo wenig Bodenfläche zur Bebauung verfügbar ist. Aber auch die Annehmlichkeiten und Betriebsersparnisse einer rein maschinellen Speicherarbeit dürfen nicht unterschätzt werden und lassen die Silolagerung auch in dieser Beziehung der Kammerlagerung überlegen erscheinen. Dagegen sind die mit der ersteren verknüpften höheren Baukosten zweifellos ein Nachteil, der sich auch durch reichlichere Bemessung der Zellenhöhe nicht ausgleichen läßt, da letzterer praktisch ziemlich enge Grenzen gesteckt sind.

Entsprechend der gewaltigen Last, die eine gefüllte Zelle darstellt, ist auf die Konstruktion und Ausführung des tragenden Unterbaues die größte Sorgfalt zu verwenden. Als Baustoffe für diesen kommen nur bester Zementbeton und eiserne Träger in Frage, da Pfeiler aus gewöhnlichem Ziegelmauerwerk unpraktisch groß bemessen werden müßten. Die Umfassungswände, falls solche überhaupt für nötig erachtet werden, können aus Wellblech, Moniermauerwerk oder Holzverschalung bestehen. Die Zellen sind oben mit einer staubdichten Abdeckung versehen, und darüber ist ein leicht gebautes Dachgeschoß von genügender Geräumigkeit errichtet. Der Treppenturm liegt gewöhnlich außerhalb des eigentlichen Lagerhauses, selbstverständlich aber im unmittelbaren Anschluß an das letztere.

Zur Füllung der Silozellen bedient man sich, wie beim Kammerspeicher, der Förderschnecken oder der Förderbänder; erstere versieht man mit einer der Anzahl der Zellen entsprechenden Anzahl von Auslaufstutzen mit Schiebern oder Klappen, letztere erhalten fahrbare Abwurfvorrichtungen. Das Entleeren der Silozellen geschieht zweckmäßig mittels Förderschnecken mit darüberliegenden Drehrosten, die den Druck der darüber lagernden Masse aufnehmen, oder durch Doppelschnecken od. dgl.

Die Baukosten von Silospeichern sind natürlich je nach den örtlichen Verhältnissen sehr verschieden. Im allgemeinen kann nur gesagt werden, daß,

je höher man die Zellen bei demselben Querschnitt wählt, der Koeffizient für die Einheit gelagerter Ware kleiner und das ganze Bauwerk verhältnismäßig billiger wird. Das ergibt sich aus der einfachen Überlegung, daß — bei gleicher Grundfläche — Dach und Unterbau nahezu eine Konstante bilden, denn das Dach ist für den niedrigen Silospeicher dasselbe wie für den hohen, während die Mehrkosten für den stärkeren Unterbau (den die höheren Zellen erfordern) nur in ganz geringem Maße wachsen. Die Mehrkosten des höheren Silos stecken also fast nur in der Wandung, man baut den Silospeicher daher am billigsten, wenn man die Zellen so hoch wie möglich macht.

Als Ausführungsbeispiel diene der von *Wayß & Freytag* in Neustadt a. W. für die Zementfabrik von Märker & Co. in Harburg (Bayern) in Eisenbeton ausgeführte Zementsilo nach den Fig. 371 und 372, die nach dem Voraufgegangenen wohl keiner weiteren Erläuterung bedürfen. Der Fassungsraum der sechs Zellen beträgt rund 14 000 Faß (235 Wagen zu 10 000 kg)[1].

Für die Entleerung der Silos sind verschiedenartige Vorrichtungen im Gebrauch, worunter die Doppelschnecke an erster Stelle Erwähnung verdient. Sie besteht aus zwei nebeneinander in einem gemeinschaftlichen Gehäuse gelagerten Schnecken, die in einander entgegengesetzter Richtung (nach innen zu)

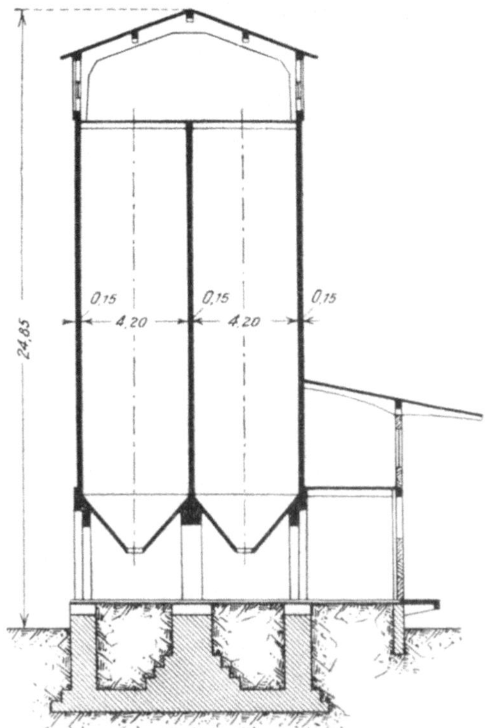

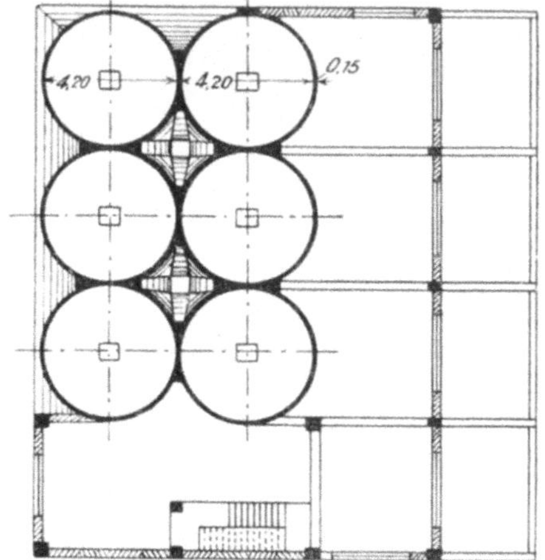

Fig. 371 u. 372.

umlaufen. Das Gehäuse ist unterhalb des Siloauslaufes weit, daran anschließend aber so eng, daß die Schneckengewinde darin nur sehr wenig Spiel

---

[1] Mitteilungen der Zentralstelle 1911, Nr. 32.

besitzen. Diese Anordnung verhindert das Durchschießen des Mehls sowie die lästige Gewölbebildung im Siloauslauf in fast vollkommener Weise.

Für große Speicheranlagen mit vielen Auslaufstellen hat die in Fig. 373 und 374 dargestellte doppelte Siloentleerungsvorrichtung der *Herm. Löhnert A.-G.*, Bromberg, vorteilhafte Anwendung gefunden. Sie entnimmt das Mehl dem Silo gleichzeitig an zwei Stellen durch die Fallrohre b und c und befördert es durch zwei Doppelschnecken a nach der in der Mitte der letzteren liegenden Austrittöffnung. Die Einrichtung ist fahrbar angeordnet und wird von dem Elektromotor d in Tätigkeit gesetzt. Sobald eine Zelle an zwei Absackstellen leer ist, werden die Fallrohre b und c an die mit Kettenzugschiebern versehenen Auslaufrahmen der Siloöffnungen staubdicht (Lederbeutel) angeschlossen, was sich nach Bedarf wiederholt.

Zur Entnahme grießigen oder noch gröberen Lagergutes aus Silozellen, das nicht zur Verstäubung neigt, eignen sich am besten einfache Schwingschuhe, die ihre absatzweise Bewegung von der darunterliegenden Förder- und Sammelvorrichtung empfangen, oder Pendelschieber mit Einzelantrieb, wovon die Fig. 375 bis 377 ein Ausführungsbeispiel, Bauart der *Rheinischen Maschinenfabrik*, Neuß a. Rh., zeigen. Die Einrichtung besteht aus dem feststehenden Teller c, der mittels Vorgelege und Lenker in hin- und hergehende Bewegung versetzten Stahlschiene d

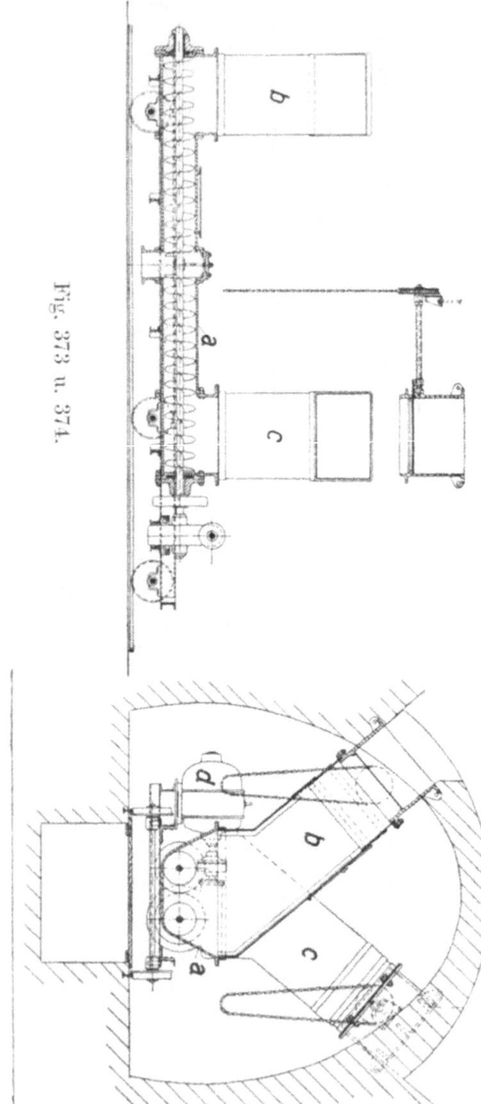

Fig. 373 u. 374.

und dem Stutzen $b \cdot b$ und c sind in dem Gehäuse a eingeschlossen, das an der Siloauslauföffnung befestigt wird. Die Leistung läßt sich durch Verstellen des Gelenkes bzw. Ausschlages genau regeln.

Für die Beschickung und Entleerung von Silos, die zur Aufnahme bzw. zur Speicherung von schlamm- oder mehlförmigen, auf dem Wege der Naß-

oder Trockenmahlung entstandenen Zwischenerzeugnissen der chemischen Industrie dienen, hat seit einigen Jahren die auf anderen Gebieten bewährte pneumatische Förderung mit großem, in dem Wesen und der Ausführungsform wohlbegründetem Erfolg Anwendung gefunden. Über die pneumatische Förderung von trockenem Gut ist im vorhergehenden Abschnitt ausführlich

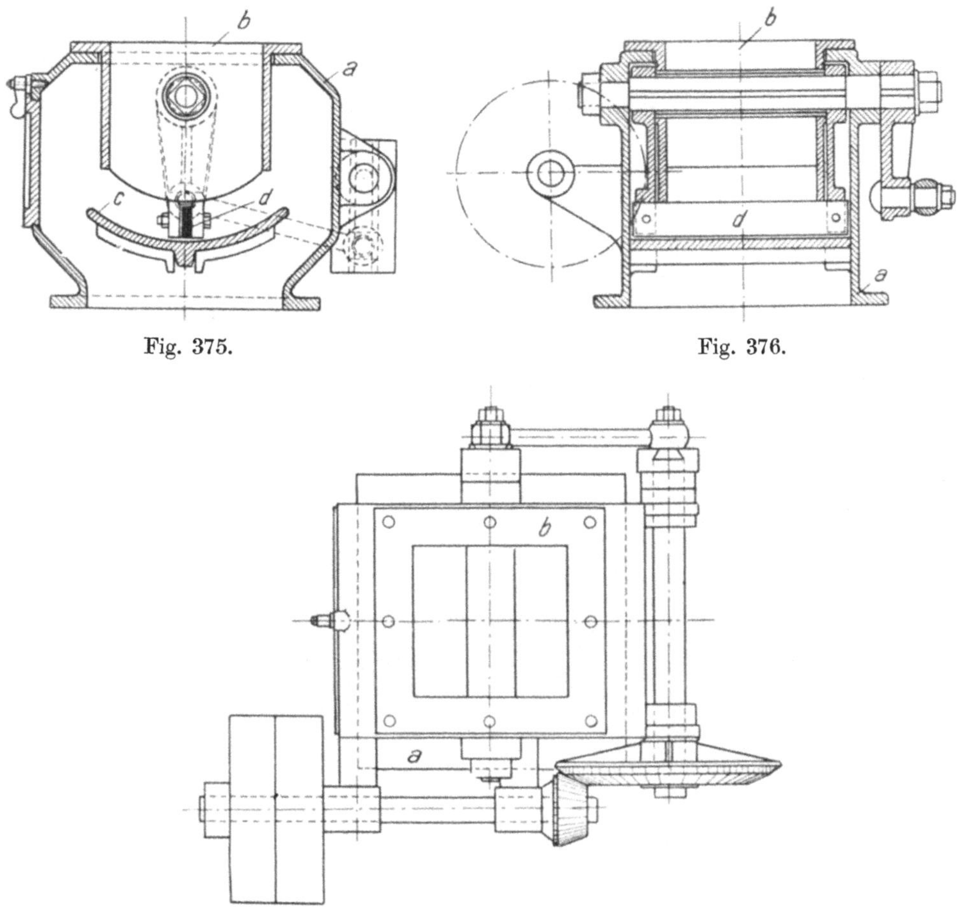

Fig. 375.
Fig. 376.

Fig. 377.

die Rede gewesen, es ist also hier nur nötig, auch über die Schlammförderung mittels Druckluft das Erforderliche zu sagen.

Schon vor etwa 25 Jahren ist die bekannte Borsigsche Mammutpumpe in Zementfabriken zur Förderung von Dünnschlamm benutzt worden. Nach der Einführung des Dickschlammverfahrens genügte sie jedoch nicht mehr und wurde durch den Mammut-Bagger ersetzt, der, wie auch die anderen Einrichtungen gleicher Zweckbestimmung (von *G. Polysius*, Dessau, und von *Amme, Giesecke & Konegen*, Braunschweig) auf dem Grundsatz des Dampfdruckfasses beruht, nur mit dem Unterschied, daß hier statt gespannten Dampfes verdichtete Luft verwendet wird. Die Förderung des Schlammes geschieht dadurch, daß man im Innern eines Kessels, der mit dem zu entleerenden Schlammbehälter mittels einer Rohrleitung verbunden ist, eine Luftleere erzeugt, unter deren Einwirkung der Schlamm gezwungen wird, den Kessel zu füllen. Nach beendigter Füllung, die, wo es die örtlichen Verhältnisse gestatten, auch durch

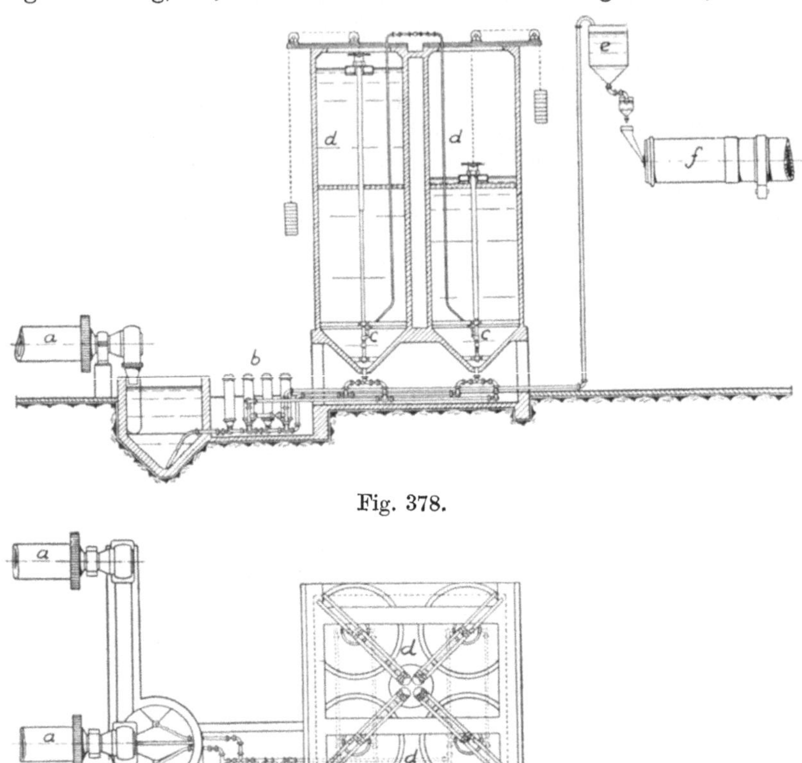

Fig. 378.

Fig. 379.

einfaches Vollaufenlassen des Kessels geschehen kann, wird der Inhalt des Kessels durch eingeführte Preßluft hinausgedrückt und durch eine den örtlichen Verhältnissen angepaßte Rohrleitung nach den Schlammbehältern befördert.

Eine *Borsig*sche Normalanlage zum Fördern von Dickschlamm mittels Mammut-Baggern in Schlammsilos und Mischen mittels Mammut-Pumpen zeigen die Fig. 378 und 379, worin *a* die den Schlamm erzeugenden Rohrmühlen, *b* die 4 Mammut-Bagger, *c* die Mammut-Pumpen, *d* die Schlammsilos, *e* den Ausgußbehälter, *f* den Drehofen und *g* die beiden Kompressoren bedeutet. Bei den neueren *Borsig*schen Ausführungen dieser Art[1] wird die gebrauchte Druckluft wieder verwendet, indem der Kompressor die Luft aus dem von Schlamm entleerten Kessel entnimmt und in den anderen mit Schlamm gefüllten Kessel überpumpt. Auf diese Weise wird fast die ganze in der Druckluft enthaltene Energie zurückgewonnen und die Wirtschaftlichkeit der Anlage bedeutend verbessert.

c) Bodenspeicher.

Bodenspeicher sind Lägerhäuser mit 5, 6 oder mehr Stockwerken meist langgestreckter Form und i. M. 3 m Geschoßhöhe. Sie dienen als sog. „Rieselspeicher", bei denen der Inhalt der oberen Geschosse durch verschließbare Öffnungen im Fußboden in Verbindung mit Zerstreuapparaten auf die darunter liegenden Böden abgelassen werden und durch mechanische Einrichtungen wieder auf den obersten Boden befördert werden kann, der Lagerung, Mischung und Umarbeitung von Körnerfrüchten (Getreide). Mehlartige Erzeugnisse können in Bodenspeichern nur in verpacktem Zustande gelagert werden.

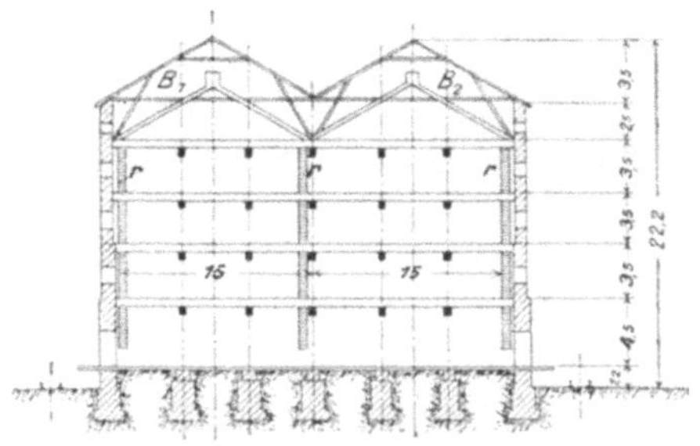

Fig. 380.

In Fig. 380 und 381 ist ein solcher Bodenspeicher für Sackware und Ballen dargestellt. Das 90 m lange und 30 m breite Gebäude enthält 5 Geschosse von 2,5 bis 4,5 m Höhe. Die gepackten Säcke werden von zwei Elevatoren

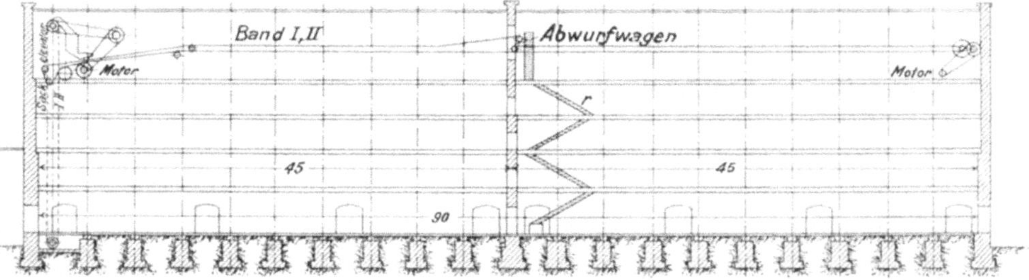

Fig. 381.

gehoben und zwei Bandförderern übergeben, die im Dachgeschoß des Hauses untergebracht sind. Die Bänder tragen die Säcke in der Längsrichtung des Speichers weiter und setzen sie mittels der fahrbaren Abwurfvorrichtung an jeder beliebigen Stelle der Fahrbahn ab. Die Beförderung in die unteren

---

[1] Zement 1919, S. 250ff.

Geschosse vermitteln eiserne Rutschen r, auf denen die Säcke hinabgleiten. Der Verkehr in den unteren Stockwerken wird durch Handkarren, besser aber noch durch kurze, fahrbare Sackförderbänder bewerkstelligt.

Die Verpackung des gemahlenen Gutes in Säcke oder Fässer geschieht nur noch selten von Hand, vielmehr bedient man sich dazu jetzt fast ausschließlich besonderer mechanischer Vorrichtungen.

Zum selbsttätigen Füllen und Abwiegen der Säcke werden einfache oder doppelte Sackwagen verwendet, die man unmittelbar am Siloauslauf befestigt oder auch fahrbar einrichtet. Vorzuziehen ist es jedoch immer, zwischen Auslauf und Wage eine kurze Förderschnecke einzuschalten, da der Zulauf in diesem Falle regelmäßiger vor sich geht. In der Einlauföffnung der einfachen Sackwage, Bauart der *G. Luther A.-G.*, Braunschweig, sind zwei Klappen angebracht, wovon sich die eine schließt, sobald der Sack zum größten Teil gefüllt ist. Der Rest läuft durch die zweite Klappe in einem dünnen Strahl ein. Sobald der Sack das vorgeschriebene Gewicht erreicht hat, schließt sich auch die zweite Klappe und die Vorrichtung stellt ihre Tätigkeit ein. Hierauf nimmt der Arbeiter den gefüllten Sack ab, hängt einen leeren an den Sackring und setzt die Vorrichtung durch den Einschalter von neuem in Betrieb.

Bei der doppelten Sackwage hängen die Säcke an den Stutzen eines gegabelten, mit einer Umstellklappe versehenen Rohres. Das Umstellen der Klappe, wodurch der Zulauf zu dem gefüllten Sack abgestellt und das Gut nach dem leeren Sack hingeleitet wird, geschieht selbsttätig, die Wage arbeitet also ohne jede Unterbrechung. Ein Hubzähler gibt die Anzahl der gewogenen Säcke an. — Vielfach sind bei solchen Wagen Staubrohre vorgesehen, die an die Saugleitung eines Staubfängers angeschlossen werden, so daß das Packen selbst sehr stark zur Verstäubung neigender Stoffe ohne jede belästigende Staubentwicklung vor sich geht.

Die fahrbare Doppelsackwage, Bauart *Amme, Giesecke & Konegen A.-G.*, Braunschweig, veranschaulichen die Fig. 382 und 383. Die Wage a ist hier auf einem Fahrgestell b befestigt, das auf Schienen laufend, den Silo in seiner ganzen Länge bestreichen und das Gut aus jeder beliebigen Zelle entnehmen kann. Die Zuteilung des letzteren erfolgt durch eine vom Motor f betriebene, in einem ausgedrehten Gußgehäuse laufende Förderschnecke c. Der beim Absacken entstehende Staub wird seitwärts durch Entstäubungsrohre d, d_1 mittels einer großen Expansionsschnecke e der Entstäubungs- bzw. Staubsammelanlage zugeführt.

Bei der Packung in Fässern handelt es sich darum, eine möglichst dichte Aneinanderlagerung der Teilchen herbeizuführen, um das Faß, das immerhin ein ziemlich kostspieliges Verpackungsmittel ist, so klein und daher so billig wie möglich zu machen. Diese Vergrößerung des Litergewichtes kann entweder dadurch erreicht werden, daß man das Faß, während es gefüllt wird, auf eine Unterlage stellt, die man schnelle, rhythmische Bewegungen

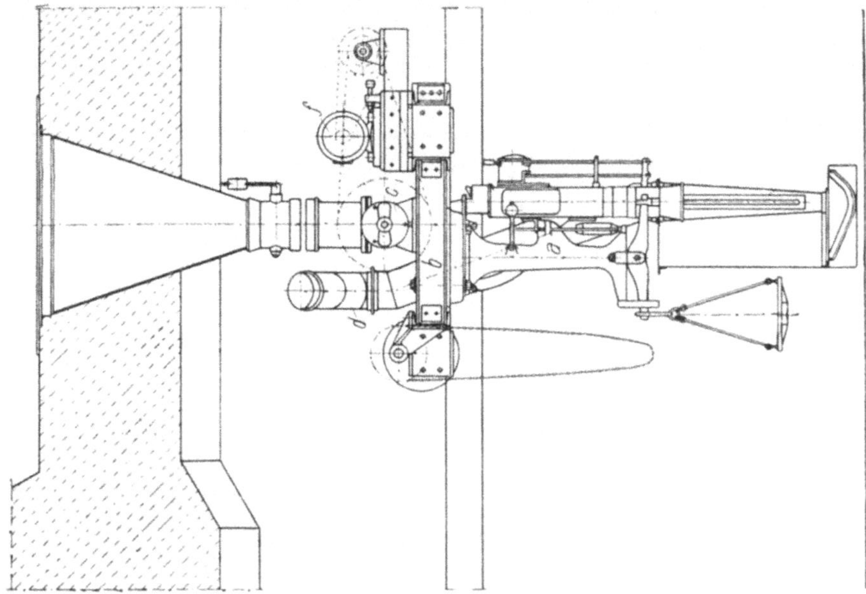

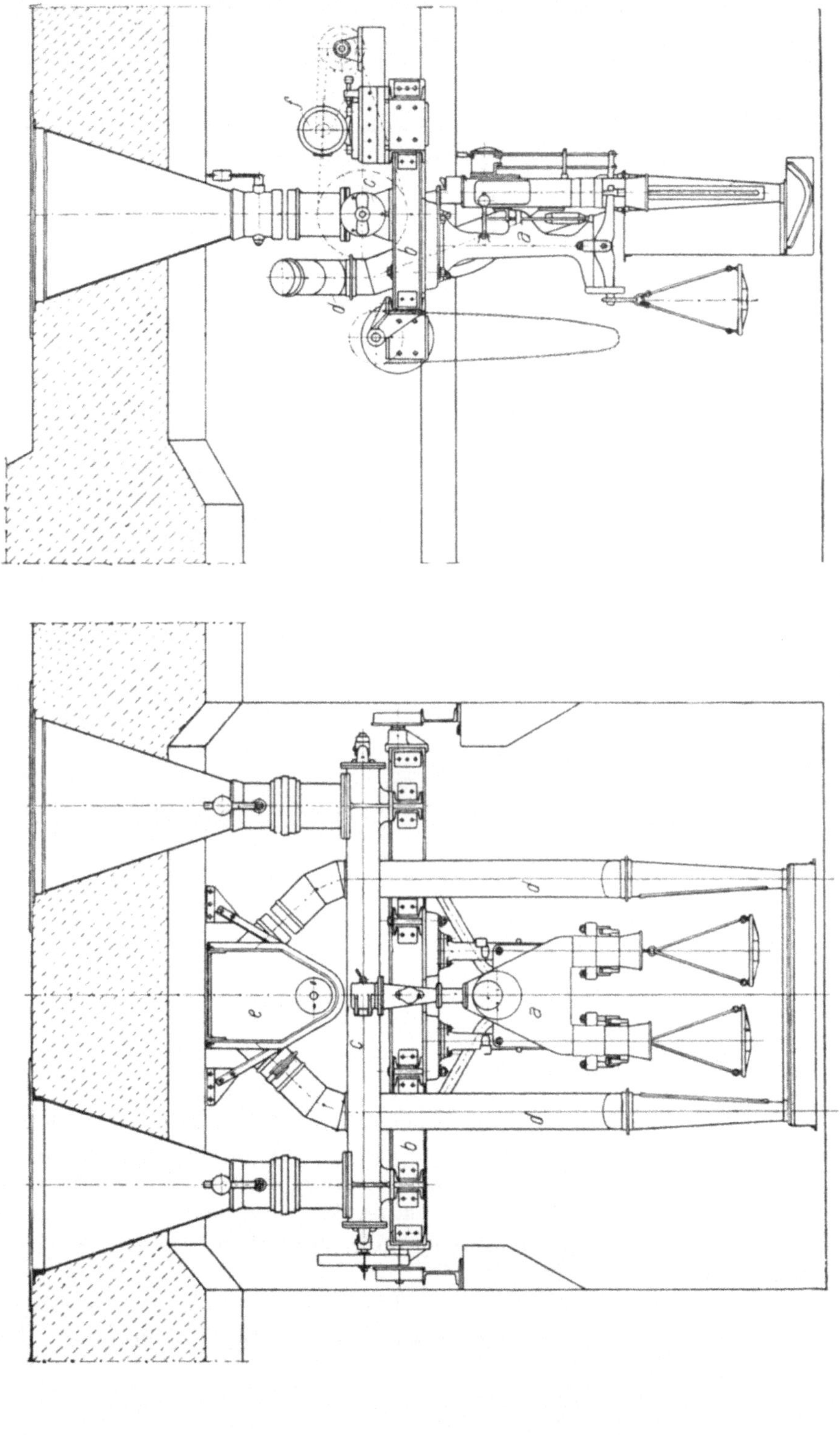

Fig. 382 u. 383.

vollführen läßt, welche ein Zusammenrütteln und -schütteln des Faßinhaltes bewirken, oder indem man das Gut durch eine schnell umlaufende Schnecke in das Faß hineinschraubt. Auf dem ersten Grundsatz beruhen die Faß-Rüttelwerke, auf dem zweiten die Faß-Packmaschinen.

Ein Faß - Rüttelwerk besteht aus einer viereckigen oder runden Tischplatte, auf der das zu füllende Faß lose aufsteht und die durch eine versenkt

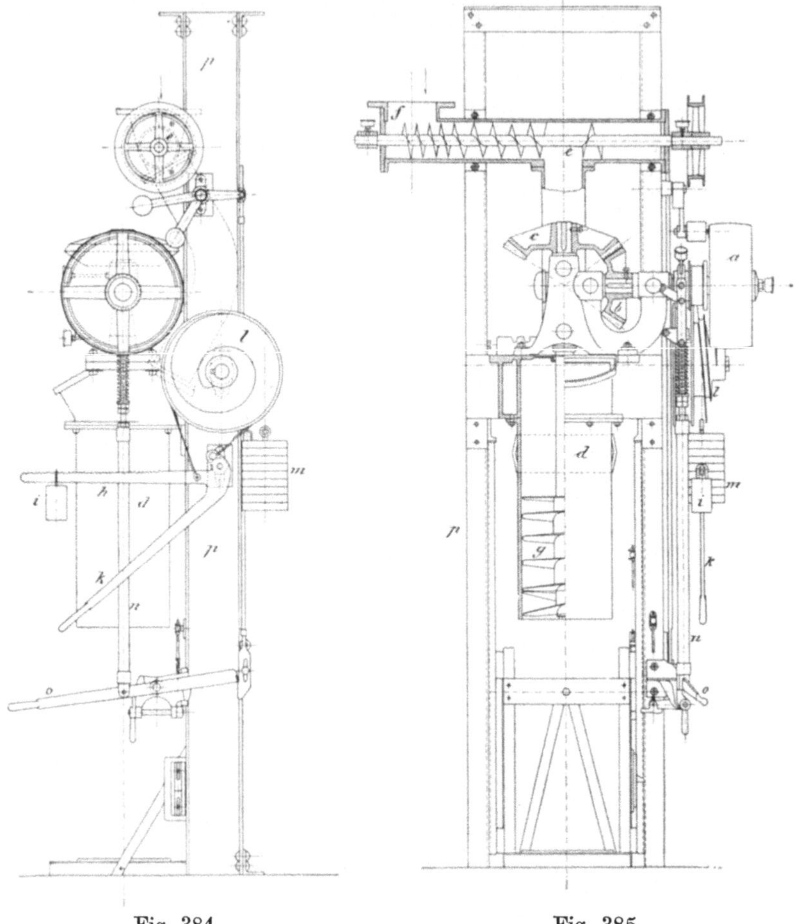

Fig. 384.　　　　　　　　　　　　Fig. 385.

liegende Daumenwelle rasch gehoben und fallen gelassen wird. Rüttelwerke, die den Tisch zentral heben und fallen lassen, sind solchen vorzuziehen, bei welchen der Tisch auf der einen Seite in Scharnieren hängt und einseitig gehoben und gesenkt wird. Noch besser ist es, den Tisch auf vier starke Spiralfedern zu setzen, deren Spannung dem jeweiligen Gewicht des Fasses angepaßt werden kann.

Als Beispiel einer Faß - Packmaschine sei hier die Bauart der *Amme, Giesecke & Konegen A.-G.*, Braunschweig, Fig. 384 und 385 angeführt. Das

Faß steht auf einem leichten Fahrstuhl, der unter dem Einflusse des Gewichtes m angehoben wird, dessen Zugband sich auf den Spiralgängen l auf- und abwickelt. Dieses Gewicht bestimmt gleichzeitig die Füllung des Fasses. Bei Beginn der Füllung ragt der Zylinder d in das hochgezogene Faß hinein. Je mehr nun bei Tätigkeit des Antriebes a, b, c die Schnecke g das Faß mit dem von der Schnecke e, f herausgeförderten Gut füllt, um so mehr wird es unter Heben des Gewichtes m herabgepreßt. Nachdem das Faß gefüllt ist, rückt die Klinkeneinrichtung n, o die Maschine aus; der Arbeiter nimmt das volle Faß ab, stellt ein leeres auf den Fahrstuhl, verschiebt die Klinke o und, indem der Fahrstuhl in die Höhe schnellt, beginnt die Packung von neuem..

Die Maschine, die vollkommen staubfrei arbeitet, ist in einem starken eisernen Gerüst p eingebaut, das zur Erzielung der nötigen Standfestigkeit mit der Deckenkonstruktion des Packraumes in sicherer Verbindung stehen muß.

Die guten Erfahrungen, die man mit der pneumatischen Schlammförderung gesammelt hatte, ließen hoffen, daß diese Förderungsart auch beim Entleeren von Zementspeichern und Verpacken des Zementmehles wertvolle Dienste leisten würde. Diese Hoffnung hat in der Tat nicht getäuscht, denn das auf den Grundsätzen der pneumatischen Förderung beruhende sog. Exilor - Verfahren[1] von *F. L. Smidth*, Kopenhagen, hat sich rasch eingeführt und überall gut bewährt. Denselben Zwecken dient der in den Fig. 386 und 387 dargestellte Silator von *Amme, Giesecke & Konegen A.-G.*, Braunschweig. Darin bedeutet a das Untergestell, zu dessen beiden Seiten Hebelwagen befestigt sind, je eine Gewichtsschale b und einen Wiegebehälter c tragend, d die zur Luftpumpe führende Rohrleitung, e die Rohrleitung zu einem Ventilator, der die geringen sich beim Packen bildenden Staubmengen absaugt und sie zwecks Wiedergewinnung einem Filterschlauch zuleitet, f an die Leitung angeschlossene Stutzen, die mit den Wiegebehältern elastisch und nachgiebig verbunden sind, so daß diese reibungslos auf- und abgleiten können, f_1 Stutzen mit derselben Bestimmung wie f, aber für die Wiegeseite, g die Sackkammerstutzen, um die der Sack geschlungen wird und die mit dem unteren Ende der Wiegebehälter durch eine elastische Abdichtung verbunden sind, h die Sackkammer, die durch eine Schiebetür i verschließbar ist und mit der Entstaubungsrohrleitung in Verbindung steht.

Nachdem man den Wiegebehälter durch die Klappe n und Hebel m geschlossen hat, zieht man mittels Handgriffs k den Hebel l nieder und schließt dadurch den Wiegebehälter an die Leitung d an, worauf sich der Behälter solange mit Zement füllt, bis das vorgeschriebene Gewicht erreicht ist. In diesem Augenblick senkt sich der Wiegebehälter, die Verbindung mit dem Zementspeicher wird unterbrochen, die Klappe n fällt unter dem Einfluß der in den Wiegebehälter eintretenden Außenluft nach unten, und der untergehängte Sack wird gefüllt. Nach beendeter Füllung wird durch Umlegen des Hebels m die Klappe n gehoben, durch Ziehen von k die Verbindung mit der Leitung d wiederhergestellt, worauf ein erneuter Zufluß von Zement in

---

[1] *C. Naske:* Die Portlandzement-Fabrikation, 4. Aufl., S. 293 bis 295. Leipzig, Thomas.

die Wiegebehälter einsetzt. Der gefüllte Sack wird inzwischen abgenommen und ein leerer an die Stutzen geschnallt.

Bei Bedienung durch einen Mann leistet der Silator stündlich etwa 200 Säcke (zu 50 kg) Werden zwei Mann angestellt, was bei dieser Einrichtung möglich ist, so läßt sich diese Leistung noch bedeutend erhöhen. Mit dem Silator lassen sich sowohl Säcke als auch Fässer packen, ebenso ist es möglich, einen Silator mit Sack- und Faßpackung gleichzeitig auszurüsten und ihn fahrbar zu machen. Die letztere Ausführungsform eignet sich besonders für

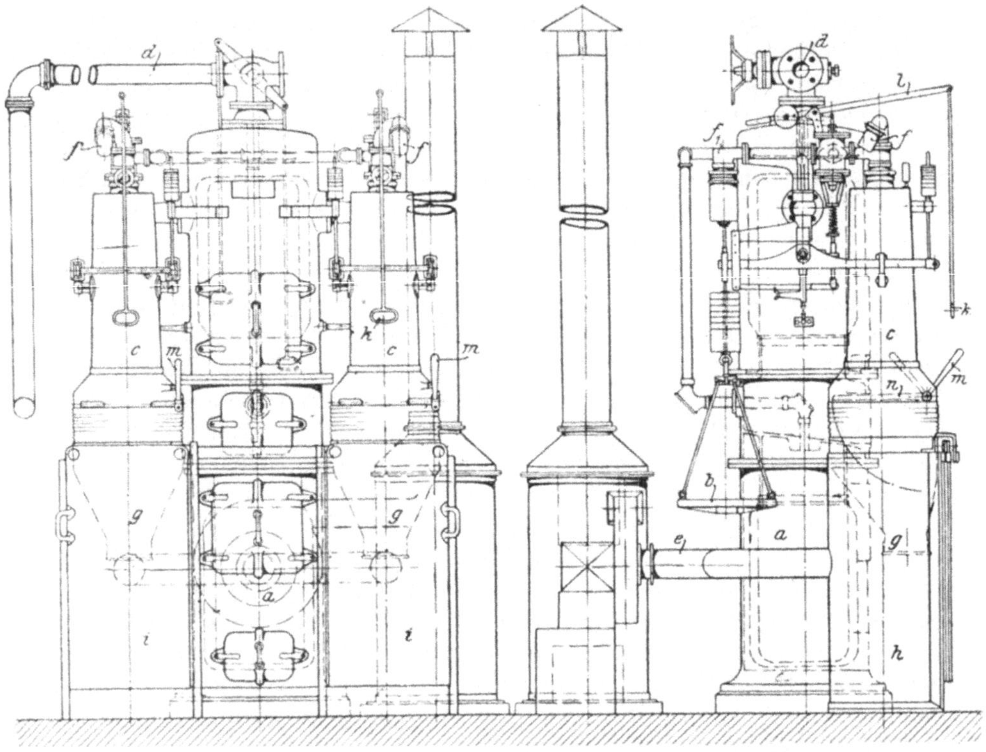

Fig. 386.					Fig. 387.

ausgedehnte Speicher-Anlagen mit einer größeren Anzahl von Silozellen oder Kammern. —

Eine ganz ungewöhnlich große Leistungsfähigkeit besitzt die vor kurzem aus Amerika herübergekommene Packerei, System *Bates*, die auf der Verwendung zweier Faktoren, der *Bates*-Füllmaschine und des *Bates*-Ventilsackes basiert[1]. Der aus mehreren (bis zu 5) Papierlagen geklebte Ventilsack unterscheidet sich von einem gewöhnlichen Sack dadurch, daß er oben und unten zugenäht ist. Vorher wird aber an einer Ecke des Sackes das Papier derart gefalzt, daß es eine Art Klappe oder Ventil bildet, durch welches die Füllung erfolgt.

---

[1] Zement 1925, Nr. 22, S. 493.

Die **Füllmaschine** (Fig. 388) selbst besteht im wesentlichen aus zwei
Füllapparaten und zwei Wagen und arbeitet in der Weise, daß jeder Sack so
in die Maschine eingesetzt wird, daß das Füllrohr in das Ventil des Sackes
hineinragt. Das Mehl, das verpackt werden soll, wird mit großer Schnelligkeit
durch ein kleines, sich 1100 mal in der Minute drehendes Flügelrad zugeführt

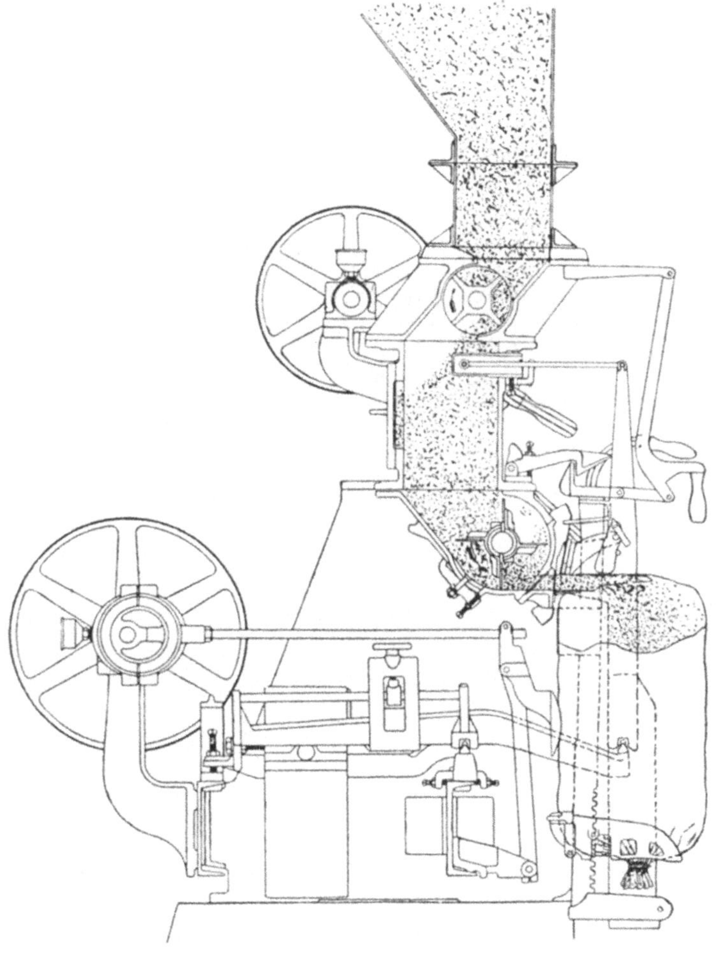

Fig. 388.

und der Sack in wenigen Augenblicken gefüllt. Sobald das richtige Gewicht erreicht ist, wird der Zufluß selbsttätig abgestellt, der Sack durch eine Hebel-
bewegung auf das darunter befindliche Transportband oder Rutsche umgekippt und durch dieses wegbefördert. (S. Fig. 389 und 390, die eine vollständige *Bates*-Packerei darstellen.) Sobald das Umkippen erfolgt, wird durch
den Druck des Mehls von innen das Ventil selbsttätig geschlossen. Während
der Zeit, in der der eine Sack gefüllt wird, ist der Arbeiter mit dem Aufsetzen

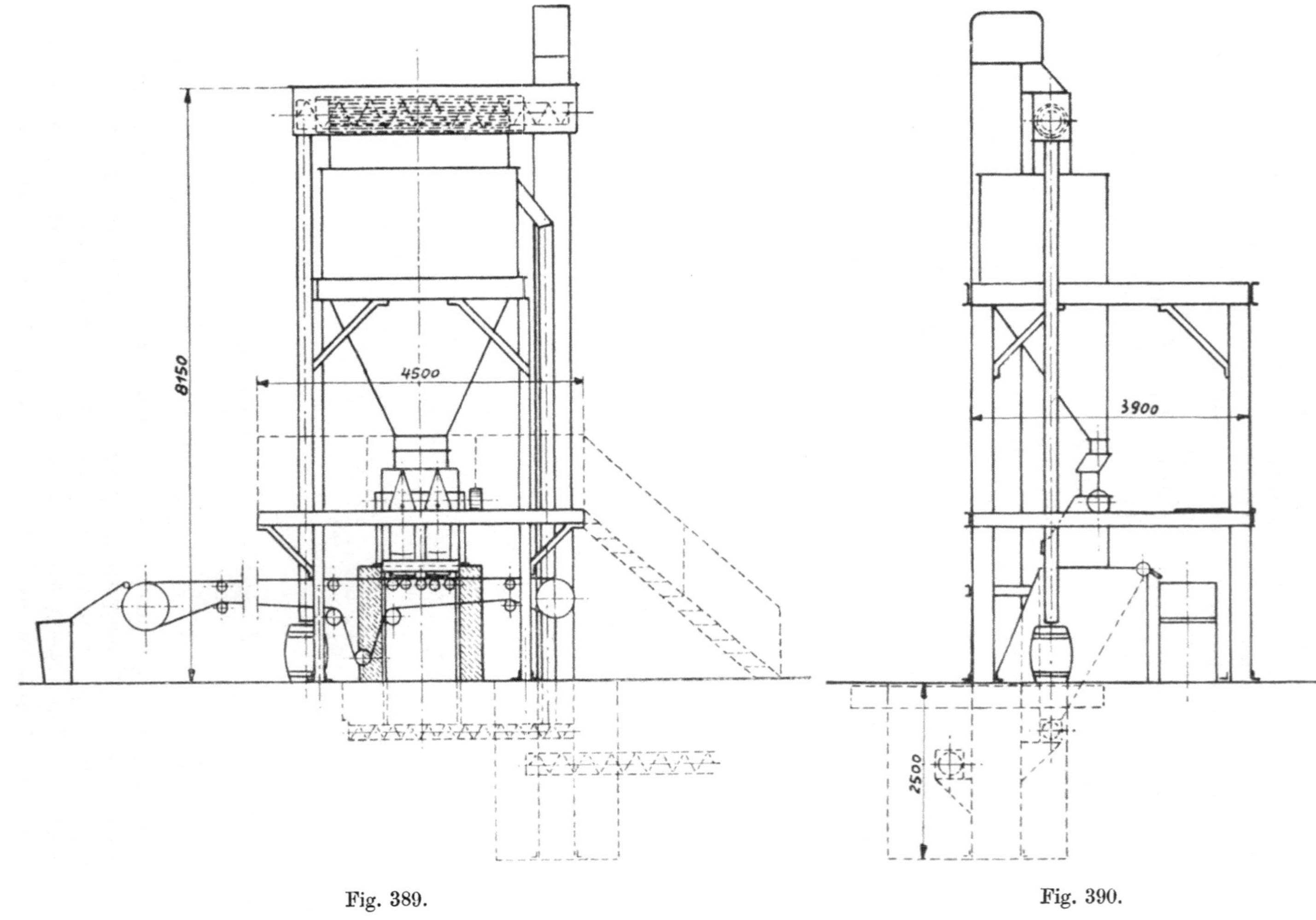
8150
4500
3900
2500
Fig. 389.
Fig. 390.

des zweiten beschäftigt. Sowie der erste voll ist, beginnt er mit der Füllung des zweiten, während der zweite gefüllt wird, wird der erste Sack umgekippt und an dessen Stelle ein dritter gesetzt usw. usw.

Die *Bates*-Füllmaschine packt in der Stunde 5—600 Sack von je 50 kg unter Ausschaltung jeglicher schwerer Handarbeit, sie ist daher für ganz große Betriebe vorzüglich geeignet. Bemerkt sei noch, daß sie von 98 Proz. sämtlicher amerikanischer Portlandzementfabriken benutzt wird.

Massengüter, die in gemahlenem Zustande ohne jegliche Verpackung versandt werden, wie z. B. Kalisalze, erfordern eine möglichst wenig zeitraubende Beladung der Eisenbahnwagen, bei welcher gleichzeitig jegliche Handarbeit

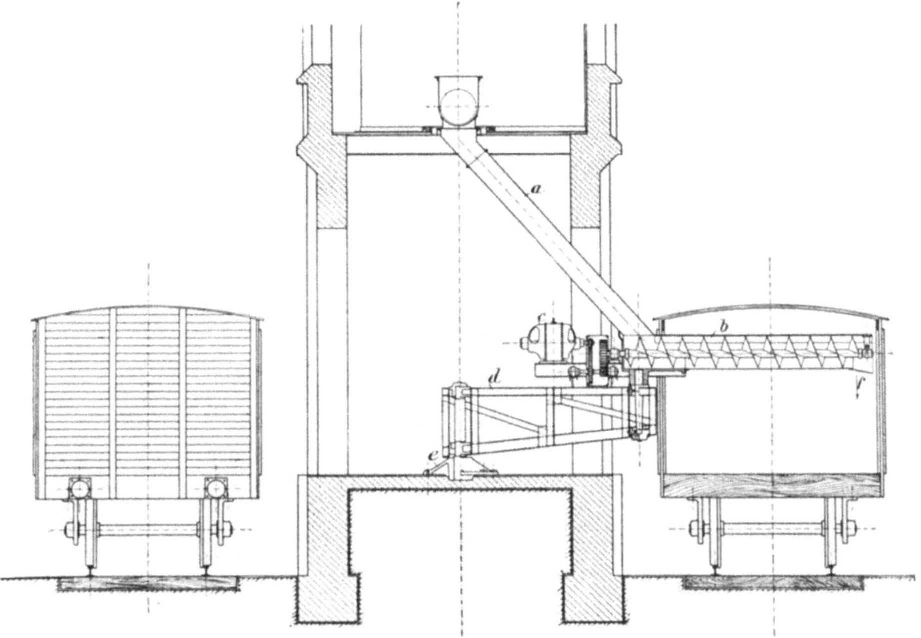

Fig. 391.

auszuschalten ist. Die in Fig. 391 dargestellte Verladeschnecke, Bauart der *Amme, Giesecke & Konegen A.-G.*, Braunschweig, löst diese Aufgabe in zufriedenstellender Weise. Die Einrichtung besteht aus dem drehbaren Auslaufrohr *a*, an das die Schnecke *b* mit dem Ausfalle *f* anschließt. Die Schnecke ist auf dem um die Säule *e* drehbaren Ausleger *d*, zusammen mit dem Elektromotor *c* aufgebaut, läßt sich also nach Bedarf so schwenken, daß der Eisenbahnwagen — ohne verschoben werden zu müssen — über seine ganze Länge gefüllt werden kann.

Ähnliche Verladeschnecken baut auch *G. Sauerbrey*, Staßfurt, und die *G. Luther A.-G.*, Braunschweig, letztere mit dem Unterschied, daß die Schnecke mit dem Motor nicht auf einem Ausleger ruht, sondern an dem hängenden Auslaufrohr befestigt ist, mit diesem geschwenkt, aber auch in der senkrechten

Ebene verstellt werden kann, wobei der Raum unterhalb der Verladetasche frei bleibt und der Verkehr auf den Rampen nicht behindert wird[1].

Die zur Verpackung gemahlener Stoffe benutzten Jute-Säcke gestatten in der Regel eine mehrmalige Verwendung, bevor sie endgültig unbrauchbar geworden sind. Zu diesem Behufe ist es jedoch nötig, sie vor der Wieder-

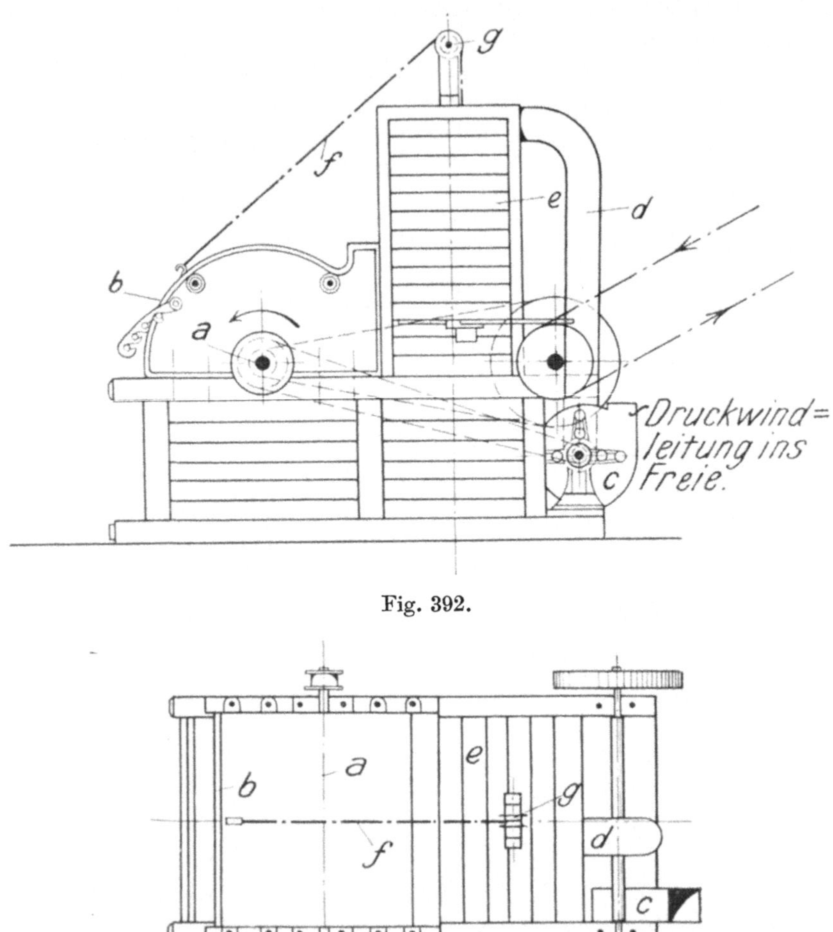

Fig. 392.

Fig. 393.

benutzung und bevor etwaige Risse und Schäden, die sie auf dem Transport und der Verwendungsstelle erlitten haben, ausgebessert sind, einer gründlichen Reinigung zu unterziehen. Die Intensität der letzteren richtet sich nach der Natur der Ware: ist letztere hygroskopisch und leicht zusammenklebend, so müssen die sich bildenden Krusten durch heftiges Klopfen, nötigenfalls

[1] Zeitschr. d. Ver. deutsch. Ing. 1910, S. 176.

auch durch Bürsten entfernt werden, haftet der trockene Staub den Säcken
aber nur lose an, so genügt schon ein kräftiges, länger anhaltendes Schütteln.
um die gewünschte reinigende Wirkung hervorzubringen.

Diese Reinigung geht nun in den allermeisten Fällen mit einer starken
und lästigen Staubentwicklung Hand in Hand; es ist daher bei der Konstruktion der Reinigungsvorrichtungen diesem Umstande Rechnung zu tragen
und gleichzeitig auf die Wiedergewinnung des vielfach wertvollen Staubes
Bedacht zu nehmen.

Die Fig. 392 und 393 zeigen die Sackklopfmaschine von *Kampnagel*,
Hamburg. Sie besteht aus einer rasch umlaufenden Welle *a*, die über denjenigen Teil ihrer Länge, welcher der lichten Weite des staubdichten, hölzernen

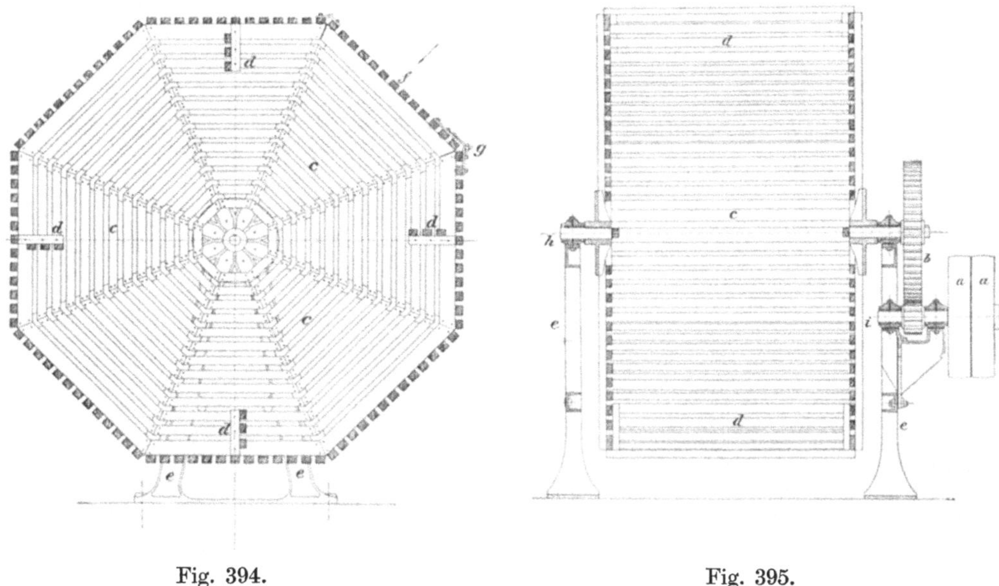

Fig. 394.   Fig. 395.

Gehäuses oder — was dasselbe ist — der zulässigen Sackbreite entspricht, mit
einer Anzahl biegsamer Schläger besetzt ist. Diese Schläger bearbeiten nun
den in die vordere Öffnung *b* des Gehäuses eingeschobenen und auf einer elastischen Unterlage ruhenden Sack in kräftigster Weise. Der hierbei entstehende
Staub wird, zusammen mit der durch die vordere Öffnung nachströmenden
Luft, von einem an der Maschine angebrachten und von dieser aus in Tätigkeit gesetzten Exhaustor *c* mit dem Saugrohr *d* durch die im Aufsatz *e* befindlichen Filtertücher hindurchgesaugt, wobei er an diesen hängen bleibt, während
die gereinigte Luft ins Freie oder in eine Staubkammer geblasen wird. Zwecks
Reinigung des Filtertuches wird dieses durch Ziehen und plötzliches Loslassen
einer über die Rolle *g* laufenden Schnur *f* von Zeit zu Zeit kräftig geschüttelt.
Der im Unterteil des Gehäuses sich sammelnde Staub wird in passenden
Zeiträumen entfernt.

20*

Eine Sackschüttelmaschine ist in Fig. 394 und 395 dargestellt. Es ist dies eine Lattentrommel c, die mit ihren beiden Achszapfen h in zwei gußeisernen Ständern e gelagert ist und durch ein Vorgelege, bestehend aus der Welle i, Riemscheiben a, a und Getriebe mit Zahnrad b in langsame Umdrehung versetzt wird. Die zu reinigenden Säcke werden in Teilmengen von 40 bis 100 Stück — je nach ihrer Größe — durch die Klappe f g eingebracht und etwa 10 bis 20 Minuten in der Trommel belassen.

Das Schüttelwerk wird zweckmäßig in ein dichtes, mit einer Tür von genügender Größe versehenes Gehäuse eingeschlossen, das mit der Saugleitung einer Staubfängeranlage in Verbindung steht.

VIII. Beschreibung vollständiger Anlagen.

Die nachstehenden Beschreibungen ausgeführter Vorzerkleinerungs-Mühlen- und vollständiger Fabrikanlagen sollen Gelegenheit bieten, die in den vorhergegangenen Abschnitten im einzelnen erläuterten Zerkleinerungsvorrichtungen, Mahl-, Sicht-, Förder- und Staubsammelapparate, Lagerungs- und Packeinrichtungen in ihrem Zusammenwirken zu verfolgen. Sie sollen aber gleichzeitig auch demjenigen als Anhaltspunkte dienen, der vor die Aufgabe gestellt ist, für einen neu anzulegenden Betrieb die geeigneten und praktisch bewährten maschinellen Hilfsmittel zu wählen.

Selbstverständlich konnten aus der schier unendlichen Mannigfaltigkeit der hier in Frage kommenden gewerblichen Betriebe nur einige wenige heraus-

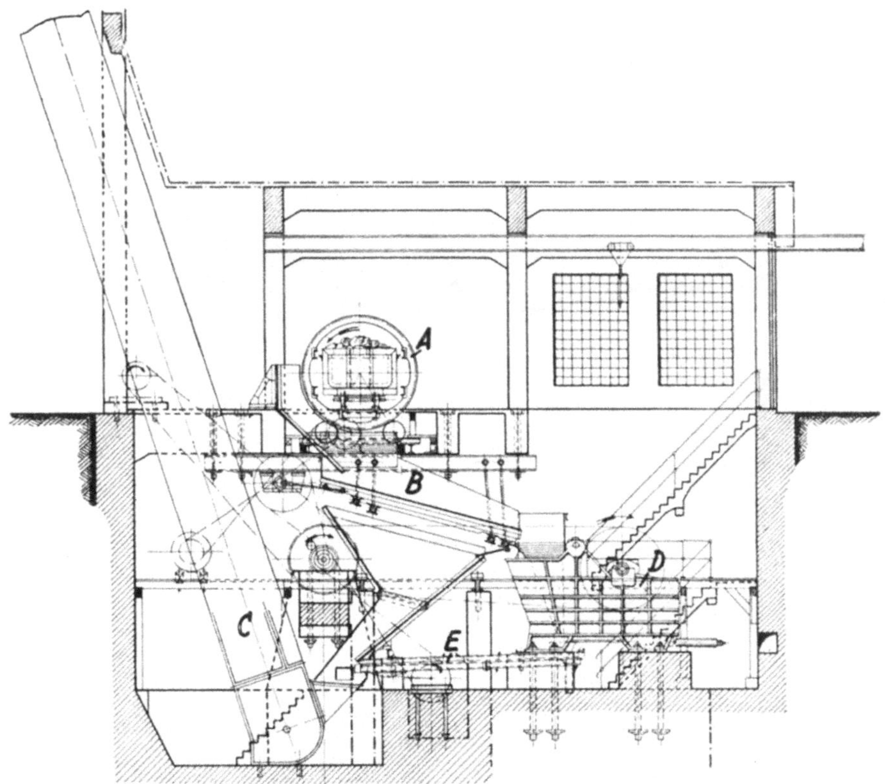

Fig. 396.

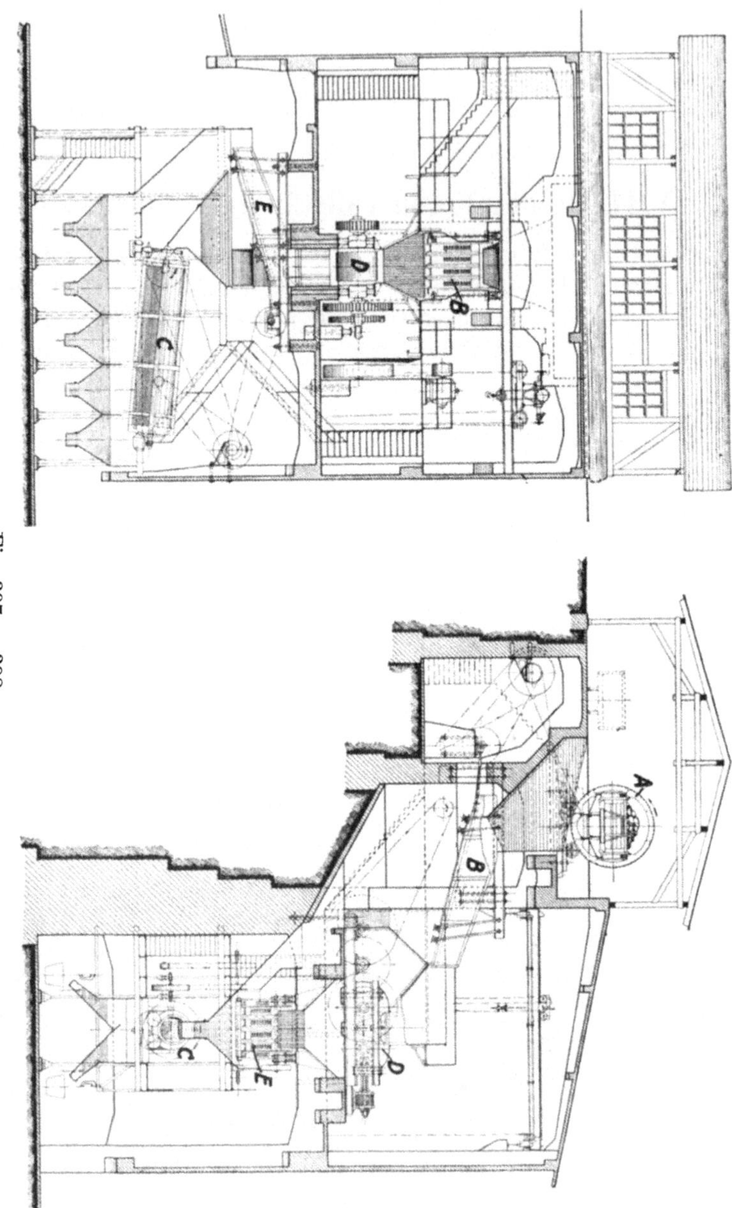

Fig. 397 u. 398.

gegriffen werden; immerhin dürfte die gebotene Auswahl vielseitig genug sein, um den eingangs umschriebenen Zweck zu erfüllen — namentlich dann, wenn die Beschreibung nicht nur als solche hingenommen, sondern wenn auch über die innere Begründung der angeführten Maßnahmen nachgedacht wird, soweit diese aus der beigegebenen Erläuterung nicht ohne weiteres erkennbar sein sollte.

Fig. 396 stellt eine Kalkstein-Grobzerkleinerungs-Anlage (Bauart *Krupp-Grusonwerk*, Magdeburg) dar, in der Kalksteine für den Brand in Öfen auf die vorgeschriebene Stückgröße vorgebrochen werden sollen. Das Rohgut kommt bei dieser Anlage in Wagen von 3 m³ Inhalt an, die durch einen mechanischen Wipper *A* entleert werden. Das Gut fällt auf das Schüttelsieb *B* mit Lochung von 210 × 300 mm. Die durch die Lochung fallenden Körnungen gelangen unmittelbar in das Becherwerk *C*, während das Grobe in dem Steinbrecher *D* mit einer Maulweite von 1200 × 900 mm zerkleinert und dann durch Förderrinne *E* gleichfalls dem Becherwerk *C* zugeführt wird, das das Gut der Siebvorrichtung aufgibt. Die Leistung der Anlage beträgt bis zu 130 t in der Stunde bei einem Kraftverbrauch von etwa 110 PS. —

Die Fig. 397 und 398 zeigen den Einbau eines *Krupp*schen Walzenbrechers von 1600 mm Walzendurchmesser und 1200 mm Breite in eine Brechanlage. Das Rohgut wird in Wagen von 5 m³ Inhalt angefahren, die durch einen mechanischen Wipper *A* entleert werden. Das Gut fällt auf das Schüttelsieb *B*. Die durchfallenden Körnungen gelangen unmittelbar in die Siebtrommel *C*, während das Grobe in der Walzenmühle *D* zerkleinert und dann einem zweiten Schüttelsieb *E* zugeführt wird. Der Überlauf sammelt sich in einem Vorratbehälter, während die feinen Körnungen gleichfalls der Siebtrommel *C* zugeführt werden, die sie in die verschiedenen Korngrößen trennt. Die Leistungsfähigkeit dieser Anlage beträgt bis zu 150 t in der Stunde bei einem Kraftverbrauch von etwa 150 PS. —

Eine Mahlgruppe für Kohlenstaub ist durch die Fig. 399 veranschaulicht. Sie besteht aus einer *Pfeiffer*schen Dreiwalzenmühle, einem Windsichter und einem Becherwerk. Da die Mühle und der Sichter gegen Feuchtigkeit in hohem Maße unempfindlich sind, so können von dieser Einrichtung Steinkohlen mit 3—5 Proz., Braunkohlen mit max. 20 Proz. Wassergehalt vermahlen werden. Der Kraftverbrauch beträgt 12 bis 14 KW/t. —

In den Fig. 400 und 401 ist eine Phosphatmahlanlage mit Kentoder auch Maxecon-Mühle dargestellt. Es bedeutet dort *a* die Mühle, *b* den Steinbrecher, *c* das Becherwerk, *d* das Schrägsieb, *e* die Feinmehlschnecke, *f* einen Behälter für vorgebrochenes Gut, *g* den Aufgaberost, *h* die Elektromagnetwalze, *i* die Absackstelle, *k* den Staubsammler, *l* den Exhaustor, *m* das Ausblaserohr, *o* die Anschlüsse an die Entstäubung und *p* die Staubschnecke.

Die Leistungsfähigkeit dieser Anlage beträgt in der Stunde 6 bis 7 t afrikanisches oder 4 bis 5 t Pebble, oder 3 bis 3,6 t Florida Hard Rock Phosphat, bei einem Kraftaufwand von nur 25 PS (für die Mühle allein).

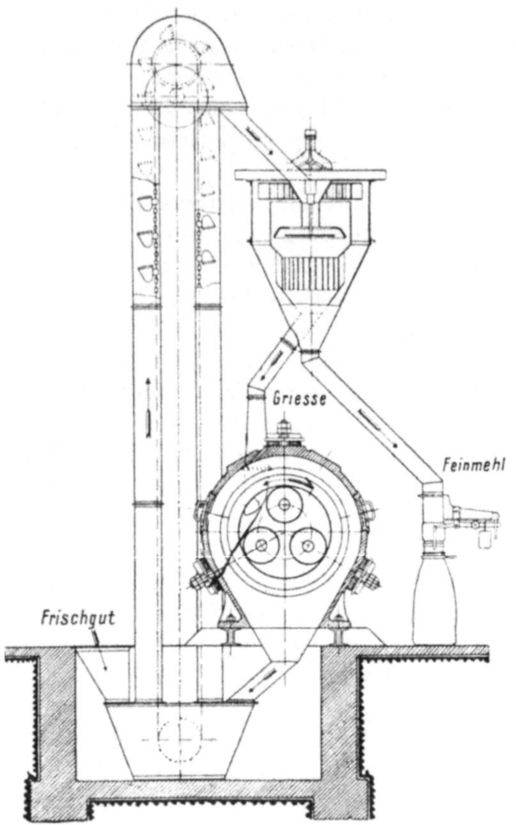

Fig. 399.

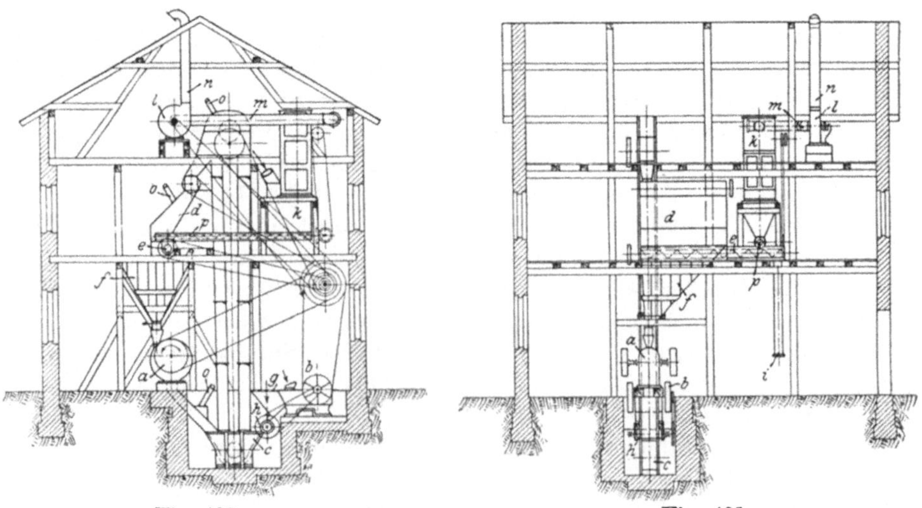

Fig. 400.   Fig. 401.

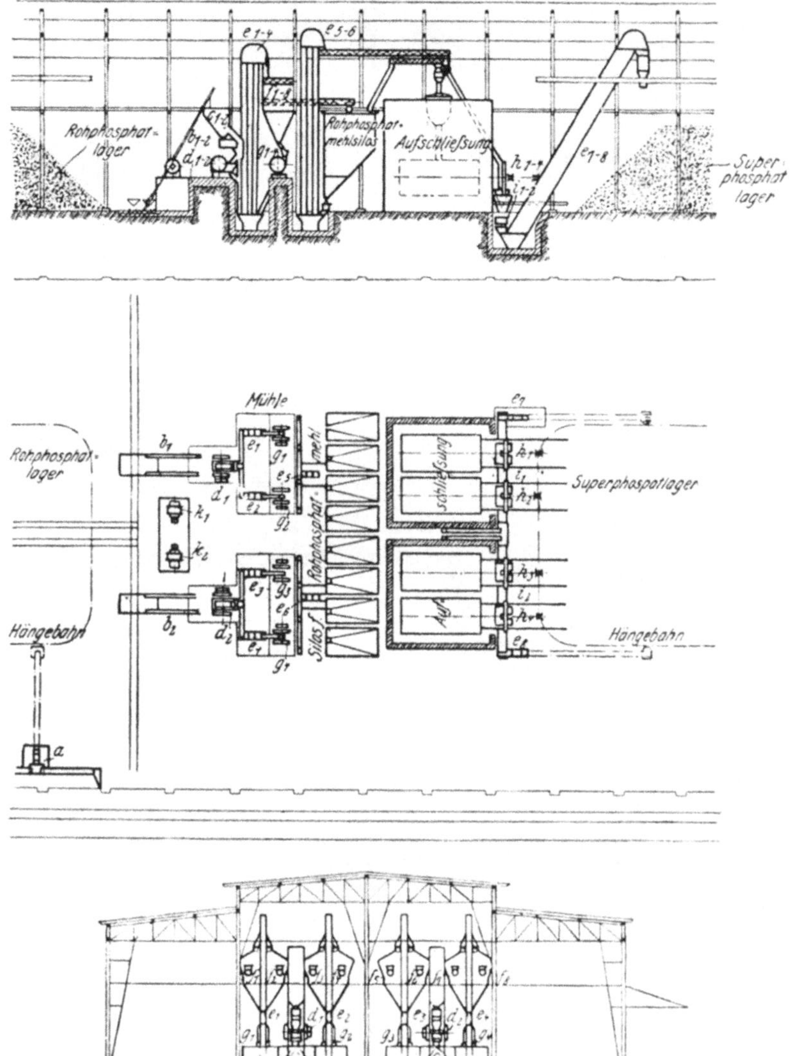

Fig. 402 bis 404.

Eine von *C. v. Grueber*, Berlin, gebaute **Superphosphatfabrik** mit einer Leistungsfähigkeit von 10 bis 12 t/h. ist in den Fig. 402 bis 404 gezeigt. Dort bedeutet:

a das Empfangsbecherwerk,	f_{1-8} Schrägsiebe,
b_{1-2} Schrägaufzüge,	g_{1-4} Maxecon-Mühlen,
c_{1-2} Sturzroste,	h_{1-4} Schaber,
d_{1-2} Steinbrecher,	i_{1-2} Bandförderer,
e_{1-8} Becherwerke,	k_{1-2} Elektromotoren.

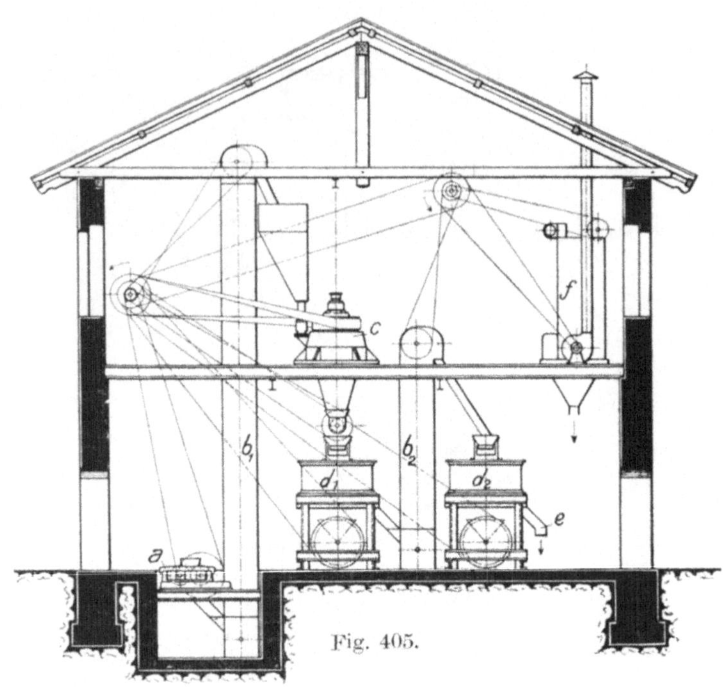

Fig. 405.

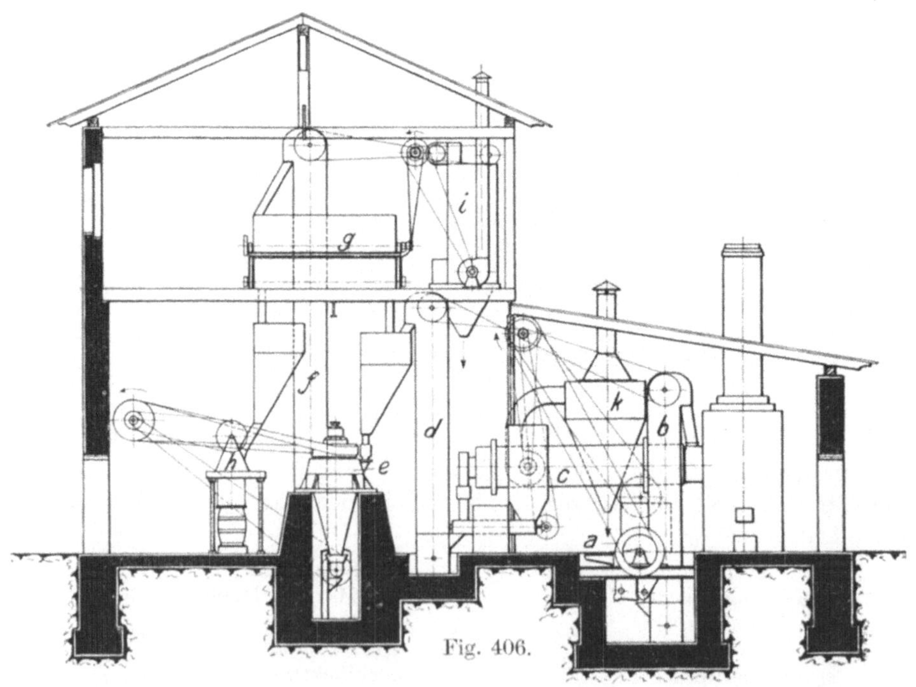

Fig. 406.

Fig. 405 ist der Aufriß einer Mahlanlage für Farben, Bauart der *Rheinischen Maschinenfabrik* in Neuß a. Rh. Farben, die im Handel „unfühlbar" fein verlangt werden, sich aber infolge ihrer physikalischen Eigenschaften schwer oder gar nicht sieben lassen, werden auf Mahlgängen, die so angeordnet sind, daß die Farben sie alle einzeln nacheinander durchlaufen müssen, auf die gewünschte Feinheit gebracht. Man schaltet zu diesem Behufe oft vier und noch mehr Mahlgänge hintereinander.

Je feiner man das Gut den Mahlgängen aufgibt, desto besser ist naturgemäß das von diesen gelieferte Erzeugnis. Zweckmäßigerweise ist also hier den Mahlgängen d_1, d_2 eine Mörsermühle c vorgeschaltet, die selbst schon eine beträchtliche Menge des Allerfeinsten erzeugt, so daß die Gänge wesentlich entlastet werden. — Im übrigen bedeutet a das Vorbrechwalzwerk, b_2, b_2 zwei Becherwerke, e den Absackstutzen und f einen Saug-Schlauchfilter zur Staubloshaltung des Mühlenraumes. — Bei 30 PS Kraftverbrauch leistet die obige Anlage i. M. 1800 kg/h.

Eine Mahl- und Packanlage für Erdfarben, Bauart der *Rheinischen Maschinenfabrik* in Neuß a. Rh. ist im Aufriß durch Fig. 406 veranschaulicht. Der Rohstoff wird in das in Fußbodenhöhe liegende Maul der Backenquetsche a eingeworfen, die ihn fein vorschrotet und in ein Becherwerk b fallen läßt, das das Gut in eine Trockentrommel c befördert, an die sich eine Kühltrommel anschließt. Von hier aus gelangt es mittels Schnecke und Becherwerk d in den Vorratbehälter über der Mörsermühle e, die je nach Umständen entweder unmittelbar feinmahlen oder — wie abgebildet — ihr Erzeugnis mittels des Becherwerkes f an ein Zylindersieb g abgeben kann. Der Überschlag von letzterem geht zu nochmaliger Vermahlung auf die Mörsermühle zurück, während das

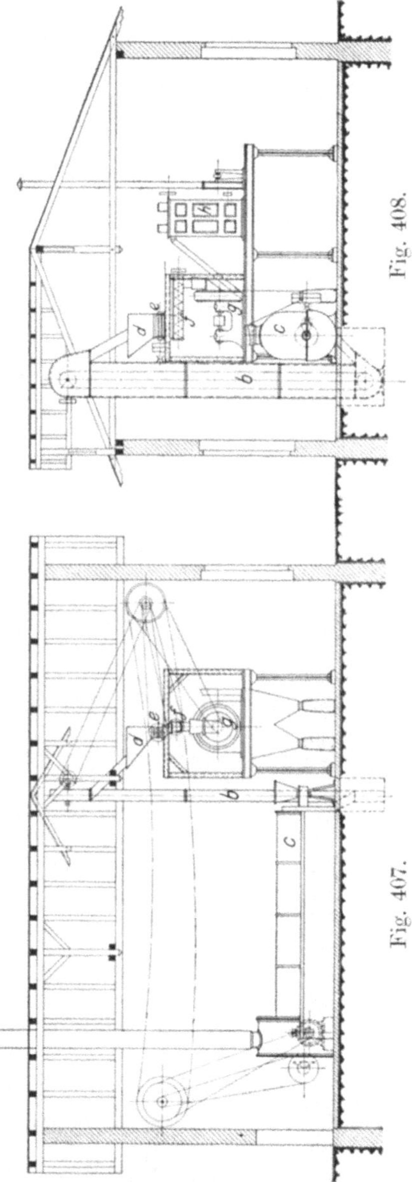

fertige Erzeugnis bei *h* abgesackt oder in Fässer gefüllt wird. — Zur Entstäubung der Mühle ist wieder ein Saug-Schlauchfilter *i* vorgesehen und für die Trocknerei ein Exhaustor mit Zyklon *h* angeordnet. — Die Anlage leistet bei 35 PS Kraftverbrauch etwa 2000 kg/h.

Die Fig. 407 bis 409 zeigen Aufriß, Querschnitt und Grundriß einer Mahlanlage für Ammoniaksalz, Bauart der *Alpinen Maschinen-A.-G.*, Augsburg. Das Ammoniaksalz wird durch den Trichter *a* dem Trockner aufgegeben, der für eine stündliche Leistung von etwa 1000 kg ausreicht und den Feuchtigkeitsgehalt des Salzes von 4 Proz. auf 0,3 Proz. herabzumindern vermag. (Da bei den Ammoniaksalzanlagen das Gut häufig noch heiß aus den Zen-

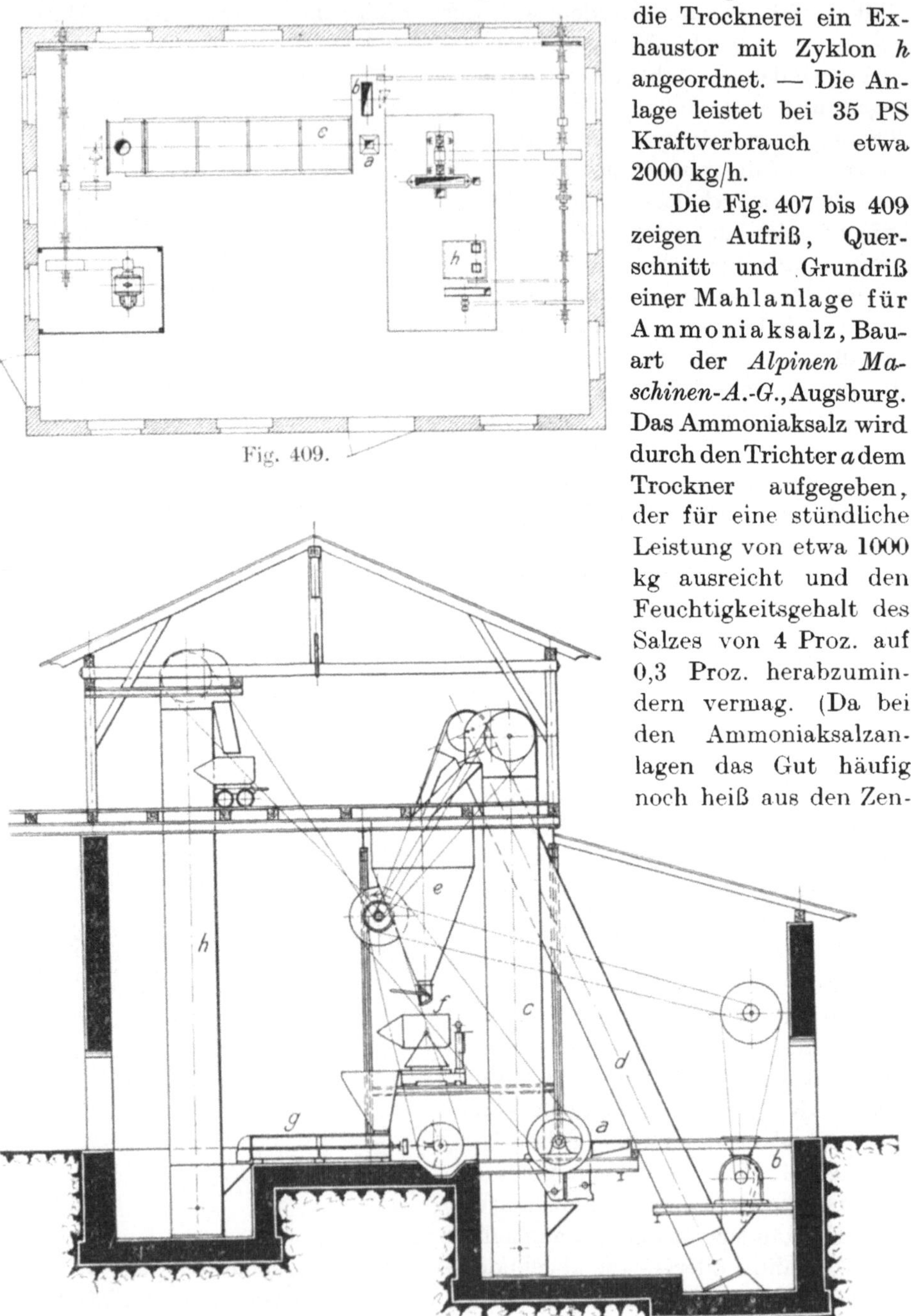

Fig. 409.

Fig. 410.

trifugen zur Trocknung kommt, so würde in einem solchen Falle bei dem genannten Feuchtigkeitsgehalt auch eine etwas kleinere Trockenvorrichtung genügen.) Das getrocknete Gut wird durch das Becherwerk b in den Trichter d des Brechwerks e geschafft und von hier durch die Schnecke f der Perplex-Mühle g zugeführt, die es bei nur einmaligem Durchgang zu einem gleichmäßig feinen Mehl vermahlt. Änderungen des Feinheitsgrades können, wenn gewünscht, leicht vorgenommen werden.

Die Entstäubung der Anlage besorgt ein Exhaustor in Verbindung mit einem zwölfschläuchigen Filter h. Da aber die Erhaltungskosten des letzteren wegen der zerstörenden Wirkung der freien Säure auf das Gewebe etwas hoch sind, werden die neueren Anlagen dieser Art mit Zyklon und Staubkammer ausgeführt.

Soll das Ammoniaksalz nicht nachgedarrt werden, so wird es unmittelbar dem Becherwerk b aufgegeben. In diesem Falle leistet die Mühle 2 bis 300 kg/h bei einem Feuchtigkeitsgehalt des Gutes von 4 bis 5 Proz. Der Kraftbedarf beträgt 20 bis 23 PS.

Fig. 408 ist der Aufriß einer Mahl- und Mischanlage für Bisulfat, Bauart der *Rheinischen Maschinenfabrik*, Neuß a. Rh. Das Bisulfat wird in großen Stücken, so wie sie aus den Pfannen herausgeschlagen werden, der Backenquetsche a karrenweise aufgegeben. Die eigenartige Form der Brechbacken dieser Maschine verhindert das Gleiten der schlüpfrigen Stücke, diese werden sofort gepackt und in einem Durchgange zu jeder gewünschten Körnung zermalmt. Vom Brecher aus wird das Gut mittels des Becherwerks c in einen Behälter e geschafft, neben dem sich ein zweiter Behälter befindet, welcher den dem Bisulfat zuzusetzenden Stoff, z. B. Kochsalz, enthält. Zur Feinmahlung des letzteren ist ein Desintegrator b vorgesehen, dessen Erzeugnis von dem schrägen Becherwerk d auf den erwähnten Behälter gehoben wird.

Die Pendelverschlüsse der beiden Behälter münden über dem auf einer Wage stehenden Kippgefäß f aus. Die abgewogenen Stoffe werden in die Mischmaschine g entleert, gemischt und vom Becherwerk h auf das obere Stockwerk gehoben, von wo sie zu den Öfen gefahren werden.

Bei 8000 kg stündlicher Leistung beziffert sich der Kraftbedarf dieser Anlage auf etwa 27 PS.

Eine von *Kampnagel*, Hamburg, erbaute Eisenmahlanlage für eine Anilinfabrik[1], ist in Fig. 411 bis 413 dargestellt. Die Späne, jedesmal 300 kg, werden mittels des Magneten b aus dem Eisenbahnwagen entnommen und entweder auf Lagerstellen oder in den Aufgabetrichter c der Siebtrommel d gebracht, die die gröberen, unbrauchbaren Beimengungen von den guten Spänen trennt. Die guten Späne gelangen in den Sammelrumpf e, von wo aus sie durch eine Aufgabevorrichtung dem Kollergang a selbsttätig zugeteilt werden, der für den vorliegenden Zweck mit besonderen Einrichtungen versehen ist. Im übrigen ist es ein Kollergang mit umlaufender Bodenplatte,

---

[1] Zeitschr. d. Ver. deutsch. Ing. 1920, S. 1109.

dessen Mahlbahn von einem Siebkranz aus gelochten Stahlblechen ringsum
eingeschlossen ist und der von oben angetrieben wird. Das Mahlgut gelangt
mittels Becherwerks f auf eine zweite Siebtrommel g, in der feinere Verunreinigungen, fertiges Erzeugnis und Überschläge getrennt werden, die
zu nochmaliger Bearbeitung auf den Kollergang zurückkehren. Das fertige
Erzeugnis geht von der Siebtrommel g in kleine Sammelrümpfe h und Förderwagen i. Soll es dagegen in Silos gelagert werden, so wird es vorher noch

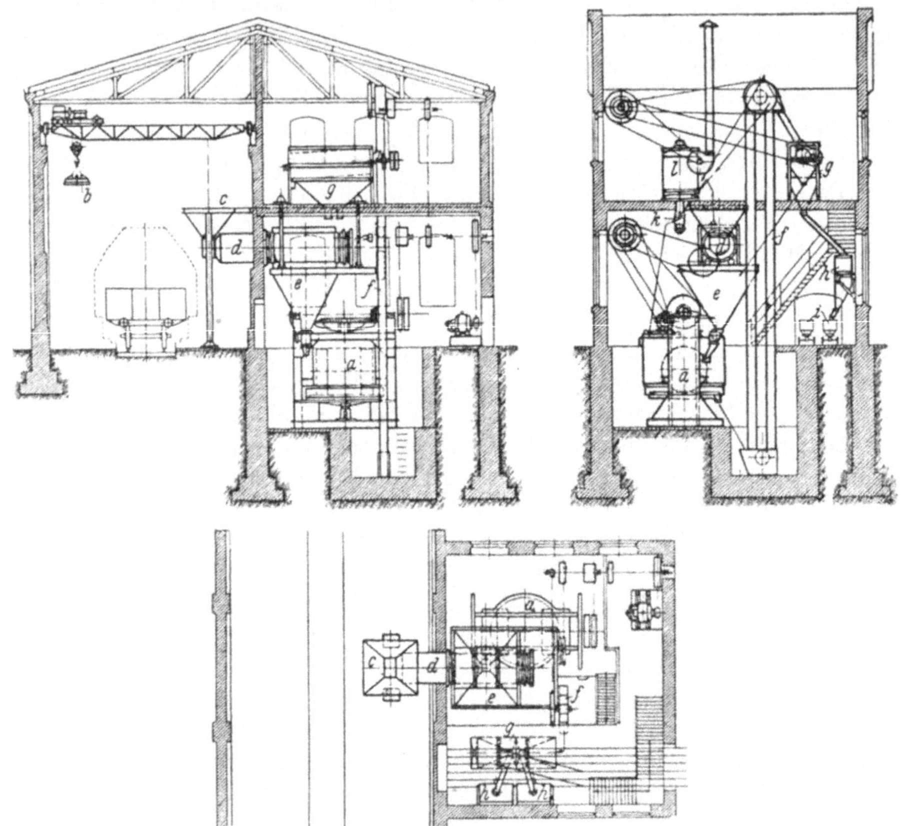

Fig. 411 bis 413.

über eine selbsttätige Wage geleitet. Zur Entstäubung der Anlage sind ein
Sammeltrog k und ein Luftreiniger l vorhanden. Bei einer Leistung von
2000 kg/h beträgt der Kraftbedarf nur 25 PS.

Von einer Dolomit - Aufbereitungsanlage, ausgeführt von der *Ma-
schinenbau-Anstalt, Humboldt*, in Kalk b. Köln, ist Fig. 414 der Aufriß, Fig. 415
der Querschnitt und Fig. 416 der Grundriß. Der Roh-Dolomit wird mit Aufzug a gehoben, auf dem Steinbrecher b vorgebrochen und im Ofen c gebrannt.
Das gebrannte Gut wird auf einem zweiten Steinbrecher d nochmals gebrochen und vom Becherwerk e auf die Siebtrommel f gebracht, die das

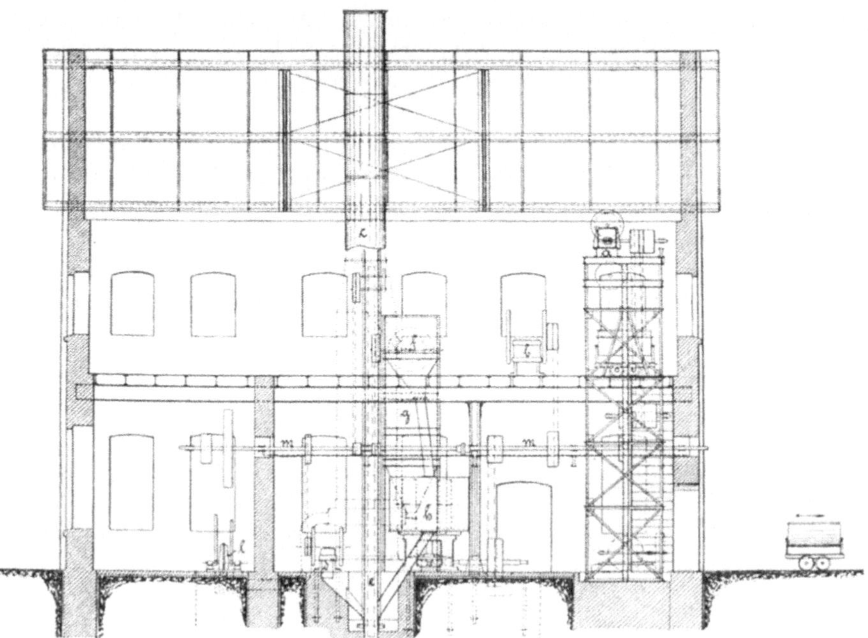

Fig. 414.

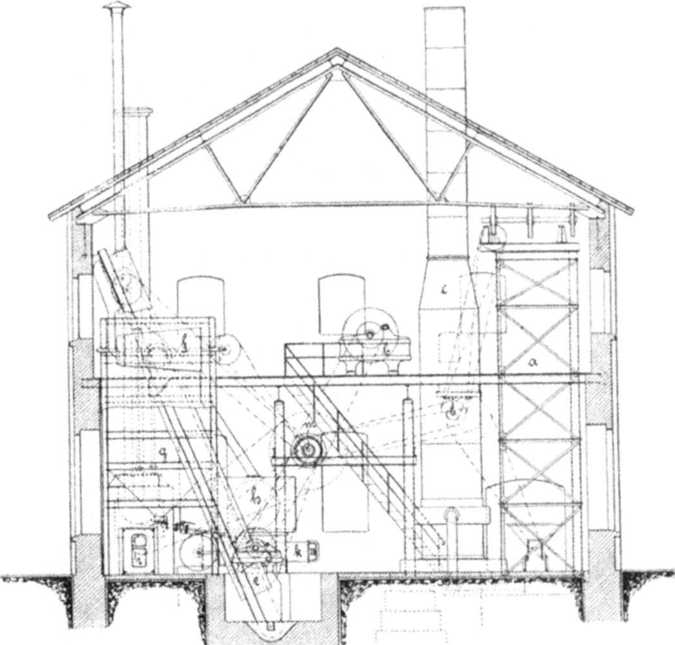

Fig. 415.

Feine in den Behälter g fallen läßt, während die gröberen Stücke dem Kollergang h zur weiteren Verarbeitung zugeführt werden. Das Kollergangserzeugnis läuft gleichfalls dem bereits erwähnten Becherwerk e zu, das es der Siebtrommel f übergibt.

Die Gruppe: Steinbrecher d, Becherwerk e, Siebtrommel f und Kollergang h wird auch zur Schamottemahlung benützt, doch ist, da das Formmaterial und die Schamotte feiner gemahlen werden müssen, in diesem Falle eine feinere Bespannung der Siebtrommel erforderlich.

Das aus dem Behälter g abgezogene Gut wird der Knetmaschine k aufgegeben, wobei — wenn Dolomit zu verarbeiten ist — der auf dem Teer-

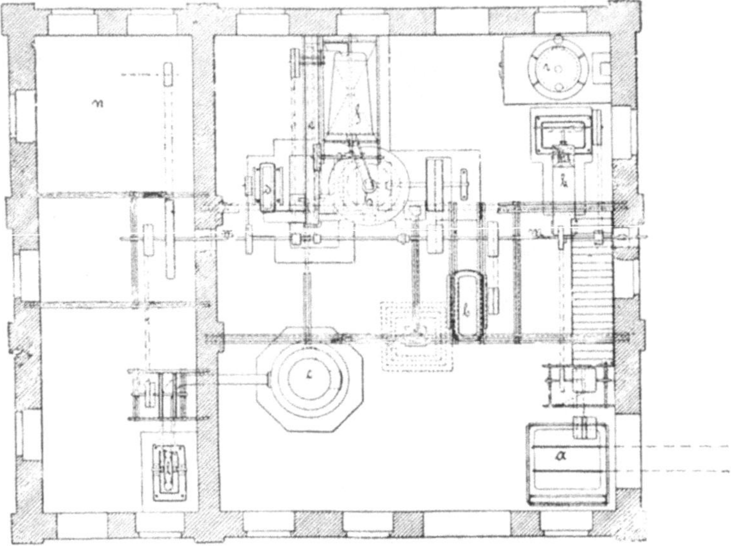

Fig. 416.

kocher i vorgewärmte Teer zugesetzt wird, während Schamotte einen Wasserzusatz erfordert. — Der Antrieb erfolgt von der Haupt-Vorgelegewelle m aus. Bemerkt sei noch, daß l den im Maschinenhause n aufgestellten Ventilator bedeutet, an dessen Windleitung der Brennofen c angeschlossen ist und daß der Aufzug a gleichzeitig auch zum Heben des Brennstoffes dient. — Die Leistung der beschriebenen Anlage ist 1500 kg/h Dolomitmasse bei einem Kraftverbrauch von etwa 25 PS.

Die Fig. 417 bis 418 veranschaulichen die Einrichtung der Mahlanlage einer Sprengstoffabrik, Bauart der *Alpinen Maschinen-A.-G*, Augsburg. Die Rohstoffe bestehen aus drei verschiedenen Salzen, die in getrennten Lagern aufbewahrt und von da in kleinen Geleiswagen nach der Mühle geschafft werden. Hier wird jedes der drei Salze für sich auf Vorbrecher a vorzerkleinert, worauf zwei davon durch Becherwerke b in Trockendarren c befördert werden, während das dritte Salz ohne vorherige Trocknung zur Vermahlung gelangt. Die Becherwerke sind unter Berücksichtigung der angrei-

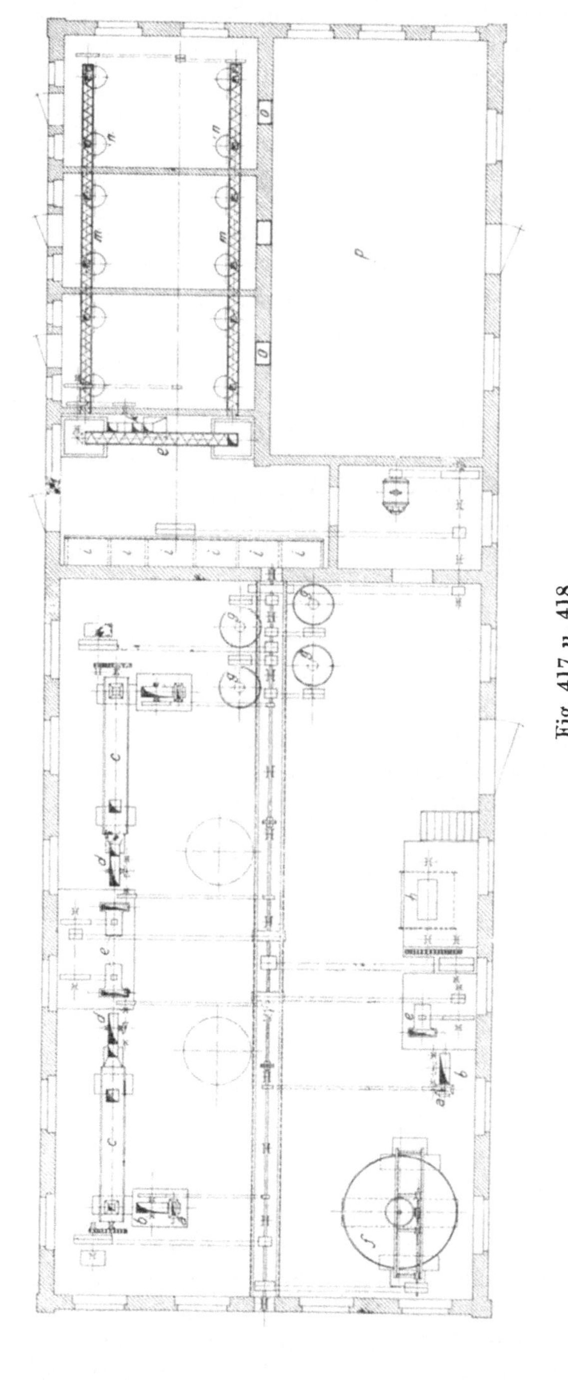

Fig. 417 u. 418.

fenden Eigenschaften des Fördergutes ausgeführt und besitzen emaillierte
Becher. Die aus einem umlaufenden Schaufelwerk bestehenden Trockenvorrichtungen haben Doppelböden für Dampfheizung und beanspruchen nur
sehr geringen Kraftaufwand.

Das getrocknete Gut wird von den Becherwerken d auf die Perplex-
Mühlen e gebracht, die es in einmaligem Durchgange so fein vermahlen, daß
sich besondere Siebvorrichtungen erübrigen. Das gemahlene Erzeugnis wird
abgesackt.

Alle drei Salze werden nun zunächst auf einer geheizten Rostpfanne
vorgemischt und durchlaufen dann eine Mischmaschine h. Nach dem Mischen
erfolgt die Weiterverarbeitung in säurebeständigen, innen emaillierten, mit
Rührwerk, doppeltem Boden und Dampfheizung versehenen Schmelzkesseln g.
Das Gemisch wird alsdann in kleine eiserne Schalen gefüllt und in 2 m hohen
eisernen, durch Dampfschlan-
gen geheizten Trockenschrän-
ken i getrocknet. Aus den
letzteren wird es dem Becherwerk k aufgegeben, das es in
eine Schnecke l mit Rechts-
und Linksgewinde hebt, von
wo es mittels der beiden weiteren Schnecken m auf die
Patronisiermaschinen n gelangt. Diese, von Mädchen
bedienten Apparate füllen den
Sprengstoff in Papphülsen, als-
dann werden die Patronen durch die Öffnungen o in den Paraffinierungs-
raum p weitergegeben.

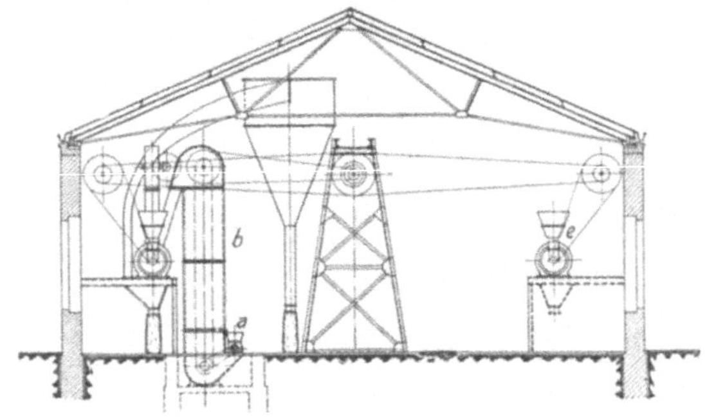

Fig. 419.

Die Salzmühlenanlage der Gewerkschaft Heiligenroda, erbaut
von *Kampnagel*, Hamburg, zeigen die Fig. 420 bis 422 im Aufriß, Grundriß und
Querschnitt.

Die Mühle ist mit einem Mahlwerk von 70 000 kg stündlicher Leistung
ausgerüstet. Dieses besteht aus: 1. einer großen, unmittelbar unter der Hänge-
bank liegenden Einlaufschurre a mit Absiebvorrichtung o im Obergeschoß
des Gebäudes, 2. einem Salzbrecher b von 1000×400 mm Maulweite, ebenfalls im Obergeschoß, 3. zwei Gloriamühlen c_1, c_2, als Feinmahlgeräten mit
Speisevorrichtungen und mit gemeinsamem Einlaufkasten im Mittelgeschoß,
4. drei Exzentersieben d_1 bis d_3 im Erdgeschoß und 5. den nötigen Fördermitteln.

In die große Einlaufschurre a, welche etwa 10 000 kg Salz aufnehmen
kann, werden die vom Schacht kommenden Seilbahnwagen entleert; sie liegt
derart geneigt, daß das Salz selbsttätig nach unten rutscht. Ihr oberer Teil
ist durch eine Blechverkleidung staubdicht abgeschlossen, während der untere
Teil, der über dem Einlauf des Salzbrechers mündet, offen ist. Dieser Teil
der Schurre ist mit zwei Haltevorrichtungen versehen, um das Salz darin

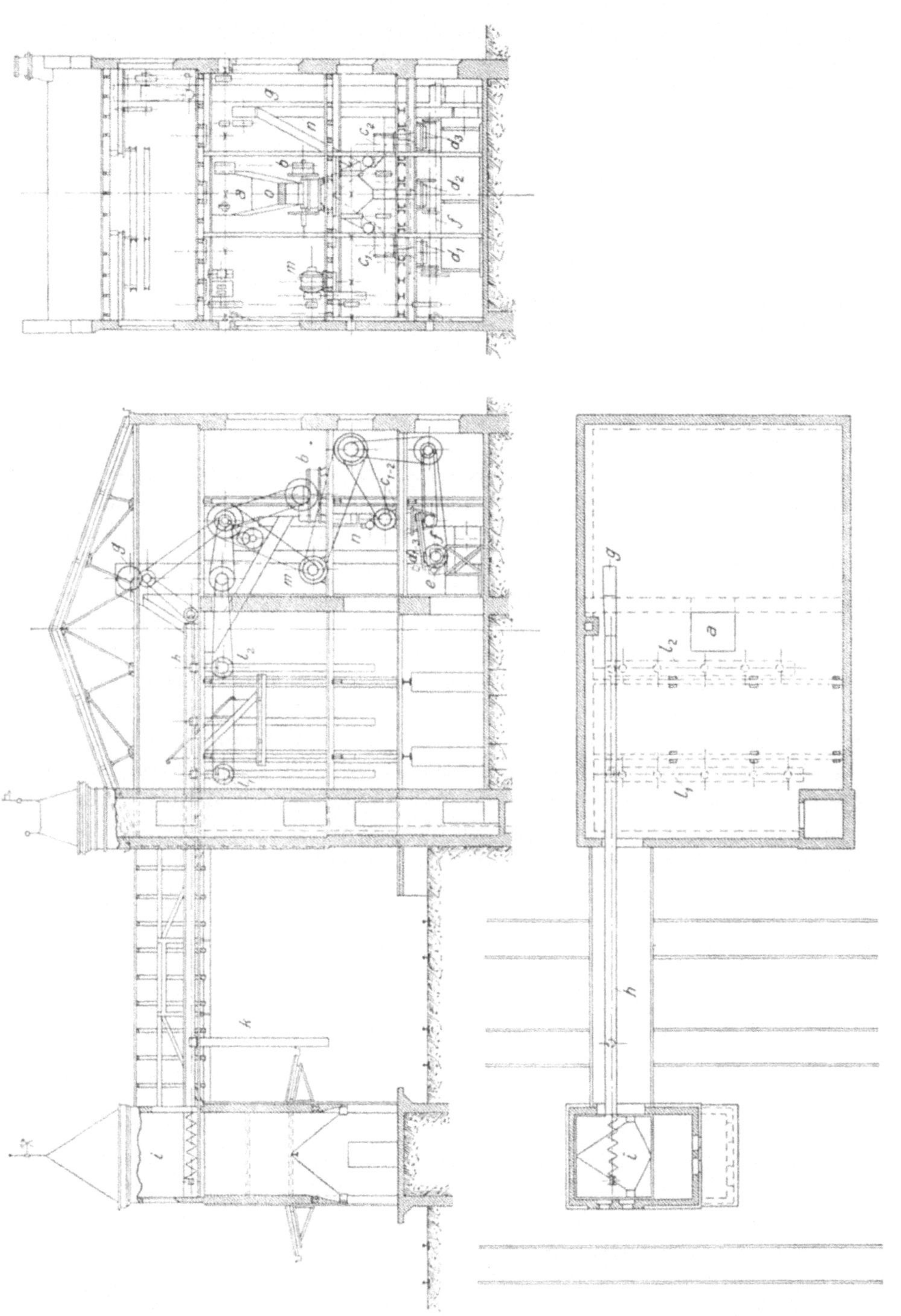

Fig. 420 bis 422.

festhalten zu können. Gleichzeitig gibt der offene Teil der Einlaufschurre Gelegenheit zum Ausklauben von mitkommenden Eisenteilen aus dem Salz, wodurch das Leseband fortfällt.

Mit der Einlaufschurre ist eine Absiebvorrichtung o verbunden, die das Salz in drei Sortierungen weitergibt. Diese Absiebvorrichtung besteht aus einem in die Schurre eingebauten Rost von 40 mm Spaltweite und einem Sieb von 8 mm Spaltweite, das in einem Gehäuse unter dem Rost der Einlaufschurre liegt.

Das in die Einlaufschurre gebrachte Salz rutscht über den Rost mit 40 mm Spaltweite, wobei die über 40 mm großen Stücke in der Schurre nach dem Salzbrecher geleitet werden, der sie bricht und dann in den Einlaufkasten der beiden Gloriamühlen fallen läßt, während das Salz unter 40 mm Stückgröße durch den 40-mm-Rost auf das darunter befindliche Sieb mit 8 mm Spaltweite fällt. Dieses Sieb steht ebenfalls mit dem Einlaufkasten der beiden Gloriamühlen derart in Verbindung, daß auch alle Salzstücke über 8 mm bis zu 40 mm Größe nach dem mittelsten Exzentersieb geführt werden.

In dem Einlaufkasten der Gloriamühlen läuft das vom Salzbrecher kommende Salz mit dem vom Sieb unter der Einlaufschurre kommenden Salz ebenfalls über Siebe von 8 mm Spaltweite, so daß den Speisevorrichtungen der Gloriamühlen von hier aus in der Hauptsache nur Salz über 8 mm Stückgröße zugeführt wird.

Die Absiebung geschieht deshalb über 8-mm-Siebe, um Sicherheit zu haben, daß alles Feinsalz aus dem geförderten und vorgebrochenen Salz entfernt wird, wodurch die als Feinmahlapparate dienenden Gloriamühlen wesentlich entlastet werden. Zur Beseitigung der durch die 8-mm-Siebe mitdurchgehenden Salzknorpel und etwaiger Salzknorpel, die sich in dem aus den Gloriamühlen kommenden Feinsalz noch befinden, dienen die drei Exzentersiebe d_1 bis d_3 im Erdgeschoß unter den Gloriamühlen, von denen das mittelste, wie bereits erwähnt, das vor der Mahlung abgesiebte Salz aufnimmt, während die beiden anderen das Salz aus je einer Gloriamühle aufnehmen. Die abgesiebten Knorpel fallen von den Exzentersieben in eine Sammelschnecke e und werden durch ein Becherwerk n den Gloriamühlen zugeführt, um hier gemahlen zu werden.

Das versandfähige Salz bis zu 4 mm Korngröße läuft von den Exzentersieben ebenfalls in eine Sammelschnecke f und aus dieser in ein Becherwerk g mit 500 × 250 mm-Bechern, das es auf 13,5 m Höhe in das Dachgeschoß hebt und in eine Verladeschnecke h nach der Verladestation auswirft. Die Verladung des gemahlenen Salzes erfolgt teilweise in Säcken, teilweise in losem Zustande unmittelbar in die Eisenbahnwagen. — Für die Sackverladung ist neben der Mühle an der Bahnseite ein Absackraum von etwa 90 m² Grundfläche und 2,85 m Höhe geschaffen, mit darüberliegendem Salzspeicher von gleicher Grundfläche und 5 m Höhe.

Die Verladeschnecke h geht quer über den Speicher für Sackverladung und über eine Brücke nach der zwischen zwei Ladegleisen liegenden Verladestelle i für loses Salz. Sie steht mit zwei im Speicher liegenden Verteilungsschnecken l_1, l_2 in Verbindung, und in der Verladestelle für loses Salz mündet sie in eine etwa 50 m³ fassende Verladetasche. — Die Verteilungsschnecken l_1, l_2 für den Salzspeicher über dem Absackraum haben je 3 mit Schiebern versehene Auslaufstutzen, durch die das Salz in den Speicher verteilt wird. Nach dem Absackraum gehen aus dem Speicher 8 gleichmäßig verteilte Absackrohre, von den beiden Verteilungsschnecken je zwei und von der Verladeschnecke ein Absackrohr.

Die Verladetasche in der Verladestelle hat unten 2 Trichter und mit Schiebern versehene Auslaufstutzen, die über der Mitte einer auf Schienen fahrbaren Verladevorrichtung liegen. Letztere besitzt zu ihrem Antrieb einen eingebauten Motor von 10 PS und ist damit imstande, einen Wagen von 10 000 kg Ladung in etwa 5 bis 6 Minuten zu füllen. Zum Betriebe des Mahlwerks nebst Verladeschnecke und Verteilungsschnecken dient ein Drehstrommotor von 125 PS.

In dem zur Sackverladung dienenden Teil der Mühle ist ein elektrischer Lastenaufzug von 1500 kg Nutzlast eingebaut mit je einem Zugang im Erdgeschoß, Absackraum, Salzlager und Dachgeschoß. Die Hubhöhe beträgt 11,4 m vom Erdgeschoß bis zum Dachgeschoß, die Fahrgeschwindigkeit 0,34 m/sek. —

Ein von der *Amme, Giesecke & Konegen A.-G.*, Braunschweig, ausgeführtes Mahlwerk mit Verladeeinrichtung für Kalisalze, vervollständigt durch einen Absackspeicher, wobei für das erstere eine stündliche Leistung von 80 t Stücksalzaufgabe am Kreiselwipper vorgeschrieben war, ist in den Fig. 423 und 424 dargestellt. Die ankommenden beladenen Wagen werden mittels des Kreiselwippers *a* auf ein Kurbelschwingsieb *b* mit zwei übereinanderliegenden Siebböden gekippt, wobei Feinsalz unter 4 mm ausgeschieden und als Fertigerzeugnis der weiteren Vermahlung entzogen wird, wogegen das gesamte übrige Gut von über 4 mm Korngröße den Titanbrecher *c* durchlaufen muß. Dieser hat eine untere Rostspaltweite von 10 mm, so daß das Brechgut ein Gemisch von feinen Grießen bis zu dieser Korngröße darstellt. Erfahrungsgemäß enthält das Erzeugnis des Titanbrechers bereits bis zu 60 Proz. Feines (0 bis 4 mm), das durch die Gewebeöffnungen der ersten Felder der nachfolgenden Siebtrommel *d* fällt, während der Überschlag zusammen mit dem Durchgang des letzten Feldes, also ein Gut von 4 bis 10 mm Korngröße, den Walzenstühlen *e* zuläuft. Über den letzteren sind Vorratkästen von entsprechendem Fassungsvermögen angeordnet, um eine dauernd gleichmäßige Beschickung der Mahlstühle zu erzielen.

Das Mahlgut und das auf den Sechskantsichtern abgesiebte Feinsalz vereinigen sich in der kurzen Sammelschnecke *f*, die alles zusammen dem Becherwerk *g* zubringt. Von diesem, das eine Leistungsfähigkeit von 100 t/h besitzt, um auch einer durch Feinsalzbeimengungen über 80 t Stücksalz hinausgehenden Gesamtleistung gewachsen zu sein, wird das Rohsalz entweder in die zur Rohsalzverladung führende Schnecke *h*, oder auf den zum Rohsalzspeicher führenden eisernen Plattenförderer *i*, oder endlich auch auf ein zum Lösehaus führendes Förderband abgeworfen.

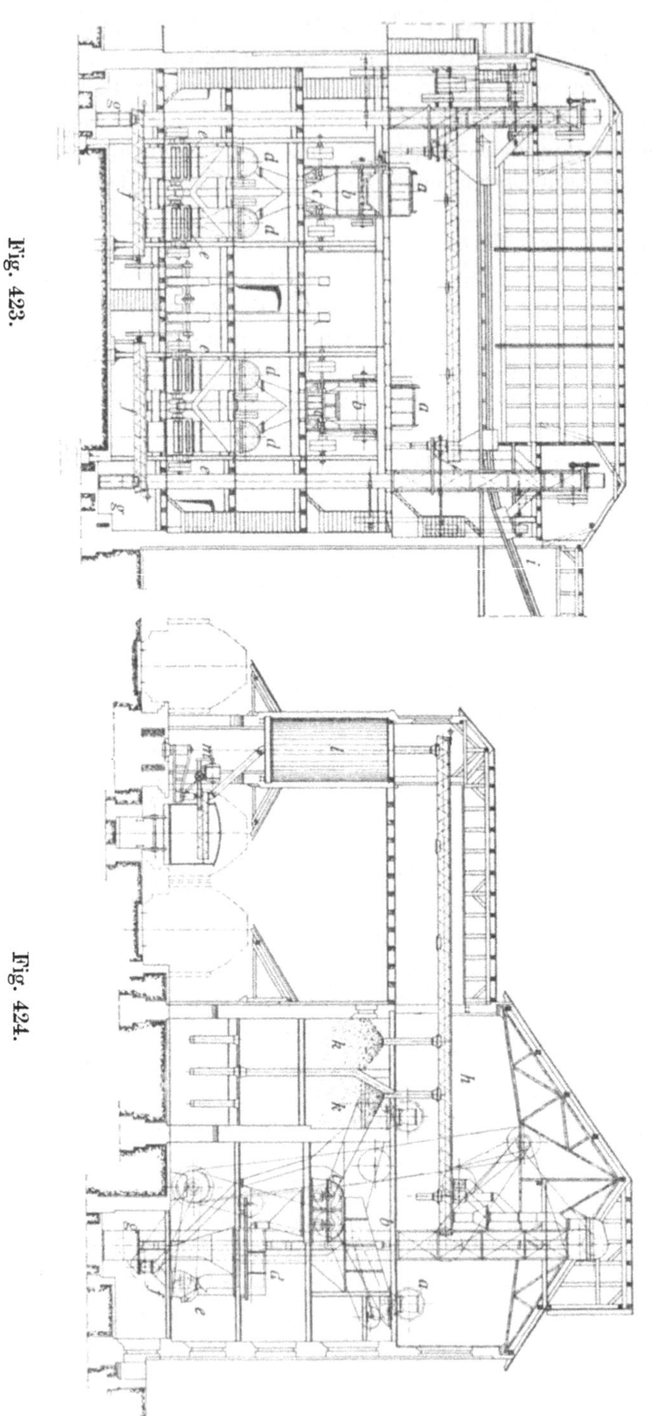

Fig. 423.

Fig. 424.

Mit dem Mahlwerk ist der oben schon erwähnte kleine Mühlenabsackspeicher k verbunden, in welchem Salze verschiedener Beschaffenheit miteinander vermischt und in Rampenhöhe abgesackt werden können.

Zwischen dem zweiten und dritten Gleis erhebt sich das Verladegebäude. Die zur Verladung führende Schnecke schüttet in den Rohsalzbunker l aus, der ein Fassungsvermögen von 3 Doppelladern besitzt und an den die um 180° schwenkbare, beide Gleisseiten bedienende Beladevorrichtung m angeschlossen ist. Besonders bemerkenswert ist die äußerst einfache und bequeme Handhabung dieses Apparates, dessen Ladeschnecke zur vollen Ausnützung der Schütthöhe noch schräg gestellt werden kann.

Das Mahlwerk wird von einem Elektromotor mit 100 KW, die Verladeeinrichtung von einem solchen mit 5 KW Dauerleistung angetrieben. — Endlich sei noch erwähnt, daß das Mahlwerk in gleicher Weise sowohl Hartsalz als auch Carnallit und Steinsalz zu verarbeiten vermag. Wesentlich andere

Anforderungen an die Beschaffenheit des Erzeugnisses bezüglich Feinheit
und Gleichmäßigkeit des
Korns als bei der vorstehend
beschriebenen Anlage werden bei der Fabrikation
des Speisesalzes erhoben.
Hier haben sich die sonst
nur in der Getreidemüllerei
gebräuchlichen Plansichter
als besonders zweckmäßig,
und sowohl hinsichtlich der
Güte als auch der Menge
des Erzeugnisses als hervorragend leistungsfähig erwiesen.

Eine Förder- und
Sichtanlage für Speisesalz, Bauart der *Amme,
Giesecke & Konegen A.-G.*,
Braunschweig, mit einer
stündlichen Aufgabeleistung von rund 20 t und
einer 75 proz. Ausbeute an
reinem Tafelsalz, ist in den
Fig. 425 und 426 dargestellt.
Das im Mahlwerk auf Marke
0 bis 1 vermahlene Steinsalz
wird mittels Förderschnekken *a*, *a* und unter diesen
angeordneter, einstellbarer
Speisevorrichtungen auf 2
Gruppen von je 4 Plansichtern *b*, *b* verteilt. Die letzteren erhalten je 2 Bespannungen, und zwar eine grobe
Bespannung aus Drahtgewebe Nr. 40 bis 44 und
eine Feinbespannung mit
Seidengaze Nr. 6 bis 8. Hierdurch entfallen bei der
Absiebung 3 Produkte;
Puder, das sog. Tafelsalz
und Überläufe.

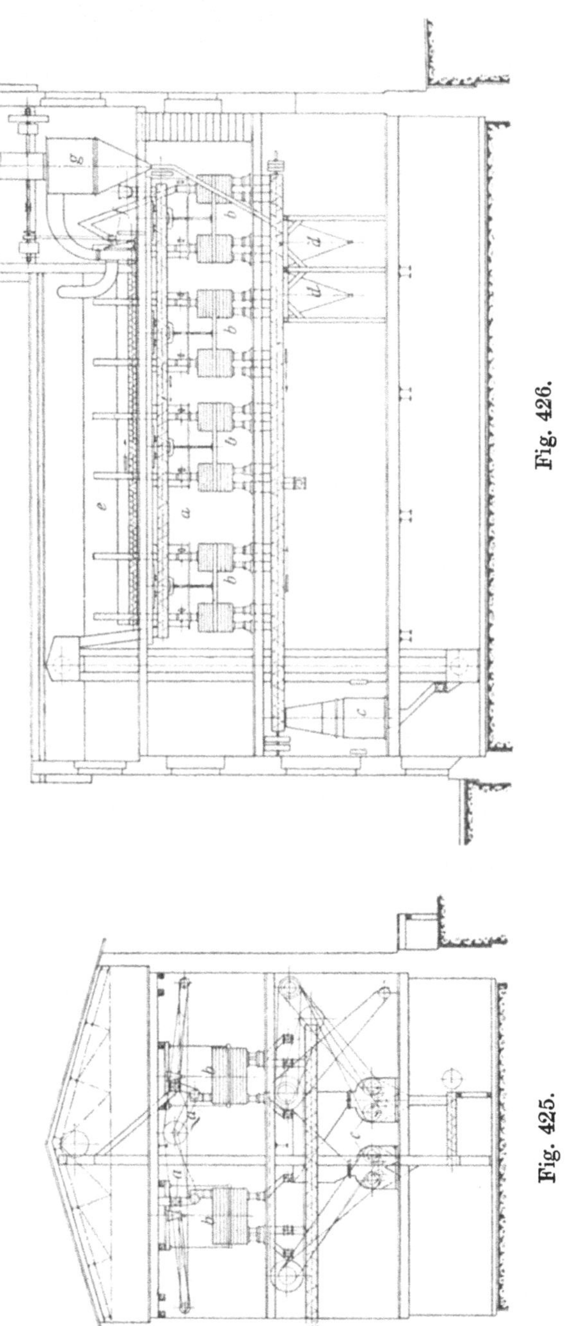

Fig. 426.

Fig. 425.

Wenn auch die Überläufe in gleicher Weise wie das Tafelsalz ein Garantiegut darstellen, so ist es doch zumeist erwünscht, die Erzeugung an Tafelsalz zu vermehren, und man geht dann in der Weise vor, daß man die Überläufe auf besonderen Nachmahlstühlen c weiter vermahlt und deren Erzeugnis einer Nachsichtung auf Plansichtern unterwirft. — Die Anordnung einer solchen Nachmahlstation ist aus den Abbildungen leicht erkennbar. Jedes der von den Plansichtern kommenden Produkte wird für sich aus eigenen Bunkern d abgesackt.

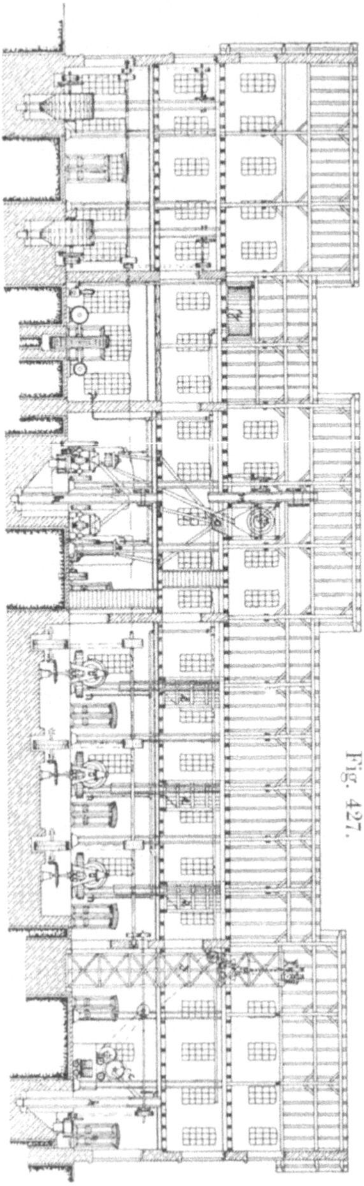

Unbedingt erforderlich ist die Entstaubung sowohl der Plansichter als auch der Mahlstühle, zu welchem Behufe die gesamte Anlage an einen geräumigen Staubsammeltrog e, der seinerseits mit dem Exhaustor f in Verbindung steht, angeschlossen ist. Die von dem letzteren angesaugte Staubluft wird in dem Staubabscheider g gereinigt; der abgeschiedene Staub geht in den Füllbehälter für abgesiebten Puder, während die gereinigte Luft ins Freie geleitet wird.

Eine Fabrik zur Herstellung feuerfester Waren, deren Inneneinrichtung von der *Maschinenbauanstalt Humboldt* in Kalk bei Köln geliefert wurde, ist in den Fig. 427 bis 430 dargestellt. Die Gesamt-

Fig. 427.

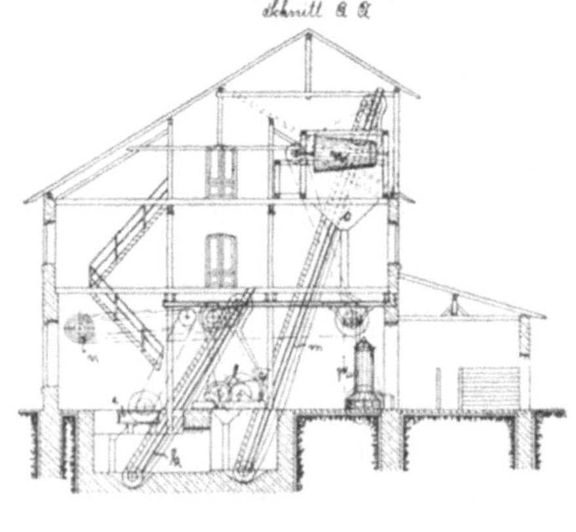

Fig. 428.

einteilung geht am besten aus dem Grundriß Fig. 429 hervor[1].

---

[1] Tonindustrie-Ztg. 1905, S. 498.

An die beiden eng zusammengehörigen Abteilungen, Quarzitwäsche und Dinasmühle, schließt sich nach links die Schamotteziegelei an. Wenn bei diesen drei Abteilungen noch eine gewisse Zusammengehörigkeit unter sich vorhanden ist, die sich darin zeigt, daß sie, wenn auch unter sich gesondert, hintereinandergeschaltet sind, so liegt die vierte Abteilung, die Mörtelmühle, die nichts mit den rechtsseitigen Abteilungen gemein hat, durch den Dampfmaschinenraum vollkommen getrennt, auf der äußersten linken Seite.

Die Anordnung der Maschinen läßt sich am besten wiedergeben, wenn man dem Entstehungsgange eines Ziegels folgt. Da man es hier mit zwei verschiedenen Ziegelsorten, nämlich mit Schamotteziegeln und Dinasziegeln zu tun hat, so sei zunächst die Erzeugung der ersteren vorweggegriffen und mit der Zerkleinerung der beiden Hauptbestandteile, die für einen Schamotteziegel erforderlich sind, begonnen. Es sind dies feuerfester trockener Rohton und feuerfester gebrannter Ton. Beide werden in richtig ausgeprobtem

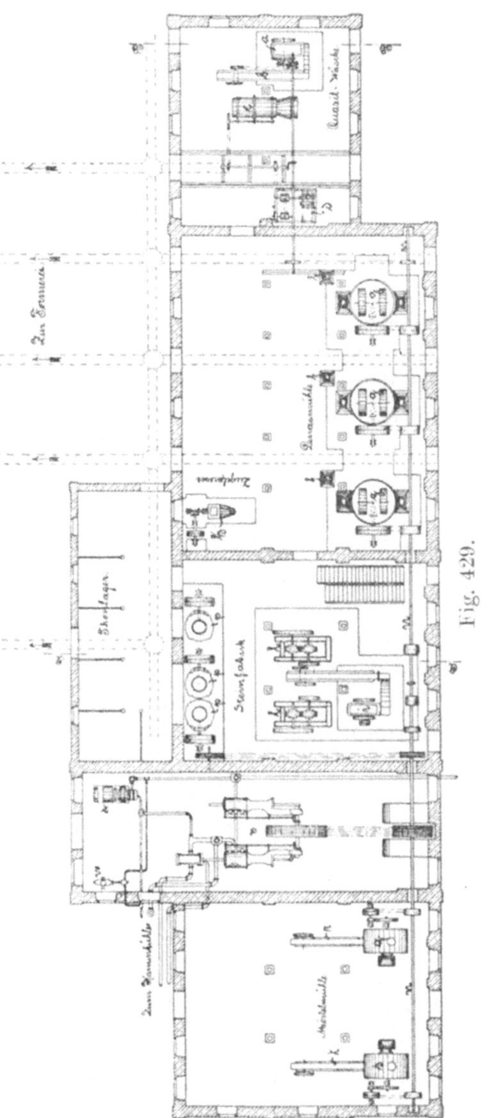

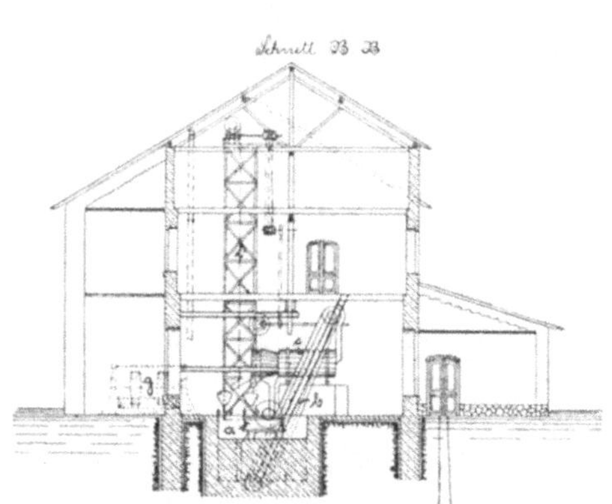

Fig. 430.

Mengenverhältnis, in diesem Falle 1 : 1, auf den Steinbrecher i aufgegeben und so weit zerkleinert, daß das durch ein Becherwerk k aufgenommene und zur Walzenmühle l hingebrachte Gut weiter gemahlen werden kann

(s. Fig. 428). Die Walzen der Walzenmühle haben einen Durchmesser von 950 mm und eine Breite von 300 mm. Das auf diese Weise zerkleinerte Rohgut wird mittels eines zweiten Becherwerkes m, das vier Stockwerke durchläuft, nach der hoch oben angeordneten zylinderförmigen Siebtrommel n gebracht, die so eingerichtet ist, daß jenes Siebgut, welches für die Maschen der Siebtrommel zu groß ist, wieder selbsttätig durch mit starkem Blech ausgeschlagene Lutten nach der Walzenmühle zurückgeführt wird, während die Tone und Schamottemassen, die die Trommel durchlaufen haben, ihren Weg weiter nach unten zu den über dem Kellergeschoß stehenden Tonschneidern p nehmen. Gebraucht werden von diesen Tonschneidern nur zwei, der dritte dient zur Aushilfe. Die Verbindung zwischen Siebtrommel und Tonschneider wird durch einen der Größe der Siebtrommel angepaßten Trichter o hergestellt, an den sich unten eine senkrechte Blechröhre anschließt; einer mechanischen Fortbewegung des Siebgutes bedarf es also nicht, weil das Siebgut infolge seines Eigengewichtes durch Fall die nächste Aufbereitungsmaschine erreicht. Doch bevor das bisher immer noch trockene Gut in den Tonschneider gelangt, muß es noch eine kurz über dem Tonschneider angebrachte Aufgabevorrichtung durchlaufen, wobei Wasser nach Bedarf zugeleitet wird, um die Masse zur Verarbeitung auf dem Tonschneider geeignet zu machen. Nach dem Durchlaufen der beiden Tonschneider, die einen Durchmesser von 800 mm und eine Höhe von 1500 mm aufweisen, ist die Masse verarbeitungsfähig. Die Verformung erfolgt entweder auf der im Nebenraum stehenden Ziegelpresse, mit der maschinengeformte Schamotteziegel hergestellt werden, oder mittels Handformerei, indem die Massen im Gegensatz zum Naßhandstrich trocken verformt werden. Wird noch besonderer Wert auf Scharfkantigkeit und glattes Aussehen der Ziegel gelegt, so folgt noch eine Nachpressung.

Dies die Herstellung der gewöhnlichen Schamotteziegel. Ganz abweichend davon ist die Herstellung der Dinasziegel, das Gegenstück der ersteren. Ihre Aufbereitungsweise stimmt mit der ersteren gleich zu Anfang nur insofern überein, als der Hauptbestandteil der Dinasziegel, der Quarzit, ebenso wie bei jener Aufbereitung der rohe und gebrannte Ton, auf einem Steinbrecher a vorgebrochen wird. Der vorgebrochene Quarzit wird — Fig. 430 — mittels eines Becherwerkes b der Waschtrommel c zugeführt und hier von erdigen und tonigen Gemengteilen befreit. Passend aufgestellte Kippwagen dienen dazu, den Kieselquarz der sich selbsttätig entleerenden Waschtrommel aufzunehmen. Die weitere Aufbereitung des gewaschenen Kieselquarzes erfolgt auf drei Mischkollergängen g; zu diesem Zwecke werden die Wagen mit Inhalt mittels Fahrstuhl d nach dem höher gelegenen Stockwerk gebracht, um in die Trichter e, die über den Mischkollergängen angebracht sind, entleert zu werden. Ehe vom Trichter aus der Quarz den Kollergängen zugeführt wird, fällt er erst noch in Meßgefäße f, und man erreicht damit, daß immer gleichgroße Mengen Quarz der Maschine zugeführt werden. Die Vermahlung auf den Mischkollergängen, die eine Masse aus feinsten, mittelfeinen und groben Bestandteilen ergeben sollen, geschieht derart, daß das aufgegebene Gut zunächst eine Zeitlang für sich auf dem Koller läuft. Erst später, wenn der Quarz auf eine gewisse Korngröße zerkleinert worden ist, erfolgt der Zusatz von Kalkmilch, nicht mehr als 2 Proz. Die Kalkmilch ist einerseits das Bindemittel für die Verformung, anderseits das Verkittungsmittel im Feuer. Zur Erlangung einer innigen Mischung der Kalkmilch mit der Masse wird das Kollern noch eine Zeitlang fortgesetzt, bis die entnommene Probe wie das eigenartige Aussehen der Mischung zeigt, daß mit dem Kollern aufgehört werden kann. Der richtige Versatz und die passende Vorbereitung der Masse kann nur durch Selbstbeobachtungen und durch gesammelte Erfahrungen im Betriebe gefunden werden. Die fertige Mischung gelangt nach der Formerei, wo die Masse mittels einer Handpresse verformt wird. Die Leistung der Wäsche beträgt in der Stunde 3300 kg Quarzit, die der Kollergänge je 700 kg.

Die Ausrüstung der Mörtelmühle besteht aus einem Becherwerk r für Schamotte, einem Becherwerk t für Sand und Ton und aus zwei Kugelmühlen q und s, worauf einmal der gewöhnliche Schamottemörtel für verhältnismäßig niedrige Temperaturen, zum anderen der für hohe Hitzegrade bestimmte Feuer- und Kraterzement hergestellt wird. Im allgemeinen kann man die Regel aufstellen, daß der Mörtel, je höhere Temperaturen er auszuhalten hat, um so mehr in der Zusammensetzung den jeweilig zu verwendenden feuerfesten Ziegeln gleichkommen muß.

Das Werk stellt außer Schamotte- und Dinasziegeln Retorten für Gasfabriken sowie Schmelzkessel für metallurgische Zwecke her. Als Brennöfen dienen Kammeröfen, deren Abgase zum Trocknen der Ziegel benutzt werden. Außer einer 200 pferd. Dampfmaschine v für Antrieb der Maschinen ist in Verbindung mit einer Dynamo eine Dampfturbine z vorhanden, die den Strom zur Beleuchtung der Räume liefert.

Eine Gipsfabrik, System der *Alpinen Maschinen A.-G.*, Augsburg, zeigen die Fig. 431 und 432. Es wird dabei der Rohgips auf einem Steinbrecher a vorgebrochen und durch ein Becherwerk b auf ein Silo gehoben, um aus diesem mittels einer automatischen Aufgabevorrichtung gleichmäßig und selbsttätig einer Hammermühle c zugeführt zu werden. In dieser Hammermühle wird nun der Gips genügend feingemahlen und dann durch das Becherwerk f und die Transportschnecke g auf Silos h verteilt, aus denen der Gips für die Kocher i entnommen wird. Die Entleerung derselben erfolgt selbsttätig nach Ziehen der Schieber in vorgebaute Kühlräume. Vielfach ist ein solcher Gips bereits versandfertig, will man jedoch feinere und gröbere Sorten erzielen, so wird der abgekühlte Gips durch die Transportschnecke k und das Becherwerk n in den Windsichter p geschafft, der die Sichtung vornimmt. Das abgesichtete Feinmehl wird dann durch das Becherwerk m und die Transportschnecke x auf die Silos q, r, s, v verteilt und an diesen abgesackt. Die gröberen Bestandteile des von den Kochern kommenden Materials endlich können entweder direkt am Grießauslauf des Sichters abgenommen werden oder sie gehen, falls vorzugsweise größere Mengen feinerer Gipssorten verlangt werden, zwecks Nachmahlung noch über eine Simplex-Perplexmühle O, die ihr Mahlprodukt ebenfalls in das Becherwerk m abgibt.

Eine Anlage zur Herstellung von Straßenschotter und Bahnbettungsstoffen, ausgeführt von der *Maschinenbauanstalt Humboldt* in Kalk bei Köln, ist in den Fig. 433 bis 435 im Querschnitt, Längsschnitt und Grundriß dargestellt.

Der auf einer Hochbahnbrücke angefahrene Rohstoff wird mittels des doppeltrümmigen Aufzuges a gehoben und dem Kreiselbrecher b aufgegeben.

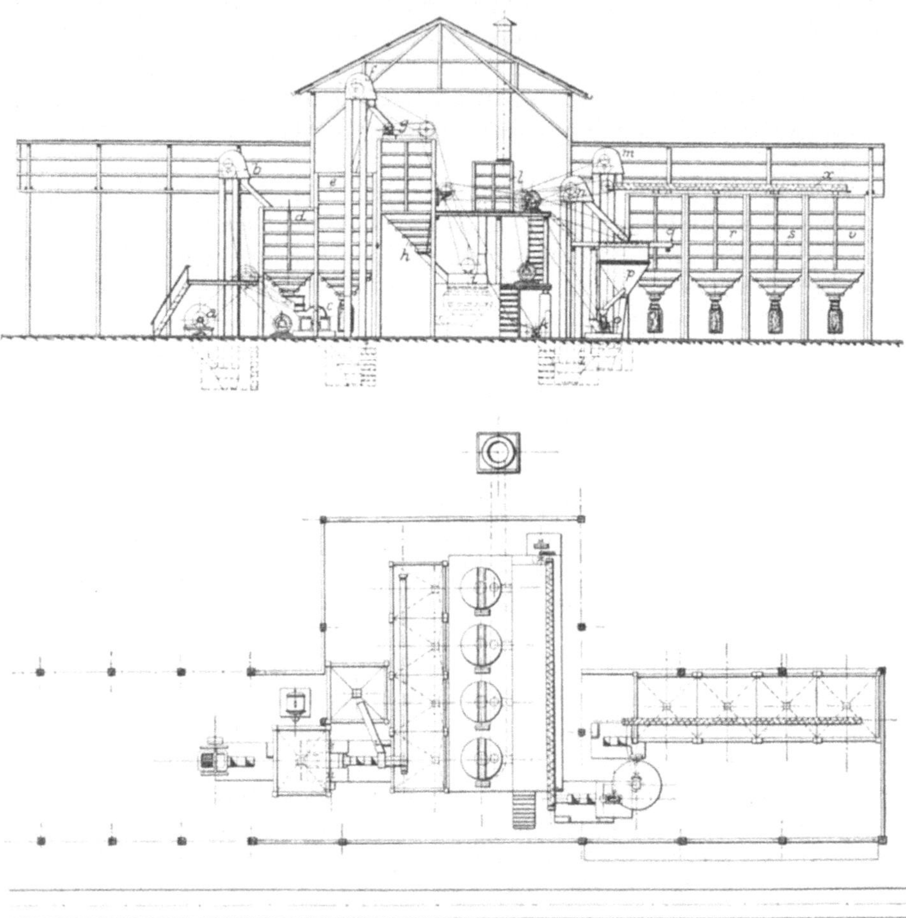

Fig. 431 u. 432.

Dessen Erzeugnis gelangt über eine Rutsche nach der auf Tragrollen laufenden Klassiertrommel c, die das Gut nach bestimmten Korngrößen sondert. Stückgröße von 20 bis 45 bzw. von 45 bis 70 mm wird als Straßen- und Bahnschotter in die Silos d eingelagert. Der geringe Anteil der beim Zerkleinern entfallenden Sande in der Größe von etwa 0 bis 7 und 7 bis 20 mm kommt nach den ersten zwei Silozellen i. Die zu großen Stücke gelangen vom Auslauf der Klassiertrommel nach dem Schotterbecherwerk e, das den Überschlag in den Steinbrecher f zur Nachzerkleinerung austrägt. Dieses Becherwerk ist so gebaut, daß seine Becher nicht schöpfen, sondern selbsttätig gefüllt werden. Von den Nachbrechern wird die Grussiebtrommel g gespeist. Die auf dieser Trommel sich ergebenden Sorten gelangen durch den Trichter und die Rutschen h nach den Silos i, von welchen die zwei ersten Zellen Korn von 0 bis 7 und 7 bis 20 mm aufnehmen, während die beiden letzten Zellen mit Schotter von 20 bis 45 und 45 bis 70 mm gefüllt werden. Durch die Verladeschieber k_1 bis k_8 erfolgt die Verladung in die Wagen der Seilbahn l. Die 100-PS-Kraftanlage besteht aus einem Dampfkessel o, Schornstein p, Dampfmaschine n und Kamin-

kühler q. Die Hauptwellenleitung ist mit m und der Brunnen mit r bezeichnet. — Die Leistungsfähigkeit des Brech- und Sortierwerks beträgt 30 m³/h.

Aus den Fig. 436 bis 440 geht die Einrichtung einer von der *Amme, Giesecke & Konegen A.-G.*, Braunschweig, gebauten Portland-zementfabrik mit einer Leistung von 100 t in 24 Stunden hervor.

Kalkstein und Ton werden zusammen aus einem Behälter durch ein eisernes Plattenband in gleichmäßigen, regelbaren Mengen entnommen und dem Titanbrecher zugeführt, der die Materialien in einem einzigen Durchgang von einer Stückgröße von nahezu 1 m³ auf die für die Vermahlung geeignete Korngröße vorbricht.

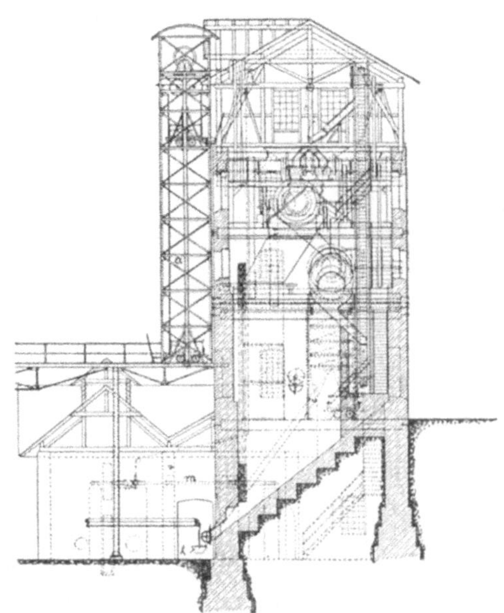

Fig. 433.

Das gebrochene Gut wird Vorratbehältern aufgegeben, die so groß gewählt sind, daß sie den Vorrat für die Nachtschicht, während welcher die Brechanlage nicht in Betrieb ist, aufnehmen können. Regelbare Telleraufgabeapparate entnehmen diesen das Rohmaterial und führen es der Trockentrommel zu, nach deren Passieren es dem Behälter über der Rohmühle aufgegeben wird. Die letztere ist eine Dreikammer-Verbundmühle, die nach einem neuartigen Mahlprinzip arbeitet und bei verhältnismäßig geringem Kraftbedarf hohe Feinheiten erzielt, so daß die Herstellung von hochwertigem Zement möglich ist, der bekanntlich eine sehr sorgfältige Aufbereitung und große Feinheit des Rohmehls verlangt.

Das Rohmehl wird nach dem Verlassen der Mühle dem Rohmehlmischsilo mit Hilfe von Schnecken und Becherwerk aufgegeben. Ein weiteres System von Schnecken, Becherwerken und Entleerungsvorrichtungen ermöglicht die endgültige Dosierung und Mischung des Rohmehles, bevor es in den Speisebehälter des Drehofens gelangt. Aus ersterem entnimmt eine genau einstell-

Fig. 434.

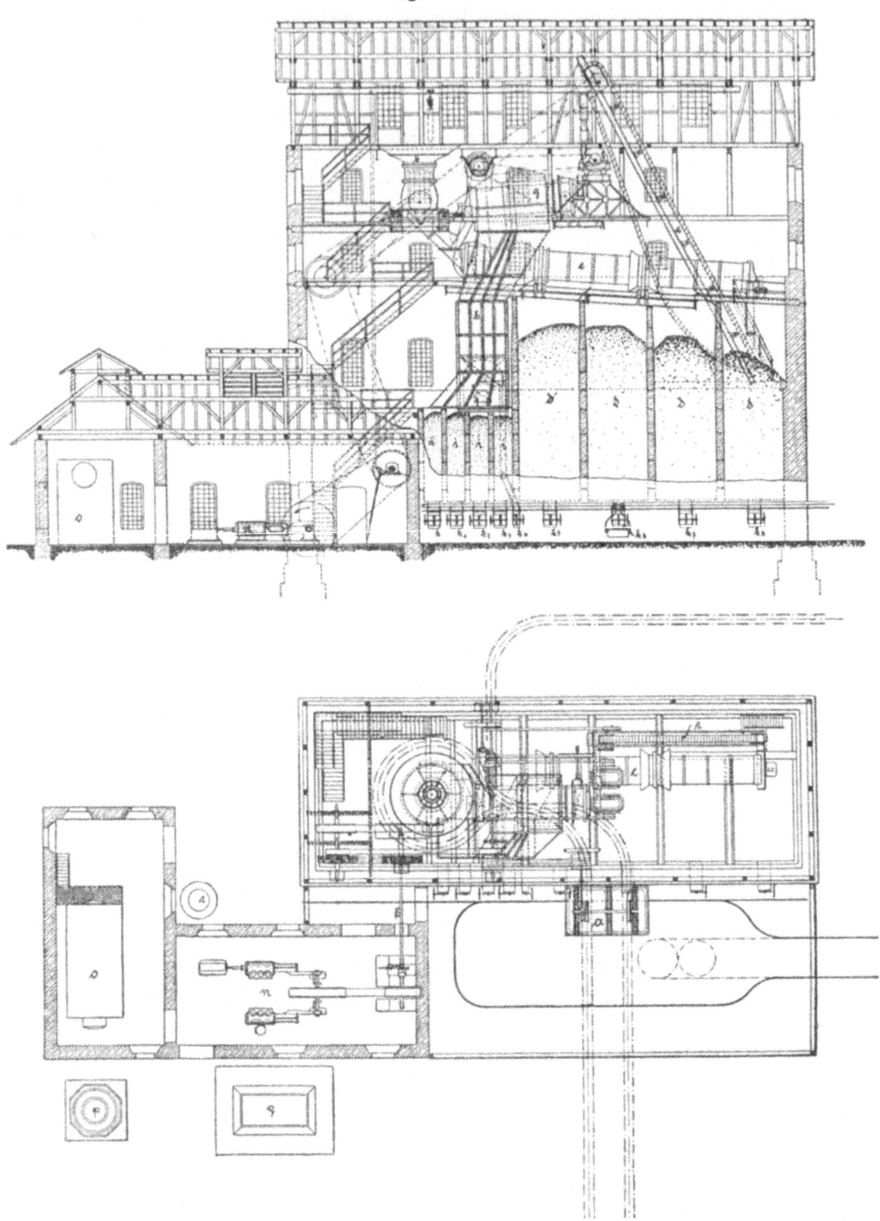

Fig. 435.

bare Doppelschnecke das Rohmehl und übergibt es einer Anfeuchteschnecke, in der zur Vermeidung von zu großer Staubbildung dem Rohmehl etwas Wasser zugesetzt wird und von welcher es dann in den Drehofen befördert wird.

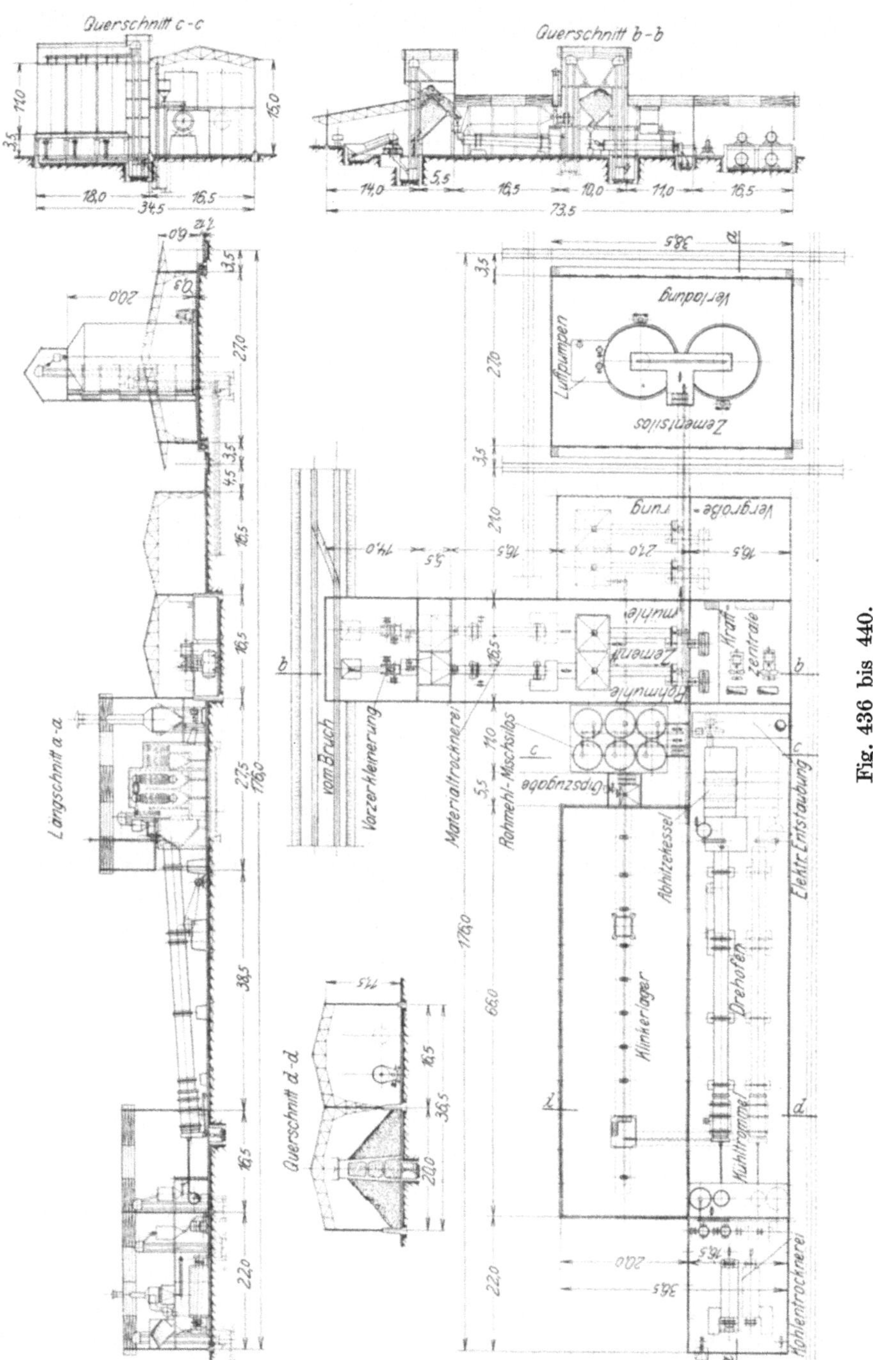

Fig. 436 bis 440.

Der in dem Drehofen erbrannte Klinker wird in der in der Verlängerung des Drehofens gelagerten Kühltrommel gekühlt und mit Hilfe von Torpedorinnen und Becherwerken in dem Klinkerlager verteilt.

Die Verwendung der in derselben Achse mit dem Drehofen liegenden Kühltrommel ermöglicht es, den Drehofen ohne große Fundamente zu ebener Erde aufzustellen und dadurch die Baukosten erheblich herabzumindern. Bei früheren Ausführungen derartiger Kühltrommeln mußte man den Nachteil mit in den Kauf nehmen, daß infolge des in der Kühltrommel aufgewirbelten Staubes die Feuerbeobachtung während des Betriebes des Ofens nicht möglich war. Um diesen Übelstand zu beheben, ist die Kühltrommel hier mit einem zweiten, mit dem äußeren Mantel konzentrischen Rohr versehen, in welches der Klinkerstaub nicht gelangen kann und das daher eine gute Beobachtung des Feuers während des Betriebes, wie bei dem Drehofen des alten Systems mit unten liegender Kühltrommel, ermöglicht.

Aus dem Klinkerlager wird der abgelagerte Klinker durch die unter dem Lager liegende Torpedorinne entnommen und in die Zementmühle gefördert. Die Zementmühle ist in demselben Raum wie die Rohmühle untergebracht, und die Disposition ist so getroffen, daß die Mühlen untereinander austauschbar sind, d. h. daß jede Mühle entweder Rohmaterial oder Zement mahlen kann.

Der fertige Zement gelangt mit Hilfe eines Transportbandes, Becherwerkes und der nötigen Verteilungsschnecken in den Zementsilo. Dieser besteht aus runden Zellen, die aus Eisenblech oder Eisenbeton hergestellt werden können und die ohne konischen Trichter direkt auf dem Boden stehen. Fahrbare Silatoren saugen den Zement aus diesen Zellen und packen ihn in Säcke oder Fässer.

Die zur Erbrennung des Klinkers erforderliche Kohle wird, falls sie in stückiger Form angeliefert wird, von einem kleinen Titanbrecher zerkleinert, in einer Trockentrommel getrocknet und auf Roulettes vermahlen.

Um die aus dem Drehofen mit einer verhältnismäßig hohen Temperatur entweichenden Abgase nutzbar zu machen, werden sie durch einen Wasserröhren - Dampfkessel geführt und zur Erzeugung von Dampf verwendet. Es ist auf diese Weise möglich, aus der Wärme der Abgase einen großen Teil der Kraft, den die Zementfabrik benötigt, zu gewinnen. —

Von derselben Leistungsfähigkeit wie die zuletzt beschriebene Anlage (100 t in 24 Stunden) ist die in den Fig. 441 und 442 dargestellte, von der *C. v. Grueber M. A. G.*, Berlin, gebaute Portlandzementfabrik, die gleichfalls nach dem Trockenverfahren arbeitet.

Die Rohstoffe (Kalkstein und Mergel) werden hier auf Steinbrechern vorgebrochen, auf einem Schwingwalzwerk geschrotet, in einer Trockentrommel getrocknet und auf einer Verbundmühle gemahlen. Das Aufspeichern und Nachmischen des Rohmehles wird in einem vierteiligen Silo vorgenommen, der die erforderliche Ausrüstung an Schnecken und Becherwerken besitzt. Das Verziegeln des angefeuchteten Rohmehles, dem der nötige Brennstoff vorher schon zugesetzt worden ist, besorgen zwei Drehtischpressen, die die Ziegel-

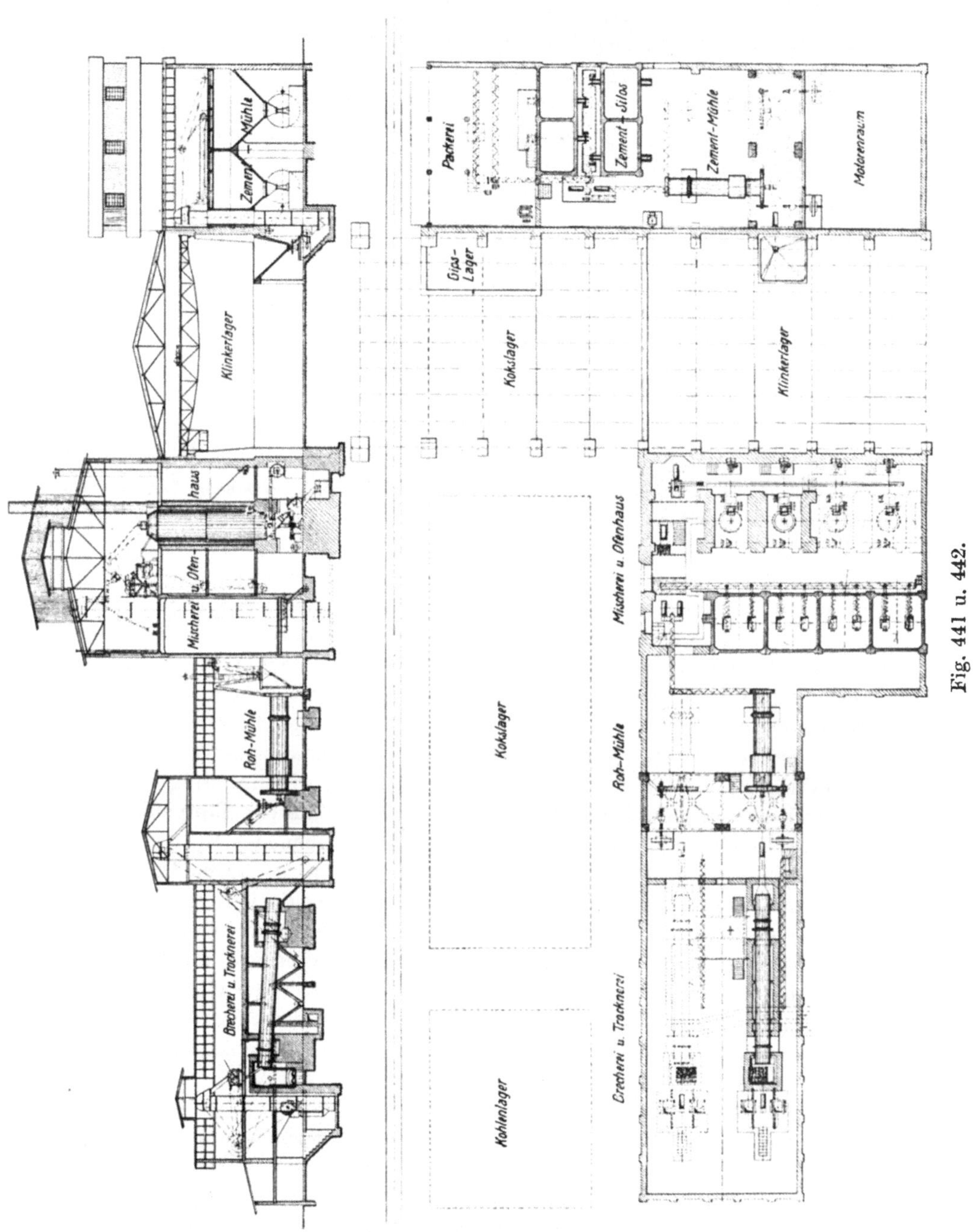
Zement-Mühle
Klinkerlager
haus
Mischerei u. Ofen-
Roh-Mühle
Brecherei u. Trocknerei
Packerei
Zement-Silos
Zement-Mühle
Motorenraum
Gips-Lager
Kokslager
Klinkerlager
Mischerei u. Ofenhaus
Roh-Mühle
Kokslager
Brecherei u. Trocknerei
Kohlenlager
Fig. 441 u. 442.

steine an die selbsttätigen Verteilvorrichtungen über den beiden mit Unterwind arbeitenden Schachtöfen weiter geben. Letztere haben maschinell betriebene Drehroste[1], mit deren Hilfe der Klinker kontinuierlich ausgetragen wird. Zum Beschicken und Entleeren des Klinkerlagers ist ein Greiferlaufkran angeordnet, der zur Bedienung nur einen Mann braucht und der den abgelagerten Klinker in einen Rumpf schüttet, aus dem ihn ein Becherwerk entnimmt und einer zweiten Verbundmühle zuführt. Hier wird er fein vermahlen, und das fertige Zementmehl wird mittels geeigneter Vorrichtungen zum Zementsilo befördert, wo es in Säcke verpackt wird.

Die ganze maschinelle Einrichtung, die sich ohne Störung des Bestehenden leicht verdoppeln läßt, wird einzeln und in Gruppen elektrisch angetrieben und von zwei Saugschlauchfiltern beständig entstaubt. —

Die maschinelle Einrichtung der Kohlenbrechanlage und der Koksaufbereitung des Gaswerkes der Stadt Budapest[2] geht aus den Fig. 443 bis 445 hervor. Erstere ist für 120 t, letztere für 60 t stündlicher Verarbeitung bemessen. Der Entwurf stammt von *V. Schön*, Budapest, die Ausführung von der *Maschinenbau-A.-G. vorm. Breitfeld, Danek & Co.* in Schlan im Verein mit der *Schlick-Nicholson-Maschinen-, Waggon- und Schiffbau-A.-G.*, Budapest.

Die Kohlenbrechanlage hat die Aufgabe, Stückkohle des Ostrau-Karwiner Reviers auf 70 mm Korngröße zu verkleinern. Sie besteht aus zwei getrennten Anlagen mit je zwei Brechwerken von 60 t Stundenleistung, wovon die eine als Aushilfe dient. Die Stückkohle wird mittels Wagenkipper in zwei den Brechanlagen vorgelegte Doppelbunker entleert, aus denen sie durch vier nebeneinanderliegende Schieberöffnungen auf die vier Brechwerke gelangt. Diese bestehen aus je einem Aufgabe- und Klassierrost und einem Doppelbrechwerk, Patent *Seltner* (s. S. 203 und 62). Der erstere bringt die Kohle entsprechend der geforderten Leistung gleichmäßig auf das Doppelbrechwerk, wobei die Kleinkohle unter 70 mm durch die Maschen des Rostes fällt, also einer überflüssigen Weiterzerkleinerung entzogen wird. Dem Doppelbrechwerk wird demnach eine Grobkohle zugeführt, die von ihm stufenweise auf Stücke von gleichfalls etwa 70 mm Korngröße zerkleinert wird. Die gebrochene Kohle gelangt gemeinsam mit der vom Klassierrost ausgeschiedenen Kleinkohle auf einen unter dem Brechwerk angeordneten Gurtförderer, der sie zwei schräg aufsteigenden unmittelbar in den Kohlenturm führenden Gurtförderern zuleitet. Jede Brechanlage wird von einem Elektromotor angetrieben. Der Kraftbedarf für den einzelnen Brechersatz beträgt 23 PS, wovon auf den Klassierrost etwa 3 PS entfallen.

Die Koksaufbereitung umfaßt die Kokszerkleinerungs- und die Klassieranlage, die gleichfalls aus je zwei Anlagen mit je zwei Apparaten bestehen. Eine dieser Anlagen dient jeweils zur Aushilfe. Jede der Anlagen hat eine Normalleistung von stündlich 60 t, so daß den Brech- und Klassieranlagen je eine Stundenleistung von 30 t zufällt.

---

[1] *Naske:* Die Portlandzement-Fabrikation, IV. Aufl., S. 163. Leipzig, Th. Thomas.
[2] Zeitschr. d. Ver. deutsch. Ing. 1916, Nr. 24.

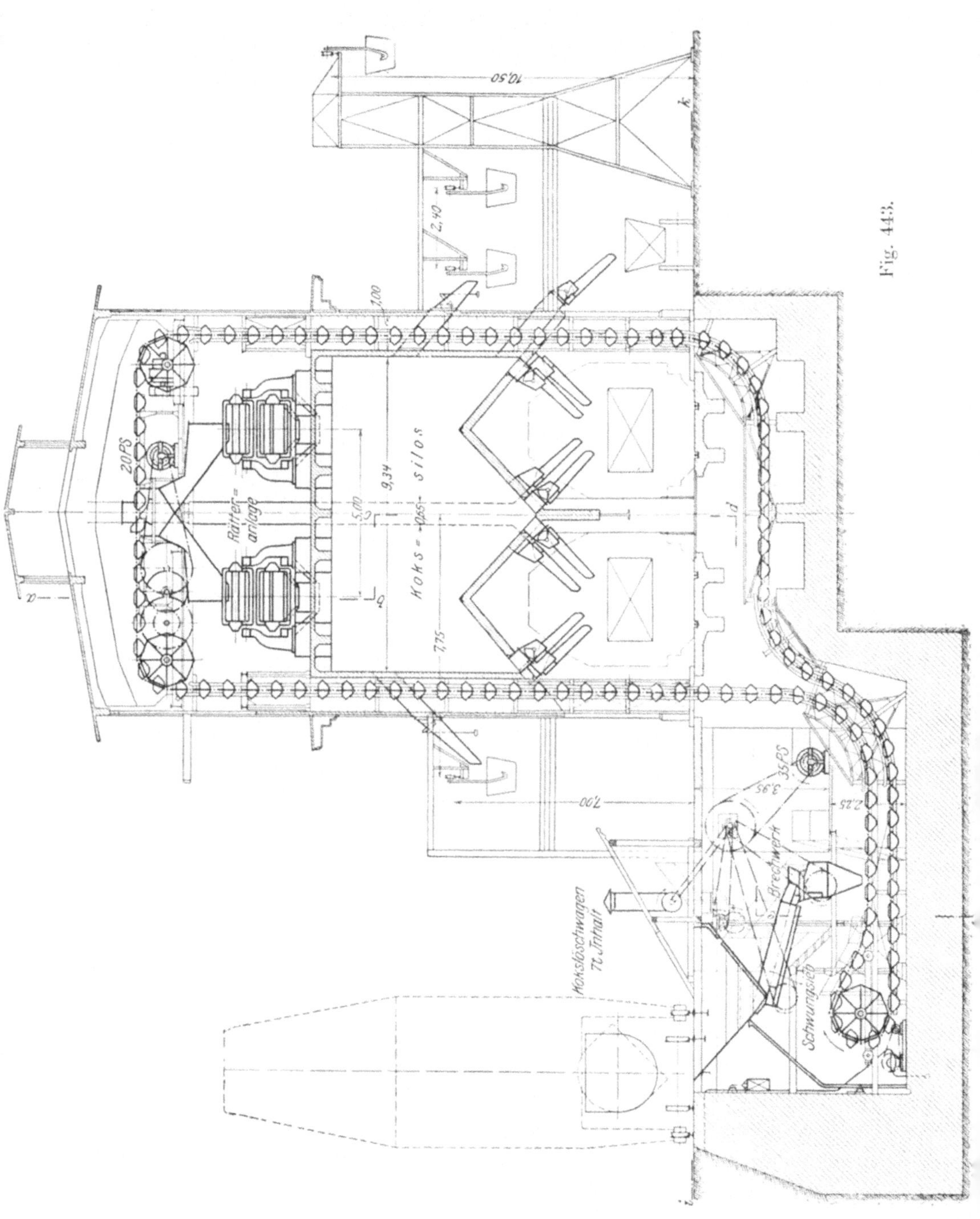

10.50
2.40
7.00
20PS
Ratter=anlage
9.34
5.00
7.75
Koks=Silos
3.95
35PS
2.25
Brechwerk
Schwingsieb
Koksløschwagen 7t Inhalt
Fig. 443.

Die mit dem Kokslöschwagen von 7 t Fassungsraum herbeigeführten gelöschten Rohkoks werden in den gleichgroßen Einsturzbunker entleert und gelangen mittels mechanisch betätigter Aufgabeschieber auf zwei Schwung-

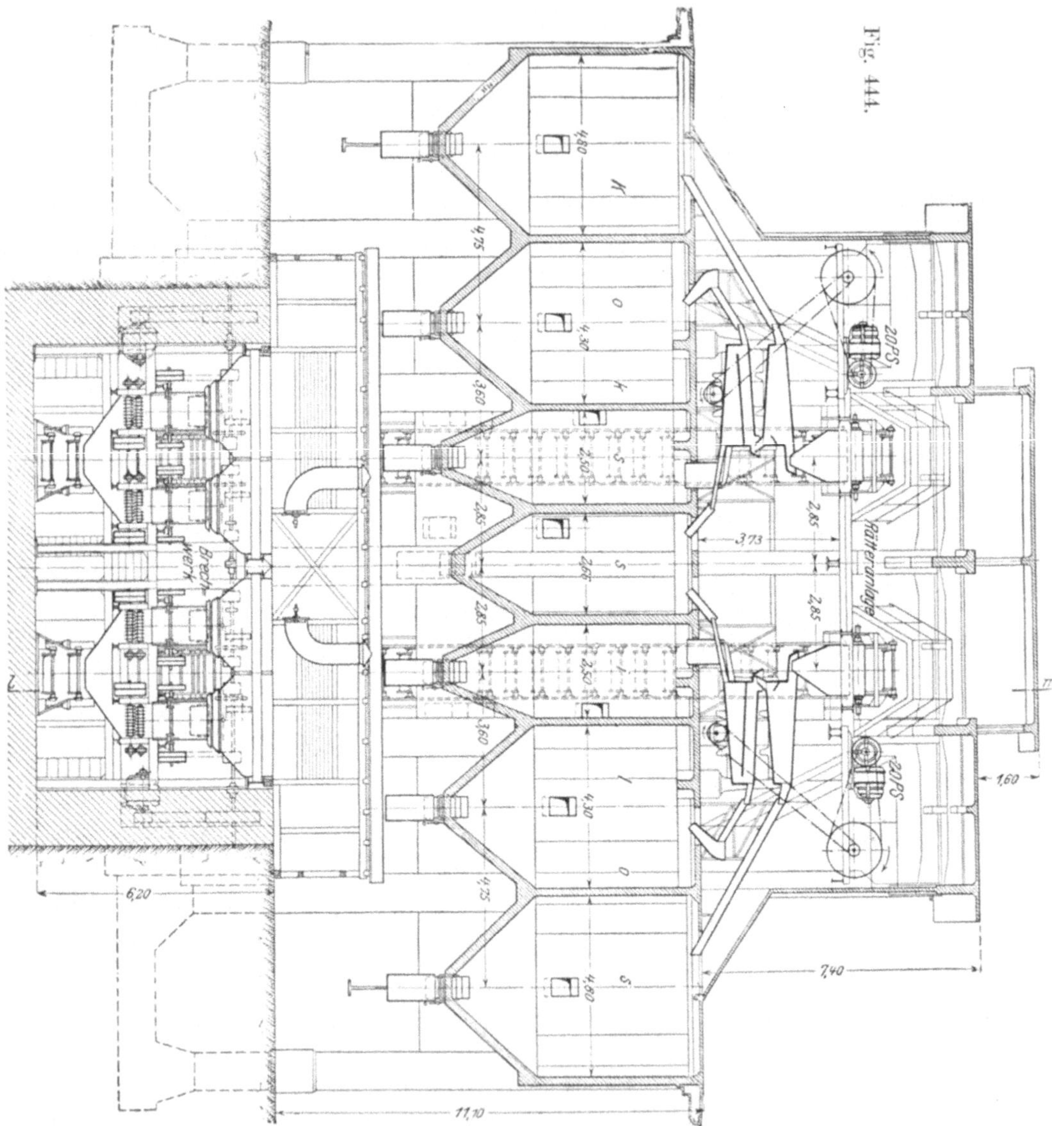

siebe, welche die Kleinkoks unter 60 mm ausscheiden und die Grobkoks auf zwei Koksbrechwerke bringen.

Diese Zerkleinerungsmaschinen, gleichfalls *Seltner*sche Doppelbrechwerke, sind für die schneidende Zerkleinerung von Koks auf etwa 60 mm Korngröße besonders ausgebildet. Die Arbeitsbreite beträgt 900 mm, der

Durchmesser der beiden Walzen 320 mm, die obere Messerwalze macht 60,
die untere 110 Umdrehungen in der Minute. Die Schwungradriemenscheibe mit
Bruchsicherungsnabe sitzt unmittelbar auf der unteren Messerwelle. Die
Brechwerkzeuge, Messer und Gegenmesser sind bei dieser Maschine aus Stahl

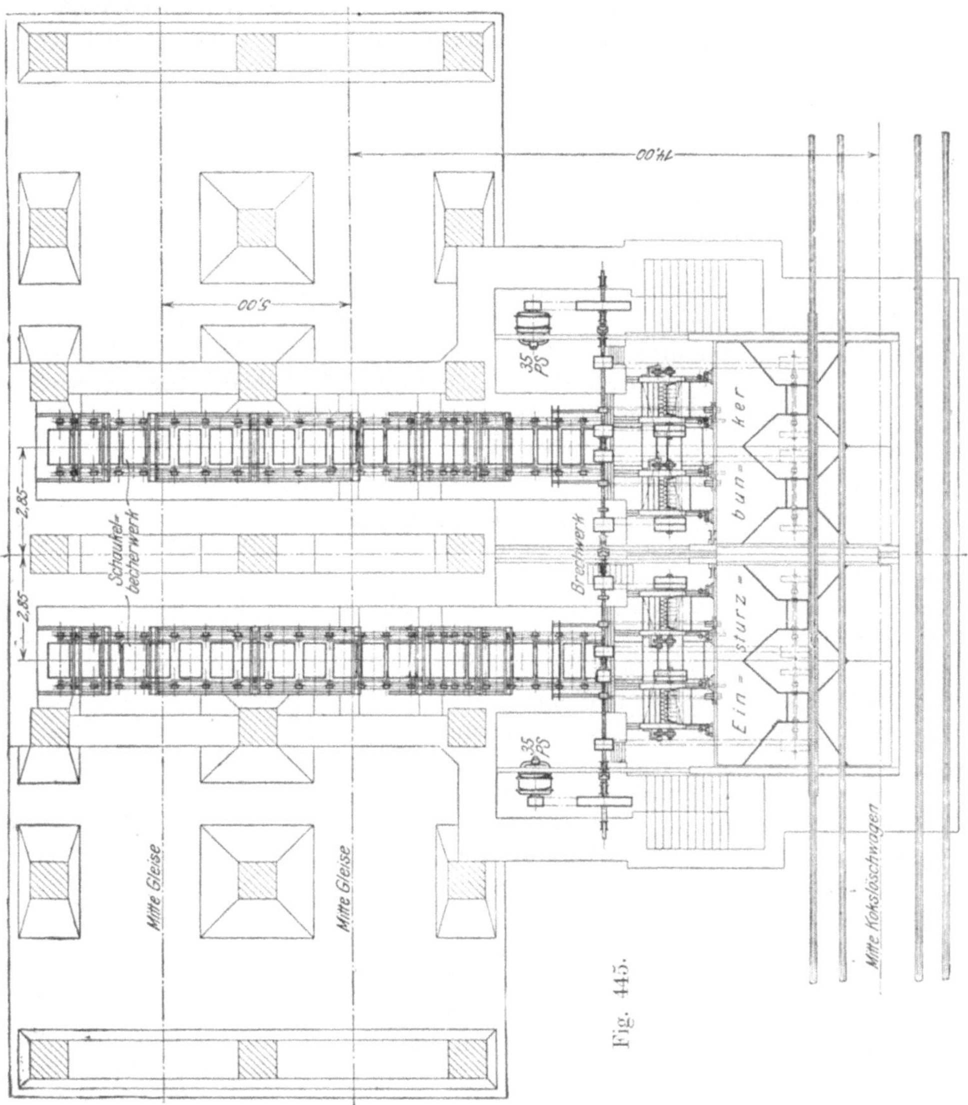

gefertigt; sie können leicht ausgewechselt und zur Veränderung der Korngröße verstellt werden. Besonders sei erwähnt, daß bei dieser schneidenden
Zerkleinerungsart nur sehr wenig Kleinkoks entsteht.

Die von den Brechwerken auf etwa 60 mm zerkleinerten Koks sowie
die von den beiden Schwungsieben ausgeschiedenen Kleinkoks gelangen in

eine Sammelgosse, aus welcher das Gut mittels eines Aufgabeschiebers einem Schaukelbecherwerk zugeführt und auf die über den Verladetaschen befindliche Rätteranlage gebracht wird. Der Aufgabeschieber wird vom Schaukelbecherwerk derart betätigt, daß jeder Becher eine der Stundenleistung von 60 t entsprechende Füllung erhält. Die Schaukelbecher haben einen Inhalt von 136 l, eine Breite von 1000 mm, die Teilung der Becherkette, die sich mit einer Geschwindigkeit von 330 mm/sek. bewegt, beträgt 750 mm. Die Laschenketten des Becherwerks sind mit durchgehenden Gelenkbolzen ausgerüstet, die an ihren Enden Tragrollen aus Hartguß und selbsttätige Stauffer-Schmierbüchsen haben. Zur Führung der Becher in geraden Teilen und in den schwach belasteten Kurven dienen Stahlschienen, während die stark belasteten Eckpunkte ebenso wie die Antrieb- und Umlenkstelle mit achteckigen Haspelscheiben versehen sind.

Zum Antrieb dient ein Elektromotor, der mittels Riementriebes und dreier gefräster Stirnradvorgelege die Haspelscheiben an dem am stärksten belasteten Eckpunkt in Bewegung setzt. Das letzte doppeltgehaltene Zahnradvorgelege des Antriebes ist unmittelbar mit den achteckigen Haspelscheiben verbunden, wodurch eine Beanspruchung der Hauptwelle auf Verdrehen vermieden wird. Die Umlenkstelle ist in üblicher Weise mit einem Spannwagen ausgestattet, der auch die sich mit dem Wagen bewegende Übergangsführung der Becher trägt.

Die Schaukelbecher entleeren sich auf zwei Rätter, Bauart *Seltner* (siehe Fig. 238 bis 240), deren Einsturzgosse so eingerichtet ist, daß die Koks durch Stellklappen entweder nur auf einen oder auf beide Rätter gleichzeitig geleitet werden können.

Die Rätter besorgen die Trennung des Gutes nach den gewünschten Korngrößen, und zwar

Grobkoks über 40 mm,

Nuß I-Koks von 25 bis 40 mm,

Nuß II-Koks von 10 bis 25 mm und

Grieß von 0 bis 10 mm.

Die einzelnen Sorten gelangen von dem Rätter mittels Rutschen in die darunter befindlichen, den entsprechenden Mengen angepaßten Verladetaschen, die mittels senkbarer Verladerutschen in die unmittelbar unter den Taschen eingeführten Eisenbahnwagen entleert werden. Auch die Verladung der einzelnen Sorten in untergestellte Landfuhrwerke und in darüber hinweggeführte Hängebahnwagen ist vorgesehen.

Der Antrieb der ganzen Koksaufbereitungsanlage erfolgt gruppenweise durch Elektromotoren; die einzelnen Apparate nebst der zugehörigen Wellenleitung erfordern ungefähr folgenden Kraftaufwand:

ein Schwungsieb . . . . 3 PS
„ Koksbrechwerk . . . . 10 „
„ Schaukelbecherwerk . . . . 12 „
„ Rätter . . . . 7,5 „

In den Fig. 446 bis 448 ist eine von *Fried. Krupp A.-G. Grusonwerk,* Magdeburg-Buckau, gebaute Aufbereitungsanlage für Soda dargestellt[1].

---

[1] Zeitschr. d. Ver. deutsch. Ing. 1920, S. 1112.

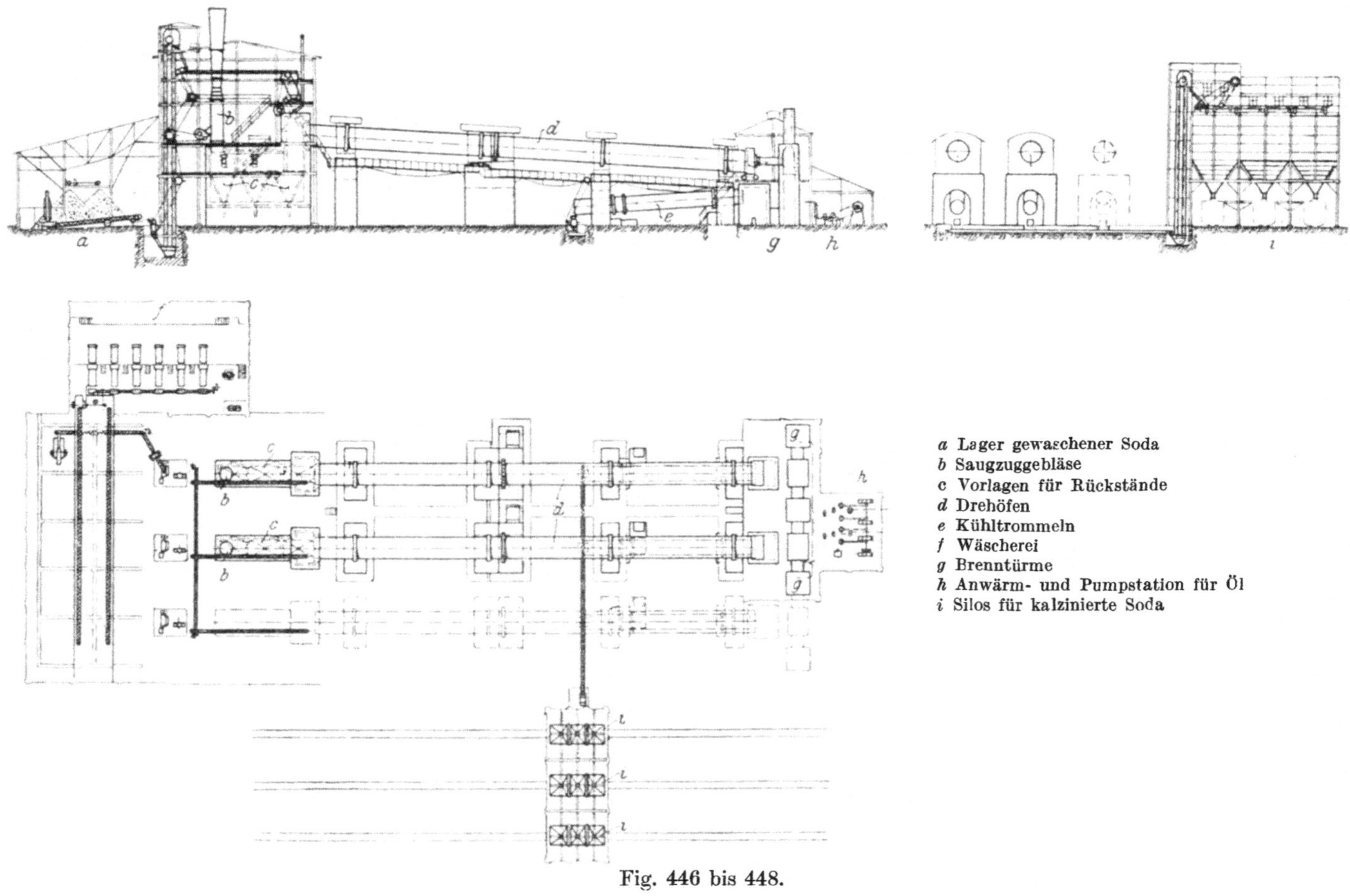

Fig. 446 bis 448.

Der Rohstoff ist hier ein natürliches Sodavorkommen, das mittels Naßbaggers gewonnen und auf der Fundstelle bis auf etwa Erbsengröße vorzerkleinert wird. In diesem Zustande kommt es nach der dargestellten Anlage, die aus der Wäscherei, vorerst zwei Drehöfen (für den dritten Ofen ist der nötige Platz bereits vorgesehen) und einem Packsilospeicher besteht. In der Wäscherei wird zunächst der Salzgehalt auf die zulässige Grenze herabgesetzt und der dem Rohstoff anhaftende Sand entfernt. Das so vorbereitete Gut wird in großen Haufen gelagert und hierauf mittels Förderschnecke und Becherwerks nach einer Aufgabevorrichtung geleitet, die es den Drehöfen in gleichmäßigen und genau einstellbaren Mengen übergibt. Die Öfen werden mittelbar mit Öl befeuert. Da die Temperatur im Ofen 900° nicht übersteigen darf, so wird das Öl, nachdem es durch Reinigungs- und Anwärmvorrichtungen gelaufen ist, mittels Pumpen in einen Brennturm eingespritzt und verbrannt. Die Brenngase werden durch Drosselung der Öl- und Luftzufuhr auf der zulässigen Temperaturhöhe gehalten; sie ziehen durch die Brenntrommel unter der Einwirkung eines Saugzuggebläses und entweichen durch einen Blechschornstein ins Freie. Die Rückstände sammeln sich aus einer geräumigen Vorlage und werden von Zeit zu Zeit abgezogen. Die aus der Kühltrommel fallende kalzinierte Soda geht über selbsttätig aufzeichnende Wagen und mittels geeigneter Fördervorrichtungen nach den Packsilos, die unmittelbar in die auf Wiegevorrichtungen stehenden Eisenbahnwagen entleeren.

In den Fig. 449 bis 452 ist eine Anlage zum Mahlen und Trocknen von Ammonsalpeter — Bauart der *Alpinen Maschinen A.-G.*, Augsburg — sowie zum Trocknen von Säge- oder Bohnenmehl und zum Mischen dieser Stoffe in einer Sprengstoffabrik gezeigt, die wie folgt arbeitet:

Die Rohstoffe werden mittels einer Winde a über eine Seilrolle b auf den obersten Boden des Gebäudes gehoben und hier in Säcken gelagert. Der Ammonsalpeter wird darauf durch die Walzenbrecher c vorgebrochen und fällt unmittelbar in zwei Trockenvorrichtungen d, die mit Dampf beheizt werden. Zwei Exhaustoren e saugen die erwärmte Luft durch die Trockner und blasen sie in zwei außerhalb des Gebäudes aufgestellte Zyklone. Aus dem Trockner gelangt der Ammonsalpeter durch zwei Rutschen g, g in zwei Behälter h und wird durch Langschüttler i den beiden Simplex-Perplex-Mühlen k zugeführt. Das Fertiggemahlene endlich fällt in eine Schnecke l und wird von dieser in das Becherwerk n und in den Behälter o geschafft, um aus diesem abgesackt zu werden. — Gegebenenfalls kann man es durch Zweigrohre auch unmittelbar absacken.

Das Säge- oder Bohnenmehl wird in die Rümpfe p, p geschüttelt, auf Trocknern d, d gleicher Bauart wie die erwähnten getrocknet und fällt dann unmittelbar in die Siebzylinder q, q. Das genügend Feine wird abgesackt, und die Säcke werden von einer zweiten Winde a_1 wieder auf den obersten Boden des Gebäudes gehoben. Hier wird nun der gemahlene Ammonsalpeter mit dem getrockneten und gesiebten Säge- oder Bohnenmehl in einem bestimmten Verhältnis abgewogen, durch Füllrümpfe r in hölzerne und mit Holzkugeln gefüllte Mischtrommeln s gefüllt und hier innig gemischt.

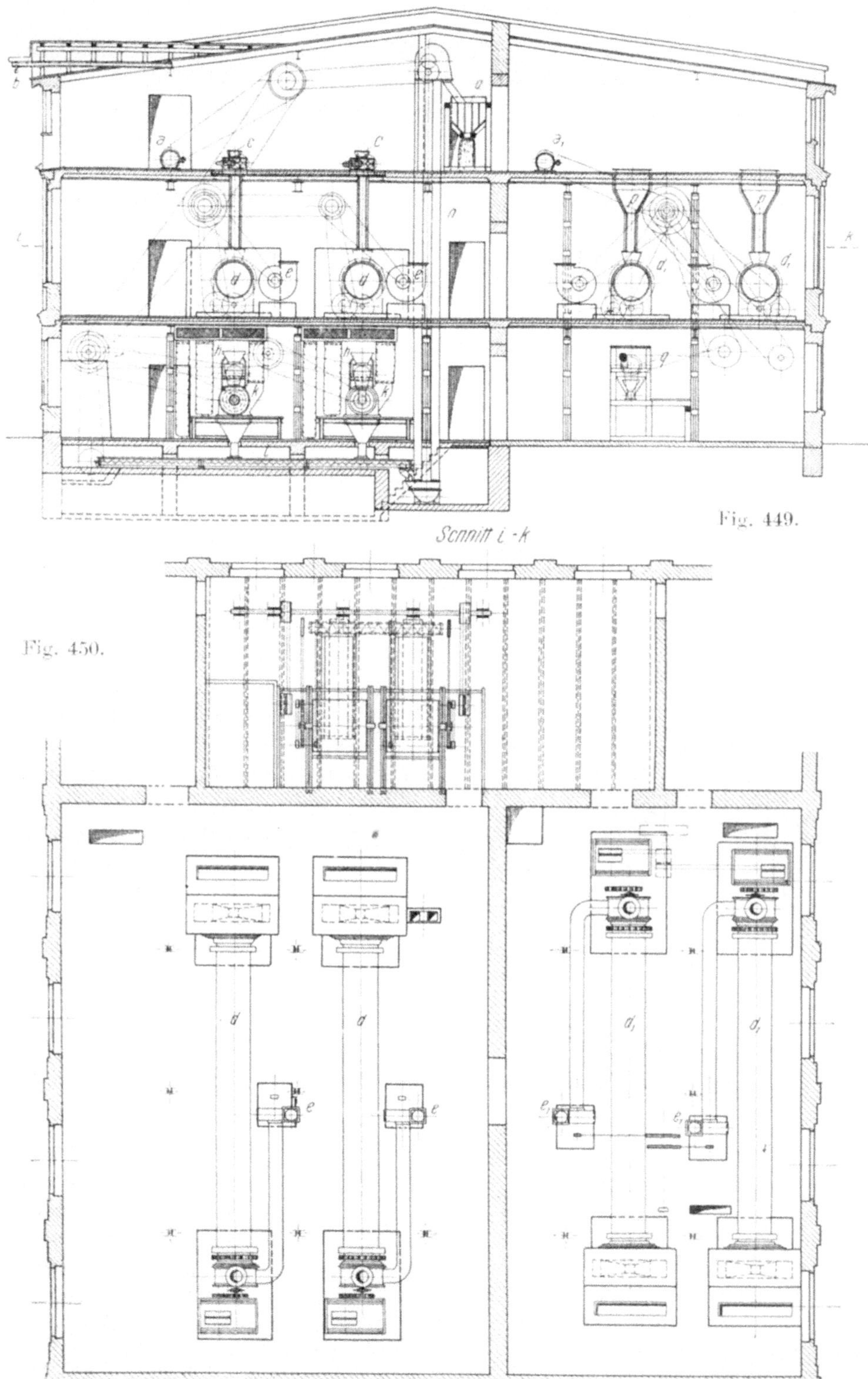

Schnitt c - d
Schnitt i - k
Fig. 449.
Fig. 450.

Aus der Mischtrommel endlich wird das Gemisch absatzweise entnommen und auf Rüttelsiebe, die mit Bronzegeweben bespannt sind, entleert. Unter den Rüttelsieben ist ein Kratzer t angeordnet, der das fertige Erzeugnis in eine Schnecke n fördert, von welcher es mittels selbsttätiger Wagen abgesackt wird. —

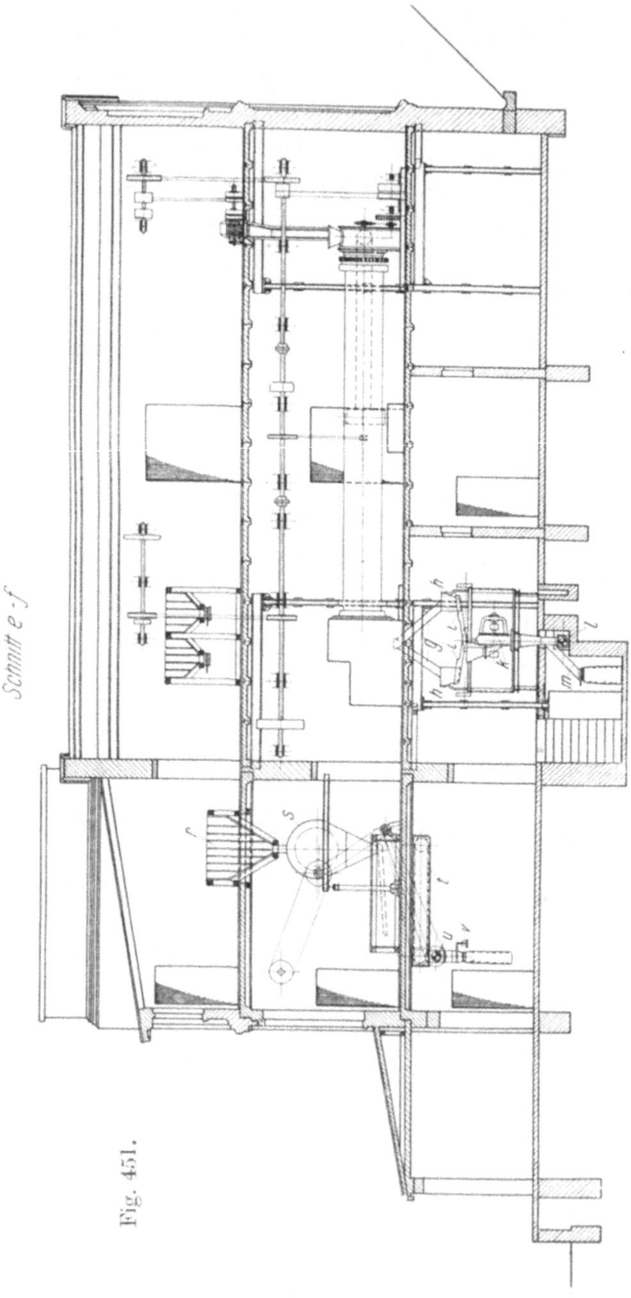

Weiter sei eine von der *C. v. Grueber M. A. G.*, Berlin, gebaute Anlage vorgeführt, die dazu bestimmt ist, r o h e n K a l k s t e i n, so wie er aus dem Bruche kommt, also ohne vorherige künstliche Trocknung, zu vermahlen. Die mit Rohstoff beladenen Förderwagen a (Fig. 453) werden mittels eines von einem Wellenvorgelege betätigten Windwerkes b hochgezogen und in den Rumpf c des Steinbrechers d gestürzt. Die von diesem bis auf etwa halbe Faustgröße (und darunter) vorgebrochenen Stücke befördert ein kurzer Gurt e in das Walzwerk f, wo die weitere Zerkleinerung des Kalksteins bis auf höchstens 35 mm Kantenlänge erfolgt. Das Becherwerk g schafft das Gemisch von Grob- und Feinschrot und Feinem auf zwei Schrägsiebe h, h, die die Scheidung in Mehl und Überschlag vornehmen. Das erstere gelangt mittels der Schnecke i in einen für etwaige vorübergehende

Störungen im Mühlenbetrieb genügend groß bemessenen Behälter n (s. Fig. 454) und über eine Speisewalze o zum zweiten Becherwerk p, das es an eine — nicht gezeichnete — Aufschließ- und Mischanlage weitergibt.

Der Überschlag fällt in den Sammelrumpf k, aus dem ihn die darunter angeordnete Maxecon-Mühle l entnimmt und vermahlt. Das Erzeugnis der Maxecon-Mühle läuft dem bereits erwähnten Becherwerk g zu, von dem es zusammen mit dem Walzwerkgut auf die Schrägsiebe gehoben und dann weiter wie dieses behandelt wird.

Ein — nicht eingezeichneter — Schlauchfilter im Dachgeschoß sorgt für das staubfreie Arbeiten der maschinellen Einrichtung. (Den Entstaubungs-

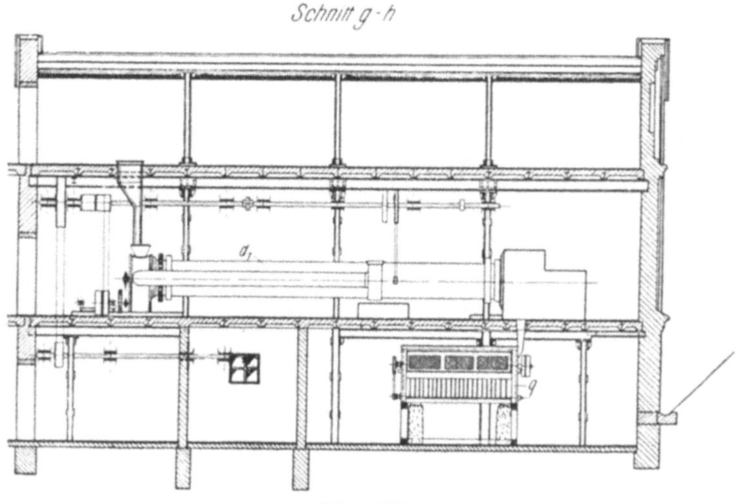

Fig. 452.

plan zu dieser Anlage s. Fig. 339 und 340, Seite 271 im VI. Abschnitt dieses Buches.)

Die Anlage, die eine Leistungsfähigkeit von 100 t in 8 Stunden besitzt, wird von einem 90 PS-Elektromotor m angetrieben.

Eine Trocken- und Mahlanlage für Gesteinstaub von *Gebr. Pfeiffer Barbarossawerke A.-G.*, Kaiserslautern (Fig. 455 und 456), arbeitet wie folgt:

Die aus dem Schacht in Förderwagen ankommenden Tonschieferberge werden in einen Bunker abgestürzt und durch die einstellbare Schubaufgabe a dem Einschwingenbrecher b aufgegeben. Das gleichmäßig vorgebrochene Gestein wird durch ein Becherwerk c in einen zweiten Bunker geschafft und von dem selbsttätigen Tellerspeiser d der mit Hochofengasen beheizten Trockentrommel e mit eigens für diesen Zweck hergestellter Schaufelung aufgegeben. Das getrocknete Material fällt in einen Behälter und wird durch einen zweiten selbsttätigen Tellerspeiser f dem Becherwerk g zugeführt, welches das Gut über den Sortierrost h leitet, der die groben Stücke zurückhält und die Doppelhartmühle i beschickt. Das Feine gelangt in den Hochleistungs-Windsichter k,

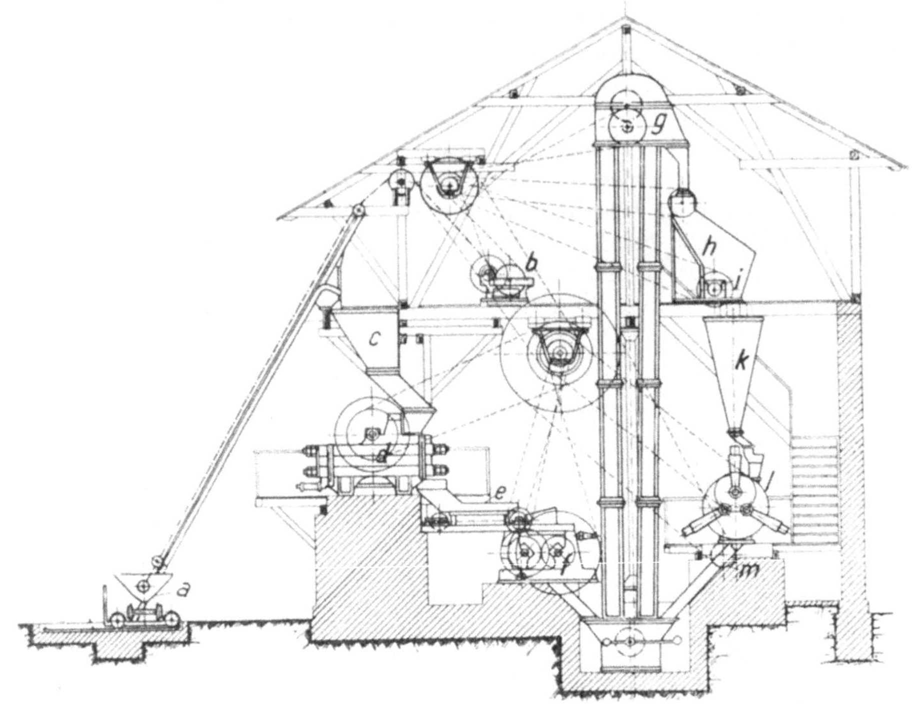

Fig. 453.

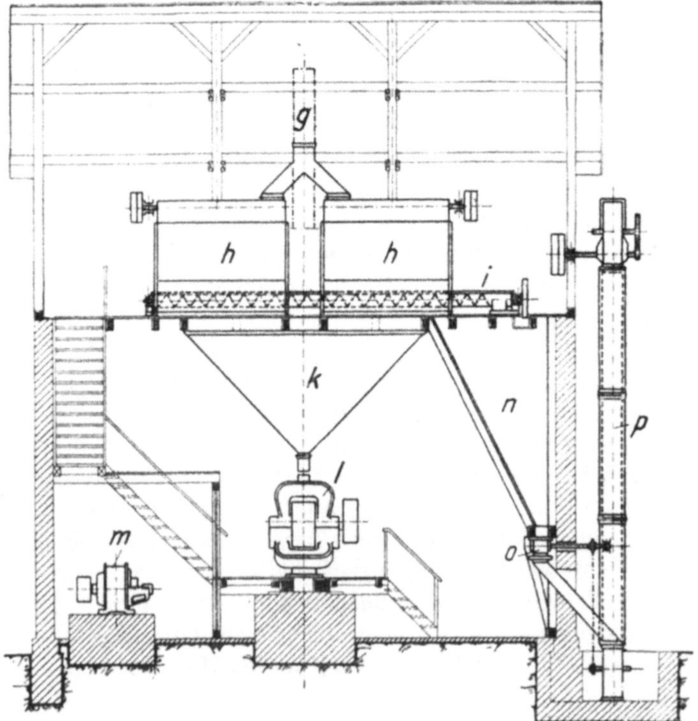

Fig. 454.

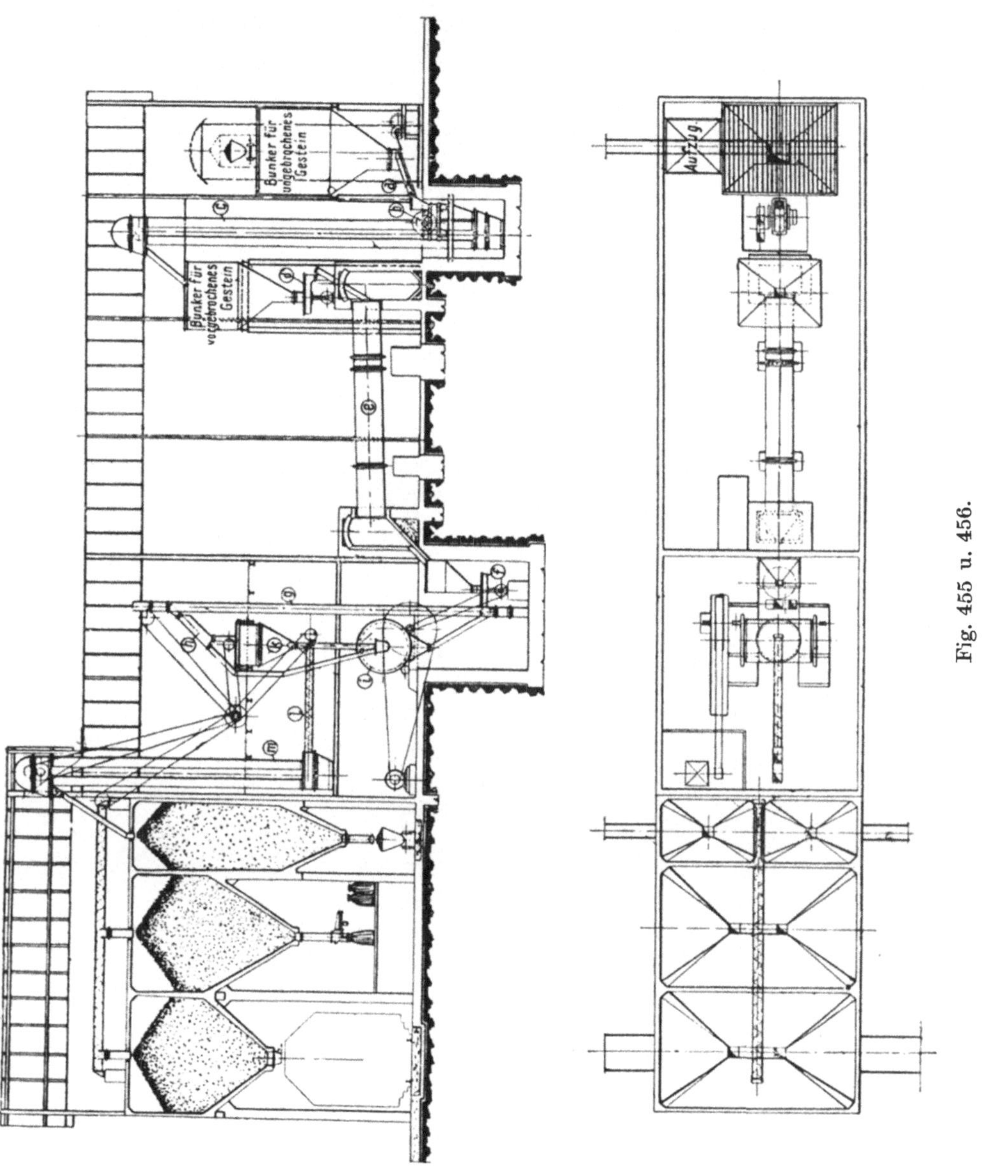

der auch das Mehl aus der Doppelhartmühle abzieht. Durch die Förderschnecke l und das Becherwerk m wird das Mehl in einen der drei Silos gebracht und kann entweder abgesackt oder in Eisenbahnwagen verladen oder in Kippwagen, die auf Schmalspurgleisen laufen, abgezogen werden. Die Entstäubung der Anlage erfolgt durch einen (nicht gezeichneten) Zyklonfilter mit Vakuumreinigung und Gebläse.

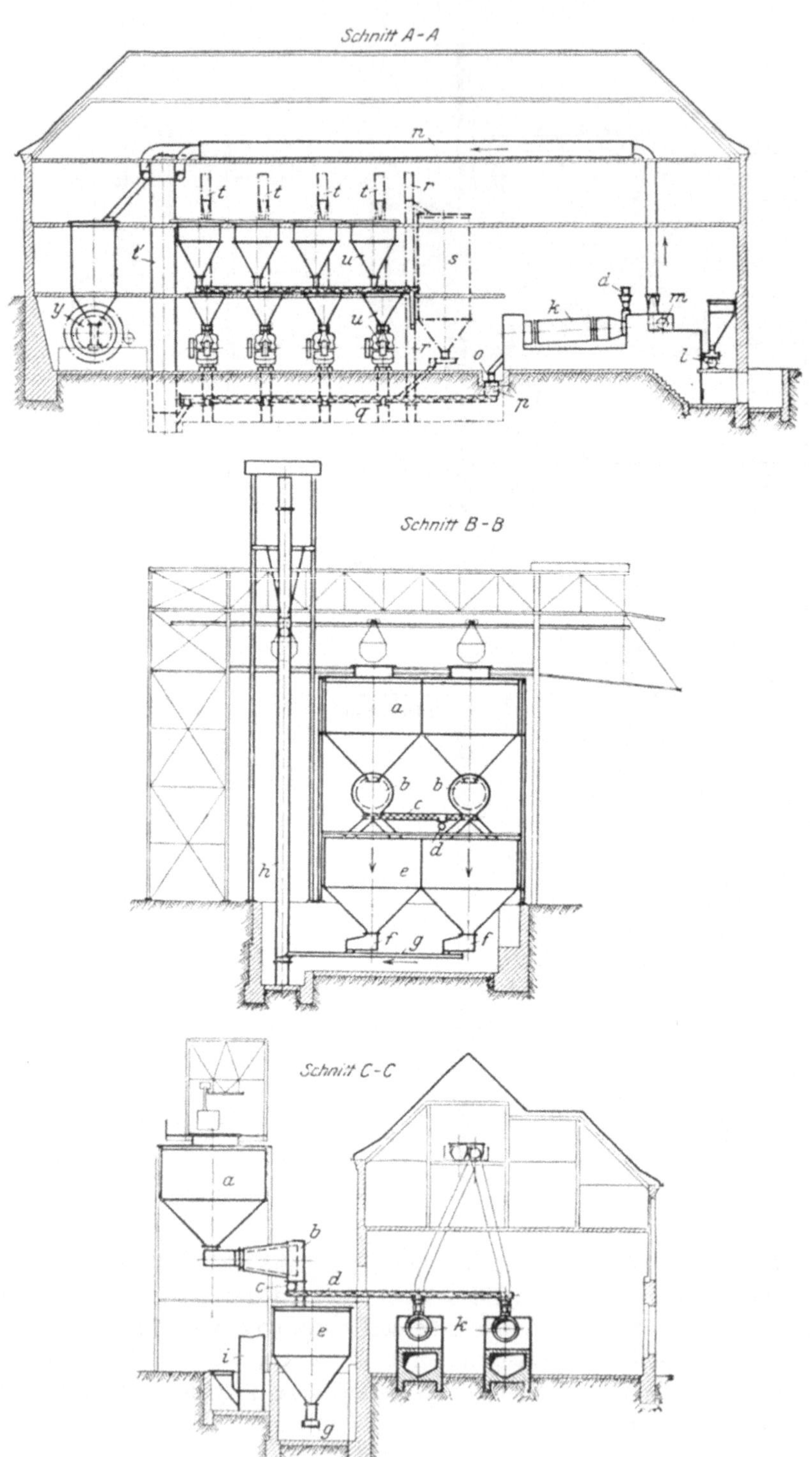

Schnitt A-A
Schnitt B-B
Schnitt C-C

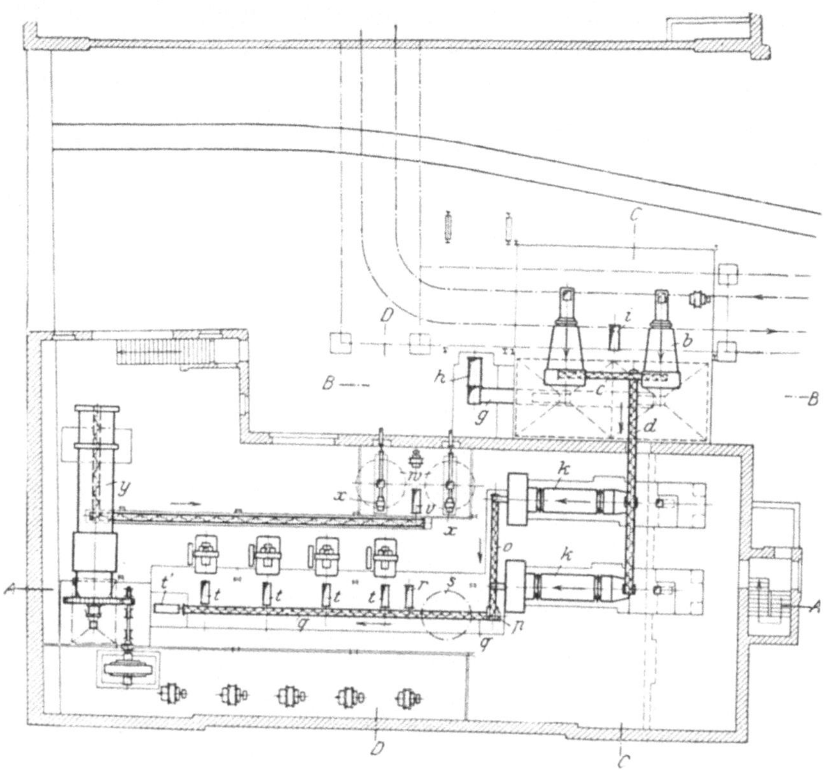

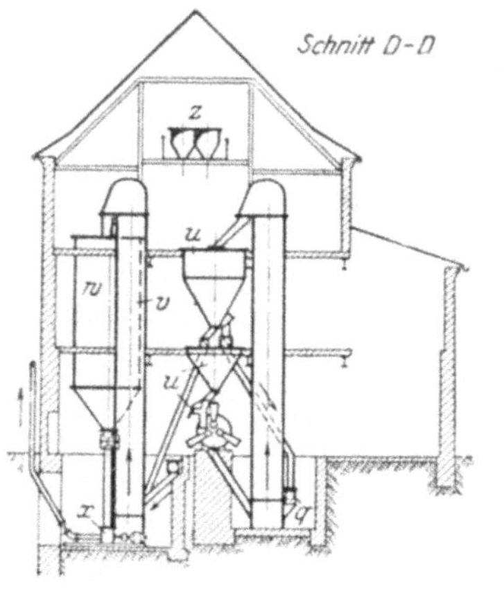

a Kohlenbunker
b Siebtrommeln
c, d Förderschnecken für abgesiebte Feinkohle
e Bunker für Grobkohle
f Stoßschuhspeiser
g Schüttelrinne
h Becherwerk für Grobkohle
i Becherwerk für Zusatzkohle
k Trockentrommeln
l Kohlenstaubbrenner für Trommelheizung
m Abgasventilator
n Sammelleitung
o Förderschnecke für Trockenkohle
p Magnetscheider
q Schnecke
r Becherwerk
s Ausgleichbunker
t t′ Mühlen-Becherwerke
u Dreiwalzen-Ringmühlen mit Windsichter und Füllbunker
v Becherwerk für Kohlenstaub
w Staubvorratsbunker
x Staubförderpumpen
y Verbundmühle

Fig. 457 bis 461.

Die Zentral - Kohlenstaubmahlanlage[1] mit Maxecon- und Verbundmühlen des Werkes „Moabit" der Berliner Städt. Elektrizitätswerke A.-G.,
zeigen die Fig. 457 bis 461. — Sie befindet sich auf dem Werkshof in der
Nähe eines der beiden Kesselhäuser, von dessen 20 Wasserrohrkessel 5 mit
Staubfeuerung versehen werden, die als Spitzenkessel arbeiten sollen. Die
übrigen Kessel behalten die bisherigen Kettenrostfeuerung. Die Heizfläche
der Kohlenstaubkessel beträgt 2200 m². Die Aufbereitungsanlage umfaßt
Sortier-, Trocken-, Mahl- und Transportanlage. Die eingezeichneten Pfeile
entsprechen dem Wege der Kohle, die einen Ringlauf einhält. Der etwas
verwickelte Arbeitsvorgang ist am besten in dem nachstehenden Schema
zu verfolgen.

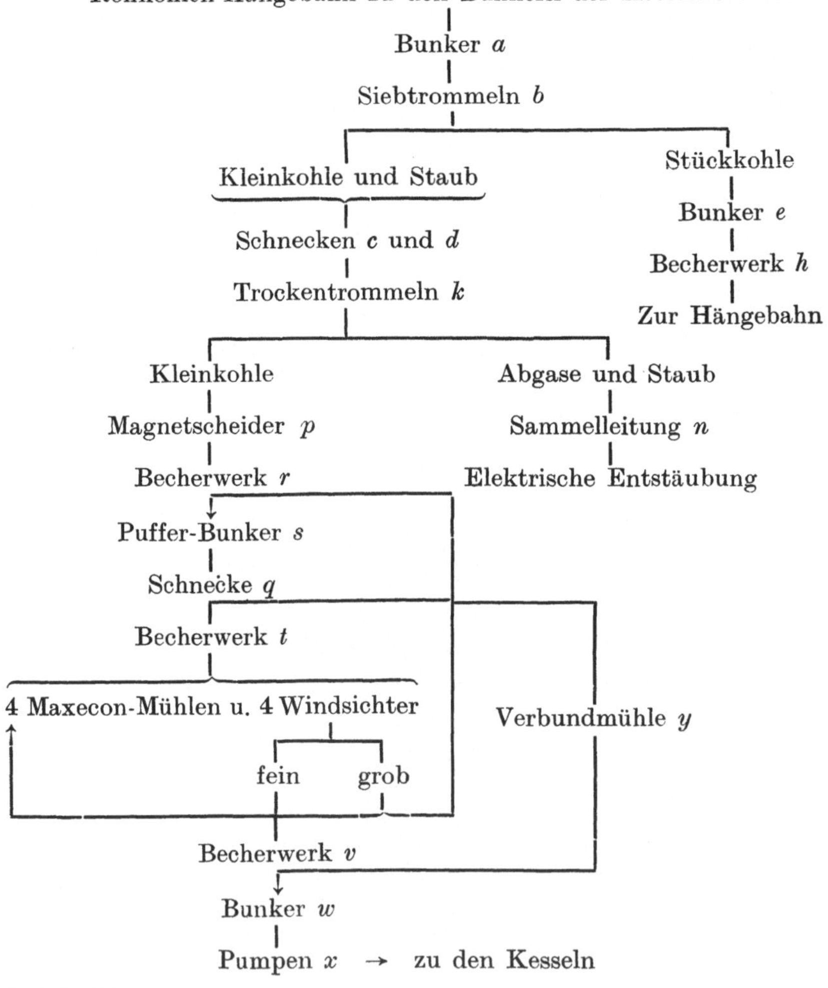

<hr>

[1] *E. Schulz:* Kohlenstaubmühlen im Arch. f. Wärmew. 1925, H. 4, S. 99, 100 und 103.

Die vier Maxecon-Mühlen haben jede eine Leistung von etwa 1800 bis 2000 kg/h bei 1,5 Proz. Feuchtigkeitsgehalt der Kohle und etwa 12 Proz. Rückstand auf dem 4900 Maschen-Sieb. Die Leistung der Verbundmühle ist etwa 8000 kg/h bei gleichen Bedingungen. Die beiden Trockentrommeln trocknen je 3 t Kohle/h von 10 auf 1,5 Proz. Feuchtigkeit. Die Arbeitszeiten von Sortier- und Mahlanlage werden so dem Betriebe angepaßt, daß unter Verwendung der reichlich bemessenen Zwischenbunker für Staublagerung ein Spitzenverbrauch von 10 bis 12 t/h Kohlenstaub möglich ist, trotzdem die Aufbereitung zunächst nur 6 t/h liefern kann. Die Lieferung der gesamten Aufbereitungseinrichtungen wurde der Firma *C. v. Grueber*, *M. A. G.*, Berlin-Teltow, übertragen.

Die Fig. 462 bis 464 veranschaulichen eine Kohlenstaubaufbereitungsanlage von 72 t stündlicher Leistung, die, bis auf die Vobrecherei und den Rohkohlentransport, im allgemeinen identisch ist mit jener des Großkraftwerkes Rummelsburg bei Berlin. Die Anlage ist mit 6 Raymond-Mühlen (davon 2 von C. Mehler, Aachen, 4 von C. v. Grueber, Berlin, gebaut) und 3 Röhrentrocknern, Bauart der Buckauer Maschinenfabrik A.-G., Magdeburg, ausgerüstet. Drei Elektrofilter (Bauart Siemens-Schuckert) für die Schwaden und ein Trockenfilter (Bauart Beth) sorgen für Staubloshaltung der Arbeitsräume. Sämtliche Maschinen werden elektrisch angetrieben, Wellenleitungen sind gänzlich vermieden.

Eine Eisenportlandzementfabrik (Gelsenkirchener Bergwerksverein Schalke) von rd. 15 000 DW jährlicher Leistungsfähigkeit ist in den Hauptzügen durch die Fig. 465 bis 467 angedeutet. Der Portlanderzeugung dienen hier 3 Verbundmühlen 1,65×10 m, 8 Rohmehlsilos und 2 Drehöfen 2,5×50 m, der gemeinsamen Vermahlung mit der Zusatzschlacke 5 weitere Verbundmühlen derselben Größe wie vor, und dem Speichern und Verpacken 10 eiserne Behälter von zusammen 1000 DW Fassungsraum nebst Abzug- und Packvorrichtungen. Die (3) Trockentrommeln (eine für Kalkstein, zwei für Schlacke) werden gleich den Drehöfen teils mit Kohlenstaub, teils mit Hochofengas beheizt. Die Klinkerhalle faßt 3 600 DW und besitzt eine Greiferanlage. Der Antrieb erfolgt durchweg elektrisch. Die maschinelle Einrichtung stammt von Fellner & Ziegler, Frankfurt am Main.

Ein Beispiel einer modernen Kalkaufbereitungsanlage (Berginspektion Rüdersdorf) ist aus den Fig. 468 bis 471 zu ersehen. Der Stückkalk wird in Drehrostöfen *b* gebrannt, auf einem Hammerbrecher *d* fein geschrotet, in 4 Löschsilos *e* gelöscht und auf Maxecon-Mühlen *f*, *g* vermahlen, die bedarfsweise auch zum Mahlen von kohlensaurem Kalk verwendet werden. Mit *h* sind die Silos für die fertige Ware bezeichnet. Das Abziehen des ungemein leicht fließenden Kalkes geschieht mittels Doppelschnecken, das Abwiegen mittels Sackwagen besonderer Bauart. Die gepackten Säcke werden, wenn nötig, im Raum *k* gestapelt, sonst aber unmittelbar in die Eisenbahnwagen gekarrt. Die Leistungsfähigkeit dieser Anlage, deren maschinelle Einrichtung von C. v. Grueber, Berlin, geliefert wurde, beträgt 20 DW pro Tag.

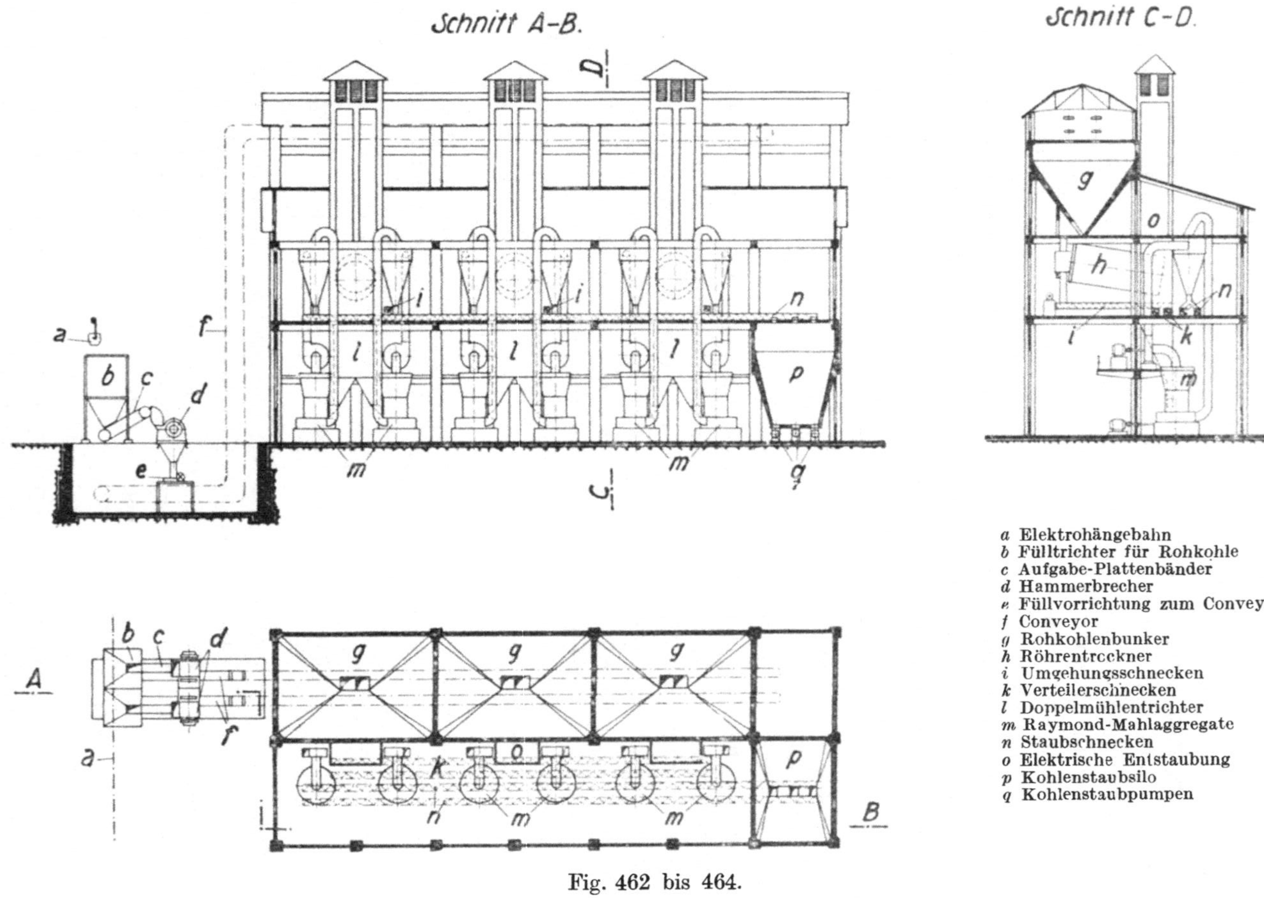

a Elektrohängebahn
b Fülltrichter für Rohkohle
c Aufgabe-Plattenbänder
d Hammerbrecher
e Füllvorrichtung zum Conveyor
f Conveyor
g Rohkohlenbunker
h Röhrentrockner
i Umgehungsschnecken
k Verteilerschnecken
l Doppelmühlentrichter
m Raymond-Mahlaggregate
n Staubschnecken
o Elektrische Entstaubung
p Kohlenstaubsilo
q Kohlenstaubpumpen

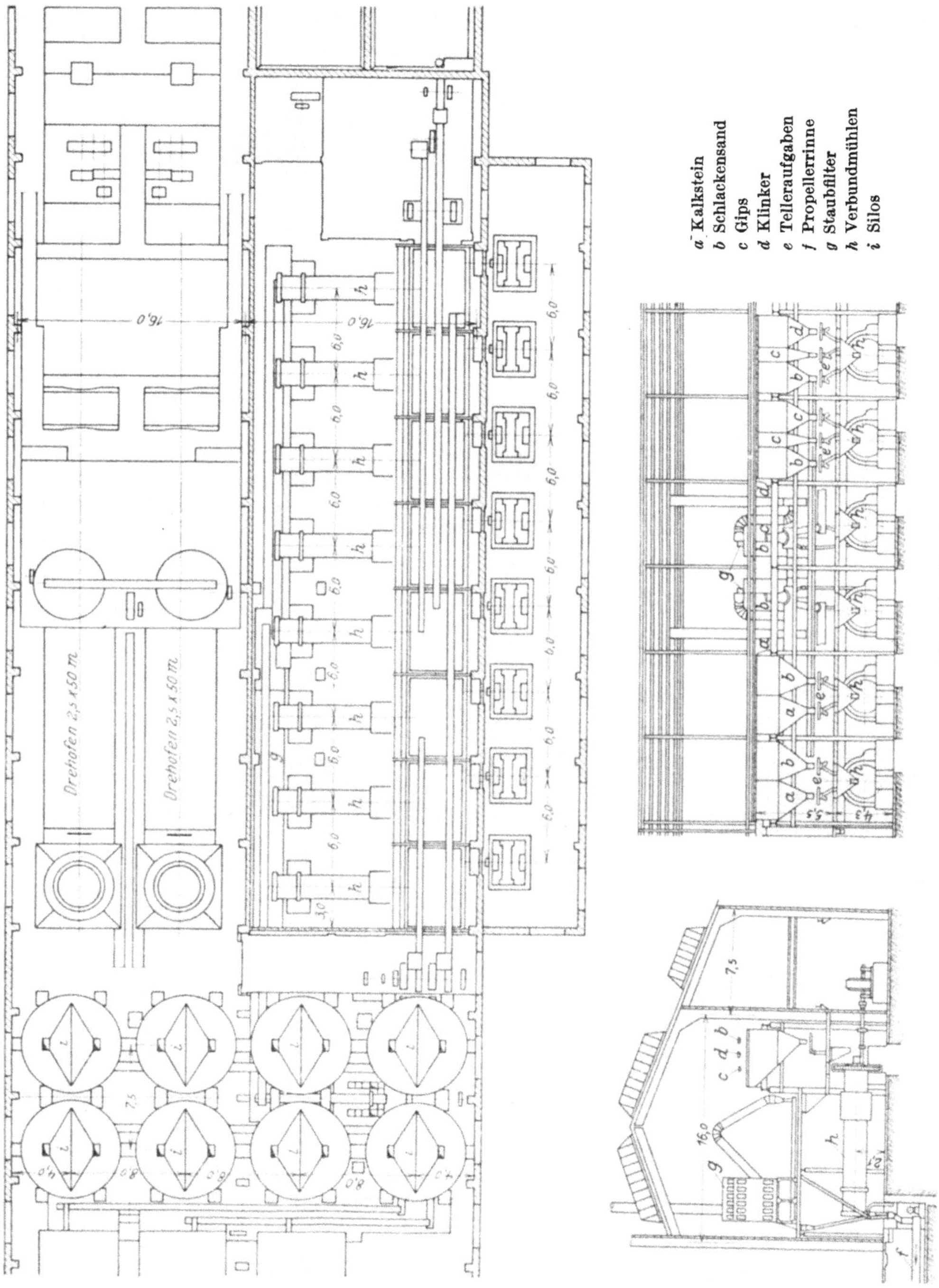

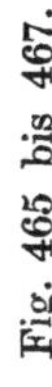

Fig. 465 bis 467.

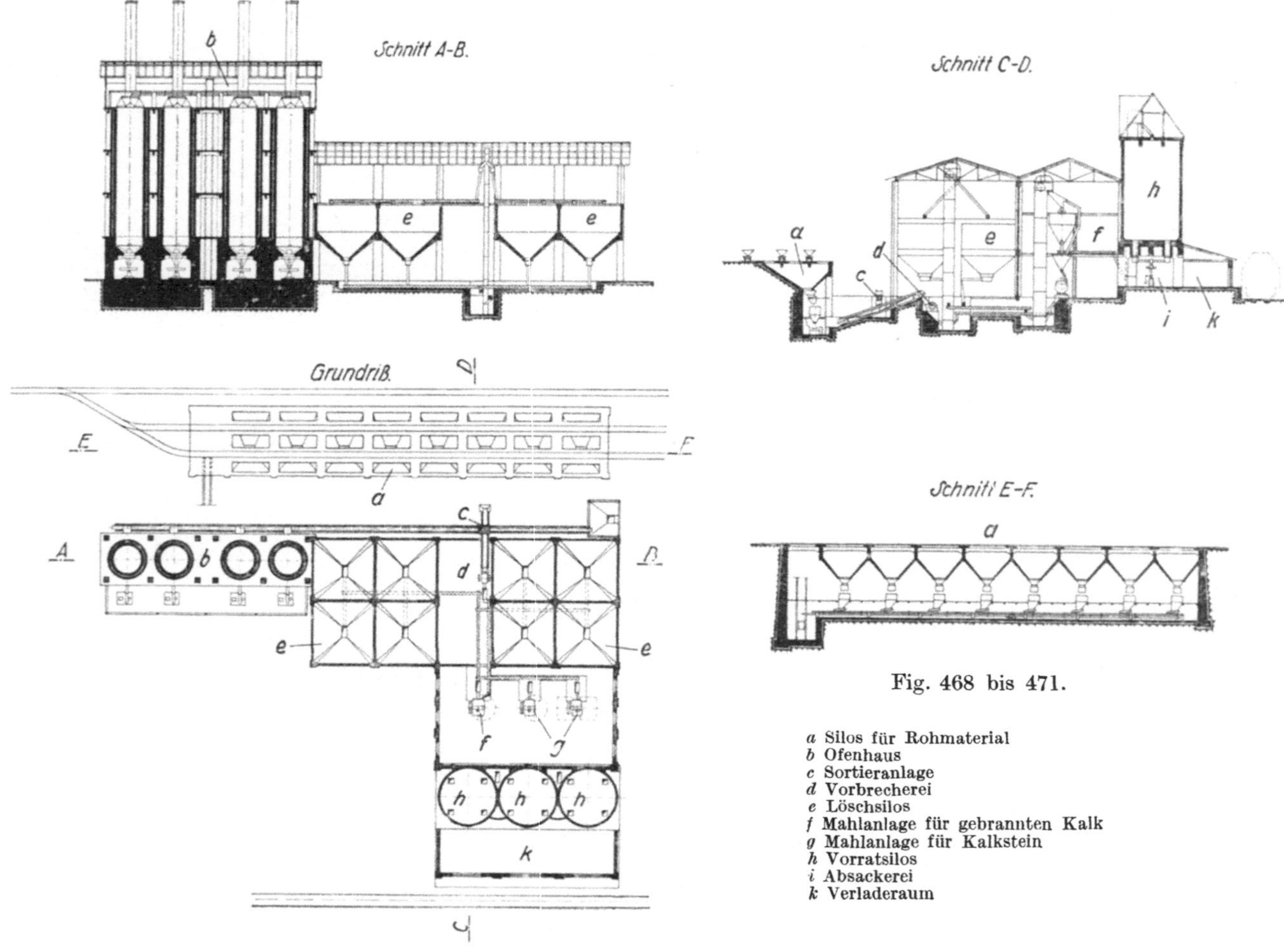

Fig. 468 bis 471.

a Silos für Rohmaterial
b Ofenhaus
c Sortieranlage
d Vorbrecherei
e Löschsilos
f Mahlanlage für gebrannten Kalk
g Mahlanlage für Kalkstein
h Vorratsilos
i Absackerei
k Verladeraum

IX. Einige Tabellen und Formeln.

Backenbrecher.

(G. Luther A.-G., Braunschweig.)

Modell-Nr. der Maschine	Brechmaul-weite mm	Raumbedarf		Riemscheiben		Um-drehung min	Mittlere Stundenleistung		Kraft-bedarf PS	Ungef. Gewicht der Maschine kg
		Länge mm	Breite mm	Durch-messer mm	Breite mm		bei 25-mm-Spalt kg	bei 50-mm-Spalt kg		
0	160 × 80	1100	1100	325	80	30 Hand-betrieb	150	300	0,2—0,4	625
2	200 × 120	1250	900	400	90	250	1 500	3 000	2—3	1 600
3	320 × 200	1750	1200	550	130	250	3 000	6 000	4—6	3 350
4	400 × 250	1800	1300	675	150	250	4 200	8 400	8—10	4 900
5	500 × 320	2400	1650	800	160	225	6 000	12 000	12—15	8 000
6	650 × 400	3000	1950	900	200	225	9 000	18 000	16—20	15 000
8	800 × 500	3500	2300	1000	200	225	12 000	24 000	20—23	21 000
10	1000 × 500	3500	2600	1100	200	225	15 000	30 000	25—28	30 000
							bei rd. 60 mm Spalt			
8c	800 × 400	2200	2100	800	200	220	20 000		18—20	8 700
10c	1000 × 400	2700	2350	900	200	220	30 000		22—25	12 300

Bemerkung. Die Mod. 8c und 10c sind für die Verarbeitung milden Gesteins bestimmt und daher leichter gebaut.

Kreiselbrecher.

(Maschinenbauanstalt Humboldt, Kalk-Köln.)

Modell-Nummer	1	2	3	4	5	6	7	8	9
Durchmesser der Füllöffnung mm	400	490	580	700	760	890	1000	1300	1650
Maulweite der Füll-öffnung . . mm	100	130	150	180	200	250	280	360	460
Lichter Durchm. d. Fülltrichters mm	920	1160	1360	1640	1800	2200	2480	3150	4000
Riemscheiben-Durchm. . mm	400	500	600	700	800	900	1050	1150	1250
Breite . . mm	150	175	200	250	300	350	400	450	500
Umdrehungen der Riemscheibe min	500	475	450	425	400	375	350	350	320
Betriebskraft PS	4—5	7—9	8—12	15—18	16—22	20—30	25—45	50—90	80—110
Stundenleistung ungefähr . . t	2—4	4—8	6—12	10—20	16—30	25—40	30—60	50—120	100—150
Raumbedarf: Länge . . m	1,7	2,1	2,4	2,7	3	3,6	3,8	4,7	5,6
Breite . . m	1	1,3	1,5	1,8	2	2,4	2,6	3,3	4,2
Höhe . . . m	1,6	1,9	2,2	2,4	2,7	3,2	3,4	4,2	5
Gewicht des Brechers rd. kg	1600	2500	3700	7000	10 000	14 500	21 000	30 000	43 000

Walzwerke.
(Kampnagel, Hamburg.)
A. Gezahnte Walzwerke für mittelhartes Gut.

Nr.	Walzen		Riemscheiben			Ungefähre Stundenleistung	Ungefährer Kraftbedarf	Ungefähres Gewicht
	Durchmesser	Breite	Durchmesser	Breite	Umdrehung			
	mm	mm	mm	mm	min	kg	PS	kg
1	300	500	1000	120	150	10—14 000	4—5	1 200
2	300	700	1100	120	150	12—18 000	6—7	1 500
3	450	500	1100	130	125	13—20 000	7—8	1 800
4	450	700	1200	150	125	15—22 000	10—11	2 200
5	450	900	1300	160	125	17—25 000	12—14	2 600
6	650	700	1400	180	100	18—27 000	14—16	3 500
7	650	900	1600	180	100	20—30 000	15—18	4 500
8	800	900	1600	240	90	30—50 000	20—25	8 500
9	1000	1200	1800	260	80	40—80 000	30—40	11 000

B. Glatte und geriffelte Walzwerke für sehr hartes Gut.

Nr.	Walzen		Riemscheiben			Ungefähre Stundenleistung bei 8-mm-Spalt	Ungefährer Kraftbedarf	Ungefähres Gewicht
	Durchmesser	Breite	Durchmesser	Breite	Umdrehung			
	mm	mm	mm	mm	min	kg	PS	kg
1	400	260	1300 / 700	180 / 140	90	3 500	4—6	2500
2	550	280	1500 / 850	210 / 180	70	5 500	6—8	3400
3	700	300	1800 / 1000	250 / 200	60	7 500	9—12	4500
4	1000	350	2400 / 1200	280 / 220	45	11 000	12—15	7000

C. Walzenstühle zum Mahlen von mittelhartem Gut.

Nr.	Walzen		Riemscheiben			Ungefähre Stundenleistung	Ungefährer Kraftbedarf	Ungefähres Gewicht
	Durchmesser	Breite	Durchmesser	Breite	Umdrehung			
	mm	mm	mm	mm	min	kg	PS	kg
1	400	600	625	150	250	20 000	14	2500
2	400	1000	1000	170	250	30 000	22	3700
3	400	1300	1000	190	250	40 000	30	4300

Kollergänge.
(Kampnagel, Hamburg.)
A. Kollergänge mit festliegender Mahlbahn.

Nr.	Läufer			Riemscheiben			Stundenleistung etwa	Ungefährer Kraftbedarf	Ungefähres Gewicht
	Durchmesser	Breite	Gewicht beider Läufer	Durchmesser	Breite	Umdrehung			
	mm	mm	kg	mm	mm	min	kg	PS	kg
1	1000	300	2000	1000	140	100	500	4	4 250
2	1250	350	4000	1200	170	80	800	7	8 000
3	1500	400	6000	1600	210	65	1500	10	13 000

B. Kollergänge mit umlaufender Mahlbahn.

Nr.	Läufer			Riemscheiben			Stunden-leistung etwa	Ungefährer Kraftbedarf	Ungefähres Gewicht
	Durch-messer mm	Breite mm	Gewicht bei der Läufer kg	Durch-messer mm	Breite mm	Um-drehung min	kg	PS	kg
1	1000	300	2900	1000	140	125	1—1500	4—6	6800
2	1250	400	3800	1250	160	110	2—3000	6—8	12500
3	1500	400	7600	1400	180	90	5—6000	6—10	20000
4	1800	450	12000	1600	200	90	6—8000	12—15	27000

Gloria-Mühlen.
(Kampnagel, Hamburg.)

Nr.	Durch-messer der Mahltrommel mm	Riemscheiben			Ungefähre stündlliche Leistung kg	Kraftbedarf etwa PS	Ungefähres Gewicht kg
		Durch-messer mm	Breite mm	Umdrehung Min.			
1	500	300	150	300—800	7 000—10 000	5—8	1350
2	750	500	200	300—700	20 000—35 000	15—20	3000
3	1000	500	250	300—600	30 000—50 000	20—30	4200

Desintegratoren.
Ausführung mit vier Trommeln und ausziehbarem Spindelkasten.

Größe Nr.	Durch-messer der äußersten Schlagstift-reihe mm	Riemscheiben			Raumbedarf			Lei-stung kg/h	Kraft-bedarf PS	Ge-wicht kg
		Durch-messer mm	Breite mm	Umdrehung mm	Länge mm	Breite mm	Höhe mm			
I	2000	650	300	250—300	4500	2800	2400	30 000	40	7500
II	1750	600	250	250—350	3900	2500	2100	20 000	30	5400
III	1500	550	225	300—450	3000	2150	1800	15 000	20	3950
IV	1250	500	200	400—600	3000	1900	1500	9 000	12	3700
V	1100	450	200	400—800	2600	1600	1350	6 000	10	2350
VI	1000	400	200	500—900	2600	1600	1350	4 000	9	2200
VII	900	350	175	600—900	2200	1400	1150	2 500	7	1700
VIII	800	300	175	600—1000	2200	1400	1150	1 500	6	1600
IX	700	300	150	700—1000	1900	1050	900	800	5	1000
X	600	250	150	800—1100	1900	1050	900	400	$3^1/_2$	800
XI	500	250	150	800—1200	1600	900	750	250	2	525

Die Leistungsangaben verstehen sich für die Vermahlung von Ton, Kreide, Schiefer u. dgl. auf mäßige Feinheit.

Schlagkreuzmühlen.
(Nach E. C. Blanc: „Technologie des Concasseurs", S. 191, 192. Paris, Bérenger.)

Modell-Nummer	0	00	$1^1/_2$	$2^1/_2$	$3^1/_2$
Durchmesser der Mahlkam-mer . . . . mm	300	430	560	760	990
Umdrehungen i. d. Min. . .	5000	4000	3300	2500	1700
Einwurföffnung . . . mm	60 × 65	150 × 125	150 × 150	210 × 160	240 × 175
Grundmaße: { Länge m	0,712	0,765	0,940	1,195	1,600
{ Breite m	0,460	0,610	0,815	0,914	1,113
Gewicht . . . . kg	200	300	500	950	1800
Kraftbedarf . . . . . PS	2—3	3—4	5—6	8—10	10—15

Schlagkreuzmühlen.

(Nach E. C. Blanc: „Technologie des Concasseurs" S. 191, 192. Paris, Bérenger.)

Material	Spaltweite des Rostes	Modell-Nummer				
	mm	0	00	$1^1/_2$	$2^1/_2$	$3^1/_2$
		Stundenleistung in kg				
Asbest	12	40	50	60	75	125
Baryt.	3—0,4	375—200	550—325	1000—425	1750—750	2300—1250
Blauholz	0,4	20	25	40	75	100
Eichenrinde . . .	6	200	300	375	650	1100
Getreide	0,8	125	200	250	450	750
Gießereisand. . .	0,8	350	550	750	1250	2250
Gips, roh	6—3	1750—875	2600—1250	3500—1750	6000—3000	10000—5250
Gips, gebrannt .	0,8—0,4	300—210	450—300	600—425	1000—750	1800—1250
Glimmer	0,4	16	25	40	60	100
Holzkohle . . .	0,8—0,4	200—150	300—225	400—300	710—500	1200—900
Hopfen	0,4	125	200	250	450	750
Kalk	0,4	350	500	700	1250	2000
Knochen, roh . .	3—12	175—375	275—550	350—750	600—1330	1000—2250
Knochen, entleimt	0,8	50	100	125	225	350
Kochsalz	1,5	750	1100	1500	2500	4500
Koks	3—0,8	750—325	1100—500	1500—650	2600—1150	4500—2000
Kork	0,8	10	19	22	35	50
Kupfersulfat. . .	0,4	200	300	400	700	1200
Mais	0,8	225	350	450	800	1350
Marmor	6—0,8	600—250	900—375	1200—500	2000—875	3600—1500
Oker	0,4	100	150	190	350	500
Ölkuchen	0,8—0,4	200—50	350—75	425—100	750—175	1250—300
Papierlumpen . .	18	25	40	50	100	150
Papiermaché . .	35	50	75	125	200	350
Phosphat, roh . .	0,8—0,4	375—250	550—375	750—500	1250—850	2250—1500
Phosphat, kalzin.	0,8—0,4	225—150	350—225	450—300	800—500	1350—900
Quarz, goldhaltig	0,4	500	750	1000	1750	3000
Sandelholz . . .	0,8	12	25	35	50	75
Schiefer	0,4	200	300	375	650	1100
Schwefel	3	375	550	750	1300	2250
Seife	1,5	375	550	750	1250	2250
Steinkohle. . . .	12—0,4	450—250	675—375	900—500	1600—900	2700—1500
Stroh	1,5	25	40	50	100	150
Ton, gebrannt . .	1,5	375	550	750	1300	2250
Zedernholz . . .	1,5	60	100	125	200	350
Zichorienwurzel .	1,5	75	110	250	360	450
Ziegelbrocken . .	3	750	1100	1500	2500	4500
Zucker	0,4—0,8	200—375	300—550	375—750	650—1300	1160—2250

Transportable Mahlgänge.

(Kampnagel, Hamburg.)

A. Oberläufer.

Stein-durch-messer mm	Bauart	Riemscheibe			Raumbedarf			Lei-stung[1] kg/h	Kraft-bedarf PS	Ge-wicht kg
		Durch-messer mm	Breite mm	Umdre-hung min	Länge mm	Breite mm	Höhe mm			

a) Mit Holzgestell.

Stein-durch-messer mm	Bauart	Durch-messer mm	Breite mm	Umdre-hung min	Länge mm	Breite mm	Höhe mm	Lei-stung[1] kg/h	Kraft-bedarf PS	Ge-wicht kg
1000	m. Riemenantrieb . .	900	150	150	1400	1800	2600	400	8—10	1100
1000	,, Winkelradvorgelege	500	150	300	2100	1800	2600	400	8—10	1600
1200	,, Riemenantrieb . .	1100	175	125	1700	2100	2800	550	12—15	1200
1200	,, Winkelradvorgelege	600	160	250	2500	2100	2800	550	12—15	1700

b) Mit Eisengestell.

Stein-durch-messer mm	Bauart	Durch-messer mm	Breite mm	Umdre-hung min	Länge mm	Breite mm	Höhe mm	Lei-stung[1] kg/h	Kraft-bedarf PS	Ge-wicht kg
1200	m. Riemenantrieb . .	800	250	150	1500	1500	3000	550	12—15	1300
1200	,, Winkelradvorgelege	600	150	300	1900	1500	3000	550	12—15	1800

B. Unterläufer.

a) Für Sandsteine.

Stein-durch-messer mm	Bauart	Durch-messer mm	Breite mm	Umdre-hung min	Länge mm	Breite mm	Höhe mm	Lei-stung[1] kg/h	Kraft-bedarf PS	Ge-wicht kg
750	m. Riemenantrieb . .	600	110	300	1000	1000	1800	250	3	1225
750	,, Winkelradvorgelege	600	110	300	1000	1250	1800	250	3	1300
1000	,, Riemenantrieb . .	800	125	225	1400	1400	2300	400	6	2300
1000	,, Winkelradvorgelege	800	125	225	1400	1700	2300	400	6	2400

b) Für Kunststeine.

Stein-durch-messer mm	Bauart	Durch-messer mm	Breite mm	Umdre-hung min	Länge mm	Breite mm	Höhe mm	Lei-stung[1] kg/h	Kraft-bedarf PS	Ge-wicht kg
750	m. Riemenantrieb . .	600	110	300	1000	1000	1450	250	3	950
750	,, Winkelradvorgelege	600	110	300	1000	1250	1450	250	3	1000
1000	,, Riemenantrieb . .	800	125	225	1400	1400	1900	400	6	1650
1000	,, Winkelradvorgelege	800	125	225	1400	1700	1900	400	6	1740

[1] Die Leistungszahlen gelten für mittelhartes, gut trockenes und vorgeschrotetes Aufschüttgut bei einer Mahlfeinheit von 5—8% > 4900 M/cm².

Raymond-Mühlen.

(Curt von Grueber, M., A.-G., Berlin-Teltow.)

Type		R M	R III	R V	R S
Riem-scheiben	Durchm. . mm	750	915	1200	} Motor-
	Breite . . . mm	180	200	320	} Antrieb
	Umdr. . . . min.	320	230	230	480
Raumbedarf	Länge . m	3	4,5	5,5	6,5
der	Breite . m	2	3	4	5
Mühle	Höhe . m	6	8	10	12
Kraftbedarf, etwa . . . PS		35	65	125	300
Leistung/h . . . . . . kg		1000—1500	2000—3000	5000—6000	12000—15000
Gewicht, ungefähr . . kg		6000	11 000	16 000	38 000

Die Leistungsangaben beziehen sich auf Kohlenstaub bei den üblichen Feinheiten.

Maxecon-Mühlen.
(Curt von Grueber, Berlin-Teltow.)

Type	M. M. 6	M. M. 9	D. M. M. 9	D. M. M. 14
Riem-scheibe d. Mühle — Durchmesser mm	750	1200	2 × 1200	2 × 1500
Breite . . . mm	150	250	250	300
Umdr./min. . .	300	225	225	200
Raumbe-darf der Mühle — Länge . . . . m	1,1	2,2	2,2	3,0
Breite . . . . m	1,2	1,8	2,3	3,0
Höhe . . . . m	1,5	2,1	2,1	2,8
Gewicht der Mühle . . kg	1900	5100	6500	10 000
Becher-werk — Becherbreite mm	250	300	400	500
Förderhöhe. . m	8	10	12	13
Gewicht . . kg	2800	3700	5000	6200
Wind-sichter — Durchm. d. Flügelrades . mm	2100	2500	2800	3200
Höhe des Sichters . . . mm	2800	3100	3650	4100
Gewicht . . kg	2000	2900	3700	4400
Leistung des Aggregates kgh	900—1500	1800—2400	3200—4000	5000—6000
Kraftbedarf d. Aggregates PS	16	26	38	50
Ges. Gewicht. d. Aggregates . . . . kg	6700	11 700	15 200	26 600

Die Leistungen gelten für Steinkohlen.

Kugelfallmühlen.
(G. Polysius, Dessau.)

Maschinengröße	III	IV	V	VI	VII	VIII	IX
Durchmesser der Blechhaube mm	1400	1800	2100	2400	2650	3000	3300
Breite der Blechhaube. . . mm	990	1100	1270	1470	1660	1850	2100
Durchmesser d. Riemscheiben mm	800	900	1000	1250	1500	1650	1800
Breite der Riemscheiben. . mm	100	150	150	200	225	225	250
Umdrehungen der Riemscheiben in der Min.	110	110	110	110	110	110	110
Raumbedarf in der Höhe . mm	3000	3500	3700	4000	4100	4800	5200
Raumbedarf in der Breite . mm	3200	3700	4100	4500	4900	5200	5700
Ungefährer Kraftbedarf in PS	3	6	10	18	28	35	52
Gewicht der Maschine . . . kg	2200	3800	5500	8000	10500	15900	24600

Leistungstabelle von Kugelfallmühlen.
(G. Polysius, Dessau.)

Material	Sieb Nr.	Stündliche Leistung in kg der Kugelmühle Maschinengröße:						
		III	IV	V	VI	VII	VIII	IX
Arsenerz	30	225	340	525	800	1200	1725	2570
	40	190	295	450	700	1120	1500	2250
	50	185	280	430	675	1000	1440	2100
Asphalt	10	375	560	875	1350	2000	2900	4300
	15	360	535	840	1290	1900	2700	4000
	20	330	490	770	1180	1750	2550	3800

Leistungstabelle von Kugelfallmühlen (Fortsetzung).

Material	Sieb Nr.	Stündliche Leistung in kg der Kugelmühle Maschinengröße:						
		III	IV	V	VI	VII	VIII	IX
Flußspat	30	990	1500	2300	3550	5300	7600	11400
	80	450	680	1050	1600	2400	3450	5150
	90	360	540	840	1290	1860	2760	4100
Glas	80	390	590	910	1400	2080	3000	4500
	100	360	540	840	1190	1860	2760	4100
	120	270	400	630	960	1430	2100	3150
Graphit	10	810	1220	1890	2900	4300	6100	9150
	20	560	840	1290	2000	3000	4320	6450
	40	410	600	950	1450	2150	3100	4650
Hochofenschlacke	60	270	400	630	970	1450	2100	3150
	80	220	330	500	780	1150	1660	2450
	100	185	280	430	675	1000	1440	2150
Holzkohle	40	235	350	540	850	1250	1800	2700
	60	190	290	450	695	1050	1500	2250
	80	150	225	350	540	800	1150	1700
Kalkstein, ungebrannt .	20	990	1500	2300	3550	5300	7600	11400
	60	450	680	1050	1600	2400	3450	5150
	80	360	540	840	1290	1860	2760	4100
Kalkstein, gebrannt . .	20	1050	1550	2400	3750	5500	7900	11800
	40	470	700	1500	2000	2500	3600	5400
	80	370	550	850	1300	1940	2800	4200
Knochen, entleimt . . .	40	375	560	875	1350	2000	2900	4300
	50	320	490	760	1170	1700	2500	3750
	60	280	420	650	1000	1480	2150	3200
Koks	30	190	280	440	670	1100	1430	2140
	40	165	250	380	590	900	1270	1900
	50	145	220	345	530	790	1130	1690
Kupfererz	30	810	1250	1890	2900	4260	6200	9300
	80	370	550	850	1300	1940	2800	4200
	90	280	420	645	1000	1500	2160	3240
Marmor	25	840	1260	1960	3000	4400	6450	9650
	60	375	560	875	1350	2000	2900	4350
	80	300	450	700	1075	1600	2300	3450
Phosphat	25	500	820	1160	1780	2650	3800	5700
	60	225	340	525	800	1200	1725	2570
	90	180	260	410	630	950	1340	2000
Quarz	6	480	720	1120	1720	2600	3680	5500
	30	330	500	770	1180	1800	2550	3800
	70	240	360	560	870	1300	1840	2750
Schamotte	6	840	1260	1960	3000	4400	6450	9600
	12	690	1035	1610	2470	3750	5300	7900
	18	450	680	1050	1600	2400	3450	5100
Schwefelkies	30	370	550	860	1330	1970	2800	4200
	40	270	400	630	970	1450	2100	3150
	60	180	270	420	650	950	1400	2100
Schwerspat	6	2250	3400	5250	8000	12000	17300	25900
	25	925	1400	2150	3375	5000	7200	10800
	70	420	630	980	1500	2250	3200	4800
Steinkohle	25	600	920	1500	2000	3000	4500	6750
	40	400	600	920	1370	2000	3000	4500
	60	300	440	670	1000	1500	2250	3350

Leistungstabelle von Kugelfallmühlen (Fortsetzung).

Material	Sieb Nr.	Stündliche Leistung in kg der Kugelmühle Maschinengröße:						
		III	IV	V	VI	VII	VIII	IX
Ton, lufttrocken	6	1650	2500	3800	5900	9000	12700	19000
	30	750	1120	1750	2700	4000	5750	8620
	70	540	810	1260	1950	2900	4200	6300
Ton, gebrannt	20	450	675	1050	1620	2380	3450	5100
	60	190	280	440	670	990	1430	2140
	100	85	130	200	300	450	650	970
Tuffstein	6	1350	2000	3200	4850	7200	10400	15600
	30	560	840	1290	2025	3000	4320	6450
	80	260	380	600	920	1350	2000	3000
Zementklinker, (Schacht- öfen)	25	650	1000	1500	2200	3350	5000	7500
	70	330	500	770	1180	1800	2550	3800
	90	270	400	630	970	1400	2100	3150
Zementklinker (Dreh- öfen)	10	550	830	1250	1900	2800	4100	6200
	20	500	750	1150	1700	2500	3700	5500
	25	400	600	900	1400	2100	3200	5000
Ziegelbrocken	6	1025	1530	2380	3660	5500	7800	11700
	25	450	680	1050	1600	2400	3450	5100
	90	190	280	440	670	1100	1430	2100

Flintsteinrohrmühlen.
(G. Luther, A.-G., Braunschweig.)

Nr.	Maße in Millimetern				Umdr. d. Riem-scheibe min	Füllung kg	Unge-fährer Kraft-bedarf PS	Ungef. Gewicht der Mühle ohne Füllung kg	Ungef. Leistung an Schacht-ofenzement kg/h
	Mahltrommel		Riemscheibe						
	Lichter Durch-messer	Länge	Durch-messer	Breite					
1a	800	3000	1000	200	210	1200	10	6 550	800
1b	800	3500	1000	200	210	1400	12	6 825	900
1c	800	4000	1000	200	210	1600	15	7 100	1050
2a	1000	3500	1200	200	175	2100	16	8 250	1370
2b	1000	4000	1200	200	175	2500	18	8 600	1600
2c	1000	4500	1500	230	175	2900	20	8 950	1900
3a	1100	4000	1500	230	175	2800	20	11 900	1800
3b	1100	5000	1800	260	175	3500	25	12 600	2300
3c	1100	6000	1800	260	175	4200	30	13 500	2700
4a	1250	5000	1800	260	160	4500	35	14 100	3000
4b	1250	6000	1800	260	160	5400	42	15 550	3500
4c	1250	7000	2000	260	160	6300	50	17 100	4100
5a	1400	5000	2000	260	160	5000	50	19 900	3300
5b	1400	6000	2000	260	160	6000	58	21 000	3900
5c	1400	7000	2000	300	160	7000	65	22 100	4600
5d	1400	8000	2000	300	160	8000	70	23 200	5200
6a	1550	5000	2000	300	160	6100	60	17 400	4000
6b	1550	6000	2000	300	160	7300	68	18 600	4800
6c	1550	7000	2000	300	160	8500	75	19 700	5500
7a	1700	5000	2200	350	160	7500	70	23 000	4900
7b	1700	6000	2200	350	160	9000	85	24 500	5900
7c	1700	7000	2200	350	160	10500	100	25 700	6800

Flintsteinrohrmühlen (Fortsetzung).

| Nr. | Maße in Millimetern | | | | Umdr. d. Riemscheibe | Füllung | Ungefährer Kraftbedarf | Ungef. Gewicht der Mühle ohne Füllung | Ungef. Leistung an Schachtofenzement |
| | Mahltrommel | | Riemscheibe | | | | | | |
	Lichter Durchmesser	Länge	Durchmesser	Breite	min	kg	PS	kg	kg/h
7 d	1700	8000	2400	350	160	12000	115	26 900	7800
8 a	1850	5000	2200	350	160	8500	95	24 800	5500
8 b	1850	6000	2200	350	160	10000	110	26 300	6500
8 c	1850	7000	2400	350	160	12000	125	27 700	7800
8 d	1850	8000	2400	350	160	14000	145	29 100	9100
8 e	1850	8500	2400	350	160	15000	155	30 500	9800

Stahlkugelrohrmühlen.
(G. Luther, A.-G., Braunschweig.)

| Nr. | Maße in Millimetern | | | | Umdrehungen der Riemscheibe | Füllung | Ungefährer Kraftbedarf | Ungefähres Gewicht ohne Füllung | Ungefähre Leistung an Schachtofenzement |
| | Mahltrommel | | Riemscheibe | | | | | | |
	Durchmesser	Länge	Durchmesser	Breite	min	kg	PS	kg	kg/h
1	1000	4000	2200	300	160	5 500	45	11 750	3600
2	1000	5000	2200	300	160	6 750	55	13 000	4400
3	1000	6000	2200	300	160	8 000	65	14 250	5200
4	1000	7000	2200	350	160	9 250	75	15 500	6000
5	1000	8000	2200	350	160	10 500	85	16 700	6800
6	1250	4000	2200	300	160	7 500	65	13 750	4900
7	1250	5000	2200	350	160	9 250	80	15 000	6000
8	1250	6000	2200	350	160	11 000	95	16 150	7100
9	1250	7000	2400	350	160	13 000	115	17 400	8500
10	1250	8000	2400	350	160	15 000	130	18 600	9800

Schotter-Becherwerke.
(Alpine Maschinen A.-G., Augsburg.)

| | Nummer des Modells | | |
	1	2	3
Stündliche Leistung in m³	10—1	15—20	20—30
Becherbreite . . . . mm	300	400	500
Riemscheiben-Durchmesser . . . . mm	700	800	900
Riemscheiben-Breit . . . . mm	150	170	200
Umdrehungen der Riemscheibe pro Minute	110	100	100
Kraftbedarf bei 10 m Achsenabstand. . . ca. PS	5	7	7¹/₂—8
Gewicht bei 10 m Achsenabstand . . . . ca. kg	1950	2400	2700
Gewicht per 1 lfdm. Achsenabstand mehr ca. kg	130	180	26)

Verbundmühlen.

Deutsche Löhnert-Maschinenbau G. m. b. H., Köln.

Modell-Nummer	V. M. 1,1	V. M. 1,3	V. M. 1,5	V. M. 1,6	V. M. 1,8	V. M. 1,8	V. M. 2
Trommel:							
Durchmesser . . . mm	1150	1300	1500	1650	1800	1800	2000
Länge . . . . . . mm	8200	8200	8200	8200	8200	10 000	11 000
Umdrehungen/min. . .	32	28	27	25	24	24	22,5
Länge der Vorschrotkammer . . . . . . mm	2775	2775	2775	2775	2775	3260	3570
Länge der Feinmahlkammer . . . . . . mm	5010	5010	5010	5010	5010	6310	7000
Riemscheibe:							
Durchmesser . . . mm	2000	2200	2200	2400	2400	2500	3000
Breite . . . . . mm	320	390	390	390	390	450	650
Umdrehungen/min. . .	160	160	160	160	160	160	160
Kraftbedarf etwa . . PS	65	80	125	160	200	250	310
Leistung in t stdl. bei 18% Rückstand a. 4900 M/cm²:							
Rohmaterial . . . rd.	2,5—3	3—3,5	5—6	6,5—7,5	8—9	10,5—11,5	13—14
Schachtofen-Klinker rd.	2—2,5	2,5—3	4—5	5,5—6,5	7—8	9—10	12—13
Drehofen-Klinker rd.	1,6—2	2—2,5	3,5—4	4,5—5	5,5—6,5	7—8	9—10
Nettogewichte t:							
Mühle ohne Panzerung und Kugelfüllung rd.	18,5	22,5	27	28,5	34	39	48,5
Stahlpanzer im Vorschrotraum . . rd.	2,20	3,3	4,0	4,7	5,2	6,2	8,3
Silexfutter im Feinmahlraum . . . . rd.	2,4	2,7	3,0	3,3	3,8	4,8	6,2
Stahlkugelfüllung f. den Vorschrotraum . rd.	3,5	4,5	7	8,5	9,5	11	14
Flintsteine für den Feinmahlraum . . . rd.	3,5	4,5	5,5	7	8,5	10	12

Schotter-Sortiertrommeln.

(Alpine Maschinen A.-G., Augsburg.)

| | Nummer des Modells | | | | | | | | |
	1	2	3	4	5	6	7	8	9
	Ausführung mit Rollenlagerung								
Durchmesser der Trommel . . . . . . mm	600	600	600	800	800	800	1000	1000	1000
Länge der Trommel mm	3000	4000	5000	4000	5000	6000	6000	7000	8000
Stündl. Leistung bei Schotter . . rd. m³	5—6	6—8	6—8	10—12	12—14	14—16	16—20	16—20	16—20
Stündl. Leistung bei feineren Sortierungen : 3, 9, 12 mm rd. m³	2—3	3—4	3—4	5—6	6—7	7—8	8—9	8—9	8—9
Anzahl der Sortierungen ohne Überlauf bis .	3	4	5	4	5	6	6	7	8
Umdrehungen d. Trommel pro Minute . .	22	22	22	20	20	20	18	18	18
Kraftbedarf . . rd. PS	1,3	1,5	1,8	2	$2^1{}_2$	3	4	5	6
Gewicht . . . rd. kg	675	800	925	1600	1800	1900	2800	3200	3500

Schotter-Sortiertrommeln (Fortsetzung).

	Nummer des Modells									
	10	11	12	13	14	15	16	17	18	19
	Ausführung mit Zapfenlagerung									
Durchmesser der Trommel . . . . . mm	600	600	700	700	800	800	900	900	1000	1000
Länge der Trommel mm	2500	3000	3000	3500	3500	4000	4000	5000	4500	5500
Stündl. Leistung bei Schotter . . rd. m³	2—3	2—3	4—5	4—5	7—8	7—8	9—10	9—10	12—14	12—14
Stündl. Leistung bei feineren Sortierungen : 3, 9, 12 mm rd. m³	1—1¹/₂	1¹/₂	2—2¹/₂	2—2¹/₂	3—4	3—4	4—5	4—5	6—7	6—7
Anzahl der Sortierungen ohne Überlauf bis .	3	4	3	4	3	4	4	5	4	5
Umdrehungen d. Trommel pro Minute . .	22	22	20	20	18	18	16	16	14	14
Kraftbedarf . . rd. PS	1	1	1,3	1,3	1,5	1,5	2	2	3	3
Gewicht . . . rd. kg	550	600	750	830	930	1025	2200	2400	2750	3000

Sechskantsiebe.

(Kampnagel, Hamburg.)

Trommel		Riemscheibe			Raumbedarf			Lei-stung*)	Kraft-bedarf	Gewicht	
Durch-messer	Länge	Durch-messer	Breite	Umdr.	Länge	Breite	Höhe			in Holz-bauart	in Eisen-bauart
mm	mm	mm	mm	min	mm	mm	mm	kg/h	PS	kg	kg
580	1800	300	80	95	2725	1000	1000	1000	0,6	450	550
680	2400	350	80	85	3550	1100	1250	1800	0,8	710	960
1000	3000	400	80	100	4250	1700	1600	3000	1,0	1350	1750
1250	4000	500	100	80	5600	2000	2350	5000	1,2	1890	2440
1250	5000	500	100	80	6600	2000	2350	6000	2,0	2150	2800

*) Die Leistungszahlen verstehen sich für ein Erzeugnis mit ungefähr 10% Rückstand auf dem 900- und 40% auf dem 4900-Maschensieb.

Windsichter.

(Curt von Grueber, Berlin.)

Modellnummer	W. S. 15	W. S. 18	W. S. 21	W. S. 25	W. S. 28	W. S. 32
Durchmesser des Gehäuses. . . mm	1500	1800	2100	2500	2800	3200
Höhe des Gehäuses . . . . . . mm	2100	2400	2800	3100	3650	4100
Gesamthöhe des Sichters . . . . mm	2900	3300	3700	4000	4600	5000
Durchmesser d. Riemscheibe . . mm	400	450	450	500	550	600
Breite d. Riemscheibe . . . . mm	100	120	140	150	160	160
Umdrehungen/min. d. Riemscheibe	325	300	275	250	225	200
Kraftbedarf . . . . rd. PS	1	1,5	2	3	4,5	6
Gewicht des Sichters . . . . . . kg	1200	1500	1900	2900	3900	4800
Leistung/h, b. 12% > 4900, 1% > 900 kg	900	1200	1500	2000	3000	4500

Förderschnecken.
(Curt von Grueber, Berlin.)

Normale Ausführung mit direktem Antrieb	bis zu 20 m			bis zu 15 m		bis zu 10 m		
Durchmesser des Gewindes mm	150	200	250	300	350	400	450	500
Leistung in der Stunde etwa m³	2,5	6,5	11,5	22	27	42	52	70
Kraftbedarf bei 10 m Länge etwa PS	0,5	1	1,5	2	2,5	3	4	5
Direkter Antrieb: Durchmesser der Antriebscheibe . . . . . . mm	600	600	700	700	800	800	1000	1000
Breite der Antriebscheibe mm	125	125	125	125	150	150	175	175
Umdrehungen der Antriebscheibe in der Minute .	90	90	80	80	70	70	60	60
Gewicht der ganzen 10 m langen Schnecke . . kg	455	640	815	970	1110	1305	1680	2060
Stirnradantrieb: Durchmesser der Antriebscheibe . . . . . . mm	500	500	600	600	700	700	800	800
Breite der Antriebscheibe mm	100	100	125	125	125	125	150	150
Umdrehungen der Antriebscheibe in der Minute .	180	180	160	160	140	140	120	120
Gewicht der ganzen 10 m langen Schnecke . . kg	480	690	920	1095	1250	1500	1930	2350
Kegelradantrieb: Durchmesser der Antriebscheibe . . . . . . mm	500	500	600	600	700	700	800	800
Breite der Antriebscheibe . . . . . . mm	100	100	125	125	125	125	150	150
Umdrehungen der Antriebscheibe in der Minute .	180	180	160	160	140	140	120	120
Gewicht der ganzen 10 m langen Schnecke . . kg	480	690	900	1080	1240	1475	1900	2300
Gewicht des laufenden Meters mehr oder weniger kg	32	51	57	72	80	90	125	165

Kraftverbrauch:

$$N = \frac{Q \cdot l}{250\,000} \text{ bis } \frac{Q \cdot l}{200\,000},$$

wenn Q die Leistung in kg/h, l die Länge des Förderweges in m (Umfangsgeschw. = 0,3 m/sek angenommen).

Leistung:

$$L = 5\,d^2 \cdot \pi \cdot n \cdot s,$$

worin L die Fördermenge in l/h, d der Schneckendurchmesser in dm, n die minutliche Umlaufzahl, s die Steigung in dm.

Bandförderer.
(Krupp-Grusonwerk, Magdeburg.)

Gurtbreite in mm	300	460	600	800	1000
Leistung in m³/h	11,5	34	60	100	150
Kraftverbrauch etwa PS . . .	3	5	9	14	25

bei 60 m Förderlänge und 1,25 m/sek.

Leistung:
$$Q_{t/h} = f \cdot v \cdot 3600 \cdot \gamma,$$

worin f = Beschüttungsquerschnitt in m², v = Bandgeschwindigkeit in m/sek, γ = Raumgewicht (für Zementmehl = 1,13, für Steinkohle = 0,8).

Kraftverbrauch:
$$N_{PS} = \frac{Q \cdot L}{500},$$

worin L = Förderlänge in m. Zuschlag für ansteigende Bänder: $N_{PS} = \dfrac{Q \cdot H}{270}$, worin H die Förderhöhe in m.

Kratzer.

Bezeichnet Q die Fördermenge in m³/sek, J den Inhalt des Raumes zwischen zwei Kratzern in m³, a den Abstand der Kratzer in m, v die Geschwindigkeit in m/sek, e den Füllungsgrad (von 40 bis 80%), so ist

$$a\,Q = J \cdot v \cdot e.$$

Pneumatische Förderung.
(Maschinenfabrik Hartmann A.-G., Offenbach a. M.)
Fördermengen in kg/PS.

Für Entfernungen von	20 bis 100 m	100 bis 200 m	200 bis 300 m	300 bis 350 m
bei Getreide	600	500	350	270
„ Nußkohle	480	400	280	220
„ heißer Asche	240	200	140	110
„ Braunkohle	360	300	210	160
„ staubförmigen Stoffen	180	150	100	80

Propellerrinnen.
(H. Marcus, Köln.)

Trogbreite unten in mm	250	350	450	550	650	800
Trogbreite oben in mm	400	500	600	720	830	1000
Trogtiefe in mm	150	150	150	170	180	200
Förderleistung in t/h	t/h	t/h	t/h	t/h	t/h	t/h
Kraftverbrauch in PS für je 10 m Rinnenlänge	PS	PS	PS	PS	PS	PS

Fördergut:

Fördergut	t/h	PS	t/h	PS	t/h	PS	t/h	PS	t/h	PS	t/h	PS
Koks	7	0,4	10	0,6	4	0,75	20	0,9	26	1,0	34	1,2
Braunkohle	11	0,5	16	0,7	20	0,85	32	1,0	40	1,2	55	1,35
Steinkohle	14	0,6	20	0,8	28	0,9	40	1,1	52	1,3	68	1,4
Getreide	15	0,65	22,5	0,85	30	1,0	45	1,2	58	1,4	76	1,5
Asche, Schlacke	18	0,7	25	0,9	32	1,05	50	1,3	64	1,5	85	1,6
Steine	25	0,8	35	1,0	45	1,1	70	1,4	90	1,6	120	1,7
Erz	32	0,9	45	1,1	58	1,2	90	1,5	115	1,7	160	1,8

Polorinnen.
(G. Polysius, Dessau.)

Trogbreite in mm	400	500	600	700	800	900	1000
Förderleistung in t/h	14	17	24	28	36	41	50
Minutl. Umlaufzahl	75	75	75	75	75	75	75
Kraftverbrauch bei 10 m Länge in PS	4	5	6	7	8	9	10
Höhenbedarf in cm	112	112	114	114	116	116	118
Breitenbedarf in cm	52	62	73	83	94	104	115

Becherwerke.
(Curt von Grueber, Berlin.)

Art der Ausführung	mit gemeinsamem Schlot										mit zwei Schloten und kleiner Becherteilung	
	ohne Vorgelege		mit Vorgelege									
	einfacher Kettenstrang	doppelter Kettenstrang										
Type (Becherbreite)	100	150	200	200	250	300	350	400	450	500	M. 300	M. 400
Leistung in der Stunde m³	2,7	5,2	8,5	8,5	14	19	25	35	43	60	30	47
Kraftbedarf bei 10 m Förderhöhe . . . . . PS	0,3	0,6	1	1	1,5	2	2,5	3,5	4,5	6	3	4,5
Durchmesser der Riemscheibe . . . . . mm	700	800	1000	800	800	1000	1000	1000	1000	1000	1000	1000
Breite der Riemscheibe mm	100	100	100	125	125	150	150	150	150	175	150	150
Umdrehungen der Riemscheibe i. d. M.	52	48	42	125	105	100	100	100	90	90	100	100
Gewicht des kompletten Becherwerkes bei 10 m Förderhöhe . . . . kg	1020	1420	1870	1990	2560	3510	4060	4520	4970	5430	3610	4620
Gewicht des laufenden Meters mehr oder weniger kg	48	76	93	93	117	151	172	196	223	245	176	214

Leistung:

$$Q_{t/h} = \frac{i \cdot \varphi \cdot p \cdot a \cdot 60}{1000},$$

wobei i = Inh. eines Bechers in l, φ = Füllungsgrad, p = Raumgewicht des zu fördernden Stoffes, a = Anzahl der geförderten Becher/min.

Kraftverbrauch: Reine Hubarbeit des Becherwerkes

$$Nh = \frac{1000 \cdot Q \cdot H}{3600 \cdot 75},$$

worin H = Hubhöhe in m.

Hierzu tritt die Reibungsarbeit am Kopf und Fuß und der Krümmungswiderstand der Kette (o. d. Gurtes). Im allgemeinen ist der Nutzeffekt der Becherwerke = 0,8 — 0,5, also der tatsächliche Kraftverbrauch

$$N = \frac{N_h}{0,8} \text{ bis } \frac{N_h}{0,5}.$$

Drahtseilbahnen.
(Bleichert, Leipzig.)
A. Anlagekosten in Mark.

Stundenleistung t	Bahnlänge			
	500 m	1000 m	2000 m	5000 m
5	9 300	12 750	19 250	41 000
10	10 000	14 250	21 750	47 800
20	11 250	16 500	24 900	57 000
40	14 250	21 500	36 250	83 750
60	17 000	26 000	45 000	104 000
80	19 500	30 000	52 000	122 500
100	21 750	33 500	58 750	140 000

Nicht inbegriffen Motoranlage. Dazu kommen für Holzarbeiten und Einrichtung der Bahnlinie etwa 6 M. für 1 lfd. m Bahn. Anlagekosten 12—16 000 M./km; Förderkosten 10 bis 2,5 Pf./tkm.

B. Tägliche Förderkosten in Mark.

Tagesleistung t	Bahnlänge			
	500 m	1000 m	2000 m	5000 m
50	11	12	13	29
100	13	15	20	32
200	16	18	23	38
400	20	23	31	52
600	24	28	36	65
800	27	33	43	79
1000	30	37	48	94

Die Preise sind Vorkriegspreise und daher mit dem jeweils geltenden Teuerungsfaktor zu multiplizieren.

Kraftbedarf in PS:

$$N = \frac{Q \cdot L}{2700} \left[\frac{q}{Q} v \cos \varphi + \frac{1}{7} \left(1 + 2 \frac{p}{P}\right) \cos \varphi \pm 10 \sin \varphi \right] + 0{,}5 \text{ bis } 5 \text{ PS}$$

oder angenähert:

$$N = \frac{Q}{270} \left\{ \frac{L}{100} [2 + 000{,}5 \cdot (100 - Q)] \pm h \right\} + N_o$$

$+ h$ bei aufwärts, $- h$ bei abwärts gehender Last. $N_o = 0{,}5$ bis 5 PS.

Hierbei bedeutet: L die Streckenlänge in m, Q die Gesamtfördermenge in t/h, q das Seilgewicht in kg/m, P die Nutzlast eines Gefäßes in kg, p das Eigengewicht eines Gefäßes in kg, h den Höhenunterschied der Endpunkte in m.

Der Winkel φ ist zu bestimmen aus $h : L = \operatorname{tg} \varphi$.

Sachregister.

KRUPP GRUSONWERK

MAGDEBURG

Steinbrecher

Zerkleinerungsmaschinen jeder Art

Maschinen und vollständige Einrichtungen für Zement= und Kalkwerke

Mehrkammer=Verbund=Rohrmühlen für hohe Feinmahlung, mit oder ohne „Centra"=Antrieb Drehrohröfen

mit neuer Klinkerkühlvorrichtung, Trocken= und Mahlanlagen sowie vollständige Einrichtungen für Kohlenstaubfeuerungen

MASCHINENFABRIK ING. M. LUZZATTO
VORM. H. R. GLÄSER / WIEN X
FERNSPRECHER 52590 SERIE

*

**Steinbrecher, Kollergänge, Walzenmühlen, Ringwalzenmühlen,
Trommel- und Kugelmühlen
Rohrmühlen
Mehrkammer-Verbundmühlen
Schleuder- und Schlagkreuzmühlen
Desintegratoren, Windsichter
Transportvorrichtungen**

*

**Komplette
Zerkleinerungs-, Mahl-, Entstaubungs- und
Trockenanlagen
Zement-, Gips-, Sackkalk-, Kunstdünger-
Fabriken usw.**

ELEKTRISCHE GASREINIGUNG
UND ENTSTAUBUNG
nach dem Verfahren Cottrell-Möller

Eingeführt in allen Industrien zur Abscheidung von
festen oder flüssigen Schwebeteilchen aus Gasen

LURGI
APPARATEBAU-GESELLSCHAFT M. B. H.
FRANKFURT a. M.

RÊMA
Rheinische Maschinenfabrik, A.-G.
Neuß a. Rh.
Die größte Mühle der Welt ist die Remamühle
D. R. P.
Leistung 30–40 Tonnen Kohlenstaub stündlich
Gewicht 75 000 kg mit 2 Motoren zusammen 500 PS

F. L. Smidth & Co., G. m. b. H.
Lübeck
Vertretung von F. L. Smidth & Co. A/S, Kopenhagen
Maschinenfabriken in Lübeck und Kopenhagen

Unidan-Mühle, D. R. P. und Weltpatente

Vermahlungsanlagen jeder Art

Maschinen und Pläne zum Bau vollständiger Anlagen für

Portlandzementfabriken, Kalkbrennereien, Ziegeleien, Fayence- u. Porzellan-Fabriken

*

Modern eingerichtetes

Versuchslaboratorium

für Untersuchung sämtlicher Rohmaterialien für die
Zement-, Kalk-, Porzellan-, Tonindustrie usw.

*

300 unserer Drehrohröfen mit einer Gesamtjahresleistung von 60 Millionen Faß
Zement sowie mehrere Tausend unserer Vermahlungsanlagen sind nach allen
bedeutenden Ländern geliefert

GEBR. PFEIFFER

BARBAROSSAWERKE A.-G.

KAISERSLAUTERN

Neuzeitliche Einrichtungen
von Zementfabriken, Kalkwerken, Gipsfabriken,
Phosphatwerken, Thomasschlackenmahlanlagen,
chemischen Fabriken usw.

*

Zerkleinerungs- und Sichtanlagen
für jede Leistung und Feinheit

*

Zahlreiche D. R. P. und Auslandspatente

*

Eigene große, modern eingerichtete Versuchsanstalt

CURT VON GRUEBER

MASCHINENBAU AKTIENGESELLSCHAFT

BERLIN-TELTOW

Briefanschrift Berlin-Lichterfelde, Schließfach 12 * Fernruf Zehlendorf 3432 *

Drahtanschrift Drehrost Berlin-lichterfelde * Fernruf Zehlendorf 3432 *

Vollständige Einrichtungen

sowie alle einschlägigen Apparate und Maschinen

für die

Zement-, Kalk-, Gips- und sonstige Baustoff-Industrie, Superphosphat-, Thomasschlacken-, Düngekalk-, Kali- und sonstige Düngemittel-Industrie, Aufbereitung von Erzen, Kohlen (insbesondere Kohlenstaubfeuerungen), Mineralien, Chemikalien, Farben, Schmirgelmaterialien usw.

*

Rekord-Verbundmühlen

Raymond-Mühlen

Maximal-Mühlen

Einfache und doppelte Feder-Rollen-Mühlen

(Maxecon-Mühlen)

*

Prospekte, Angebote und Ingenieurbesuch auf Wunsch!

KAMPNAGEL
Zerkleinerungs-Anlagen
aller Art

Drehofen-Anlage der „Phönix" Portland-Cement- und Wasserkalkwerke Stein & Co., Beckum
Erweiterungsbau 1925—26

Spezialität: Vollständige Anlagen von

Portland-Zement-Fabriken

Gipswerken, Kalkmahlanlagen, Salzmühlen

Trockenanlagen für Gesteine, Schotteranlagen

Transportanlagen

*

Eisenwerk

(vorm. **Nagel & Kaemp**) A. G.

Gegr. 1865 • **Hamburg 39** • Gegr. 1865

FERRUM-A.-G.
für Maschinenbau und Eisengiesserei.
vorm. BAUCH & FRIESE G.m.b.H.
vorm. BAUCH & FRIESE G.m.b.H.
Spezialität
Spezialität
Hartzerkleinerungsmaschinen.
GERA-REUSS.

Chemische Technologie

in Einzeldarstellungen

Begründer:
Prof. Dr. Ferd. Fischer

Herausgeber:
Prof. Dr. Arthur Binz

Bisher erschienen folgende Bände:

Allgemeine chemische Technologie:

Kolloidchemie. Von Prof. Dr. Richard Zsigmondy, Dr.-Ing. h. c., Dr. med. h. c., Göttingen. Fünfte Auflage. I. Allgemeiner Teil. Geh. RM 11.—, geb. RM 13.50.

Sicherheitseinrichtungen in chemischen Betrieben. Von Geh. Reg.-Rat Prof. Dr.-Ing. Konrad Hartmann, Berlin. Mit 254 Abbildungen. Geb. RM 17.—.

Zerkleinerungsvorrichtungen und Mahlanlagen. Von Ing. Carl Naske, Berlin. Vierte Auflage. Mit 471 Abbildungen. Geh. RM 33.—, geb. RM 36.—.

Mischen, Rühren, Kneten. Von Prof. Dr.-Ing. H. Fischer, Hannover. Zweite Auflage. Durchgesehen von Prof. Dr.-Ing. Alwin Nachtweh, Hannover. Mit 125 Figuren im Text. Geh. RM 5.—, geb. RM 7.—.

Sulfurieren, Alkalischmelze der Sulfosäuren, Esterifizieren. Von Geh. Reg.-Rat Prof. Dr. Wichelhaus, Berlin. Mit 32 Abbildungen und 1 Tafel. Vergriffen.

Verdampfen und Verkochen. Mit besonderer Berücksichtigung der Zuckerfabrikation. Von Ing. W. Greiner, Braunschweig. Zweite Auflage. Mit 28 Figuren im Text. Geh. RM 6.—, geb. RM 8.—.

Filtern und Pressen zum Trennen von Flüssigkeiten und festen Stoffen. Von Ingenieur F. A. Bühler. Zweite Auflage. Bearbeitet von Prof. Dr. Ernst Jänecke. Mit 339 Figuren im Text. Geh. RM 7.—, geb. RM 9.—.

Die Materialbewegung in chemisch-technischen Betrieben. Von Dipl.-Ing. C. Michenfelder. Mit 261 Abbildungen. Geb. RM 15.—.

Heizungs- und Lüftungsanlagen in Fabriken. Mit besonderer Berücksichtigung der Abwärmeverwertung bei Wärmekraftmaschinen. Von Obering. V. Hüttig, Professor an der Technischen Hochschule Dresden. Zweite, erweiterte Auflage. Mit 157 Figuren und 22 Zahlentafeln im Text und auf 6 Tafelbeilagen. Geh. RM 20.—, geb. RM 23.—.

Reduktion und Hydrierung organischer Verbindungen. Von Dr. Rudolf Bauer (†), München. Zum Druck fertiggestellt von Prof. Dr. H. Wieland, München. Mit 4 Abbildungen. Geb. RM 18.—.

Messung großer Gasmengen. Von Ob.-Ing. L. Litinsky, Leipzig. Mit 138 Abbildungen, 37 Rechenbeispielen, 8 Tabellen im Text und auf 1 Tafel, sowie 13 Schaubildern und Rechentafeln. Geh. RM 16.—, geb. RM 18.—.

VERLAG VON OTTO SPAMER IN LEIPZIG-REUDNITZ

Chemische Technologie
in Einzeldarstellungen

Begründer:	Herausgeber:
Prof. Dr. Ferd. Fischer	**Prof. Dr. Arthur Binz**

Bisher erschienen folgende Bände:

Spezielle chemische Technologie:

Kraftgas. Theorie und Praxis der Vergasung fester Brennstoffe. Von Prof. Dr. Ferd. Fischer. Zweite Auflage. Neu bearbeitet und ergänzt von Reg.-Rat Dr.-Ing. J. Gwosdz. Mit 245 Figuren im Text. Geh. RM 12.—, geb. RM 15.—.

Das Acetylen, seine Eigenschaften, seine Herstellung und Verwendung. Von Prof. Dr. J. H. Vogel, Berlin. Zweite Aufl. Mit 180 Abb. Geh. RM 14.—, geb. RM 18.—.

Die Schwelteere, ihre Gewinnung und Verarbeitung. Von Dr. W. Scheithauer, Generaldirektor. Mit 70 Abb. Zweite Aufl. Geh. RM 12.—, geb. RM 14.—.

Die Schwefelfarbstoffe, ihre Herstellung und Verwendung. Von Dr. Otto Lange, München. Zweite Auflage. Mit 26 Abb. Geh. RM 25.—, geb. RM 28.—.

Zink und Cadmium und ihre Gewinnung aus Erzen und Nebenprodukten. Von R. G. Max Liebig, Hüttendirekt. a. D. Mit 205 Abb. Geh. RM 26.—, geb. RM 30.—.

Das Wasser, seine Gewinnung, Verwendung und Beseitigung. Von Prof. Dr. Ferd. Fischer, Göttingen-Homburg. Mit 111 Abbildungen. Geb. RM 16.—.

Chemische Technologie des Leuchtgases. Von Dipl.-Ing. Dr. Karl Th. Volkmann. Mit 83 Abbildungen. Geb. RM 8.—.

Die Industrie der Ammoniak- und Cyanverbindungen. Von Dr. F. Muhlert, Göttingen. Mit 54 Abbildungen. Geb. RM 14.—.

Die physikalischen und chemischen Grundlagen des Eisenhüttenwesens. Von Prof. Walther Mathesius, Berlin. Zweite Auflage. Mit 39 Abbildungen und 118 Diagrammen. Geh. RM 27.—, geb. RM 30.—.

Die Kalirohsalze, ihre Gewinnung und Verarbeitung. Von Dr. W. Michels und C. Przibylla, Vienenburg. Mit 149 Abbildungen und einer Übersichtskarte. (Vergriffen. Neue Auflage in Vorbereitung.)

Die Mineralfarben und die durch Mineralstoffe erzeugten Färbungen. Von Prof. Dr. Friedr. Rose, Straßburg. Geb. RM 20.—.

Die neueren synthetischen Verfahren der Fettindustrie. Von Professor Dr. J. Klimont, Wien. Zweite Auflage. Mit 43 Abbildungen. Geh. RM 5.50, geb. RM 7.50.

Chemische Technologie der Legierungen. Von Dr. P. Reinglaß. Die Legierungen mit Ausnahme der Eisen-Kohlenstofflegierungen. Zweite Aufl. Mit zahlr. Tabellen u. 212 Figuren im Text u. auf 24 Tafeln. Geh. RM 36.—, geb. RM 40.—.

Der technisch-synthetische Campher. Von Prof. Dr. J. M. Klimont, Wien. Mit 4 Abbildungen. Geh. RM 5.—, geb. RM 7.—.

Die Luftstickstoffindustrie. Mit besonderer Berücksichtigung der Gewinnung von Ammoniak und Salpetersäure. Von Dr.-Ing. Bruno Waeser. Mit 72 Figuren im Text und auf 1 Tafel. Geh. RM 16.—, geb. RM 20.—.

Chemische Technologie des Steinkohlenteers. Mit Berücksichtigung der Koksbereitung. Von Dr. R. Weißgerber, Duisburg. Geh. RM 5.20, geb. RM 7.30.

Margarine. Von Hans Franzen. Mit 32 Figuren im Text und auf einer Tafel. Geh. RM 10.—, geb. RM 12.—.

Chemische Technologie der Leichtmetalle und ihrer Legierungen. Von Dr. Friedr. Regelsberger. Mit 15 Abb. u. einer Bildnistafel. Geh. RM 26.—, geb. RM 29.—.

Chemische Technologie der Nahrungs- und Genußmittel. Von Dr. Rob. Strohecker. Mit 86 Figuren. Geh. RM 22.—, geb. RM 26.—.

VERLAG VON OTTO SPAMER IN LEIPZIG-REUDNITZ

DER
WÄRMEINGENIEUR

Führer durch die industrielle Wärmewirtschaft
Für Leiter industrieller Unternehmungen und den praktischen
Betrieb dargestellt

Von

Städt. Baurat Dipl.-Ing. Julius Oelschläger

Oberingenieur, Wismar

Zweite, vervollkommnete Auflage

Mit 364 Figuren im Text und auf 9 Tafeln.   Geh. RM 21.—; geb. RM 24.—

Aus den Besprechungen der ersten Auflage:

Wochenblatt für Papierfabrikation: Endlich ist ein Buch erschienen, welches wie kein zweites bisher geeignet ist, als Nachschlagewerk für den Betriebswärmeingenieur zu dienen. Noch größeren Wert aber hat dieses Buch meiner Ansicht nach als kurzgefaßtes Lehrbuch für die Ausbildung der Wärmetechniker an allen technischen Lehranstalten. — Das Werk enthält, fundamental entwickelt, eine zusammengefaßte Übersicht über die gesamte Wärmetheorie einschließlich der neuesten Forschungen mit allen notwendigen Formeln, Tabellen und Schaubildern und eine folgerichtige Zusammenstellung aller in der Praxis zur Wärmeerzeugung oder Wärmeverwendung dienenden Apparate und Hilfsmittel nebst knapper, aber leichtverständlicher Beschreibung und Anwendungserklärung. Ich habe bis jetzt kein Buch gefunden, welches wie das vorliegende geeignet wäre, in geradezu idealer Weise dem angehenden Techniker die gesamte Wärmelehre und Anwendung zu erschließen, und ich kann allen Lehranstalten nur dringend raten, ihren Lehrplan diesem vorzüglich aufgebauten Buche anzupassen.

Brennstoff- und Wärmewirtschaft: . . . eine fleißige, verdienstvolle Arbeit, deren Anschaffung empfohlen werden kann.

Gesundheitsingenieur: . . . Das Werk Oelschlägers wird allen denen, die im Bereich der Kraft- und Wärmewirtschaft arbeiten, willkommen sein, so daß es die im Titel angegebene Aufgabe wohl zu erfüllen vermag.

Papierzeitung: Die Frage der Verwendung minderwertiger Brennstoffe, der Verwertung von Abwärme und die Wärmewirtschaft ganzer Anlagen wird eingehend erörtert. An Hand des Buches läßt sich an jeder Stelle die Prüfung der Energie und besonders der wärmetechnischen Verhältnisse ermöglichen. . . . Die Arbeit zeugt von großer Gründlichkeit; der Verfasser geht im Aufbau zielbewußt seinen eigenen Weg. Dabei gibt das Buch an Hand von vielen klaren Abbildungen und Schaubildern in wissenschaftlich einwandfreier Darstellung des Jetztstandes unserer Wärmewirtschaft dem technisch tiefer gebildeten Betriebsleiter ein Bild vom Erreichten und Möglichen . . .

Dinglers polytechnisches Journal: . . . was der kenntnisreiche Verfasser mit Bienenfleiß und bewundernswertem Geschick hier zusammengetragen hat . . . Kein Wärmefachmann wird das Werk entbehren mögen, jeder Nichtfachmann aus ihm wenigstens durch Nachschlagen wertvollste Aufklärung ziehen. Allerwärts sollte es studiert und benutzt werden.